EUL VERLAG

Reihe: Rechnungslegung und Wirtschaftsprüfung · Band 71

Herausgegeben von Prof. (em.) Dr. Dr. h. c. Jörg Baetge, Münster, Prof. Dr. Hans-Jürgen Kirsch, Münster, und Prof. Dr. Stefan Thiele, Wuppertal

Dr. Julian Höbener

Zwischenergebniseliminierung im IFRS-Konzernabschluss

Mit einem Geleitwort von Prof. Dr. Hans-Jürgen Kirsch, Westfälische Wilhelms-Universität Münster

EUL VERLAG

Bibliografische Information der Deutschen Nationalbibliothek

Die Deutsche Nationalbibliothek verzeichnet diese Publikation in der Deutschen Nationalbibliografie; detaillierte bibliografische Daten sind im Internet über <http://dnb.d-nb.de> abrufbar.

Dissertation, Westfälische Wilhelms-Universität Münster, 2019

D 6

ISBN 978-3-8441-0602-2
1. Auflage Januar 2020

JOSEF EUL VERLAG GmbH
Zeithstr. 356
53721 Siegburg
Tel.: 0 22 05 / 90 10 6-80
Fax: 0 22 05 / 90 10 6-88
E-Mail: info@eul-verlag.de
https://www.eul-verlag.de

Bei der Herstellung unserer Bücher möchten wir die Umwelt schonen. Dieses Buch ist daher auf säurefreiem, 100% chlorfrei gebleichtem, alterungsbeständigem Papier nach DIN 6738 gedruckt.

Geleitwort

Sofern aus einer Lieferungs- oder Leistungsbeziehung zwischen Unternehmen, die in einem Konzernverbund organisiert sind, ein Zwischenergebnis resultiert, ist im Rahmen der Aufstellung eines IFRS-Konzernabschlusses eine Zwischenergebniseliminierung vorzunehmen. Während eine solche Eliminierung im Kontext von Transaktionen zwischen Unternehmen innerhalb des Vollkonsolidierungskreises das gesamte Zwischenergebnis umfasst, ist bei Transaktionen eines vollkonsolidierten Unternehmens mit einer gemeinschaftlichen Tätigkeit oder mit einem assoziierten Unternehmen bzw. mit einem Gemeinschaftsunternehmen lediglich eine quotale Eliminierung angezeigt. Besondere Herausforderungen im Zusammenhang mit der Zwischenergebniseliminierung und der damit stets verbundenen Aufwands- und Ertragskonsolidierung bestehen immer dann, wenn der Konzern weniger als 100 % der Anteile am Eigenkapital des in die jeweilige Transaktion involvierten Beteiligungsunternehmens hält. Dies nimmt Herr Höbener zum Anlass, die verschiedenen Vorschriften zur Zwischenergebniseliminierung zu analysieren, zu würdigen und dabei jeweils eine Vorgehensweise abzuleiten, die der Anforderung an eine entscheidungsnützliche Informationsvermittlung bestmöglich gerecht wird.

Die Dissertation ist in sechs Kapitel untergliedert. Im **ersten Kapitel** erläutert der Verfasser zunächst die Problemstellung und leitet daraus das Ziel sowie den Gang der Untersuchung ab.

Anschließend werden im **zweiten Kapitel** die konzeptionellen Grundlagen gelegt, die für die Untersuchung als Analyse- und Würdigungsgrundlage dienen. Hierunter fallen vor allem die im *Conceptual Framework* formulierte Zielsetzung der (Konzern-)Finanzberichterstattung nach IFRS sowie die für deren Erfüllung zu beachtenden Anforderungen an die Informationsvermittlung. Zudem sind darunter die Regelungen des IAS 8 zum Umgang mit Regelungslücken und mit bestehenden, aber nicht hinreichend konkreten Vorschriften zu fassen.

Im **dritten Kapitel** werden in der gebotenen Kürze die konzernabschlussspezifischen Vorgaben zur Einbeziehung der in der Konzernrechnungslegung der IFRS zu unterscheidenden Beteiligungsunternehmen systematisiert und erläutert. Dabei arbeitet Herr Höbener die Voraussetzungen zur jeweiligen Klassifizierung sowie die damit verbundenen Charakteristika der verschiedenen Unternehmensverbindungen heraus.

Im **vierten Kapitel** stellt der Verfasser die sachverhaltsbezogenen Grundlagen zur Zwischenergebniseliminierung vor. Hierbei wird in einem ersten Schritt die besondere Bedeutung der Einheitsfiktion für die Konzernrechnungslegung hervorgehoben und in diesem Zusammenhang die spezifische Aufgabe der Zwischenergebniseliminierung aus der Einheitsfiktion abgeleitet. In einem zweiten Schritt beschreibt Herr Höbener das methodische Vorgehen bei der Zwischenergebniseliminierung, wobei insbesondere die Bestimmung der Konzernanschaffungs- bzw. der Konzernherstellungskosten für die weitere Analyse von besonderer Bedeutung ist.

Das **fünfte Kapitel** bildet den Schwerpunkt der Untersuchung. Im Anschluss an einleitende Vorbemerkungen (Abschnitt 51) folgen die drei Hauptabschnitte der Analyse, die nach den konzernbilanziellen Einbeziehungsmethoden unterteilt sind. In **Abschnitt 52** betrachtet der Verfasser zunächst die Regelungen zur Zwischenergebniseliminierung im Rahmen der Vollkonsolidierung nach IFRS 10. Der Vorschrift des IFRS 10.B86 (c) folgend sind Zwischenergebnisse, die aus einer Transaktion zwischen dem Mutterunternehmen und einem seiner Tochterunternehmen resultieren, auch dann vollständig zu eliminieren, wenn neben dem Mutterunternehmen auch nicht beherrschende Gesellschafter am Eigenkapital des an der Transaktion partizipierenden Tochterunternehmens beteiligt sind. Ungeachtet der vollständigen Eliminierung eines Zwischenergebnisses ist eine solche Transaktion in Bezug auf das Konzernvermögen mit einer Vermögensverschiebung zwischen dem Mutterunternehmen und den nicht beherrschenden Gesellschaftern dieses Tochterunternehmens verbunden. Im Rahmen der Zwischenergebniseliminierung nach der sog. ergebnisorientierten Vorgehensweise wird diese Vermögensverschiebung zwischen den Gesellschafterstämmen ergebnisseitig nicht unmittelbar zum Lieferungszeitpunkt erfasst, sondern regelmäßig erst dann, wenn der betreffende Vermögenswert den Verfügungsbereich des Konzerns verlässt. Auf den ersten Blick kann die ergebnisorientierte Vorgehensweise zwar überzeugen, da sowohl die Konzernbilanz als auch die Konzern-Gewinn- und Verlustrechnung und damit die Vermögens- und Ertragslage in der Periode der Lieferung so dargestellt werden, als ob die konzerninterne Transaktion nicht stattgefunden hätte. Allerdings entsprechen sich im Rahmen dieser Vorgehensweise der jeweilige gesellschafterstammspezifische Anteil am Konzerneigenkapital und der auf den jeweiligen Anteil entfallende Teil des zu Konzernbuchwerten bewerteten Saldos der Vermögenswerte und Schulden wertmäßig nicht mehr. In Bezug auf die Darstellung des Konzerneigenkapitals führt dies zu einem Konflikt mit der Anforderung an eine glaubwürdige Darstellung, da die gesellschafterstammspezifische Aufteilung ebendieses Eigenkapitals in der Regel bis zur Veräußerung des betreffenden Vermögenswertes an konzernexterne Dritte nicht seinen tatsächlichen Verhältnissen entsprechend abgebildet wird. Bei der sog. vermögensorientierten Vorgehensweise wird die Vermögensverschiebung zwischen den Gesellschafterstämmen hingegen bereits zum Zeitpunkt der Lieferung bilanziell nachgezeichnet. Obgleich in diesem Zusammenhang gesellschafterstammspezifische Erfolgsbeiträge aus einer konzerninternen Transaktion erfasst werden, steht dies nicht etwa in Konflikt mit der aus der Einheitsfiktion abgeleiteten Aufgabe der Zwischenergebniseliminierung. Dies liegt darin begründet, dass (auch) im Rahmen der vermögensorientierten Vorgehensweise sowohl die Darstellung des Konzernvermögens als auch des Konzernergebnisses bzw. des Konzerneigenkapitals jeweils als Ganzes von der konzerninternen Transaktion unberührt bleiben. Die Erfassung von gesellschafterstammspezifischen Erfolgsbeiträgen infolge einer Vermögensverschiebung zwischen den Gesellschafterstämmen im Rahmen einer konzerninternen Transaktion trägt der Bruchteilsvorstellung in Verbindung mit der Erfolgskonzeption der Konzernrechnungslegung der IFRS Rechnung, wonach eine (Wert-)Änderung des auf die Anteile einer Gesellschaftergruppe entfallenden Teils des Konzernvermögens grundsätzlich mit einer korrespondierenden Wertänderung des jeweiligen Anteils am Konzerneigenkapital verbunden sein sollte. Der Verfasser spricht sich daher nach sehr umfassender und differenzierter Abwägung der verschiedenen Argumente für die Anwendung der vermögensorientierten Vorgehensweise aus.

In **Abschnitt 53** befasst sich Herr Höbener mit der Zwischenergebniseliminierung im Kontext der anteiligen Einbeziehung nach IFRS 11. Dabei arbeitet er zunächst losgelöst von der Zwischenergebniseliminierung heraus, dass im Rahmen der anteiligen Einbeziehung die einzelnen Abschlussposten einer gemeinschaftlichen Tätigkeit differenziert quotal, d. h. entsprechend den unmittelbaren Rechten und Pflichten an ihnen, zu übernehmen sind. In Bezug auf eine über ein separates Vehikel strukturierte gemeinschaftliche Tätigkeit bedeutet dies, dass für den Umfang der Einbeziehung eines Abschlusspostens nicht die Kapitalanteilsquote am Eigenkapital dieser gemeinschaftlichen Tätigkeit (zwingend) maßgebend ist, sondern auch hier die Aufteilung der unmittelbaren Rechte und Pflichten der gemeinschaftlichen Betreiber an den Vermögenswerten und Schulden der gemeinschaftlichen Tätigkeit. Darauf aufbauend kommt der Verfasser zu dem Schluss, dass im Rahmen dieser Einbeziehungsmethode auch die quotale Zwischenergebniseliminierung vorzunehmen ist, und zwar differenziert entsprechend der Aufteilung der unmittelbaren Rechte und Pflichten der gemeinschaftlichen Betreiber, um eine konzeptionell stringente Bilanzierung erreichen zu können. Dies impliziert, dass im Extremfall bei einer Transaktion mit einer gemeinschaftlichen Tätigkeit ein Zwischenergebnis zu 100 % zu eliminieren ist, sofern bspw. im Rahmen einer Upstream-Lieferung eines Vermögenswertes dieser nicht aus dem gemeinschaftlichen Vermögen der gemeinschaftlichen Tätigkeit entnommen bzw. im Rahmen einer Downstream-Lieferung nicht in dieses überführt wird. Wenn ein Vermögenswert indes aus dem gemeinschaftlichen Vermögen entnommen bzw. in dieses überführt wird, ist die Zwischenergebniseliminierung im Umfang des eigenen Anteils an der Transaktion vorzunehmen, während zugleich der auf die andere(n) an der gemeinschaftlichen Tätigkeit beteiligte(n) Partei(en) entfallende Teil der Transaktion als Anschaffungs- bzw. als Veräußerungsvorgang abzubilden ist. Im Gegensatz zu dem für eine Upstream-Lieferung einschlägigen IFRS 11.B36 erlaubt der für eine Downstream-Lieferung maßgebende IFRS 11.B34 indes dem Wortlaut nach eine solche differenzierte Vorgehensweise bei der Zwischenergebniseliminierung nicht. Vielmehr ist im Kontext einer Downstream-Lieferung zwingend eine Eliminierung in Höhe der Kapitalanteilsquote vorzunehmen und zugleich ein Veräußerungsvorgang entsprechend der Fremdbeteiligungsquote abzubilden. Da diese Vorgehensweise zum einen nicht (zwingend) die wirtschaftliche Substanz der zugrunde liegenden Transaktion widerspiegelt und zum anderen konzeptionell nicht überzeugend in das Normengefüge des IFRS 11 eingebettet werden kann, macht Herr Höbener einen sehr guten Vorschlag für eine Anpassung des IFRS 11.B34. Dabei sollte es dem Bilanzierenden ermöglicht werden, die Zwischenergebniseliminierung analog zu IFRS 11.B36 differenziert entsprechend den unmittelbaren Rechten und Pflichten der Betreiber in Bezug auf die mit der Transaktion verbundenen Abschlussposten vornehmen zu können.

Schließlich analysiert Herr Höbener in **Abschnitt 54** die Zwischenergebniseliminierung im Rahmen der Equity-Methode nach IAS 28. Den Kern dieser Analyse bildet die Fragestellung, ob bei der Zwischenergebniseliminierung und der damit verbundenen Aufwands- und Ertragskonsolidierung Zwischenergebnisse ausschließlich mit dem Equity-Wert bzw. dem Equity-Ergebnis zu verrechnen sind oder ob alternativ die unmittelbar von der Transaktion betroffenen

Posten Gegenstand der Eliminierung sein sollten. Der Verfasser kommt dabei zu dem sehr stringent begründeten Ergebnis, dass die letztere Vorgehensweise zu einer in der Gesamtschau entscheidungsnützlicheren Informationsvermittlung führt, die zudem die innere Konsistenz des IFRS-Normengefüges in Bezug auf die Vorschriften zur Zwischenergebniseliminierung stärkt. Sowohl bei einer Upstream- als auch bei einer Downstream-Lieferung wird im Rahmen dieser Vorgehensweise zwar der Equity-Wert ohne korrespondierende Erfolgswirkung verändert. Dies kann allerdings aus Konzernsicht als Verschiebung von Konzernvermögen sinnvoll interpretiert werden und entspricht den tatsächlichen wirtschaftlichen Verhältnissen des Konzerns.

Die Erkenntnisse aus den drei betrachteten Konstellationen der Zwischenergebniseliminierung werden abschließend in **Abschnitt 55** zusammengeführt, in dem Herr Höbener die wesentlichen konzeptionellen Gemeinsamkeiten und Unterschiede der Zwischenergebniseliminierung im Rahmen der Vollkonsolidierung, der anteiligen Einbeziehung sowie der Equity-Methode herausarbeitet.

Im **sechsten Kapitel** fasst Herr Höbener die wesentlichen Erkenntnisse seiner Untersuchung zusammen und gibt einen kurzen Ausblick auf die zu erwartenden Änderungsprozesse der die Konzernrechnungslegung betreffenden IFRS-Standards.

Insgesamt wird in der vorgelegten Arbeit ausgesprochen differenziert argumentiert. Dabei orientiert sich der Verfasser konsequent an den einschlägigen Auslegungskriterien. Die dazu erforderlichen Grundlagen werden in der angemessenen Kürze, aber prägnant gelegt. Die Analyse der drei Varianten der Abbildung von Unternehmensverbindungen ist dann sehr breit angelegt und gründlich. Dabei füllt Herr Höbener dieses vordergründig technische Thema ausgesprochen souverän mit konzeptioneller Substanz. Aufbauend auf der Systematik der drei zentralen Methoden zur Abbildung von Unternehmensbeziehungen im Konzernabschluss arbeitet er die wesentlichen Gemeinsamkeiten und Unterschiede bei der Zwischenergebniseliminierung heraus. Das durchgängige Beispiel ist dabei sehr hilfreich. In der Argumentation wägt Herr Höbener stets sehr differenziert die jeweiligen Vor- und Nachteile ab. Besonders überzeugt der argumentative Bogen, den Herr Höbener über die drei Methoden schlägt. So argumentiert er zunächst methodenspezifisch sehr unterschiedlich (z. B. ergebnis- vs. vermögensorientierte Korrektur bei der Vollkonsolidierung / Korrektur des Equity-Wertes vs. Korrektur des Vermögenswertes bei der Equity-Methode), führt die Ergebnisse dann aber unter dem zentralen Gesichtspunkt der Einheitsfiktion sehr schön zusammen. Die gemeinsame Würdigung der drei Methoden fällt dann zwar eher knapp aus, ist aber ausgesprochen gelungen. En passant werden punktuell verschiedene Vorschläge unterbreitet, wie die aktuellen Regelungen geändert bzw. klargestellt werden könnten. Daraus ergibt sich insgesamt ein ausgesprochen rundes Gesamtbild, das sowohl brennende Anwendungsfragen klärt als auch wichtige Anregungen für die dringend erforderliche Überarbeitung der einschlägigen Regelungen durch den Standardsetter gibt.

Münster, im Dezember 2019 Prof. Dr. Hans-Jürgen Kirsch

Vorwort des Verfassers

Die vorliegende Arbeit entstand während meiner Tätigkeit als wissenschaftlicher Mitarbeiter am Institut für Rechnungslegung und Wirtschaftsprüfung (IRW) der Westfälischen Wilhelms-Universität Münster unter der Leitung von Herrn Prof. Dr. Hans-Jürgen Kirsch. Sie wurde von der Wirtschaftswissenschaftlichen Fakultät im November 2019 als Dissertation angenommen.

An dieser Stelle möchte ich all jenen ganz herzlich danken, die mich während der Zeit meiner Promotion begleitet und vielfältigst unterstützt haben. Mein ganz besonderer Dank gilt vor allem meinem hoch geschätzten akademischen Lehrer und Doktorvater, Herrn Prof. Dr. Hans-Jürgen Kirsch, für das stets mir entgegengebrachte Vertrauen und die zahlreichen Möglichkeiten, mich fachlich und persönlich bei der Mitarbeit an dem von ihm geleiteten Institut weiterzuentwickeln. Die durch seine aufgeschlossene, positive Art geprägte angenehme Atmosphäre am IRW, seine stete Diskussionsbereitschaft und seine wertvollen, kritisch konstruktiven Anregungen haben maßgeblich zum Gelingen meines Promotionsvorhabens beigetragen. Ferner möchte ich Herrn Prof. Dr. Christoph Watrin für die Übernahme des Zweitgutachtens und Herrn Prof. Dr. Christian Müller für sein Mitwirken in der Promotionskommission danken.

Darüber hinaus ist es mir ein wichtiges Anliegen, mich bei meinen (ehemaligen) Kollegen am IRW zu bedanken. Die fachlichen Diskussionen, die kollegiale, vertrauensvolle Zusammenarbeit und die vielen gemeinsamen außerfachlichen Aktivitäten haben dazu beigetragen, dass mir die Zeit am Institut stets in bester Erinnerung bleiben wird. Dabei möchte ich meine werten Kollegen und guten Freunde Marcel Faber und Fabian von Wieding für ihren außerordentlichen Einsatz bei der fachlichen sowie persönlichen Betreuung während meiner Promotionszeit hervorheben. Ihre unbedingte Gesprächsbereitschaft, der äußerst wertvolle fachliche wie auch persönliche Gedanken- und Erfahrungsaustausch mit ihnen sowie ihre kritische Prüfung des Manuskripts haben die Qualität der vorliegenden Arbeit wesentlich gefördert. Ein besonders herzlicher Dank auf sowohl fachlicher als auch persönlicher Ebene gebührt dabei ebenso Frederik Engelke, der mich nicht zuletzt bei der Themenfindung ganz bedeutend unterstützt hat. Zudem möchte ich meine geschätzten Studienfreunde Yannic Dust und Robert Leukefeld hervorheben, denen mein tief empfundener freundschaftlicher Dank gilt. Auch danke ich den studentischen Hilfskräften des IRW, die meine unzähligen Literaturwünsche jederzeit mit außerordentlichem Einsatz erfüllt und so die Anfertigung meiner Dissertation bedeutend erleichtert haben.

Schließlich möchte ich auch meinen lieben Eltern und meiner lieben Schwester von ganzem Herzen danken, die mich nicht nur in meiner Promotionszeit, sondern zeit meines Lebens stets bedingungslos unterstützt haben. Ihr immerwährendes Vertrauen und ihr unerschöpflicher Zuspruch haben diese Arbeit überhaupt erst möglich gemacht. Eine ganz besondere Rolle in der Promotionszeit hat auch meine liebe Freundin Alina gespielt, der ich für ihre verständnisvolle und liebevolle Art wie auch für ihre Geduld von ganzem Herzen danken möchte.

Münster, im Dezember 2019 Julian Höbener

Inhaltsübersicht

Inhaltsverzeichnis

Abbildungsverzeichnis

Tabellenverzeichnis

Abkürzungsverzeichnis

A

A	Appendix (i. V. m. IFRS-Fundstellen)
a. A.	anderer Auffassung
Abacus	A Journal of Accounting, Finance and Business Studies (Zeitschrift)
Abs.	Absatz
Abt.	Abteilung
ADS	Adler/Düring/Schmaltz
AG	Aktiengesellschaft (Rechtsform); Application Guidance (i. V. m. IFRS-Fundstellen); Die Aktiengesellschaft (Zeitschrift)
AktG	Aktiengesetz
amend.	amended
Anm. d. Verf.	Anmerkung des Verfassers
ARGE	Arbeitsgemeinschaft
ASC	Accounting Standards Codification
aU	assoziierten(/s) Unternehmen
Aufl.	Auflage

B

B	Appendix (i. V. m. IFRS-Fundstellen)
BB	Betriebs-Berater (Zeitschrift)
BBK	Zeitschrift für Buchführung, Bilanzierung, Kostenrechnung
BC	Basis for Conclusions (i. V. m. IFRS-Fundstellen); Zeitschrift für Bilanzierung, Rechnungswesen und Controlling
BCE	Basis for Conclusions on the Exposure Draft
BCZ	Basis for Conclusions (alte Passagen) (i. V. m. IFRS-Fundstellen)
Bd.	Band
beh.	beherrschende
BFuP	Betriebswirtschaftliche Forschung und Praxis (Zeitschrift)
BGB	Bürgerliches Gesetzbuch
BGBl.	Bundesgesetzblatt
Bilanzkomm.	Bilanz-Kommentar
BilMoG	Bilanzrechtsmodernisierungsgesetz
BiRiLiG	Bilanzrichtlinien-Gesetz
bspw.	beispielsweise
BT	Bundestag
bzw.	beziehungsweise

C

C	Appendix (i. V. m. IFRS-Fundstellen)
CF	Conceptual Framework

D

d. h.	das heißt
DB	Der Betrieb (Zeitschrift)
DBW	Die Betriebswirtschaft (Zeitschrift)
DK	Der Konzern (Zeitschrift)
DP	Discussion Paper
DRSC	Deutsches Rechnungslegungs Standards Committee e. V.
DStR	Deutsches Steuerrecht (Zeitschrift)

E

e. V.	eingetragener Verein (Rechtsform)
EA	Einzelabschluss
ED	Exposure Draft
EFRAG	European Financial Reporting Advisory Group
EG	Europäische Gemeinschaft
Einf.	Einführung
EU	Europäische Union

F

f.	folgende (Randnummer, Seite)
FAQ	Frequently Asked Questions
FASB	Financial Accounting Standards Board
ff.	folgende (Jahre)
Fifo	First in – first out
Fn.	Fußnote

G

GAAP	Generally Accepted Accounting Principles
GE	Geldeinheiten
Gez. Kapital	Gezeichnetes Kapital
ggf.	gegebenenfalls
GoB	Grundsätze ordnungsmäßiger Buchführung
GT	gemeinschaftliche Tätigkeit
GuV	Gewinn- und Verlustrechnung

H

HB	Handbuch
HdJ	Handbuch des Jahresabschlusses

HdK	Handbuch der Konzernrechnungslegung
HdR	Handbuch der Rechnungslegung
HGB	Handelsgesetzbuch
HKdU	Herstellungskosten des Umsatzes
Hrsg.	Herausgeber
hrsg. v.	herausgegeben von
I	
i. V. m.	in Verbindung mit
IAS	International Accounting Standard(s)
IASB	International Accounting Standards Board
IASC	International Accounting Standards Committee
IDW	Institut der Wirtschaftsprüfer in Deutschland e. V.
IE	Illustrative Examples (i. V. m. IFRS-Fundstellen)
IFRIC/IFRS IC	International Financial Reporting Interpretations Committee
IFRS	International Financial Reporting Standard(s)
iGAAP	international GAAP
IN	Introduction (i. V. m. IFRS-Fundstellen)
IRZ	Zeitschrift für Internationale Rechnungslegung
K	
Kap.	Kapitel
KB	Konzernbilanz
K-GuV	Konzern-Gewinn- und Verlustrechnung
KoR	Zeitschrift für internationale und kapitalmarktorientierte Rechnungslegung
KPMG	Klynveld Peat Marwick Goerdeler
M	
M&A	Mergers and Acquisitions
m. w. N.	mit weiteren Nachweisen
Mrd.	Milliarden
MU	Mutterunternehmen
MüKo	Münchener Kommentar
N	
NbA	Nicht beherrschende Anteile
O	
OCI	Other Comprehensive Income
ÖJZ	Österreichische Juristen-Zeitung
P	
PiR	Praxis der internationalen Rechnungslegung (Zeitschrift)

PwC	PricewaterhouseCoopers
R	
rev.	revised
RGBl.	Reichsgesetzblatt
Rn.	Randnummer(n)
S	
S.	Seite(n)
	Satz
SB	Summenbilanz
SE	Societas Europaea
S-GuV	Summen-Gewinn- und Verlustrechnung
sic	sic erat scriptum
sog.	sogenannte(s/r/n)
Sp.	Spalte(n)
StB	Der Steuerberater (Zeitschrift)
StuB	Steuer- und Bilanzpraxis (Zeitschrift)
StuW	Steuer und Wirtschaft (Zeitschrift)
SWK	Steuer- und WirtschaftsKartei (Zeitschrift)
T	
TU	Tochterunternehmen
U	
u. a.	und andere
US	United States
V	
vgl.	vergleiche
VW	Vermögenswert
W	
WiSt	Wirtschaftswissenschaftliches Studium (Zeitschrift)
WP	Wirtschaftsprüfer
WPg	Die Wirtschaftsprüfung (Zeitschrift)
Z	
z. B.	zum Beispiel
ZfB	Zeitschrift für Betriebswirtschaft
zfbf	Zeitschrift für betriebswirtschaftliche Forschung
ZfCM	Zeitschrift für Controlling und Management
ZfhF	Zeitschrift für handelswissenschaftliche Forschung

ZfPW	Zeitschrift für die gesamte Privatrechtswissenschaft
ZGR	Zeitschrift für Unternehmens- und Gesellschaftsrecht

1 Einleitung

11 Problemstellung und Ziel der Untersuchung

Die Unternehmenslandschaft ist geprägt von unterschiedlich intensiven Unternehmensverbindungen.[1] Eine für solche unternehmerischen Aktivitäten typische Organisationsform sind sog. Konzerne,[2] die mindestens aus einem herrschenden Unternehmen, dem sog. Mutterunternehmen, und einem beherrschten Unternehmen, dem sog. Tochterunternehmen, bestehen.[3] Die in einem Konzern organisierten Unternehmen bleiben dabei rechtlich selbständige Einheiten, sind jedoch angesichts der Beherrschungsverhältnisse wirtschaftlich voneinander abhängig.[4] Ein wesentlicher Grund für die Organisation in einem solchen Konzernverbund kann die Internalisierung von Lieferungs- und Leistungsbeziehungen sein, um bspw. eine Reduzierung von Risiken und Transaktionskosten gegenüber Markttransaktionen zu erreichen.[5] Nicht zuletzt vor diesem Hintergrund sind Konzerne oftmals von **intensiven Lieferungs- und Leistungsbeziehungen** zwischen den in einem solchen Verbund organisierten Unternehmen geprägt.[6] So weisen bspw. die BASF SE in Höhe von 7,5 Mrd. € und die Volkswagen AG in Höhe von 27,5 Mrd. € konzerninterne Umsätze in ihrem jeweiligen Konzernabschluss für das Geschäftsjahr 2018 aus, die mit einem Anteil am Gesamtumsatz von 10,7 % bzw. 10,5 % einen erheblichen Teil der Lieferungs- und Leistungsbeziehungen des jeweiligen Konzerns ausmachen.[7]

Obgleich solche konzerninternen Lieferungs- und Leistungsbeziehungen zwischen rechtlich selbständigen Unternehmen stattfinden, sind sie für Zwecke der Konzernrechnungslegung nach IFRS nicht wie Geschäfte eines Konzernunternehmens mit konzernexternen Dritten, sondern wie Transaktionen zwischen Betriebsstätten desselben Unternehmens zu werten.[8] Schließlich ist der Konzernabschluss nach der sog. **Einheitsfiktion** gemäß IFRS 10.A so aufzustellen, als handele es sich bei dem Mutterunternehmen und seinen Tochterunternehmen um ein einziges Unternehmen.[9] Auf diese Weise soll sichergestellt werden, dass die wirtschaftlichen Abhängigkeitsverhältnisse zwischen den Konzernunternehmen explizit berücksichtigt werden, sodass die

---

1 Vgl. KIRSCH, H.-J./HEPERS, L./EWELT-KNAUER, C., in: Baetge/Kirsch/Thiele, Bilanzrecht, Einf. B., Rn. 201; ORDELHEIDE, D., Konzern als Gegenstand betriebswirtschaftlicher Forschung, S. 293; KÜTING, K., Grundlagen der unternehmerischen Zusammenarbeit, S. 1.

2 Vgl. ORDELHEIDE, D., Konzern als Gegenstand betriebswirtschaftlicher Forschung, S. 293; ZÜLCH, H./HENDLER, M., Bilanzierung nach IFRS, S. 538, sowie ausführlich THEISEN, M. R., Der Konzern, S. 1–14.

3 Vgl. VON WYSOCKI, K./WOHLGEMUTH, M./BRÖSEL, G., Konzernrechnungslegung, S. 3.

4 Vgl. BAETGE, J./KIRSCH, H.-J./THIELE, S., Konzernbilanzen, S. 1; EBELING, R. M., Einheitsfiktion, S. 21.

5 Vgl. RUHNKE, K./SIMONS, D., Rechnungslegung nach IFRS und HGB, S. 690; SCHILDBACH, T./FELDHOFF, P., Konzernabschluss, S. 7–11.

6 Vgl. BAETGE, J./KIRSCH, H.-J./THIELE, S., Konzernbilanzen, S. VII; ähnlich RUHNKE, K./SIMONS, D., Rechnungslegung nach IFRS und HGB, S. 690.

7 Zur Ermittlung der relativen Zahlen wurden bei der BASF SE die ausgewiesenen „Transfers zwischen den Segmenten" zum „Umsatz inklusive Transfers" ins Verhältnis gesetzt. Vgl. BASF SE (Hrsg.), BASF-Bericht 2018, S. 214. Bei der Volkswagen AG wurde das Verhältnis von „Umsatzerlöse mit anderen Segmenten" und „Umsatzerlöse" ermittelt. Vgl. VOLKSWAGEN AG (Hrsg.), Geschäftsbericht 2018, S. 235.

8 Vgl. KÜTING, K./WEBER, C.-P., Der Konzernabschluss, S. 133 und S. 505 f.

9 Vgl. BAETGE, J./HAYN, S./STRÖHER, T., in: Baetge u. a., Rechnungslegung nach IFRS, 2. Aufl., IFRS 10, Rn. 11 und Rn. 50.

Adressaten des Konzernabschlusses ein Bild der tatsächlichen wirtschaftlichen Lage des Konzerns erhalten.[10] Dabei gelten Erfolgsbeiträge, die aus konzerninternen Transaktionen resultieren und auf Einzelabschlussebene erfasst wurden (sog. **Zwischenergebnisse**), aus Konzernperspektive nicht als hinreichend realisiert,[11] da sich der betreffende Vermögenswert noch im Verfügungsbereich des Konzerns befindet.[12] Zwischenergebnisse aus Transaktionen zwischen dem Mutterunternehmen und einem Tochterunternehmen sind daher bei der Aufstellung des Konzernabschlusses im Rahmen der **Zwischenergebniseliminierung** gemäß IFRS 10.B86 (c) zu eliminieren.[13] Hierzu sind sämtliche einzelbilanziell erfassten Erfolgsbeiträge aus konzerninternen Transaktionen sowohl aus dem Wertansatz eines mit dieser Transaktion in Verbindung stehenden Vermögenswertes als auch aus dem Konzernergebnis vollständig zu beseitigen.[14]

Besondere Problemstellungen bei der Zwischenergebniseliminierung im Kontext einer Transaktion mit einem Tochterunternehmen bestehen immer dann, sofern neben dem Mutterunternehmen auch **nicht beherrschende Gesellschafter** am Eigenkapital des an der Transaktion partizipierenden Tochterunternehmens beteiligt sind.[15] Im Rahmen der Vollkonsolidierung von Tochterunternehmen, bei der die Vermögenswerte und Schulden sowie Erträge und Aufwendungen des Tochterunternehmens vollständig in den Konzernabschluss des Mutterunternehmens aufgenommen werden,[16] sind nicht beherrschende Anteile innerhalb des Konzerneigenkapitals,[17] indes getrennt vom Anteil des Mutterunternehmens, aggregiert in einem Posten in der Konzernbilanz auszuweisen.[18] Damit verbunden ist auch eine Verteilung des vom Konzern insgesamt erwirtschafteten Konzernergebnisses auf die Anteile des Mutterunternehmens sowie auf die Anteile der nicht beherrschenden Gesellschafter am Konzerneigenkapital.[19] Die Vorgabe des IFRS 10.B86 (c) zur **vollständigen** Eliminierung von Zwischenergebnissen gilt auch in einem solchen Fall, wenn nicht beherrschende Gesellschafter am Eigenkapital des in die

---

10 Vgl. BAETGE, J./HAYN, S./STRÖHER, T., in: Baetge u. a., Rechnungslegung nach IFRS, 2. Aufl., IFRS 10, Rn. 11; HAYN, S./GRÜNE, M., Konzernabschluss nach IFRS, S. 1 f.

11 Vgl. RUHNKE, K./SIMONS, D., Rechnungslegung nach IFRS und HGB, S. 690.

12 Vgl. LÜDENBACH, N./HOFFMANN, W.-D./FREIBERG, J., in: Lüdenbach/Hoffmann/Freiberg, Haufe IFRS-Kommentar, 17. Aufl., § 32, Rn. 142.

13 Vgl. ZÜLCH, H./HENDLER, M., Bilanzierung nach IFRS, S. 652. Neben der Zwischenergebniseliminierung sind eine Kapitalkonsolidierung, eine Schuldenkonsolidierung sowie eine Aufwands- und Ertragskonsolidierung vorzunehmen. Vgl. IFRS 10.B86 (b)–(c). Auf die mit der Zwischenergebniseliminierung verbundenen Aufwands- und Ertragskonsolidierung wird in dieser Untersuchung ebenfalls eingegangen.

14 Vgl. LÜDENBACH, N./HOFFMANN, W.-D./FREIBERG, J., in: Lüdenbach/Hoffmann/Freiberg, Haufe IFRS-Kommentar, 17. Aufl., § 32, Rn. 142; SENGER, T./DIERSCH, U., in: Driesch u. a., Beck IFRS HB, 5. Aufl., § 35, Rn. 106.

15 Vgl. SENGER, T./DIERSCH, U., in: Driesch u. a., Beck IFRS HB, 5. Aufl., § 35, Rn. 113.

16 Vgl. BUSSE VON COLBE, W. U. A., Konzernabschlüsse, S. 59.

17 Vgl. IFRS 10.A; IFRS 3.A.

18 Vgl. IFRS 10.22, sowie KIRSCH, H.-J./ENGELKE, F., in: Baetge/Kirsch/Thiele, Bilanzrecht, § 307 HGB, Rn. 519.

19 Vgl. IAS 1.81B. Im Rahmen dieser Arbeit wird (vereinfachend) davon ausgegangen, dass die in der Konzern-Gewinn- und Verlustrechnung ausgewiesenen, aus der Aufteilung des dort ebenfalls ausgewiesenen Konzernergebnisses auf die Gesellschafterstämme resultierenden gesellschafterstammspezifischen Ergebnisanteile zu einer entsprechenden Erhöhung bzw. Verminderung des der Konzernobergesellschaft zustehenden Ergebnisses sowie des Wertansatzes der nicht beherrschenden Anteile in der Konzernbilanz führen. Von einer davon abweichenden Verwendung des Konzernergebnisses sei demnach abstrahiert.

Transaktion involvierten Tochterunternehmens beteiligt sind.[20] Obgleich die Anteile der nicht beherrschenden Gesellschafter oftmals einen signifikanten Umfang des Konzerneigenkapitals ausmachen,[21] enthält IFRS 10 bezüglich der Zwischenergebniseliminierung **keine explizite Vorgabe**, inwieweit ein zu eliminierendes Zwischenergebnis bei der Aufteilung des Konzernergebnisses auf die Gesellschafterstämme zu verteilen ist.[22] Diesbezüglich wäre es einerseits denkbar, das vollständig zu eliminierende Zwischenergebnis im Rahmen der Verteilung des Konzernergebnisses auf die Gesellschafterstämme entsprechend den Beteiligungsverhältnissen am liefernden oder leistenden Unternehmen, also dem Unternehmen, bei dem auf Einzelabschlussebene das Zwischenergebnis ursprünglich erfasst wurde, zu verteilen (sog. **ergebnisorientierte Vorgehensweise**).[23] Andererseits könnte sich die Verteilung des zu eliminierenden Zwischenergebnisses an den Beteiligungsverhältnissen am empfangenden Konzernunternehmen, also dem Unternehmen, in dessen Bestand sich der mit der Transaktion in Zusammenhang stehende Vermögenswert infolge der Transaktion befindet, orientieren (sog. **vermögensorientierte Vorgehensweise**).[24] Obgleich beide Vorgehensweisen dazu führen, dass die konzerninterne Transaktion weder einen Einfluss auf die Darstellung des im Konzernabschluss ausgewiesenen Konzernvermögens noch auf das dort ausgewiesene Konzernergebnis oder Konzerneigenkapital insgesamt hat, beeinflusst die Zuordnung des Zwischenergebnisses die dargestellte Verteilung des Konzerneigenkapitals auf die Gesellschafterstämme.[25] Im Rahmen der vorliegenden Arbeit gilt es mithin zu untersuchen, ob die ergebnisorientierte oder aber die vermögensorientierte Vorgehensweise bei der Zwischenergebniseliminierung vorzugswürdig ist, und damit „eine wichtige Grundsatzfrage der Konzernrechnungslegung“[26] zu klären. Die Analyse wird dabei um Aspekte der Bilanzierung in Folgeperioden ergänzt, um eine möglichst ganzheitliche Betrachtung gewährleisten zu können.

Die bei der Aufstellung eines Konzernabschlusses vorzunehmende Zwischenergebniseliminierung erstreckt sich nicht nur auf Transaktionen zwischen vollkonsolidierten Unternehmen, sondern auch auf Transaktionen von vollkonsolidierten Unternehmen mit solchen Unternehmen, auf die das Mutterunternehmen nicht einen beherrschenden, sondern einen nur geringeren Einfluss ausüben kann. So unterliegen Transaktionen sowohl mit gemeinschaftlichen Tätigkeiten als auch mit assoziierten Unternehmen oder Gemeinschaftsunternehmen der Zwischenergeb-

20 Vgl. BAETGE, J./HAYN, S./STRÖHER, T., in: Baetge u. a., Rechnungslegung nach IFRS, 2. Aufl., IFRS 10, Rn. 287; THEILE, C./BEHLING, K., in: Heuser/Theile, IFRS Handbuch, 6. Aufl., Kap. 40, Rn. 40.47.

21 Vgl. zur Bedeutung von Anteilen nicht beherrschender Gesellschafter in der Praxis SCHWARZKOPF, A.-S., Anteile nicht beherrschender Gesellschafter S. 1 f. m. w. N.; KLOSE, N.-C., Kapitalkonsolidierungs- und Bewertungsmethoden, S. 37 m. w. N.; PEFFEKOVEN, F. P./CHRISMANN, T., IFRS: Konzernabschluss, S. 161–177.

22 Vgl. KIRSCH, H.-J./ENGELKE, F., in: Baetge/Kirsch/Thiele, Bilanzrecht, § 307 HGB, Rn. 518; BAETGE, J./HAYN, S./STRÖHER, T., in: Baetge u. a., Rechnungslegung nach IFRS, 2. Aufl., IFRS 10, Rn. 288 und Rn. 416; KÜTING, K./WEBER, C.-P., Der Konzernabschluss, S. 533–535.

23 Vgl. SENGER, T./DIERSCH, U., in: Driesch u. a., Beck IFRS HB, 5. Aufl., § 35, Rn. 113.

24 Vgl. KÜTING, K./WEBER, C.-P., Der Konzernabschluss, S. 535.

25 Vgl., wenn auch im handelsrechtlichen Kontext, KIRSCH, H.-J./ENGELKE, F., in: Baetge/Kirsch/Thiele, Bilanzrecht, § 307 HGB, Rn. 38.14.

26 EBELING, R. M., Anteile fremder Gesellschafter, S. 340, wenn auch im handelsrechtlichen Kontext.

niseliminierung.[27] Obgleich bei der (konzern-)bilanziellen[28] Einbeziehung dieser Beteiligungsunternehmen keine Anteile anderer Gesellschafter im Konzernabschluss anzusetzen sind, bestehen auch in diesen Fallkonstellationen besondere Probleme bei der Zwischenergebniseliminierung. Bei der Anwendung der in IFRS 11 enthaltenen Vorgaben zur Zwischenergebniseliminierung in Bezug auf Transaktionen mit **gemeinschaftlichen Tätigkeiten** stellt sich die spezifische Fragestellung, ob die aus der Quotenkonsolidierung nach IAS 31 bekannte Vorgehensweise der quotalen Zwischenergebniseliminierung auch im Kontext der **anteiligen Einbeziehung** weiterhin angezeigt ist.[29] So wurde zwar durch das Inkrafttreten des im Mai 2011 veröffentlichten IFRS 11 die in seinem Vorgängerstandard IAS 31 normierte Quotenkonsolidierung, mittels derer Gemeinschaftsunternehmen wahlweise in den Konzernabschluss einbezogen werden durften, (formal) abgeschafft.[30] Gleichwohl wird in der Literatur vielfach darauf hingewiesen, dass die konzernbilanzielle Abbildung einer anteilig einzubeziehenden gemeinschaftlichen Tätigkeit, die in einer rechtlich selbständigen Einheit organisiert ist und daher vormals nach IAS 31 noch als Gemeinschaftsunternehmen zu klassifizieren war,[31] im Ergebnis der Abbildung nach der Quotenkonsolidierung ähnelt.[32] Vor diesem Hintergrund gilt es zunächst die konzeptionellen Unterschiede zwischen der Quotenkonsolidierung und der anteiligen Einbeziehung einer gemeinschaftlichen Tätigkeit herauszuarbeiten, um darauf aufbauend die in IFRS 11.B34 und IFRS 11.B36 enthaltenen Vorgaben zur Zwischenergebniseliminierung auszulegen.

Schließlich bestehen besondere Auslegungsfragen im Kontext von Transaktionen mit **assoziierten Unternehmen** und mit **Gemeinschaftsunternehmen**, die nach der **Equity-Methode** gemäß IAS 28 einzubeziehen sind. Die in diesem Zusammenhang vorzunehmende Zwischenergebniseliminierung im Rahmen der Equity-Methode gilt als „ein äußerst umstrittenes Kapitel“[33] der Konzernrechnungslegung.[34] Spezifische Herausforderungen ergeben sich hierbei in erster Linie aus der Konzeption der Equity-Methode, nach der die Vermögenswerte und Schulden bzw. Erträge und Aufwendungen des Beteiligungsunternehmens nicht unmittelbar, sondern jeweils saldiert in der Konzernbilanz bzw. in der Konzern-Gewinn- und Verlustrechnung ausgewiesen werden.[35] Trotz der expliziten Vorgabe zur quotalen Eliminierung von Zwischenergebnissen in IAS 28.28 im Kontext von Transaktionen mit assoziierten Unternehmen oder mit

---

27 Vgl. IFRS 11.B34–B37; IAS 28.28 f., sowie ROGLER, S., Aufwands- und Ertragskonsolidierung nach IFRS, S. 108.

28 Die in IFRS 11 enthaltenen Vorschriften zur Abbildung einer gemeinschaftlichen Tätigkeit gelten bereits auf Einzelabschlussebene. Vgl. IFRS 11.26 (a).

29 Vgl. ähnlich HÖFNER, S., Gemeinschaftliche Vereinbarungen nach IFRS 11, S. 268 i. V. m. S. 303–310.

30 Vgl. FUCHS, M./STIBI, B., IFRS 11, S. 1451.

31 Vgl. zur Klassifizierung von gemeinschaftlichen Vereinbarungen nach IFRS 11 gegenüber derjenigen nach IAS 31 ausführlich SEEL, C., Joint Ventures, S. 204–221.

32 Vgl. bspw. BÖCKEM, H./ISMAR, M., Joint Arrangements nach IFRS 11, S. 821 und S. 824; KÜTING, K./SEEL, C., Abgrenzung und Bilanzierung von joint arrangements, S. 349; LÜDENBACH, N./SCHUBERT, D., Gemeinschaftliche Vereinbarungen, S. 4.

33 MANDL, G./KÖNIGSMAIER, H., Equitymethode und Zwischenergebniseliminierung, S. 130, wenn auch im handelsrechtlichen Kontext.

34 Vgl. ähnlich HARR, U./ZEYER, F., Zwischenergebniseliminierung bei assoziierten Unternehmen, S. 588.

35 Vgl. LÜDENBACH, N., Zwischenergebniseliminierung bei der *equity*-Methode, S. 207 f.

Gemeinschaftsunternehmen ist die diesbezüglich angezeigte Vorgehensweise bislang nicht hinreichend konkretisiert.[36] So besteht in der Literatur in diesem Zusammenhang vor allem keine Einigkeit darüber, ob im Rahmen der Zwischenergebniseliminierung und der damit verbundenen Aufwands- und Ertragskonsolidierung auch die im Konzernabschluss unmittelbar ausgewiesenen, von der jeweiligen Transaktion betroffenen Posten Gegenstand der Eliminierung sein sollten oder ob hierfür nur der Equity-Wert sowie das Ergebnis aus assoziierten Unternehmen und Gemeinschaftsunternehmen infrage kommen.[37]

Angesichts der erläuterten Auslegungsfragen bei der Anwendung der Zwischenergebniseliminierung im Konzernabschluss nach IFRS besteht das **Ziel der vorliegenden Arbeit** darin, für die verschiedenen Fallkonstellationen eine jeweils standardkonforme Vorgehensweise abzuleiten, die zu einer Informationsvermittlung führt, die dem vom IASB angestrebten Ziel einer entscheidungsnützlichen Konzernfinanzberichterstattung bestmöglich entspricht. Sollte sich unter Berücksichtigung der hierbei gewonnenen Erkenntnisse Änderungsbedarf an den gegenwärtigen Vorschriften herauskristallisieren, werden konkrete Vorschläge für eine Überarbeitung unterbreitet. Aufgrund der besonderen Herausforderungen im Kontext von Transaktionen mit Beteiligungsunternehmen, an deren Eigenkapital die Konzernobergesellschaft weniger als 100 % der Anteile hält, beschränkt sich die Analyse auf ebendiese Transaktionen. Während dies bei gemeinschaftlichen Vereinbarungen und assoziierten Unternehmen naturgemäß der Regelfall sein wird, impliziert dies für die Betrachtung von Transaktionen innerhalb des Vollkonsolidierungskreises stets, dass nicht beherrschende Gesellschafter am Eigenkapital des Tochterunternehmens beteiligt sind. Ferner werden nur Transaktionen zwischen der Konzernobergesellschaft und einem Beteiligungsunternehmen betrachtet, sodass Transaktionen zwischen Beteiligungsunternehmen nicht Gegenstand der Untersuchung sind.

12 Gang der Untersuchung

Die vorliegende Untersuchung ist in sechs Kapitel gegliedert. Im Anschluss an die einleitenden Ausführungen dieses Kapitels wird im **zweiten Kapitel** das *Conceptual Framework for Financial Reporting* als Analyse- und Würdigungsgrundlage der Untersuchung vorgestellt. Dabei werden zunächst die vom Standardsetzer formulierte Zielsetzung der (Konzern-)Finanzberichterstattung nach IFRS beschrieben sowie die primären Adressaten dieser Berichterstattung bestimmt. Zur Operationalisierung der Zielsetzung werden sodann die qualitativen Anforderungen an eine für die primären Adressaten entscheidungsnützliche Informationsvermittlung skizziert. Im Rahmen der anschließenden Ausführungen zur Konzeption des Konzernerfolges werden neben der allgemeinen Erläuterung, wie Erträge und Aufwendungen in den IFRS definiert werden, insbesondere die Bedeutung des Realisationsprinzips im Kontext der Zwischenergebniseliminierung herausgearbeitet sowie das Kongruenzprinzip für Zwecke der Konzernrech-

---

36 Vgl. ERNST & YOUNG (Hrsg.), International GAAP 2019, S. 780.

37 Vgl. HARR, U./ZEYER, F., Zwischenergebniseliminierung bei assoziierten Unternehmen, S. 588 f. m. w. N.

nungslegung konkretisiert. Das Kapitel endet mit Ausführungen zur Behandlung von Regelungslücken und von bestehenden, aber unscharfen Normen, um dem bestehenden Auslegungsbedarf im Kontext der Zwischenergebniseliminierung regelungskonform begegnen zu können.

Für die Auslegung, Konkretisierung und Beurteilung der Vorschriften zur Zwischenergebniseliminierung ist ferner ein grundlegendes Verständnis der möglichen Unternehmensverbindungen und deren jeweiliger Abbildungsweise im Konzernabschluss nach IFRS erforderlich. Daher werden im **dritten Kapitel** überblicksartig die in der Konzernrechnungslegung zu unterscheidenden Unternehmensverbindungen systematisiert und deren jeweilige konzernbilanzielle Abbildung erläutert. Anschließend werden die spezifischen Voraussetzungen und die damit verbundenen Charakteristika dieser Unternehmensverbindungen im Detail herausgearbeitet.

Im **vierten Kapitel** werden die Grundlagen der im Rahmen der Aufstellung eines IFRS-Konzernabschlusses vorzunehmenden Zwischenergebniseliminierung vorgestellt. Ausgehend von der Einheitsfiktion des Konzernabschlusses wird zunächst die allgemeine Aufgabe von Konsolidierungsmaßnahmen bestimmt, ehe in einem nächsten Schritt die spezifische Aufgabe der Zwischenergebniseliminierung ausführlich betrachtet wird. Da sich die verschiedenen Vorgehensweisen der Zwischenergebniseliminierung daran messen lassen müssen, ob die Aufgabe der Zwischenergebniseliminierung jeweils erfüllt wird, ist diese für die Analyse und Würdigung im fünften Kapitel von besonderer Bedeutung. Zudem wird im zweiten Abschnitt des vierten Kapitels die Durchführung einer Zwischenergebniseliminierung beschrieben, die typisiert regelmäßig in vier Arbeitsschritten erfolgt. In diesem Zusammenhang wird unter anderem auf die zentrale Rolle der Konzernanschaffungs- und Konzernherstellungskosten bei der Ableitung eines Zwischenergebnisses eingegangen.

Im **fünften Kapitel**, das den Schwerpunkt der vorliegenden Arbeit bildet, werden schließlich die verschiedenen Fallkonstellationen konzerninterner Transaktionen untersucht und die diesbezüglich jeweils einschlägigen Regelungen zur Zwischenergebniseliminierung konkretisiert, kritisch analysiert und vor dem Hintergrund der Zielsetzung der Konzernfinanzberichterstattung nach IFRS gewürdigt. Da die spezifischen Regelungen zur Zwischenergebniseliminierung von der Art und Weise der konzernbilanziellen Einbeziehung des Beteiligungsunternehmens abhängen, mit dem die Konzernobergesellschaft die Transaktion durchführt, wird das fünfte Kapitel neben einleitenden Vorbemerkungen (Abschnitt 51) sowie einer abschließenden Würdigung (Abschnitt 55), die den Rahmen dieses Kapitels bilden, in die folgenden drei Abschnitte unterteilt:

- Zwischenergebniseliminierung im Rahmen der **Vollkonsolidierung nach IFRS 10** (Abschnitt 52);
- Zwischenergebniseliminierung im Rahmen der **anteiligen Einbeziehung nach IFRS 11** (Abschnitt 53); sowie

- Zwischenergebniseliminierung im Rahmen der **Equity-Methode nach IAS 28** (Abschnitt 54).

Diesen drei Analyse- und Würdigungsabschnitten gehen dabei stets Ausführungen zu den Spezifika der jeweiligen konzernbilanziellen Einbeziehungsmethode voran. Dabei wird zunächst ein sachverhaltsunspezifisches Verständnis der jeweiligen Einbeziehungsmethode herausgearbeitet, um darauf aufbauend eine fundierte Analyse und Würdigung der Auswirkungen der verschiedenen Vorgehensweisen im Rahmen der Zwischenergebniseliminierung sicherstellen zu können.

Im **sechsten Kapite**l werden die wesentlichen Ergebnisse der vorliegenden Untersuchung aggregiert zusammengefasst.

2 Konzeptionelle Grundlagen der Konzernrechnungslegung nach IFRS

21 *Conceptual Framework* als konzeptioneller Bezugspunkt

Für die Untersuchung der Regelungen zur Zwischenergebniseliminierung im IFRS-Konzernabschluss bedarf es eines Beurteilungsmaßstabes, denn „richtig ist etwas, wenn es so ist, wie es sein soll [mit Hervorhebung im Original]“[38]. Einen solchen „konzeptionellen Bezugsrahmen“[39] für die (Konzern-)Rechnungslegung[40] nach IFRS bildet das ***Conceptual Framework for Financial Reporting***[41].[42] In diesem Zusammenhang kommen dem Rahmenkonzept gleich mehrere Aufgaben zu.[43] Zunächst soll es den IASB bei der Entwicklung konsistenter neuer Standards sowie der Überarbeitung bestehender Standards unterstützen.[44] Des Weiteren sollen die im Rahmenkonzept verankerten Leitlinien den nach IFRS bilanzierenden Unternehmen als Deduktionsgrundlage im Rahmen der zum Teil notwendigen Schließung von Regelungslücken oder der Ausübung von Wahlrechten dienen.[45] Schließlich soll das *Conceptual Framework* sämtlichen Parteien dabei behilflich sein, die IFRS zu verstehen und zu interpretieren.[46] Vor

---

38 SCHMIDT, H./SCHISCHKOFF, G., Philosophisches Wörterbuch, S. 620.

39 BAETGE, J./KIRSCH, H.-J./THIELE, S., Bilanzen, S. 56.

40 Die Rechnungslegung nach IFRS bezieht sich grundsätzlich sowohl auf Einzel- als auch auf Konzernabschlüsse. Vgl. IASB (Hrsg.), Preface to IFRS, Rn. 5; THEILE, C., in: Heuser/Theile, IFRS Handbuch, 6. Aufl., Kap. 6, Rn. 6.61. Die berichterstattende Einheit (*reporting entity*) wird im *Conceptual Framework* als eine Einheit definiert, die entweder verpflichtend oder wahlweise einen Abschluss nach IFRS aufstellt. Sie kann eine einzelne (Teil-)Einheit sein oder aber mehrere Einheiten umfassen. Dabei muss die berichterstattende Einheit nicht zwingend ein rechtlich selbständiges Unternehmen sein. Vgl. CF.3.10, sowie ausführlich zur berichterstattenden Einheit TEITLER-FEINBERG, E., *Reporting Entity*, S. 3–5; LÜDENBACH, N./HOFFMANN, W.-D./FREIBERG, J., in: Lüdenbach/Hoffmann/Freiberg, Haufe IFRS-Kommentar, 17. Aufl., § 1, Rn. 7.

41 Den folgenden Ausführungen wird das im März 2018 veröffentliche *Conceptual Framework* zugrunde gelegt. Diese Fassung des Rahmenkonzepts ist das Ergebnis einer umfassenden Überarbeitung der ursprünglichen Version von 1989, die zunächst mit dem FASB im Rahmen eines gemeinsamen Projekts begonnen hat, ab 2012 allerdings vom IASB alleine fortgeführt wurde. Vgl. zur Historie CF.BC0.1–BC0.17, sowie KÖNIG, C., Umsatzrealisierung in der Airline-Industrie, S. 31, Fn. 278; ERB, C./PELGER, C., Rahmenkonzept des IASB, S. 872 f.

42 Vgl. BAETGE, J./KIRSCH, H.-J./THIELE, S., Bilanzen, S. 56; MERKT, H., Conceptual Framework aus regelungsmethodischer Sicht, S. 478 f. Vgl. kritisch zum *Conceptual Framework* LÜDENBACH, N./HOFFMANN, W.-D./FREIBERG, J., in: Lüdenbach/Hoffmann/Freiberg, Haufe IFRS-Kommentar, 17. Aufl., § 1, Rn. 99.

43 Vgl. FABER, M., Einlage von Kapitalgesellschaftsanteilen, S. 47; ERB, C./PELGER, C., Rahmenkonzept des IASB, S. 872, sowie allgemein zu den Aufgaben des Rahmenkonzepts BALLWIESER, W., Analyse des Rahmenkonzepts, S. 452 f.

44 Vgl. CF.SP1.1 (a). Vgl. zur Diskussion, ob das *Conceptual Framework* tatsächlich dieser Aufgabe nachkommt oder eher als Dokumentationsnachweis Verwendung findet, MERKT, H., Conceptual Framework aus regelungsmethodischer Sicht, S. 483–489; HAAKER, A./FREIBERG, J., Endorsement des IFRS-Rahmenkonzepts?, S. 259 f. Der IASB behält sich vor, dass einzelne Regelungen nicht den Anforderungen des Rahmenkonzepts genügen, würde aber künftig einen solchen Konflikt in den jeweiligen *basis for conclusions* erläutern. Vgl. CF.SP1.3.

45 Vgl. CF.SP1.1 (b), sowie THEILE, C., in: Heuser/Theile, IFRS Handbuch, 6. Aufl., Kap. 6, Rn. 6.4; WOLLMERT, P./ACHLEITNER, A.-K., Konzeptionelle Grundlagen, S. 209 f.; BAETGE, J./ZÜLCH, H., in: Schulze-Osterloh/Hennrichs/Wüstemann, HdJ, Abt. I/2, Rn. 197; BALLWIESER, W., Analyse des Rahmenkonzepts, S. 452; PELGER, C., Rechnungslegungszweck, S. 910; KÖNIG, C., Umsatzrealisierung in der Airline-Industrie, S. 32; HAYN, S., Die International Accounting Standards, S. 718.

46 Vgl. CF.SP1.1 (c), sowie LÜDENBACH, N./HOFFMANN, W.-D./FREIBERG, J., in: Lüdenbach/Hoffmann/Freiberg, Haufe IFRS-Kommentar, 17. Aufl., § 1, Rn. 2.

diesem Hintergrund kann das *Conceptual Framework* auch als **„theoretischer Unterbau“**[47] der (Konzern-)Rechnungslegung nach IFRS verstanden werden.[48]

Zu berücksichtigen ist, dass das *Conceptual Framework* nicht den Rang eines Rechnungslegungsstandards innehat.[49] Vielmehr ist es diesen gegenüber subsidiär anzuwenden, sodass prinzipiell die Vorschriften der einzelnen Standards Vorrang vor dem Rahmenkonzept haben.[50] Dies ist indes insofern zu relativieren, als in verschiedenen Standards mitunter direkt Bezug[51] auf das *Conceptual Framework* genommen wird und diesem daher zumindest mittelbar eine Bindungswirkung in bestimmten Fällen zuzusprechen ist.[52] Vor allem durch die unter anderem auf das Rahmenkonzept bezugnehmenden, in IAS 8[53] verankerten Regelungen zur **Schließung von Regelungslücken** und **Auslegung von Rechnungslegungsvorschriften** erfährt das *Conceptual Framework* erhebliche Bedeutung.[54] Vor dem Hintergrund der zuvor erläuterten Aufgaben des Rahmenkonzepts steht auch eine kritische Analyse bestehender Vorschriften der grundsätzlichen Subsidiarität nicht entgegen.

22 Ziel und Adressaten des Konzernabschlusses nach IFRS

221. Ziel der Konzernrechnungslegung nach IFRS

Das Ziel der Finanzberichterstattung nach IFRS lässt sich aus dem allgemeinen Vorhaben des Standardsetzers ableiten, ein Rechnungslegungssystem zu entwickeln und bereitzustellen, das einen Beitrag zur Transparenz, Verantwortung und Effizienz an den weltweiten Kapitalmärkten

---

47 WOLLMERT, P./ACHLEITNER, A.-K., Konzeptionelle Grundlagen, S. 209; BAETGE, J. U. A., in: Baetge u. a., Rechnungslegung nach IFRS, 2. Aufl., Kap. II, Rn. 3.

48 Vgl. BAETGE, J. U. A., in: Baetge u. a., Rechnungslegung nach IFRS, 2. Aufl., Kap. II, Rn. 3; HALLER, A., Rolle des IASC, S. 1301; GOEBEL, A., Konzernrechnungslegung nach den IAS, S. 2457; HAYN, S., Die International Accounting Standards, S. 718; WOLLMERT, P./ACHLEITNER, A.-K., Konzeptionelle Grundlagen, S. 209 f.; MERKT, H., Conceptual Framework aus regelungsmethodischer Sicht, S. 478; BÜRGE, A./OHLUND, E., International Accounting Standards, S. 166. Vgl. hierzu kritisch HAAKER, A./FREIBERG, J., Endorsement des IFRS-Rahmenkonzepts?, S. 259 f.

49 Vgl. CF.SP1.2, sowie SCHEFFLER, E., Überarbeitetes IFRS-Rahmenkonzept, S. R139. Vgl. zur Diskussion, ob das *Conceptual Framework* im Rahmen des sog. Indossierungsprozesses (*endorsement*) in EU-Recht übernommen werden sollte, MERKT, H., Conceptual Framework aus regelungsmethodischer Sicht, S. 497–499; HAAKER, A./FREIBERG, J., Endorsement des IFRS-Rahmenkonzepts?, S. 259 f. Vgl. zum *endorsement* grundlegend DRIESCH, D., in: Driesch u. a., Beck IFRS HB, 5. Aufl., § 1, Rn. 71–76.

50 Vgl. CF.SP1.2, sowie ERB, C./PELGER, C., Praxisimplikationen des neuen Rahmenkonzepts, S. 328; SCHÖLLHORN, T./MÜLLER, M., Relevanz des Rahmenkonzepts, S. 1624; GEBHARDT, G./MORA, A./WAGENHOFER, A., Fundamental Concepts of IFRS, S. 108 f. Vgl. auch ausführlich MERKT, H., Conceptual Framework aus regelungsmethodischer Sicht, S. 491–497.

51 So finden sich mitunter Verweise auf das *Conceptual Framework* (vgl. bspw. IFRS 3.11), aber auch die unmittelbare Übernahme wesentlicher Textpassagen des Rahmenkonzepts in Standards ist zu erkennen (vgl. bspw. IAS 1.7). Vgl. für einen umfassenden Überblick THEILE, C., Das neue Conceptual Framework, S. 591.

52 Vgl. THEILE, C., Das neue Conceptual Framework, S. 590 f.; PELLENS, B. U. A., Internationale Rechnungslegung, S. 99; FABER, M., Einlage von Kapitalgesellschaftsanteilen, S. 48, sowie ausführlich MERKT, H., Conceptual Framework aus regelungsmethodischer Sicht, S. 491–497.

53 Vgl. IAS 8.10 i. V. m. IAS 8.11 (b). Sowohl bei der Schließung von Regelungslücken als auch im Rahmen der Auslegung sind jedoch zunächst bestehende IFRS hinsichtlich eines möglichen Analogieschlusses zu prüfen. Vgl. IAS 8.11 (a), sowie ausführlich Abschnitt 25.

54 Vgl. ähnlich ENGELKE, F., Kapitalkonsolidierung im mehrstufigen Konzern, S. 49 f. Vgl. zu damit verbundenen Problemen MERKT, H., Conceptual Framework aus regelungsmethodischer Sicht, S. 497–499; HOFFMANN, S./DETZEN, D., Joint Conceptual Framework, S. 54 f.

leistet.[55] In diesem Sinne orientieren sich die IFRS an dem allgemeinen „Metaziel“[56] der Rechnungslegung, Informationsasymmetrien zwischen der Geschäftsführung der berichterstattenden Einheit und ihren (potenziellen) Kapitalgebern zu reduzieren,[57] um Letzteren fundierte ökonomische Entscheidungen zu ermöglichen.[58] Das konkrete Ziel der Finanzberichterstattung nach IFRS – und damit auch der Konzernrechnungslegung nach IFRS – liegt schließlich darin, sowohl potenziellen als auch bestehenden Kapitalgebern **entscheidungsnützliche Informationen** (*decision usefulness*) über die berichterstattende Einheit bereitzustellen.[59]

Im Mittelpunkt der von den potenziellen und bestehenden Kapitalgebern zu treffenden Entscheidungen steht dabei die Allokation der ihnen zur Verfügung stehenden Ressourcen.[60] Hierunter sind Dispositionsentscheidungen in Bezug auf Eigenkapital- und Fremdkapitalinstrumente zu subsumieren.[61] Darüber hinaus zählen auch Entscheidungen im Zusammenhang mit der Ausübung von (Stimm-)Rechten, die unmittelbar Einfluss auf die Handlungen des Leitungsorgans der berichterstattenden Einheit haben können,[62] zu den seitens der Kapitalgeber zu treffenden Entscheidungen.[63] Für sämtliche dieser Entscheidungen sind die spezifischen Renditeerwartungen der Kapitalgeber hinsichtlich ihrer bereits getätigten oder einer möglichen künftigen Investition von zentraler Bedeutung.[64] Die jeweilige Renditeerwartung hängt dabei zum einen von der Aussicht auf künftige Nettozahlungsmittelzuflüsse und zum anderen von der Beurteilung der Leistung des Managements hinsichtlich der Verwendung des ihm anvertrauten Kapitals ab.[65]

---

55 Vgl. CF.SP1.5, sowie FABER, M., Einlage von Kapitalgesellschaftsanteilen, S. 48.

56 FÜLBIER, R. U./GASSEN, J., Bilanzrechtsregulierung, S. 138.

57 Vgl. GIMPEL-HENNING, N., Sukzessive Anteilserwerbe, S. 10 f. Vgl. zum Metaziel der Rechnungslegung PELLENS, B. U. A., Internationale Rechnungslegung, S. 4–8; FÜLBIER, R. U./GASSEN, J., Bilanzrechtsregulierung, S. 138–140; ACHLEITNER, A.-K., Normierung der Rechnungslegung, S. 36–41; HINZ, M., Rechnungslegung nach IFRS, S. 1–3. Bezüglich bestehender Informationsasymmetrien wird dabei unterstellt, dass die rechnungslegende Einheit nicht eigentümergeführt ist. Vgl. CF.BC1.8.

58 Vgl. CF.SP1.5 (a)–(b), sowie FABER, M., Einlage von Kapitalgesellschaftsanteilen, S. 48. Finanzberichterstattung stellt insofern „keinen Selbstzweck dar [mit Hervorhebungen im Original]“ (STREIM, H., Grundzüge der Bilanzierung, S. 8), sondern fungiert – ganz grundsätzlich – als Informationsinstrument der rechnungslegenden Einheit gegenüber ihrem Umfeld. Vgl. PELLENS, B. U. A., Internationale Rechnungslegung, S. 9–12; ACHLEITNER, A.-K., Normierung der Rechnungslegung, S. 36, sowie mit Bezug auf den Konzernabschluss STEIN, H.-G., Konzernbilanzpolitik, S. 992.

59 Vgl. CF.1.2, sowie WAGENHOFER, A./EWERT, R., Externe Unternehmensrechnung, S. 5 f.

60 Vgl. CF.1.2, sowie ENGELKE, F., Kapitalkonsolidierung im mehrstufigen Konzern, S. 50.

61 Vgl. CF.1.2 (a)–(b), sowie ERB, C./PELGER, C., Rahmenkonzept des IASB, S. 873.

62 Dies kann bspw. eine Entscheidung in Bezug auf die Berufung eines Vorstands- oder Aufsichtsratsmitglieds betreffen. Vgl. CF.BC1.38.

63 Vgl. CF.1.2 (c), sowie ERB, C./PELGER, C., Rahmenkonzept des IASB, S. 873; BAETGE, J. U. A., in: Baetge u. a., Rechnungslegung nach IFRS, 2. Aufl., Kap. II, Rn. 30. Laut IASB sind auch diese Entscheidungen unter den seitens der Kapitalgeber zu treffenden Ressourcenallokationsentscheidungen zu subsumieren. Vgl. CF.BC1.37.

64 Vgl. CF.1.3, sowie FISCHER, D. T., Entwurf eines neugefassten Rahmenkonzepts, S. 224.

65 Vgl. CF.1.3, sowie ERB, C./PELGER, C., Rahmenkonzept des IASB, S. 873 f.

Angesichts dieser vom Standardsetzer angeführten Informationsbedürfnisse der Kapitalgeber kann das Ziel der Entscheidungsnützlichkeit in zwei Teilziele unterteilt werden, die in der **Bewertungsfunktion** (*valuation usefulness*)[66] sowie der **Rechenschaftsfunktion** (*stewardship*)[67] des (Konzern-)Abschlusses zum Ausdruck kommen.[68] Demzufolge sollen den (potenziellen) Kapitalgebern zum einen Informationen bereitgestellt werden, auf deren Grundlage ihnen eine Einschätzung hinsichtlich der Höhe, des Zeitpunktes sowie der Unsicherheit künftiger Nettozahlungsmittelzuflüsse möglich ist.[69] Zum anderen hat das Management der berichterstattenden Einheit mittels des (Konzern-)Abschlusses dergestalt Rechenschaft abzulegen, inwieweit die ihm zur Verfügung gestellten Ressourcen effizient und effektiv genutzt wurden.[70] Auf Basis dieser Informationen sollen die Kapitalgeber dazu in die Lage versetzt werden, sowohl das künftige Verhalten des Managements zu antizipieren und damit wiederum künftige Renditen abzuschätzen[71] als auch bei Bedarf Einfluss auf die zu erwartenden Renditen zu nehmen, bspw. in Form einer Neubesetzung des Managements.[72]

Obgleich die der Bewertungsfunktion dienlichen Informationen oftmals zugleich der Rechenschaftsfunktion dienen (*et vice versa*),[73] kann es vorkommen, dass aus den beiden Teilzielen

---

66 Vgl. FÜLBIER, R. U./GASSEN, J., Bilanzrechtsregulierung, S. 138–140, denen zufolge die Bewertungsfunktion auch als „Informationsfunktion im engeren Sinne“ verstanden werden kann. Vgl. auch PELGER, C., Entscheidungsnützlichkeit in neuem Gewand, S. 158, der von „Bewertungsnützlichkeit“ spricht. Der Standardsetzer stellt in CF.1.7 explizit klar, dass ein (Konzern-)Abschluss nicht zum Anspruch hat, den Unternehmenswert zu zeigen, sondern lediglich (entscheidungsnützliche) Informationen bereitzustellen, die (potenziellen) Kapitalgebern bei der Schätzung des Unternehmenswertes der berichterstattenden Einheit helfen.

67 Vgl. COENENBERG, A. G./STRAUB, B., Rechenschaft versus Entscheidungsunterstützung, S. 17–26. Der Standardsetzer betont hierbei, dass Rechenschaft keinesfalls als ein der Entscheidungsnützlichkeit gleichberechtigtes Rechnungslegungsziel zu verstehen ist. Vielmehr stellen die aus Rechenschaftsgesichtspunkten zu berichtenden Informationen eine Notwendigkeit zur übergeordneten Zielerreichung der Entscheidungsnützlichkeit dar. Vgl. CF.BC1.35, sowie ERB, C./PELGER, C., Rahmenkonzept des IASB, S. 874; GIMPEL-HENNING, N., Sukzessive Anteilserwerbe, S. 11, Fn. 51. Vgl. hierzu kritisch bspw. EFRAG U. A. (Hrsg.), Getting a Better Framework: Accountability, S. 1–14; COENENBERG, A. G./STRAUB, B., Rechenschaft versus Entscheidungsunterstützung, S. 22–24; PELGER, C., Rechnungslegungszweck, S. 910–914.

68 Vgl. CF.1.3 f. i. V. m. CF.BC1.34, sowie KIRSCH, H.-J./BRÖTZMANN, I./VON WIEDING, F., in: Baetge/Kirsch/Thiele, Bilanzrecht, § 243 HGB, Rn. 515; BAETGE, J. U. A., in: Baetge u. a., Rechnungslegung nach IFRS, 2. Aufl., Kap. II, Rn. 31; KOELEN, P., Investitionstheoretische Bewertungskalküle, S. 28 f.; ENGELKE, F., Kapitalkonsolidierung im mehrstufigen Konzern, S. 51; FABER, M., Einlage von Kapitalgesellschaftsanteilen, S. 49. Vgl. zu beiden Begriffen ausführlich GASSEN, J., Stewardship and valuation usefulness, S. 1–56.

69 Vgl. CF.1.3, sowie BUSCH, J./BOECKER, C., ED/2015/3: *Conceptual Framework*, S. 271.

70 Vgl. CF.1.4 (b) i. V. m. CF.1.22 f., sowie FISCHER, D. T., Neufassung des IASB-Rahmenkonzepts, S. 155. Als Beispiele für einen solchen Ressourceneinsatz führt der IASB den Schutz der dem Unternehmen zur Verfügung stehenden Ressourcen vor unvorteilhaften wirtschaftlichen Entwicklungen, wie bspw. Preis- und Technologieveränderungen, sowie die Einhaltung von gesetzlichen und regulatorischen Bestimmungen an. Vgl. CF.1.23. Da jedoch nicht immer zwingend die gesamte Unternehmensleistung auf die Leistung des Managements zurückzuführen ist, wird zum Teil eine zwischen Unternehmens- und Managementleistung differenzierende Berichterstattung diskutiert. Vgl. COENENBERG, A. G./STRAUB, B., Rechenschaft versus Entscheidungsunterstützung, S. 19; BALLWIESER, W., Analyse des Rahmenkonzepts, S. 469 f.; ALKEMEIER, M., Konzerninterne Unternehmenszusammenschlüsse, S. 37, Fn. 216.

71 Vgl. CF.1.16; CF.1.22, sowie WHITTINGTON, G., Fair Value and the Conceptual Framework, S. 144 f.

72 Vgl. CF.BC1.35 (a), sowie ENGELKE, F., Kapitalkonsolidierung im mehrstufigen Konzern, S. 51; CHRISTENSEN, J., Conceptual frameworks of accounting, S. 293; COENENBERG, A. G./STRAUB, B., Rechenschaft versus Entscheidungsunterstützung, S. 18.

73 Vgl. COENENBERG, A. G./STRAUB, B., Rechenschaft versus Entscheidungsunterstützung, S. 22; HETTICH, S., Zweckadäquate Gewinnermittlungsregeln, S. 12.

unterschiedliche Informationsbedürfnisse erwachsen, die unter Umständen sogar miteinander konfligieren.[74] Zwar ist sich der IASB diesem Umstand wohl bewusst,[75] dennoch sind dem *Conceptual Framework* keine Vorgaben zu entnehmen, wie mit einem derartigen Konfliktfall umzugehen ist.[76] Durch die explizite Wiederaufnahme der Rechenschaftsfunktion in das Rahmenkonzept im Zuge seiner Überarbeitung ist dieser zwar zunächst eine entsprechende Prominenz zuzusprechen.[77] Hieraus ist allerdings nicht zu schließen, dass der Rechenschaftsfunktion eine höhere Stellung als der Bewertungsfunktion zukommt.[78] Vielmehr sind beide Funktionen als gleichwertig zu erachten.[79] Im Konfliktfall führt dies zwangsläufig zu einer Kompromisslösung[80], der eine sorgfältige Abwägung voranzugehen hat, ob die tendenziell bewertungsnützlichere oder die eher rechenschaftsfördernde Information im Ergebnis der Entscheidungsnützlichkeit vergleichsweise dienlicher ist.[81]

Damit sowohl die Bewertungsfunktion als auch die Rechenschaftsfunktion erfüllt werden (können), muss die berichterstattende Einheit zunächst Informationen über die Art und Höhe ihrer wirtschaftlichen Ressourcen sowie der gegen sie gerichteten Ansprüche zur Verfügung stellen (**Darstellung der Vermögens- und Finanzlage**).[82] Diese Informationen über die Vermögens- und Finanzlage (*financial position*) sollen die Kapitalgeber dabei unterstützen, die wirtschaftlichen Stärken und Schwächen des Unternehmens zu identifizieren sowie seine Liquidität und Solvenz zu beurteilen.[83] Von zentraler Bedeutung ist des Weiteren die Berichterstattung über die Veränderungen der wirtschaftlichen Ressourcen der berichterstattenden Einheit sowie der Ansprüche gegen sie,[84] die entweder auf der Ertragslage (*financial performance*)[85] oder auf

---

74 Vgl. SCHRUFF, W., Spannungsfeld zwischen Cashflow-Prognose und Rechenschaft, S. 859 f.; BALLWIESER, W., Analyse des Rahmenkonzepts, S. 466–470; GASSEN, J./FISCHKIN, M./HILL, V., Rahmenkonzept-Projekt, S. 876 f.; GJESDAL, F., Accounting for Stewardship, S. 208–231; LENNARD, A., Stewardship, S. 51–66; GEBHARDT, G./MORA, A./WAGENHOFER, A., Fundamental Concepts of IFRS, S. 110.

75 Vgl. CF.BC1.39, sowie ENGELKE, F., Kapitalkonsolidierung im mehrstufigen Konzern, S. 51.

76 Vgl. ENGELKE, F., Kapitalkonsolidierung im mehrstufigen Konzern, S. 51, sowie mit Bezug zu dem der finalen Fassung des *Conceptual Framework* vorangegangenen ED/2015/3 GIMPEL-HENNING, N., Sukzessive Anteilserwerbe, S. 13.

77 Vgl. CF.BC1.33, sowie ERB, C./PELGER, C., Rahmenkonzept des IASB, S. 877; THEILE, C./GOY, K., Entwurf ED/2015/3, S. 619.

78 Vgl. so wohl CF.BC1.34 f.

79 Vgl. so wohl CF.BC1.34 f. Vgl. so auch ENGELKE, F., Kapitalkonsolidierung im mehrstufigen Konzern, S. 51, Fn. 282; FABER, M., Einlage von Kapitalgesellschaftsanteilen, S. 49, sowie mit Bezug zu dem der finalen Fassung des *Conceptual Framework* vorangegangenen ED/2015/3 GIMPEL-HENNING, N., Sukzessive Anteilserwerbe, S. 13; ALKEMEIER, M., Konzerninterne Unternehmenszusammenschlüsse, S. 36.

80 „Über dessen Güte wird ewig zu streiten sein." BALLWIESER, W., Analyse des Rahmenkonzepts, S. 469. Vgl. zur diesbezüglichen Diskussion stellvertretend BALLWIESER, W., Analyse des Rahmenkonzepts, S. 466–470; CHRISTENSEN, J., Conceptual frameworks of accounting, S. 287–299, sowie schon DEMSKI, J. S., General Impossibility of Normative Accounting Standards, S. 718–723.

81 Vgl. BALLWIESER, W., Analyse des Rahmenkonzepts, S. 469; COENENBERG, A. G./STRAUB, B., Rechenschaft versus Entscheidungsunterstützung, S. 22 f.; ENGELKE, F., Kapitalkonsolidierung im mehrstufigen Konzern, S. 51 f.; GIMPEL-HENNING, N., Sukzessive Anteilserwerbe, S. 12 f.

82 Vgl. CF.1.3–1.4 (a) i. V. m. CF.1.12–1.14, sowie GIMPEL-HENNING, N., Sukzessive Anteilserwerbe, S. 12.

83 Vgl. CF.1.13.

84 Vgl. CF.1.3–1.4 (a) i. V. m. CF.1.12 i. V. m. CF.1.15–1.21.

85 Vgl. CF.1.15 i. V. m. CF.1.17–1.20.

anderen Ereignissen oder Geschäftsvorfällen (*other events or transactions*)[86] beruhen.[87] Informationen über die Ertragslage sollen ein differenziertes Verständnis des Zustandekommens der Rendite, die das Unternehmen mithilfe der ihm zur Verfügung stehenden Ressourcen erwirtschaftet hat, ermöglichen (**Darstellung der Ertragslage**).[88] In diesem Zusammenhang sind auch Ein- und Auszahlungen (*cash flows*) Gegenstand der Berichterstattung, da sie als weitere Indikatoren der Schätzung künftiger Nettozahlungsmittelzuflüsse sowie der Beurteilung des Managements dienen und ferner beim Verständnis der betrieblichen Tätigkeit(en) des Unternehmens unterstützen.[89]

Sofern die berichterstattende Einheit in einem **Konzernverbund** operiert – so wie im Rahmen dieser Arbeit stets angenommen –, ist das durch den jeweiligen Einzelabschluss vermittelte Bild der Vermögens-, Finanz- und Ertragslage der diesem Konzernverbund angehörigen Unternehmen indes in seiner Aussagefähigkeit regelmäßig eingeschränkt.[90] Dies liegt in den wirtschaftlichen Abhängigkeitsbeziehungen der konzernzugehörigen Unternehmen untereinander und der damit zum Teil verbundenen begrenzten Handlungsfähigkeit dieser begründet.[91] Die Einzelabschlüsse der einzelnen Konzernunternehmen[92] zeigen jeweils nur einen Ausschnitt des gesamten Konzernverbundes[93] und sind zugleich oftmals von konzerninternen Verflechtungen geprägt.[94] Das an der Konzernspitze stehende Mutterunternehmen kann dabei mitunter je nach Intensität der Unternehmensverbindung und dem damit verbundenen Grad der Einflussnahmemöglichkeit[95] Transaktionen innerhalb des Konzerns durchzusetzen, die gezielte Sachverhaltsgestaltungen im eigenen Interesse zum Gegenstand haben können.[96] Da insofern die Darstellung der wirtschaftlichen Lage des gesamten Konzernverbundes durch einfaches Summieren

---

86 Hierunter sind vor allem Transaktionen mit Kapitalgebern zu verstehen, aber auch bspw. ein reiner Aktivtausch, der zwar ggf. die Struktur der Vermögens- oder Finanzlage ändert, von dem aber die Höhe des Nettovermögens unberührt bleibt. Vgl. CF.1.15 i. V. m. CF.1.21 i. V. m. CF.4.2. Diese Informationen sind für ein abschließendes Verständnis der Änderungen der Vermögens- und Finanzlage unerlässlich. Vgl. CF.1.21.

87 Vgl. CF.1.15.

88 Vgl. CF.1.16.

89 Vgl. CF.1.20.

90 Vgl. KIRSCH, H.-J./HEPERS, L./EWELT-KNAUER, C., in: Baetge/Kirsch/Thiele, Bilanzrecht, Einf. B., Rn. 202 i. V. m. Rn. 231; BUSSE VON COLBE, W. U. A., Konzernabschlüsse, S. 22–24; BORES, W., Konsolidierte Erfolgsbilanzen, S. 20; HAYN, B., Konsolidierungstechnik, S. 18 f.; GÖTH, P., Eigenkapital im Konzernabschluß, S. 41.

91 Vgl. PELLENS, B. U. A., Internationale Rechnungslegung, S. 132; BAETGE, J./KIRSCH, H.-J./THIELE, S., Konzernbilanzen, S. 7; KLOSE, N.-C., Kapitalkonsolidierungs- und Bewertungsmethoden, S. 10 f.

92 Unter diesem Begriff werden hier nicht nur das Mutter- und dessen Tochterunternehmen, sondern auch gemeinschaftliche Tätigkeiten, Gemeinschaftsunternehmen und assoziierte Unternehmen verstanden. Vgl. so auch ENGELKE, F., Kapitalkonsolidierung im mehrstufigen Konzern, S. 8. A. A. wohl KÜTING, K./WEBER, C.-P., Der Konzernabschluss, S. 205 f.

93 Vgl. DREGER, K.-M., Der Konzernabschluß, S. 17.

94 Vgl. BAETGE, J./KIRSCH, H.-J./THIELE, S., Konzernbilanzen, S. 50 f.

95 Vgl. Abschnitt 31.

96 Vgl. EBELING, R. M., Einheitsfiktion, S. 55; BORES, W., Konsolidierte Erfolgsbilanzen, S. 20; HINZ, M., Konzernabschluss als Instrument zur Informationsvermittlung, S. 2 f. Typische gestalterische Maßnahmen umfassen vor allem Transaktionen zu marktunüblichen Konditionen mit dem Ziel der Gewinnverschiebung innerhalb des Konzerns. Vgl. zu weiteren Beispielen KLOSE, N.-C., Kapitalkonsolidierungs- und Bewertungsmethoden, S. 36–38; EBELING, R. M., Einheitsfiktion, S. 55–73; BUSSE VON COLBE, W. U. A., Konzernabschlüsse, S. 22–24; PFLEGER, G., Sachverhaltsgestaltungen, S. 2198–2204. Vor dem Hintergrund dieser möglichen „Verschiebebahnhöfe“ (BORES, W., Konsolidierte Erfolgsbilanzen, S. 20) weist BALLWIESER auf „die

der Einzelabschlüsse verzerrt sein kann,[97] ergibt sich angesichts der Informationsbedürfnisse der (potenziellen) Kapitalgeber hieraus die Notwendigkeit zur Aufstellung eines die wirtschaftlichen Abhängigkeitsverhältnisse berücksichtigenden (zusätzlichen) konsolidierten Abschlusses des Konzernverbundes.[98] Der Konzernabschluss ist dabei so aufzustellen, als handele es sich bei dem Mutterunternehmen und seinen Tochterunternehmen um ein einziges Unternehmen, sodass er „quasi den Einzelabschluss“[99] dieser wirtschaftlichen Einheit bildet (sog. **Einheitsfiktion**[100]).[101] Hierzu sind im Rahmen einer derivativen Konzernabschlusserstellung[102] sämtliche konzerninternen Verflechtungen[103] zwischen den zum Konzernverbund gehörenden Unternehmen zu eliminieren.[104] Mittels der Konzernrechnungslegung sollen demnach die Mängel der jeweiligen Einzelabschlüsse behoben werden, sodass die Informationsbedürfnisse der Kapitalgeber hinsichtlich eines zutreffenden Einblicks in die wirtschaftliche Lage des Konzernverbundes befriedigt werden können (sog. **Kompensationsfunktion**[105]).[106] So erhalten die Kapitalgeber mit Blick auf konzerninterne Lieferungs- und Leistungsbeziehungen regelmäßig erst dann entscheidungsnützliche Informationen, wenn durch die Konzernleitung beeinflussbare Zwischenergebnisse beseitigt wurden.[107]

Gefahr der nahezu völligen Aussagelosigkeit von Einzelabschlüssen von Konzernunternehmen“ (BALLWIESER, W., Analyse von Jahresabschlüssen, S. 57) hin.

97 Vgl. BAETGE, J./HAYN, S./STRÖHER, T., in: Baetge u. a., Rechnungslegung nach IFRS, 2. Aufl., IFRS 10, Rn. 11.

98 Vgl. CF.3.15 i. V. m. CF.3.18, sowie VON WYSOCKI, K./WOHLGEMUTH, M./BRÖSEL, G., Konzernrechnungslegung, S. 9; PEFFEKOVEN, F. P./CHRISMANN, T., IFRS: Konzernabschluss, S. 21–24; BAETGE, J./HAYN, S./STRÖHER, T., in: Baetge u. a., Rechnungslegung nach IFRS, 2. Aufl., IFRS 10, Rn. 11; EWELT-KNAUER, C., Der Konzernabschluss, S. 39 f.

99 KIRSCH, H.-J./HEPERS, L./EWELT-KNAUER, C., in: Baetge/Kirsch/Thiele, Bilanzrecht, Einf. B., Rn. 202, wenn auch im handelsrechtlichen Kontext.

100 Vgl. zu diesem Begriff, wenn auch im handelsrechtlichen Kontext, EBELING, R. M., Einheitsfiktion, S. 5–8. Die in IFRS 10.A verankerte Einheitsfiktion wird zum Teil fälschlicherweise als Kodifizierung der Einheitstheorie interpretiert. Vgl. dazu SCHWARZKOPF, A.-S., Anteile nicht beherrschender Gesellschafter, S. 37 f. m. w. N.; WIRTH, J., Firmenwertbilanzierung, S. 103. Vgl. zur ähnlichen Diskussion im handelsrechtlichen Kontext HAYN, B., Konsolidierungstechnik, S. 27 f.; RUPPERT, B., Die Bedeutung des § 297 Abs. 3 S. 1 HGB, S. 71–118.

101 Vgl. CF.3.15 i. V. m. IFRS 10.A, sowie EWELT-KNAUER, C., Der Konzernabschluss, S. 39–43; BAETGE, J./HAYN, S./STRÖHER, T., in: Baetge u. a., Rechnungslegung nach IFRS, 2. Aufl., IFRS 10, Rn. 11 und Rn. 50; VON WYSOCKI, K./WOHLGEMUTH, M./BRÖSEL, G., Konzernrechnungslegung, S. 13.

102 Konzernabschlüsse werden regelmäßig derivativ, d. h. durch Horizontaladdition der Einzelabschlüsse der Konzernunternehmen, erstellt, sodass anschließend konzerninterne Verflechtungen zu eliminieren sind. Vgl. hierzu grundlegend RUHNKE, K., Konzernbuchführung, S. 62–106. Bei einer originären Konzernbuchführung wäre dieser „Umweg über die Einzelabschlüsse“ (PAWELZIK, K. U., Prüfung des Konzerneigenkapitals, S. 39) entbehrlich, da in diesem Fall von vornherein ausschließlich Geschäftsvorfälle mit konzernexternen Dritten berücksichtigt werden. Vgl. RICHTER, H./SÄGLITZ, H.-J., Originäre Konzernbuchführung, S. 311–336. Die Vorgaben zur Konzernabschlusserstellung in IFRS 10.B86 lassen vermuten, dass der IASB von einer derivativen Konzernabschlusserstellung ausgeht.

103 Vgl. ausführlich Abschnitt 41.

104 Vgl. IFRS 10.B86; IFRS 11.21A i. V. m. IFRS 10.B86; IFRS 11.B34–B37; IAS 28.28 f.

105 Vgl. zum Begriff SCHRUFF, W., Aussagefähigkeit des Konzernabschlusses, S. 43 f.; BAETGE, J./KIRSCH, H.-J./THIELE, S., Konzernbilanzen, S. 48–52. Die Kompensationsfunktion kann als Voraussetzung für die Erfüllung der Bewertungsfunktion und der Rechenschaftsfunktion verstanden werden. Vgl. ähnlich PANZER, A., Statusändernde Anteilsveräußerungen, S. 15 f.

106 Vgl. CF.3.15 i. V. m. CF.3.18, sowie VON WYSOCKI, K./WOHLGEMUTH, M./BRÖSEL, G., Konzernrechnungslegung, S. 9; ALKEMEIER, M., Konzerninterne Unternehmenszusammenschlüsse, S. 56–58.

107 Vgl. ähnlich BUSSE VON COLBE, W. U. A., Konzernabschlüsse, S. 22 f. und S. 373–375. Vgl. zur spezifischen

222. Adressaten des Konzernabschlusses nach IFRS

Damit eine Finanzberichterstattung entscheidungsnützliche Informationen bereitstellen kann, muss sie auf die Bedürfnisse ihrer Adressaten ausgerichtet sein.[108] Vor dem Hintergrund divergierender, zum Teil konfliktär gegenüberstehender Informationsinteressen[109] der verschiedenen Interessengruppen bedarf es hierzu allerdings der Konkretisierung des Adressatenkreises,[110] da ein alleiniges Informationsinstrument regelmäßig nicht dazu in der Lage sein wird, sämtliche dieser Interessen gleichermaßen zu befriedigen.[111] Insofern gilt es, einen primären Adressatenkreis zu definieren, der von sonstigen Informationsinteressierten abzugrenzen ist.[112]

Der Standardsetzer greift dies auf, indem er im *Conceptual Framework* explizit potenzielle und bestehende Investoren (Eigenkapitalgeber) sowie Kreditgeber und andere Gläubiger (Fremdkapitalgeber) der berichterstattenden Einheit als **primäre Adressaten** (*primary users*) der Finanzberichterstattung nach IFRS festlegt.[113] Diese Auswahl begründet der IASB damit, dass Kapitalgeber oftmals keinen direkten Zugang zu unternehmensinternen Finanzinformationen der berichterstattenden Einheit haben, sondern sich regelmäßig auf öffentlich zugängliche Informationen verlassen müssen, sodass sie „*the most critical and immediate need for the information in financial reports*"[114] haben.[115] Obgleich die durch die Rechnungslegung nach IFRS vermittelten Informationen auch für weitere Interessengruppen wie bspw. das Management[116] der berichterstattenden Einheit, Regulatoren oder die Öffentlichkeit nützlich sein können, ist diese Rechnungslegung nicht primär auf die Informationsbedürfnisse dieser Gruppen ausgerichtet.[117]

Aufgabe der Zwischenergebniseliminierung ausführlich Abschnitt 41.

108 Vgl. MOXTER, A., Bilanzlehre, S. 418 f.; MOXTER, A., Fundamentalgrundsätze, S. 94 f.

109 Vgl. PELLENS, B. U. A., Internationale Rechnungslegung, S. 100; BAETGE, J./THIELE, S., Gesellschafterschutz versus Gläubigerschutz, S. 12–18; BALLWIESER, W., Informations-GoB, S. 115 f. Dabei ist jedoch zu beachten, dass die einzelnen Stakeholdergruppen in sich keine homogenen Gruppen sein müssen. Vgl. HAAKER, A., Goodwill-Bilanzierung nach IFRS, S. 41. So kann es bspw. unter den Eigenkapitalgebern solche geben, die an kurzfristigen Kursgewinnen interessiert sind, während andere primär auf konstante Dividendeneinkommen bedacht sind. Vgl. BUSSE VON COLBE, W., Shareholder Value, S. 272. Vgl. zur Heterogenität von Eigenkapitalgebern auch BEAVER, W. H., Financial Reporting, S. 8 f.

110 Vgl. MOXTER, A., Fundamentalgrundsätze, S. 94 f.

111 Vgl. WEDELL, H., Wertschöpfung, S. 206; KÜTING, P., Konzerninterne Umstrukturierungen, S. 88 f.; ALKEMEIER, M., Konzerninterne Unternehmenszusammenschlüsse, S. 60.

112 Vgl. MOXTER, A., Fundamentalgrundsätze, S. 95; PANZER, A., Statusändernde Anteilsveräußerungen, S. 16.

113 Vgl. CF.1.5, sowie WAWRZINEK, W./LÜBBIG, M., in: Driesch u. a., Beck IFRS HB, 5. Aufl., § 2, Rn. 23. Divergierenden Informationsbedürfnissen verschiedener primärer Adressaten möchte der IASB dergestalt begegnen, dass er im Rahmen der Entwicklung von Standards versucht, die Informationsbedürfnisse der Mehrheit der primären Adressaten zu befriedigen. Des Weiteren kann die berichterstattende Einheit über das geforderte Maß hinausgehende Informationen im Rahmen der Berichterstattung bereitstellen. Vgl. CF.1.8. Vgl. kritisch zum Adressatenkreis der IFRS, wenn auch noch in Bezug auf das *Framework* (1989), HAAKER, A., Goodwill-Bilanzierung nach IFRS, S. 165–174.

114 CF.BC1.16 (a).

115 Vgl. CF.1.5, sowie ausführlich CF.BC1.16. Dabei betont der Standardsetzer, dass die Informationsbedürfnisse der Kapitalgeber in Bezug auf ihre Investitionsentscheidungen durch die Finanzberichterstattung nicht vollumfänglich erfüllt werden können, sondern diese auch auf weitere Informationsquellen zurückgreifen müssen. Vgl. CF.1.6.

116 Da das Management Zugang zu unternehmensinternen Daten hat, muss es sich im Gegensatz zu den Kapitalgebern nicht auf öffentlich zugängliche Informationen verlassen. Vgl. CF.1.9.

117 Vgl. CF.1.9 f., sowie ausführlich CF.BC1.22–BC1.26.

Mit Blick auf die Konzernrechnungslegung stellt sich die Frage, ob neben den Eigenkapital- und Fremdkapitalgebern des an der Konzernspitze stehenden Mutterunternehmens auch die **nicht beherrschenden Gesellschafter**[118] sowie die **Fremdkapitalgeber** der im Konzernverbund organisierten **Tochterunternehmen** zu den primären Adressaten des Konzernabschlusses der Konzernobergesellschaft gehören.[119] Zwar richten sich die rechtlichen Ansprüche der Kapitalgeber der Tochterunternehmen grundsätzlich nicht gegen das Konzernmutterunternehmen oder den Konzern, sondern gegen das jeweilige Tochterunternehmen, dem sie Kapital zur Verfügung gestellt haben,[120] sodass ihr Hauptaugenmerk zunächst auf dem jeweiligen Einzelabschluss[121] des Tochterunternehmens liegen wird.[122] Vor diesem Hintergrund wird zum Teil im Schrifttum geschlussfolgert, dass ihnen keine Informationsbedürfnisse am Konzernabschluss der Konzernobergesellschaft zuzusprechen sind.[123] Gleichwohl ist zu beachten, dass sowohl die nicht beherrschenden Gesellschafter als auch die Fremdkapitalgeber der Tochterunternehmen über diesen Konzernabschluss Einschätzungen hinsichtlich ihrer spezifischen Risikoposition am Tochterunternehmen treffen können, da diese regelmäßig aufgrund konzerninterner Verflechtungen auch von der Bestandsfähigkeit des gesamten Konzernverbundes abhängen wird.[124] Sofern bspw. ein Tochterunternehmen eine aus Konzernsicht zwischenergebniseliminierungspflichtige Lieferung eines Vermögenswertes an die Konzernobergesellschaft vornimmt, wird es für die Kapitalgeber des liefernden Tochterunternehmens hinsichtlich der Beurteilung eines im Einzelabschluss bereits erfassten Ergebnisses aus dieser Transaktion von Interesse sein, ob der gelieferte Vermögenswert anschließend an konzernexterne Dritte weiterveräußert wurde oder ob sich das diesbezügliche Produktions- und Absatzrisiko noch innerhalb des Konzernverbundes befindet.[125]

Trotz dieser Informationsbedürfnisse wurde in dem dem aktuellen Rahmenkonzept vorangegangenen Entwurf ED/2015/3 seitens des Standardsetzers noch expliziert, dass der konsolidierte Abschluss eines Mutterunternehmens nicht zur Intention hat, den Kapitalgebern der

---

118 Vgl. zur Charakterisierung der nicht beherrschenden Anteile ausführlich Abschnitt 521.231.

119 Vgl. GIMPEL-HENNING, N., Sukzessive Anteilserwerbe, S. 14 f.

120 Vgl. HINZ, M., Konzernabschluss als Instrument zur Informationsvermittlung, S. 73 f.; KÜTING, K./GÖTH, P./STRICKMANN, M., Die Dokumentation des Konzerneigenkapitals, S. 935 f.; LÜCK, W., Rechnungslegung im Konzern, S. 14.

121 Stellt das Tochterunternehmen selbst einen Konzernabschluss auf, ist ggf. auf diesen Teilkonzernabschluss zurückzugreifen. Vgl. ALKEMEIER, M., Konzerninterne Unternehmenszusammenschlüsse, S. 62–64; KASPERZAK, R./LIECK, H., IFRS-Teilkonzernabschluss, S. 772 f.

122 Vgl. CF.3.16; CF.BC3.25.

123 Vgl., wenn auch im handelsrechtlichen Kontext, GÖTH, P., Eigenkapital im Konzernabschluß, S. 45–52; BERTSCH, A., Rechnungslegung von Konzernunternehmen, S. 194 f.

124 Vgl. VON WYSOCKI, K./WOHLGEMUTH, M./BRÖSEL, G., Konzernrechnungslegung, S. 9, sowie, wenn auch nur mit Bezug zu den nicht beherrschenden Gesellschaftern, PAWELZIK, K. U., Konsolidierung von Minderheiten, S. 678; SCHWARZKOPF, A.-S., Anteile nicht beherrschender Gesellschafter, S. 44 f. Vgl. auch KLOSE, N.-C., Kapitalkonsolidierungs- und Bewertungsmethoden, S. 38 f.; ALKEMEIER, M., Konzerninterne Unternehmenszusammenschlüsse, S. 62; PANZER, A., Statusändernde Anteilsveräußerungen, S. 17 f.; ENGELKE, F., Kapitalkonsolidierung im mehrstufigen Konzern, S. 54; IASB (Hrsg.), Staff Paper 10B (September 2016), Rn. 40 (b) i. V. m. Rn. 46.

125 Vgl. ähnlich HINZ, M., Konzernabschluss als Instrument zur Informationsvermittlung, S. 69–72; KLOSE, N.-C., Kapitalkonsolidierungs- und Bewertungsmethoden, S. 37 f.

Tochterunternehmen entscheidungsnützliche Informationen zu vermitteln, sondern sich die Informationsbedürfnisse dieser Kapitalgeber ausschließlich auf den jeweiligen Einzelabschluss beschränken.[126] Hieraus konnte vergleichsweise einfach geschlossen werden, dass alleinig die Kapitalgeber des Mutterunternehmens als primäre Adressaten des Konzernabschlusses dieses Unternehmens gelten.[127] Dies stieß jedoch im Zuge des Überarbeitungsprozesses des Rahmenkonzepts seitens einiger der den Entwurf Kommentierenden auf Kritik,[128] sodass diese Ausführungen nicht in die finale Fassung des *Conceptual Framework* übernommen wurden. Zwar ist CF.3.15 zunächst zu entnehmen, dass der Konzernabschluss entscheidungsnützliche Informationen über die wirtschaftliche Lage des Konzerns „*for* […] *investors, lenders and other creditors* ***of the parent*** [ohne Hervorhebung im Original]“[129] bereitstellen soll. Dies deutet darauf hin, dass der IASB, wie auch schon im Entwurf des Rahmenkonzepts, ausschließlich die Kapitalgeber des Mutterunternehmens als primäre Adressaten des Konzernabschlusses einstuft. Dieser Lesart stehen jedoch die folgenden Ausführungen in den *basis for conclusions* des Rahmenkonzepts entgegen: „*Financial statements are designed to meet the common information needs of the maximum number of primary users, so they do not necessarily include some information that is useful to only a particular subset of* ***primary users****, such as investors, lenders and other creditors of a* ***subsidiary*** [ohne Hervorhebungen im Original].“[130] Insofern zählt der Standardsetzer die Kapitalgeber eines Tochterunternehmens wohl zu den primären Adressaten der Konzernrechnungslegung nach IFRS, ungeachtet der Tatsache, dass möglicherweise ihre Interessen – wie allerdings jeder anderen Gruppe der primären Adressaten auch –[131] vernachlässigt werden.

23 Qualitative Anforderungen an die Vermittlung entscheidungsnützlicher Informationen

231. Vorbemerkungen

Sämtliche durch die Konzernrechnungslegung vermittelten Informationen – und damit im Speziellen auch solche, die auf den Vorschriften zur Zwischenergebniseliminierung basieren – haben dem Ziel der Entscheidungsnützlichkeit gerecht zu werden.[132] Zur Operationalisierung dieses Ziels definiert der Standardsetzer im *Conceptual Framework* qualitative Anforderungen, die an Informationen zu stellen sind.[133] Diese Anforderungen differenziert er in grundlegende

---

126 Vgl. ED.CF.3.24.

127 Vgl. GIMPEL-HENNING, N., Sukzessive Anteilserwerbe, S. 14 f.; PANZER, A., Statusändernde Anteilsveräußerungen, S. 17 f.; ALKEMEIER, M., Konzerninterne Unternehmenszusammenschlüsse, S. 62.

128 Vgl. IASB (Hrsg.), Staff Paper 10B (September 2016), Rn. 40.

129 CF.3.15.

130 CF.BC3.25.

131 Vgl. CF.1.8.

132 Vgl. CF.1.2.

133 Vgl. CF.2.1, sowie HOFFMANN, S./DETZEN, D., Joint Conceptual Framework, S. 53; ENGELKE, F., Kapitalkonsolidierung im mehrstufigen Konzern, S. 56.

qualitative Anforderungen[134] (*fundamental qualitative characteristics*) einerseits sowie fördernde qualitative Anforderungen[135] (*enhancing qualitative characteristics*) andererseits.[136] Die **grundlegenden qualitativen Anforderungen** umfassen dabei die Relevanz (*relevance*) und die glaubwürdige Darstellung (*faithful representation*).[137] Diese beiden grundlegenden Anforderungen sind zwingend kumulativ zu erfüllen, damit eine Abschlussinformation, wie zum Beispiel über einen konzernintern gelieferten Vermögenswert, dessen Wertansatz der Zwischenergebniseliminierung unterliegt, entscheidungsnützlich ist.[138] Demnach ist weder eine Information über einen glaubwürdig darstellbaren, aber irrelevanten Sachverhalt, noch eine Information über einen relevanten, aber nicht glaubwürdig darstellbaren Sachverhalt als entscheidungsnützlich einzustufen.[139] Dem IASB ist in diesem Zusammenhang bewusst, dass die Anforderungen der Relevanz und der glaubwürdigen Darstellung bisweilen nicht ohne Widersprüche sind,[140] sodass auf ein ausgewogenes Verhältnis zwischen beiden Anforderungen zu achten ist.[141]

Neben den beiden zwingend zu erfüllenden grundlegenden Anforderungen definiert der Standardsetzer mit der Vergleichbarkeit (*comparability*), der Nachprüfbarkeit (*verifiability*), der Zeitnähe (*timeliness*) sowie der Verständlichkeit (*understandability*) die vier **fördernden qualitativen Anforderungen** an Informationen.[142] Durch die (Nicht-)Erfüllung dieser Anforderungen kann die Entscheidungsnützlichkeit einer Information zwar weder begründet noch widerlegt werden,[143] sodass die fördernden den grundlegenden Anforderungen hierarchisch nachgeordnet sind.[144] Gleichwohl sind die fördernden Anforderungen bestmöglich zu erfüllen, um die

---

134 Vgl. CF.2.5–2.22.

135 Vgl. CF.2.23–2.38.

136 Vgl. CF.2.4 i. V. m. CF.2.23.

137 Vgl. CF.2.5, sowie DEHMEL, I./HOMMEL, M./KUNKEL, T., Conceptual Framework, S. 1706.

138 Vgl. CF.2.4 i. V. m. CF.2.20.

139 Vgl. CF.2.20.

140 Vgl. zum Spannungsverhältnis zwischen einer tendenziell vergangenheitsorientierteren und einer eher zukunftsgerichteten Berichterstattung bspw. DEHMEL, I./HOMMEL, M./KUNKEL, T., Conceptual Framework, S. 1706 f.

141 Vgl. CF.2.22 i. V. m. CF.BC2.52–BC2.56 i. V. m. IASB (Hrsg.), Staff Paper 10E (May 2016), Rn. 38–42, sowie BAETGE, J./KIRSCH, H.-J./THIELE, S., Bilanzen, S. 148; BAETGE, J. U. A., in: Baetge u. a., Rechnungslegung nach IFRS, 2. Aufl., Kap. II, Rn. 67. Zur möglichst effizienten und effektiven Identifizierung und Beurteilung der Entscheidungsnützlichkeit einer Information ist CF.2.21 ein standardisierter, dreistufiger Prüfprozess zu entnehmen. Hiernach ist zunächst ein ökonomisches Phänomen zu identifizieren, das das Potenzial hat, entscheidungsnützlich zu sein (Sachverhaltsebene). Anschließend ist die Art der Information über dieses ökonomische Phänomen auszuwählen, die am relevantesten ist (Bilanzierungsebene). Drittens ist zu prüfen, ob diese Information verfügbar ist und das ausgewählte ökonomische Phänomen glaubwürdig darstellen kann. Wenn dies möglich ist, endet der Prozess. Sofern die glaubwürdige Darstellbarkeit indes verneint werden musste, ist der Prozess mit der nächstrelevantesten Information zu wiederholen. Vgl. hierzu auch KIRSCH, H.-J. U. A., Bedeutung der Verlässlichkeit S. 766. Ungeachtet dieser Prüfreihenfolge gelten beide grundlegenden Anforderungen als gleichwertig. Vgl. LORSON, P./GATTUNG, A., Faithful representation, S. 556. Vgl. kritisch zu dieser sequentiellen Vorgehensweise WHITTINGTON, G., Fair Value and the Conceptual Framework, S. 146.

142 Vgl. CF.2.4 i. V. m. CF.2.23.

143 Vgl. CF.2.37 i. V. m. CF.BC2.11, sowie GALLASCH, F., Bilanzierung von Versicherungsverträgen, S. 41.

144 Vgl. FISCHER, D. T., Neufassung des IASB-Rahmenkonzepts, S. 155; KIRSCH, H.-J. U. A., Bedeutung der Verlässlichkeit, S. 766; HOFFMANN, S./DETZEN, D., Joint Conceptual Framework, S. 53 f.; GALLASCH, F., Bilanzierung von Versicherungsverträgen, S. 41.

Entscheidungsnützlichkeit von Abschlussinformationen weiter zu erhöhen.[145] Eine entscheidende Rolle kommt ihnen vor allem bei der Auswahl zwischen zwei (oder mehreren) Abbildungsalternativen zu, sofern diese Alternativen in gleichem Maße relevant und glaubwürdig darstellbar sind.[146] Zwischen den fördernden qualitativen Anforderungen besteht allerdings keine Rangordnung,[147] sodass eine solche Auswahl ein iterativer Prozess sein kann, im Rahmen dessen es die einzelnen Anforderungen sachverhaltsspezifisch gegeneinander abzuwägen und zu gewichten gilt, um im Ergebnis die Entscheidungsnützlichkeit zu maximieren.[148]

Schließlich ist bei jeder im Rahmen der Finanzberichterstattung potenziell zu vermittelnden Information die Kostenrestriktion (*cost constraint*) als **Nebenbedingung** zu beachten.[149] Demnach muss der Nutzen einer Information die Kosten zur Bereitstellung und Auswertung dieser Information rechtfertigen.[150]

232. Grundlegende qualitative Anforderungen

232.1 Relevanz

Als relevant im Sinne des *Conceptual Framework* sind Informationen gemäß CF.2.6 immer dann einzustufen, sofern sie das Potenzial haben, Entscheidungen der primären Adressaten zu beeinflussen. In diesem Zusammenhang ist es unbeachtlich, ob einige der Adressaten die Informationen im Rahmen ihrer Entscheidungsfindung tatsächlich einbeziehen oder bereits aus anderen Quellen kennen.[151] Entscheidend ist allein die reine Möglichkeit zur Entscheidungsbeeinflussung.[152] Diese liegt vor, wenn eine Finanzinformation entweder einen Prognosewert (*predictive value*), einen Bestätigungswert (*confirmatory value*) oder beides hat.[153]

Eine Information hat einen **Prognosewert**, wenn sie einen Abschlussadressaten dabei unterstützen kann, künftige Ergebnisse von vergangenen und gegenwärtigen Sachverhalten zu schätzen.[154] Dabei muss die Information aber nicht selber den Charakter einer Prognose aufweisen, sondern dem Adressaten lediglich als Inputparameter im Rahmen seiner eigenen Schätzung

---

145 Vgl. CF.2.4 i. V. m. CF.2.23 i. V. m. CF.2.37, sowie ENGELKE, F., Kapitalkonsolidierung im mehrstufigen Konzern, S. 57.

146 Vgl. CF.2.23, sowie ALKEMEIER, M., Konzerninterne Unternehmenszusammenschlüsse, S. 38.

147 Vgl. DETTENRIEDER, D., Hedge Accounting, S. 13.

148 Vgl. CF.2.38.

149 Vgl. CF.2.39–2.43.

150 Vgl. CF.2.39, sowie ausführlich Abschnitt 234.

151 Vgl. CF.2.6 i. V. m. CF.BC2.13 f., sowie KAMPMANN, H./SCHWEDLER, K., Zum Entwurf eines gemeinsamen Rahmenkonzepts, S. 527 f.

152 Vgl. CF.2.6.

153 Vgl. CF.2.7. Im Ergebnis weicht der IASB damit von dem Begriffsverständnis der Entscheidungsrelevanz in der Informationsökonomie ab, im Rahmen derer auf die Veränderung einer Rangfolge von Handlungsalternativen auf Basis der Information abgestellt wird. Vgl. BALLWIESER, W., Rahmenkonzepte der Rechnungslegung, S. 341. Gleichzeitig befreit sich der Standardsetzer damit von der eventuellen Pflicht, eine entscheidungsbeeinflussende Wirkung von Informationen nachweisen zu müssen. Vgl. KAMPMANN, H./SCHWEDLER, K., Zum Entwurf eines gemeinsamen Rahmenkonzepts, S. 528. Vgl. zur Entscheidungsrelevanz in der Informationsökonomie LAUX, H./GILLENKIRCH, R. M./SCHENK-MATHES, H. Y., Entscheidungstheorie, S. 355 f.

154 Vgl. CF.2.8 i. V. m. CF.BC2.17.

dienen können.[155] Ein **Bestätigungswert** ist einer Information hingegen zuzusprechen, wenn sie die Adressaten dazu in die Lage versetzt, eine in der Vergangenheit getroffene Entscheidung zu bestätigen oder zu korrigieren.[156] Mit Blick auf die in Abschnitt 221. erläuterten Teilziele der (Konzern-)Rechnungslegung nach IFRS kommt der Prognosewert einer vermittelten Information primär der Bewertungsfunktion zugute, während eine Information, die Bestätigungswert besitzt, zuvorderst der Rechenschaft dienlich sein wird.[157] Allerdings müssen sich diese beiden Werteigenschaften keinesfalls zwingend widersprechen, sondern werden vielmehr regelmäßig eng miteinander verbunden sein.[158]

Dieses Verständnis von Relevanz dürfte wohl zur Folge haben, dass prinzipiell sämtliche dem Unternehmen zur Verfügung stehenden Informationen – vorbehaltlich ihrer glaubwürdigen Darstellung – Gegenstand der Berichterstattung wären.[159] Da eine solchermaßen umfassende Berichterstattung weder im Interesse der berichterstattenden Einheit noch deren Adressaten ist,[160] wird die Relevanz von der Anforderung der **Wesentlichkeit**[161] flankiert.[162] Eine Information gilt als wesentlich, wenn vernünftigerweise erwartet werden kann, dass ihr Weglassen, ihre fehlerhafte Darstellung oder ihre Verschleierung die wirtschaftlichen Entscheidungen der primären Adressaten beeinflussen wird.[163] Obgleich die Zwischenergebniseliminierung „insbesondere im Vorratsvermögen eine außerordentlich aufwändige [sic!] Veranstaltung sein [mit Hervorhebung im Original]“[164] kann, ist dies mit Bezug zum Konzept der Wesentlichkeit keinesfalls so zu verstehen, dass die Pflicht zur Eliminierung von Zwischenergebnissen „nach Belieben außer Kraft“[165] gesetzt werden darf. Vielmehr stellt die Wesentlichkeit bei der Zwischenergebniseliminierung eine „Toleranzgrenze“[166] für Bewertungsunschärfen im Rahmen der Ermittlung der Zwischenergebnisse dar.[167] Das gänzliche Unterlassen der Eliminierung ist indes

---

155 Vgl. CF.2.8.

156 Vgl. CF.2.9.

157 Vgl. EWELT-KNAUER, C., Der Konzernabschluss, S. 17.

158 Vgl. CF.2.10.

159 Vgl. EWELT-KNAUER, C., Der Konzernabschluss, S. 17; PELLENS, B. U. A., Internationale Rechnungslegung, S. 106; BRINKMANN, J., Zweckadäquanz der Rechnungslegung, S. 47; ENGELKE, F., Kapitalkonsolidierung im mehrstufigen Konzern, S. 59.

160 Vgl. BRINKMANN, J., Zweckadäquanz der Rechnungslegung, S. 47; PELLENS, B. U. A., Internationale Rechnungslegung, S. 106.

161 Vgl. zum Begriff ausführlich JUNG, M., Konzept der Wesentlichkeit, S. 20–36, sowie zur Abgrenzung zur Relevanz JUNG, M., Konzept der Wesentlichkeit, S. 36–46; BALLWIESER, W., Informations-GoB, S. 118; BRINKMANN, J., Zweckadäquanz der Rechnungslegung, S. 46 f.

162 Vgl. EWELT-KNAUER, C., Der Konzernabschluss, S. 17; PELLENS, B. U. A., Internationale Rechnungslegung, S. 106 f.

163 Vgl. CF.2.11; IAS 1.7. Die Definition des Begriffes der Wesentlichkeit wurde vom IASB im Rahmen des im Oktober 2018 veröffentlichten *Amendments Definition of Material* angepasst. Vgl. hierzu sowie zu den Hintergründen ausführlich IASB (Hrsg.), Project Summary Definition of Material, S. 1–8; THEILE, C., Zur neuen Wesentlichkeit im IFRS-Abschluss, S. 41–46; BACH, H./SCHREIBER, S. M., Modernisierung des Konzepts der Wesentlichkeit, S. 268–273.

164 LÜDENBACH, N./HOFFMANN, W.-D./FREIBERG, J., in: Lüdenbach/Hoffmann/Freiberg, Haufe IFRS-Kommentar, 17. Aufl., § 32, Rn. 144.

165 LÜDENBACH, N./HOFFMANN, W.-D./FREIBERG, J., in: Lüdenbach/Hoffmann/Freiberg, Haufe IFRS-Kommentar, 17. Aufl., § 1, Rn. 60, wenn auch nicht im Kontext der Zwischenergebniseliminierung.

166 BAETGE, J. U. A., in: Baetge u. a., Rechnungslegung nach IFRS, 2. Aufl., Kap. II, Rn. 44.

167 Vgl. ähnlich LÜDENBACH, N./HOFFMANN, W.-D./FREIBERG, J., in: Lüdenbach/Hoffmann/Freiberg, Haufe

nur dann möglich, wenn der Verzicht auf die Eliminierung sämtlicher eigentlich zu eliminierenden Zwischenergebnisse insgesamt den Einblick in die wirtschaftliche Lage des Konzerns nicht wesentlich verzerren und insofern keinen Einfluss auf die zu treffenden Entscheidungen der Adressaten haben wird.[168] Da die Wesentlichkeit durch diese Verbindung zur berichterstattenden Einheit ein unternehmens- bzw. konzernindividueller Aspekt ist, der einer Berücksichtigung der spezifischen Umstände des jeweiligen Einzelfalls bedarf,[169] verzichtet der IASB auf die Vorgabe eines (quantitativen) Schwellenwertes zur Konkretisierung der Wesentlichkeit.[170]

232.2 Glaubwürdige Darstellung

Damit eine Information entscheidungsnützlich ist, muss sie nicht nur einen relevanten Sachverhalt repräsentieren, sondern zugleich die wirtschaftliche Substanz dieses Sachverhaltes glaubwürdig darstellen.[171] Demnach ist bei der Bilanzierung eine **wirtschaftliche Betrachtungsweise** (*substance over form*) einzunehmen, sodass dem wirtschaftlichen Gehalt eines Sachverhaltes Vorrang einzuräumen ist, sofern dieser von der rechtlichen Gestaltung des Sachverhaltes abweichen sollte.[172] Hierdurch soll sichergestellt werden, dass ein Sachverhalt seinen tatsächlichen wirtschaftlichen Verhältnissen entsprechend abgebildet wird.[173]

Konkretisiert wird die Anforderung der glaubwürdigen Darstellung weiterhin durch drei **Gütekriterien.**[174] Demnach ist ein Sachverhalt dann idealtypisch glaubwürdig dargestellt, wenn seine Abbildung vollständig (*complete*), neutral (*neutral*) und fehlerfrei (*free from error*) ist.[175] Diesen Kriterien wird – wie sich der IASB auch selber bewusst ist – in aller Regel jedoch nicht

---

IFRS-Kommentar, 17. Aufl., § 32, Rn. 144, sowie, wenn auch nicht im Kontext der Zwischenergebniseliminierung, BAETGE, J. U. A., in: Baetge u. a., Rechnungslegung nach IFRS, 2. Aufl., Kap. II, Rn. 44.

168 Vgl. SENGER, T./DIERSCH, U., in: Driesch u. a., Beck IFRS HB, 5. Aufl., § 35, Rn. 112; WOHLGEMUTH, M., in: Schulze-Osterloh/Hennrichs/Wüstemann, HdJ, Abt. V/5, Rn. 20; SCHILDBACH, T./FELDHOFF, P., Konzernabschluss, S. 249, sowie BAETGE, J./HAYN, S./STRÖHER, T., in: Baetge u. a., Rechnungslegung nach IFRS, 2. Aufl., IFRS 10, Rn. 298, nach denen auf die Zwischenergebniseliminierung nur dann verzichtet werden darf, wenn das Eliminieren der Zwischenergebnisse zusammen mit den Effekten aus der Schuldenkonsolidierung und der Aufwands- und Ertragskonsolidierung insgesamt unwesentlich sein sollte. Vgl. zudem mit Bezug zur Equity-Methode BAETGE, J./GRAUPE, F./HÖBENER, J., in: Baetge u. a., Rechnungslegung nach IFRS, 2. Aufl., IAS 28, Rn. 150 i. V. m. Rn. 164.

169 Vgl. WAWRZINEK, W./LÜBBIG, M., in: Driesch u. a., Beck IFRS HB, 5. Aufl., § 2, Rn. 63. Vgl. zu diesbezüglichen Besonderheiten im Kontext von Angaben im Anhang KIRSCH, H.-J./GIMPEL-HENNING, N., Disclosure Framework, S. 194 f.

170 Vgl. CF.2.11. Im Schrifttum werden jedoch Wesentlichkeitsgrenzen vorgeschlagen, die zumindest als Anhaltspunkte dienen können. Vgl. hierzu bspw. WAWRZINEK, W./LÜBBIG, M., in: Driesch u. a., Beck IFRS HB, 5. Aufl., § 2, Rn. 65–67 m. w. N. Im September 2017 hat zudem der IASB ein *Practice Statement* zur Anwendung der Wesentlichkeit veröffentlicht. Vgl. IASB (Hrsg.), Project Summary Making Materiality Judgements, S. 1–24, sowie hierzu LINK, R., Wesentlichkeit, S. 171–175; BEYERSDORFF, M., Mehr Mut zur Relevanz, S. 1383–1390; FISCHER, D. T., Neufassung des Wesentlichkeitsbegriffs, S. 323–325.

171 Vgl. CF.2.12.

172 Vgl. CF.2.12 i. V. m. CF.BC2.33, sowie KIRSCH, H.-J./BRÖTZMANN, I./VON WIEDING, F., in: Baetge/Kirsch/Thiele, Bilanzrecht, § 243 HGB, Rn. 525; THEILE, C., in: Heuser/Theile, IFRS Handbuch, 6. Aufl., Kap. 6, Rn. 6.40. BUSCH, J./BOECKER, C., ED/2015/3: *Conceptual Framework*, S. 271.

173 Vgl. BAETGE, J./KIRSCH, H.-J./THIELE, S., Bilanzen, S. 147 f.; BAETGE, J. U. A., in: Baetge u. a., Rechnungslegung nach IFRS, 2. Aufl., Kap. II, Rn. 48.

174 Vgl. KIRSCH, H.-J./BRÖTZMANN, I./VON WIEDING, F., in: Baetge/Kirsch/Thiele, Bilanzrecht, § 243 HGB, Rn. 525.

175 Vgl. CF.2.13.

in vollumfänglichen Maße entsprochen werden können.[176] Gleichwohl intendiert der Standardsetzer ihre bestmögliche Erfüllung,[177] um im Ergebnis einen möglichst hohen Grad an glaubwürdiger Darstellung einer vermittelten Information zu erreichen.[178] Dabei bleibt jedoch offen, wie mit einem etwaigen Spannungsverhältnis zwischen den einzelnen Kriterien umzugehen ist, sofern bspw. Abbildungsalternativen gleicher Relevanz, aber mit unterschiedlichen Ausprägungen der Gütekriterien zur Glaubwürdigkeit vorliegen.[179] Mangels einer hierarchischen Ordnung wird es in einem solchen Fall dem Bilanzierenden obliegen, auf die Ausgewogenheit der Kriterien zu achten.[180]

Gemäß dem Kriterium der **Vollständigkeit** sind den primären Adressaten der (Konzern-)Rechnungslegung sämtliche Informationen, einschließlich aller Beschreibungen und Erläuterungen, zur Verfügung zu stellen, die sie benötigen, um einen für die Finanzberichterstattung ausgewählten Sachverhalt verstehen zu können.[181] Das Kriterium der Vollständigkeit zielt damit nicht (primär) auf den vollständigen Ansatz von Vermögenswerten und Schulden sowie auf die vollständige Erfassung von Erträgen und Aufwendungen ab, sondern fordert, dass über diejenigen Sachverhalte, die für die wirtschaftlichen Entscheidungen der primären Adressaten relevant sind, umfassend berichtet wird.[182]

Neutral ist eine Finanzinformation dann, wenn sowohl ihre Auswahl als auch ihre Darstellung frei von verzerrenden Einflüssen, d. h. möglichst objektiv,[183] ist.[184] Obgleich eine relevante Information qua Definition dazu imstande ist, die Entscheidungen der Adressaten zu beeinflussen,

---

176 Vgl. CF.2.13, sowie FISCHER, D. T., Neufassung des IASB-Rahmenkonzepts, S. 155.

177 Vgl. KIRSCH, H.-J./BRÖTZMANN, I./VON WIEDING, F., in: Baetge/Kirsch/Thiele, Bilanzrecht, § 243 HGB, Rn. 525.

178 Vgl. CF.2.13.

179 Vgl. ENGELKE, F., Kapitalkonsolidierung im mehrstufigen Konzern, S. 60.

180 Vgl. ENGELKE, F., Kapitalkonsolidierung im mehrstufigen Konzern, S. 60.

181 Vgl. CF.2.14.

182 Vgl. ähnlich ADS International, Abschnitt 1, Rn. 80. Dies kann, muss aber nicht, einen Ansatz in der (Konzern-)Bilanz oder eine Erfassung in der (Konzern-)Gesamtergebnisrechnung implizieren. Ob ein Sachverhalt anzusetzen bzw. zu erfassen ist, wird vielmehr durch die Ansatzkriterien beantwortet. Vgl. zu den Ansatzkriterien ausführlich BAETGE, J. U. A., in: Baetge u. a., Rechnungslegung nach IFRS, 2. Aufl., Kap. II, Rn. 96–119. Dem steht keinesfalls entgegen, dass gemäß CF.5.7 ein (Konzern-)Abschluss weniger vollständig (*less complete*) ist, sofern der Ansatz von Vermögenswerten oder Schulden bzw. die Erfassung von Erträgen oder Aufwendungen unterbleibt. Dies liegt darin begründet, dass ein die Ansatzkriterien erfüllender Sachverhalt grundsätzlich durch den entsprechenden Ansatz – wenn auch nicht ausschließlich (vgl. CF.5.24) – seine Entscheidungsnützlichkeit entfaltet (vgl. so wohl CF.5.7 i. V. m. CF.5.12 i. V. m. CF.5.18), sodass konsequenterweise ein Nichtansatz in der (Konzern-)Bilanz bzw. eine Nichterfassung in der (Konzern-)Gesamtergebnisrechnung der Vollständigkeit der Informationsbereitstellung relevanter Informationen entgegenstünde. Vgl. im Ergebnis so auch GIMPEL-HENNING, N., Sukzessive Anteilserwerbe, S. 18. Das Kriterium der Vollständigkeit ist demnach nicht mit dem aus dem deutschen Handelsrecht bekannten Vollständigkeitsgebot in § 246 Abs. 1 Satz 1 HGB gleichzusetzen, das primär eine Ansatzvorschrift ist (vgl. BAETGE, J./KIRSCH, H.-J./THIELE, S., Bilanzen, S. 121). Vgl. im Ergebnis so auch SCHÖLLHORN, T./MÜLLER, M., Relevanz des Rahmenkonzepts, S. 1626. A. A. WINKELJOHANN, N., in: Winkeljohann, Rechnungslegung nach IFRS, 2. Aufl., Kap. 2, S. 39.

183 Vgl. COENENBERG, A. G./HALLER, A./SCHULTZE, W., Jahresabschluss und Jahresabschlussanalyse, S. 69; ENGELKE, F., Kapitalkonsolidierung im mehrstufigen Konzern, S. 60. Vgl. zur Objektivität in der IFRS-Rechnungslegung KÜTING, K., Objektivierungsgrundsatz, S. 1405; LORSON, P./GATTUNG, A., Faithful representation, S. 556–558.

184 Vgl. CF.2.15.

soll durch die Anforderung der Neutralität vermieden werden, dass durch die bewusste Auswahl oder Darstellung einer Information die Entscheidungsfindung der Adressaten auf eine gewünschte Art und Weise beeinflusst wird.[185] Gemäß CF.2.16 kann die Neutralität gestärkt werden, indem der Bilanzierende Vorsicht (*prudence*) walten lässt.[186] Mit Vorsicht im Sinne des *Conceptual Framework* ist die sorgfältige Ausübung von Ermessensentscheidungen unter Unsicherheit gemeint (*cautious prudence*), sodass sämtliche Abschlussposten weder über- noch unterbewertet werden sollen.[187] Eine einseitige Anwendung von Vorsicht (*asymmetric prudence*) wird hingegen explizit nicht angestrebt.[188] Würden bspw. per se höhere Anforderungen an den Ansatz von Vermögenswerten bzw. an die Erfassung von Erträgen als an den Ansatz von Schulden bzw. an die Erfassung von Aufwendungen gestellt, stünde dies einer neutralen Berichterstattung entgegen.[189]

Zuletzt soll eine im (Konzern-)Abschluss vermittelte Finanzinformation auch möglichst **fehlerfrei** dargestellt werden.[190] Dies bedingt keine Genauigkeit in jeder Hinsicht.[191] Vielmehr bedeutet eine fehlerfreie Darstellung, dass ein Sachverhalt ohne Fehler oder Auslassungen beschrieben wird und der zur Ermittlung der diesbezüglich berichteten Informationen zugrunde liegende Rechnungslegungsprozess korrekt ausgewählt und angewandt wurde.[192] Sofern im Rahmen der Bewertung Schätzungen vorzunehmen sind, folgt aus der damit verbundenen Bewertungsunsicherheit (*measurement uncertainty*) zwar grundsätzlich zunächst eine Einschränkung der glaubwürdigen Darstellung,[193] steht dieser aber solange nicht entgegen, als den Adressaten die Schätzung klar und deutlich beschrieben wird und die Art und die Grenzen des Schätzverfahrens kenntlich gemacht werden.[194]

---

185 Vgl. CF.2.15, sowie WAWRZINEK, W./LÜBBIG, M., in: Driesch u. a., Beck IFRS HB, 5. Aufl., § 2, Rn. 72; THEILE, C., in: Heuser/Theile, IFRS Handbuch, 6. Aufl., Kap. 6, Rn. 6.37; LORSON, P./GATTUNG, A., Faithful representation, S. 559 f. Ein gewisser subjektiver Gestaltungsspielraum ist der Finanzberichterstattung indes immanent, bspw. im Rahmen der Ausübung von Ermessensentscheidungen oder Wahlrechten. Dies steht der Neutralität der Berichterstattung nicht zwingend entgegen. Vgl. LORSON, P./GATTUNG, A., Faithful representation, S. 560; STEIN, H.-G., Konzernbilanzpolitik, S. 992; SCHÖLLHORN, T./MÜLLER, M., Relevanz des Rahmenkonzepts, S. 1626.

186 Das Vorsichtsprinzip erlebt somit eine Renaissance im *Conceptual Framework* (2018). Während es im *Framework* (1989) noch verankert war, enthielt es das *Conceptual Framework* (2010) nicht mehr, da es für unvereinbar mit dem Neutralitätsgedanken eingestuft wurde. Vgl. hierzu ausführlich CF.BC2.34–BC2.45, sowie kritisch BEINSEN, B./WAGENHOFER, A., Verhältnis des IASB zum Vorsichtsprinzip, S. 413–419; BALLWIESER, W., Analyse des Rahmenkonzepts, S. 463–466; FREIBERG, J., Die Mär vom Vorsichtsprinzip, S. 290–294; EFRAG U. A. (Hrsg.), Getting a Better Framework: Prudence, S. 1–14.

187 Vgl. CF.2.16 i. V. m. CF.BC2.39 f.

188 Vgl. CF.2.17 i. V. m. CF.BC2.41–BC2.43. Der IASB weist jedoch darauf hin, dass bestimmte Regelungen der IFRS auf einem asymmetrischen Vorsichtsprinzip gründen, um dadurch im Einzelfall die Entscheidungsnützlichkeit zu erhöhen. Vgl. CF.2.17 i. V. m. CF.BC2.44 f. Vgl. hierzu kritisch DEHMEL, I./HOMMEL, M./KUNKEL, T., Conceptual Framework, S. 1707 f.

189 Vgl. CF.2.17.

190 Vgl. CF.2.13.

191 Vgl. CF.2.18, sowie WAWRZINEK, W./LÜBBIG, M., in: Driesch u. a., Beck IFRS HB, 5. Aufl., § 2, Rn. 74.

192 Vgl. CF.2.18, sowie KIRSCH, H.-J. U. A., Bedeutung der Verlässlichkeit, S. 769; BAETGE, J./KIRSCH, H.-J./THIELE, S., Bilanzen, S. 148.

193 Vgl. CF.2.19 i. V. m. CF.2.22.

194 Vgl. CF.2.18.

233. Fördernde qualitative Anforderungen

233.1 Vergleichbarkeit

Damit bereits relevante und zugleich glaubwürdig darstellbare Informationen noch entscheidungsnützlicher für die Adressaten werden, sollten sie (unter anderem) vergleichbar sein.[195] Vergleichbare Informationen helfen ihnen dabei, die wirtschaftliche Lage des Unternehmens bzw. des Konzerns einzuschätzen und darauf basierend fundierte ökonomische Entscheidungen im Rahmen der Abwägung von Kapitalanlagealternativen zu treffen.[196] Dies erfordert zum einen Vergleichbarkeit von Informationen der berichterstattenden Einheit im Zeitverlauf (**intertemporale** Vergleichbarkeit)[197] und zum anderen unternehmens- bzw. konzernübergreifende Vergleichbarkeit (**zwischenbetriebliche** Vergleichbarkeit).[198] Damit Finanzinformationen vergleichbar sein können, müssen im (Konzern-)Abschluss gleichartige Sachverhalte auf die gleiche Weise und unterschiedliche Sachverhalte auf unterschiedliche Weise abgebildet werden.[199] Im Zusammenhang mit der Zwischenergebniseliminierung kann die konzernübergreifende Vergleichbarkeit bspw. dadurch erheblich eingeschränkt werden, wenn ein Konzern die Zwischenergebniseliminierung im Rahmen der Vollkonsolidierung nach der ergebnisorientierten Vorgehensweise vornimmt, während ein anderer Konzern diese nach der vermögensorientierten Vorgehensweise durchführt. Selbst wenn beide Alternativen zu einer glaubwürdigen Darstellung führen sollten, scheint es dem IASB ein besonderes Anliegen zu sein, die Vergleichbarkeit von (Konzern-)Abschlüssen durch die Vermeidung von Wahlrechten zu erhöhen.[200] Des Weiteren wird die Vergleichbarkeit der Berichterstattung durch eine sachlich und zeitlich stetige Anwendung von Rechnungslegungsmethoden gefördert.[201]

---

[195] Vgl. CF.2.23. Ein gewisser Grad an Vergleichbarkeit wird Informationen indes bereits dann zugesprochen, wenn sie die grundlegenden qualitativen Anforderungen erfüllen. Vgl. CF.2.28.

[196] Vgl. CF.2.24 i. V. m. IAS 8.15, sowie BAETGE, J./KIRSCH, H.-J./THIELE, S., Bilanzen, S. 149.

[197] Hierzu sind bspw. für sämtliche quantitativen Informationen innerhalb der Finanzberichterstattung vergleichbare Vorjahresinformationen zu berichten. Vgl. IAS 1.38 f., sowie BAETGE, J. U. A., in: Baetge u. a., Rechnungslegung nach IFRS, 2. Aufl., Kap. II, Rn. 58.

[198] Vgl. CF.2.24, sowie GALLASCH, F., Bilanzierung von Versicherungsverträgen, S. 41; STRÖHER, T., Bilanzierung von Unternehmenszusammenschlüssen, S. 76. Die unternehmens- bzw. konzernübergreifende Vergleichbarkeit wird dabei sowohl die Vergleichbarkeit zu einem Zeitpunkt als auch die Vergleichbarkeit im Zeitverlauf betreffen. Vgl. ENGELKE, F., Kapitalkonsolidierung im mehrstufigen Konzern, S. 62, Fn. 383.

[199] Vgl. CF.2.27. In diesem Zusammenhang grenzt der IASB explizit den Begriff der Vergleichbarkeit von dem der Einheitlichkeit ab. So wird die Vergleichbarkeit eben nicht dadurch erhöht, dass ungleiche Sachverhalte auf die gleiche Weise abgebildet werden. Vgl. CF.2.27.

[200] Vgl. CF.2.29 i. V. m. IASB (Hrsg.), Preface to IFRS, Rn. 11. In diesem Sinne hat der IASB auch das Wahlrecht zur Anwendung der Equity-Methode oder der Quotenkonsolidierung auf Anteile an gemeinschaftlich geführten Unternehmen im Zuge der Überarbeitung von IAS 31 abgeschafft. Vgl. hierzu ausführlich Fn. 497.

[201] Vgl. CF.2.26; IAS 8.13. Der IASB betont hierbei, dass Stetigkeit und Vergleichbarkeit nicht gleichzusetzen sind, sondern Stetigkeit ein Hilfsmittel darstellt, um Vergleichbarkeit zu erreichen. Vgl. CF.2.26. Neben der sachlichen und zeitlichen Stetigkeit wird die Vergleichbarkeit zudem auch durch die in IAS 1.45 verankerte Ausweisstetigkeit gefördert. Vgl. PELLENS, B. U. A., Internationale Rechnungslegung, S. 109; WAWRZINEK, W./LÜBBIG, M., in: Driesch u. a., Beck IFRS HB, 5. Aufl., § 2, Rn. 78. Stetigkeit in einer Rechnungslegungsmethode darf nur dann durchbrochen werden, wenn dies explizit durch einen Standard gefordert wird oder das Ändern einer Methode zu entscheidungsnützlicheren Informationen führt. Vgl. IAS 8.14, sowie ausführlich BLAUM, U./HOLZWARTH, J./WENDLANDT, G., in: Baetge u. a., Rechnungslegung nach IFRS, 2. Aufl., IAS 8, Rn. 72–117.

233.2 Nachprüfbarkeit

Die Möglichkeit zur Nachprüfung der im Rahmen der IFRS-Rechnungslegung vermittelten Informationen soll den Adressaten Sicherheit hinsichtlich der glaubwürdigen Darstellung dieser Informationen geben,[202] sodass damit das Vertrauen in die Rechnungslegung gestärkt wird.[203] Eine in der Berichterstattung vermittelte Information gilt dann als nachprüfbar, wenn unterschiedliche, voneinander unabhängige Sachkundige einen Konsens darüber erreichen können, dass eine bestimmte berichtete Information das darstellt, was sie darzustellen vorgibt, ihre Darstellung also glaubwürdig ist (sog. **intersubjektive Nachprüfbarkeit**[204]).[205] Hierbei wird jedoch mitnichten eine vollständige Einigkeit der Sachkundigen vorausgesetzt.[206] Das Kriterium der Nachprüfbarkeit erfordert vielmehr, dass die unabhängigen Sachkundigen einen „Korridor vertretbarer Werte“[207] ermitteln können,[208] um so die durch den Bilanzierenden vermittelte Information fundiert einschätzen zu können.[209] Die Nachprüfbarkeit ist der Objektivität der Rechnungslegung zuträglich[210] und steht insofern in engem Zusammenhang mit der grundlegenden qualitativen Anforderung der glaubwürdigen Darstellung.[211]

Gemäß CF.2.31 lassen sich Informationen direkt oder indirekt nachprüfen. **Direkte** Nachprüfbarkeit zielt darauf ab, dass ein abgebildeter Sachverhalt durch unmittelbares Beobachten nachgeprüft werden kann.[212] Während unter Umständen Marktpreise bspw. für bestimmte konzernintern gelieferte Vorräte am Markt beobachtet werden können,[213] ist dies für den Buchwert von Vorräten, der mittels eines Verbrauchsfolgeverfahrens ermittelt wurde, in der Regel nicht der

---

202 Vgl. CF.2.30, sowie LORSON, P./GATTUNG, A., Faithful representation, S. 561; KIRSCH, H.-J. U. A., Bedeutung der Verlässlichkeit, S. 763 f.

203 Vgl. CF.BC2.60, sowie ALKEMEIER, M., Konzerninterne Unternehmenszusammenschlüsse, S. 44; ENGELKE, F., Kapitalkonsolidierung im mehrstufigen Konzern, S. 63; implizit HENDRIKSEN, E. S./VAN BREDA, M. F., Accounting Theory, S. 138.

204 Vgl. BAETGE, J./KIRSCH, H.-J./THIELE, S., Bilanzen, S. 149; ähnlich LORSON, P./GATTUNG, A., Faithful representation, S. 563.

205 Vgl. CF.2.30, sowie BAETGE, J./KIRSCH, H.-J./THIELE, S., Bilanzen, S. 149; IJIRI, Y./JAEDICKE, R. K., Reliability and Objectivity, S. 476 f.; HENDRIKSEN, E. S./VAN BREDA, M. F., Accounting Theory, S. 138 f.

206 Vgl. CF.2.30, sowie BAETGE, J./KIRSCH, H.-J./THIELE, S., Bilanzen, S. 149.

207 LORSON, P./GATTUNG, A., Faithful representation, S. 562; KÜTING, K., Objektivierungsgrundsatz, S. 1405; KIRSCH, H.-J. U. A., Bedeutung der Verlässlichkeit, S. 764.

208 Vgl. HENDRIKSEN, E. S./VAN BREDA, M. F., Accounting Theory, S. 138 f.

209 Vgl. CF.2.30, sowie KÜTING, K., Objektivierungsgrundsatz, S. 1405; KIRSCH, H.-J. U. A., Bedeutung der Verlässlichkeit, S. 764.

210 Vgl. KÜTING, K., Objektivierungsgrundsatz, S. 1405; LORSON, P./GATTUNG, A., Faithful representation, S. 557 i. V. m. S. 562; WHITTINGTON, G., Fair Value and the Conceptual Framework, S. 147.

211 Vgl. BAETGE, J./KIRSCH, H.-J./THIELE, S., Bilanzen, S. 149. Die Anforderung der Nachprüfbarkeit ist allerdings nicht als Konkretisierung der glaubwürdigen Darstellung zu verstehen (vgl. ALKEMEIER, M., Konzerninterne Unternehmenszusammenschlüsse, S. 44, Fn. 280), da, gemäß der Argumentation des IASB, durch das daraus resultierende Weglassen einiger nicht nachprüfbarer Informationen die Entscheidungsnützlichkeit von Abschlüssen erheblich eingeschränkt würde. Vgl. CF.BC2.62, sowie THEILE, C., in: Heuser/Theile, IFRS Handbuch, 6. Aufl., Kap. 6, Rn. 6.43; KIRSCH, H.-J. U. A., Bedeutung der Verlässlichkeit, S. 768. Vor diesem Hintergrund wird Nachprüfbarkeit lediglich als *„very desirable but not necessarily required“* (CF.BC2.62) eingestuft. Vgl. kritisch zu dieser Einordnung SCHRUFF, W., Spannungsfeld zwischen Cashflow-Prognose und Rechenschaft, S. 859; GASSEN, J./FISCHKIN, M./HILL, V., Rahmenkonzept-Projekt, S. 878 f.

212 Vgl. CF.2.31, sowie LORSON, P./GATTUNG, A., Faithful representation, S. 562.

213 Vgl., wenn auch in anderem Kontext, STOREY, R. K./STOREY, S., The Framework of Financial Accounting, S. 109.

Fall.[214] Ein solcher Wertansatz lässt sich indes **indirekt** überprüfen, indem eine Prüfung der vom Bilanzierenden zur Ermittlung des Wertes genutzten Inputparameter erfolgt und das daraus abgeleitete Ergebnis nachvollzogen wird.[215] Vor allem zukunftsgerichtete Finanzinformationen können oftmals erst, wenn überhaupt, in späteren Perioden nachgeprüft werden.[216] Hierbei ist es von zentraler Bedeutung, dass sämtliche für das Verständnis des abgebildeten Sachverhaltes erforderlichen Informationen im Sinne einer vollständigen und fehlerfreien Berichterstattung offengelegt werden.[217]

233.3 Zeitnähe

Der Anforderung der Zeitnähe entsprechend sollen Informationen dann berichtet werden, wenn sie den primären Adressaten von größtmöglichem Entscheidungsnutzen sind.[218] Da laut Standardsetzer für gewöhnlich Informationen an Entscheidungsnützlichkeit einbüßen, je älter sie sind,[219] lässt sich aus diesem Kriterium zunächst das Erfordernis einer möglichst frühzeitigen Berichterstattung ableiten.[220] Hierbei kann sich allerdings bisweilen ein Spannungsverhältnis zwischen den grundlegenden qualitativen Anforderungen ergeben, da eine zu frühe Berichterstattung die glaubwürdige Darstellung gefährden kann, während eine verzögerte Berichterstattung vor allem die Relevanz einer Information einschränken kann.[221] Ältere Informationen sind jedoch nicht per se irrelevant, da sie bspw. einen Bestätigungswert aufweisen können.[222]

233.4 Verständlichkeit

Um ihre Entscheidungsnützlichkeit zu erhöhen, sollen Informationen über die berichterstattende Einheit im Zuge der (Konzern-)Rechnungslegung zudem verständlich dargestellt werden.[223] Dies wird durch eine möglichst klare, prägnante und konsistente Berichterstattung der Informationen gewährleistet.[224] Wenngleich vor diesem Hintergrund das Weglassen von Informationen naturgemäß komplexer Sachverhalte vermeintlich die Verständlichkeit erhöhen könnte, würde dies mit der Vollständigkeit der Finanzberichterstattung konfligieren und unter

---

214 Vgl. CF.2.31.

215 Vgl. CF.2.31, sowie WAWRZINEK, W./LÜBBIG, M., in: Driesch u. a., Beck IFRS HB, 5. Aufl., § 2, Rn. 82.

216 Vgl. CF.2.32.

217 Vgl. CF.2.32, sowie FABER, M., Einlage von Kapitalgesellschaftsanteilen, S. 58.

218 Vgl. implizit CF.2.33, sowie PEEMÖLLER, V. H., in: Ballwieser u. a., Handbuch IFRS, 7. Aufl., Abschnitt 1, Rn. 59.

219 Vgl. CF.2.33.

220 Vgl. PELLENS, B. U. A., Internationale Rechnungslegung, S. 109; BAETGE, J./KIRSCH, H.-J./THIELE, S., Bilanzen, S. 149.

221 Vgl. SCHÖLLHORN, T./MÜLLER, M., Relevanz des Rahmenkonzepts, S. 1627; WAWRZINEK, W./LÜBBIG, M., in: Driesch u. a., Beck IFRS HB, 5. Aufl., § 2, Rn. 83; BAETGE, J./ZÜLCH, H., in: Schulze-Osterloh/Hennrichs/Wüstemann, HdJ, Abt. I/2, Rn. 252 f.; THEILE, C., in: Heuser/Theile, IFRS Handbuch, 6. Aufl., Kap. 6, Rn. 6.46. Vgl. kritisch zur Beschleunigung der Jahresabschlusserstellung KÜTING, K./WEBER, C.-P./BOECKER, C., Fast Close, S. 1–10.

222 Vgl. CF.BC2.65. Im Zuge des Überarbeitungsprozesses des *Conceptual Framework* hat sich der IASB nach eigenem Bekunden davon überzeugen lassen, dass Zeitnähe kein notwendiger Bestandteil von Relevanz sein muss. Vgl. CF.BC2.64.

223 Vgl. CF.2.34, sowie DOBLER, M./HETTICH, S., Änderungen der Rahmenkonzepte, S. 33.

224 Vgl. CF.2.34, sowie PEEMÖLLER, V. H., in: Ballwieser u. a., Handbuch IFRS, 7. Aufl., Abschnitt 1, Rn. 59.

Umständen damit den Einblick in die wirtschaftliche Lage des Unternehmens bzw. des Konzerns verzerren.[225] Informationen sind daher keinesfalls mit Blick auf die Verständlichkeit von der Berichterstattung auszuschließen.[226] Insofern hat diese fördernde qualitative Anforderung keine einschränkende Wirkung auf den Umfang der vermittelten Informationen, sondern stellt vielmehr einen Qualitätsanspruch für ebendiese dar.[227] Es wird angenommen, dass die Adressaten des (Konzern-)Abschlusses nach IFRS über angemessene (Konzern-)Rechnungslegungsfachkenntnisse verfügen sowie die Informationen sorgfältig prüfen und analysieren oder im Zweifel externe Berater heranziehen,[228] sodass auch „mit Konsolidierungstechnik bis zur Unkenntlichkeit verkleidet[e]“[229] Sachverhalte den Adressaten zugänglich sind, insoweit sie verständlich im Sinne des *Conceptual Framework* dargestellt werden.

234. Kostenrestriktion als Nebenbedingung

Da mit der Finanzberichterstattung sowohl aufseiten des Bilanzierenden im Kontext der Informationsbereitstellung und -vermittlung[230] als auch aufseiten der Adressaten hinsichtlich der Informationsverarbeitung[231] (mitunter erhebliche)[232] Kosten verbunden sein können, gilt es schließlich zu beurteilen, ob der aus einer potenziell zu berichtenden Information resultierende Nutzen die für diese Information erforderlichen Kosten übersteigt.[233] Sofern dies verneint wird, ist die Information nicht in den (Konzern-)Abschluss aufzunehmen.[234] Die Kostenrestriktion ist indes nicht als qualitative Anforderung einzuordnen,[235] sondern ergänzt diese als eine Nebenbedingung, die die Wirtschaftlichkeit der Berichterstattung sicherstellen soll.[236]

225 Vgl. CF.2.35.

226 Vgl. CF.2.35, sowie BAETGE, J. U. A., in: Baetge u. a., Rechnungslegung nach IFRS, 2. Aufl., Kap. II, Rn. 63.

227 Vgl. BAETGE, J. U. A., in: Baetge u. a., Rechnungslegung nach IFRS, 2. Aufl., Kap. II, Rn. 64.

228 Vgl. CF.2.36.

229 ORDELHEIDE, D., Kapitalkonsolidierung und Konzernerfolg, S. 300, wenn auch in anderem Kontext.

230 Konkret entstehen dem Bilanzierenden vor allem Kosten im Rahmen der Erhebung, Verarbeitung, Prüfung und Verbreitung von Finanzinformationen. Vgl. CF.2.40.

231 Diese Kosten umfassen zum einen unmittelbare Kosten wie die Analyse und Interpretation der Informationen. Zum anderen entstehen den Adressaten auch mittelbare Kosten in Form geringerer Renditen durch die Informationsvermittlung seitens des Bilanzierenden. Vgl. CF.2.40.

232 Die Kosten der Rechnungslegung nach IFRS werden für Bilanzierende vielfach als zu hoch bezeichnet. Vgl. stellvertretend KÖHLER, A. G./MARTEN, K.-U., Diskussionsstand der IFRS-Konversion, S. 7 f., sowie empirisch FIECHTER, P./HALBERKANN, J./MEYER, C., Evidence from Switzerland, S. 955–989 m. w. N.

233 Vgl. CF.2.39, sowie WAWRZINEK, W./LÜBBIG, M., in: Driesch u. a., Beck IFRS HB, 5. Aufl., § 2, Rn. 95.

234 Vgl. CF.2.39, sowie ADS International, Abschnitt 1, Rn. 92; BAETGE, J./ZÜLCH, H., in: Schulze-Osterloh/Hennrichs/Wüstemann, HdJ, Abt. I/2, Rn. 255; implizit KIRSCH, H.-J./BRÖTZMANN, I./VON WIEDING, F., in: Baetge/Kirsch/Thiele, Bilanzrecht, § 243 HGB, Rn. 518. In einem solchen Fall ist auf die nächstentscheidungsnützlichste Abbildungsweise auszuweichen, die mit der Kostenrestriktion vereinbar ist. Vgl. HOFFMANN, S./DETZEN, D., Joint Conceptual Framework, S. 55.

235 Vgl. CF.BC2.73.

236 Vgl. PELLENS, B. U. A., Internationale Rechnungslegung, S. 110; BAETGE, J./KIRSCH, H.-J./THIELE, S., Bilanzen, S. 150; ADS International, Abschnitt 1, Rn. 92. Insofern wird die Kostenrestriktion auch als Anforderung an den Prozess zur Generierung einer Information verstanden. Vgl. CF.BC2.73.

Vor allem mit Blick auf die der Abwägung von Kosten und Nutzen inhärenten Subjektivität[237] sowie auf die sinkenden Kosten für Informationstechnologie[238] wird der Bilanzierende jedoch nur in Ausnahmefällen[239] auf die Anwendung einer (aufwendigen) Bilanzierungsmethode unter Berufung auf die Kostenrestriktion verzichten können.[240] Normadressat der Kostenrestriktion ist vielmehr – wie der IASB im Wege einer Selbstverpflichtung selber betont –[241] primär der Standardsetzer.[242] Dabei möchte er bei der Entwicklung und der Überarbeitung von Rechnungslegungsstandards unter expliziter Einbeziehung der Meinungen vor allem von Bilanzierenden, Adressaten, Wirtschaftsprüfern und Wissenschaftlern darauf achten, dass der aus den Vorschriften zu erwartende gesamtwirtschaftliche Nutzen in Form von effizienteren Kapitalmärkten und dadurch sinkenden Kapitalkosten die Kosten der Anwendung dieser Vorschriften (wahrscheinlich) rechtfertigen wird.[243]

24 Konzeption und Ausweis des Konzernerfolges

241. Periodenabgrenzung und Erfassung von Erfolgen

Die Erfolgskonzeption der Konzernrechnungslegung nach IFRS fußt auf dem in CF.1.17 i. V. m. IAS 1.27 f. verankerten **Konzept der Periodenabgrenzung** (*accrual accounting*), nach dem die Ein- und Auszahlungen unabhängig von ihrem tatsächlichen Zahlungszeitpunkt grundsätzlich in derjenigen Periode als Erträge oder Aufwendungen zu erfassen sind, der sie wirtschaftlich zuzurechnen sind.[244] Den Abschlussadressaten soll damit ein entscheidungsnützlicher Einblick in die Ertragslage des Konzerns gewährt werden.[245]

In der Erfolgsrechnung des Konzerns zu berücksichtigende **Erträge** (*income*) werden im *Conceptual Framework* definiert als eine Erhöhung von Vermögenswerten oder eine Verminderung

---

237 Vgl. CF.2.43, sowie HOLZEDER, K./KAHRE, B., Das Verhältnis von Kosten und Nutzen, S. 212 f.; BERESFORD, D. R./VAN RIPER, R., The not-so-mysterious ways, S. 80; MARTENS, S./STEVENS, K., Cost/Benefit Constraint, S. 171–179.

238 Vgl. PEEMÖLLER, V. H., in: Ballwieser u. a., Handbuch IFRS, 7. Aufl., Abschnitt 1, Rn. 63.

239 Vgl. zu Beispielen LÜDENBACH, N./HOFFMANN, W.-D./FREIBERG, J., in: Lüdenbach/Hoffmann/Freiberg, Haufe IFRS-Kommentar, 17. Aufl., § 1, Rn. 60, die zudem für die praktische Anwendung der Kostenrestriktion auf die enge Verbindung mit dem Wesentlichkeitsvorbehalt hinweisen, sowie BAETGE, J./ZÜLCH, H., in: Schulze-Osterloh/Hennrichs/Wüstemann, HdJ, Abt. I/2, Rn. 256.

240 Vgl. WAWRZINEK, W./LÜBBIG, M., in: Driesch u. a., Beck IFRS HB, 5. Aufl., § 2, Rn. 95, sowie mit Bezug zur Zwischenergebniseliminierung WATRIN, C./HOEHNE, F./LAMMERT, J., in: Hennrichs/Kleindiek/Watrin, MüKo Bilanzrecht Bd. 1, IAS 27, Rn. 216.

241 Vgl. HOLZEDER, K./KAHRE, B., Das Verhältnis von Kosten und Nutzen, S. 212 f.

242 Vgl. CF.2.42, sowie LÜDENBACH, N./HOFFMANN, W.-D./FREIBERG, J., in: Lüdenbach/Hoffmann/Freiberg, Haufe IFRS-Kommentar, 17. Aufl., § 1, Rn. 60.

243 Vgl. CF.2.41 f. Vgl. hierzu kritisch im Allgemeinen sowie im Speziellen in Bezug auf IFRS 15 HOLZEDER, K./KAHRE, B., Das Verhältnis von Kosten und Nutzen, S. 212–215.

244 Vgl. WAWRZINEK, W./LÜBBIG, M., in: Driesch u. a., Beck IFRS HB, 5. Aufl., § 2, Rn. 52; ADS International, Abschnitt 1, Rn. 46; THEILE, C., in: Heuser/Theile, IFRS Handbuch, 6. Aufl., Kap. 6, Rn. 6.52; BISCHOF, S./WENDLANDT, K., in: Baetge u. a., Rechnungslegung nach IFRS, 2. Aufl., IAS 1, Rn. 43; GIMPEL-HENNING, N., Sukzessive Anteilserwerbe, S. 23.

245 Vgl. CF.4.71 i. V. m. CF.1.15–1.19 i. V. m. CF.4.1 (b) f. Vgl. so auch KÖNIG, C., Umsatzrealisierung in der Airline-Industrie, S. 41.

von Schulden, die zu einer nicht auf eine Transaktion mit den Konzerngesellschaftern zurückzuführende Erhöhung des Konzerneigenkapitals führt.[246] Spiegelbildlich sind **Aufwendungen** (*expenses*) definiert als eine Verminderung von Vermögenswerten oder eine Erhöhung von Schulden, die das Konzerneigenkapital vermindert, gleichzeitig aber nicht aus Auszahlungen an die Gesellschafter resultiert.[247] Folglich werden die den Konzernerfolg konstituierenden Erträge und Aufwendungen im Sinne des sog. ***asset liability approach***[248] allgemein an die (Wert-)Änderung von den in der Konzernbilanz enthaltenen Vermögenswerten[249] und Schulden[250] geknüpft.[251] Der IASB betont allerdings, dass sich – trotz dieser unmittelbaren Kopplung der Erfolgsgrößen an die (Wert-)Änderung von Vermögenswerten und Schulden – Informationen über Erträge und Aufwendungen auf der einen Seite sowie über Vermögenswerte und Schulden auf der anderen Seite in ihrer Bedeutung für die Abschlussadressaten keinesfalls unterscheiden, sondern explizit als gleichwertig einzustufen sind.[252] Erfüllt ein Sachverhalt die zuvor erläuterten Definitionskriterien[253] eines Abschlusspostens, unterliegt er anschließend allerdings noch dem Vorbehalt der allgemeinen Ansatzkriterien des *Conceptual Framework*[254] sowie der konkreten Vorschriften der Einzelstandards.[255]

Durch die unmittelbare Kopplung der Erfolgserfassung an die (Wert-)Änderung von Vermögenswerten und Schulden, die bspw. auch einer Zeitwertbewertung unterliegen und insofern auch oberhalb der (fortgeführten) Anschaffungs- oder Herstellungskosten bewertet sein können, ist die Erfassung von Erfolgen in den IFRS nicht zwingend an das aus dem deutschen Handelsrecht für die Erfassung von Erträgen einschlägige **Realisationsprinzip**[256] gebunden.[257]

---

246 Vgl. CF.4.68.

247 Vgl. CF.4.69.

248 Vgl. stellvertretend ZÜLCH, H./FISCHER, C./WILLMS, J., Ertragsrealisation nach IFRS, S. 6–9.

249 Ein Vermögenswert (*asset*) ist definitorisch eine gegenwärtige ökonomische Ressource, die von der berichterstattenden Einheit kontrolliert wird und auf einem vergangenen Ereignis basiert. Vgl. CF.4.3, sowie Abschnitt 521.3.

250 Eine Schuld (*liability*) ist definiert als eine gegenwärtige Verpflichtung des Unternehmens zur Übertragung einer ökonomischen Ressource basierend auf einem vergangenen Ereignis. Vgl. CF.4.26, sowie ausführlich BAETGE, J. U. A., in: Baetge u. a., Rechnungslegung nach IFRS, 2. Aufl., Kap. II, Rn. 75–81a.

251 Vgl. HÖBENER, J./DUST, Y./GIMPEL-HENNING, N., Sukzessive Unternehmenserwerbe, S. 338. Vgl. so bereits in Bezug auf das *Framework* (1989) KÜHNE, M., Ertragsvereinnahmung, S. 1395; BULLEN, H. G./CROOK, K., Revisiting the Concepts, S. 7; ANTONAKOPOULOS, N., Gewinnkonzeptionen und Erfolgsdarstellung, S. 26 f. Das Regelwerk der IFRS ist indes nicht konsequent an diesem Ansatz ausgerichtet, vielmehr finden sich auch (zahlreiche) Elemente des sog. *revenue expense approach.* Vgl. ANTONAKOPOULOS, N., Gewinnkonzeptionen und Erfolgsdarstellung, S. 27 und S. 241.

252 Vgl. CF.4.71, sowie ausführlich zur Begründung CF.BC4.94.

253 Vgl. zu den Praxisimplikationen der (neuen) Definitionen des *Conceptual Framework* (2018) ERB, C./PELGER, C., Praxisimplikationen des neuen Rahmenkonzepts, S. 329.

254 Demnach müssen Erträge und Aufwendungen sowie Vermögenswerte und Schulden den Abschlussadressaten auch entscheidungsnützliche Informationen bereitstellen. Vgl. CF.5.7, sowie ausführlich BAETGE, J. U. A., in: Baetge u. a., Rechnungslegung nach IFRS, 2. Aufl., Kap. II, Rn. 96–101, sowie speziell in Bezug auf Erträge KÖNIG, C., Umsatzrealisierung in der Airline-Industrie, S. 44–46.

255 Vgl. BAETGE, J./KIRSCH, H.-J./THIELE, S., Bilanzen, S. 182 f. und S. 185 f. Konkrete Einzelfallregelungen können die gemäß dem Rahmenkonzept aufzunehmenden Abschlussposten indes nicht nur eingrenzen, sondern mitunter auch erweitern. Vgl. für einen Überblick BAETGE, J. U. A., in: Baetge u. a., Rechnungslegung nach IFRS, 2. Aufl., Kap. II, Rn. 103 und Rn. 108.

256 Vgl. grundlegend LEFFSON, U., Grundsätze ordnungsmäßiger Buchführung, S. 247–299.

257 Vgl. ADS International, Abschnitt 1, Rn. 47 i. V. m. Rn. 253; STUTE, A./KURT, V., Realisationsprinzip,

Gemäß dem (handelsrechtlichen)[258] Realisationsprinzip ist ein Ertrag erst zu erfassen, wenn der Vermögenswert den „Wertsprung zum Absatzmarkt"[259] geschafft hat und insofern die Gefahr eines zufälligen Untergangs oder einer Verschlechterung des Vermögenswertes auf den Käufer übertragen wurde (sog. Gefahrenübergang).[260] In den IFRS können neben solchen realisierten Erfolgen mitunter auch realisierbare, d. h. mit Blick auf den Gefahrenübergang (noch) unrealisierte Erfolge in der Erfolgsrechnung zu erfassen sein.[261] Insofern ist das Realisationsprinzip nicht als übergeordneter konzeptioneller Grundpfeiler der IFRS-Konzernrechnungslegung einzuordnen. Gleichwohl ist das Realisationsprinzip im Kontext der Zwischenergebniseliminierung von besonderer Bedeutung. So sind hierbei Erfolge zu eliminieren, die zwar auf Einzelabschlussebene in aller Regel auf einem Umsatzgeschäft gründen, indes nicht mit der Außenwelt des Konzerns realisiert wurden.[262] Damit bezieht sich das Realisationsprinzip im Rahmen der Zwischenergebniseliminierung auf diejenigen Erfolge, die im Rahmen einer innerbetrieblichen Lieferung oder Leistung ebenfalls auf Einzelabschlussebene nicht hätten erfasst werden dürfen. Schließlich ist der Konzernabschluss so aufzustellen, als ob er der „Quasi-Einzelabschluss"[263] des Konzerns ist.[264] Das aus Konzernperspektive interpretierte Realisationsprinzip sorgt mithin ggf. dafür, dass der Erfassungszeitpunkt von Erfolgen auf Konzernebene im Vergleich zum Einzelabschluss in spätere Perioden verschoben wird.[265]

Im Hinblick auf die Erfassung von Aufwendungen ist zudem der die Periodenabgrenzung konkretisierende **Grundsatz der sachlichen Abgrenzung** (*matching principle*)[266] (implizit) zu beachten, wonach die Aufwendungen den korrespondierenden Erträgen zuzuordnen sind.[267] Obgleich der Standardsetzer in CF.5.5 klarstellt, dass dieses Prinzip keine grundlegende Stellung

S. 258; PELLENS, B. U. A., Internationale Rechnungslegung, S. 186 f.; GIMPEL-HENNING, N., Sukzessive Anteilserwerbe, S. 24; ähnlich GRAU, A., Gewinnrealisierung nach International Accounting Standards, S. 197 f.; HOEHNE, F., Veräußerung von Anteilen, S. 42 f.

258 Streng genommen unterscheiden sich hier die IFRS vom deutschen Handelsrecht insoweit, als nach Handelsrecht der Wertsprung zum Absatzmarkt, nach IFRS demgegenüber der Zeitpunkt des Kontrollübergangs den für eine Realisation maßgebenden Zeitpunkt markiert. Vgl. STUTE, A./KURT, V., Realisationsprinzip, S. 254–258. Diese Unterscheidung ist jedoch für die vorliegende Untersuchung nicht von Bedeutung.

259 BAETGE, J./KIRSCH, H.-J./THIELE, S., Bilanzen, S. 132.

260 Vgl. BAETGE, J./KIRSCH, H.-J./SOLMECKE, H., Auswirkungen des BilMoG, S. 1221 f.; TIEDCHEN, S., in: Hennrichs/Kleindiek/Watrin, MüKo Bilanzrecht Bd. 2, § 252 HGB, Rn. 66 m. w. N. Zu diesem Zeitpunkt gilt die Lieferung oder Leistung als „bewirkt". Vgl. BAETGE, J./ZIESEMER, S./SCHMIDT, M., in: Baetge/Kirsch/Thiele, Bilanzrecht, § 252 HGB, Rn. 189.

261 Vgl. CF.BC2.42 (a), sowie PELLENS, B. U. A., Internationale Rechnungslegung, S. 187; ANTONAKOPOULOS, N., Erfolgsquellenanalyse nach IFRS, S. 121; THEILE, C., in: Heuser/Theile, IFRS Handbuch, 6. Aufl., Kap. 6, Rn. 6.54. Die Realisation eines Erfolges als Realakt (Sachverhaltsebene) ist begrifflich von der (buchhalterischen) Erfassung eines Erfolges (Bilanzierungsebene) zu unterscheiden. Vgl. BEISSE, H., Gewinnrealisierung, S. 19.

262 Vgl. LÜDENBACH, N./HOFFMANN, W.-D./FREIBERG, J., in: Lüdenbach/Hoffmann/Freiberg, Haufe IFRS-Kommentar, 17. Aufl., § 32, Rn. 142.

263 BAETGE, J./KIRSCH, H.-J./THIELE, S., Konzernbilanzen, S. 10, wenn auch im handelsrechtlichen Kontext.

264 Vgl. EWELT-KNAUER, C., Der Konzernabschluss, S. 39–43, sowie Abschnitt 221.

265 Vgl. RUHNKE, K./SIMONS, D., Rechnungslegung nach IFRS und HGB, S. 690; WATRIN, C./HOEHNE, F./LAMMERT, J., in: Hennrichs/Kleindiek/Watrin, MüKo Bilanzrecht Bd. 1, IAS 27, Rn. 197 f., sowie Abschnitt 41.

266 Vgl. zur Bedeutung des *matching principle* in den IFRS MÜLLER, I. H., Matching Principle, S. 10–12; STRAUB, B., Erfolgskonzeption der internationalen Rechnungslegung, S. 250 f.

267 Vgl. BAETGE, J./ZIESEMER, S./SCHMIDT, M., in: Baetge/Kirsch/Thiele, Bilanzrecht, § 252 HGB, Rn. 585 i. V. m. Rn. 592; THEILE, C., in: Heuser/Theile, IFRS Handbuch, 6. Aufl., Kap. 6, Rn. 6.53.

(mehr)[268] in den IFRS einnimmt, führe die Anwendung der im *Conceptual Framework* verankerten Grundsätze ohnehin regelmäßig dazu, dass das *matching principle* eingehalten wird.[269] So werden bspw. im Rahmen der Veräußerung eines Vermögenswertes die insoweit aktivierten Herstellungskosten aufwandswirksam erfasst, während zugleich mit Blick auf das Umsatzgeschäft ein Ertrag zu vereinnahmen ist.[270] Handelt es sich dabei um eine konzerninterne Transaktion, sind diese Herstellungskosten wiederum auf Konzernebene erst dann aufwandswirksam zu erfassen, wenn der Vermögenswert an einen konzernexternen Dritten veräußert wurde.[271]

Die Erfolgsgrößen, also die Erträge und Aufwendungen, sind in der sog. Gesamtergebnisrechnung (*statement of comprehensive income*) zu erfassen, die sich aus der **Gewinn- und Verlustrechnung** (*statement of profit or loss*) und dem **sonstigen Ergebnis** (*other comprehensive income*) zusammensetzt.[272] Da die Gewinn- und Verlustrechnung die primäre Informationsquelle über die Ertragslage der berichterstattenden Einheit ist,[273] sind grundsätzlich sämtliche Erträge und Aufwendungen in diesem Teil der Erfolgsrechnung zu erfassen.[274] Eine Erfassung im sonstigen Ergebnis kommt hingegen nur dann infrage, wenn durch die Erfassung eines aus einer Zeitwertbewertung[275] resultierenden Ertrags oder Aufwands im sonstigen Ergebnis die Relevanz der durch die Gewinn- und Verlustrechnung vermittelten Informationen oder die glaubwürdige Darstellung der Ertragslage insgesamt in der jeweiligen Berichtsperiode erhöht wird.[276] Im sonstigen Ergebnis erfasste Beträge sind grundsätzlich zu einem späteren Zeitpunkt in die Gewinn- und Verlustrechnung umzugliedern (*reclassify*).[277]

---

268 Vgl. BAETGE, J. U. A., in: Baetge u. a., Rechnungslegung nach IFRS, 2. Aufl., Kap. II, Rn. 112.

269 Vgl. auch CF.BC4.94 (e).

270 Der bilanzielle Ansatz eines Sachverhaltes, der nicht den Definitionskriterien eines Vermögenswertes oder einer Schuld entspricht, darf jedoch keinesfalls mit Verweis auf das einzuhaltende *matching principle* erfolgen. Vgl. CF.5.5, sowie zu den Grenzen des *matching principle* in den IFRS WAWRZINEK, W./LÜBBIG, M., in: Driesch u. a., Beck IFRS HB, 5. Aufl., § 2, Rn. 53–56.

271 Vgl., wenn auch im handelsrechtlichen Kontext, ADS, 6. Aufl., § 304 HGB, Rn. 7.

272 Vgl. CF.7.15.

273 Vgl. CF.7.16, sowie HÖBENER, J./DUST, Y./GIMPEL-HENNING, N., Sukzessive Unternehmenserwerbe, S. 337.

274 Vgl. CF.7.17.

275 Demnach kommt die Erfassung eines Erfolges aus der (Wert-)Änderung von zu historischen Kosten bewerteten Vermögenswerten oder Schulden im sonstigen Ergebnis nicht infrage. Vgl. CF.7.18, sowie ERB, C./PELGER, C., Praxisimplikationen des neuen Rahmenkonzepts, S. 331.

276 Vgl. CF.7.17. Vor dem Hintergrund zahlreicher Kritik bezüglich der Abgrenzung des sonstigen Ergebnisses von der Gewinn- und Verlustrechnung (vgl. bspw. ANTONAKOPOULOS, N., Erfolgsquellenanalyse nach IFRS, S. 121 f.; HETTICH, S., Zweckadäquate Gewinnermittlungsregeln, S. 166; HAAKER, A./FREIBERG, J., OCI als Mülleimer?, S. 213 f.; REES, L./SHANE, P., The Case of Other Comprehensive Income, S. 793–802) galt die Abgrenzung als zentrale Herausforderung im Rahmen des Überarbeitungsprojekts des *Conceptual Framework*. Vgl. HOOGERVORST, H., The dangers of ignoring unrealised income, S. 1 und S. 3. Durch die erstmalige Verankerung einer (abstrakten) Konzeption zu dieser Abgrenzung im Rahmenkonzept können sich künftig durchaus Änderungen in Bezug auf gegenwärtige Regelungen ergeben, da sie sich – zumindest mittelfristig im Rahmen einer etwaigen Überarbeitung – an dieser Konzeption werden messen lassen müssen. Vgl. hierzu sowie für eine solche Überprüfung am Beispiel der gegenwärtigen Regelung zur potenziellen Erfolgswirkung aus der Neubewertung der Altanteile im Kontext von sukzessiven Unternehmenserwerben gemäß IFRS 3.42, wenn auch mit Bezug zu dem der finalen Fassung des *Conceptual Framework* vorangegangenen ED/2015/3, HÖBENER, J./DUST, Y./GIMPEL-HENNING, N., Sukzessive Unternehmenserwerbe, S. 337–341.

277 Vgl. CF.7.19, sowie ERB, C./PELGER, C., Praxisimplikationen des neuen Rahmenkonzepts, S. 331. Dies soll in derjenigen Periode geschehen, in der dieses sog. *recycling* die Relevanz der durch die Gewinn- und Verlustrechnung vermittelten Information erhöht oder die glaubwürdige Darstellung der Ertragslage insgesamt

In der Erfolgsrechnung eines Konzerns besteht schließlich die Besonderheit, dass im Rahmen des Ausweises eine **gesellschafterstammspezifische** Ergebniszuordnung vorzunehmen ist. So sind gemäß IAS 1.81B sowohl der Gewinn oder Verlust als auch das Gesamtergebnis auf die Anteilseigner des Konzernmutterunternehmens einerseits sowie auf die Anteile der nicht beherrschenden Gesellschafter andererseits aufzuteilen.[278]

242. Konzernspezifisches Kongruenzprinzip

Als implizite Nebenbedingung der Periodenabgrenzung ist grundsätzlich das sog. **Kongruenzprinzip** zu beachten.[279] Gemäß dem Kongruenzprinzip muss die Summe der Periodenerfolge über die Lebensdauer eines Unternehmens exakt dessen Totalerfolg in ebendieser Totalperiode entsprechen.[280] Hierzu bedarf es der Erfassung sämtlicher Eigenkapitalveränderungen, die nicht auf Transaktionen mit den Gesellschaftern zurückzuführen sind, in der Erfolgsrechnung.[281] Mithin soll durch das Kongruenzprinzip sichergestellt werden, dass zum einen keine Erfolgsbestandteile gänzlich unerfasst bleiben und zum anderen keine Erfolgsbestandteile doppelt erfasst werden.[282] Obgleich das Kongruenzprinzip weder im *Conceptual Framework* noch in einem Standard explizit angeführt wird,[283] sind die hinter diesem Totalerfolgskonzept stehenden Überlegungen grundsätzlich für jedes System externer Rechnungslegung und damit auch für die Rechnungslegung nach IFRS von Bedeutung.[284] Durch die erforderliche Einhaltung des Kongruenzprinzips werden dem Bilanzierenden in Bezug auf etwaige bilanzpolitisch motivierte Erfolgsgestaltungen insofern strenge und verlässliche Grenzen auferlegt, als solche Maßnahmen zwingend zu einer entgegengerichteten Erfolgswirkung in einer späteren Periode führen

stärkt. Vgl. CF.7.19. Im gegenwärtigen Regelungskanon der IFRS bestehen indes auch einige Verbote, ein *recycling* vorzunehmen. Vgl. bspw. IAS 16.41 und IAS 19.122. Ebenso wie die Abgrenzung ist auch die (Nicht-)Umgliederung Gegenstand zahlreicher Kritik. Vgl. bspw. ANTONAKOPOULOS, N., Erfolgsquellenanalyse nach IFRS, S. 122; DOBLER, M./DOBLER, S., *Other Comprehensive Income*, S. 37; MUJKANOVIC, R., Fair Value im Financial Statement, S. 207 f. und S. 255 f.

278 Vgl. SCHLÜTER, J./SCHÖNHOFER, C., in: Driesch u. a., Beck IFRS HB, 5. Aufl., § 15, Rn. 78.

279 Vgl. GIMPEL-HENNING, N., Sukzessive Anteilserwerbe, S. 62; FABER, M., Einlage von Kapitalgesellschaftsanteilen, S. 60; ähnlich ZORN, T., Ableitung der Endkonsolidierung, S. 93, sowie, wenn auch im handelsrechtlichen Kontext, HAYN, B., Konsolidierungstechnik, S. 43 f. A. A. wohl THEILE, C., in: Heuser/Theile, IFRS Handbuch, 6. Aufl., Kap. 12, Rn. 12.41.

280 Vgl. MÜNSTERMANN, H., Bilanztheorien, Sp. 274; BUSSE VON COLBE, W., Gefährdung des Kongruenzprinzips, S. 127, sowie grundlegend SCHMALENBACH, E., Dynamische Bilanz, S. 64–66.

281 Vgl. BUSSE VON COLBE, W., Gefährdung des Kongruenzprinzips, S. 127 f.; ORDELHEIDE, D., Bedeutung und Wahrung des Kongruenzprinzips, S. 516.

282 Vgl. MUSCHEID, W., Schmalenbachs Dynamische Bilanz, S. 61; MÜNSTERMANN, H., Kongruenzprinzip und Vergleichbarkeitsgrundsatz, S. 431; HÜNING, M., Kongruenzprinzip und Rechnungslegung von Sachanlagen, S. 79.

283 Vgl. HÜNING, M., Kongruenzprinzip und Rechnungslegung von Sachanlagen, S. 1; PANZER, A., Statusändernde Anteilsveräußerungen, S. 73.

284 Vgl. ZORN, T., Ableitung der Endkonsolidierung, S. 93; FRANKE, G./HAX, H., Finanzwirtschaft, S. 82–90; HOEHNE, F., Veräußerung von Anteilen, S. 39; BLUM, A., Unabhängigkeit des Unternehmenswerts, S. 2170; ZAUNER, J., Übergangs- und Endkonsolidierung nach IFRS, S. 17–19; PANZER, A., Statusändernde Anteilsveräußerungen, S. 73 f.; SCHILDBACH, T., Externe Rechnungslegung und Kongruenz, S. 1819.

werden.[285] Demnach können zwar einzelne Periodenerfolge, nicht aber die Summe aller Periodenerfolge bilanzpolitisch beeinflusst werden.[286] Die Einhaltung des Kongruenzprinzips stärkt insofern die Neutralität und damit letztlich die glaubwürdige Darstellung der IFRS-Rechnungslegung.[287]

Diese Überlegungen lassen sich auch auf die Erfolgskonzeption in der Konzernrechnungslegung übertragen.[288] Dabei sind jedoch konzernspezifische Konkretisierungen in Bezug auf die Länge der Totalperiode sowie hinsichtlich der Anteile nicht beherrschender Gesellschafter vorzunehmen.[289] Während die für das Kongruenzprinzip maßgebliche **Totalperiode** einer Einzelunternehmung durch den rechtlichen Gründungsakt einerseits sowie durch die rechtliche Abwicklung des Unternehmens andererseits eindeutig markiert ist, ist die Lebensdauer eines Konzerns mangels eigener Rechtspersönlichkeit rechtlich unbestimmt.[290] Es könnte argumentiert werden, dass jedwede Änderung des Konsolidierungskreises den Konzern als Rechnungslegungseinheit neu etabliere und in diesem Sinne die jeweilige Totalperiode lediglich von einer Konsolidierungskreisänderung bis zur nächsten liefe.[291] Da die Erfolgserfassung aus einem Beteiligungsengagement im Rahmen der Erwerbsmethode[292] allerdings wie bei einer gewöhnlichen Investition erfolgt,[293] sind Änderungen des Konsolidierungskreises, d. h. insbesondere Zu- und Abgänge von Beteiligungen, vielmehr „als Geschäfte des ‚erwerbenden' Konzerns im Rahmen seiner weiterlaufenden Totalperiode"[294] zu verstehen.[295] In diesem Sinne wird der Kongruenzgedanke für Zwecke der Konzernrechnungslegung auf die Erfolgsbeiträge der einzelnen

---

285 Vgl. SCHILDBACH, T., Externe Rechnungslegung und Kongruenz, S. 1814; FALKENHAHN, G., Änderungen der Beteiligungsstruktur, S. 41; HEYD, R., Internationale Rechnungslegung, S. 659. Allerdings ist der Periodenerfolg in seiner Aussagefähigkeit dann nicht nur in der Periode, in der Bilanzpolitik betrieben wurde, eingeschränkt, sondern auch in der Periode des Ausgleichs, worunter die Vergleichbarkeit leiden wird. Vgl. zu den Grenzen der Kongruenz SCHILDBACH, T., Externe Rechnungslegung und Kongruenz, S. 1813–1815.

286 Vgl. SCHILDBACH, T., Externe Rechnungslegung und Kongruenz, S. 1814; ZÜLCH, H., Die Gewinn- und Verlustrechnung nach IFRS, S. 55; ZAUNER, J., Übergangs- und Endkonsolidierung nach IFRS, S. 17.

287 Vgl. GIMPEL-HENNING, N., Sukzessive Anteilserwerbe, S. 62; ZÜLCH, H., Die Gewinn- und Verlustrechnung nach IFRS, S. 55. Des Weiteren ist die Einhaltung des Kongruenzprinzips eine zentrale Voraussetzung für die Geltung des sog. Lücke-Theorems (vgl. grundlegend LÜCKE, W., Investitionsrechnungen, S. 310–324), nach dem der Kapitalwert der Zahlungsströme zwischen einer Unternehmung und seinen Gesellschaftern auch aus dem Kapitalwert der Erträge und Aufwendungen des Unternehmens reproduziert werden kann. Vgl. ORDELHEIDE, D., Bedeutung und Wahrung des Kongruenzprinzips, S. 516–518 und S. 528; SCHILDBACH, T., Externe Rechnungslegung und Kongruenz, S. 1814.

288 Vgl., wenn auch im handelsrechtlichen Kontext, GRIESAR, P., Verschmelzung im Konzernabschluß, S. 779; KÖNIGSMAIER, H., Zwischenergebniseliminierung und Endkonsolidierung, S. 192; HERRMANN, D., Änderung von Beteiligungsverhältnissen, S. 40 f., sowie grundlegend ORDELHEIDE, D., Kapitalkonsolidierung nach der Erwerbsmethode, S. 238–240. Den folgenden Ausführungen zum Kongruenzprinzip auf Konzernabschlussebene wird in erster Linie handelsrechtliche Literatur zugrunde gelegt, wobei auf deren besondere Kennzeichnung verzichtet wird.

289 Vgl. KÖNIGSMAIER, H., Übergang von der Vollkonsolidierung auf die Equitymethode, S. 1169.

290 Vgl. ORDELHEIDE, D., Kapitalkonsolidierung nach der Erwerbsmethode, S. 238.

291 Vgl. ORDELHEIDE, D., Kapitalkonsolidierung nach der Erwerbsmethode, S. 238; SCHINDLER, J., Kapitalkonsolidierung nach dem BiRiLiG, S. 33.

292 Vgl. zur Erwerbsmethode nach IFRS 3 Abschnitt 521.1.

293 Vgl. ORDELHEIDE, D., Kapitalkonsolidierung und Konzernerfolg, S. 292–294, sowie im IFRS-Kontext FABER, M., Einlage von Kapitalgesellschaftsanteilen, S. 70.

294 ORDELHEIDE, D., Kapitalkonsolidierung nach der Erwerbsmethode, S. 238.

295 Vgl. ORDELHEIDE, D., Kapitalkonsolidierung nach der Erwerbsmethode, S. 238; HAYN, B., Konsolidierungstechnik, S. 46; KÖNIGSMAIER, H., Zwischenergebniseliminierung und Endkonsolidierung, S. 192. Eine neue

Beteiligungsunternehmen zum Totalerfolg des Konzerns bezogen.[296] Der konzernspezifische Kongruenzgedanke wird ferner in aller Regel aus Perspektive der Konzernobergesellschaft interpretiert, sodass der auf die **Anteile nicht beherrschender Gesellschafter** entfallende Teil an einem Konzernerfolgsbeitrag bei der Kongruenzbetrachtung auszuklammern ist.[297] Dies lässt sich in den IFRS aus der Behandlung der Anteile nicht beherrschender Gesellschafter im Rahmen der Endkonsolidierung eines Tochterunternehmens gemäß IFRS 10[298] ableiten, wonach der auf die Anteile dieser Gesellschafter entfallende Teil der abgehenden Vermögenswerte und Schulden nicht erfolgswirksam, sondern erfolgsneutral auszubuchen ist.[299]

Nach dem sog. **konzernspezifischen Kongruenzprinzip**[300] ist folglich in Bezug auf jedes einzelne Beteiligungsengagement sicherzustellen, dass der Anteil der Konzernobergesellschaft an dem Konzerntotalerfolgsbeitrag eines Beteiligungsunternehmens exakt dem auf diese Beteiligung bezogenen im Einzelabschluss der Konzernobergesellschaft erfassten Totalerfolgsbeitrag entspricht.[301] Gleichwohl darf die Einhaltung des Kongruenzprinzips „nicht zu einem unumstößlichen Dogma erhoben werden“[302]. Demnach gilt es im Einzelfall sorgfältig zu prüfen, ob ausnahmsweise ein Kongruenzverstoß vor dem Hintergrund eines möglicherweise insgesamt verbesserten Einblicks in die Vermögens-, Finanz- und Ertragslage in Kauf genommen werden sollte.[303]

25 Schließung von Regelungslücken und Auslegung von Vorschriften nach IAS 8

251. Vorbemerkungen

Das IFRS-Regelwerk weist zwar „grundsätzlich eine hohe Regelungsdichte“[304] von Bilanzierungsvorschriften auf,[305] gleichwohl bildet es kein in sich geschlossenes Normensystem für

---

Totalperiode des Konzerns würde aber bspw. dann begründet werden, wenn die Konzernobergesellschaft durch ein neues Mutterunternehmen erworben wird. Vgl. KÖNIGSMAIER, H., Übergang von der Vollkonsolidierung auf die Equitymethode, S. 1169.

296 Vgl. SCHINDLER, J., Kapitalkonsolidierung nach dem BiRiLiG, S. 33; HERRMANN, D., Änderung von Beteiligungsverhältnissen, S. 41, sowie im Kontext *at equity* einbezogener Beteiligungen LAUER, C. E./BÖCKEM, H., Währungsumrechnung bei Anwendung der Equity-Methode, S. 1894.

297 Vgl. HAYN, B., Konsolidierungstechnik, S. 47; GRIESAR, P., Verschmelzung und Konzernabschluß, S. 58; KÖNIGSMAIER, H., Übergang von der Vollkonsolidierung auf die Equitymethode, S. 1169.

298 Vgl. zur Methodik der Endkonsolidierung eines Tochterunternehmens nach IFRS 10 ausführlich PANZER, A., Statusändernde Anteilsveräußerungen, S. 84–107.

299 Vgl. IFRS 10.B98 (a) (ii) i. V. m. IFRS 10.B98 (d).

300 Vgl. HAYN, B., Konsolidierungstechnik, S. 48. Der Begriff geht zurück auf GRIESAR, der diese Interpretation des Kongruenzprinzips als „konzernbezogenes Kongruenzprinzip“ bezeichnet. Vgl. GRIESAR, P., Verschmelzung und Konzernabschluß, S. 58.

301 Vgl. HERRMANN, D., Änderung von Beteiligungsverhältnissen, S. 41; HAYN, B., Konsolidierungstechnik, S. 47 f.; GRIESAR, P., Verschmelzung im Konzernabschluß, S. 779; KÖNIGSMAIER, H., Übergang von der Vollkonsolidierung auf die Equitymethode, S. 1169.

302 SCHILDBACH, T., Externe Rechnungslegung und Kongruenz, S. 1814, mit Verweis auf SCHMALENBACH, E., Dynamische Bilanz, 4. Aufl., S. 98.

303 Vgl. GIMPEL-HENNING, N., Sukzessive Anteilserwerbe, S. 65; FABER, M., Einlage von Kapitalgesellschaftsanteilen, S. 60 f.

304 BAETGE, J. U. A., in: Baetge u. a., Rechnungslegung nach IFRS, 2. Aufl., Kap. II, Rn. 13.

305 Vgl. WAWRZINEK, W./LÜBBIG, M., in: Driesch u. a., Beck IFRS HB, 5. Aufl., § 2, Rn. 115.

sämtliche denkbaren bilanziellen Fragestellungen.[306] Insofern kann es für bestimmte Sachverhalte – vor allem im Bereich der Konzernrechnungslegung –[307] an (expliziten) Vorgaben für deren Bilanzierung mangeln.[308] Liegt eine zu schließende **Regelungslücke**[309] im Sinne einer „planwidrige[n] Unvollständigkeit“[310] des Gesetzes vor,[311] obliegt es dem Bilanzierenden selbst, sie adäquat zu schließen,[312] da die IFRS – zumindest nach Selbstverständnis des Standardsetzers –[313] als prinzipienorientiertes[314] Normensystem angelegt sind.[315] Hierfür hat der IASB in **IAS 8.10–12** Leitlinien für die Schließung von Regelungslücken durch den Bilanzierenden normiert, anhand derer er eine geeignete Rechnungslegungsmethode in einem solchen Fall auswählen soll.[316]

Unklar ist jedoch zunächst, ob die im Rahmen dieser Arbeit vorzunehmende **Auslegung**[317] von bestehenden, aber unscharfen Normen – wie bspw. die Vorgabe in IFRS 10.B86 (c) zur vollständigen Eliminierung von etwaigen Zwischenergebnissen aus konzerninternen Transaktionen

---

306 Vgl. BAETGE, J./ZÜLCH, H., in: Schulze-Osterloh/Hennrichs/Wüstemann, HdJ, Abt. I/2, Rn. 186; DRIESCH, D., in: Driesch u. a., Beck IFRS HB, 5. Aufl., § 1, Rn. 41; BALLWIESER, W., IFRS-Rechnungslegung, S. 241–244. Vgl. zu damit verbundenen Problemen KLEINMANNS, H., Offene Gesellschaft der IFRS-Interpreten, S. 1325.

307 Vgl. BAETGE, J./ZÜLCH, H., in: Schulze-Osterloh/Hennrichs/Wüstemann, HdJ, Abt. I/2, Rn. 186.

308 Vgl. BAETGE, J. U. A., in: Baetge u. a., Rechnungslegung nach IFRS, 2. Aufl., Kap. II, Rn. 13.

309 Im Schrifttum wird terminologisch zum Teil eine „Regelungslücke“ als das Fehlen eines Standards im Ganzen verstanden, während sich eine „Normlücke“ auf das Fehlen einer Vorschrift innerhalb eines anzuwendenden Standards bezieht. Vgl. CASSEL, J., Unternehmensbewertung im IFRS-Abschluss, S. 85. Vgl. dazu auch CANARIS, C.-W., Feststellung von Lücken im Gesetz, S. 137 f.

310 ELZE, H., Lücken im Gesetz, S. 6. So auch LARENZ, K./CANARIS, C.-W., Methodenlehre der Rechtswissenschaft, S. 194; BYDLINSKI, F., Juristische Methodenlehre und Rechtsbegriff, S. 473. Vgl. in diesem Sinne auch ENGISCH, K., Einführung in das juristische Denken, S. 194, der die Regelungslücke als „unbefriedigende Unvollständigkeit innerhalb des Rechtsganzen“ definiert.

311 Eine so verstandene Regelungslücke setzt also voraus, dass im positiven Recht eine Vorschrift fehlt, obgleich eine solche angesichts der Gesamtheit der jeweiligen Rechtsordnung angezeigt wäre. Vgl. hierzu ausführlich CANARIS, C.-W., Feststellung von Lücken im Gesetz, S. 15– 54; ELZE, H., Lücken im Gesetz, S. 3–47; BARAK, A., Purposive Interpretation in Law, S. 67–69, sowie im IFRS-Kontext RUHNKE, K./NERLICH, C., Regelungslücken innerhalb der IFRS, S. 390 f.; WOJCIK, K.-P., IAS/IFRS als europäisches Recht, S. 287.

312 Vgl. RUHNKE, K./NERLICH, C., Regelungslücken innerhalb der IFRS, S. 389.

313 Vgl. IFRS FOUNDATION (Hrsg.), Due Process Handbook, Rn. 1.1, Rn. 3.27 und Rn. 5.15; TWEEDIE, D., Statement of Sir David Tweedie, S. 4 f.; TWEEDIE, D., Written Evidence of Sir David Tweedie, S. 4.

314 Vgl. zur Differenzierung zwischen einer prinzipienorientierten und einer regelorientierten Rechnungslegung LÜDENBACH, N./HOFFMANN, W.-D., Vom Principle-based zum Objektive-oriented Accounting, S. 390–394; NERLICH, C., Auslegungsmethodik für IFRS, S. 227–231.

315 Vgl. zu dieser Diskussion, ob die IFRS prinzipienorientiert oder regelorientiert sind, BAETGE, J./ZÜLCH, H., in: Schulze-Osterloh/Hennrichs/Wüstemann, HdJ, Abt. I/2, Rn. 308 i. V. m. Rn. 310; KUHNER, C., Auf dem Weg zur Prinzipienbasierung, S. 269–271; SCHILDBACH, T., Prinzipienorientierung, S. 247–264; LÜDENBACH, N./HOFFMANN, W.-D./FREIBERG, J., in: Lüdenbach/Hoffmann/Freiberg, Haufe IFRS-Kommentar, 17. Aufl., § 1, Rn. 42–48, sowie ausführlich PREIßLER, G., Prinzipienbasierung der Rechnungslegung, S. 155–296, der resümiert, dass „die den Einzelfallregelungen zugrunde liegenden Konzepte unter einem Schleier von Ungereimtheiten und Verworrenheiten [verschwimmen, Anm. d. Verf.]“. PREIßLER, G., Prinzipienbasierung der Rechnungslegung, S. 296.

316 Vgl. zur Unterscheidung zwischen einer offenen und einer verdeckten Regelungslücke WOJCIK, K.-P., IAS/IFRS als europäisches Recht, S. 282 m. w. N.; CANARIS, C.-W., Feststellung von Lücken im Gesetz, S. 136 f.; RUHNKE, K./NERLICH, C., Regelungslücken innerhalb der IFRS, S. 390 f.

317 Je nach Verständnis des Begriffes der „Auslegung“ haben sämtliche Rechtsnormen „eines gemeinsam: Sie sind auslegungsbedürftig.“ KESSLER, H./LEINEN, M./STRICKMANN, M., Mehr Rechte für Minderheiten, S. 321. Vgl. auch NERLICH, C., Auslegungsmethodik für IFRS, S. 7, Fn. 51 i. V. m. S. 29, Fn. 167 i. V. m. S. 41, Fn. 255; ENGISCH, K., Einführung in das juristische Denken, S. 114, Fn. 30 m. w. N. Ein solch weites

zwischen vollkonsolidierten Konzernunternehmen, sofern nicht beherrschende Gesellschafter am Eigenkapital eines der an der Transaktion partizipierenden Tochterunternehmen beteiligt sind –[318] in den Anwendungsbereich der in IAS 8 normierten Vorgehensweise zur Schließung von Regelungslücken fallen.[319] Mit Blick auf den Wortlaut des IAS 8.10, nach dem das Fehlen einer spezifischen Norm Grundvoraussetzung für die Anwendung dieser Vorgehensweise ist, könnte argumentiert werden, dass die Vorgaben zur Schließung von Regelungslücken für eine solche Fragestellung, in der eine explizite, wenn auch unscharfe Norm vorliegt, nicht einschlägig sind.[320]

Der Bilanzierende bringt sich allerdings im Zuge seiner Auslegung von bestehenden, aber unscharfen Rechnungslegungsvorschriften „den Sinn eines Textes, der ihm problematisch geworden ist, zum Verständnis"[321], um so eine adäquate, sich in den Grenzen des Wortsinns der jeweiligen Norm bewegende,[322] (konzern-)bilanzielle Abbildungsweise abzuleiten.[323] Vor diesem Hintergrund können die Auslegung von unscharfen Regelungen sowie die Schließung von Regelungslücken „nicht als wesensverschieden angesehen werden, sondern nur als voneinander verschiedene Stufen desselben gedanklichen Verfahrens"[324].[325] Insofern soll im Folgenden davon ausgegangen werden, dass die in IAS 8 normierten Leitlinien – vorbehaltlich einiger noch

Begriffsverständnis würde wohl jedoch im Kontext der IFRS dazu führen, dass IAS 8.7, nach dem eine bestimmte Norm auf einen Sachverhalt anzuwenden ist, sofern diese sich explizit auf ihn bezieht, ins Leere läuft. Vgl. NERLICH, C., Auslegungsmethodik für IFRS, S. 222. Im Rahmen dieser Arbeit soll sich der Begriff der Auslegung indes auf „nicht hinreichend konkretisierte Normen, mithin die Auslegung im engeren Sinn" (METZ, C., Unternehmenskauf, S. 40, Fn. 313) beziehen, während für eindeutige Sachverhalte IAS 8.7 einschlägig ist. Vgl. hierzu auch METZ, C., Unternehmenskauf, S. 40, Fn. 313. Einen häufigen Anwendungsfall der Auslegungsbedürftigkeit bilden im Kontext der IFRS vor allem unbestimmte Rechtsbegriffe. Vgl. RUHNKE, K./NERLICH, C., Regelungslücken innerhalb der IFRS, S. 389. Die Grenzen zwischen einem eindeutigen und einem im engeren Sinne auslegungsbedürftigen Sachverhalt dürften allerdings fließend verlaufen.

318 Vgl. für einen Überblick zum diesbezüglichen Meinungsstreit, wenn auch im handelsrechtlichen Kontext, STÖRK, U./HOFFMANN, K., in: Grottel u. a., Beck Bilanzkomm., 12. Aufl., § 307 HGB, Rn. 54 m. w. N., sowie im IFRS-Kontext SENGER, T./DIERSCH, U., in: Driesch u. a., Beck IFRS HB, 5. Aufl., § 35, Rn. 113; FRÖHLICH, C., Zwischengewinne bei Geschäften mit Tochterunternehmen, S. 357 f.

319 Vgl. die analoge Anwendung von IAS 8 im Rahmen der Auslegung befürwortend bspw. METZ, C., Unternehmenskauf, S. 40–43; HÖFNER, S., Gemeinschaftliche Vereinbarungen nach IFRS 11, S. 42–44; RUHNKE, K./SIMONS, D., Rechnungslegung nach IFRS und HGB, S. 336 f. und S. 348; FINK, C./SCHWARZ, D., in: Thiele/von Keitz/Brücks, Internationales Bilanzrecht, IAS 8, Rn. 130; KÜTING, K./RANKER, D., Auslegung der endorsed IFRS, S. 2512, sowie dies ablehnend WOJCIK, K.-P., IAS/IFRS als europäisches Recht, S. 287; NERLICH, C., Auslegungsmethodik für IFRS, S. 220–223. Vgl. die praktische Bedeutung dieser Frage für gering haltend LÜDENBACH, N./HOFFMANN, W.-D./FREIBERG, J., in: Lüdenbach/Hoffmann/Freiberg, Haufe IFRS-Kommentar, 17. Aufl., § 1, Rn. 77.

320 Vgl. WOJCIK, K.-P., IAS/IFRS als europäisches Recht, S. 287. Vgl. auch NERLICH, C., Auslegungsmethodik für IFRS, S. 220–223.

321 LARENZ, K./CANARIS, C.-W., Methodenlehre der Rechtswissenschaft, S. 26 und S. 133.

322 Vgl. LARENZ, K./CANARIS, C.-W., Methodenlehre der Rechtswissenschaft, S. 187.

323 Vgl. NERLICH, C., Auslegungsmethodik für IFRS, S. 271–276; ENGELKE, F., Kapitalkonsolidierung im mehrstufigen Konzern, S. 67.

324 LARENZ, K./CANARIS, C.-W., Methodenlehre der Rechtswissenschaft, S. 187.

325 Vgl. LARENZ, K./CANARIS, C.-W., Methodenlehre der Rechtswissenschaft, S. 187. Die Lückenschließung hat sich allerdings „noch im Rahmen [...] der Teleologie des Gesetzes" (LARENZ, K./CANARIS, C.-W., Methodenlehre der Rechtswissenschaft, S. 187) zu bewegen. Die Grenzen zwischen Auslegung und Lückenschließung werden regelmäßig fließend sein. Vgl. LARENZ, K./CANARIS, C.-W., Methodenlehre der Rechtswissen-

zu beschreibenden Besonderheiten – grundsätzlich analog für Fragen der Auslegung herangezogen werden können.[326]

252. Vorgehensweise bei der Schließung von Regelungslücken

Liegt eine zu schließende Regelungslücke vor, ist für diese gemäß IAS 8.10 seitens des IFRS-Anwenders eine Rechnungslegungsmethode dergestalt auszuwählen und anzuwenden, dass durch sie im Ergebnis Informationen vermittelt werden, die den **grundlegenden qualitativen Anforderungen** des *Conceptual Framework* genügen. Hierdurch erfahren die den Regelungen der Einzelstandards zunächst untergeordneten im Rahmenkonzept verankerten Prinzipien im Zusammenhang mit der Schließung von Regelungslücken zumindest einen mittelbaren Verbindlichkeitscharakter.[327] Durch den Verweis auf das Rahmenkonzept wird zum einen der Handlungsspielraum des Bilanzierenden im Rahmen der Schließung einer Regelungslücke eingeschränkt.[328] Zum anderen soll sichergestellt werden, dass die in Anwendung von IAS 8.10–12 entwickelte Rechnungslegungsmethode auf demselben theoretischen Fundament wie das restliche Normengefüge der IFRS basiert,[329] um im Ergebnis entscheidungsnützliche Informationen vermitteln zu können.[330]

---

schaft, S. 188 m. w. N. Vgl. zur Abgrenzung zwischen der Auslegung und einer planwidrigen Regelungslücke auch CANARIS, C.-W., Feststellung von Lücken im Gesetz, S. 19–30.

326 Vgl. GIMPEL-HENNING, N., Sukzessive Anteilserwerbe, S. 29; ENGELKE, F., Kapitalkonsolidierung im mehrstufigen Konzern, S. 67; NERLICH, C., Auslegungsmethodik für IFRS, S. 270 f. Zu beachten ist, dass in EU-Recht übernommene (*endorsed*) IFRS – wie bspw. die hier in erster Linie betrachteten IFRS 10, IFRS 11 und IAS 28 – den Status von sekundärem Gemeinschaftsrecht erhalten und damit der „Letztentscheidungsbefugnis" (KLEINMANNS, H., Offene Gesellschaft der IFRS-Interpreten, S. 1328) des Europäischen Gerichtshofs unterliegen, sodass bei der Lückenschließung und Auslegung im europäischen Rechtsraum die Rechtsanwendung des Europäischen Gerichtshofs in Arbeitsteilung mit den nationalen Gerichten zu berücksichtigen ist. Vgl. SCHÖN, W., Kompetenzen der Gerichte, S. 764; KÜTING, K./RANKER, D., Auslegung der endorsed IFRS, S. 2511; MERKT, H., in: Merkt/Probst/Fink, Rechnungslegung nach HGB und IFRS, Kap. 1, Rn. 167. „Gerichte können jedoch nur tätig werden, wenn ein Kläger sie anruft." BOHL, W./WIECHMANN, J., IFRS für Juristen, Rn. 333. Bisher zeigt die Praxis, dass gerichtliche Urteile betreffend die IFRS-Anwendung seltener Natur sind (vgl. KLEINMANNS, H., Offene Gesellschaft der IFRS-Interpreten, S. 1328), sodass dieser Umstand bislang keine wesentlichen Auswirkungen für die Anwender der IFRS hatte. Vgl. zu möglichen gerichtlichen Auseinandersetzungen NERLICH, C., Auslegungsmethodik für IFRS, S. 258–261. Als integraler Bestandteil des IFRS-Regelwerks sind zudem die indossierten Interpretationen des IFRS IC zwingend zu berücksichtigen. Vgl. BOHL, W./WIECHMANN, J., IFRS für Juristen, Rn. 403 f. Vor dem Hintergrund begrenzter Ressourcen des IFRS IC sowie seiner restriktiven Entscheidungspolitik bezüglich der Aufnahme von Projekten decken diese jedoch nur einen kleinen Teil der Lückenschließungs- und Auslegungsfälle ab. Vgl. WÜSTEMANN, J./BISCHOF, J./KIERZEK, S., in: Schulze-Osterloh/Hennrichs/Wüstemann, HdJ, Abt. I/3, Rn. 20 f.

327 Vgl. MERKT, H., Conceptual Framework aus regelungsmethodischer Sicht, S. 492 f.; HOFFMANN, S./DETZEN, D., Joint Conceptual Framework, S. 54 f.; ENGELKE, F., Kapitalkonsolidierung im mehrstufigen Konzern, S. 68, sowie bereits Abschnitt 21. Vgl. ähnlich RUHNKE, K./NERLICH, C., Regelungslücken innerhalb der IFRS, S. 392; BLAUM, U./HOLZWARTH, J./WENDLANDT, G., in: Baetge u. a., Rechnungslegung nach IFRS, 2. Aufl., IAS 8, Rn. 55 f. i. V. m. Rn. 59.

328 Vgl. METZ, C., Unternehmenskauf, S. 42; WOJCIK, K.-P., IAS/IFRS als europäisches Recht, S. 286. Vgl. hierzu kritisch SCHILDBACH, T., Die Zukunft des Jahresabschlusses, S. 1072 f.

329 Vgl. BLAUM, U./HOLZWARTH, J./WENDLANDT, G., in: Baetge u. a., Rechnungslegung nach IFRS, 2. Aufl., IAS 8, Rn. 55; FINK, C./SCHWARZ, D., in: Thiele/von Keitz/Brücks, Internationales Bilanzrecht, IAS 8, Rn. 119.

330 Vgl. WAWRZINEK, W./LÜBBIG, M., in: Driesch u. a., Beck IFRS HB, 5. Aufl., § 2, Rn. 115.

Zu berücksichtigen ist allerdings, dass IAS 8.10–12 im Wege eines **statischen Bezugs** unter anderem noch auf die grundlegenden Anforderungen der Relevanz[331] und der Verlässlichkeit[332] aus dem *Framework* (1989) verweist.[333] Der Mitarbeiterstab des IASB ist sich dieser Inkonsistenz sehr wohl bewusst und hat bereits im Jahr 2014 einige diesbezügliche Anpassungen an IAS 8 vorgeschlagen.[334] Während der allgemeine Verweis auf das gegenwärtige *Conceptual Framework* in IAS 8.11 bereits durch ein die Veröffentlichung des Rahmenkonzepts im März 2018 flankierenden *Amendments* hergestellt wurde,[335] werden die weiteren Anpassungen (wohl) Gegenstand eines größeren Überarbeitungsprojekts betreffend IAS 8 sein.[336] Auch mit Blick darauf, dass der Mitarbeiterstab des IASB diesen Änderungen insgesamt ohnehin nur eher klarstellenden als substanziellen Charakter beimisst,[337] soll im Folgenden trotz der Unverbindlichkeit stets von dem überarbeiteten Rahmenkonzept ausgegangen werden.

Die konkreten Vorschriften zur Schließung einer Regelungslücke gemäß IAS 8.10–12 sehen ein stufenweises Verfahren vor. Zuvorderst hat der Bilanzierende gemäß **IAS 8.11 (a)** herauszufinden, ob die Lücke mittels **Analogie** geschlossen werden kann.[338] Obgleich der Analogiebegriff nicht explizit in IAS 8.11 (a) erwähnt wird, kann dies aus der dort verankerten Norm abgeleitet werden.[339] So ist auf bestehende Vorschriften innerhalb der IFRS zurückzugreifen, die ähnliche oder verwandte Fragestellungen behandeln.[340] Dabei kommen sowohl die Einzel- als auch die Gesamtanalogie infrage.[341] Im Rahmen der Einzelanalogie überträgt der Bilanzierende die Rechtsfolge einer Vorschrift eines geregelten Sachverhaltes auf einen diesem Sachverhalt ähnlichen, aber ungeregelten Sachverhalt.[342] Demgegenüber wird bei der Gesamtanalo-

---

331 Vgl. IAS 8.10 (a) i. V. m. F.26–30 (1989).

332 Vgl. IAS 8.10 (b) i. V. m. F.31–38 (1989).

333 Vgl. hierzu kritisch MERKT, H., Conceptual Framework aus regelungsmethodischer Sicht, S. 491–497; HOFFMANN, S./DETZEN, D., Joint Conceptual Framework, S. 54 f.; WAWRZINEK, W./LÜBBIG, M., in: Driesch u. a., Beck IFRS HB, 5. Aufl., § 2, Rn. 115.

334 Vgl. IASB (Hrsg.), Staff Paper 10G (October 2014), Rn. 2. Hierbei hatte der Mitarbeiterstab des IASB nicht nur die Anpassung der grundlegenden qualitativen Anforderung der Verlässlichkeit durch die nunmehr im Rahmenkonzept enthaltene glaubwürdige Darstellung sowie den dazugehörigen Gütekriterien im Blick, sondern auch die expliziten Aufnahmen des Ziels der IFRS-Rechnungslegung in IAS 8.10 sowie eines allgemeinen Verweises auf die Prinzipien des *Conceptual Framework* in IAS 8.11. Vgl. zu den Vorschlägen des Mitarbeiterstabs im Überblick IASB (Hrsg.), Staff Paper 10G (October 2014), Appendix B.

335 Vgl. IASB (Hrsg.), Amendments to References to the Conceptual Framework, S. 13 f.

336 Vgl. IASB (Hrsg.), Staff Paper 10E (January 2017), Rn. B2 f. i. V. m. IASB (Hrsg.), Staff Paper 10C (February 2017), Rn. BCE.21.

337 Vgl. IASB (Hrsg.), Staff Paper 10C (October 2014), Rn. 5.

338 Vgl. IFRS IC (Hrsg.), Staff Paper 5 (January 2011), Rn. 6 (b).

339 Vgl. WOJCIK, K.-P., IAS/IFRS als europäisches Recht, S. 286 und S. 288; RUHNKE, K./NERLICH, C., Regelungslücken innerhalb der IFRS, S. 393.

340 Vgl. IAS 8.11 (a), sowie RUHNKE, K./NERLICH, C., Regelungslücken innerhalb der IFRS, S. 393. Dabei besteht keine Rangordnung zwischen Standards und Interpretationen. Vgl. IAS 8.BC13–BC15.

341 Vgl. CASSEL, J., Unternehmensbewertung im IFRS-Abschluss, S. 86, sowie zur Unterscheidung dieser Begriffe auch ENGISCH, K., Einführung in das juristische Denken, S. 209 f. Dabei dürfte der Einzelanalogieschluss im Rahmen der Anwendung der IFRS deutlich häufiger anzutreffen sein als die Gesamtanalogie. Vgl. RUHNKE, K./NERLICH, C., Regelungslücken innerhalb der IFRS, S. 393.

342 Vgl. LARENZ, K./CANARIS, C.-W., Methodenlehre der Rechtswissenschaft, S. 204; BYDLINSKI, F., Juristische Methodenlehre und Rechtsbegriff, S. 477.

gie zunächst aus mehreren Vorschriften, die die gleiche Rechtsfolge für verschiedene Sachverhalte vorsehen, induktiv ein allgemeiner Bilanzierungsgrundsatz abgeleitet, um diesen anschließend auf den ungeregelten Sachverhalt anzuwenden.[343] Beide Formen der Analogie sind in dem schon vom Standardsetzer im Vorwort der IFRS (*Preface to IFRS*)[344] angelegten **Gleichheitsgrundsatz**[345] begründet,[346] nach dem „Gleichartiges gleich zu behandeln"[347] ist.[348] Die Gleichartigkeit bzw. Ähnlichkeit von Sachverhalten ist hierbei allerdings nicht mit Gleichheit zu verwechseln,[349] vielmehr müssen die potenziell ähnlichen Sachverhalte in den „für die in der [...] Regel zum Ausdruck kommende Wertung maßgeblichen Hinsichten"[350] übereinstimmen.[351] Zur Beurteilung der Ähnlichkeit ist mithin der Zweck und der Grundgedanke (*ratio legis*) der auf ihre analoge Anwendung zu prüfenden Regelung zu ermitteln.[352] Von entscheidender Bedeutung ist dabei die Frage, ob der Standardsetzer die Rechtsfolge der in Rede stehenden Vorschrift nicht ganz bewusst in Form von sog. qualifiziertem Schweigen[353] eben nur auf den von dieser Regelung explizit erfassten Sachverhalt begrenzen wollte.[354] Denn sollte dies der Fall sein, wäre die analoge Anwendung der Regelung gerade nicht erlaubt.[355] Dieser sog. Umkehrschluss[356] (*argumentum e contrario*) leitet sich wiederum aus der Umkehrung des Gleichheitsgrundsatzes, wonach „Ungleiches ungleich zu behandeln"[357] ist,[358] ab.[359] Die Grenze zwischen Analogie und Umkehrschluss ist allerdings nicht immer „ganz leicht"[360] zu ziehen, zumal die

---

343 Vgl. LARENZ, K./CANARIS, C.-W., Methodenlehre der Rechtswissenschaft, S. 204; BYDLINSKI, F., Juristische Methodenlehre und Rechtsbegriff, S. 478; KRAMER, E. A., Juristische Methodenlehre, S. 232 f.

344 Obgleich das Vorwort einzelne, an anderer Stelle der IFRS normierte Grundsätze enthält, weist es selbst keinen Verbindlichkeitscharakter auf. Vgl. BAETGE, J. U. A., in: Baetge u. a., Rechnungslegung nach IFRS, 2. Aufl., Kap. II, Rn. 2; ZÜLCH, H., Rechnungslegungsnormen des IASB, S. 1.

345 Vgl. hierzu in der juristischen Methodenlehre ZIPPELIUS, R., Juristische Methodenlehre, S. 55.

346 Vgl. GIMPEL-HENNING, N., Sukzessive Anteilserwerbe, S. 30; ähnlich RUHNKE, K./NERLICH, C., Regelungslücken innerhalb der IFRS, S. 393.

347 LARENZ, K./CANARIS, C.-W., Methodenlehre der Rechtswissenschaft, S. 202.

348 „The Board's objective is to require like transactions and events to be accounted for and reported in a like way [...] within an entity over time and among entities." IASB (Hrsg.), Preface to IFRS, Rn. 11.

349 Bei Gleichheit wäre ein Analogieschluss obsolet. Vgl. HÖFNER, S., Gemeinschaftliche Vereinbarungen nach IFRS 11, S. 35.

350 LARENZ, K./CANARIS, C.-W., Methodenlehre der Rechtswissenschaft, S. 202.

351 Vgl. BYDLINSKI, F., Juristische Methodenlehre und Rechtsbegriff, S. 475; LARENZ, K./CANARIS, C.-W., Methodenlehre der Rechtswissenschaft, S. 202 f.

352 Vgl. LARENZ, K./CANARIS, C.-W., Methodenlehre der Rechtswissenschaft, S. 202 f. Eine weitere Möglichkeit der Ähnlichkeitsbestimmung besteht darin, zu zeigen, dass die Unterschiede zwischen dem geregelten und dem ungeregelten Sachverhalt nach rechtlichen Wertmaßstäben bedeutungslos sind. Vgl. BYDLINSKI, F., Juristische Methodenlehre und Rechtsbegriff, S. 475 f.

353 Vgl. zum Begriff des qualifizierten Schweigens KRAMER, E. A., Juristische Methodenlehre, S. 237 f. m. w. N.

354 Vgl. BARAK, A., Purposive Interpretation in Law, S. 68; LARENZ, K./CANARIS, C.-W., Methodenlehre der Rechtswissenschaft, S. 209 f.

355 Vgl. BYDLINSKI, F., Juristische Methodenlehre und Rechtsbegriff, S. 476 f.; LARENZ, K./CANARIS, C.-W., Methodenlehre der Rechtswissenschaft, S. 209 f.

356 Vgl. ausführlich WEINZIERL, E., Wann ist der Umkehrschluß zulässig?, S. 372–374.

357 CANARIS, C.-W., Feststellung von Lücken im Gesetz, S. 45.

358 „The Board's objective is to require [...] unlike transactions and events to be accounted for and reported differently [...] within an entity over time and among entities." IASB (Hrsg.), Preface to IFRS, Rn. 11.

359 Vgl. CANARIS, C.-W., Feststellung von Lücken im Gesetz, S. 45.

360 ENGISCH, K., Einführung in das juristische Denken, S. 208.

Prüfung des Analogieschlusses keine „formal-logische Gedankenoperation“[361] darstellt, sondern einem „Vorgang wertenden Denkens“[362] entspricht.

Sofern mangels Analogiefähigkeit aus dem bestehenden IFRS-Normengefüge keine Bilanzierungskonsequenz für den ungeregelten Sachverhalt abgeleitet werden kann, sind gemäß **IAS 8.11 (b)** die im ***Conceptual Framework*** enthaltenen Definitions- und Ansatzkriterien sowie Bewertungskonzepte für Vermögenswerte, Schulden, Erträge und Aufwendungen heranzuziehen.[363] Trotz dieser Kasuistik hinsichtlich einzelner Elemente des Rahmenkonzepts dürfte es vom IASB beabsichtigt sein, dass im Rahmen der Schließung von Regelungslücken auf sämtliche dort verankerten Grundsätze und Prinzipien zurückgegriffen wird.[364]

Schließlich zählt **IAS 8.12** weitere Quellen auf, derer sich der Bilanzierende insoweit bedienen kann, als diese nicht mit den zuvor erläuterten Quellen in IAS 8.11 konfligieren. Zu diesen weiteren Quellen zählen **jüngste**[365] **Verlautbarungen anderer Standardsetzer**, die der Entwicklung von Rechnungslegungsstandards ein dem *Conceptual Framework* ähnelndes Rahmenkonzept zugrunde legen.[366] Hierunter sind zwar primär angelsächsisch geprägte Rechnungslegungssysteme, allen voran die US-GAAP, zu subsumieren,[367] allerdings können bspw. auch die die Konzernrechnungslegung nach HGB konkretisierenden Deutschen Rechnungslegungs Standards des DRSC herangezogen werden.[368] Überdies werden vom IASB in IAS 8.12 **sonstige Rechnungslegungsliteratur** sowie **anerkannte Branchenpraktiken** als beachtenswerte Quellen angeführt. Unter die sonstige Rechnungslegungsliteratur fallen bspw. einschlägige Kommentierungen, Beiträge in Fachzeitschriften, Dissertationen sowie sonstige Monografien.[369] Einschlägig sind hierbei zwar zunächst IFRS-Quellen,[370] allerdings wird im Rahmen

---

361 LARENZ, K./CANARIS, C.-W., Methodenlehre der Rechtswissenschaft, S. 202.

362 LARENZ, K./CANARIS, C.-W., Methodenlehre der Rechtswissenschaft, S. 202.

363 Vgl. BLAUM, U./HOLZWARTH, J./WENDLANDT, G., in: Baetge u. a., Rechnungslegung nach IFRS, 2. Aufl., IAS 8, Rn. 59.

364 Vgl. so auch GIMPEL-HENNING, N., Sukzessive Anteilserwerbe, S. 31; ALKEMEIER, M., Konzerninterne Unternehmenszusammenschlüsse, S. 49; ENGELKE, F., Kapitalkonsolidierung im mehrstufigen Konzern, S. 69. In diesem Sinne ist auch der im Jahr 2014 unterbreitete Vorschlag des Mitarbeiterstabs des IASB zu verstehen, der eine klarstellende Anpassung von IAS 8.11 (b) hinsichtlich eines generischen Verweises auf das Rahmenkonzept vorsieht. Vgl. IASB (Hrsg.), Staff Paper 10G (October 2014), Rn. 2 (d) i. V. m. Rn. 7 (c) i. V. m. Appendix B, sowie bereits Fn. 334.

365 Bereits zurückgezogene oder im Ganzen ersetzte Verlautbarungen anderer Standardsetzer sind nicht zur Lückenschließung heranzuziehen, da eine solche Überarbeitung zeige, dass der Standardsetzer die entsprechenden Methoden selber für nicht mehr geeignet hält. Vgl. IAS 8.BC18.

366 Vgl. IAS 8.12.

367 Vgl. FINK, C./SCHWARZ, D., in: Thiele/von Keitz/Brücks, Internationales Bilanzrecht, IAS 8, Rn. 127. Vgl. hierzu kritisch LÜDENBACH, N./HOFFMANN, W.-D./FREIBERG, J., in: Lüdenbach/Hoffmann/Freiberg, Haufe IFRS-Kommentar, 17. Aufl., § 1, Rn. 78.

368 Vgl. BAETGE, J. U. A., in: Baetge u. a., Rechnungslegung nach IFRS, 2. Aufl., Kap. II, Rn. 14; RUHNKE, K./NERLICH, C., Regelungslücken innerhalb der IFRS, S. 393, sowie mit Bezug zu den IFRS-Interpretationen des DRSC KLEINMANNS, H., Offene Gesellschaft der IFRS-Interpreten, S. 1327 f. Vgl. zum diesbezüglichen Konsistenzvorbehalt der Verlautbarungen des HGB-Fachausschusses zu den in IAS 8.11 genannten Quellen FINK, C./SCHWARZ, D., in: Thiele/von Keitz/Brücks, Internationales Bilanzrecht, IAS 8, Rn. 127.

369 Vgl. BLAUM, U./HOLZWARTH, J./WENDLANDT, G., in: Baetge u. a., Rechnungslegung nach IFRS, 2. Aufl., IAS 8, Rn. 64, sowie ausführlich RUHNKE, K./SIMONS, D., Rechnungslegung nach IFRS und HGB, S. 340–343.

370 Vgl. FINK, C./SCHWARZ, D., in: Thiele/von Keitz/Brücks, Internationales Bilanzrecht, IAS 8, Rn. 128.

der vorliegenden Arbeit darüber hinaus auch regelmäßig auf Fachliteratur aus der Konzernrechnungslegung nach HGB zurückgegriffen, da einige der in der Untersuchung aufgegriffenen Diskussionen in Bezug auf die Zwischenergebniseliminierung auch im Kontext des deutschen Handelsrechts geführt werden und insofern als Erkenntnisquelle dienen können.[371] Zur sonstigen Rechnungslegungsliteratur zählen des Weiteren die vom IASB veröffentlichten, über den verbindlichen Regelungskanon der IFRS hinausgehenden Dokumente, wie bspw. Standardentwürfe (*exposure drafts*), Diskussionspapiere (*discussion papers*) und Arbeitspapiere der Mitarbeiter des IASB (*staff paper*).[372]

Das methodische Vorgehen nach IAS 8 führt oftmals nicht zu zwingenden, sondern zu verschiedenen vertretbaren Lösungen.[373] Besonders sorgfältig ist dabei die Gültigkeit eines Auslegungsergebnisses zu prüfen, das aus sonstiger Rechnungslegungsliteratur oder aus anerkannten Branchenpraktiken abgeleitet wurde.[374] Diese Quellen dürfen keinesfalls zur „Unterwanderung“ des IFRS-Normensystems durch den IFRS fremde Prinzipien führen, weshalb sie einem strengen Konsistenzvorbehalt zu den in IAS 8.11 genannten Quellen unterliegen.[375]

253. Besonderheiten bei der Auslegung von Vorschriften

Die Schließung von Regelungslücken auf der einen Seite sowie die Auslegung einer nicht eindeutigen Vorschrift auf der anderen Seite sind zwar grundsätzlich nicht wesensverschieden,[376] gleichwohl unterscheiden sie sich maßgeblich darin, dass eine Auslegung eine, wenn auch nicht eindeutige, Norm voraussetzt, während diese im Kontext der Lückenschließung fehlt.[377] Vor diesem Hintergrund soll die in IAS 8.10–12 normierte Vorgehensweise nicht unreflektiert auf die Auslegung übertragen, sondern in die aus der juristischen Methodenlehre bekannte **hermeneutische Methode** integriert werden.[378] Die Hermeneutik stellt eine in der Rechtswissenschaft

---

371 Vgl. exemplarisch für eine gleiche Diskussion in Bezug auf die Zwischenergebniseliminierung im Rahmen der Vollkonsolidierung STÖRK, U./HOFFMANN, K., in: Grottel u. a., Beck Bilanzkomm., 12. Aufl., § 307 HGB, Rn. 54 m. w. N. i. V. m. SENGER, T./DIERSCH, U., in: Driesch u. a., Beck IFRS HB, 5. Aufl., § 35, Rn. 113 m. w. N.

372 Vgl. ZÜLCH, H., Rechnungslegungsnormen des IASB, S. 5.

373 Vgl. LÜDENBACH, N./HOFFMANN, W.-D./FREIBERG, J., in: Lüdenbach/Hoffmann/Freiberg, Haufe IFRS-Kommentar, 17. Aufl., § 1, Rn. 78.

374 Vgl. GIMPEL-HENNING, N., Sukzessive Anteilserwerbe, S. 32.

375 Vgl. RUHNKE, K./NERLICH, C., Regelungslücken innerhalb der IFRS, S. 393; FINK, C./SCHWARZ, D., in: Thiele/von Keitz/Brücks, Internationales Bilanzrecht, IAS 8, Rn. 127–129.

376 Vgl. Abschnitt 251.

377 Vgl. NERLICH, C., Auslegungsmethodik für IFRS, S. 31; BARAK, A., Purposive Interpretation in Law, S. 66.

378 Vgl. GIMPEL-HENNING, N., Sukzessive Anteilserwerbe, S. 32 f.; NERLICH, C., Auslegungsmethodik für IFRS, S. 270 f.; ENGELKE, F., Kapitalkonsolidierung im mehrstufigen Konzern, S. 71; ähnlich CASSEL, J., Unternehmensbewertung im IFRS-Abschluss, S. 92–95; HÖFNER, S., Gemeinschaftliche Vereinbarungen nach IFRS 11, S. 62–64.

ganzheitliche Methode zur Auslegung von Gesetzen nach „anerkannten Spielregeln“[379] dar,[380] um den einer Regelung innewohnenden Sinn und Zweck zu ergründen.[381]

Den Ausgangspunkt im Rahmen des hermeneutischen Auslegungsprozesses einer Vorschrift bildet ihr Wortlaut, den es auf mögliche Anhaltspunkte für die Auslegung zu untersuchen gilt (sog. **semantische Auslegung**[382]).[383] Dabei ist zu beachten, dass die Amts- und Arbeitssprachen der Europäischen Union sämtliche Sprachen der Mitgliedstaaten umfassen, sodass alle Übersetzungen der in EU-Recht übernommenen Standards der IFRS den gleichen Rang genießen.[384] Vor diesem Hintergrund wären im Rahmen der Auslegung sämtliche Sprachfassungen heranzuziehen.[385] Mit Blick auf die damit verbundenen (praktischen) Probleme und auch angesichts der Tatsache, dass die englische Fassung den Ausgangspunkt der Übersetzungen darstellt,[386] wird hier davon ausgegangen, dass zusätzlich zur englischen Originalfassung die in die eigene Landessprache übersetzte Fassung ausreichend ist, ohne dabei allerdings die rechtliche Gleichrangigkeit der Sprachen im europäischen Kontext infrage zu stellen.[387]

Sofern der Wortlaut der auszulegenden Vorschrift einen Beurteilungsspielraum eröffnet, sind in einem nächsten Schritt die Entstehungs- und Entwicklungsgeschichte[388] dieser Vorschrift zu untersuchen, um so möglicherweise den der Vorschrift zugrunde liegenden Sinn und Zweck zu erschließen (sog. **historische Auslegung**).[389] Im Kontext der IFRS sollte hierzu vor allem auf

---

379 BAETGE, J./KIRSCH, H.-J./THIELE, S., Bilanzen, S. 109.

380 Vgl. ausführlich LARENZ, K./CANARIS, C.-W., Methodenlehre der Rechtswissenschaft, S. 17–35 und S. 133–168. Vgl. mit Bezug auf die IFRS NERLICH, C., Auslegungsmethodik für IFRS, S. 32–39 und S. 270 f.; MERKT, H., in: Merkt/Probst/Fink, Rechnungslegung nach HGB und IFRS, Kap. 1, Rn. 165; HENNRICHS, J., in: Hennrichs/Kleindiek/Watrin, MüKo Bilanzrecht Bd. 1, Einf. in die Rechnungslegung nach IFRS, Rn. 65 f. Vgl. zu den mitunter im Detail divergierenden Kanons der Auslegungsmethoden BYDLINSKI, F., Juristische Methodenlehre und Rechtsbegriff, S. 436 f. m. w. N.

381 Vgl. zum Ziel der Auslegung ausführlich bspw. BYDLINSKI, F., Juristische Methodenlehre und Rechtsbegriff, S. 428–436.

382 Vgl. zu synonym verwendeten Begriffen CASSEL, J., Unternehmensbewertung im IFRS-Abschluss, S. 39 m. w. N.

383 Vgl. MERKT, H., in: Merkt/Probst/Fink, Rechnungslegung nach HGB und IFRS, Kap. 1, Rn. 148; WANK, R., Auslegung von Gesetzen, S. 41, sowie RUHNKE, K./SIMONS, D., Rechnungslegung nach IFRS und HGB, S. 346, die dies mit IAS 8.7 in Verbindung bringen. Vgl. zur Auslegung nach dem Wortlaut ausführlich ZIPPELIUS, R., Juristische Methodenlehre, S. 37–40; WANK, R., Auslegung von Gesetzen, S. 41–55.

384 Vgl. HENNRICHS, J., in: Hennrichs/Kleindiek/Watrin, MüKo Bilanzrecht Bd. 1, Einf. in die Rechnungslegung nach IFRS, Rn. 67.

385 Vgl. KÜTING, K./RANKER, D., Auslegung der endorsed IFRS, S. 2511; HAUCK, A./PRINZ, U., Auslegung von IAS/IFRS, S. 639. A. A. SCHEFFLER, E., Auslegungs- und Ermessensfragen beim Enforcement, S. 4, der die englische Sprache für maßgebend hält.

386 Vgl. WOJCIK, K.-P., IAS/IFRS als europäisches Recht, S. 269. Der IASB veröffentlicht seine Verlautbarungen in Englisch. Vgl. IASB (Hrsg.), Preface to IFRS, Rn. 15. Vgl. zur Problematik der Übersetzung der IFRS in die deutsche Sprache NIEHUS, R. J., IFRS auf Deutsch, S. 2477–2483.

387 Vgl. WOJCIK, K.-P., IAS/IFRS als europäisches Recht, S. 269 f.; GROH, T., Methodenrelevante Normtexte, S. 270; NERLICH, C., Auslegungsmethodik für IFRS, S. 278 f.

388 Vgl. zur Differenzierung zwischen der Entstehungs- und der Entwicklungsgeschichte WANK, R., Auslegung von Gesetzen, S. 68–70.

389 Vgl. RÜTHERS, B./FISCHER, C./BIRK, A., Rechtstheorie, Rn. 778–795; CASSEL, J., Unternehmensbewertung im IFRS-Abschluss, S. 94. Vgl. auch HAUCK, A./PRINZ, U., Auslegung von IAS/IFRS, S. 640; SCHÖN, W., Kompetenzen der Gerichte, S. 766, die der historischen Auslegung von *endorsed* IFRS durch den Europäischen Gerichtshof kaum Bedeutung beimessen.

die im Rahmen des Standardsetzungsprozesses veröffentlichten Materialien zurückgegriffen werden, wie bspw. die Anwendungsleitlinien (*implementation guidances*), die Begründungserwägungen (*basis for conclusions*), die erläuternden Beispiele (*illustrative examples*), abweichende Meinungen einzelner Mitglieder des IASB (*dissenting opinions*) oder Arbeitspapiere der Mitarbeiter des IASB.[390]

Darauf aufbauend ist die auszulegende Vorschrift im Kontext des Normengefüges, in das sie eingebettet ist, zu betrachten (sog. **systematisch-logische Auslegung**).[391] In Bezug auf die IFRS bedingt dies eine Interpretation der Vorschrift vor dem Hintergrund der Systematik des jeweils einschlägigen Standards, aber auch ihrer Einbindung in den gesamten Regelungskanon der IFRS.[392] Konkret für die Auslegung bestehender, aber unscharfer Regelungen zur Zwischenergebniseliminierung ist demnach auch die standardübergreifende Konsistenz zwischen den entsprechenden Vorschriften zur Zwischenergebniseliminierung in IFRS 10, IFRS 11 und IAS 28 – vorbehaltlich der Besonderheiten der jeweiligen Einbeziehungsmethode – zu berücksichtigen. Der zentrale Gedanke der systematisch-logischen Auslegung ist die Widerspruchsfreiheit eines Normengefüges.[393] Diese Forderung kommt in den IFRS durch den Gleichheitsgrundsatz zum Ausdruck,[394] sodass dieser Auslegungsschritt in enger Verbindung mit dem Verfahren des Analogieschlusses und dem Rückgriff auf das *Conceptual Framework* nach IAS 8.11 steht.[395]

Sofern weder die systematische Stellung der auszulegenden Vorschrift im (gesamten) Normengefüge noch die Sichtung des auf sie bezogenen historischen Materials ausreichenden Aufschluss hinsichtlich eines sich in den Grenzen des Wortsinns bewegenden Ergebnisses liefern

---

390 Vgl. Cassel, J., Unternehmensbewertung im IFRS-Abschluss, S. 80; ausführlich Nerlich, C., Auslegungsmethodik für IFRS, S. 287–294.

391 Vgl. Bydlinski, F., Juristische Methodenlehre und Rechtsbegriff, S. 442–448; Zippelius, R., Juristische Methodenlehre, S. 43.

392 Vgl. Hennrichs, J., in: Hennrichs/Kleindiek/Watrin, MüKo Bilanzrecht Bd. 1, Einf. in die Rechnungslegung nach IFRS, Rn. 69; Merkt, H., in: Merkt/Probst/Fink, Rechnungslegung nach HGB und IFRS, Kap. 1, Rn. 166. Überdies muss das Auslegungsergebnis verfassungskonform sein. Vgl. Larenz, K./Canaris, C.-W., Methodenlehre der Rechtswissenschaft, S. 159–163 und S. 165. In Bezug auf die Auslegung von IFRS-Normen bedingt dies eine Konformität mit der IAS-Verordnung. Vgl. Hennrichs, J., in: Hennrichs/Kleindiek/Watrin, MüKo Bilanzrecht Bd. 1, Einf. in die Rechnungslegung nach IFRS, Rn. 69; Merkt, H., in: Merkt/Probst/Fink, Rechnungslegung nach HGB und IFRS, Kap. 1, Rn. 166; Bohl, W./Wiechmann, J., IFRS für Juristen, Rn. 316.

393 Vgl. Merkt, H., in: Merkt/Probst/Fink, Rechnungslegung nach HGB und IFRS, Kap. 1, Rn. 150; Zippelius, R., Juristische Methodenlehre, S. 44; Rüthers, B./Fischer, C./Birk, A., Rechtstheorie, Rn. 744. Vgl. auch Bohl, W./Wiechmann, J., IFRS für Juristen, Rn. 313 i. V. m. Rn. 394, die anmerken, dass die Einordnung einer IFRS-Norm in den systematischen Gesamtzusammenhang der IFRS oftmals daran scheitern wird, dass ebendieser nur bedingt vorliege.

394 Vgl. Cassel, J., Unternehmensbewertung im IFRS-Abschluss, S. 93.

395 Vgl. Cassel, J., Unternehmensbewertung im IFRS-Abschluss, S. 93 f.; Gimpel-Henning, N., Sukzessive Anteilserwerbe, S. 33; ähnlich Nerlich, C., Auslegungsmethodik für IFRS, S. 282–287; ähnlich in Bezug auf IAS 8.11 (a) Höfner, S., Gemeinschaftliche Vereinbarungen nach IFRS 11, S. 28.

können, ist schließlich der Sinn und Zweck der Vorschrift unter Bezugnahme auf das vom „Gesetzgeber durch das Gesetz zu verwirklichen[de]“[396] Ziel zu erforschen (sog. **objektiv-teleologische Auslegung**).[397] Im Kontext der IFRS ist demnach vor dem Hintergrund des Ziels der Entscheidungsnützlichkeit eine Bilanzierungsvariante abzuleiten,[398] die dem Anspruch einer den tatsächlichen Verhältnissen entsprechenden Darstellung der Vermögens-, Finanz- und Ertragslage[399] gerecht wird.[400] Mit Blick auf die Vorgehensweise im Rahmen der Schließung von Regelungslücken spiegelt sich dieser Auslegungsschritt insofern bereits in der allgemeinen Vorgabe des IAS 8.10 wider.[401]

Die Gewichtung der im Rahmen der einzelnen Auslegungsschritte gewonnenen Erkenntnisse ist zwar auch davon abhängig, welche Kriterien im Einzelfall besonders einschlägig sind, liegt aber letztlich im Ermessen des Bilanzierenden.[402] Sofern verschiedene Bilanzierungsvarianten verbleiben, kann er ergänzend die in IAS 8.12 angeführten Quellen heranziehen.[403] Da die Auslegung einer Vorschrift, ähnlich wie die Lückenschließung, „kein Rechenexempel, sondern eine schöpferische Geistestätigkeit“[404] ist, muss jedoch keineswegs jeder Auslegende zum gleichen Ergebnis kommen.[405] Im Vordergrund steht vielmehr ein intersubjektiv nachprüfbares, begründbares Bilanzierungsergebnis.[406]

---

396 LARENZ, K./CANARIS, C.-W., Methodenlehre der Rechtswissenschaft, S. 153.

397 Vgl. BYDLINSKI, F., Juristische Methodenlehre und Rechtsbegriff, S. 453 f.; LARENZ, K./CANARIS, C.-W., Methodenlehre der Rechtswissenschaft, S. 153 f.; MERKT, H., in: Merkt/Probst/Fink, Rechnungslegung nach HGB und IFRS, Kap. 1, Rn. 156. Da der Gesetzgeber nicht immer sämtliche mit einer Vorschrift verbundenen Fälle antizipieren kann, kann das Auslegungsergebnis von seinem (subjektiven) Willen abweichen. Vgl. HONSELL, H., Wurzeln der juristischen Auslegung, S. 119 f. m. w. N. „[D]as Gesetz kann klüger sein als seine Verfasser“. RADBRUCH, G., Rechtsphilosophie, S. 107. Vgl. kritisch zur objektiv-teleologischen Auslegung RÜTHERS, B./FISCHER, C./BIRK, A., Rechtstheorie, Rn. 801–815a.

398 Zwischen der systematisch-logischen und der objektiv-teleologischen Auslegung besteht ein enger Zusammenhang (vgl. WOJCIK, K.-P., IAS/IFRS als europäisches Recht, S. 278), während die Grenzen zwischen diesen Auslegungsschritten keinesfalls scharf, sondern regelmäßig fließend sind. Vgl. SCHÜBEL-PFISTER, I., Sprache und Gemeinschaftsrecht, S. 130.

399 Vgl. hierzu IAS 1.15, sowie Abschnitt 221.

400 Vgl. ähnlich NERLICH, C., Auslegungsmethodik für IFRS, S. 295 f.; WOJCIK, K.-P., IAS/IFRS als europäisches Recht, S. 276, sowie, allerdings ohne Bezug auf die Entscheidungsnützlichkeit, HAUCK, A./PRINZ, U., Auslegung von IAS/IFRS, S. 639 f.

401 Vgl. BOHL, W./WIECHMANN, J., IFRS für Juristen, Rn. 313.

402 Vgl. LARENZ, K./CANARIS, C.-W., Methodenlehre der Rechtswissenschaft, S. 166 f.; SCHROTH, U., Juristische Hermeneutik, S. 263 f.

403 Vgl. CASSEL, J., Unternehmensbewertung im IFRS-Abschluss, S. 92 und S. 94.

404 LARENZ, K./CANARIS, C.-W., Methodenlehre der Rechtswissenschaft, S. 166.

405 „Rechtsanwendung läßt [sic!] sich […] nicht mit dem Zollstock messen.“ KAISER, T., Berichtigung und Änderung, S. 77.

406 Vgl. BAETGE, J./KIRSCH, H.-J./THIELE, S., Bilanzen, S. 109.

3 Charakterisierung der unterschiedlichen Formen von Unternehmensverbindungen im Konzernabschluss nach IFRS

31 Überblick

Die verschiedenen Vorschriften[407] zur Zwischenergebniseliminierung in der Konzernrechnungslegung nach IFRS sind an die Spezifika der jeweiligen Einbeziehungsmethode des Beteiligungsunternehmens geknüpft, mit dem die zugrunde liegende konzerninterne Transaktion durchgeführt wird. Deshalb ist für die Auslegung, Konkretisierung und Beurteilung dieser Vorschriften ein grundlegendes Verständnis der möglichen Unternehmensverbindungen und deren jeweiliger Abbildungsweise im Konzernabschluss erforderlich.

Ein Konzern (*group*) im Sinne des IFRS 10 umfasst zwar zunächst definitorisch lediglich ein (Konzern-)Mutterunternehmen[408] und seine Tochterunternehmen.[409] Die Pflicht zur Aufstellung eines Konzernabschlusses wird in diesem Sinne auch ausschließlich durch das Vorliegen eines Mutter-Tochter-Verhältnisses begründet.[410] Gleichwohl kommt dem Konzernabschluss die Aufgabe zu, sämtliche Unternehmensverbindungen des Konzerns ungeachtet ihrer Intensität abzubilden.[411] Der Konzernabschluss wird deshalb auch als **Abschluss der gesamten Einflusssphäre** des Konzerns bezeichnet.[412]

Allgemein wird von einer Unternehmensverbindung gesprochen, sofern ein Unternehmen die Möglichkeit zur Einflussnahme auf die Geschäftsaktivitäten eines anderen Unternehmens hat.[413] Die spezifische Herausforderung für die Konzernrechnungslegung besteht in diesem Zu-

---

407 Vgl. dazu im Einzelnen IFRS 10.B86 (c); IFRS 11.B34–B37; IAS 28.28 f.

408 Sofern ein Tochterunternehmen selbst Mutterunternehmen eines weiteren Tochterunternehmens ist, wird von einem sog. mehrstufigen Konzern gesprochen. Vgl. grundlegend ENGELKE, F., Kapitalkonsolidierung im mehrstufigen Konzern, S. 7–18. Dementsprechend können in einem Konzern neben der Konzernobergesellschaft weitere Mutterunternehmen vorhanden sein. Diese Teilkonzernmutterunternehmen sind jedoch unter bestimmten Voraussetzungen von der Aufstellung eines Konzernabschlusses befreit. Vgl. dazu BAETGE, J./HAYN, S./STRÖHER, T., in: Baetge u. a., Rechnungslegung nach IFRS, 2. Aufl., IFRS 10, Rn. 180–188. In der vorliegenden Arbeit wird von mehrstufigen Konzernstrukturen abstrahiert.

409 Vgl. IFRS 10.A.

410 Vgl. IFRS 10.4, sowie BAETGE, J./HAYN, S./STRÖHER, T., in: Baetge u. a., Rechnungslegung nach IFRS, 2. Aufl., IFRS 10, Rn. 56. Für Unternehmen mit Sitz in Deutschland richtet sich die Pflicht zur Aufstellung eines Konzernabschlusses allerdings nicht nach den Regelungen des IFRS 10, sondern zunächst nach den §§ 290–293 HGB. Vgl. BAETGE, J./KIRSCH, H.-J./THIELE, S., Konzernbilanzen, S. 127 f., sowie zu diesbezüglichen Gemeinsamkeiten und Unterschieden der nationalen und internationalen Regelungen OSER, P./MILANOVA, E., Aufstellungspflicht und Abgrenzung des Konsolidierungskreises, S. 2027–2032. IFRS 10 ist jedoch anschließend für die Abgrenzung des Konsolidierungskreises maßgeblich. Vgl. BRUNE, J. W., in: Driesch u. a., Beck IFRS HB, 5. Aufl., § 32, Rn. 2. Vgl. zu möglicherweise auftretenden Wechselwirkungen infolge dieser Systematik KNORR, L./BUCHHEIM, R./SCHMIDT, M., Konzernrechnungslegungspflicht und Konsolidierungskreis, S. 2402 f.

411 Vgl. ENGELKE, F., Kapitalkonsolidierung im mehrstufigen Konzern, S. 7.

412 Vgl. BAETGE, J./HAYN, S./STRÖHER, T., in: Baetge u. a., Rechnungslegung nach IFRS, 2. Aufl., IFRS 10, Rn. 32 f., sowie, wenn auch im handelsrechtlichen Kontext, EISELE, W./RENTSCHLER, R., Gemeinschaftsunternehmen im Konzernabschluß, S. 311.

413 Vgl. BRUNE, J. W., in: Driesch u. a., Beck IFRS HB, 5. Aufl., § 30, Rn. 1. Da die Kapitalüberlassung in Form einer Beteiligung das wohl am häufigsten genutzte Instrument zur Sicherung von Einflussnahmemöglichkeiten ist (vgl. ORDELHEIDE, D., Konzern als Gegenstand betriebswirtschaftlicher Forschung, S. 294), wird im

sammenhang darin, dass der **Grad der Einflussnahmemöglichkeit** der Konzernobergesellschaft auf ihre Beteiligungsunternehmen in der Praxis nicht bloß divergiert, sondern in Form einer alleinigen Beherrschung eines Unternehmens auf der einen Seite sowie einer (nahezu) fehlenden Möglichkeit zur Einflussnahme auf ein Unternehmen auf der anderen Seite fließend verläuft.[414] Diesem Umstand wird in der IFRS-Konzernrechnungslegung dergestalt Rechnung getragen, dass „ein stufenweiser Übergang vom Kern der Unternehmensgruppe zur Umwelt [mit Hervorhebungen im Original]“[415] fingiert wird.[416] Im Rahmen dieser sog. **Stufenkonzeption**[417] wird die Art der Einbeziehung eines Beteiligungsunternehmens in den Konzernabschluss der Konzernobergesellschaft an die Stufenzugehörigkeit geknüpft, sodass durch die Einbeziehungsmethode und der damit verbundenen Art der „vermögens- und erfolgsrechnerischen Integration“[418] in den Konzernabschluss der Grad der Einflussnahmemöglichkeit des Mutterunternehmens auf das jeweilige Beteiligungsunternehmen zum Ausdruck kommen soll.[419]

Auf oberster Stufe der Beteiligungsunternehmen stehen die **Tochterunternehmen**, also die Unternehmen, die einem beherrschenden Einfluss[420] des Mutterunternehmens unterliegen.[421]

Folgenden regelmäßig auch von „Beteiligungsunternehmen“ gesprochen. Des Weiteren können Unternehmensverbindungen durch vertragliche, personelle und bzw. oder sonstige faktische Verflechtungen gekennzeichnet sein. Vgl. ORDELHEIDE, D., Konzern als Gegenstand betriebswirtschaftlicher Forschung, S. 293; SCHEFFLER, E., Konzernmanagement, S. 1. Vgl. zu diesbezüglichen Besonderheiten im Kontext von IFRS 11 Abschnitt 332.

414 Vgl. KÜTING, K./SEEL, C./STRAUß, M., Änderung der Beteiligungshöhe, S. 175; KÜTING, K./WEBER, C.-P., Der Konzernabschluss, S. 207; SCHÄFER, H., Bilanzierung nach der Equity-Methode, S. 26; SCHMIDT, G., Rechnungslegung nach der Equity-Methode, S. 209.

415 BUSSE VON COLBE, W./CHMIELEWICZ, K., Das neue Bilanzrichtlinien-Gesetz, S. 326, wenn auch im handelsrechtlichen Kontext.

416 Vgl. KÜTING, K./WEBER, C.-P., Der Konzernabschluss, S. 207 f., sowie, wenn auch im handelsrechtlichen Kontext, BUSSE VON COLBE, W./CHMIELEWICZ, K., Das neue Bilanzrichtlinien-Gesetz, S. 326 f.; ORDELHEIDE, D., Konzern als Gegenstand betriebswirtschaftlicher Forschung, S. 297–299.

417 Der Begriff der Stufenkonzeption wurde im handelsrechtlichen Schrifttum entwickelt. Vgl. hierzu BUSSE VON COLBE, W./CHMIELEWICZ, K., Das neue Bilanzrichtlinien-Gesetz, S. 326 f.; ORDELHEIDE, D., Konzern als Gegenstand betriebswirtschaftlicher Forschung, S. 297–299; BAETGE, J./KIRSCH, H.-J./THIELE, S., Konzernbilanzen, S. 110–112. Im Gegenzusatz zur „dynamischen“ Stufenkonzeption im handelsrechtlichen Kontext ist die Stufenkonzeption in den IFRS eher als „statisch“ zu verstehen. So wird in den IFRS – anders als nach HGB – bspw. ein als Tochterunternehmen klassifiziertes Beteiligungsunternehmen, das für die Vermittlung eines den tatsächlichen Verhältnissen entsprechenden Bildes der wirtschaftlichen Lage des Konzerns unwesentlich ist, in keinem Fall mittels der Equity-Methode in den Konzernabschluss einbezogen werden können, da dies aufgrund der Definitionen in IAS 28.3 ausgeschlossen ist. Vgl. BAETGE, J./KIRSCH, H.-J./THIELE, S., Konzernbilanzen, S. 127 i. V. m. S. 396 f.

418 BUSSE VON COLBE, W. U. A., Konzernabschlüsse, S. 59.

419 Vgl., wenn auch im handelsrechtlichen Kontext, SIGLE, H., in: Küting/Weber, HdK, 2. Aufl., § 310 HGB, Rn. 5, sowie im IFRS-Kontext EBELING, R. M./ERNST, S., in: Böcking u. a., Beck HdR, C 210, Rn. 80. Eine Ausnahme stellt hierbei die Bilanzierung gemeinschaftlicher Vereinbarungen nach IFRS 11 dar. Der Grad der Einflussnahmemöglichkeit entscheidet zwar vorgelagert, ob eine gemeinschaftliche Vereinbarung vorliegt. Die Klassifizierung als gemeinschaftliche Tätigkeit oder als Gemeinschaftsunternehmen und die daran geknüpfte Bilanzierung richtet sich jedoch anschließend an die mit der gemeinschaftlichen Vereinbarung verbundenen Rechte und Pflichten der Parteien. Vgl. BÖCKEM, H./RÖHRICHT, V., Joint Operation oder Joint Venture?, S. 1032. Des Weiteren sind für sämtliche Anteile, die mit Weiterveräußerungsabsicht gehalten werden, die Vorschriften des IFRS 5 zu berücksichtigen. Vgl. hierzu NAGENGAST, K./BOECKER, C., Zur Veräußerung gehaltene langfristige Vermögenswerte, S. 493–496.

420 Vgl. zum Konzept der Beherrschung Abschnitt 32.

421 Vgl. HOEHNE, F., Veräußerung von Anteilen, S. 61 f.

Zusammen bilden die Tochterunternehmen mit dem Mutterunternehmen den „Nukleus des Konzerns“[422] und sind im Wege der **Vollkonsolidierung** nach IFRS 10 i. V. m. IFRS 3 in den Konzernabschluss einzubeziehen.[423] Hierbei werden die Vermögenswerte und Schulden sowie die Erträge und Aufwendungen sämtlicher vollzukonsolidierenden Tochterunternehmen unabhängig von einer etwaigen Beteiligung nicht beherrschender Gesellschafter vollständig in den Konzernabschluss aufgenommen.[424]

Auf zweiter Stufe stehen die seitens der Konzernobergesellschaft zusammen mit mindestens einer weiteren Partei gemeinschaftlich beherrschten[425] gemeinschaftlichen Vereinbarungen.[426] Gemäß IFRS 11.6 sind gemeinschaftliche Vereinbarungen wiederum entweder als gemeinschaftliche Tätigkeit oder als Gemeinschaftsunternehmen zu klassifizieren. **Gemeinschaftliche Tätigkeiten** werden mittels der **anteiligen Einbeziehung** im Konzernabschluss erfasst.[427] Hinsichtlich dieser Einbeziehungsmethode wird zwar im Schrifttum vielfach darauf hingewiesen, dass sie regelmäßig der noch im Vorgängerstandard IAS 31 für Anteile an gemeinschaftlich geführten Unternehmen[428] wahlweise anzuwendenden Quotenkonsolidierung ähnelt oder zumindest im Ergebnis ähneln kann.[429] Allerdings deuten die Ausführungen des Standardsetzers in IFRS 11.BC38 darauf hin, dass die anteilige Einbeziehung und die Quotenkonsolidierung auf einer unterschiedlichen konzeptionellen Basis beruhen. So werden die Abschlussposten im

---

[422] SCHILDBACH, T./FELDHOFF, P., Konzernabschluss, S. 100. Hierbei wird auch vom sog. Vollkonsolidierungskreis gesprochen. Vgl. BAETGE, J./KIRSCH, H.-J./THIELE, S., Konzernbilanzen, S. 110 i. V. m. S. 130; BUSSE VON COLBE, W. U. A., Konzernabschlüsse, S. 59.

[423] Vgl. GIMPEL-HENNING, N., Sukzessive Anteilserwerbe, S. 36. IFRS 10 enthält keine expliziten Einbeziehungswahlrechte oder -verbote, sodass grundsätzlich alle Tochterunternehmen unabhängig von ihrem Sitz und von ihrer Rechtsform in den Vollkonsolidierungskreis einzubeziehen sind (sog. Weltabschlussprinzip). Die Vollkonsolidierung eines Tochterunternehmens unterliegt jedoch dem allgemeinen Wesentlichkeitsvorbehalt sowie der Kostenrestriktion. Vgl. ausführlich zur Einbeziehungspflicht BAETGE, J./HAYN, S./STRÖHER, T., in: Baetge u. a., Rechnungslegung nach IFRS, 2. Aufl., IFRS 10, Rn. 200–230. Ein als Investmentgesellschaft zu klassifizierendes Mutterunternehmen ist des Weiteren davon befreit, seine Investments vollzukonsolidieren. Stattdessen sind diese Beteiligungen gemäß IFRS 9 aufwands- und ertragswirksam zum beizulegenden Zeitwert zu bewerten. Vgl. IFRS 10.31, sowie LÜDENBACH, N./HOFFMANN, W.-D./FREIBERG, J., in: Lüdenbach/Hoffmann/Freiberg, Haufe IFRS-Kommentar, 17. Aufl., § 32, Rn. 101–103.

[424] Vgl. BUSSE VON COLBE, W. U. A., Konzernabschlüsse, S. 59.

[425] Vgl. zum Konzept der gemeinschaftlichen Führung Abschnitt 331.

[426] Vgl. KÜTING, K./SEEL, C./STRAUß, M., Änderung der Beteiligungshöhe, S. 175.

[427] Vgl. IFRS 11.20.

[428] Zu beachten sind die in IFRS 11 sowohl veränderte Terminologie als auch divergierende Klassifizierung im Vergleich zu IAS 31. Während die gemeinschaftlichen Tätigkeiten (*jointly controlled operations*) und gemeinschaftlich geführten Vermögenswerte (*jointly controlled assets*) nunmehr zusammenfassend als gemeinschaftliche Tätigkeit (*joint operation*) zu klassifizieren sind, werden die vormals als gemeinschaftlich geführte Unternehmen (*jointly controlled entities*) klassifizierten Beteiligungen zwar nach IFRS 11 oftmals, gleichwohl nicht immer als Gemeinschaftsunternehmen (*joint venture*) zu klassifizieren sein, da die Definition von Gemeinschaftsunternehmen im Vergleich zu gemeinschaftlich geführten Unternehmen enger gefasst wurde. Vgl. SEEL, C., Joint Ventures, S. 204–206, sowie hierzu empirisch JUNGIUS, T./KNAPPSTEIN, J./SCHMIDT, A., Erstanwendung des Konsolidierungspakets, S. 241–243; HÖFNER, S., Gemeinschaftliche Vereinbarungen nach IFRS 11, S. 193–238.

[429] Vgl. FUCHS, M./STIBI, B., IFRS 11, S. 1451 und S. 1454; BÖCKEM, H./ISMAR, M., Joint Arrangements nach IFRS 11, S. 821 und S. 824; KÜTING, K./SEEL, C., Abgrenzung und Bilanzierung von joint arrangements, S. 349; LÜDENBACH, N./SCHUBERT, D., Gemeinschaftliche Vereinbarungen, S. 4; BAETGE, J./HAYN, S./STRÖHER, T., in: Baetge u. a., Rechnungslegung nach IFRS, 2. Aufl., IFRS 10, Rn. 8; EISENSCHMIDT, K./LABRENZ, H., Abbildung gemeinschaftlicher Vereinbarungen, S. 28; FREIBERG, J., Beteiligungs- oder Abnahmequote?, S. 59.

Rahmen der Quotenkonsolidierung grundsätzlich entsprechend dem Anteil am Kapital einbezogen,[430] während im Kontext der anteiligen Einbeziehung gemäß IFRS 11.20 die Vermögenswerte und Schulden sowie die Erträge und Aufwendungen im Umfang der aus der gemeinschaftlichen Vereinbarung erwachsenden Rechte und Pflichten einzubeziehen sind.[431] Vor diesem Hintergrund sind die Gemeinsamkeiten und Unterschiede dieser beiden Einbeziehungsmethoden zunächst sorgfältig zu analysieren,[432] ehe daran anknüpfend Rückschlüsse auf eine entscheidungsnützliche Informationsvermittlung durch die Zwischenergebniseliminierung im Rahmen von Transaktionen mit gemeinschaftlichen Tätigkeiten gezogen werden können.[433] **Gemeinschaftsunternehmen** sind hingegen mittels der in IAS 28 verankerten **Equity-Methode** in den Konzernabschluss einzubeziehen.[434] Bei Anwendung der Equity-Methode werden im Gegensatz zur Vollkonsolidierung und der anteiligen Einbeziehung weder die Vermögenswerte und Schulden noch die Erträge und Aufwendungen des Beteiligungsunternehmens unmittelbar im Konzernabschluss ausgewiesen.[435] Vielmehr wird die Beteiligung beim erstmaligen Ansatz mit ihren Anschaffungskosten – hinter denen gedanklich die anteilig erworbenen Vermögenswerte und übernommenen Schulden des Beteiligungsunternehmens stehen – bewertet und als insofern saldierter Equity-Wert in der Konzernbilanz[436] ausgewiesen.[437] Der Equity-Wert wird anschließend entsprechend der Entwicklung des anteilig erworbenen, zum Zugangszeitpunkt neubewerteten Eigenkapitals des Beteiligungsunternehmens fortgeschrieben.[438]

Auf dritter Stufe befinden sich die **assoziierten Unternehmen**, auf die die Konzernobergesellschaft einen maßgeblichen Einfluss[439] ausüben kann.[440] Der maßgebliche Einfluss ist eine schwächere Einflussnahmemöglichkeit auf ein Beteiligungsunternehmen als (gemeinschaftliche) Beherrschung, allerdings eine stärkere als bei einer einfachen Beteiligungsbeziehung.[441]

---

430 Die zur quotalen Konsolidierung maßgebliche Quote war jedoch in IAS 31 nicht expliziert. Im Schrifttum wurden neben dem Kapitalanteil auch der Gewinn-, der Stimmrechtsanteil sowie eine „gespaltene Einbeziehung" diskutiert. Vgl. zu dieser Diskussion BAETGE, J./KLAHOLZ, E./HARZHEIM, T., in: Baetge u. a., Rechnungslegung nach IFRS, 2. Aufl., IAS 31, Rn. 62–67; KÖSTER, O., in: Hennrichs/Kleindiek/Watrin, MüKo Bilanzrecht Bd. 1, IAS 31, Rn. 107; HAYN, B., in: Bohl/Riese/Schlüter, Beck IFRS HB, 4. Aufl., § 37, Rn. 12.

431 Vgl. IFRS 11.BC38, sowie HÖFNER, S., Gemeinschaftliche Vereinbarungen nach IFRS 11, S. 268–271; ZÜLCH, H. U. A., Bilanzierung von Joint Arrangements, S. 1820. Ein weiterer Unterschied liegt darin, dass die anteilige Einbeziehung bereits im Einzelabschluss der Parteien zu erfolgen hat. Vgl. IFRS 11.BC38.

432 Vgl. Abschnitt 531.12.

433 Vgl. ähnlich HÖFNER, S., Gemeinschaftliche Vereinbarungen nach IFRS 11, S. 268 i. V. m. S. 303–310. Vgl. zur diesbezüglichen Analyse Abschnitt 53.

434 Vgl. IFRS 11.24 Vgl. zu den Ausnahmen von der Anwendung der Equity-Methode IAS 28.17–21, sowie BAETGE, J./GRAUPE, F./HÖBENER, J., in: Baetge u. a., Rechnungslegung nach IFRS, 2. Aufl., IAS 28, Rn. 46–61; HAYN, B., in: Driesch u. a., Beck IFRS HB, 5. Aufl., § 36, Rn. 7–17.

435 Vgl. HAYN, B., in: Driesch u. a., Beck IFRS HB, 5. Aufl., § 36, Rn. 1.

436 Im IFRS-Einzelabschluss dürfen gemäß IAS 27.10 Beteiligungen an Tochterunternehmen, Gemeinschaftsunternehmen und assoziierten Unternehmen wahlweise zu Anschaffungskosten, als Finanzinstrument nach IFRS 9 oder aber mittels der Equity-Methode einbezogen werden.

437 Vgl. IAS 28.10, sowie BAETGE, J./GRAUPE, F./HÖBENER, J., in: Baetge u. a., Rechnungslegung nach IFRS, 2. Aufl., IAS 28, Rn. 2.

438 Vgl. IAS 28.10, sowie HAYN, B., in: Driesch u. a., Beck IFRS HB, 5. Aufl., § 36, Rn. 1.

439 Vgl. zum Konzept des maßgeblichen Einflusses Abschnitt 34.

440 Vgl. KÜTING, K./WEBER, C.-P., Der Konzernabschluss, S. 207 f.

441 Vgl. BAETGE, J./GRAUPE, F./HÖBENER, J., in: Baetge u. a., Rechnungslegung nach IFRS, 2. Aufl., IAS 28,

Assoziierte Unternehmen sind ebenso wie die Gemeinschaftsunternehmen mittels der **Equity-Methode** nach IAS 28 in den Konzernabschluss einzubeziehen.[442]

Auf vierter und damit letzter Stufe der Stufenkonzeption stehen schließlich **einfache Beteiligungen**[443], deren Bilanzierung in IFRS 9 geregelt ist.[444] Einfache Beteiligungen werden seitens des Mutterunternehmens weder (alleinig noch gemeinschaftlich mit weiteren Partnern) beherrscht noch kann auf sie ein maßgeblicher Einfluss ausgeübt werden. Sie sind mit ihrem beizulegenden Zeitwert (*fair value*)[445] zu bilanzieren, wobei Wertänderungen des beizulegenden Zeitwertes in der Gewinn- und Verlustrechnung zu erfassen sind.[446] Sofern die Beteiligung nicht zu Handelszwecken gehalten wird, besteht allerdings bei erstmaligem Ansatz das unwiderrufliche Wahlrecht, künftige Wertänderungen im sonstigen Ergebnis auszuweisen.[447]

In den folgenden Abschnitten werden die spezifischen Voraussetzungen und die damit verbundenen Charakteristika für das Vorliegen von Tochterunternehmen, gemeinschaftlichen Vereinbarungen und assoziierten Unternehmen beschrieben. Unternehmen, die als einfache Beteiligung zu klassifizieren sind, werden hingegen nicht weiter betrachtet, da Transaktionen mit ihnen nicht der Pflicht zur Zwischenergebniseliminierung unterliegen.

Rn. 3 i. V. m. Rn. 36.

442 Vgl. zu den Ausnahmen von der Anwendung der Equity-Methode bereits Fn. 434. Sofern die Konzernobergesellschaft nur maßgeblichen Einfluss auf eine von Dritten gemeinsam geführte gemeinschaftliche Tätigkeit ausüben kann, gleichzeitig aber unmittelbare Rechte und Pflichten an dieser gemeinschaftlichen Tätigkeit innehat, ist unklar, ob gemäß IFRS 11.23 eine anteilige Einbeziehung zu erfolgen hat oder aber eine Einbeziehung mittels der Equity-Methode nach IAS 28 einschlägig ist. Vgl. zu diesem hier nicht weiter betrachteten Spezialfall LÜDENBACH, N., Anteil an einer gemeinschaftlichen Tätigkeit, S. 266.

443 Dabei ist indes zu beachten, dass IFRS 9 streng genommen nicht auf die Beteiligung als Ganzes, sondern auf das singuläre Finanzinstrument als maßgebliche Bilanzierungseinheit abstellt. Vgl. GIMPEL-HENNING, N., Sukzessive Anteilserwerbe, S. 110 f.

444 Vgl. GIMPEL-HENNING, N., Sukzessive Anteilserwerbe, S. 37.

445 Liegen nicht genügend zeitnahe Informationen für die Bewertung zum beizulegenden Zeitwert vor oder streuen die Schätzwerte für diesen zu stark und stellen die Anschaffungskosten den bestmöglichen Schätzer für den beizulegenden Zeitwert innerhalb dieser Bandbreite dar, ist ausnahmsweise eine Bewertung zu Anschaffungskosten erlaubt. Vgl. IFRS 9.B5.2.3, sowie BARCKOW, A., in: Baetge u. a., Rechnungslegung nach IFRS, 2. Aufl., IFRS 9, Rn. 209.

446 Vgl. IFRS 9.4.1.4 i. V. m. IFRS 9.B5.2.3, sowie HARTENBERGER, H., in: Driesch u. a., Beck IFRS HB, 5. Aufl., § 3, Rn. 406 i. V. m. Rn. 410.

447 Vgl. IFRS 9.5.7.1 (b) i. V. m. IFRS 9.5.7.5. Eine weitere Voraussetzung besteht darin, dass die Finanzinvestition keine vom Erwerber bilanzierte bedingte Gegenleistung im Rahmen eines Unternehmenszusammenschlusses nach IFRS 3 darstellt. Vgl. LÜDENBACH, N./HOFFMANN, W.-D./FREIBERG, J., in: Lüdenbach/Hoffmann/Freiberg, Haufe IFRS-Kommentar, 17. Aufl., § 28, Rn. 342; BERGER, J./STRUFFERT, R./NAGELSCHMITT, S., Klassifizierungs- und Bewertungsvorschriften für Finanzinstrumente, S. 1077.

32 Tochterunternehmen nach IFRS 10

Diejenigen Beteiligungsunternehmen[448], über die die Konzernobergesellschaft alleinig einen **beherrschenden Einfluss** ausüben kann[449], werden als Tochterunternehmen (*subsidiary*) bezeichnet.[450] Ein solcher beherrschender Einfluss wird nach IFRS 10[451] an drei kumulativ zu erfüllende Kriterien geknüpft. Er liegt gemäß IFRS 10.7 immer dann vor, wenn das beteiligte Unternehmen

- die Bestimmungsmacht über das Beteiligungsunternehmen innehat (*power*),
- variablen Rückflüssen aus dem Engagement bei dem Beteiligungsunternehmen ausgesetzt ist oder ihm Rechte an diesen variablen Rückflüssen zustehen (*returns*) und
- die Möglichkeit besitzt, die aus dem Engagement beim Beteiligungsunternehmen resultierenden variablen Rückflüsse durch Ausübung seiner Bestimmungsmacht zu beeinflussen (*link between power and returns*).

Für das Vorliegen von **Bestimmungsmacht** als **erstes Kriterium** muss die Konzernobergesellschaft aufgrund bestehender Rechte (*existing rights*) gegenwärtig in der Lage sein, die maßgeblichen Tätigkeiten (*relevant activities*) des Beteiligungsunternehmens zu steuern.[452] Zur diesbezüglichen Beurteilung ist es mithin erforderlich, sowohl den Begriff „maßgebliche Tätigkeiten" als auch den Begriff „bestehende Rechte" näher zu betrachten.[453]

---

448 Obgleich in der deutschen Version des IFRS 10 *investee* mit Beteiligungsunternehmen übersetzt wird, impliziert dieser Begriff nicht, dass zwingend eine gesellschaftsrechtliche Beteiligungsbeziehung im Sinne des Haltens von Anteilen Voraussetzung für das Vorliegen eines Tochterunternehmens ist. Vgl. BEYHS, O./BUSCHHÜTER, M./SCHURBOHM, A., IFRS 10 und IFRS 12, S. 668. Vielmehr ist bei der Beurteilung des Vorliegens eines Tochterunternehmens auf jede „Art von Beteiligtsein" (FREIBERG, J./TEUFEL, C., Abgrenzung des Konsolidierungskreises, S. 9), wie bspw. die Übernahme von Risiken oder das Zurverfügungstellen von Know-how, abzustellen. Vgl. BÖCKEM, H./STIBI, B./ZOEGER, O., IFRS 10, S. 400, Fn. 20; FREIBERG, J./TEUFEL, C., Abgrenzung des Konsolidierungskreises, S. 9.

449 Bei der Frage, ob ein Tochterunternehmen vorliegt, ist nach IFRS 10 lediglich die Möglichkeit zur Einflussnahme von Bedeutung. Dies gilt gleichermaßen für das Vorliegen einer gemeinschaftlichen Vereinbarung nach IFRS 11 (vgl. Abschnitt 331.) sowie eines assoziierten Unternehmens nach IAS 28 (vgl. Abschnitt 34). Die IFRS sind in diesem Kontext konsistenter als das HGB, denn dort ist für das Vorliegen eines Tochterunternehmens nach § 290 HGB lediglich die Möglichkeit zur Einflussnahme ausreichend, während für die Einordnung als Gemeinschaftsunternehmen nach § 310 HGB bzw. als assoziiertes Unternehmen nach § 311 HGB die tatsächliche Ausübung der jeweiligen Einflussintensität erforderlich ist. Vgl. KÜTING, K./WEBER, C.-P., Der Konzernabschluss, S. 232, sowie schon HAVERMANN, H., Die Equity-Bewertung von Beteiligungen, S. 303.

450 Vgl. IFRS 10.A.

451 IFRS 10 war der Mittelpunkt des im Mai 2011 vom IASB veröffentlichten sog. Konsolidierungspakets, im Zuge dessen mit IFRS 11 und IFRS 12 zwei weitere neue Standards sowie Änderungen an IAS 27 und IAS 28 veröffentlicht wurden. Kern des IFRS 10, der die zuvor in IAS 27 enthaltenen Vorschriften zur Konzernrechnungslegung ersetzt, ist ein neues Beherrschungskonzept und die damit verbundene Abgrenzung des Konsolidierungskreises. Vgl. zu den Hintergründen des Konsolidierungspakets ausführlich IFRS 10.IN3–IN5; SCHÖNHOFER, C., in: Thiele/von Keitz/Brücks, Internationales Bilanzrecht, IFRS 10, Rn. 1–18; ERCHINGER, H./MELCHER, W., Neuerungen nach IFRS 10, S. 1229 f.

452 Vgl. IFRS 10.7 i. V. m. IFRS 10.10 und IFRS 10.B9, sowie BAETGE, J./HAYN, S./STRÖHER, T., in: Baetge u. a., Rechnungslegung nach IFRS, 2. Aufl., IFRS 10, Rn. 70.

453 Vgl. ähnlich BAETGE, J./HAYN, S./STRÖHER, T., in: Baetge u. a., Rechnungslegung nach IFRS, 2. Aufl., IFRS 10, Rn. 70.

Die **maßgeblichen Tätigkeiten** werden in IFRS 10 zunächst allgemein als die Tätigkeiten definiert, die die variablen Rückflüsse des Beteiligungsunternehmens signifikant beeinflussen.[454] Diese Definition ergänzt der IASB durch konkrete Beispiele von möglichen maßgeblichen Tätigkeiten. Hierzu zählen Beschaffungs- und Absatzaktivitäten, die Verwaltung von finanziellen Vermögenswerten, Investitions- und Desinvestitionsentscheidungen, Forschungs- und Entwicklungsaktivitäten sowie Finanzierungsentscheidungen.[455] Die auf die maßgeblichen Tätigkeiten gerichteten Entscheidungen seitens der Konzernobergesellschaft können dabei sowohl unmittelbarer Natur sein, wie bspw. Entscheidungen über das Budget, als auch mittelbarer Natur, wie etwa Entscheidungen über die Bestellung, Abberufung und Vergütung der Geschäftsleitung des Beteiligungsunternehmens.[456] Unternehmen weisen je nach Geschäftszweck mitunter ein „ganzes Bündel“[457] von maßgeblichen Tätigkeiten auf, sodass sich insofern regelmäßig ein breites Spektrum möglicher Entscheidungsfelder ergeben wird.[458] Daher ist – vor allem auch mit Blick auf anderen am potenziellen Tochterunternehmen beteiligten Parteien zustehende Rechte zur Steuerung solcher Tätigkeiten –[459] auf die Hoheit über die „Metaentscheidungen“[460] in Bezug auf diejenigen Tätigkeiten abzustellen, die von grundlegender, strategischer Bedeutung für das Beteiligungsunternehmen sind.[461]

Die Bestimmungsmacht über das Beteiligungsunternehmen ergibt sich aus gegenwärtig **bestehenden Rechten** des potenziellen Mutterunternehmens zur Steuerung der maßgeblichen Tätigkeiten.[462] Hierbei sind substanzielle Rechte (*substantive rights*)[463] von bloßen Schutzrechten

---

454 Vgl. IFRS 10.10.

455 Vgl. IFRS 10.B11, sowie PANZER, A., Statusändernde Anteilsveräußerungen, S. 30.

456 Vgl. zu den Beispielen IFRS 10.B12, sowie zur Differenzierung zwischen unmittelbarer und mittelbarer Einflussnahme SEEL, C., Joint Ventures, S. 153. Eine nur mittelbare Einflussnahme ist für das Vorliegen von Bestimmungsmacht insoweit unproblematisch, als sich die Ausführenden innerhalb des vorgegebenen strategischen Rahmens bewegen. Vgl. GIMPEL-HENNING, N., Sukzessive Anteilserwerbe, S. 40; ähnlich PwC (Hrsg.), Manual of accounting 2019, Rn. FAQ 26.40.3.

457 BÖCKEM, H./STIBI, B./ZOEGER, O., IFRS 10, S. 401.

458 Vgl. IFRS 10.B11 i. V. m. IFRS 10.BC59, sowie BÖCKEM, H./STIBI, B./ZOEGER, O., IFRS 10, S. 401 f.; BEYHS, O./BUSCHHÜTER, M./SCHURBOHM, A., IFRS 10 und IFRS 12, S. 663; BRUNE, J. W., in: Driesch u. a., Beck IFRS HB, 5. Aufl., § 30, Rn. 46.

459 Sofern neben der Konzernobergesellschaft mindestens eine weitere Partei über gegenwärtige Rechte verfügt, einige der maßgeblichen Tätigkeiten des Beteiligungsunternehmens unilateral zu steuern, hat diejenige Partei die Bestimmungsmacht über das betreffende Beteiligungsunternehmen inne, die die Tätigkeiten bestimmen kann, die die variablen Rückflüsse am signifikantesten beeinflussen. Vgl. IFRS 10.13, sowie SEEL, C., Joint Ventures, S. 154. Vgl. dazu auch die Anwendungsbeispiele in IFRS 10.B13.

460 BÖCKEM, H./STIBI, B./ZOEGER, O., IFRS 10, S. 402.

461 Vgl. GIMPEL-HENNING, N., Sukzessive Anteilserwerbe, S. 40; BÖCKEM, H./STIBI, B./ZOEGER, O., IFRS 10, S. 401 f.

462 Vgl. IFRS 10.10 i. V. m. IFRS 10.B9. Dies impliziert im Umkehrschluss, dass erst künftig entstehende Rechte kein Beherrschungsverhältnis begründen können. Durch das Entstehen von Rechten in der Zukunft kann gleichwohl eine Neubeurteilung des Beherrschungsverhältnisses erforderlich sein. Vgl. BRUNE, J. W., in: Driesch u. a., Beck IFRS HB, 5. Aufl., § 30, Rn. 17. Potenzielle Stimmrechte sind hingegen sehr wohl bei der Beurteilung von Beherrschung zu berücksichtigen. Vgl. IFRS 10.B47–B50, sowie ausführlich zu potenziellen Stimmrechten LÜDENBACH, N./FREIBERG, J., Der Beherrschungsbegriff des IFRS 10, S. 46; EHSEN-RÜHL, J./ALTHOFF, F., Konsolidierungspflicht ohne Stimmrechtsmehrheit?, S. 210–219.

463 Ein Recht gilt als substanziell, wenn der Inhaber dieses Rechts die praktische Möglichkeit (*practical ability*) innehat, es auszuüben. Vgl. IFRS 10.B22, sowie ausführlich KÜTING, K./MOJADADR, M., Control-Konzept nach IFRS 10, S. 280. Eine Legaldefinition von substanziellen Rechten enthält IFRS 10 indes nicht. ZÜLCH/POPP unterscheiden bei substanziellen Rechten zwischen Stimmrechten, potenziellen Stimmrechten

(*protective rights*)[464] Dritter, wie bspw. nicht beherrschende Gesellschafter, zu unterscheiden.[465] Während substanzielle Rechte die aktive, beherrschende Einflussnahme ermöglichen und damit der Bestimmungsmacht unmittelbar zugrunde liegen,[466] können Schutzrechte Bestimmungsmacht gerade nicht begründen.[467]

Im Mittelpunkt möglicher **substanzieller Rechte** stehen bei Beteiligungsunternehmen mit einem breiten Spektrum maßgeblicher Tätigkeiten, die fortlaufend unternehmerischer Entscheidungen bedürfen,[468] die von der Konzernobergesellschaft direkt oder indirekt[469] gehaltenen Stimmrechte oder ähnlichen Rechte[470].[471] Sofern dem potenziellen Mutterunternehmen mehr als 50 % der Stimmrechte in der Gesellschafterversammlung oder einem ähnlichen Organ zustehen, wird in aller Regel Bestimmungsmacht vorliegen.[472] Eine Stimmrechtsmehrheit ist jedoch weder eine hinreichende noch eine notwendige Bedingung für das Vorliegen von Bestimmungsmacht. So kann auf der einen Seite eine bestehende (einfache) Stimmrechtsmehrheit bspw. dann nicht zur Bestimmungsmacht führen, sofern qualifizierte Mehrheitserfordernisse oberhalb der einfachen Mehrheit in Bezug auf Entscheidungen über maßgebliche Tätigkeiten

---

sowie sonstigen substanziellen Rechten. Vgl. ZÜLCH, H./POPP, M., Reformation der IFRS-Konzernrechnungslegung (Teil I), S. 249; ähnlich MEYER, M., Substanzielle Rechte und Schutzrechte, S. 272.

464 Schutzrechte werden in IFRS 10.A definiert als „rights designed to protect the interest of the party holding those rights without giving that party power over the entity to which those rights relate." Vgl. kritisch zu dieser Definition MEYER, M., Substanzielle Rechte und Schutzrechte, S. 272, der moniert, dass darin lediglich zum Ausdruck kommt, dass Schutzrechte keine Bestimmungsmacht begründen können.

465 Vgl. IFRS 10.14 i. V. m. IFRS 10.B9 i. V. m. IFRS 10.B22–B28, sowie LÜDENBACH, N./HOFFMANN, W.-D./FREIBERG, J., in: Lüdenbach/Hoffmann/Freiberg, Haufe IFRS-Kommentar, 17. Aufl., § 32, Rn. 29.

466 Vgl. BRUNE, J. W., in: Driesch u. a., Beck IFRS HB, 5. Aufl., § 30, Rn. 17.

467 Vgl. IFRS 10.B22, sowie ZÜLCH, H./POPP, M., Reformation der IFRS-Konzernrechnungslegung (Teil I), S. 249.

468 IFRS 10 differenziert (implizit) zwischen „normalen" und strukturierten Unternehmen (sog. Zweckgesellschaften). Vgl. LÜDENBACH, N./HOFFMANN, W.-D./FREIBERG, J., in: Lüdenbach/Hoffmann/Freiberg, Haufe IFRS-Kommentar, 17. Aufl., § 32, Rn. 12. Bei strukturierten Einheiten bilden die Stimmrechte regelmäßig eben nicht die Grundlage der Bestimmungsmacht über die maßgeblichen Tätigkeiten. Vielmehr ist eine umfangreiche Geschäftsmodellanalyse des potenziellen Tochterunternehmens angezeigt. Vgl. IFRS 10.B17 i. V. m. IFRS 10.B5–B8 sowie IFRS 10.B51–B54 i. V. m. IFRS 10.B18–B20, sowie KIRSCH, H.-J./EWELT-KNAUER, C., Abgrenzung des Vollkonsolidierungskreises, S. 1643; LÜDENBACH, N./FREIBERG, J., Der Beherrschungsbegriff des IFRS 10, S. 47–50. Vgl. zu strukturierten Einheiten allgemein EWELT-KNAUER, C., Der Konzernabschluss, S. 52–68.

469 Bei der Ermittlung der zur Verfügung stehenden Stimmrechte sind indirekt über andere Tochterunternehmen gehaltene Stimmrechte grundsätzlich vollständig zu den vom Mutterunternehmen direkt gehaltenen Stimmrechten hinzuzuaddieren. Vgl. BAETGE, J./HAYN, S./STRÖHER, T., in: Baetge u. a., Rechnungslegung nach IFRS, 2. Aufl., IFRS 10, Rn. 92. Sofern die Beherrschungsmöglichkeit des diese Anteile haltenden Tochterunternehmens jedoch eingeschränkt ist, kann unter Umständen eine davon abweichende Zurechnung erforderlich sein. Vgl. LÜDENBACH, N./HOFFMANN, W.-D./FREIBERG, J., in: Lüdenbach/Hoffmann/Freiberg, Haufe IFRS-Kommentar, 17. Aufl., § 32, Rn. 24; BRUNE, J. W., in: Driesch u. a., Beck IFRS HB, 5. Aufl., § 30, Rn. 34.

470 Unter die „ähnlichen Rechte" fallen bspw. Stimmrechtsübertragungs- und Stimmrechtsbindungsverträge sowie Beherrschungsverträge. Vgl. BÖCKEM, H./STIBI, B./ZOEGER, O., IFRS 10, S. 403; LÜDENBACH, N./FREIBERG, J., Der Beherrschungsbegriff des IFRS 10, S. 46.

471 Vgl. IFRS 10.B11 i. V. m. IFRS 10.B16 und IFRS 10.B34 f., sowie LÜDENBACH, N./HOFFMANN, W.-D./FREIBERG, J., in: Lüdenbach/Hoffmann/Freiberg, Haufe IFRS-Kommentar, 17. Aufl., § 32, Rn. 12; BRUNE, J. W., in: Driesch u. a., Beck IFRS HB, 5. Aufl., § 30, Rn. 46.

472 Vgl. IFRS 10.B34 f., sowie BRUNE, J. W., in: Driesch u. a., Beck IFRS HB, 5. Aufl., § 30, Rn. 32; BUSCH, J./ROTH, M., Konzernrechnungslegungspflicht, S. 96.

erforderlich sind.[473] Auf der anderen Seite ist das Vorliegen von Bestimmungsmacht trotz fehlender Stimmrechtsmehrheit nicht automatisch ausgeschlossen, sofern bspw. die restlichen, nicht der Konzernobergesellschaft zuzurechnenden Anteile des betreffenden Tochterunternehmens einer breiten Streuung unter verschiedenen Gesellschaftern unterliegen (sog. Präsenzmehrheit).[474]

Schutzrechte können hingegen weder Bestimmungsmacht über ein Beteiligungsunternehmen begründen noch stehen sie der etwaigen Bestimmungsmacht einer anderen Partei über das Beteiligungsunternehmen entgegen.[475] Vielmehr dienen sie dazu, die Interessen des jeweiligen Inhabers eines solchen Rechts zu sichern.[476] Schutzrechte beziehen sich auf fundamentale Änderungen der Geschäftstätigkeit eines Beteiligungsunternehmens oder gelten nur unter außergewöhnlichen Umständen.[477] Als Beispiele für Schutzrechte nennt der IASB zum einen Gläubigerrechte, auf Basis derer unter bestimmten Voraussetzungen Tätigkeiten des Beteiligungsunternehmens eingeschränkt oder Vermögenswerte des Beteiligungsunternehmens verwertet werden können.[478] Zum anderen führt der Standardsetzer explizit Zustimmungsvorbehalte nicht beherrschender Gesellschafter in Bezug auf über den gewöhnlichen Umfang hinausgehende Investitionen sowie in Bezug auf die Ausgabe von Eigenkapital- oder Fremdkapitaltiteln als Schutzrechte an.[479] Der IASB weist zudem darauf hin, dass bspw. ein maßgeblicher Einfluss[480] eines anderen, nicht beherrschenden Gesellschafters einer Beherrschung nicht entgegen stehen muss.[481]

Als **zweites Kriterium** für das Vorliegen von Beherrschung hat die Konzernobergesellschaft zu prüfen, ob sie aus ihrem Engagement beim Beteiligungsunternehmen **variablen Rückflüssen** ausgesetzt ist oder Rechte daran besitzt.[482] Der Begriff der Rückflüsse ist dabei sehr weit

---

473 Vgl. IFRS 10.B36, sowie BÖCKEM, H./STIBI, B./ZOEGER, O., IFRS 10, S. 403. Vgl. auch LÜDENBACH, N./HOFFMANN, W.-D./FREIBERG, J., in: Lüdenbach/Hoffmann/Freiberg, Haufe IFRS-Kommentar, 17. Aufl., § 32, Rn. 28, die dies als „inhaltslose Stimmrechtsmehrheit" bezeichnen. Des Weiteren liegt dann keine Bestimmungsmacht vor, wenn die maßgeblichen Tätigkeiten aufgrund regulatorischer oder gesetzlicher Vorgaben von Dritten bestimmt werden. Vgl. IFRS 10.B37, sowie LÜDENBACH, N./HOFFMANN, W.-D./FREIBERG, J., in: Lüdenbach/Hoffmann/Freiberg, Haufe IFRS-Kommentar, 17. Aufl., § 32, Rn. 26.

474 Vgl. IFRS 10.B41–B46, sowie RÜHL, J./ALTHOFF, F., Faktische Beherrschung durch Präsenzmehrheit, S. 559–562; LÜDENBACH, N./FREIBERG, J., Der Beherrschungsbegriff des IFRS 10, S. 46 f. Vgl. zu diesen Vorschriften kritisch BAETGE, J./HAYN, S./STRÖHER, T., in: Baetge u. a., Rechnungslegung nach IFRS, 2. Aufl., IFRS 10, Rn. 108–110; BÖCKEM, H./STIBI, B./ZOEGER, O., IFRS 10, S. 407 f.

475 Vgl. IFRS 10.14 i. V. m. IFRS 10.B27.

476 Vgl. IFRS 10.B27.

477 Vgl. IFRS 10.B26. Gleichwohl sind nicht alle Rechte, die sich auf solche Ausnahmesituationen beziehen, zwingend Schutzrechte. Vgl. IFRS 10.B26 i. V. m. IFRS 10.B13 und IFRS 10.B53.

478 Vgl. IFRS 10.B28 (a) und (c).

479 Vgl. IFRS 10.B28 (b). Darüber hinaus wird in IFRS 10 klargestellt, dass aus Franchisingverträgen in aller Regel lediglich Schutzrechte erwachsen. Vgl. IFRS 10.B29–B33, sowie BAETGE, J./HAYN, S./STRÖHER, T., in: Baetge u. a., Rechnungslegung nach IFRS, 2. Aufl., IFRS 10, Rn. 89. Vgl. zu weiteren Beispielen von Schutzrechten MEYER, M., Substanzielle Rechte und Schutzrechte, S. 272 f.; LÜDENBACH, N./HOFFMANN, W.-D./FREIBERG, J., in: Lüdenbach/Hoffmann/Freiberg, Haufe IFRS-Kommentar, 17. Aufl., § 32, Rn. 31.

480 Vgl. zum maßgeblichen Einfluss Abschnitt 34.

481 Vgl. IFRS 10.14.

482 Vgl. IFRS 10.7 i. V. m. IFRS 10.15.

gefasst.[483] So werden darunter nicht nur unmittelbare Rückzahlungen in Form von Ausschüttungen oder Wertänderungen des von der Konzernobergesellschaft gehaltenen Anteilspakets am Beteiligungsunternehmen verstanden,[484] sondern bspw. auch mittelbare Vorteile wie Skaleneffekte, Kosteneinsparungen, Zugang zu unternehmensinternem Spezialwissen oder Synergieeffekte aus der Integration des Beteiligungsunternehmens in den Konzernverbund.[485] Als variabel gelten Rückflüsse im Sinne des IFRS 10 dann, wenn sie nicht festgelegt, sondern von den Geschäftsaktivitäten des Beteiligungsunternehmens abhängig sind.[486] Die Anforderung der Variabilität ist dabei ebenfalls sehr weit zu interpretieren.[487] Der IASB betrachtet nicht nur aus Eigenkapitalinstrumenten resultierende Rückflüsse als variabel, sondern mit Blick auf das Kreditrisiko des Beteiligungsunternehmens bspw. auch vertraglich vereinbarte Zinszahlungen aus Fremdkapitaltiteln dieses Unternehmens.[488]

Zum Vorliegen eines Beherrschungsverhältnisses muss **drittens** ein **Zusammenhang zwischen der Bestimmungsmacht und den variablen Rückflüssen** gegeben sein.[489] Demnach muss das potenzielle Mutterunternehmen in der Lage sein, auf Basis seiner Bestimmungsmacht die variablen Rückflüsse des Beteiligungsunternehmens zu beeinflussen.[490] Sofern die ersten beiden Kriterien der Beherrschung bereits bejaht wurden, wird diese kausale Verknüpfung vielfach offensichtlich und unstrittig vorliegen.[491] Praktisch bedeutsam ist dieses Kriterium hingegen vor allem bei Fondsgesellschaften, da bei diesen Gesellschaften die Steuerung der maßgeblichen Tätigkeiten oftmals an mehrere Akteure delegiert wird.[492]

---

483 Vgl. BEYHS, O./BUSCHHÜTER, M./SCHURBOHM, A., IFRS 10 und IFRS 12, S. 665; BAETGE, J./HAYN, S./STRÖHER, T., in: Baetge u. a., Rechnungslegung nach IFRS, 2. Aufl., IFRS 10, Rn. 147. Die vergleichsweise weite Definition ist vom IASB intendiert, da sie eher der Realität entspräche als eine (zu) enge Definition. Vgl. IFRS 10.BC63.

484 Vgl. IFRS 10.B57 (a).

485 Vgl. IFRS 10.B57 (c), sowie FREIBERG, J./TEUFEL, C., Abgrenzung des Konsolidierungskreises, S. 13; BÖCKEM, H./STIBI, B./ZOEGER, O., IFRS 10, S. 402; KIRSCH, H.-J./EWELT-KNAUER, C., Abgrenzung des Vollkonsolidierungskreises, S. 1642.

486 Vgl. IFRS 10.B56.

487 Vgl. ZÜLCH, H./POPP, M., Überblick über das neue Control-Konzept, S. 1537; GIMPEL-HENNING, N., Sukzessive Anteilserwerbe, S. 39, Fn. 287.

488 Vgl. IFRS 10.B56, sowie ZÜLCH, H./POPP, M., Überblick über das neue Control-Konzept, S. 1537.

489 Vgl. IFRS 10.6.

490 Vgl. IFRS 10.7 i. V. m. IFRS 10.15.

491 Vgl. BRUNE, J. W., in: Driesch u. a., Beck IFRS HB, 5. Aufl., § 30, Rn. 51 f.; BAETGE, J./HAYN, S./STRÖHER, T., in: Baetge u. a., Rechnungslegung nach IFRS, 2. Aufl., IFRS 10, Rn. 155.

492 Vgl. STIBI, B./BÖCKEM, H./KLAHOLZ, E., Anwendungssicherheit bei IFRS 10–12, S. 1530. Das Kriterium zielt mithin vor allem auf Prinzipal-Agenten-Beziehungen ab. Vgl. KIRSCH, H.-J./EWELT-KNAUER, C., Abgrenzung des Vollkonsolidierungskreises, S. 1643. Sofern das investierte Unternehmen Entscheidungsbefugnisse an mindestens einen Agenten delegiert, hat es zu prüfen, ob es trotz des Delegierens noch in der Lage ist, die variablen Rückflüsse des Beteiligungsunternehmens zu beeinflussen, und insofern Beherrschung vorliegt. Vgl. BAETGE, J./HAYN, S./STRÖHER, T., in: Baetge u. a., Rechnungslegung nach IFRS, 2. Aufl., IFRS 10, Rn. 155. Ein Agent ist dadurch gekennzeichnet, dass er zwar über (gewisse) an ihn delegierte Entscheidungskompetenzen verfügt, gleichwohl im Interesse des Auftraggebers (Prinzipal) zu agieren hat. Vgl. IFRS 10.18 i. V. m. IFRS 10.B58–B72, sowie BEYHS, O./BUSCHHÜTER, M./SCHURBOHM, A., IFRS 10 und IFRS 12, S. 665. Vgl. zu Prinzipal-Agenten-Beziehungen ausführlich DIETRICH, A./KRAKUHN, J./SIERLEJA, L., Prinzipal-Agenten-Beziehungen, S. 520–524, sowie im Kontext von Fondsgesellschaften BÖCKEM, H./DISSER, I./WATERSCHEK-CUSHMAN, E., Fondskonsolidierung, S. 117–128. Diese Verknüpfung zwischen Bestimmungsmacht und variablen Rückflüssen wird als „bedeutendste Novellierung“ (KIRSCH, H.-J./EWELT-

Es bleibt festzuhalten, dass der Beherrschungsbegriff des IFRS 10 insgesamt eine vergleichsweise große Spannweite aufweist.[493] Im Rahmen der Beurteilung des Vorliegens von Beherrschung sind sämtliche mit den drei Kriterien in Verbindung stehenden Tatsachen und Umstände zu berücksichtigen,[494] wobei Zweck und Ausgestaltung in Bezug auf die Geschäftsaktivitäten sowie die Organisation der Entscheidungsfindung des jeweiligen Beteiligungsunternehmens den Ausgangspunkt der Analyse bilden.[495]

Sofern die Konzernobergesellschaft nicht die alleinige Beherrschung über das Beteiligungsunternehmen innehat, liegt kein Tochterunternehmen vor.[496] In diesem Fall ist zu prüfen, ob die Beteiligung nach IFRS 11, IAS 28 oder IFRS 9 zu bilanzieren ist.

33 Gemeinschaftliche Vereinbarungen nach IFRS 11

331. Voraussetzungen einer gemeinschaftlichen Vereinbarung

Auf der nächsten Stufe nach dem aus der Konzernobergesellschaft und ihren Tochterunternehmen bestehenden Vollkonsolidierungskreis folgen die gemeinschaftlichen Vereinbarungen (*joint arrangements*) nach IFRS 11[497].[498] Eine gemeinschaftliche Vereinbarung im Sinne von

KNAUER, C., Abgrenzung des Vollkonsolidierungskreises, S. 1642) des neuen Beherrschungskonzepts gegenüber demjenigen nach IAS 27 eingeordnet.

493 Vgl. GIMPEL-HENNING, N., Sukzessive Anteilserwerbe, S. 42 f., sowie mit Bezug auf den Vorgängerstandard IAS 27 ZÜLCH, H./ERDMANN, M.-K./POPP, M., Neuregelungen des IFRS 10, S. 588 und S. 593.

494 Vgl. IFRS 10.8. Dabei ist einer qualitativen Beurteilung der Vorrang einzuräumen. Vgl. FREIBERG, J./TEUFEL, C., Abgrenzung des Konsolidierungskreises, S. 10.

495 Vgl. IFRS 10.B3 (a) i. V. m. IFRS 10.B5–B8, sowie BÖCKEM, H./STIBI, B./ZOEGER, O., IFRS 10, S. 401; BEYHS, O./BUSCHHÜTER, M./SCHURBOHM, A., IFRS 10 und IFRS 12, S. 663. LÜDENBACH/FREIBERG weisen in diesem Kontext darauf hin, dass bei „normalen" Unternehmen (vgl. Fn. 468) mit eindeutigen Stimmrechtsmehrheiten die Frage nach Bestimmungsmacht regelmäßig schnell beantwortet sein wird, sodass eine detaillierte Analyse von Zweck und Struktur des Unternehmens entfiele. Vgl. LÜDENBACH, N./FREIBERG, J., Der Beherrschungsbegriff des IFRS 10, S. 42.

496 Vgl. IFRS 10.9 i. V. m. IFRS 10.BC69.

497 IFRS 11 wurde im Mai 2011 als Teil des Konsolidierungspakets (vgl. Fn. 451) veröffentlicht und ersetzt seinen Vorgängerstandard IAS 31. Vgl. zu den Änderungen im Überblick ZÜLCH, H. U. A., Bilanzierung von Joint Arrangements, S. 1817–1822; LÜDENBACH, N./HOFFMANN, W.-D./FREIBERG, J., in: Lüdenbach/Hoffmann/Freiberg, Haufe IFRS-Kommentar, 17. Aufl., § 34, Rn. 1. Der Fokus bei der Überarbeitung von IAS 31 lag dabei vor allem auf zwei zentralen Aspekten. Erstens waren die Klassifizierung und die damit verbundene Bilanzierung gemeinschaftlicher Kooperationen an ihre rechtliche Struktur geknüpft. Zweitens bestand für die Einbeziehung gemeinschaftlich geführter Unternehmen ein Wahlrecht zur Anwendung der Quotenkonsolidierung oder der Equity-Methode. Vgl. IFRS 11.BC4. Folglich wurden Sachverhalte wirtschaftlich identischen Gehalts ggf. unterschiedlich bilanziert, weshalb der IASB die Vergleichbarkeit von Abschlüssen beeinträchtigt sah. Vgl. IFRS 11.BC8. Da durch diese Bilanzierungsvorschriften nicht zwingend die wirtschaftliche Substanz eines Sachverhaltes abgebildet wurde, sah der IASB zudem sogar die grundlegende qualitative Anforderung der glaubwürdigen Darstellung gefährdet. Vgl. IFRS 11.BC10, sowie SCHILD, M., Anteilserwerbe an gemeinschaftlichen Tätigkeiten, S. 1–4. In der Konsequenz enthält nunmehr IFRS 11 ein Klassifizierungskonzept, das auf die Rechte und Pflichten der kooperierenden Parteien an der gemeinschaftlichen Vereinbarung abstellt. Des Weiteren wurde das Wahlrecht zur Anwendung der Quotenkonsolidierung oder der Equity-Methode abgeschafft. Gemeinschaftsunternehmen sind nunmehr zwingend mittels der Equity-Methode einzubeziehen. Vgl. zu den Gründen der Überarbeitung bspw. auch SEEL, C., Joint Ventures, S. 110 f.

498 Vgl. KÜTING, K./SEEL, C./STRAUß, M., Änderung der Beteiligungshöhe, S. 175.

IFRS 11 liegt dann vor, sofern eine vertragliche Vereinbarung mindestens zwei Parteien[499] zur gemeinschaftlichen Führung (*joint control*) dieser Vereinbarung berechtigt.[500]

Grundvoraussetzung für das Vorliegen einer gemeinschaftlichen Vereinbarung ist demnach zunächst die Existenz einer durchsetzbaren[501] **vertraglichen Vereinbarung**.[502] Dabei werden von IFRS 11 zwar weder Form noch Art der vertraglichen Vereinbarung konkretisiert,[503] sodass prinzipiell auch mündliche Absprachen ausreichend wären.[504] Mit Blick auf die in der Praxis mitunter komplexen Sachverhalte im Kontext gemeinschaftlicher Vereinbarungen ist jedoch davon auszugehen, dass die Parteien die der gemeinschaftlichen Führung zugrunde liegenden Bedingungen regelmäßig in Form eines schriftlichen Vertrags dokumentieren werden.[505] Hierunter fallen sowohl schuldrechtliche Abmachungen zwischen den Parteien – wie bspw. die Vereinbarung von Lieferungs- oder Leistungsbeziehungen – als auch gesellschaftsrechtliche Verträge.[506] Den inhaltlichen Kern der vertraglichen Vereinbarung bilden regelmäßig die von den Parteien vereinbarten Rahmenbedingungen zur gemeinschaftlichen Führung.[507] Zu diesen Rahmenbedingungen zählen gemäß IFRS 11.B4 etwa der Zweck, die Tätigkeit und die Dauer der gemeinschaftlichen Vereinbarung, die Regelungen zur Besetzung der Leitungsorgane, das Verfahren zur Entscheidungsfindung, die Kapitalleistungen der Parteien oder die Aufteilung der Vermögenswerte, Schulden, Erträge, Aufwendungen sowie der Gewinne oder Verluste. Hierbei handelt es sich jedoch ausweislich des Standards lediglich um Beispiele, die weder kumulativ

499 Als Partei einer gemeinschaftlichen Vereinbarung dürften trotz der Definition in IFRS 11.A neben Unternehmen auch bspw. natürliche Personen oder sonstige Institutionen infrage kommen. Die in IFRS 11 enthaltenen Regelungen zur Rechnungslegung setzen jedoch rechnungslegungspflichtige Unternehmen voraus. Vgl. ähnlich BRUNE, J. W., in: Driesch u. a., Beck IFRS HB, 5. Aufl., § 29, Rn. 6. Es soll im Folgenden davon ausgegangen werden, dass sämtliche an der gemeinschaftlichen Führung beteiligten Parteien die Unternehmenseigenschaft erfüllen. Vgl. zum Unternehmensbegriff in den IFRS PETERSEN, K./ZWIRNER, C., Unternehmensbegriff, S. 483; HÖFNER, S., Gemeinschaftliche Vereinbarungen nach IFRS 11, S. 109, Fn. 871.

500 Vgl. IFRS 11.4.

501 Die explizit in IFRS 11.B2 genannte Anforderung der Durchsetzbarkeit dürfte auf Vertragskonstellationen abzielen, bei denen gemeinschaftliche Führung trotz ungleicher Stimmrechts- bzw. Anteilsverhältnisse durch entsprechende zusätzliche Vertragsinhalte hergestellt werden soll. Vgl. hierzu ausführlich SEEL, C., Joint Ventures, S. 120; HÖFNER, S., Gemeinschaftliche Vereinbarungen nach IFRS 11, S. 115.

502 Vgl. IFRS 11.5 (a), sowie BRUNE, J. W., in: Driesch u. a., Beck IFRS HB, 5. Aufl., § 29, Rn. 5.

503 Vgl. LÜDENBACH, N./SCHUBERT, D., Gemeinschaftliche Vereinbarungen, S. 2; FUCHS, M./STIBI, B., IFRS 11, S. 1452; ZÜLCH, H. U. A., Bilanzierung von Joint Arrangements, S. 1818.

504 Vgl. IFRS 11.B2, sowie BRUNE, J. W., in: Driesch u. a., Beck IFRS HB, 5. Aufl., § 29, Rn. 5. Mündliche Absprachen weisen jedoch eine äußerst schwache Bindungswirkung auf. Vgl. BENCI, M./SEIBERT, K., Joint Ventures als Marketing-Problem, S. 65 f. Damit mündliche Absprachen die Anforderungen an eine vertragliche Vereinbarung erfüllen können, sollten sie bspw. durch Gesprächs- oder Sitzungsprotokolle dokumentiert sein. Vgl. EHRCKE, H., in: Thiele/von Keitz/Brücks, Internationales Bilanzrecht, IFRS 11, Rn. 113. Hierdurch könnte der wirtschaftliche Gehalt der Vereinbarung gesichert werden. Vgl., wenn auch im Kontext von IAS 31, VAUBEL, M.-A., Joint Ventures im Konzernabschluß, S. 171. Durch mündliche Absprachen begründete gemeinschaftliche Vereinbarungen dürften jedoch eher theoretischer Natur sein. Vgl. DITTMAR, P./GRAUPE, F., Analyse der Neuregelungen nach IFRS 11, S. 404.

505 Vgl. DITTMAR, P./GRAUPE, F., Analyse der Neuregelungen nach IFRS 11, S. 404, HÖFNER, S., Gemeinschaftliche Vereinbarungen nach IFRS 11, S. 114, sowie ausführlich zu den Vertragsformen HÖFNER, S., Gemeinschaftliche Vereinbarungen nach IFRS 11, S. 73–92; FETT, T./SPIERING, C., in: Fett/Spiering, Handbuch Joint Venture, 2. Aufl., 2. Kap., Rn. 1–84.

506 Vgl. IFRS 11.B2 f., sowie DITTMAR, P./GRAUPE, F., Analyse der Neuregelungen nach IFRS 11, S. 404; FUCHS, M./STIBI, B., IFRS 11, S. 1452.

507 Vgl. SEEL, C., Joint Ventures, S. 121.

zu erfüllen noch abschließend sind.[508] Durch das der gemeinschaftlichen Vereinbarung zugrunde liegende Vertragswerk wird sichergestellt, dass die gemeinschaftliche Führung nicht nur ein reines Zufallsprodukt ist.[509]

Damit eine gemeinschaftliche Vereinbarung im Sinne des IFRS 11 vorliegt, muss auf Basis des Vertragswerks ferner **gemeinschaftliche Führung** begründet werden.[510] Gemeinschaftliche Führung ist in IFRS 11.7 definiert als die vertraglich geteilte Beherrschung einer Vereinbarung, die nur dann gegeben ist, wenn alle Entscheidungen über die maßgeblichen Tätigkeiten der einstimmigen Zustimmung der an der potenziellen gemeinschaftlichen Führung beteiligten Parteien bedürfen.[511] Die Prüfung, ob gemeinschaftliche Führung vorliegt, erfolgt dabei in einem zweistufigen Prozess.[512]

Zunächst hat die Konzernobergesellschaft in einem ersten Schritt zu prüfen, ob sie zusammen mit mindestens einer weiteren Partei die potenzielle gemeinschaftliche Vereinbarung **kollektiv beherrschen** (*collectively control*) kann.[513] Ein Beherrschungsverhältnis gilt dann als kollektiv, wenn nicht eine einzige Partei, sondern eine Gruppe von Parteien nur gemeinsam dazu in der Lage ist, Beherrschung auszuüben.[514] Der Begriff der Beherrschung fußt hierbei auf dem Beherrschungsbegriff des IFRS 10.[515] Demnach ist zu beurteilen, ob die Parteien aus ihrem Engagement variablen Rückflüssen ausgesetzt sind oder Rechte daran haben und auf Basis der ihnen insgesamt zustehenden Bestimmungsmacht über die maßgeblichen Tätigkeiten die variablen Rückflüsse aus der Vereinbarung signifikant beeinflussen können.[516] Die auf mehrere Parteien

---

508 Vgl. IFRS 11.B4, sowie HÖFNER, S., Gemeinschaftliche Vereinbarungen nach IFRS 11, S. 116.

509 Vgl., wenn auch im Kontext von IAS 31, VAUBEL, M.-A., Joint Ventures im Konzernabschluß, S. 171.

510 Vgl. IFRS 11.5 (b).

511 Die in IFRS 11.7 und in IFRS 11.A enthaltene Definition von gemeinschaftlicher Führung stiftet in der Literatur zum Teil Verwirrung. So wird argumentiert, dass die Formulierung *„the contractually agreed sharing of control of an **arrangement*** [ohne Hervorhebung im Original]“ (IFRS 11.7; IFRS 11.A) zirkulär sei, da das Objekt der gemeinschaftlichen Führung – als Voraussetzung für das Vorliegen einer gemeinschaftlichen Vereinbarung – die Vereinbarung selbst sei. Vgl. LÜDENBACH, N./SCHUBERT, D., Gemeinschaftliche Vereinbarungen, S. 2; SEEL, C., Joint Ventures, S. 122, Fn. 859; SCHILD, M., Anteilserwerbe an gemeinschaftlichen Tätigkeiten, S. 3, Fn. 14. Das Objekt der gemeinschaftlichen Führung ist jedoch nicht die „gemeinschaftliche Vereinbarung“, sondern die „Vereinbarung“. Eine gemeinschaftliche Vereinbarung liegt eben nur dann vor, wenn eine Vereinbarung gemeinschaftlich geführt wird. Vgl. IFRS 11.4. Die gemeinschaftliche Vereinbarung stellt damit lediglich eine Teilmenge vom Oberbegriff der Vereinbarung dar. Eine Zirkularität ist darin nicht zu erkennen. Allerdings wird logisch eine Vereinbarung bereits vorausgesetzt. Auf ähnliche Weise funktioniert indes auch IFRS 10. So ist bei einem bereits vorliegenden Beteiligungsunternehmen (Oberbegriff) zu prüfen, ob dies beherrscht wird und demnach ein Tochterunternehmen (Teilmenge) vorliegt.

512 Vgl. IFRS 11.8 f. i. V. m. IFRS 11.B5 f. und IFRS 11.B10, sowie FUCHS, M./STIBI, B., IFRS 11, S. 1452; DITTMAR, P./GRAUPE, F., Analyse der Neuregelungen nach IFRS 11, S. 405; SEEL, C., Joint Ventures, S. 179.

513 Vgl. IFRS 11.8 i. V. m. IFRS 11.B5.

514 Vgl. IFRS 11.8 i. V. m. IFRS 11.B5.

515 Vgl. IFRS 11.B5, sowie EHRCKE, H., in: Thiele/von Keitz/Brücks, Internationales Bilanzrecht, IFRS 11, Rn. 122. Vgl. zum Zusammenwirken von IFRS 10 und IFRS 11 SEEL, C., Joint Ventures, S. 181 f.

516 Vgl. IFRS 11.8 i. V. m. IFRS 11.B5, sowie ZÜLCH, H./POPP, M., Reformation der IFRS-Konzernrechnungslegung (Teil II), S. 329. Wie auch nach IFRS 10 ist die Möglichkeit zur Einflussnahme ausreichend. Vgl. KÜTING, K./SEEL, C., Gemeinschaftliche Beherrschung, S. 454.

verteilte Beherrschung grenzt die kollektive Beherrschung nach oben von der alleinigen Beherrschungsmöglichkeit nach IFRS 10 ab.[517]

Sofern die kollektive Beherrschung bejaht wird, ist in einem zweiten Schritt zu untersuchen, ob eine gemeinschaftliche Führung vorliegt. Hierzu ist es erforderlich, dass sämtliche Entscheidungen über die maßgeblichen Tätigkeiten die **einstimmige Zustimmung** (*unanimous consent*) seitens der kollektiv beherrschenden Parteien[518] bedürfen.[519] Das Erfordernis der Einstimmigkeit bedeutet, dass in Bezug auf die maßgeblichen Tätigkeiten nicht gegen den Willen einer an der gemeinschaftlichen Führung teilhabenden Partei gehandelt werden kann.[520] Jede an der gemeinschaftlichen Führung partizipierende Partei muss demnach dazu in der Lage sein, Entscheidungen über die maßgeblichen Tätigkeiten zu blockieren.[521] Dem Kriterium der Einstimmigkeit steht dabei nicht entgegen, dass neben den die gemeinschaftliche Führung innehabenden Parteien weitere Parteien an der Vereinbarung beteiligt sind, die nicht zum Kreis der gemeinschaftlich führenden Parteien zählen.[522]

332. Formen gemeinschaftlicher Vereinbarungen

Liegt eine Vereinbarung vor, an deren gemeinschaftlicher Führung die Konzernobergesellschaft vertraglich partizipiert, ist eine **Klassifizierung** dieser gemeinschaftlichen Vereinbarung vorzunehmen.[523] IFRS 11 unterscheidet hierbei zwischen gemeinschaftlichen Tätigkeiten (*joint*

---

517 Vgl. GIMPEL-HENNING, N., Sukzessive Anteilserwerbe, S. 44; KÜTING, K./SEEL, C., Gemeinschaftliche Beherrschung, S. 454.

518 Eine Einschränkung hinsichtlich der maximal an der gemeinschaftlichen Führung beteiligten Parteien besteht in IFRS 11 indes nicht. Da jedoch mit zunehmender Zahl die Handlungsfähigkeit der gemeinschaftlichen Vereinbarung mit Blick auf die erforderliche Einstimmigkeit eingeschränkt sein kann (vgl. HALL, R. D., The International Joint Venture, S. 23), wird in der Literatur zum Teil angenommen, dass ab einer zu großen Zahl (z. B. ab fünf) die gemeinschaftliche Führung nicht mehr nachgewiesen werden kann oder zumindest zweifelhaft ist. Vgl. LÜDENBACH, N./HOFFMANN, W.-D./FREIBERG, J., in: Lüdenbach/Hoffmann/Freiberg, Haufe IFRS-Kommentar, 17. Aufl., § 34, Rn. 15; NIEHUS, R. J., in: Schulze-Osterloh/Hennrichs/Wüstemann, HdJ, Abt. V/7, Rn. 33 f. Vor allem in der Öl- und Gasindustrie sind jedoch gemeinschaftliche Tätigkeiten mit einer Vielzahl an daran beteiligten Parteien nicht unüblich. Vgl. BAETGE, J./KLAHOLZ, E./HARZHEIM, T., in: Baetge u. a., Rechnungslegung nach IFRS, 2. Aufl., IAS 31, Rn. 14. Vgl. zu dieser Diskussion auch ausführlich SEEL, C., Joint Ventures, S. 187–189.

519 Vgl. IFRS 11.9 i. V. m. IFRS 11.B6. Dem stehen Regeln für das Auflösen von Pattsituationen (bspw. durch ein Schiedsverfahren), die keine einstimmige Entscheidungsfindung voraussetzen, nicht entgegen, solange durch den entsprechenden Mechanismus keine Partei bevorzugt wird. Vgl. IFRS 11.B10, sowie FUCHS, M./STIBI, B., IFRS 11, S. 1453; LÜDENBACH, N./HOFFMANN, W.-D./FREIBERG, J., in: Lüdenbach/Hoffmann/Freiberg, Haufe IFRS-Kommentar, 17. Aufl., § 34, Rn. 13. Vgl. hierzu auch ausführlich KÜTING, K./SEEL, C., Konfliktlösungs- oder Beendigungsmechanismen, S. 467–472.

520 Vgl. IFRS 11.B9.

521 Vgl. DITTMAR, P./GRAUPE, F., Analyse der Neuregelungen nach IFRS 11, S. 405; SEEL, C., Joint Ventures, S. 180. Hierbei ist es allerdings unerheblich, ob jede Partei von diesem Recht tatsächlich Gebrauch macht. Es wäre also bspw. denkbar, dass die gemeinschaftliche Vereinbarung faktisch durch nur eine Partei gelenkt wird. Bereits die Möglichkeit der in diesem Fall passiven Partei(en) zum Blockieren von Entscheidungen ist für das Kriterium der Einstimmigkeit ausreichend. Vgl. KÜTING, K./SEEL, C., Gemeinschaftliche Beherrschung, S. 454.

522 Vgl. IFRS 11.11. Ein maßgeblicher Einfluss einer solchen Partei auf die Vereinbarung stünde einer gemeinschaftlichen Führung nicht entgegen. Vgl. IFRS 11.25, sowie KÜTING, K./SEEL, C., Gemeinschaftliche Beherrschung, S. 454. Die Gewährung von Schutzrechten gegenüber nicht an der gemeinschaftlichen Führung beteiligten Parteien ist ebenso unschädlich. Vgl. IFRS 11.B9.

523 Vgl. IFRS 11.14.

operations) und Gemeinschaftsunternehmen (*joint ventures*) als mögliche Ausprägungen gemeinschaftlicher Vereinbarungen.[524] Das entscheidende Merkmal für die Klassifizierung und der daran anknüpfenden Bilanzierung bilden die für die Parteien entstehenden Rechte und Pflichten in Bezug auf die Vermögenswerte und Schulden der gemeinschaftlichen Vereinbarung.[525] Sofern die Parteien unmittelbare Rechte an den Vermögenswerten der gemeinschaftlichen Vereinbarung und unmittelbare Pflichten aus deren Schulden haben, ist die Vereinbarung als **gemeinschaftliche Tätigkeit** zu klassifizieren.[526] Ebendiese Vermögenswerte und Schulden haben die gemeinschaftlichen Betreiber[527] dann entsprechend den unmittelbar damit verbundenen Rechten und Pflichten im (Konzern-)Abschluss[528] zu erfassen.[529] Steht den gemeinschaftlich führenden Parteien hingegen lediglich ein Residualanspruch am Nettovermögen[530] der gemeinschaftlichen Vereinbarung zu, ist die Vereinbarung als **Gemeinschaftsunternehmen** zu klassifizieren und die diesem Anspruch zugrunde liegenden Anteile nach der Equity-Methode gemäß IAS 28 in den Konzernabschluss[531] einzubeziehen.[532]

Die Klassifizierung in Abhängigkeit der Rechte und Pflichten an der gemeinschaftlichen Vereinbarung folgt der Grundidee des IFRS 11, die durch die Rechte und Pflichten der Parteien zum Ausdruck kommende **wirtschaftliche Substanz** der gemeinschaftlichen Vereinbarung bilanziell nachzuzeichnen.[533] Die Beurteilung, welche Rechte und Pflichten aus der gemeinschaftlichen Vereinbarung erwachsen, erfordert eine umfangreiche und detaillierte Analyse der

524 Vgl. IFRS 11.6.

525 Vgl. IFRS 11.14.

526 Vgl. IFRS 11.15.

527 Die Parteien einer gemeinschaftlichen Tätigkeit, die deren gemeinschaftliche Führung innehaben, werden in IFRS 11 als gemeinschaftliche Betreiber bezeichnet, während die an der gemeinschaftlichen Führung eines Gemeinschaftsunternehmens beteiligten Parteien als Partnerunternehmen definiert werden. Vgl. IFRS 11.A.

528 Die den gemeinschaftlichen Betreibern zuzurechnenden Vermögenswerte und Schulden sind nicht nur im Konzernabschluss, sondern auch bereits im IFRS-Einzelabschluss zu erfassen. Vgl. IFRS 11.26 (a). Die Bilanzierung von gemeinschaftlichen Tätigkeiten im Sinne des IFRS 11 im HGB-Einzelabschluss eines deutsches Mutterunternehmens richtet sich nach der rechtlichen Struktur. Sofern die gemeinschaftliche Kooperation nicht die Unternehmenseigenschaft erfüllt (bspw. eine BGB-Innengesellschaft, die rein schuldrechtlicher Natur ist), erfassen die Parteien die ihnen zustehenden Vermögensgegenstände und Schulden inklusive etwaigem Bruchteilseigentum nach den allgemeinen Bilanzierungsvorschriften des HGB. Sofern die gemeinschaftliche Aktivität in Form eines rechtlich selbständigen Unternehmens mit Gesamthandsvermögen (Gemeinschaftsunternehmen) betrieben wird, ist das daran gehaltene gesellschaftsrechtliche Anteilspaket hingegen mit seinen Anschaffungskosten zu bewerten. Vgl. IDW (Hrsg.), Bilanzierung von Joint Ventures, S. 442; HOFFMANN, W.-D./LÜDENBACH, N., in: Hoffmann/Lüdenbach, NWB Kommentar Bilanzierung, 10. Aufl., § 310 HGB, Rn. 4–14.

529 Vgl. IFRS 11.20.

530 Der Anspruch am Nettovermögen kann sich auch in eine Nettoverpflichtung umkehren, wenn bspw. das Gemeinschaftsunternehmen nachhaltig Verluste erwirtschaftet und die Parteien sich dazu verpflichtet haben, diese Verluste auszugleichen. Vgl. IFRS 11.BC34, sowie KÜTING, K./SEEL, C., Abgrenzung und Bilanzierung von joint arrangements, S. 344 f.

531 Im IFRS-Einzelabschluss können Anteile an einem Gemeinschaftsunternehmen gemäß IFRS 11.26 (b) i. V. m. IAS 27.10 wahlweise zu Anschaffungskosten, nach IFRS 9 oder mittels der Equity-Methode einbezogen werden. Vgl. zur Bilanzierung im HGB-Einzelabschluss Fn. 528.

532 Vgl. IFRS 11.16 i. V. m. IFRS 11.24.

533 Vgl. IFRS 11.BC10 f. i. V. m. IFRS 11.BC43, sowie BÖCKEM, H./RÖHRICHT, V., Joint Operation oder Joint Venture?, S. 1032 f.

gemeinschaftlichen Vereinbarung hinsichtlich ihrer Struktur und rechtlichen Form, vertraglicher Abreden zwischen den gemeinschaftlich führenden Parteien sowie ggf. sonstigen relevanten Tatsachen und Umständen.[534]

Im Rahmen dieser Beurteilung gilt es in einem **ersten Prüfschritt** zu untersuchen, ob ein **separates Vehikel** (*separate vehicle*)[535] als Träger der mit der gemeinschaftlichen Vereinbarung in Zusammenhang stehenden Vermögenswerte und Schulden existiert.[536] Ist dies nicht der Fall, liegt gemäß IFRS 11.B16 i. V. m. IFRS 11.B19 zwingend eine gemeinschaftliche Tätigkeit vor, sodass der Prüfprozess beendet ist. Als Beispiel für eine solche nicht über ein separates Vehikel strukturierte gemeinschaftliche Tätigkeit führt der IASB eine gemeinschaftliche Vereinbarung an, die eine gemeinsame Produktion eines Produkts zum Gegenstand hat, bei der jede Partei für einen spezifischen Arbeitsschritt zuständig ist und in diesem Zusammenhang auf die eigenen Vermögenswerte zurückgreift sowie für ihre eigenen Schulden einsteht.[537] Ein weiteres Beispiel ist eine gemeinschaftliche Vereinbarung, im Rahmen derer sich die gemeinschaftlichen Betreiber darauf verständigen, einen Vermögenswert zu teilen und gemeinsam zu nutzen.[538]

---

534 Vgl. IFRS 11.17 i. V. m. IFRS 11.B12–B33, sowie ZÜLCH, H./POPP, M., Reformation der IFRS-Konzernrechnungslegung (Teil II), S. 330 f.

535 IFRS 11.A definiert ein separates Vehikel als eine einzeln, von den Parteien abgrenzbare Finanzstruktur, unabhängig davon, ob sie eine eigene Rechtspersönlichkeit aufweist. Unklar ist dabei, was unter „abgrenzbarer Finanzstruktur" konkret zu verstehen ist. Im Schrifttum wurde mitunter die Mindestanforderung eines eigenständigen Rechnungswesens oder einer eigenständigen Finanzierung diskutiert. Vgl. LÜDENBACH, N./HOFFMANN, W.-D./FREIBERG, J., in: Lüdenbach/Hoffmann/Freiberg, Haufe IFRS-Kommentar, 17. Aufl., § 34, Rn. 22; SEEL, C., Joint Ventures, S. 210. Ein lediglich aus abrechnungstechnischen Gründen bestehendes Bankkonto ist jedenfalls nicht ausreichend. Vgl. bspw. KÜTING, K./SEEL, C., Abgrenzung und Bilanzierung von joint arrangements, S. 345, Fn. 47. Mit Blick auf IFRS 11.B19 kann allerdings abgeleitet werden, dass es dem IASB für das Vorliegen eines separaten Vehikels (auch) darauf ankommt, dass die hinsichtlich der gemeinschaftlichen Vereinbarung (wesentlichen) Vermögenswerte und Schulden in einem separaten Vehikel (zumindest formal) „gehalten" werden. Vgl. FUCHS, M./STIBI, B., IFRS 11, S. 1452 und S. 1454; DITTMAR, P./GRAUPE, F., Analyse der Neuregelungen nach IFRS 11, S. 405; HOLZAPFEL, G./MUJKANOVIC, R., Bau-ARGE, S. 340; BÖCKEM, H./RÖHRICHT, V., Joint Operation oder Joint Venture?, S. 1033 f.; SCHILD, M., Anteilserwerbe an gemeinschaftlichen Tätigkeiten, S. 16 f. Im deutschen Rechtsraum folgt daraus, dass Personenhandelsgesellschaften, Kapitalgesellschaften und regelmäßig auch BGB-Außengesellschaften ein separates Vehikel im Sinne des IFRS 11 darstellen werden. Vgl. BÖCKEM, H./RÖHRICHT, V., Joint Operation oder Joint Venture?, S. 1034; BADER, A., in: Fett/Spiering, Handbuch Joint Venture, 2. Aufl., 4. Kap., Rn. 78. Vgl. zur Diskussion, ob bei den in der Bauindustrie häufig anzutreffenden Arbeitsgemeinschaften ein separates Vehikel vorliegt, MUJKANOVIC, R./HOLZAPFEL, G., Klassifikation der Bau-ARGE, S. 81–85; LÜDENBACH, N./HOFFMANN, W.-D./FREIBERG, J., in: Lüdenbach/Hoffmann/Freiberg, Haufe IFRS-Kommentar, 17. Aufl., § 34, Rn. 23 m. w. N.

536 Vgl. IFRS 11.17 i. V. m. IFRS 11.B15 (a) i. V. m. IFRS 11.B16 und IFRS 11.B19, sowie FUCHS, M./STIBI, B., IFRS 11, S. 1453.

537 Vgl. IFRS 11.B17. Nach deutschem Recht wird hierbei wegen der Verfolgung eines gemeinsamen Zwecks gemäß § 705 BGB zwar regelmäßig eine BGB-Innen- oder Außengesellschaft begründet werden. Allerdings bleiben die Parteien Träger ihres eigenen Vermögens bzw. ihrer eigenen Schulden, sodass die gemeinschaftliche Tätigkeit über kein Gesamthandsvermögen verfügt. Vgl. FUCHS, M./STIBI, B., IFRS 11, S. 1453; SCHILD, M., Anteilserwerbe an gemeinschaftlichen Tätigkeiten, S. 17 f. Vgl. hierzu auch ausführlich, wenn auch noch im Kontext von IAS 31, BAETGE, J./KLAHOLZ, E./HARZHEIM, T., in: Baetge u. a., Rechnungslegung nach IFRS, 2. Aufl., IAS 31, Rn. 19–25.

538 Vgl. IFRS 11.B18. Nach deutschem Recht liegt in einem solchen Sachverhalt in aller Regel eine Gemeinschaft nach Bruchteilen gemäß § 741 BGB vor. Ob in diesem Zusammenhang ein separates Vehikel im Sinne des IFRS 11 vorliegt (vgl. Fn. 535), ist zunächst fraglich. Vgl. BADER, A., in: Fett/Spiering, Handbuch Joint Venture, 2. Aufl., 4. Kap., Rn. 78. Da jedoch die Parteien unmittelbar über ihren jeweiligen Anteil verfügen

Sofern die hinsichtlich der gemeinschaftlichen Vereinbarung wesentlichen Vermögenswerte und Schulden in einem separaten Vehikel gehalten werden, kann entweder eine gemeinschaftliche Tätigkeit oder ein Gemeinschaftsunternehmen vorliegen.[539] Die rechtliche Gestaltung über ein als Träger der Vermögenswerte und Schulden fungierendes separates Vehikel ist insofern eine notwendige, gleichwohl keine hinreichende Bedingung für das Vorliegen eines Gemeinschaftsunternehmens.[540] Daher ist bei Vorliegen eines separaten Vehikels im Rahmen eines zweiten und dritten Schrittes weiterhin zu prüfen, ob den Parteien entweder vor dem Hintergrund der gewählten Rechtsform[541] des separaten Vehikels oder aber auf der Basis einer vertraglichen Vereinbarung[542] nicht doch unmittelbare Rechte und Pflichten in Bezug auf die in Rede stehenden Vermögenswerte und Schulden zustehen, sodass eine gemeinschaftliche Tätigkeit vorliegt.[543] Anderenfalls ist die gemeinschaftliche Vereinbarung vorbehaltlich des letzten Prüfschrittes der sonstigen relevanten Tatsachen und Umstände als Gemeinschaftsunternehmen zu klassifizieren.[544] In Bezug auf den **zweiten Prüfschritt** ist es laut IASB denkbar, dass die **Rechtsform** des separaten Vehikels keine vermögensrechtliche Trennung zwischen der Sphäre der Parteien auf der einen Seite und der des separaten Vehikels auf der anderen Seite induziert.[545] In einem solchen Fall hätten die Parteien unmittelbare Rechte und Pflichten an den Vermögenswerten und Schulden, obgleich diese formal von der Gesellschaft gehalten werden.[546] Des Weiteren könnten im Zusammenhang mit dem **dritten Prüfschritt** bestimmte **vertragliche Nebenabreden** dazu führen, dass die durch den Rechtsmantel hervorgerufene Trennung der Vermögenssphäre der Gesellschaft von ihren Gesellschaftern durchbrochen würde.[547] Da die im deutschen Rechtsraum[548] gängigen Rechtsformen, die als Träger von Vermögenswerten und Schulden infrage kommen, jedoch eine strikte vermögensrechtliche Trennung der Gesellschaftsebene von der Gesellschafterebene bewirken,[549] wird die Analyse der Rechtsform

---

können (vgl. SCHMIDT, K., in: Säcker u. a, MüKo BGB, 7. Aufl., § 747 BGB, Rn. 11), liegt ohnehin zwingend eine gemeinschaftliche Tätigkeit im Sinne von IFRS 11.15 vor. Vgl. DITTMAR, P./GRAUPE, F., Analyse der Neuregelungen nach IFRS 11, S. 406, sowie hierzu ausführlich SCHILD, M., Anteilserwerbe an gemeinschaftlichen Tätigkeiten, S. 18 f. Verbreitet ist Bruchteilseigentum bspw. in der Öl-, Gas- und Mineralstoffgewinnung sowie in der Immobilienwirtschaft. Vgl. IAS 31.20, sowie BRUNE, J. W., in: Driesch u. a., Beck IFRS HB, 5. Aufl., § 29, Rn. 17.

539 Vgl. IFRS 11.B19.

540 Vgl. FISCHER, D. T., IFRS 11 – *Joint Arrangements*, S. 205.

541 Vgl. IFRS 11.17 i. V. m. IFRS 11.B15 (b) (i) i. V. m. IFRS 11.B22–B24.

542 Vgl. IFRS 11.17 i. V. m. IFRS 11.B15 (b) (ii) i. V. m. IFRS 11.B25–B28.

543 Vgl. IFRS 11.B21 i. V. m. IFRS 11.15, sowie DITTMAR, P./GRAUPE, F., Analyse der Neuregelungen nach IFRS 11, S. 405 f.

544 Vgl. IFRS 11.B21 i. V. m. IFRS 11.16.

545 Vgl. IFRS 11.B24, sowie SEEL, C., Joint Ventures, S. 212–215.

546 Vgl. IFRS 11.B24.

547 Vgl. IFRS 11.B26 i. V. m. den Beispielen in IFRS 11.B27, sowie HÖFNER, S., Gemeinschaftliche Vereinbarungen nach IFRS 11, S. 164–166.

548 In anderen Jurisdiktionen können Gesellschafter von Personengesellschaften mitunter sehr wohl unmittelbare Rechte und Pflichten an den Vermögenswerten und Schulden der Gesellschaft haben. Vgl. KPMG (Hrsg.), Insights into IFRS 2019/20, Rn. 3.6.150.20; ERNST & YOUNG (Hrsg.), International GAAP 2019, S. 844 f.

549 Entsprechendes gilt auch für unbeschränkt haftende Gesellschafter einer Personengesellschaft. Dies liegt zum einen an deren Subsidiärhaftung (vgl. ausführlich FUCHS, M./STIBI, B., IFRS 11, S. 1454) und zum anderen daran, dass nicht nur unmittelbare Pflichten aus den Schulden hervorgehen, sondern auch unmittelbare Rechte gegenüber den Vermögenswerten bestehen müssen (vgl. DITTMAR, P./GRAUPE, F., Analyse der Neuregelungen nach IFRS 11, S. 407). Vgl. SCHILD, M., Anteilserwerbe an gemeinschaftlichen Tätigkeiten,

regelmäßig auf das Vorliegen eines Gemeinschaftsunternehmens hindeuten.[550] Ebenso wenig ist es im deutschen Rechtsraum denkbar, dass diese „Abschirmwirkung“[551] durch eine besondere Vertragsgestaltung rechtlich „ausgehebelt“[552] wird.[553]

Führen die vorgenannten rechtlich geprägten Prüfschritte nicht zu einer Klassifizierung als gemeinschaftliche Tätigkeit, ist in einem **letzten Prüfschritt** die wirtschaftliche Substanz der gemeinschaftlichen Vereinbarung in den Vordergrund zu rücken.[554] Obgleich also der rechtliche Mantel der gemeinschaftlichen Vereinbarung auf das Vorliegen eines Gemeinschaftsunternehmens hindeutet, da die Parteien rein rechtlich weder auf deren Vermögenswerte unmittelbaren Zugriff haben noch für deren Schulden einstehen müssen, kann im Rahmen dieser einzunehmenden wirtschaftlichen Betrachtungsweise im Ergebnis eine Klassifizierung als gemeinschaftliche Tätigkeit angezeigt sein.[555] In diesem Zusammenhang gilt es zu prüfen, ob den Parteien aufgrund **sonstiger relevanter Tatsachen und Umstände** die Vermögenswerte und Schulden der gemeinschaftlichen Vereinbarung zuzurechnen sind.[556] Was unter dieser zunächst abstrakten Vorgabe zu verstehen ist, konkretisiert der IASB in einem Anwendungsbeispiel.[557] So ist auch dann von einer gemeinschaftlichen Tätigkeit auszugehen, wenn die Aktivitäten der gemeinschaftlichen Vereinbarung – strukturiert über ein Unternehmen, an dem beide Parteien gesellschaftsrechtlich beteiligt sind –[558] darauf ausgerichtet sind, ausschließlich[559] den Parteien Erzeugnisse oder Leistungen zur Verfügung zu stellen (sog. **Zuliefergesellschaft**).[560] In einer

S. 20 f.; LÜDENBACH, N./SCHUBERT, D., Gemeinschaftliche Vereinbarungen, S. 3. A. A. BUSCH, J./ZWIRNER, C., Joint Arrangements, S. 220 f.; EISENSCHMIDT, K./LABRENZ, H., Abbildung gemeinschaftlicher Vereinbarungen, S. 26.

550 Vgl. FUCHS, M./STIBI, B., IFRS 11, S. 1454; DITTMAR, P./GRAUPE, F., Analyse der Neuregelungen nach IFRS 11, S. 407; BÖCKEM, H./RÖHRICHT, V., Joint Operation oder Joint Venture?, S. 1034; BRUNE, J. W., in: Driesch u. a., Beck IFRS HB, 5. Aufl., § 29, Rn. 17; EHRCKE, H., in: Thiele/von Keitz/Brücks, Internationales Bilanzrecht, IFRS 11, Rn. 173 f.

551 FUCHS, M./STIBI, B., IFRS 11, S. 1454.

552 PANZER, A., Statusändernde Anteilsveräußerungen, S. 37.

553 Vgl. FUCHS, M./STIBI, B., IFRS 11, S. 1454; BÖCKEM, H./RÖHRICHT, V., Joint Operation oder Joint Venture?, S. 1034; LÜDENBACH, N./SCHUBERT, D., Gemeinschaftliche Vereinbarungen, S. 3 f.; GIMPEL-HENNING, N., Sukzessive Anteilserwerbe, S. 48; SEEL, C., Joint Ventures, S. 217 f.; SCHILD, M., Anteilserwerbe an gemeinschaftlichen Tätigkeiten, S. 21 f.

554 Vgl. BÖCKEM, H./ISMAR, M., Joint Arrangements nach IFRS 11, S. 825; GIMPEL-HENNING, N., Sukzessive Anteilserwerbe, S. 48; EHRCKE, H., in: Thiele/von Keitz/Brücks, Internationales Bilanzrecht, IFRS 11, Rn. 184.

555 Vgl. IFRS 11.B30, sowie ähnlich BÖCKEM, H./RÖHRICHT, V., Joint Operation oder Joint Venture?, S. 1034.

556 Vgl. IFRS 11.17 i. V. m. IFRS 11.B15 (b) (iii) i. V. m. IFRS 11.B29–B32.

557 Vgl. IFRS 11.B31 f. und IFRS 11.IE14–IE28, sowie BÖCKEM, H./ISMAR, M., Joint Arrangements nach IFRS 11, S. 825. Vgl. für eine ausführliche Analyse des Anwendungsbeispiels BÖCKEM, H./RÖHRICHT, V., Joint Operation oder Joint Venture?, S. 1035–1041. Ob im Kontext des Kriteriums der sonstigen relevanten Tatsachen und Umstände weitere Sachverhalte denkbar sind, die zur Klassifizierung als gemeinschaftliche Tätigkeit führen, lässt der IASB offen. Vgl. auch SEEL, C., Joint Ventures, S. 218, Fn. 1413.

558 Vgl. IFRS 11.B32, Beispiel 5.

559 IFRS 11.B31 f. ist zu entnehmen, dass die Veräußerung von Produkten an externe Dritte für die Klassifizierung als gemeinschaftliche Tätigkeit unschädlich ist, solange diese Geschäftsvorfälle in unwesentlichem (*not material*) Umfang stattfinden, sodass den Parteien so gut wie der gesamte (*substantially all*) wirtschaftliche Nutzen zusteht. Im Schrifttum wird dabei eine 90 %-Schwelle befürwortet. Vgl. BÖCKEM, H./RÖHRICHT, V., Joint Operation oder Joint Venture?, S. 1035; HÖFNER, S., Gemeinschaftliche Vereinbarungen nach IFRS 11, S. 169–171; DELOITTE (Hrsg.), iGAAP 2019, S. 2587 f.

560 Vgl. IFRS 11.B31, sowie LÜDENBACH, N./SCHUBERT, D., Gemeinschaftliche Vereinbarungen, S. 4; GIMPEL-

solchen Sachverhaltskonstellation ist das Beteiligungsunternehmen aufgrund des exklusiven Rechts der beteiligten, gemeinschaftlich führenden Parteien auf die Abnahme der gesamten Produktionsmenge in vollem Umfang wirtschaftlich abhängig von diesen Parteien.[561] In diesem Zusammenhang wird seitens des IASB argumentiert, dass den Parteien durch ihr exklusives Abnahmerecht[562] der gesamte wirtschaftliche Nutzen der sich im rechtlichen Eigentum der gemeinschaftlichen Vereinbarung befindlichen Vermögenswerte zukommt.[563] Spiegelbildlich wird in Bezug auf die vom Beteiligungsunternehmen eingegangenen Schulden argumentiert, dass die Parteien die gesamte finanzielle Last tragen, da sämtliche Schulden des Beteiligungsunternehmens ausschließlich aus den mit der exklusiven Geschäftsbeziehung in Verbindung stehenden Zahlungsströmen bedient werden.[564] Im Ergebnis ist damit die Vereinbarung als gemeinschaftliche Tätigkeit zu klassifizieren, da die Parteien wirtschaftlich betrachtet Träger der vom Beteiligungsunternehmen gehaltenen Vermögenswerte und Schulden sind.[565]

34 Assoziierte Unternehmen nach IAS 28

Sofern die Konzernobergesellschaft lediglich einen **maßgeblichen Einfluss** (*significant influence*) auf das zu beurteilende Beteiligungsunternehmen ausüben kann, stellt dieses ein **assoziiertes Unternehmen** (*associate*) dar, das – analog zu Gemeinschaftsunternehmen – nach der Equity-Methode gemäß IAS 28 in den Konzernabschluss der Konzernobergesellschaft einzubeziehen ist.[566] Der maßgebliche Einfluss wird in IAS 28.3 definiert als die Möglichkeit, an den Entscheidungen bezüglich der Finanz- und Geschäftspolitik[567] des Beteiligungsunternehmens mitzuwirken, ohne aber zugleich die Entscheidungsprozesse alleine oder gemeinschaftlich beherrschen zu können.[568] Damit wird der maßgebliche Einfluss als eine mögliche Form der Einflussintensität im Rahmen der Stufenkonzeption strikt nach oben von der Beherrschung nach IFRS 10 und der gemeinschaftlichen Führung nach IFRS 11 sowie nach unten von einer nach

---

HENNING, N., Sukzessive Anteilserwerbe, S. 48; SCHILD, M., Anteilsaufstockungen bei gemeinschaftlichen Tätigkeiten, S. 2349.

561 Vgl. IFRS 11.B32, Beispiel 5, sowie GIMPEL-HENNING, N., Sukzessive Anteilserwerbe, S. 48; KÜTING, K./SEEL, C., Abgrenzung und Bilanzierung von joint arrangements, S. 347.

562 Dabei reicht eine reine Absichtserklärung seitens der Parteien, die Produkte vollständig abzunehmen, nicht aus. Vielmehr müssen die darauf bezogenen Rechte und Pflichten rechtlich durchsetzbar sein. Vgl. FREIBERG, J., Beteiligungs- oder Abnahmequote?, S. 60; IFRS IC (Hrsg.), Staff Paper 13 (May 2014), Rn. 5; IFRS IC (Hrsg.), IFRIC Update (March 2015), S. 7 f. Zum Teil wird auch ein nachweisbarer wirtschaftlicher Zwang für ausreichend gehalten. Vgl. BÖCKEM, H./RÖHRICHT, V., Joint Operation oder Joint Venture?, S. 1036; HÖFNER, S., Gemeinschaftliche Vereinbarungen nach IFRS 11, S. 167 f. Vgl. zu dieser Diskussion ausführlich SCHILD, M., Anteilserwerbe an gemeinschaftlichen Tätigkeiten, S. 29–37; IFRS IC (Hrsg.), Staff Paper 11 (January 2014), Rn. 10–64.

563 Vgl. IFRS 11.B31, sowie BÖCKEM, H./RÖHRICHT, V., Joint Operation oder Joint Venture?, S. 1035.

564 Vgl. IFRS 11.B32, sowie KÜTING, K./SEEL, C., Abgrenzung und Bilanzierung von joint arrangements, S. 347.

565 Vgl. SEEL, C., Joint Ventures, S. 218.

566 Vgl. BAETGE, J./GRAUPE, F./HÖBENER, J., in: Baetge u. a., Rechnungslegung nach IFRS, 2. Aufl., IAS 28, Rn. 1 f.; GIMPEL-HENNING, N., Sukzessive Anteilserwerbe, S. 49.

567 Vgl. zum Begriff der Finanz- und Geschäftspolitik SEEL, C., Joint Ventures, S. 126–128.

568 Die Definition des maßgeblichen Einflusses in IAS 28 wurde im Zuge der Überarbeitung des nunmehr in IFRS 10 enthaltenen Beherrschungsbegriffes nicht angepasst und beruht demnach noch auf dem Beherrschungsbegriff des Vorgängerstandards IAS 27. Eine mögliche Anpassung ist im Rahmen eines größeren Forschungsprojektes zur Bilanzierung von assoziierten Unternehmen vorgesehen. Vgl. IAS 28.BC16.

IFRS 9 zu bilanzierenden einfachen Beteiligung, die eben nicht von einer besonderen Einflussnahmemöglichkeit gekennzeichnet ist, abgegrenzt.[569]

Während die Abgrenzung nach oben durch die in den vorangegangenen Abschnitten erläuterten Anwendungsvoraussetzungen vergleichsweise unproblematisch sein dürfte,[570] wird die Abgrenzung nach unten zu einfachen Anteilsbeziehungen regelmäßig eine größere Herausforderung sein.[571] Da der Begriff des maßgeblichen Einflusses trotz seiner Definition abstrakt bleibt,[572] ist zur Operationalisierung dieses Begriffes zunächst die sog. **Assoziierungsvermutung** von zentraler Bedeutung.[573] So wird gemäß IAS 28.5 immer dann ein maßgeblicher Einfluss vermutet, wenn das beteiligte Unternehmen mindestens 20 %[574] der Stimmrechte[575] des Beteiligungsunternehmens auf sich vereint. Umgekehrt ist bei einem Stimmrechtsanteil des konzernrechnungslegenden Unternehmens von weniger als 20 % davon auszugehen, dass kein maßgeblicher Einfluss ausgeübt werden kann (sog. **umgekehrte Assoziierungsvermutung**[576]).[577] Dieser Schwellenwert ist allerdings weder in die eine noch in die andere Richtung als eine harte Grenze zu verstehen.[578] Vielmehr handelt es sich in beiden Fällen um eine Vermutung, die qua Definition widerlegt werden kann.[579] Erforderlich sind hierzu Nachweise seitens des beteiligten Unternehmens, anhand derer eindeutig gezeigt werden kann (*clearly demonstrate*), dass es trotz Assoziierungsvermutung keine Möglichkeit einer maßgeblichen Ein-

569 Vgl. LÜDENBACH, N./HOFFMANN, W.-D./FREIBERG, J., in: Lüdenbach/Hoffmann/Freiberg, Haufe IFRS-Kommentar, 17. Aufl., § 33, Rn. 21; KÖSTER, O., in: Hennrichs/Kleindiek/Watrin, MüKo Bilanzrecht Bd. 1, IAS 28, Rn. 12.

570 Vgl. BRUNE, J. W., in: Driesch u. a., Beck IFRS HB, 5. Aufl., § 30, Rn. 63.

571 Vgl. BRUNE, J. W., in: Driesch u. a., Beck IFRS HB, 5. Aufl., § 30, Rn. 64; NOBES, C., Equity Method, S. 27; VALLELY, M./STOKES, D./LIESCH, P., Equity Accounting, S. 17; KÜTING, K./WEBER, C.-P., Der Konzernabschluss, S. 232; KÖSTER, O., in: Hennrichs/Kleindiek/Watrin, MüKo Bilanzrecht Bd. 1, IAS 28, Rn. 13 f.

572 Vgl., wenn auch im handelsrechtlichen Kontext, MAAS, U./SCHRUFF, W., Der Konzernabschluß nach neuem Recht, S. 244; KIRSCH, H.-J., Die Equity-Methode im Konzernabschluß, S. 26; BUSSE VON COLBE, W., Die Equitymethode, S. 255; HAVERMANN, H., Die Equity-Bewertung von Beteiligungen, S. 302, sowie im IFRS-Kontext SEEL, C., Joint Ventures, S. 128; HÖFNER, S., Gemeinschaftliche Vereinbarungen nach IFRS 11, S. 124.

573 Vgl. BRUNE, J. W., in: Driesch u. a., Beck IFRS HB, 5. Aufl., § 30, Rn. 64, HACHMEISTER, D./BEYER, B., in: Baetge/Kirsch/Thiele, Bilanzrecht, § 311 HGB, Rn. 517; LLOYD, B. M./WEYGANDT, J. J., Nonsubsidiary Investments, S. 757; NOBES, C., Equity Method, S. 27.

574 Vgl. ausführlich zu den Hintergründen sowie kritisch zu dieser grundsätzlich „willkürlich“ (KIRSCH, H.-J., Die Equity-Methode im Konzernabschluß, S. 148) gesetzten Grenze SEEL, C., Joint Ventures, S. 128–131; KÖSTER, O., in: Hennrichs/Kleindiek/Watrin, MüKo Bilanzrecht Bd. 1, IAS 28, Rn. 13, sowie, wenn auch im handelsrechtlichen Kontext, SCHMIDT, G., Rechnungslegung nach der Equity-Methode, S. 221–225.

575 Hierzu zählen auch indirekt über Tochterunternehmen gehaltene Stimmrechte. Vgl. IAS 28.5. Auch zu berücksichtigen sind potenzielle Stimmrechte. Vgl. IAS 28.7 f., sowie ausführlich BAETGE, J./GRAUPE, F./HÖBENER, J., in: Baetge u. a., Rechnungslegung nach IFRS, 2. Aufl., IAS 28, Rn. 25–29.

576 Vgl. BAETGE, J./GRAUPE, F./HÖBENER, J., in: Baetge u. a., Rechnungslegung nach IFRS, 2. Aufl., IAS 28, Rn. 23.

577 Vgl. IAS 28.5.

578 Vgl. NIEHUS, R. J., in: Schulze-Osterloh/Hennrichs/Wüstemann, HdJ, Abt. V/3, Rn. 52.

579 Vgl. IAS 28.5, sowie BAETGE, J./GRAUPE, F./HÖBENER, J., in: Baetge u. a., Rechnungslegung nach IFRS, 2. Aufl., IAS 28, Rn. 22. Selbst wenn keine Kapitalbeteiligung vorliegt, kann bspw. aufgrund von Kreditbeziehungen ein maßgeblicher Einfluss vorliegen. Vgl. DIETRICH, A./STOEK, C., Wenn Schutzrechte zu Mitwirkungsrechten werden, S. 350 f.; GEISEL, A./SCHMIDT, M., Equity-Methode mit kündbaren Anteilen, S. 81.

flussnahme auf das Beteiligungsunternehmen hat bzw. trotz umgekehrter Assoziierungsvermutung maßgeblichen Einfluss ausüben kann.[580] In diesem Zusammenhang führt der IASB in IAS 28.6 die folgenden Kriterien an, die auf einen maßgeblichen Einfluss hindeuten:

- Die Zugehörigkeit von Vertretern der Konzernobergesellschaft zum Leitungs- und bzw. oder zum Aufsichtsgremium des Beteiligungsunternehmens;
- die Mitwirkung an Entscheidungsprozessen über die Geschäftspolitik des Beteiligungsunternehmens, einschließlich seiner Ausschüttungspolitik;[581]
- wesentliche Geschäftsvorfälle zwischen der Konzernobergesellschaft und dem Beteiligungsunternehmen, wobei insbesondere intensive Lieferungs- und Leistungsbeziehungen von Bedeutung sein können;[582]
- der Austausch von Führungspersonal; oder
- die (gegenseitige) Bereitstellung bedeutender technischer Informationen.

Regelungssystematisch ist dieser Kriterienkatalog[583] für die Beurteilung eines maßgeblichen Einflusses weder als abschließend zu betrachten,[584] noch ist es für den Nachweis eines maßgeblichen Einflusses erforderlich, dass alle vorgenannten Kriterien erfüllt sind.[585] Vielmehr kann entsprechend dem Wortlaut des IAS 28.6 bereits die Erfüllung eines dieser Kriterien ausreichend sein, um maßgeblichen Einfluss nachweisen zu können.[586] Sofern ein vermuteter maß-

---

580 Vgl. IAS 28.5, sowie LÜDENBACH, N./HOFFMANN, W.-D./FREIBERG, J., in: Lüdenbach/Hoffmann/Freiberg, Haufe IFRS-Kommentar, 17. Aufl., § 33, Rn. 8–11; DELOITTE (Hrsg.), iGAAP 2019, S. 2470–2474; HEINTGES, S./URBANCZIK, P., Erwerb und Folgebewertung assoziierter Unternehmen, S. 418.

581 Die Gelegenheit zur Teilnahme an Entscheidungen über die Dividendenpolitik kann allerdings für einen maßgeblichen Einfluss nicht ausreichend sein, da dieses Recht grundsätzlich jedem stimmberechtigten Gesellschafter zukommt. Es müsste sich wohl vielmehr um eine signifikante Mitwirkung handeln. Vgl. LÜDENBACH, N./HOFFMANN, W.-D./FREIBERG, J., in: Lüdenbach/Hoffmann/Freiberg, Haufe IFRS-Kommentar, 17. Aufl., § 33, Rn. 15, die auf die in diesem Zusammenhang bestehende Zirkularität hinweisen.

582 Vgl. BAETGE, J./GRAUPE, F./HÖBENER, J., in: Baetge u. a., Rechnungslegung nach IFRS, 2. Aufl., IAS 28, Rn. 30; SEEL, C., Joint Ventures, S. 136.

583 Vgl. kritisch zu den einzelnen Kriterien KUSTNER, C., Beteiligungsbewertung, S. 98–100; SCHÄFER, H., Bilanzierung nach der Equity-Methode, S. 211–216; KÖSTER, O., in: Hennrichs/Kleindiek/Watrin, MüKo Bilanzrecht Bd. 1, IAS 28, Rn. 18–21.

584 Vgl. KÖSTER, O., in: Hennrichs/Kleindiek/Watrin, MüKo Bilanzrecht Bd. 1, IAS 28, Rn. 22. Vgl. zu weiteren Kriterien KPMG (Hrsg.), Insights into IFRS 2019/20, Rn. 3.5.80.20.

585 Vgl. KÜTING, K./WEBER, C.-P., Der Konzernabschluss, S. 233; HEINTGES, S./URBANCZIK, P., Erwerb und Folgebewertung assoziierter Unternehmen, S. 418.

586 So heißt es in IAS 28.6: „*The existence of significant influence by an entity is usually evidenced in one or more of the following ways*“. Allerdings führt die Erfüllung einer der in IAS 28.6 angeführten Kriterien nicht zwangsläufig zum Vorliegen von maßgeblichem Einfluss. Vgl. BAETGE, J./GRAUPE, F./HÖBENER, J., in: Baetge u. a., Rechnungslegung nach IFRS, 2. Aufl., IAS 28, Rn. 30; KPMG (Hrsg.), Insights into IFRS 2019/20, Rn. 3.5.80.30.

geblicher Einfluss widerlegt werden soll, können diese Kriterien ebenfalls herangezogen werden,[587] wobei auch hier zusätzlich weitere Kriterien infrage kommen.[588] Da die Kriterien allerdings „eher Dimensionen für die Bemessung von Einfluss als wirkliche Kriterien für die Schwelle maßgeblichen Einflusses [mit Hervorhebungen im Original]“[589] sind, ist in jedem Fall eine Gesamtwürdigung sämtlicher Tatsachen und Umstände mit Blick auf die tatsächlichen wirtschaftlichen Verhältnisse vorzunehmen.[590]

Sollte das Beteiligungsunternehmen seitens einer anderen Partei beherrscht oder von mindestens zwei weiteren Parteien gemeinschaftlich geführt werden, steht dies einem maßgeblichen Einfluss nicht per se entgegen.[591] Zwar kann sich in einem solchen Fall die potenziell einen maßgeblichen Einfluss ausübende Konzernobergesellschaft bei Vorliegen von Interessenkonflikten grundsätzlich nicht gegen die Interessen der beherrschenden Partei(en) durchsetzen.[592] Entsprechend dem Wesen des maßgeblichen Einflusses ist allerdings in diesem Zusammenhang vielmehr die „Einschränkung der wirtschaftlichen Dispositionsfreiheit“[593] der das Beteiligungsunternehmen beherrschenden Partei(en) entscheidend.[594] Demnach ist es von zentraler Bedeutung, dass auch bei Vorliegen eines (gemeinschaftlichen) Beherrschungsverhältnisses Dritter

---

587 Vgl. BAETGE, J./GRAUPE, F./HÖBENER, J., in: Baetge u. a., Rechnungslegung nach IFRS, 2. Aufl., IAS 28, Rn. 30, sowie LÜDENBACH, N./HOFFMANN, W.-D./FREIBERG, J., in: Lüdenbach/Hoffmann/Freiberg, Haufe IFRS-Kommentar, 17. Aufl., § 33, Rn. 11, die darauf hinweisen, dass eine Widerlegung des maßgeblichen Einflusses regelmäßig gelingen wird, sofern sämtliche Kriterien negiert werden können. A. A. wohl SEEL, C., Joint Ventures, S. 133, Fn. 942, der die in IAS 28.6 enthaltenen Kriterien für die Widerlegung eines maßgeblichen Einflusses wenig geeignet hält, da sie auf die aktive Ausübung der (potenziellen) Einflussnahmemöglichkeit abstellen.

588 Mit Blick auf die ähnlichen Regelungen zur Equity-Methode in den US-GAAP kann vor allem auf die dort genannten Kriterien zurückgegriffen werden. Vgl. BAETGE, J./GRAUPE, F./HÖBENER, J., in: Baetge u. a., Rechnungslegung nach IFRS, 2. Aufl., IAS 28, Rn. 31; EHRCKE, H., in: Thiele/von Keitz/Brücks, Internationales Bilanzrecht, IAS 28, Rn. 108; ENKE, R., Equity-Methode, S. 39. Vgl. zur Diskussion, inwieweit etwaige Informationsbeschaffungsprobleme zur Verneinung eines maßgeblichen Einflusses führen können, LÜDENBACH, N./HOFFMANN, W.-D./FREIBERG, J., in: Lüdenbach/Hoffmann/Freiberg, Haufe IFRS-Kommentar, 17. Aufl., § 33, Rn. 90 f.; KÖSTER, O., in: Hennrichs/Kleindiek/Watrin, MüKo Bilanzrecht Bd. 1, IAS 28, Rn. 15; KPMG (Hrsg.), Insights into IFRS 2019/20, Rn. 3.5.90.20; NIEHUS, R. J., in: Schulze-Osterloh/Hennrichs/Wüstemann, HdJ, Abt. V/3, Rn. 104–112.

589 LÜDENBACH, N./HOFFMANN, W.-D./FREIBERG, J., in: Lüdenbach/Hoffmann/Freiberg, Haufe IFRS-Kommentar, 17. Aufl., § 33, Rn. 16.

590 Vgl. HEINTGES, S./URBANCZIK, P., Erwerb und Folgebewertung assoziierter Unternehmen, S. 418; BAETGE, J./GRAUPE, F./HÖBENER, J., in: Baetge u. a., Rechnungslegung nach IFRS, 2. Aufl., IAS 28, Rn. 30; SEEL, C., Joint Ventures, S. 134, sowie, wenn auch im handelsrechtlichen Kontext, SCHMIDT, G., Rechnungslegung nach der Equity-Methode, S. 221. A. A. wohl NIEHUS, R. J., in: Schulze-Osterloh/Hennrichs/Wüstemann, HdJ, Abt. V/3, Rn. 88.

591 Vgl. IAS 28.5 i. V. m. IFRS 10.14 i. V. m. IFRS 11.25, sowie LÜDENBACH, N./HOFFMANN, W.-D./FREIBERG, J., in: Lüdenbach/Hoffmann/Freiberg, Haufe IFRS-Kommentar, 17. Aufl., § 33, Rn. 9; BRUNE, J. W., in: Driesch u. a., Beck IFRS HB, 5. Aufl., § 30, Rn. 64. A. A. im handelsrechtlichen Kontext KÜTING, K./KÖTHNER, R./ZÜNDORF, H., in: Küting/Weber, HdK, 2. Aufl., § 311 HGB, Rn. 79. Anzumerken ist jedoch, dass die Stimmrechtsmehrheit einer anderen Partei in den US-GAAP ein Indiz dafür ist, dass kein maßgeblicher Einfluss ausgeübt werden kann. Vgl. ASC 323-10-15–10.

592 Vgl. BRUNE, J. W., in: Driesch u. a., Beck IFRS HB, 5. Aufl., § 30, Rn. 63; JASPER, U., Assoziierte Unternehmen, S. 94; SCHÄFER, H., Bilanzierung nach der Equity-Methode, S. 209 f.

593 HINRICHS, S., Der „maßgebliche Einfluß“, S. 1735.

594 Vgl. ähnlich HINRICHS, S., Der „maßgebliche Einfluß“, S. 1735. Für das Vorliegen von Beherrschung der anderen Partei(en) ist dies dabei insoweit unschädlich, als diese weiterhin über die bedeutendsten maßgeblichen Tätigkeiten des Beteiligungsunternehmens entscheiden kann bzw. können. Vgl. hierzu ausführlich MEYER, M., Substanzielle Rechte und Schutzrechte, S. 272–275.

die Konzernobergesellschaft dazu in der Lage ist, die finanz- und geschäftspolitischen Entscheidungen des Beteiligungsunternehmens dergestalt zu beeinflussen, dass sie ohne das (potenziell bestehende) Assoziierungsverhältnis nicht in der Weise zustande gekommen wären.[595] Mit Blick auf den Begriff der Finanz- und Geschäftspolitik steht dabei nicht die Einflussnahmemöglichkeit auf operative Entscheidungen des Tagesgeschäfts im Mittelpunkt, sondern vielmehr die den Rahmen des Tagesgeschäfts vorgebenden **strategischen Grundsatzentscheidungen**[596].[597] Dabei kann es bereits ausreichend sein, wenn ausgewählte Teile der Finanz- und Geschäftspolitik, wie die Bestimmung der Unternehmensstrategie oder die Investitionsplanung, von der Konzernobergesellschaft mitentschieden werden können.[598] Wenn die das Beteiligungsunternehmen beherrschende(n) Partei(en) hingegen ihr Einflusspotenzial – bspw. in Ermangelung etwaiger Schutzrechte der Konzernobergesellschaft –[599] derart nutzt bzw. nutzen, dass die Interessen der Konzernobergesellschaft auf Dauer in den Hintergrund rücken, ist davon auszugehen, dass die Möglichkeit zur maßgeblichen Einflussnahme zu verneinen ist.[600]

Festzuhalten ist, dass angesichts des breiten Spektrums möglicher Beteiligungsquoten[601] sowie der verschiedenen Intensitäten potenzieller wirtschaftlicher und personeller Verflechtungen die Einflussintensitätsstufe des maßgeblichen Einflusses eine Vielzahl denkbarer Formen von assoziierten Unternehmen hervorbringen kann.[602] Insofern sind assoziierte Unternehmen eine

---

595 Vgl. SCHÄFER, H., Bilanzierung nach der Equity-Methode, S. 210; MCCANDLESS, H. E., Effective Control Criterion, S. 41; KÜTING, K./WEBER, C.-P., Der Konzernabschluss, S. 232. Dementsprechend wird nicht die Fähigkeit vorausgesetzt, sämtliche „unliebsame[n] Entscheidungen" (GATTUNG, A., Berichterstattung über Beziehungen zu nahe stehenden Unternehmen, S. 275) zu blockieren. Vgl. SEEL, C., Joint Ventures, S. 125; HÖFNER, S., Gemeinschaftliche Vereinbarungen nach IFRS 11, S. 121.

596 Vgl. hierzu bspw. BUNTING, D./MIZRUCHI, M. S., Transfer of Control, S. 987; BISCHOF, S./ROß, N., Qualitative Mindestanforderungen an das Organ, S. 206.

597 Vgl. PWC (Hrsg.), Manual of accounting 2019, Rn. FAQ 31.11.3; NIEHUS, R. J., in: Schulze-Osterloh/Hennrichs/Wüstemann, HdJ, Abt. V/3, Rn. 77, sowie, wenn auch im handelsrechtlichen Kontext, HINRICHS, S., Der „maßgebliche Einfluß", S. 1737; SCHMIDT, G., Rechnungslegung nach der Equity-Methode, S. 214; SENGER, T./HOEHNE, F., in: Hennrichs/Kleindiek/Watrin, MüKo Bilanzrecht Bd. 2, § 311 HGB, Rn. 11.

598 Vgl. NIEHUS, R. J., in: Schulze-Osterloh/Hennrichs/Wüstemann, HdJ, Abt. V/3, Rn. 74, sowie, wenn auch im handelsrechtlichen Kontext, STÖRK, U./LEWE, S., in: Grottel u. a., Beck Bilanzkomm., 12. Aufl., § 311 HGB, Rn. 15; KÜTING, K./KÖTHNER, R./ZÜNDORF, H., in: Küting/Weber, HdK, 2. Aufl., § 311 HGB, Rn. 25; WOLLMERT, P., in: WP Handbuch, 16. Aufl., Kap. G, Rn. 614; SCHÄFER, H., Bilanzierung nach der Equity-Methode, S. 216. A. A. GATTUNG, A., Berichterstattung über Beziehungen zu nahe stehenden Unternehmen, S. 275. Bei der Beurteilung, ob die vorliegende Einflussnahmemöglichkeit als maßgeblicher Einfluss zu qualifizieren ist, ist sie stets relativ in Bezug auf die insgesamt im Beteiligungsunternehmen zu treffenden Entscheidungen zu setzen. Vgl. DIETRICH, A./STOEK, C., Wenn Schutzrechte zu Mitwirkungsrechten werden, S. 351.

599 Zu beachten ist, dass bloße Schutzrechte im Sinne von IFRS 10.B26 (vgl. dazu Abschnitt 32) für das Vorliegen eines maßgeblichen Einflusses nicht ausreichen, sondern substanzielle Mitwirkungsrechte notwendig sind. Vgl. PANZER, A., Statusändernde Anteilsveräußerungen, S. 41. Aus Schutzrechten können im Zeitverlauf indes auch Mitwirkungsrechte werden, die ggf. in der Folge maßgeblichen Einfluss ermöglichen. Vgl. DIETRICH, A./STOEK, C., Wenn Schutzrechte zu Mitwirkungsrechten werden, S. 349–351.

600 Vgl. CAIRNS, D., Applying IAS, S. 299; SCHÄFER, H., Bilanzierung nach der Equity-Methode, S. 210. Im Rahmen der Beurteilung, ob maßgeblicher Einfluss vorliegt, sollten daher regelmäßig die gesetzlichen Regelungen und gesellschaftsvertraglichen Vereinbarungen beachtet werden. Vgl. LÜDENBACH, N./HOFFMANN, W.-D./FREIBERG, J., in: Lüdenbach/Hoffmann/Freiberg, Haufe IFRS-Kommentar, 17. Aufl., § 33, Rn. 9.

601 Im Regelfall wird die Beteiligungsquote an assoziierten Unternehmen allerdings zwischen 20 % und 50 % liegen. Vgl. BAETGE, J./GRAUPE, F./HÖBENER, J., in: Baetge u. a., Rechnungslegung nach IFRS, 2. Aufl., IAS 28, Rn. 22.

602 Vgl., wenn auch im handelsrechtlichen Kontext, SCHMIDT, G., Rechnungslegung nach der Equity-Methode,

hinsichtlich der Einflussintensität nur begrenzt homogene Klasse von Beteiligungsunternehmen,[603] deren Einstufung als solche zwangsläufig ermessensbehaftet bleibt.[604]

35 Zwischenfazit

Die vorangehenden Ausführungen des dritten Kapitels haben gezeigt, dass im Konzernabschluss nicht allein das Mutter- und sämtliche Tochterunternehmen abzubilden sind, sondern die gesamte Einflusssphäre des Konzerns, sodass der Konzernabschluss von **heterogenen Unternehmensverbindungen** geprägt ist. Die konzernbilanzielle Abbildung eines Beteiligungsunternehmens erfolgt dabei entsprechend der Stufenkonzeption grundsätzlich in Abhängigkeit des Grads der Einflussnahmemöglichkeit der Konzernobergesellschaft auf das jeweilige Beteiligungsunternehmen. Im Kontext von gemeinschaftlichen Vereinbarungen besteht darüber hinaus die Besonderheit, dass deren Klassifizierung als gemeinschaftliche Tätigkeit oder Gemeinschaftsunternehmen und die damit verbundene Einbeziehungsmethode in den Konzernabschluss von den Rechten und Pflichten abhängt, die den gemeinschaftlich führenden Parteien aus einer solchen Vereinbarung erwachsen.

Ehe im fünften Kapitel die Vorschriften zur Zwischenergebniseliminierung in Abhängigkeit der jeweiligen konzernbilanziellen Einbeziehungsmethode analysiert werden, gilt es im folgenden Abschnitt zunächst die konzeptionellen Grundlagen der Zwischenergebniseliminierung herauszuarbeiten.

S. 207.

603 Vgl. ähnlich GIMPEL-HENNING, N., Sukzessive Anteilserwerbe, S. 51 f. Vgl. auch KUSTNER, C., Beteiligungsbewertung, S. 113, der den maßgeblichen Einfluss deshalb als „untaugliches Kriterium“ bezeichnet.

604 Vgl. KÖSTER, O., in: Hennrichs/Kleindiek/Watrin, MüKo Bilanzrecht Bd. 1, IAS 28, Rn. 18; LÜDENBACH, N./HOFFMANN, W.-D./FREIBERG, J., in: Lüdenbach/Hoffmann/Freiberg, Haufe IFRS-Kommentar, 17. Aufl., § 33, Rn. 16.

4 Grundlagen der Zwischenergebniseliminierung nach IFRS

41 Aufgabe der Konsolidierungsmaßnahmen im Allgemeinen sowie der Zwischenergebniseliminierung im Speziellen

Der Konzernabschluss ist vor dem Hintergrund der **Einheitsfiktion** gemäß IFRS 10.A so aufzustellen, als handele es sich bei dem Mutterunternehmen und seinen Tochterunternehmen um ein einziges Unternehmen, sodass die rechtliche Selbständigkeit dieser Unternehmen für Zwecke der Konzernrechnungslegung grundsätzlich zu negieren ist.[605] Hierzu werden im Rahmen der derivativen Konzernabschlusserstellung[606] die Einzelabschlüsse dieser Konzernunternehmen zunächst an die konzerneinheitlichen Bilanzierungsmethoden angepasst (sog. IFRS-Abschluss II[607]),[608] ehe sie mittels horizontaler Addition zu einem Summenabschluss zusammenzufassen sind.[609] Um der Kompensationsfunktion[610] des Konzernabschlusses Rechnung zu tragen, ist anschließend der Summenabschluss von konzerninternen Verflechtungen zu befreien.[611] Demnach sind die Geschäftsvorfälle einer Periode aus Sicht der wirtschaftlichen Einheit (neu) zu beurteilen und im Zuge dessen konzerninterne Beziehungen zu **eliminieren**, d. h. zu **konsolidieren**.[612]

Allgemein kommt den **Konsolidierungsmaßnahmen** insofern die **Aufgabe** zu, diejenigen Beträge aus dem Summenabschluss zu eliminieren, die vor dem Hintergrund der Einheitsfiktion im Konzernabschluss nicht anzusetzen bzw. nicht zu erfassen sind,[613] sodass den Adressaten des Konzernabschlusses ein zutreffender Einblick in die Vermögens-, Finanz- und Ertragslage des Konzerns gewährt werden kann.[614] Zu unterscheiden sind dabei die Kapitalkonsolidierung,

---

605 Vgl. VON WYSOCKI, K./WOHLGEMUTH, M./BRÖSEL, G., Konzernrechnungslegung, S. 9.

606 Vgl. zur derivativen Konzernabschlusserstellung Fn. 102.

607 Vgl. BAETGE, J./HAYN, S./STRÖHER, T., in: Baetge u. a., Rechnungslegung nach IFRS, 2. Aufl., IFRS 10, Rn. 244 und Rn. 248.

608 Zur Vereinheitlichung der Einzelabschlüsse sind diese grundsätzlich auf denselben Stichtag aufzustellen und an die vom Mutterunternehmen vorgegebenen konzerneinheitlichen Ansatz-, Bewertungs- und Ausweismethoden anzupassen. Vgl. IFRS 10.19 i. V. m. IFRS 10.B87 und IFRS 10.B92 f., sowie BAETGE, J./HAYN, S./STRÖHER, T., in: Baetge u. a., Rechnungslegung nach IFRS, 2. Aufl., IFRS 10, Rn. 236–247. Auf fremde Währung lautende Einzelabschlüsse sind in diesem Zuge gemäß den Vorgaben des IAS 21 in die Konzernwährung umzurechnen. Vgl. HOLZWARTH, J./WENDLANDT, G., in: Baetge u. a., Rechnungslegung nach IFRS, 2. Aufl., IAS 21, Rn. 98–142. Die Abschlüsse von assoziierten Unternehmen und Gemeinschaftsunternehmen sind gemäß IAS 28.35 f. ebenfalls an konzerneinheitliche Bilanzierungsmethoden anzupassen. Für gemeinschaftliche Tätigkeiten besteht eine solche Vorgabe nicht (explizit), ist aber aus konzeptioneller Sicht angezeigt. Vgl. KÜTING, K./WEBER, C.-P., Der Konzernabschluss, S. 286.

609 Vgl. IFRS 10.B86 (a), sowie BAETGE, J./HAYN, S./STRÖHER, T., in: Baetge u. a., Rechnungslegung nach IFRS, 2. Aufl., IFRS 10, Rn. 248.

610 Vgl. zur Kompensationsfunktion Abschnitt 221.

611 Vgl. BAETGE, J./HAYN, S./STRÖHER, T., in: Baetge u. a., Rechnungslegung nach IFRS, 2. Aufl., IFRS 10, Rn. 248 i. V. m. Rn. 251.

612 Vgl. BAETGE, J./KIRSCH, H.-J./THIELE, S., Konzernbilanzen, S. 49 und S. 82 f.; KÜTING, K./WEBER, C.-P., Der Konzernabschluss, S. 286 f. und S. 325.

613 Vgl. SCHILDBACH, T./FELDHOFF, P., Konzernabschluss, S. 138.

614 Vgl. BAETGE, J./HAYN, S./STRÖHER, T., in: Baetge u. a., Rechnungslegung nach IFRS, 2. Aufl., IFRS 10, Rn. 11 und Rn. 50; VON WYSOCKI, K./WOHLGEMUTH, M./BRÖSEL, G., Konzernrechnungslegung, S. 12 f.; KÜTING, K./WEBER, C.-P., Der Konzernabschluss, S. 325; HAYN, S./GRÜNE, M., Konzernabschluss nach IFRS, S. 1 f.

die Schuldenkonsolidierung, die Zwischenergebniseliminierung sowie die Aufwands- und Ertragskonsolidierung.[615] Während im Rahmen der Kapitalkonsolidierung die Kapitalverflechtungen zu eliminieren sind,[616] hat die Schuldenkonsolidierung die Eliminierung konzerninterner Ansprüche und Verpflichtungen zum Gegenstand.[617]

Die spezifische Aufgabe der im Rahmen dieser Untersuchung in erster Linie betrachteten **Zwischenergebniseliminierung** besteht darin, aus Konzernsicht unrealisierte, aber einzelbilanziell erfasste Erfolgsbeiträge aus konzerninternen Transaktionen[618] sowohl aus dem Wertansatz des betreffenden Vermögenswertes als auch aus dem Konzernergebnis zu beseitigen.[619] Vor dem Hintergrund der Einheitsfiktion sind konzerninterne Transaktionen aus Konzernperspektive nicht wie Transaktionen von Konzernunternehmen mit konzernexternen Dritten, sondern wie Lieferungs- und Leistungsbeziehungen zwischen **Betriebsstätten** desselben Unternehmens zu verstehen.[620] Demnach haben im Summenabschluss enthaltene Erfolgsbeiträge, die aus solchen konzerninternen Geschäftsvorfällen resultieren und deren jeweils zugrunde liegender Vermögenswert noch nicht an konzernexterne Dritte weiterveräußert wurde, aus Konzernsicht den „Wertsprung zum Absatzmarkt“[621] noch nicht geschafft.[622] Erfolgt bspw. eine konzerninterne Lieferung eines Vermögenswertes, im Zuge derer das liefernde Konzernunternehmen einzelbilanziell einen positiven Erfolgsbeitrag erfasst, befinden sich im Summenabschluss sowohl dieser aus Konzernsicht noch nicht realisierte Erfolgsbeitrag des liefernden Unternehmens als auch der um diesen Erfolgsbeitrag zu hohe Bestandswert des gelieferten Vermögenswertes des empfangenden Konzernunternehmens.[623] Umgekehrt führt ein Verlustgeschäft des liefernden Un-

---

615 Vgl. BAETGE, J./KIRSCH, H.-J./THIELE, S., Konzernbilanzen, S. 183.

616 Vgl. IFRS 10.B86 (b), sowie ausführlich zur Kapitalkonsolidierung ENGELKE, F., Kapitalkonsolidierung im mehrstufigen Konzern, S. 19–22.

617 Vgl. IFRS 10.B86 (c), sowie ausführlich zur Schuldenkonsolidierung KÜTING, K./WEBER, C.-P., Der Konzernabschluss, S. 480–505; POLLMANN, R., Schuldenkonsolidierung: Entstehung und Behandlung von Aufrechnungsdifferenzen, S. 271–276; THEILE, C., Erfolgswirksame Schuldenkonsolidierung im Konzernabschluss, S. 727–732; SCHEFFLER, E., Schuldenkonsolidierung, S. 161.

618 Konzerninterne Transaktionen, die Gegenstand der Zwischenergebniseliminierung sind, umfassen nicht nur konzerninterne Lieferungen von Vermögenswerten, sondern auch konzerninterne Leistungsbeziehungen, insoweit diese Leistungen zu einem aus Konzernsicht zu hohen oder zu niedrigen Wertansatz eines im Konzernabschluss zu aktivierenden Vermögenswertes führen. Vgl. zu den Anwendungsvoraussetzungen der Zwischenergebniseliminierung Abschnitt 521.3.

619 Vgl. LÜDENBACH, N./HOFFMANN, W.-D./FREIBERG, J., in: Lüdenbach/Hoffmann/Freiberg, Haufe IFRS-Kommentar, 17. Aufl., § 32, Rn. 142; WATRIN, C./HOEHNE, F./LAMMERT, J., in: Hennrichs/Kleindiek/Watrin, MüKo Bilanzrecht Bd. 1, IAS 27, Rn. 197; VON WYSOCKI, K./WOHLGEMUTH, M./BRÖSEL, G., Konzernrechnungslegung, S. 250.

620 Vgl. KLEIN, K.-G., in: Böcking u. a., Beck HdR, C 430, Rn. 2; KÜTING, K./WEBER, C.-P., Der Konzernabschluss, S. 133 und S. 505 f.; RUHNKE, K./SIMONS, D., Rechnungslegung nach IFRS und HGB, S. 690; HAYN, S./STRÖHER, T., in: Baetge u. a., Rechnungslegung nach IFRS, 2. Aufl., IFRS 3, Rn. 151; ORDELHEIDE, D., Konzern und Konzernerfolg, S. 497.

621 BAETGE, J./KIRSCH, H.-J./THIELE, S., Konzernbilanzen, S. 279, wenn auch im handelsrechtlichen Kontext. Vgl. hierzu auch Fn. 258.

622 Vgl. LÜDENBACH, N./HOFFMANN, W.-D./FREIBERG, J., in: Lüdenbach/Hoffmann/Freiberg, Haufe IFRS-Kommentar, 17. Aufl., § 32, Rn. 142; RUHNKE, K./SIMONS, D., Rechnungslegung nach IFRS und HGB, S. 690; VON WYSOCKI, K./WOHLGEMUTH, M./BRÖSEL, G., Konzernrechnungslegung, S. 211.

623 Vgl. BAETGE, J./KIRSCH, H.-J./THIELE, S., Konzernbilanzen, S. 279 f.; RUHNKE, K., Bestimmung der Konzernherstellungskosten, S. 377.

ternehmens zu einem nicht realisierten negativen Erfolgsbeitrag und einen um ebendiesen Erfolgsbeitrag zu niedrigen Bestandswert des gelieferten Vermögenswertes.[624] In beiden Fällen wären ohne Eliminierung demnach sowohl die Ertragslage als auch die Vermögenslage des Konzerns in Höhe der Erfolgsbeiträge aus konzerninternen Transaktionen zu positiv bzw. zu negativ dargestellt.[625]

Durch die Zwischenergebniseliminierung ist mithin sicherzustellen, dass ein Vermögenswert weder durch einen im Wertansatz enthaltenen nicht realisierten Gewinn überbewertet noch durch die Erfassung eines Zwischenverlusts unterbewertet wird,[626] sondern grundsätzlich mit seinen (fortgeführten) **Konzernanschaffungs-** oder **Konzernherstellungskosten** im Konzernabschluss bewertet wird,[627] sofern der Vermögenswert nicht der Zeitwertbilanzierung unterliegt und insoweit unrealisierte Erfolge im Wertansatz enthalten darf.[628] Obgleich das **Realisationsprinzip** nicht das übergeordnete Prinzip der Erfolgskonzeption in den IFRS ist,[629] nimmt es im Rahmen der Zwischenergebniseliminierung insofern eine zentrale Stellung ein, als es den aus Konzernsicht maßgebenden Zeitpunkt der Erfassung von Umsatzerlösen im Vergleich zum Einzelabschluss nach hinten verschiebt.[630] Ein Konzernerfolg auf Basis eines Umsatzgeschäfts ist erst dann auszuweisen, wenn das zugrunde liegende Umsatzgeschäft mit der Außenwelt des Konzerns stattgefunden hat.[631] Hierzu bedarf es gemäß IFRS 15[632] des **Kontrollübergangs**[633]

---

624 Vgl. BAETGE, J./KIRSCH, H.-J./THIELE, S., Konzernbilanzen, S. 280. Verluste aus konzerninternen Transaktionen sind allerdings ein Indikator für einen etwaigen außerplanmäßigen Abwertungsbedarf. In einem solchen Fall haben die Regelungen des IAS 36 Vorrang vor der Zwischenergebniseliminierung. Vgl. IFRS 10.B86 (c), sowie LÜDENBACH, N./HOFFMANN, W.-D./FREIBERG, J., in: Lüdenbach/Hoffmann/Freiberg, Haufe IFRS-Kommentar, 17. Aufl., § 32, Rn. 143.

625 Vgl. BAETGE, J./KIRSCH, H.-J./THIELE, S., Konzernbilanzen, S. 280.

626 Obgleich IFRS 10.B86 (c) dem Wortlaut nach lediglich auf „Gewinne oder Verluste" (*profits or losses*) abstellt (vgl. dazu kritisch HINZ, M., Konzernabschluss als Instrument zur Informationsvermittlung, S. 195), sind nicht nur solche Erfolgsbeiträge im engeren Sinne Gegenstand der Zwischenergebniseliminierung, sondern sämtliche Differenzen zwischen dem maßgebenden Einzelbilanzwert eines Vermögenswertes und seinen Konzernanschaffungs- bzw. Konzernherstellungskosten. Vgl. KÜTING, K./WEBER, C.-P., Der Konzernabschluss, S. 506 f., sowie Abschnitt 422. und Abschnitt 423.

627 Vgl. BAETGE, J./HAYN, S./STRÖHER, T., in: Baetge u. a., Rechnungslegung nach IFRS, 2. Aufl., IFRS 10, Rn. 281 f.; WATRIN, C./HOEHNE, F./LAMMERT, J., in: Hennrichs/Kleindiek/Watrin, MüKo Bilanzrecht Bd. 1, IAS 27, Rn. 197; LÜDENBACH, N., Zwischenergebniseliminierung bei der *equity*-Methode, S. 208.

628 Vgl. hierzu Fn. 660, sowie KÜTING, K./WEBER, C.-P., Der Konzernabschluss, S. 546 f.

629 Vgl. auch bereits Abschnitt 241.

630 Vgl. RUHNKE, K./SIMONS, D., Rechnungslegung nach IFRS und HGB, S. 690; WATRIN, C./HOEHNE, F./LAMMERT, J., in: Hennrichs/Kleindiek/Watrin, MüKo Bilanzrecht Bd. 1, IAS 27, Rn. 197 f.; BAETGE, J./KIRSCH, H.-J./THIELE, S., Konzernbilanzen, S. 279 f. i. V. m. S. 313; ähnlich BAETGE, J./HAYN, S./STRÖHER, T., in: Baetge u. a., Rechnungslegung nach IFRS, 2. Aufl., IFRS 10, Rn. 281 f.

631 Vgl. RUHNKE, K./SIMONS, D., Rechnungslegung nach IFRS und HGB, S. 690; LÜDENBACH, N./HOFFMANN, W.-D./FREIBERG, J., in: Lüdenbach/Hoffmann/Freiberg, Haufe IFRS-Kommentar, 17. Aufl., § 32, Rn. 142.

632 Im Rahmen dieser Arbeit wird von Geschäftsvorfällen ausgegangen, aus denen – vorbehaltlich einer etwaigen Zwischenergebniseliminierung – Umsatzerlöse im Sinne von IFRS 15 resultieren. Vgl. zur Differenzierung zwischen Ertrag, Erlös und Umsatzerlös LÜDENBACH, N./HOFFMANN, W.-D./FREIBERG, J., in: Lüdenbach/Hoffmann/Freiberg, Haufe IFRS-Kommentar, 17. Aufl., § 25, Rn. 7. Vgl. zum Anwendungsbereich von IFRS 15 IFRS 15.5, sowie KÖNIG, C., Umsatzrealisierung in der Airline-Industrie, S. 58 f.

633 Vgl. IFRS 15.31, sowie BREIDENBACH, K., Realisation von Umsatzerlösen nach IFRS 15, S. 636. In der vorliegenden Arbeit wird von einer zeitpunktbezogenen Erfüllung einer Leistungsverpflichtung ausgegangen. Vgl. zur in IFRS 15 vorgenommenen Unterscheidung zwischen zeitraum- und zeitpunktbezogener Erfüllung einer Leistungsverpflichtung bspw. KNOBLOCH, A. P./ANTON, K., Fünf-Schritte-Modell zur Umsatzrealisation, S. 1584–1587.

des Vermögenswertes von einem in den Konzernabschluss einbezogenen Unternehmen an einen konzernexternen Dritten.[634] Dabei wird deutlich, dass durch die Zwischenergebniseliminierung Erfolge, die einer solchen Eliminierung unterliegen, im Konzernabschluss lediglich **anders** als im Einzelabschluss **periodisiert** werden, wobei diese Periodisierung den auf die Konzernobergesellschaft entfallenden Teil des Konzerntotalerfolges grundsätzlich nicht beeinflussen darf.[635]

Im Rahmen der Zwischenergebniseliminierung werden indes nur die korrekturpflichtigen Posten in der Bilanz angesprochen,[636] während die Konsolidierung der mit einer konzerninternen Transaktion verbundenen Erfolgsposten Teil der **Aufwands- und Ertragskonsolidierung** ist.[637] Die allgemeine Aufgabe der Aufwands- und Ertragskonsolidierung besteht darin, sämtliche Erträge und Aufwendungen aus konzerninternen Transaktionen zu verrechnen, sodass die Gesamtergebnisrechnung des Konzerns aus Sicht der wirtschaftlichen Einheit dargestellt wird.[638] Im Zusammenhang mit konzerninternen Transaktionen, die der Zwischenergebniseliminierung unterliegen, ist folglich zum einen das Konzernergebnis korrespondierend zur diesbezüglich bilanzseitigen Korrektur um entsprechende Zwischenergebnisse zu bereinigen.[639] Zum anderen sind sämtliche mit einem solchen Geschäftsvorfall in Verbindung stehenden Umsätze (sog. Innenumsätze) oder anderweitige Erträge sowie die auf sie entfallenden Aufwendungen aus Sicht der wirtschaftlichen Einheit darzustellen, sodass bspw. die Innenumsätze umzugliedern oder mit den entsprechenden Aufwendungen zu verrechnen sind.[640] Auf die mit der Zwischenergebniseliminierung verbundene Aufwands- und Ertragskonsolidierung wird im Rahmen der Analyse stets eingegangen, insoweit sie für die Untersuchung von Bedeutung ist.

Obgleich die Notwendigkeit zur Zwischenergebniseliminierung konzeptionell aus der **Einheitsfiktion**, nach der definitorisch gemäß IFRS 10.A zunächst nur das Mutterunternehmen und

---

634 Vgl., wenn auch noch in Bezug auf IAS 18, BAETGE, J./HAYN, S./STRÖHER, T., in: Baetge u. a., Rechnungslegung nach IFRS, 2. Aufl., IFRS 10, Rn. 282; WATRIN, C./HOEHNE, F./LAMMERT, J., in: Hennrichs/Kleindiek/Watrin, MüKo Bilanzrecht Bd. 1, IAS 27, Rn. 198; WASCHBUSCH, G./STEINER, C., Grundlagen der Zwischenergebniseliminierung nach IFRS, S. 365.

635 Vgl. WOHLGEMUTH, M., in: Schulze-Osterloh/Hennrichs/Wüstemann, HdJ, Abt. V/5, Rn. 2. Vgl. zum konzernspezifischen Kongruenzprinzip Abschnitt 242.

636 Vgl. BAETGE, J./KIRSCH, H.-J./THIELE, S., Konzernbilanzen, S. 280 f.

637 Vgl. ZÜLCH, H./HENDLER, M., Bilanzierung nach IFRS, S. 652.

638 Vgl. BAETGE, J./HAYN, S./STRÖHER, T., in: Baetge u. a., Rechnungslegung nach IFRS, 2. Aufl., IFRS 10, Rn. 290; SENGER, T./DIERSCH, U., in: Driesch u. a., Beck IFRS HB, 5. Aufl., § 35, Rn. 100; LÜDENBACH, N./HOFFMANN, W.-D./FREIBERG, J., in: Lüdenbach/Hoffmann/Freiberg, Haufe IFRS-Kommentar, 17. Aufl., § 32, Rn. 140; ZÜLCH, H./HENDLER, M., Bilanzierung nach IFRS, S. 658; WASCHBUSCH, G./STEINER, C., Grundlagen der Zwischenergebniseliminierung nach IFRS, S. 364.

639 Vgl. BAETGE, J./KIRSCH, H.-J./THIELE, S., Konzernbilanzen, S. 280 f.

640 Die konkrete Vorgehensweise hängt dabei davon ab, ob die Gewinn- und Verlustrechnung nach dem Umsatzkosten- oder dem Gesamtkostenverfahren aufgestellt wird. Vgl. EBELING, R. M., in: Baetge/Kirsch/Thiele, Bilanzrecht, § 305 HGB, Rn. 21 i. V. m. Rn. 511; PELLENS, B. U. A., Internationale Rechnungslegung, S. 899–902. Vgl. zur Unterscheidung zwischen diesen Verfahren SCHLÜTER, J./SCHÖNHOFER, C., in: Driesch u. a., Beck IFRS HB, 5. Aufl., § 15, Rn. 94–97.

seine Tochterunternehmen so darzustellen sind, als handele es sich um ein einziges Unternehmen (sog. **wirtschaftliche Einheit**[641]),[642] abgeleitet wird,[643] ist diese Konsolidierungsmaßnahme nicht auf Transaktionen zwischen vollkonsolidierten Konzernunternehmen begrenzt. Vielmehr ist ebenfalls bei Transaktionen sowohl zwischen einem vollkonsolidierten Unternehmen und einer anteilig einbezogenen gemeinschaftlichen Tätigkeit als auch zwischen einem vollkonsolidierten Unternehmen und einem nach der Equity-Methode einbezogenen assoziierten Unternehmen oder Gemeinschaftsunternehmen eine – allerdings nur quotale – Zwischenergebniseliminierung vorzunehmen.[644] Es wird daher ein zentraler Aspekt der Untersuchung in den Abschnitten 53 und 54 sein, die aus der Einheitsfiktion abgeleitete Idee, dass konzerninterne Transaktionen wie Geschäfte zwischen Betriebsstätten desselben Unternehmens zu behandeln sind, auf die Anwendung der Zwischenergebniseliminierung im Rahmen der anteiligen Einbeziehung und der Equity-Methode möglichst sachgerecht zu übertragen. Bei der im Folgenden zu erläuternden Vorgehensweise der Zwischenergebniseliminierung wird wiederum allgemein von vollkonsolidierten Konzernunternehmen ausgegangen. Die Besonderheiten im Rahmen der anteiligen Einbeziehung und der Equity-Methode werden an entsprechender Stelle in der Analyse aufgegriffen.[645]

42 Grundsätzliche Vorgehensweise bei der Zwischenergebniseliminierung

421. Vorbemerkungen

Da sich der Umfang eines zu eliminierenden Zwischenergebnisses **indirekt** aus dem Vergleich des aus Einzelunternehmenssicht maßgebenden Wertansatzes eines mit einer konzerninternen Transaktion in Zusammenhang stehenden Vermögenswertes mit seinem aus Konzernsicht maßgebenden Wertansatz ableitet,[646] bedarf es zunächst der Ermittlung dieser gegenüberzustellenden Wertgrößen. Die Durchführung der Zwischenergebniseliminierung erfolgt dabei typisiert **in vier Arbeitsschritten**:[647]

(1) Ermittlung der Bestände aus konzerninternen Transaktionen;

(2) Ermittlung der maßgebenden Einzelbilanzwerte;

---

641 Vgl. EWELT-KNAUER, C., Der Konzernabschluss, S. 39–43; KLOSE, N.-C., Kapitalkonsolidierungs- und Bewertungsmethoden, S. 54.

642 Vgl. BAETGE, J./HAYN, S./STRÖHER, T., in: Baetge u. a., Rechnungslegung nach IFRS, 2. Aufl., IFRS 10, Rn. 31.

643 Vgl. KÜTING, K./WEBER, C.-P., Der Konzernabschluss, S. 286 f. und S. 505–507; VON WYSOCKI, K./WOHLGEMUTH, M./BRÖSEL, G., Konzernrechnungslegung, S. 211 i. V. m. S. 255; SENGER, T./DIERSCH, U., in: Driesch u. a., Beck IFRS HB, 5. Aufl., § 35, Rn. 106; BAETGE, J./HAYN, S./STRÖHER, T., in: Baetge u. a., Rechnungslegung nach IFRS, 2. Aufl., IFRS 10, Rn. 287.

644 Vgl. IFRS 11.B34–B37; IAS 28.28 f.

645 Vgl. Abschnitt 531.2 und Abschnitt 541.2, sowie zu den Besonderheiten bei der Ermittlung der Konzernanschaffungs- bzw. Konzernherstellungskosten im Rahmen der quotalen Zwischenergebniseliminierung Abschnitt 532.221.

646 Vgl. SCHILDBACH, T./FELDHOFF, P., Konzernabschluss, S. 227 i. V. m. S. 248.

647 Vgl., wenn auch im handelsrechtlichen Kontext, ADS, 6. Aufl., § 304 HGB, Rn. 57; FISCHER, T. M./HALLER, A., in: Schmidt/Ebke, MüKo HGB, 3. Aufl., § 304 HGB, Rn. 41; EBELING, R. M., in: Baetge/Kirsch/Thiele, Bilanzrecht, § 304 HGB, Rn. 47.

(3) Ermittlung der maßgebenden Konzernbilanzwerte;

(4) Ermittlung und Eliminierung der Zwischenergebnisse.

In einem ersten Schritt sind diejenigen Vermögenswerte zu identifizieren, die ganz oder teilweise auf konzerninternen Geschäftsvorfällen beruhen (sog. **Konzernbestände**).[648] Hierbei ist zwischen individueller und pauschaler Ermittlung zu unterscheiden.[649] Bei der individuellen Ermittlung werden Vermögenswerte, die Gegenstand einer konzerninternen Transaktion waren, einzeln identifiziert.[650] Diese individuelle Ermittlung setzt voraus, dass die Konzernbestände eindeutig von den Beständen, die auf Transaktionen mit konzernexternen Dritten beruhen, abgegrenzt werden können.[651] Sofern eine solche Abgrenzung hingegen nicht möglich ist, weil bspw. homogene Produkte, die sowohl von anderen Konzernunternehmen als auch von konzernexternen Unternehmen bezogen werden, gemischt gelagert werden, ist eine pauschale Ermittlung der Konzernbestände vorzunehmen.[652] In diesem Fall, auf den im Folgenden nicht weiter eingegangen wird, ist der Konzernanteil an den Beständen regelmäßig mithilfe von Vereinfachungsverfahren zu schätzen.[653]

Die Schritte zwei und drei der Durchführung der Zwischenergebniseliminierung werden im folgenden Abschnitt 422. beschrieben. Der vierte Schritt ist anschließend Gegenstand von Abschnitt 423.

422. Ermittlung der maßgebenden Wertansätze

In einem zweiten Schritt sind die maßgebenden **Einzelbilanzwerte** der identifizierten Vermögenswerte der IFRS-Bilanz II desjenigen Konzernunternehmens zu entnehmen, das den Vermögenswert zum Bilanzstichtag hält.[654] Die IFRS-Bilanz II ist Bestandteil des grundsätzlich zum Bilanzstichtag[655] des Mutterunternehmens aufgestellten, an die konzerneinheitlichen An-

---

648 Vgl. KÜTING, K./WEBER, C.-P., Der Konzernabschluss, S. 508 f.

649 Vgl. KÜTING, K./WEBER, C.-P., Der Konzernabschluss, S. 509.

650 Vgl. KÜTING, K./WEBER, C.-P., Der Konzernabschluss, S. 509.

651 Vgl. PETERSEN, K./BANSBACH, F./DORNBACH, E., IFRS Praxishandbuch, S. 574. Dies erfolgt bspw. durch eine getrennte Lagerung oder durch entsprechende Kennzeichnungen der betroffenen Vermögenswerte. Vgl. ADS, 6. Aufl., § 304 HGB, Rn. 59.

652 Vgl. WOHLGEMUTH, M., in: Schulze-Osterloh/Hennrichs/Wüstemann, HdJ, Abt. V/5, Rn. 70.

653 Vgl. KÜTING, K./WEBER, C.-P., Der Konzernabschluss, S. 509 f., sowie weiterführend bspw. WOHLGEMUTH, M., in: Schulze-Osterloh/Hennrichs/Wüstemann, HdJ, Abt. V/5, Rn. 64–88; SENGER, T./DIERSCH, U., in: Driesch u. a., Beck IFRS HB, 5. Aufl., § 35, Rn. 108–112. Vor allem in Bezug auf das Vorratsvermögen werden die Konzernbestände oftmals pauschal ermittelt. Vgl. KÜTING, K./WEBER, C.-P., Der Konzernabschluss, S. 509. Als Vereinfachungsverfahren kommen dabei gemäß IAS 2.25 nur die Durchschnittsmethode oder das Fifo-Verfahren infrage. Vgl. zu diesen Verfahren allgemein BARTLE, G. A./JACOBS, O. H./KUGEL, T., in: Baetge u. a., Rechnungslegung nach IFRS, 2. Aufl., IAS 2, Rn. 85 f.

654 Vgl., wenn auch im handelsrechtlichen Kontext, FISCHER, T. M./HALLER, A., in: Schmidt/Ebke, MüKo HGB, 3. Aufl., § 304 HGB, Rn. 47. Werden die Werte der IFRS-Bilanz II mithilfe von Verbrauchsfolgeverfahren ermittelt, erfolgen die Ermittlung der Konzernbestände sowie der Einzelbilanzwerte zweckmäßigerweise in einem Rechenvorgang. Vgl. WEBER, H., in: Küting/Weber, HdK, 2. Aufl., § 304 HGB, Rn. 80.

655 Vgl. zur Zwischenergebniseliminierung im Kontext unterschiedlicher Abschlussstichtage WOHLGEMUTH, M., in: Schulze-Osterloh/Hennrichs/Wüstemann, HdJ, Abt. V/5, Rn. 163–166.

satz-, Bewertungs- und Ausweismethoden angepassten und ggf. in die Konzernwährung umgerechneten Jahresabschlusses eines Konzernunternehmens.[656] Dabei wird die Höhe des Einzelbilanzwertes eines Vermögenswertes, der Gegenstand einer konzerninternen Transaktion ist, in der IFRS-Bilanz II regelmäßig durch Konzernverrechnungspreise[657] bestimmt.[658]

Anschließend sind in einem dritten Schritt die aus Konzernsicht maßgebenden Wertansätze zu ermitteln. Dies sind grundsätzlich die **(fortgeführten) Konzernanschaffungskosten** für diejenigen Vermögenswerte, die ein Konzernunternehmen ursprünglich von einem konzernexternen Dritten erworben hat, während die **(fortgeführten) Konzernherstellungskosten** regelmäßig den maßgebenden Bewertungsmaßstab für innerhalb des Konzernverbundes hergestellte Vermögenswerte bilden.[659] Bei bestimmten Arten von Vermögenswerten kann an die Stelle dieser Bewertungsmaßstäbe auch der beizulegende Zeitwert treten,[660] der jedoch als maßgeblicher Bewertungsmaßstab für einen Vermögenswert, dessen Wertansatz der Zwischenergebniseliminierung unterliegt, nicht Gegenstand der weiteren Untersuchung ist.

Anschaffungs- und Herstellungskosten (*historical cost*) werden zunächst im *Conceptual Framework* allgemein als derjenige Betrag definiert, der für den Erwerb oder für die Herstellung eines Vermögenswertes einschließlich etwaiger Transaktionskosten hingegeben wurde.[661] Diese allgemeine Definition wird in den jeweiligen Einzelstandards konkretisiert.[662] Dies erfolgt sowohl postenspezifisch, bspw. für Vorräte in IAS 2 oder Sachanlagen in IAS 16, als auch postenübergreifend, bspw. zur Einbeziehung von Fremdkapitalkosten in IAS 23[663].[664] Die

656 Vgl. IFRS 10.19 i. V. m. IFRS 10.B87 und IFRS 10.B92 f., sowie BAETGE, J./HAYN, S./STRÖHER, T., in: Baetge u. a., Rechnungslegung nach IFRS, 2. Aufl., IFRS 10, Rn. 236–247. Vgl. zur Vereinheitlichung auch bereits Fn. 608.

657 Vgl. zu Verrechnungspreisen in der internen Unternehmensrechnung ausführlich EWERT, R./WAGENHOFER, A., Interne Unternehmensrechnung, S. 565–632.

658 Vgl., wenn auch im handelsrechtlichen Kontext, DUSEMOND, M., Konzernanschaffungs- und Konzernherstellungskosten, S. 323.

659 Vgl. WATRIN, C./HOEHNE, F./LAMMERT, J., in: Hennrichs/Kleindiek/Watrin, MüKo Bilanzrecht Bd. 1, IAS 27, Rn. 201 i. V. m. Rn. 209 f.

660 Sofern das Neubewertungsmodell nach IAS 16 bzw. IAS 38 auf einen konzernintern gelieferten Vermögenswert angewendet wird, ist regelmäßig keine Korrektur des Wertansatzes des gelieferten Vermögenswertes um ein Zwischenergebnis notwendig, wenn er zu seinem beizulegenden Zeitwert veräußert wurde. Wenn in diesem Fall dieser Vermögenswert einzelbilanziell zuvor nicht in Höhe seines beizulegenden Zeitwertes bewertet war, kann der aus der Veräußerung resultierende Gewinn oder Verlust direkt mit der Neubewertungsrücklage verrechnet werden. Zudem sind bislang in der Neubewertungsrücklage erfasste Beträge, die im Zuge der Veräußerung des Vermögenswertes einzelbilanziell innerhalb des Eigenkapitals, bspw. in die Gewinnrücklagen, umgegliedert wurden (vgl. IAS 16.41 bzw. IAS 38.87), weiterhin in der Neubewertungsrücklage des Konzerns fortzuführen, sodass diese Umgliederung zu stornieren ist. Wird ein Vermögenswert bspw. gemäß IAS 40, IAS 41 oder IFRS 9 zum beizulegenden Zeitwert bewertet, wird regelmäßig keine bilanzseitige Konsolidierungsbuchung notwendig sein. Allerdings ist im Rahmen der Aufwands- und Ertragskonsolidierung das Veräußerungsgeschäft zu stornieren oder ggf. in eine Umbewertung zu transformieren. Vgl. zur Zwischenergebniseliminierung im Rahmen der Fair Value-Bewertung auch KÜTING, K./WEBER, C.-P., Der Konzernabschluss, S. 546 f.; EBELING, R. M., in: Baetge/Kirsch/Thiele, Bilanzrecht, § 304 HGB, Rn. 515 f.

661 Vgl. CF.6.5.

662 Vgl. WOHLGEMUTH, M./RADDE, J., in: Böcking u. a., Beck HdR, B 162, Rn. 141.

663 Vgl. hierzu DE LA PAIX, G./REINHOLDT, A., Aktivierung von Fremdkapitalkosten nach IAS 23, S. 359–362.

664 Vgl. WOHLGEMUTH, M./RADDE, J., Anschaffungskosten nach HGB und IAS, S. 906.

(fortgeführten) Konzernanschaffungs- und Konzernherstellungskosten eines Vermögenswertes werden prinzipiell analog zu den Anschaffungs- und Herstellungskosten auf Einzelabschlussebene bestimmt, d. h. nach den Vorschriften des oder der für den jeweiligen Vermögenswert einschlägigen Standards, allerdings ist hierbei die **Perspektive des Konzerns** einzunehmen.[665] Dabei können die Konzernanschaffungs- und Konzernherstellungskosten entweder originär, d. h. unmittelbar aus Konzernsicht, oder derivativ, d. h. ausgehend von den auf Einzelabschlussebene bestimmten Werten, ermittelt werden.[666]

Die **Anschaffungskosten** (*costs of purchase*) stellen in den IFRS grundsätzlich[667] den Bewertungsmaßstab für erworbene Vermögenswerte zum Zugangszeitpunkt dar.[668] Wie auch aus der im Rahmenkonzept enthaltenen Definition der *historical cost* abgeleitet werden kann, fußt die Zugangsbewertung der IFRS dabei im Grundsatz auf dem „Prinzip der Maßgeblichkeit der Gegenleistung“[669], d. h., die Anschaffungskosten eines erworbenen Vermögenswertes bestimmen sich anhand des Wertes der erbrachten Gegenleistung des Erwerbers zum Erwerbszeitpunkt.[670] Der konkrete Umfang der Anschaffungskosten lässt sich bspw. aus den Vorschriften in IAS 2, IAS 16 und IAS 38 entnehmen.[671] Hiernach umfassen die Anschaffungskosten im Allgemeinen

---

665 Vgl. PELLENS, B. U. A., Internationale Rechnungslegung, S. 901.

666 Bei der derivativen Ermittlung ist weiterhin zu unterscheiden, ob von den Anschaffungs- oder Herstellungskosten des liefernden oder leistenden Unternehmens (sog. progressive Ermittlung) oder von dem diese Lieferung oder Leistung empfangenden Unternehmen (sog. retrograde Ermittlung) ausgegangen wird. Alle Methoden führen jedoch (theoretisch) zum gleichen Ergebnis. Vgl. EBELING, R. M., in: Baetge/Kirsch/Thiele, Bilanzrecht, § 304 HGB, Rn. 31 i. V. m. Rn. 512. Vgl. ausführlich zu den Ermittlungsmethoden der Konzernanschaffungs- sowie der Konzernherstellungskosten, wenn auch im handelsrechtlichen Kontext, DUSEMOND, M., Konzernanschaffungs- und Konzernherstellungskosten, S. 133–157 und S. 172–227.

667 Nach IFRS 9 zu bilanzierende finanzielle Vermögenswerte sind hingegen zum Zugangszeitpunkt mit ihrem beizulegenden Zeitwert, ggf. zuzüglich oder abzüglich dem Erwerb direkt zurechenbaren Transaktionskosten, zu bewerten. Vgl. IFRS 9.5.1.1. Der beizulegende Zeitwert entspricht zum Zeitpunkt der erstmaligen Erfassung allerdings regelmäßig dem Transaktionspreis, d. h. grundsätzlich den Anschaffungskosten. Vgl. IFRS 9.B5.1.1. Darüber hinaus sind auch biologische Vermögenswerte beim erstmaligen Ansatz vorbehaltlich einer Verlässlichkeitsausnahme zum beizulegenden Zeitwert abzüglich Veräußerungskosten zu bewerten. Vgl. IAS 41.12 i. V. m. IAS 41.30, sowie PIER, C., Bilanzierung landwirtschaftlicher Vermögenswerte nach IAS 41, S. 69 f.

668 Vgl. bspw. IAS 2.10; IAS 16.15; IAS 38.24; IAS 40.20, sowie KAHLE, H./SCHULZ, S., in: Baetge/Kirsch/Thiele, Bilanzrecht, § 255 HGB, Rn. 511; WAWRZINEK, W./LÜBBIG, M., in: Driesch u. a., Beck IFRS HB, 5. Aufl., § 2, Rn. 157.

669 WOHLGEMUTH, M./RADDE, J., Anschaffungskosten nach HGB und IAS, S. 906.

670 Vgl., wenn auch in Bezug auf das *Framework* (1989), WOHLGEMUTH, M./RADDE, J., Anschaffungskosten nach HGB und IAS, S. 906; KAHLE, H./SCHULZ, S., in: Baetge/Kirsch/Thiele, Bilanzrecht, § 255 HGB, Rn. 511. Sofern Vermögenswerte im Rahmen eines Tausches gegen nicht-monetäre Vermögenswerte erworben werden, sind die Anschaffungskosten des erworbenen Vermögenswertes grundsätzlich anhand des beizulegenden Zeitwertes des hingegebenen Vermögenswertes zu bestimmen oder – falls dieser verlässlicher ermittelbar ist – auf Basis des beizulegenden Zeitwertes des erhaltenen Vermögenswertes. Vgl. IAS 16.24–26; IAS 38.45–47, sowie RIESE, J./KURZ, L., in: Driesch u. a., Beck IFRS HB, 5. Aufl., § 8, Rn. 28; LÜDENBACH, N./HOFFMANN, W.-D./FREIBERG, J., in: Lüdenbach/Hoffmann/Freiberg, Haufe IFRS-Kommentar, 17. Aufl., § 17, Rn. 23.

671 Vgl., KAHLE, H./SCHULZ, S., in: Baetge/Kirsch/Thiele, Bilanzrecht, § 255 HGB, Rn. 517; PETERSEN, K./BANSBACH, F./DORNBACH, E., IFRS Praxishandbuch, S. 54 f. Vgl. zu Besonderheiten bei den Anschaffungskosten von Sachanlagen im Vergleich zu Vorräten LÜDENBACH, N./HOFFMANN, W.-D./FREIBERG, J., in: Lüdenbach/Hoffmann/Freiberg, Haufe IFRS-Kommentar, 17. Aufl., § 14, Rn. 12. Vgl. für einen umfassenden Überblick über die Anschaffungskosten nach IFRS WOHLGEMUTH, M., in: Schulze-Osterloh/Hennrichs/Wüstemann, HdJ, Abt. I/9, Rn. 98–163; KAHLE, H./SCHULZ, S., in: Baetge/Kirsch/Thiele, Bilanzrecht, § 255 HGB, Rn. 511–580.

den Anschaffungspreis[672], die Anschaffungsnebenkosten[673] sowie nachträgliche Anschaffungskosten[674] abzüglich von Anschaffungspreisminderungen[675].[676] Um die **Konzernanschaffungskosten** zu ermitteln, sind diese Bestandteile der Anschaffungskosten **konzernspezifisch** auszulegen.[677] Ausgehend von den Anschaffungskosten desjenigen Konzernunternehmens, das den Vermögenswert von einem konzernexternen Dritten erworben hat, kommen sowohl Anschaffungskostenminderungen als auch -mehrungen infrage.[678] Eine **Anschaffungskostenminderung** ist vorzunehmen, wenn die einzelbilanziellen Anschaffungskosten Bestandteile enthalten, die zwar aus Einzelunternehmenssicht, jedoch nicht aus Konzernperspektive Anschaffungskosten darstellen.[679] Ein Beispiel hierfür sind im Einzelabschluss des empfangenden Unternehmens als Anschaffungsnebenkosten aktivierte Transportkosten im Rahmen des konzerninternen Erwerbs einer gebrauchten Maschine, die jedoch im Konzernabschluss nicht aktivierungsfähig sind, da der Transport aus Konzernsicht lediglich als Lieferung einer betriebsbereiten Maschine zwischen Betriebsstätten zu interpretieren ist, nicht aber zur Herstellung der Betriebsbereitschaft gedient hat.[680] Umgekehrt sind **Anschaffungskostenmehrungen** angezeigt, wenn Ausgaben zwar aus Einzelunternehmenssicht keine Anschaffungskosten darstellen, sehr wohl aber aus Konzernperspektive unter diesen zu subsumieren sind.[681] Dies betrifft bspw. Vertriebskosten von Vorräten, die zwar gemäß IAS 2.16 (d) nicht in die Anschaffungskosten einzubeziehen sind, aus Konzernsicht allerdings aktivierungspflichtige Transportkosten darstellen (können), sofern die konzerninterne Lieferung dazu dient, die Vermögenswerte an ihren Bestimmungsort zu bringen.[682]

---

672 Vgl. IAS 2.11; IAS 16.16 (a); IAS 38.27 (a). Hierunter werden auch Einfuhrzölle und nicht erstattungsfähige Umsatzsteuern subsumiert.

673 Vgl. IAS 2.11; IAS 16.16 (b); IAS 38.27 (b). Gemäß IAS 16.16 (b) sind Anschaffungsnebenkosten direkt zurechenbare Kosten, die angefallen sind, um den Vermögenswert zu dem gewünschten Standort zu bringen und in den vom Management beabsichtigten, betriebsbereiten Zustand zu versetzen. Vgl. für konkrete Beispiele IAS 16.17 und IAS 38.28.

674 Vgl. IAS 16.12–14; IAS 38.18.

675 Vgl. IAS 2.11; IAS 16.16 (a); IAS 38.27 (a). Hierzu zählen Rabatte, Boni und Skonti.

676 Vgl. WOHLGEMUTH, M./RADDE, J., Anschaffungskosten nach HGB und IAS, S. 906 f.; KAHLE, H./SCHULZ, S., in: Baetge/Kirsch/Thiele, Bilanzrecht, § 255 HGB, Rn. 517; WAWRZINEK, W./LÜBBIG, M., in: Driesch u. a., Beck IFRS HB, 5. Aufl., § 2, Rn. 162; KÜTING, K./CASSEL, J., Anschaffungs- und Herstellungskosten, S. 285. Eine Besonderheit besteht bei der Bewertung von Sachanlagen, wonach gemäß IAS 16.16 (c) zum Zugangszeitpunkt einer Sachanlage die geschätzten Kosten für den Abbruch und die Beseitigung der Sachanlage sowie etwaige Rekultivierungskosten des Standortes, an dem sie sich befindet, in die Anschaffungskosten (oder Herstellungskosten) einzubeziehen sind, sofern sich das Unternehmen dieser Kosten nicht entziehen werden kann und sie nicht im Rahmen der Herstellung von Vorräten entstanden sind. Korrespondierend dazu ist eine Rückstellung nach IAS 37 anzusetzen. Vgl. PELLENS, B. U. A., Internationale Rechnungslegung, S. 425 f.

677 Vgl., wenn auch im handelsrechtlichen Kontext, BAETGE, J./KIRSCH, H.-J./THIELE, S., Konzernbilanzen, S. 297.

678 Vgl. KÜTING, K./WEBER, C.-P., Der Konzernabschluss, S. 512.

679 Vgl. KÜTING, K./WEBER, C.-P., Der Konzernabschluss, S. 512.

680 Vgl. KÜTING, K./WEBER, C.-P., Der Konzernabschluss, S. 512; LÜDENBACH, N./HOFFMANN, W.-D./FREIBERG, J., in: Lüdenbach/Hoffmann/Freiberg, Haufe IFRS-Kommentar, 17. Aufl., § 32, Rn. 142.

681 Vgl. PETERSEN, K./BANSBACH, F./DORNBACH, E., IFRS Praxishandbuch, S. 574.

682 Vgl. WOHLGEMUTH, M., in: Schulze-Osterloh/Hennrichs/Wüstemann, HdJ, Abt. V/5, Rn. 32.

Die zentralen Vorschriften zur Bestimmung der **Herstellungskosten** (*costs of conversion*) finden sich in IAS 2.[683] Gemäß IAS 2.10 umfassen die Herstellungskosten allgemein sämtliche Kosten des Herstellungsvorganges sowie alle übrigen Kosten, die angefallen sind, um den Vermögenswert an seinen Einsatz- oder Lagerort zu bringen und ihn in seinen derzeitigen Zustand zu versetzen.[684] Diese Kosten umfassen die direkt zurechenbaren Material- und Fertigungseinzelkosten, anteilige variable und fixe Produktionsgemeinkosten in angemessener Höhe[685] sowie ggf. sonstige Kosten.[686] Dieser produktionsbezogene Vollkostenansatz des IAS 2 kann als Ausfluss des *matching principle* verstanden werden.[687] So sind die aktivierten Herstellungskosten von Vorräten grundsätzlich erst dann als Aufwand in der Gesamtergebnisrechnung zu erfassen, wenn die damit verbundenen Erlöse vereinnahmt werden, d. h., wenn der entsprechende Vermögenswert veräußert wird.[688]

Analog zur Bestimmung der Konzernanschaffungskosten sind die Komponenten der Herstellungskosten ebenfalls **konzernspezifisch** auszulegen, um die **Konzernherstellungskosten** zu ermitteln. Ausgehend von den Herstellungskosten desjenigen Konzernunternehmens, das den

683 Vgl. WOHLGEMUTH, M., in: Schulze-Osterloh/Hennrichs/Wüstemann, HdJ, Abt. I/10, Rn. 199; GROTTEL, B./PASTOR, C., in: Förschle u. a., Beck Bilanzkomm., 9. Aufl., § 255 HGB, Rn. 585; implizit OESTREICHER, A., in: Böcking u. a., Beck HdR, B 163, Rn. 137. IAS 16 und IAS 38 enthalten zwar spezifische Vorschriften zur Bestimmung der Herstellungskosten von selbst hergestellten Sachanlagen bzw. selbst geschaffenen immateriellen Vermögenswerten. Vgl. IAS 16.16–22; IAS 38.65–67. Diese entsprechen jedoch im Grundsatz den Vorschriften nach IAS 2. Vgl. WOHLGEMUTH, M., in: Schulze-Osterloh/Hennrichs/Wüstemann, HdJ, Abt. I/10, Rn. 199. Abweichend von den Vorschriften des IAS 2 sind zum Beispiel landwirtschaftliche Erzeugnisse, die von biologischen Vermögenswerten des bilanzierenden Unternehmens geerntet werden, zum Zeitpunkt der Ernte mit dem beizulegenden Zeitwert abzüglich der geschätzten Veräußerungskosten als fingierte Anschaffungs- oder Herstellungskosten zu bewerten. Vgl. IAS 41.13. Eine weitere Besonderheit bilden langfristige Fertigungsaufträge, im Rahmen derer eine fertigungsbegleitende Umsatzerfassung erfolgt. Vgl. hierzu FISCHER, D. T., Fertigungsaufträge nach IFRS 15, S. 253 f., sowie zur Zwischenergebniseliminierung im Kontext von Fertigungsaufträgen BOHNEFELD, S./EBELING, R. M., Fertigungsaufträge im Konzernabschluss (Teil 1), S. 255–259. Vgl. für einen umfassenden Überblick über die Herstellungskosten nach IFRS WOHLGEMUTH, M., in: Schulze-Osterloh/Hennrichs/Wüstemann, HdJ, Abt. I/10, Rn. 198–255; KAHLE, H./SCHULZ, S., in: Baetge/Kirsch/Thiele, Bilanzrecht, § 255 HGB, Rn. 591–636.

684 Vgl. auch RIESE, J./KURZ, L., in: Driesch u. a., Beck IFRS HB, 5. Aufl., § 8, Rn. 31; LÜDENBACH, N./HOFFMANN, W.-D./FREIBERG, J., in: Lüdenbach/Hoffmann/Freiberg, Haufe IFRS-Kommentar, 17. Aufl., § 17, Rn. 39.

685 Vgl. zum sog. Prinzip der Angemessenheit KÜTING, K./HARTH, H.-J., Herstellungskosten von Inventories, S. 2344 f.; KAHLE, H./SCHULZ, S., in: Baetge/Kirsch/Thiele, Bilanzrecht, § 255 HGB, Rn. 603; WOHLGEMUTH, M., in: Schulze-Osterloh/Hennrichs/Wüstemann, HdJ, Abt. I/10, Rn. 233–241.

686 Vgl. IAS 2.12–15, sowie ausführlich BARTLE, G. A./JACOBS, O. H./KUGEL, T., in: Baetge u. a., Rechnungslegung nach IFRS, 2. Aufl., IAS 2, Rn. 43–65.

687 Vgl. KÜTING, K./HARTH, H.-J., Herstellungskosten von Inventories, S. 2343 f.; RIESE, J./KURZ, L., in: Driesch u. a., Beck IFRS HB, 5. Aufl., § 8, Rn. 34; implizit LÜDENBACH, N./HOFFMANN, W.-D./FREIBERG, J., in: Lüdenbach/Hoffmann/Freiberg, Haufe IFRS-Kommentar, 17. Aufl., § 17, Rn. 2; BARTLE, G. A./JACOBS, O. H./KUGEL, T., in: Baetge u. a., Rechnungslegung nach IFRS, 2. Aufl., IAS 2, Rn. 1. Vgl. zum *matching principle* Abschnitt 241.

688 Selbiges gilt für die Anschaffungskosten von Vorräten. Vgl. IAS 2.34, sowie LÜDENBACH, N./HOFFMANN, W.-D./FREIBERG, J., in: Lüdenbach/Hoffmann/Freiberg, Haufe IFRS-Kommentar, 17. Aufl., § 17, Rn. 2. Ausgenommen davon sind die unmittelbar als Aufwand zu erfassenden Abwertungen auf den Nettoveräußerungswert sowie alle Verluste bei den Vorräten. Vgl. IAS 2.34. Sofern Vorräte bspw. als Teil einer selbst hergestellten Sachanlage verwendet werden, erfolgt die Aufwandserfassung im Wege der Abschreibung über die entsprechende Nutzungsdauer dieser Sachanlage. Vgl. IAS 2.35.

Vermögenswert hergestellt hat,[689] sind diese Herstellungskosten um etwaige Herstellungskostenminderungen und -mehrungen zu korrigieren.[690] Typische **Herstellungskostenminderungen** betreffen konzernintern geleistete Lizenzgebühren, Miet- oder Pachtzahlungen, die aus Sicht des zahlenden Konzernunternehmens als Bestandteil der Herstellungskosten gelten können und insofern aktivierungspflichtig sind, aus Konzernsicht jedoch zu eliminieren sind.[691] Unter **Herstellungskostenmehrungen** fallen regelmäßig – wie schon bei den Anschaffungskostenmehrungen – Vertriebskosten, die aus Sicht eines liefernden Unternehmens nicht Teil der Herstellungskosten sind, gleichwohl aus Konzernsicht aktivierungspflichtige, innerbetriebliche Kosten der Fertigung sein können.[692]

423. Ermittlung und Eliminierung des Zwischenergebnisses

Sind die aus konzerninternen Geschäftsvorfällen stammenden Konzernbestände sowie deren vorangehend erläuterten maßgebenden Wertgrößen bekannt, ergibt sich das zu eliminierende Zwischenergebnis eines Vermögenswertes in einem vierten Schritt schließlich durch die Gegenüberstellung seines aus der IFRS-Bilanz II in die Summenbilanz übernommenen (fortgeführten) Einzelabschlusswertes mit seinen (fortgeführten) Konzernanschaffungs- oder Konzernherstellungskosten.[693] Sofern der Einzelabschlusswert des Vermögenswertes seinen aus Konzernsicht maßgebenden Wert übersteigt, sind in Höhe dieser positiven Differenz (sog. **Zwischengewinn**) im **Entstehungsjahr**, d. h. in der Berichtsperiode, in der die konzerninterne Transaktion stattgefunden hat, der Wertansatz des entsprechenden Vermögenswertes sowie das Konzernergebnis mittels einer **erfolgswirksamen** Konsolidierungsbuchung zu mindern.[694] Umgekehrt sind bei einer negativen Differenz (sog. **Zwischenverlust**) der Wertansatz des be-

---

[689] Die infolge der konzerninternen Transaktion aktivierten Anschaffungskosten des empfangenden Unternehmens werden insoweit (implizit) durch die Herstellungskosten ersetzt. Vgl., wenn auch im handelsrechtlichen Kontext, EBELING, R. M., in: Baetge/Kirsch/Thiele, Bilanzrecht, § 304 HGB, Rn. 35. Die Herstellung kann auch durch mehrere Konzernunternehmen erfolgen. In diesem Fall sind die jeweils angefallenen Herstellungskosten zu addieren. Vgl. KÜTING, K./WEBER, C.-P., Der Konzernabschluss, S. 515.

[690] Vgl. KÜTING, K./WEBER, C.-P., Der Konzernabschluss, S. 515; PETERSEN, K./BANSBACH, F./DORNBACH, E., IFRS Praxishandbuch, S. 575.

[691] Vgl., wenn auch im handelsrechtlichen Kontext, WOHLGEMUTH, M., in: Schulze-Osterloh/Hennrichs/Wüstemann, HdJ, Abt. V/5, Rn. 45; EBELING, R. M., in: Baetge/Kirsch/Thiele, Bilanzrecht, § 304 HGB, Rn. 37. Unter Umständen sind solche Aufwendungen jedoch aus Konzernsicht in (zum Teil) aktivierungspflichtige Bestandteile, bspw. Abschreibungen, umzuqualifizieren. Vgl. für ein Beispiel im Kontext von Mietzahlungen HARMS, J. E./KÜTING, K., Eliminierung von Zwischenverlusten, S. 1892.

[692] Vgl., wenn auch im handelsrechtlichen Kontext, BAETGE, J./KIRSCH, H.-J./THIELE, S., Konzernbilanzen, S. 300.

[693] Vgl. WATRIN, C./HOEHNE, F./LAMMERT, J., in: Hennrichs/Kleindiek/Watrin, MüKo Bilanzrecht Bd. 1, IAS 27, Rn. 212. In der Praxis wird insbesondere im Vorratsvermögen und bei mehrstufigen Produktionsprozessen regelmäßig keine vermögenswertindividuelle Eliminierung von Zwischenergebnissen vorgenommen, sondern auf sog. Pauschalverfahren zurückgegriffen. Vgl. zu diesen Verfahren BUSSE VON COLBE, W. U. A., Konzernabschlüsse, S. 394–398; KÜTING, K./WEBER, C.-P., Der Konzernabschluss, S. 536 f. Ein sog. eliminierungsfähiges Zwischenergebnis bei selbst hergestellten Vermögenswerten kann – im Gegensatz zum Handelsrecht – nicht entstehen, da im Rahmen der Herstellungskostenermittlung nach IFRS keine Bewertungswahlrechte bestehen. Vgl. FISCHER, T. M./HALLER, A., in: Schmidt/Ebke, MüKo HGB, 3. Aufl., § 304 HGB, Rn. 74.

[694] Vgl. WATRIN, C./HOEHNE, F./LAMMERT, J., in: Hennrichs/Kleindiek/Watrin, MüKo Bilanzrecht Bd. 1, IAS 27, Rn. 212.

treffenden Vermögenswertes und das Konzernergebnis um diesen Zwischenverlust zu erhöhen.[695] In beiden Fällen sind das entsprechende Zwischenergebnis, das ebenfalls in die Summen-Gewinn- und Verlustrechnung übernommen wurde,[696] sowie die mit der zugrunde liegenden Transaktion in Verbindung stehenden Erträge und Aufwendungen darüber hinaus im Rahmen der mit der Zwischenergebniseliminierung verbundenen Aufwands- und Ertragskonsolidierung zu eliminieren.[697] Ein Zwischenverlust kann allerdings eine Wertminderung des mit dem konzerninternen Geschäftsvorfall in Zusammenhang stehenden Vermögenswertes anzeigen.[698] Liegt ein Wertminderungsbedarf vor, ist auf eine Zwischenergebniseliminierung zugunsten einer außerplanmäßigen Abschreibung zu verzichten.[699]

In den **Folgeperioden** ist die Zwischenergebniseliminierung erneut durchzuführen, soweit sich der Vermögenswert weiterhin im Bestand eines in den Konzernabschluss einbezogenen Unternehmens befindet.[700] Allerdings ist das Zwischenergebnis nicht mehr gegen das Konzernergebnis zu korrigieren, sondern **erfolgsneutral** mit dem Konzerneigenkapital zu verrechnen.[701] Die erfolgsneutrale Buchung liegt darin begründet, dass der Vermögenswert aufgrund der derivativen Konzernabschlusserstellung zwar ohne die Durchführung einer Zwischenergebniseliminierung weiterhin mit dem Einzelabschlusswert der IFRS-Bilanz II und demnach in der Konzernbilanz zu hoch oder zu niedrig ausgewiesen würde, das entsprechende Zwischenergebnis allerdings nicht erneut in der Gesamtergebnisrechnung auf Einzelabschlussebene erfasst wurde und daher auch nicht in den Konzernabschluss übernommen wird.[702]

Die Zwischenergebniseliminierung ist fortzuführen, solange sich der jeweilige Vermögenswert im Bestand eines in den Konzernabschluss einbezogenen Unternehmens befindet.[703] Zum **Zeitpunkt des Abgangs** an einen konzernexternen Dritten ist ein entsprechendes Umsatzgeschäft mit der Außenwelt des Konzerns vollzogen, sodass dann auf Konzernebene ein insoweit realisierter Erfolg in Höhe des Abgangswertes abzüglich der (fortgeführten) Konzernanschaffungs- oder Konzernherstellungskosten zu erfassen ist.[704] Sofern der Vermögenswert allerdings bereits

---

695 Vgl. BAETGE, J./HAYN, S./STRÖHER, T., in: Baetge u. a., Rechnungslegung nach IFRS, 2. Aufl., IFRS 10, Rn. 286.

696 Vgl. IFRS 10.B86 (a).

697 Vgl. IFRS 10.B86 (c).

698 Vgl. LÜDENBACH, N./HOFFMANN, W.-D./FREIBERG, J., in: Lüdenbach/Hoffmann/Freiberg, Haufe IFRS-Kommentar, 17. Aufl., § 32, Rn. 143.

699 Vgl. IFRS 10.B86 (c).

700 Vgl., wenn auch im handelsrechtlichen Kontext, EBELING, R. M., in: Baetge/Kirsch/Thiele, Bilanzrecht, § 304 HGB, Rn. 50.

701 Dabei ist im Schrifttum umstritten, welcher Posten im Konzerneigenkapital konkret anzusprechen ist. Vgl. hierzu bspw. BUSSE VON COLBE, W. U. A., Konzernabschlüsse, S. 460–462; VON WYSOCKI, K./WOHLGEMUTH, M./BRÖSEL, G., Konzernrechnungslegung, S. 252, sowie, wenn auch im handelsrechtlichen Kontext, BAETGE, J./KIRSCH, H.-J./THIELE, S., Konzernbilanzen, S. 311 f. In der vorliegenden Arbeit wird diese Korrektur (vereinfachend) gegen die Gewinnrücklagen vorgenommen.

702 Vgl. KÜTING, K./WEBER, C.-P., Der Konzernabschluss, S. 525.

703 Vgl. KÜTING, K./WEBER, C.-P., Der Konzernabschluss, S. 507.

704 Vgl. BAETGE, J./KIRSCH, H.-J./THIELE, S., Konzernbilanzen, S. 310 i. V. m. S. 313.

(planmäßig) im Rahmen der Konzernzugehörigkeit abgeschrieben wurde, erfolgte bereits insoweit eine (sukzessive) Vereinnahmung des Zwischenergebnisses.[705] Schließlich ist im Rahmen der Abschreibung eines Vermögenswertes das Konzernergebnis im Fall eines Zwischengewinns bzw. Zwischenverlusts um die Differenz der Abschreibung auf Basis des Einzelabschlusswertes auf Ebene der IFRS-Bilanz II und der Abschreibung auf Basis der Konzernanschaffungs- oder Konzernherstellungskosten zu erhöhen bzw. zu vermindern.[706]

---

705 Vgl. SCHILDBACH, T./FELDHOFF, P., Konzernabschluss, S. 244 i. V. m. S. 248.

706 Vgl. BAETGE, J./KIRSCH, H.-J./THIELE, S., Konzernbilanzen , S. 308 f. i. V. m. S. 313.

5 Kritische Analyse und Würdigung der Vorschriften zur Zwischenergebniseliminierung im Konzernabschluss nach IFRS

51 Vorbemerkungen

Im Fokus der vorliegenden Untersuchung steht die fallübergreifende Analyse und Würdigung der für konzerninterne Transaktionen einschlägigen Bilanzierungsvorschriften zur Zwischenergebniseliminierung im IFRS-Konzernabschluss. Welcher Standard für die Eliminierung von Zwischenergebnissen dabei konkret anzuwenden ist, hängt von der Art und Weise der konzernbilanziellen Einbeziehung des Beteiligungsunternehmens ab, mit dem die Konzernobergesellschaft oder eines ihrer vollkonsolidierten Tochterunternehmen eine solche Transaktion durchgeführt hat. Während die Zwischenergebniseliminierung bei konzerninternen Geschäften mit einem vollkonsolidierten Tochterunternehmen in **IFRS 10** geregelt ist, finden sich die Vorschriften zur Eliminierung von Zwischenergebnissen aus Transaktionen mit anteilig einbezogenen gemeinschaftlichen Tätigkeiten in **IFRS 11** und mit nach der Equity-Methode einbezogenen assoziierten Unternehmen oder Gemeinschaftsunternehmen in **IAS 28**.

Die Gliederungssystematik der Analyse und Würdigung orientiert sich demgemäß an den konzernbilanziellen Einbeziehungsmethoden. Den Ausgangspunkt bildet in **Abschnitt 52** die Zwischenergebniseliminierung im Rahmen der Vollkonsolidierung. Entsprechend der Aufgabe der Zwischenergebniseliminierung, aus Konzernsicht unrealisierte, aber einzelbilanziell erfasste Erfolgsbeiträge aus konzerninternen Transaktionen sowohl aus dem Wertansatz des betreffenden Vermögenswertes als auch aus dem Konzernergebnis zu beseitigen, unterliegen Wertansätze von Vermögenswerten, die Gegenstand einer konzerninternen Transaktion innerhalb des Vollkonsolidierungskreises sind, der vollständigen Eliminierung von Zwischenergebnissen.[707] Diese Vorgabe zur vollständigen Eliminierung von Zwischenergebnissen wird im Rahmen der Untersuchung für diejenigen Fälle ausgelegt, in denen neben dem Mutterunternehmen auch nicht beherrschende Gesellschafter am Eigenkapital eines solchen an der Transaktion partizipierenden Tochterunternehmens beteiligt sind. Unklar ist hierbei, inwieweit ein zu eliminierendes Zwischenergebnis bei der Aufteilung des Konzernergebnisses auf die Gesellschafterstämme zu verteilen ist. Um diese Frage beantworten zu können, wird zunächst ein sachverhaltsunspezifisches Verständnis des Charakters und der Bilanzierung von Anteilen nicht beherrschender Gesellschafter entwickelt.

Darauf aufbauend werden in **Abschnitt 53** die Vorschriften zur Zwischenergebniseliminierung im Rahmen der anteiligen Einbeziehung nach IFRS 11 sowie in **Abschnitt 54** die Vorschriften zur Zwischenergebniseliminierung im Rahmen der Einbeziehung mittels der Equity-Methode nach IAS 28 betrachtet, die nicht eine vollständige, sondern eine nur quotale Eliminierung von Zwischenergebnissen vorsehen.[708] Hierbei wird die Aufgabe der Zwischenergebniseliminierung insofern eine bedeutende Rolle in der Untersuchung einnehmen, als diese sich aus der

---

707 Vgl. IFRS 10.B86 (c).

708 Vgl. IFRS 11.B34 und IFRS 11.B36; IAS 28.28.

Einheitsfiktion der Konzernrechnungslegung ableitet, die wiederum dem Wortlaut des IFRS 10.A nach aber nur das Mutter- und seine Tochterunternehmen im Blick hat. Vor diesem Hintergrund gilt es im Rahmen der Analyse der Vorschriften zur Zwischenergebniseliminierung nach IFRS 11 sowie nach IAS 28 sachgerechte Vorgehensweisen herauszuarbeiten, die einerseits der Aufgabe der Zwischenergebniseliminierung, andererseits aber auch den spezifischen Besonderheiten der jeweiligen Einbeziehungsmethode gerecht werden.

Den übergeordneten Analyse- und Würdigungsrahmen bilden die im zweiten Kapitel erläuterten konzeptionellen Grundlagen der (Konzern-)Finanzberichterstattung nach IFRS. So hat sich eine konkrete Vorgehensweise im Rahmen der Zwischenergebniseliminierung letztlich daran messen zu lassen, ob die durch sie vermittelten Informationen entscheidungsnützlich sind. Die drei Analyse- und Würdigungsteile werden jeweils durch Erläuterungen bezüglich der spezifischen Besonderheiten der konkreten Einbeziehungsmethode eingeleitet. Im Rahmen einer abschließenden Würdigung in **Abschnitt 55** werden die zuvor in den drei einzelnen Abschnitten gewonnenen Erkenntnisse nochmals vor dem Hintergrund der Einheitsfiktion verdichtet zusammengetragen.

52 Zwischenergebniseliminierung im Rahmen der Vollkonsolidierung nach IFRS 10

521. Vollkonsolidierung nach IFRS 10

521.1 Allgemeine Bilanzierungssystematik der Vollkonsolidierung sowie Konzeption der Erwerbsmethode

Das Konzernmutterunternehmen und seine Tochterunternehmen bilden mit Blick auf die alleinige Beherrschungsmöglichkeit seitens des Mutterunternehmens eine wirtschaftliche Einheit, die für Zwecke der Konzernrechnungslegung so darzustellen ist, als handele es sich um ein einziges Unternehmen.[709] Hierzu sind diese Unternehmen im Wege der **Vollkonsolidierung** nach IFRS 10 in den Konzernabschluss einzubeziehen.[710] Bei der Vollkonsolidierung werden sämtliche Vermögenswerte und Schulden sowie Erträge und Aufwendungen des Mutterunternehmens sowie der Tochterunternehmen unabhängig von der Beteiligungsquote des Konzerns am jeweiligen Tochterunternehmen vollständig im Konzernabschluss des Mutterunternehmens ausgewiesen.[711]

709 Vgl. IFRS 10.A, sowie ausführlich zur Einheitsfiktion Abschnitt 41.

710 Vgl. EBELING, R. M./ERNST, S., in: Böcking u. a., Beck HdR, C 210, Rn. 81.

711 Vgl. PAWELZIK, K. U., Konsolidierung von Minderheiten, S. 677; BUSSE VON COLBE, W. U. A., Konzernabschlüsse, S. 59.

Der Erwerb eines Tochterunternehmens ist dabei im Konzernabschluss verpflichtend nach der sog. **Erwerbsmethode**[712] (*acquisition method*) gemäß IFRS 3 abzubilden.[713] Der Erwerbsmethode liegt die Fiktion zugrunde, dass zum Zeitpunkt des Erwerbs nicht die Beteiligung als Ganzes, sondern die einzelnen Vermögenswerte des Tochterunternehmens erworben und dessen Schulden übernommen werden (sog. **Einzelerwerbsfiktion**).[714] An die Stelle eines im Einzelabschluss der Konzernobergesellschaft bilanzierten Beteiligungsbuchwertes treten im Konzernabschluss damit (implizit) sämtliche erworbenen identifizierbaren Vermögenswerte und übernommenen Schulden des Tochterunternehmens,[715] die zum Erwerbszeitpunkt grundsätzlich mit ihren beizulegenden Zeitwerten zu bewerten sind (sog. Neubewertungsmethode[716]).[717] Da Konzernabschlüsse regelmäßig derivativ aus den Einzelabschlüssen der Konzernunternehmen abgeleitet werden,[718] ist hierbei zur Vermeidung einer Doppelerfassung des Beteiligungsbuchwertes und den dahinter stehenden Vermögenswerten und Schulden des Tochterunternehmens auf der einen Seite sowie des Eigenkapitals des erwerbenden Unternehmens und dem Eigenkapital des Tochterunternehmens auf der anderen Seite der Beteiligungsbuchwert mit

---

712 Die Erwerbsmethode umfasst gemäß IFRS 3.5 vier Schritte. Auf die ersten beiden, die Identifizierung des Erwerbers sowie die Bestimmung des Erwerbszeitpunktes, wird im Folgenden nicht spezifisch eingegangen. Vgl. hierzu ausführlich SENGER, T./BRUNE, J. W., in: Driesch u. a., Beck IFRS HB, 5. Aufl., § 34, Rn. 46–63.

713 Vgl. IFRS 3.4, sowie GIMPEL-HENNING, N., Goodwill aus stufenweisen Unternehmenserwerben, S. 217. Voraussetzung für die Anwendung der Erwerbsmethode ist allerdings, dass das Tochterunternehmen einen Geschäftsbetrieb (*business*) im Sinne des IFRS 3 darstellt. Sollte das Tochterunternehmen nicht diese Eigenschaft erfüllen, sind im Konzernabschluss der Konzernobergesellschaft dennoch die Konsolidierungsvorschriften des IFRS 10 für dieses Tochterunternehmen zu beachten. Zur Bewertung der Vermögenswerte und Schulden des Tochterunternehmens zum Erwerbszeitpunkt sind die insgesamt entrichteten Anschaffungskosten auf diese anhand ihrer relativen beizulegenden Zeitwerte aufzuteilen. Ein derivativer Geschäfts- oder Firmenwert kann hieraus nicht resultieren. Vgl. IFRS 3.2 (b), sowie HAYN, S./STRÖHER, T., in: Baetge u. a., Rechnungslegung nach IFRS, 2. Aufl., IFRS 3, Rn. 28 i. V. m. Rn. 59; HACHMEISTER, D./SCHWARZKOPF, A.-S., in: Böcking u. a., Beck HdR, C 403, Rn. 8a.

714 Vgl. ARBEITSKREIS „EXTERNE UNTERNEHMENSRECHNUNG" DER SCHMALENBACH-GESELLSCHAFT (Hrsg.), Aufstellung von Konzernabschlüssen, S. 67; ORDELHEIDE, D., Kapitalkonsolidierung nach der Erwerbsmethode, S. 240.

715 Vgl. HAYN, S./STRÖHER, T., in: Baetge u. a., Rechnungslegung nach IFRS, 2. Aufl., IFRS 3, Rn. 94–98 und Rn. 150; KIRSCH, H.-J./HENDLER, M./FABER, M., in: Baetge/Kirsch/Thiele, Bilanzrecht, § 301 HGB, Rn. 521.

716 Eine entsprechend der Beteiligungsquote des Konzernmutterunternehmens am Tochterunternehmen anteilige Neubewertung der erworbenen Vermögenswerte und übernommenen Schulden ist – obgleich dies in IAS 22.33 noch die präferierte Vorgehensweise war – nach IFRS 3 nicht mehr zulässig. Vgl. KUNATH, O., Bilanzierung erworbener immaterieller Vermögenswerte, S. 111; MÜHLBERGER, M., Bilanzierung von Minderheitsanteilen, S. 1312. Die auf die Anteile nicht beherrschender Gesellschafter entfallenden Teile der Vermögenswerte und Schulden des erworbenen Tochterunternehmens waren im Rahmen dieser sog. Benchmark-Methode (*benchmark treatment*) mit ihren Buchwerten aus dem an die konzerneinheitlichen Bilanzierungsvorschriften angepassten Einzelabschluss des Tochterunternehmens fortzuführen. Vgl. WIRTH, J., Firmenwertbilanzierung, S. 144. Die Benchmark-Methode nach IAS 22 entspricht zwar im Wesentlichen der aus dem Handelsrecht bekannten, im Zuge des BilMoG abgeschafften, sog. Buchwertmethode, weist jedoch auch konzeptionelle Unterschiede auf. Vgl. dazu FÖRSCHLE, G./DEUBERT, M., in: Berger u. a., Beck Bilanzkomm., 5. Aufl., § 301 HGB, Rn. 318 f.; WIRTH, J., Firmenwertbilanzierung, S. 144, Fn. 253. Vgl. zu den Gründen der Abschaffung der Benchmark-Methode IFRS 3.BC198–BC204.

717 Vgl. IFRS 3.18. In IFRS 3.24–31 sind allerdings einige Ausnahmen für bestimmte Vermögenswerte und Schulden von dieser grundsätzlichen Fair Value-Bewertung aufgeführt. Vgl. hierzu ausführlich HAYN, S./STRÖHER, T., in: Baetge u. a., Rechnungslegung nach IFRS, 2. Aufl., IFRS 3, Rn. 241–252.

718 Vgl. hierzu Fn. 102.

dem darauf entfallenden Eigenkapital des Tochterunternehmens im Rahmen der Kapitalkonsolidierung zu verrechnen.[719] Des Weiteren ist ein Posten für alle nicht beherrschenden Anteile innerhalb des Konzerneigenkapitals einzustellen,[720] wobei diese Anteile wahlweise mit ihrem beizulegenden Zeitwert oder aber in Höhe des auf sie entfallenden Anteils am neubewerteten Reinvermögen des Tochterunternehmens zu bewerten sind.[721]

Schließlich ist ein etwaiger aus dem Unternehmenszusammenschluss resultierender **Unterschiedsbetrag** zu ermitteln und ggf. anzusetzen.[722] Sofern aus der Verrechnung des beizulegenden Zeitwertes der übertragenen Gegenleistung des Erwerbers zuzüglich dem Wert der Anteile nicht beherrschender Gesellschafter mit dem neubewerteten Reinvermögen des erworbenen Tochterunternehmens ein positiver Unterschiedsbetrag verbleibt, ist dieser als **Geschäfts- oder Firmenwert** (*goodwill*) in der Konzernbilanz zu aktivieren.[723] Werden die Anteile nicht beherrschender Gesellschafter dabei mit dem auf sie entfallenden Anteil am neubewerteten Reinvermögen des Tochterunternehmens bewertet, ergibt sich ausschließlich ein auf das Konzernmutterunternehmen entfallender Geschäfts- oder Firmenwert (sog. *partial goodwill method*).[724] Werden die Anteile nicht beherrschender Gesellschafter indes mit ihrem beizulegenden Zeitwert bewertet, kann zusätzlich ein auf sie entfallender, zu aktivierender Geschäfts- oder Firmenwert verbleiben (sog. *full goodwill method*).[725] Resultiert aus der Verrechnung demgegenüber ein **negativer Unterschiedsbetrag**, ist dieser Betrag nach einer Überprüfung und eventueller Korrektur sämtlicher Wertansätze der in diese Verrechnung eingegangenen Inputparameter (sog. *reassessment*)[726] als Erfolg aus einem günstigen Gelegenheitskauf (*bargain*

---

719 Vgl. IFRS 10.B86 (b), sowie BUSSE VON COLBE, W. U. A., Konzernabschlüsse, S. 193 f.; FABER, M., Einlage von Kapitalgesellschaftsanteilen, S. 91.

720 Vgl. IFRS 3.10 i. V. m. IAS 1.54 (q) und IFRS 10.22, sowie ausführlich Abschnitt 521.23.

721 Vgl. IFRS 3.19, sowie FREIBERG, J., Behandlung von nicht-beherrschenden Gesellschaftern, S. 263. Dieses Bewertungswahlrecht darf die Konzernobergesellschaft bei jedem Unternehmenszusammenschluss neu ausüben. Vgl. HAYN, S./STRÖHER, T., in: Baetge u. a., Rechnungslegung nach IFRS, 2. Aufl., IFRS 3, Rn. 256. Allerdings bezieht sich das Bewertungswahlrecht nur auf solche nicht beherrschenden Anteile, die gegenwärtige Eigentumsansprüche verkörpern und ihrem Inhaber im Fall einer Liquidation des Tochterunternehmens das Recht auf einen proportionalen Anteil am Nettovermögen dieses Tochterunternehmens gewähren. Andere nicht beherrschende Anteile sind hingegen mit ihrem beizulegenden Zeitwert zu bewerten, soweit kein anderer Standard eine abweichende Bewertung vorsieht. Vgl. IFRS 3.19, sowie LÜDENBACH, N./HOFFMANN, W.-D./FREIBERG, J., in: Lüdenbach/Hoffmann/Freiberg, Haufe IFRS-Kommentar, 17. Aufl., § 31, Rn. 139.

722 Vgl. IFRS 3.5 (d).

723 Vgl. IFRS 3.32. Sofern die Konzernobergesellschaft bereits vor Erlangung der Beherrschung Anteile am Beteiligungsunternehmen gehalten hat, sind diese sog. Altanteile mit ihrem zum Zeitpunkt der Beherrschungserlangung geltenden beizulegenden Zeitwert zur Summe aus dem Wert der übertragenen Gegenleistung und dem Wert der nicht beherrschenden Anteile hinzuzurechnen. Vgl. zur Bewertung der Altanteile GIMPEL-HENNING, N., Bilanzierung der Altanteile bei sukzessiven Unternehmenserwerben, S. 37–44.

724 Vgl. KIRSCH, H.-J./ENGELKE, F., in: Baetge/Kirsch/Thiele, Bilanzrecht, § 307 HGB, Rn. 514.1. Im mehrstufigen Konzern kann allerdings auch im Rahmen der *partial goodwill method* ein Teil des Geschäfts- oder Firmenwertes auf indirekte Anteile nicht beherrschender Gesellschafter entfallen. Vgl. KÜTING, K./WEBER, C.-P./WIRTH, J., Kapitalkonsolidierung im mehrstufigen Konzern, S. 43 f., sowie ausführlich ENGELKE, F., Kapitalkonsolidierung im mehrstufigen Konzern, S. 22–47.

725 Vgl. ausführlich bspw. HAAKER, A., Anwendung der *full goodwill method*, S. 188–194; BADER, A./SCHREDER, M., Full goodwill-Methode, S. 276–282.

726 Vgl. hierzu ausführlich QIN, S., Bilanzierung des Excess nach IFRS 3, S. 55–98; LÜDENBACH, N./HOFFMANN, W.-D./FREIBERG, J., in: Lüdenbach/Hoffmann/Freiberg, Haufe IFRS-Kommentar, 17. Aufl., § 31,

purchase) unmittelbar ertragswirksam in der Konzern-Gewinn- und Verlustrechnung zu vereinnahmen.[727] Dieser Erfolg ist allerdings ungeachtet der Ausübung des Bewertungswahlrechtes für die Anteile nicht beherrschender Gesellschafter vollständig dem Erwerber, d. h. der Konzernobergesellschaft, zuzurechnen.[728]

Im Rahmen der **Folgebilanzierung** sind die zum Erwerbszeitpunkt einzeln in der Konzernbilanz angesetzten Vermögenswerte und Schulden des Tochterunternehmens entsprechend den Bilanzierungsmethoden der für sie jeweils einschlägigen Standards grundsätzlich erfolgswirksam fortzuschreiben.[729] Ausgangsbasis hierfür bilden ihre konzernbilanziellen Wertansätze zum Erwerbszeitpunkt.[730] Der auf die Anteile nicht beherrschender Gesellschafter entfallende Teil des Gesamtergebnisses des Konzerns ist dabei diesen Anteilen zuzuordnen, sodass der Wertansatz der nicht beherrschenden Anteile (unter anderem)[731] um diese Erfolgswirkungen fortzuschreiben ist.[732] Die Zwischenergebniseliminierung ist ebenfalls im Rahmen der Folgebilanzierung vorzunehmen, sofern entsprechende konzerninterne Geschäftsvorfälle stattfinden.[733]

Verliert das Konzernmutterunternehmen seinen beherrschenden Einfluss auf ein Tochterunternehmen bspw. aufgrund einer vollständigen Veräußerung der Anteile,[734] ist die Vollkonsolidierung dieses Tochterunternehmens zu beenden und in diesem Zuge eine **Endkonsolidierung** nach der in IFRS 10.25 f. i. V. m. IFRS 10.B98 f. normierten Methodik vorzunehmen.[735] Spiegelbildlich zur Einzelerwerbsfiktion im Rahmen des Erwerbs einer Beteiligung wird bei der Veräußerung von Anteilen der Verkauf sämtlicher einzelnen auf Konzernebene angesetzten Vermögenswerte und Schulden des ausscheidenden Tochterunternehmens fingiert (sog. **Einzelveräußerungsfiktion**).[736] Demnach sind zum Endkonsolidierungszeitpunkt sämtliche kon-

Rn. 143 f.

727 Vgl. IFRS 3.34–36, sowie ausführlich bspw. KÜTING, K./WIRTH, J., Bilanzierung eines negativen Unterschiedsbetrags nach IFRS 3, S. 143–151.

728 Vgl. IFRS 3.34. Vgl. hierzu kritisch FRÖHLICH, C., *Non-Controlling Interest* im IFRS-Abschluss, S. 418 f.; LÜDENBACH, N./HOFFMANN, W.-D./FREIBERG, J., in: Lüdenbach/Hoffmann/Freiberg, Haufe IFRS-Kommentar, 17. Aufl., § 31, Rn. 140 f.; SENGER, T./BRUNE, J. W., in: Driesch u. a., Beck IFRS HB, 5. Aufl., § 34, Rn. 237.

729 Vgl. IFRS 3.54 i. V. m. IFRS 3.B63. Vgl. zu diesbezüglichen Besonderheiten bei bestimmten Sachverhalten IFRS 3.55–58, sowie KIRSCH, H.-J./HENDLER, M./FABER, M., in: Baetge/Kirsch/Thiele, Bilanzrecht, § 301 HGB, Rn. 590–597.

730 Vgl. IFRS 10.B88. Hierdurch werden die im Zuge der Erstkonsolidierung aufgedeckten stillen Reserven und stillen Lasten in den Folgeperioden erfolgswirksam. Vgl. HAYN, S./STRÖHER, T., in: Baetge u. a., Rechnungslegung nach IFRS, 2. Aufl., IFRS 3, Rn. 305.

731 Vgl. zur Fortschreibung des Wertansatzes der nicht beherrschenden Anteile ausführlich Abschnitt 521.231.

732 Vgl. IFRS 10.B94.

733 Vgl. zu den Vorschriften zur Zwischenergebniseliminierung im Rahmen der Vollkonsolidierung ausführlich Abschnitt 521.3.

734 Vgl. zu weiteren Möglichkeiten eines Verlusts der Beherrschung IFRS 10.B80–B85, sowie BAETGE, J./HAYN, S./STRÖHER, T., in: Baetge u. a., Rechnungslegung nach IFRS, 2. Aufl., IFRS 10, Rn. 175–179.

735 Vgl. SENGER, T./DIERSCH, U., in: Driesch u. a., Beck IFRS HB, 5. Aufl., § 35, Rn. 24; PANZER, A., Statusändernde Anteilsveräußerungen, S. 84 f.

736 Vgl. BUSSE VON COLBE, W. U. A., Konzernabschlüsse, S. 268; BAETGE, J./HAYN, S./STRÖHER, T., in: Baetge

zernbilanziell fortgeführten Vermögenswerte, inklusive eines etwaigen Geschäfts- oder Firmenwertes, und Schulden des ausscheidenden Tochterunternehmens aus der Konzernbilanz vollständig auszubuchen.[737] Dabei ist ein **Endkonsolidierungserfolg** in Höhe der Differenz aus dem beizulegenden Zeitwert der aus dem für den Verkauf der Anteile erhaltenen Gegenleistung und dem Saldo der Konzernbuchwerte der auf die Anteile des Konzernmutterunternehmens entfallenden Teile der abgehenden Vermögenswerte und Schulden des Tochterunternehmens in der Gewinn- und Verlustrechnung des Konzerns zu erfassen.[738] Zusätzlich sind sämtliche nicht beherrschenden Anteile am Eigenkapital des Tochterunternehmens aus der fortgeführten Konzernbilanz auszubuchen.[739] Da der konzernbilanziell fortgeführte Wertansatz dieser Anteile dem Saldo der Konzernbuchwerte der auf diese Anteile entfallenden Teile der abgehenden Vermögenswerte und Schulden bei „einer sachgerechten Folgekonsolidierung“[740] entsprechen sollte, erfolgt diese Ausbuchung allerdings regelmäßig erfolgsneutral.[741] Ausweislich des IFRS 10.B98 (d), der nur die Erfassung eines auf das Konzernmutterunternehmen entfallenden Endkonsolidierungserfolges vorsieht, ist insofern davon auszugehen, dass im Rahmen der Ausbuchung nicht beherrschender Anteile kein auf diese Anteile entfallender Erfolgsbeitrag im Zuge der Endkonsolidierung entstehen darf.[742]

521.2 Charakterisierung und Bilanzierung des Konzerneigenkapitals

521.21 Vorbemerkungen

Das zentrale Charakteristikum der konzernbilanziellen Abbildung eines Beteiligungsunternehmens im Wege der Vollkonsolidierung im Vergleich zu einer anteiligen Einbeziehung oder der Einbeziehung nach der Equity-Methode ist die vollständige Aufnahme der Vermögenswerte

u. a., Rechnungslegung nach IFRS, 2. Aufl., IFRS 10, Rn. 334; LÜDENBACH, N./HOFFMANN, W.-D./FREIBERG, J., in: Lüdenbach/Hoffmann/Freiberg, Haufe IFRS-Kommentar, 17. Aufl., § 31, Rn. 167; SENGER, T./DIERSCH, U., in: Driesch u. a., Beck IFRS HB, 5. Aufl., § 35, Rn. 31; ORDELHEIDE, D., Endkonsolidierung, S. 766; KRIMPMANN, A., Konsolidierung nach IFRS, S. 232.

737 Vgl. IFRS 10.25 (a) i. V. m. IFRS 10.B98 (a) (i), sowie BAETGE, J./HAYN, S./STRÖHER, T., in: Baetge u. a., Rechnungslegung nach IFRS, 2. Aufl., IFRS 10, Rn. 329; HENDLER, M./ZÜLCH, H., Unternehmenszusammenschlüsse und Änderung von Beteiligungsverhältnissen, S. 492. Vgl. zur Ausbuchung des sonstigen Ergebnisses ausführlich PANZER, A., Statusändernde Anteilsveräußerungen, S. 102–107; WATRIN, C./HOEHNE, F., Endkonsolidierung von Tochterunternehmen, S. 698–700.

738 Vgl. IFRS 10.25 (c) i. V. m. IFRS 10.B98 (d), sowie HAYN, B., in: Driesch u. a., Beck IFRS HB, 5. Aufl., § 37, Rn. 55; SENGER, T./DIERSCH, U., in: Driesch u. a., Beck IFRS HB, 5. Aufl., § 35, Rn. 40; PANZER, A., Statusändernde Anteilsveräußerungen, S. 84 f. und S. 108. Der Endkonsolidierungserfolg kann ebenso ausgehend vom Veräußerungserfolg des Mutterunternehmens ermittelt werden. Vgl. hierzu bspw. LÜDENBACH, N./HOFFMANN, W.-D./FREIBERG, J., in: Lüdenbach/Hoffmann/Freiberg, Haufe IFRS-Kommentar, 17. Aufl., § 31, Rn. 167 f.; KLOSE, N.-C., Kapitalkonsolidierungs- und Bewertungsmethoden, S. 171, Fn. 959.

739 Vgl. IFRS 10.B98 (a) (ii), sowie BAETGE, J./HAYN, S./STRÖHER, T., in: Baetge u. a., Rechnungslegung nach IFRS, 2. Aufl., IFRS 10, Rn. 329.

740 ZAUNER, J., Übergangs- und Endkonsolidierung nach IFRS, S. 124.

741 Vgl. WATRIN, C./HOEHNE, F., Endkonsolidierung von Tochterunternehmen, S. 698; SENGER, T./DIERSCH, U., in: Driesch u. a., Beck IFRS HB, 5. Aufl., § 35, Rn. 39; ZAUNER, J., Übergangs- und Endkonsolidierung nach IFRS, S. 124; BAETGE, J./HAYN, S./STRÖHER, T., in: Baetge u. a., Rechnungslegung nach IFRS, 2. Aufl., IFRS 10, Rn. 359.

742 Vgl. PANZER, A., Statusändernde Anteilsveräußerungen, S. 86; HOEHNE, F., Veräußerung von Anteilen, S. 90 f.; SENGER, T./DIERSCH, U., in: Driesch u. a., Beck IFRS HB, 5. Aufl., § 35, Rn. 39.

und Schulden bzw. Erträge und Aufwendungen dieses Beteiligungsunternehmens in den Konzernabschluss der Konzernobergesellschaft, und zwar auch dann, wenn der Konzern weniger als 100 % der Anteile an dem Beteiligungsunternehmen hält.[743] Während dabei im Rahmen der Vollkonsolidierung grundsätzlich sämtliche gleichartigen Abschlussposten des Mutterunternehmens und seiner Tochterunternehmen zusammengefasst werden,[744] unterliegt der **Ausweis des Konzerneigenkapitals** indes einer „Zweiteilung“[745]. So wird das im Konzernabschluss auszuweisende bilanzielle Eigenkapital (*equity*)[746] des Konzerns grundlegend aufgeteilt in

- das gezeichnete Kapital und die Rücklagen, die dem **Konzernmutterunternehmen** zuzuordnen sind (*issued capital and reserves attributable to owners of the parent*), sowie
- die **nicht beherrschenden Anteile** (*non-controlling interests*).[747]

Für die hier zu beantwortende Fragestellung, inwieweit ein zu eliminierendes Zwischenergebnis auf die Gesellschafterstämme aufzuteilen ist, bedarf es eines Verständnisses für das gesellschafterstammspezifisch differenzierte Konzerneigenkapital. So hat zwar die Zuordnung eines Zwischenergebnisses auf die Gesellschafterstämme keinen Einfluss auf die Höhe des Konzerneigenkapitals insgesamt, beeinflusst aber sehr wohl die Verteilung des Konzerneigenkapitals zwischen den Gesellschafterstämmen.[748] Da in erster Linie die Charakterisierung und Bilanzierung der nicht beherrschenden Anteile für das Verständnis des Konzerneigenkapitals bedeutsam sind,[749] soll in **Abschnitt 521.22** nur in gebotener Kürze auf die Bilanzierung des Anteils des Konzernmutterunternehmens am Konzerneigenkapital eingegangen werden, ehe daran anknüpfend in **Abschnitt 521.23** ausführlich die nicht beherrschenden Anteile am Konzerneigenkapital sowie die diesbezüglichen Implikationen aus dem gesondertem Ausweis dieser Anteile analysiert werden. Die Bilanzierung der nicht beherrschenden Anteile am Konzerneigenkapital wurde zuletzt durch die im Jahr 2004 abgeschlossene erste Phase[750] und die im Jahr

[743] Vgl. Abschnitt 31 und Abschnitt 521.1.

[744] Vgl. IFRS 10.B86 (a).

[745] FREIBERG, J., Vom Minderheitenanteil zum nicht beherrschenden Anteil, S. 211.

[746] Das bilanzielle Eigenkapital ist gemäß CF.4.63 definiert als Residualanspruch (*residual interest*) an den (bilanzierten) Vermögenswerten eines Unternehmens abzüglich seiner (bilanzierten) Schulden. Ein Eigenkapitalinstrument (*equity instrument*) definiert der Standardsetzer darauf aufbauend in IAS 32.11 als Vertrag, der einen Residualanspruch an den Vermögenswerten eines Unternehmens nach Abzug seiner Schulden begründet. Vgl. CLEMENS, R., in: Driesch u. a., Beck IFRS HB, 5. Aufl., § 12, Rn. 5.

[747] Vgl. IAS 1.54 (q)–(r), sowie SCHEFFLER, E., Eigenkapital nach IFRS, S. 18; LÜDENBACH, N./HOFFMANN, W.-D./FREIBERG, J., in: Lüdenbach/Hoffmann/Freiberg, Haufe IFRS-Kommentar, 17. Aufl., § 2, Rn. 46.

[748] Vgl., wenn auch im handelsrechtlichen Kontext, KIRSCH, H.-J./ENGELKE, F., in: Baetge/Kirsch/Thiele, Bilanzrecht, § 307 HGB, Rn. 38.14.

[749] Vgl. PAWELZIK, K. U., Konsolidierung von Minderheiten, S. 677.

[750] Das Ergebnis der ersten Phase war die Veröffentlichung des IFRS 3 (2004), der seinen Vorgängerstandard IAS 22 ersetzte. Vgl. zur ersten Phase ausführlich bspw. WATRIN, C./STROHM, C./STRUFFERT, R., Bilanzierung von Unternehmenszusammenschlüssen nach IFRS, S. 1450–1461.

2008 abgeschlossene zweite Phase[751] des Projekts ***Business Combinations***[752] wesentlich verändert.[753] Auf diese Änderungen wird im Folgenden partiell eingegangen, insoweit dies für das Gesamtverständnis hilfreich ist.

521.22 Anteil des Mutterunternehmens am Konzerneigenkapital

Das im Konzernabschluss auszuweisende, dem Konzernmutterunternehmen zuzuordnende Eigenkapital wird dem im Einzelabschluss des Mutterunternehmens ausgewiesenen Eigenkapital regelmäßig weder gänzlich dem Grunde noch der Höhe nach entsprechen.[754] Dies liegt zum einen an konzernbilanziellen Besonderheiten im Vergleich zur Bilanzierung im Einzelabschluss,[755] zum anderen aber auch – mit Blick auf ein in Deutschland ansässiges Mutterunternehmen – an unterschiedlichen Bilanzierungsvorschriften der Rechnungslegungssysteme nach HGB und IFRS.[756]

Für den **konzernbilanziellen Ausweis** des Anteils des Konzernmutterunternehmens am Konzerneigenkapital ist gemäß IAS 1.54 (r) im Sinne einer Mindestunterteilung lediglich die Differenzierung zwischen gezeichnetem Kapital und den Rücklagen vorgesehen.[757] Gleichwohl ist eine weitere Untergliederung vorzunehmen, sofern dies die Entscheidungsnützlichkeit der Berichterstattung über die Vermögens- und Finanzlage erhöht.[758] Hierbei empfiehlt sich im deut-

---

[751] Die zweite Phase führte zu einer geänderten Fassung von IFRS 3 und einer ergänzten Fassung von IAS 27. Vgl. zur zweiten Phase ausführlich bspw. HENDLER, M./ZÜLCH, H., Unternehmenszusammenschlüsse und Änderung von Beteiligungsverhältnissen, S. 484–493; IASB (Hrsg.), Project Summary Business Combinations Phase II, S. 1–45. Die neuen Regelungen betreffend die Bilanzierung der Anteile nicht beherrschender Gesellschafter, die in IAS 27 (*amend.* 2008) enthalten und nicht Gegenstand des Projekts *Consolidation* waren, wurden anschließend im Zuge des Konsolidierungspakets von IAS 27 (*amend.* 2008) in IFRS 10 übernommen. Vgl. IFRS 10.C6, sowie BAETGE, J./HAYN, S./STRÖHER, T., in: Baetge u. a., Rechnungslegung nach IFRS, 2. Aufl., IFRS 10, Rn. 2–5 i. V. m. Rn. 410, sowie zum Konsolidierungspaket auch bereits Fn. 451. Auf eine besondere Kennzeichnung der zitierten Literatur, die sich auf diejenigen Regelungen in IAS 27 (*amend.* 2008) bezieht, die nunmehr (nahezu) unverändert in IFRS 10 enthalten sind, wird in dieser Arbeit verzichtet.

[752] Vgl. für einen gesamten Überblick über beide Phasen des Projekts HOEHNE, F., Veräußerung von Anteilen, S. 7–10 m. w. N.

[753] Vgl. BAETGE, J./HAYN, S./STRÖHER, T., in: Baetge u. a., Rechnungslegung nach IFRS, 2. Aufl., IFRS 10, Rn. 410; WIRTH, J., Firmenwertbilanzierung, S. 144.

[754] Vgl. ausführlich EBELING, R. M., Eigenkapitaldifferenzen im IFRS-Konzernabschluss, S. 1609–1615.

[755] Vgl. KÜTING, K., Problematik der derivativen Erstellung des Konzernabschlusses, S. 177–180; KIRSCH, H.-J./ZÜLCH, H./GIMPEL-HENNING, N., in: Baetge/Kirsch/Thiele, Bilanzrecht, § 301 HGB, Rn. 362.

[756] Vgl. CLEMENS, R., in: Driesch u. a., Beck IFRS HB, 5. Aufl., § 12, Rn. 150–156.

[757] Vgl. PELLENS, B. U. A., Internationale Rechnungslegung, S. 592; LÜDENBACH, N./HOFFMANN, W.-D./FREIBERG, J., in: Lüdenbach/Hoffmann/Freiberg, Haufe IFRS-Kommentar, 17. Aufl., § 2, Rn. 53.

[758] Vgl. IAS 1.55, sowie CLEMENS, R., in: Driesch u. a., Beck IFRS HB, 5. Aufl., § 12, Rn. 23; REINKE, J./NISSEN-SCHMIDT, A., Eigenkapital und Aktienoptionspläne, S. 23. Ein gesonderter Ausweis des Aufgeldes (*share premium*) und weiterer Rücklagen kann in der Bilanz oder im Anhang vorgenommen werden. Vgl. IAS 1.78 (e) i. V. m. IAS 1.77. Vgl. zum Eigenkapitalausweis ausführlich REUTER, M., Eigenkapitalausweis im IFRS-Abschluss, S. 64–68. Vgl. zum Eigenkapitalausweis bei Nichtkapitalgesellschaften LÜDENBACH, N./HOFFMANN, W.-D./FREIBERG, J., in: Lüdenbach/Hoffmann/Freiberg, Haufe IFRS-Kommentar, 17. Aufl., § 20, Rn. 41–53; BAETGE, J./WINKELJOHANN, N./HAENELT, T., Bilanzierung des gesellschaftsrechtlichen Eigenkapitals, S. 1518–1522.

schen Rechtsraum regelmäßig eine an die handelsrechtlichen Vorschriften angelehnte Differenzierung zwischen gezeichnetem Kapital, Kapitalrücklagen und Gewinnrücklagen.[759] Darüber hinaus ist allerdings der gesonderte IFRS-spezifische Ausweis der Bestandteile des sonstigen Ergebnisses zu beachten.[760]

Während das gezeichnete Kapital[761] und die Kapitalrücklage[762] zusammen das dem Konzern von außen seitens des Konzernmutterunternehmens zugeführte Kapital bilden, zeigen die **Gewinnrücklagen** (*retained earnings*) hingegen das im Rahmen der Geschäftstätigkeit erwirtschaftete einbehaltene Kapital, das auf die Anteile des Konzernmutterunternehmens entfällt.[763] Die Gewinnrücklagen enthalten grundsätzlich die in den Vorjahren erwirtschafteten, nicht ausgeschütteten Periodenergebnisse sowie das erwirtschaftete Ergebnis des laufenden Geschäftsjahres.[764] Die Gewinne oder Verluste der Tochterunternehmen fließen hier insoweit ein, als sie während deren Konzernzugehörigkeit erwirtschaftet wurden und nicht auf nicht beherrschende Anteile entfallen.[765] Das im gegenwärtigen Geschäftsjahr erwirtschaftete **Periodenergebnis** ist im IFRS-Konzernabschluss nicht zwingend als eigenständiger Posten auszuweisen, sondern Teil der Gewinnrücklagen.[766] Gleichwohl kann das Periodenergebnis auch gesondert ausgewiesen werden.[767]

---

759 Vgl. REUTER, M., Eigenkapitalausweis im IFRS-Abschluss, S. 66; CLEMENS, R., in: Driesch u. a., Beck IFRS HB, 5. Aufl., § 12, Rn. 24 i. V. m. Rn. 120; BISCHOF, S./WENDLANDT, K., in: Baetge u. a., Rechnungslegung nach IFRS, 2. Aufl., IAS 1, Rn. 120–123; SCHEFFLER, E., Eigenkapital nach IFRS, S. 18 und S. 70; REINKE, J./NISSEN-SCHMIDT, A., Eigenkapital und Aktienoptionspläne, S. 24.

760 Vgl. zum Ausweis des sonstigen Ergebnisses COENENBERG, A. G./HALLER, A./SCHULTZE, W., Jahresabschluss und Jahresabschlussanalyse, S. 377–379.

761 Das im IFRS-Konzernabschluss auszuweisende gezeichnete Kapital wird regelmäßig dem im HGB-Einzelabschluss des Konzernmutterunternehmens ausgewiesenen gezeichneten Kapital entsprechen. Vgl. EBELING, R. M., Eigenkapitaldifferenzen im IFRS-Konzernabschluss, S. 1613; CLEMENS, R., in: Driesch u. a., Beck IFRS HB, 5. Aufl., § 12, Rn. 120. Vgl. zu Besonderheiten im Kontext umgekehrter Unternehmenserwerbe LANDGRAF, C./SHIRKHANI, D./MEESE, J.-N., Abbildung umgekehrter Unternehmenserwerbe nach IFRS, S. 65–71.

762 Die Kapitalrücklage umfasst vor allem das über den Nennwert von Aktien bezahlte Aufgeld (*share premium*). Vgl. CLEMENS, R., in: Driesch u. a., Beck IFRS HB, 5. Aufl., § 12, Rn. 60. Vgl. zu möglichen Abweichungen im IFRS-Konzernabschluss gegenüber dem HGB-Einzelabschluss des Konzernmutterunternehmens EBELING, R. M., Eigenkapitaldifferenzen im IFRS-Konzernabschluss, S. 1613 f.

763 Vgl. PELLENS, B. U. A., Internationale Rechnungslegung, S. 581–589; KÜTING, K., Problematik der derivativen Erstellung des Konzernabschlusses, S. 182; REUTER, M., Eigenkapitalausweis im IFRS-Abschluss, S. 82; SCHEFFLER, E., Eigenkapital nach IFRS, S. 19.

764 Vgl. PELLENS, B. U. A., Internationale Rechnungslegung, S. 584; BISCHOF, S./WENDLANDT, K., in: Baetge u. a., Rechnungslegung nach IFRS, 2. Aufl., IAS 1, Rn. 124. Die Bildung von Gewinnrücklagen erfolgt insofern grundsätzlich aus dem Ergebnis der Gewinn- und Verlustrechnung. Vgl. COENENBERG, A. G./HALLER, A./SCHULTZE, W., Jahresabschluss und Jahresabschlussanalyse, S. 376. Allerdings können teilweise auch Bestandteile des sonstigen Ergebnisses unmittelbar, d. h. ohne Berührung der Gewinn- und Verlustrechnung, in die Gewinnrücklagen umgegliedert werden. Vgl. PELLENS, B. U. A., Internationale Rechnungslegung, S. 585.

765 Vgl. LÜDENBACH, N./HOFFMANN, W.-D./FREIBERG, J., in: Lüdenbach/Hoffmann/Freiberg, Haufe IFRS-Kommentar, 17. Aufl., § 20, Rn. 100; SCHEFFLER, E., Eigenkapital nach IFRS, S. 121 f.

766 Vgl. PELLENS, B. U. A., Internationale Rechnungslegung, S. 584.

767 Vgl. BISCHOF, S./WENDLANDT, K., in: Baetge u. a., Rechnungslegung nach IFRS, 2. Aufl., IAS 1, Rn. 124. Vgl. zur Möglichkeit der Trennung zwischen Gewinnrücklagen und Periodenergebnis im Eigenkapitalspiegel LÜDENBACH, N./HOFFMANN, W.-D./FREIBERG, J., in: Lüdenbach/Hoffmann/Freiberg, Haufe IFRS-Kommentar, 17. Aufl., § 20, Rn. 97.

521.23 Nicht beherrschende Anteile am Konzerneigenkapital

521.231. Charakterisierung und Bilanzierung

Im Rahmen der Vollkonsolidierung eines Tochterunternehmens werden unabhängig von der Beteiligungsquote des Konzernmutterunternehmens an diesem Tochterunternehmen sämtliche erworbenen identifizierbaren Vermögenswerte und übernommenen Schulden des Tochterunternehmens in der Konzernbilanz des Mutterunternehmens vollständig angesetzt.[768] Daher ist es dieser Einbeziehungsmethode immanent, dass immer dann, wenn das Mutterunternehmen weder unmittelbar noch mittelbar sämtliche Anteile am Eigenkapital eines Tochterunternehmens hält, die Anteile nicht beherrschender Gesellschafter am Eigenkapital des Tochterunternehmens in der Konzernbilanz anzusetzen sind.[769] Diese nicht beherrschenden Anteile[770] werden in den IFRS im Wege einer Negativabgrenzung als diejenigen Eigenkapitalanteile an einem Tochterunternehmen definiert, die weder mittelbar noch unmittelbar dem Mutterunternehmen zuzuordnen sind.[771]

Mithin stellen die Anteile nicht beherrschender Gesellschafter an einem vollkonsolidierten Tochterunternehmen nicht nur regelmäßig im Einzelabschluss des Tochterunternehmens Eigenkapital dar,[772] sondern werden entsprechend der Definition grundsätzlich auch im Konzernabschluss als **Eigenkapital des Konzerns** klassifiziert.[773] Die Anteile nicht beherrschender Gesellschafter sind innerhalb des Konzerneigenkapitals,[774] allerdings **getrennt** vom Anteil der

---

768 Vgl. IFRS 3.10.

769 Vgl. SENGER, T./DIERSCH, U., in: Driesch u. a., Beck IFRS HB, 5. Aufl., § 35, Rn. 50; PAWELZIK, K. U., Konsolidierung von Minderheiten, S. 677; KÜTING, K./WEBER, C.-P., Der Konzernabschluss, S. 342 f.; BAETGE, J./HAYN, S./STRÖHER, T., in: Baetge u. a., Rechnungslegung nach IFRS, 2. Aufl., IFRS 10, Rn. 409.

770 Seit Abschluss der zweiten Phase des Projekts *Business Combinations* im Jahr 2008 werden diese Anteile nicht mehr als Minderheitenanteile (*minority interests*), sondern als nicht beherrschende Anteile (*non-controlling interests*) bezeichnet. Diese Umbenennung trägt dem Umstand Rechnung, dass ein beherrschender Einfluss auf ein Beteiligungsunternehmen auch dann vorliegen kann, wenn an diesem Unternehmen lediglich ein Minderheitenanteil gehalten wird. Umgekehrt folgt aus einer Mehrheitsbeteiligung ebenso wenig zwingend ein beherrschender Einfluss. Vgl. IFRS 10.BCZ155, sowie FREIBERG, J., Vom Minderheitenanteil zum nicht beherrschenden Anteil, S. 210 f.; SCHWEDLER, K., Business Combinations Phase II, S. 131.

771 Vgl. IFRS 10.A; IFRS 3.A, sowie FREIBERG, J., Vom Minderheitenanteil zum nicht beherrschenden Anteil, S. 211; FREIBERG, J., Bestimmung des Anteils nicht-beherrschender Gesellschafter, S. 95.

772 Vgl. PAWELZIK, K. U., Konsolidierung von Minderheiten, S. 680; ENGELKE, F., Kapitalkonsolidierung im mehrstufigen Konzern, S. 146 f.

773 Vgl. BAETGE, J./HAYN, S./STRÖHER, T., in: Baetge u. a., Rechnungslegung nach IFRS, 2. Aufl., IFRS 10, Rn. 431 f.; SENGER, T./DIERSCH, U., in: Driesch u. a., Beck IFRS HB, 5. Aufl., § 35, Rn. 50–53; HAEGLER, O., Nicht-beherrschende Gesellschafter im mehrstufigen Konzern, S. 192. Sofern die nicht beherrschenden Gesellschafter allerdings kündbare Anteile an einem Tochterunternehmen halten, sind diese Anteile im Konzernabschluss nicht als Eigen-, sondern als Fremdkapital auszuweisen. Die im Konzernabschluss auszuweisenden nicht beherrschenden Anteile sind insofern davon ausgenommen, dass kündbare Anteile an Personenhandelsgesellschaften oder Genossenschaften unter bestimmten Voraussetzungen als Eigenkapital klassifiziert werden können. Vgl. IAS 32.AG29A i. V. m. IAS 32.BC68, sowie CLEMENS, R., in: Driesch u. a., Beck IFRS HB, 5. Aufl., § 12, Rn. 131. Vgl. ausführlich zur Behandlung des Eigenkapitals von Personenhandelsgesellschaften und Genossenschaften im IFRS-Abschluss LÜDENBACH, N./HOFFMANN, W.-D./FREIBERG, J., in: Lüdenbach/Hoffmann/Freiberg, Haufe IFRS-Kommentar, 17. Aufl., § 20, Rn. 29–58, sowie ausführlich zur Bilanzierung nicht beherrschender Anteile an Personenhandelsgesellschaften LAUBACH, W./PÜTZ, T., Bilanzierung von Minderheitsanteilen an Tochterpersonengesellschaften, S. 943–956.

774 Vgl. IFRS 10.A; IFRS 3.A, sowie HAEGLER, O., Nicht-beherrschende Gesellschafter im mehrstufigen Konzern, S. 192.

Konzernobergesellschaft, aggregiert in einem Posten auszuweisen.[775] Dieser innerhalb des Konzerneigenkapitals einzustellende Posten ist im Gegensatz zum Anteil des Konzernmutterunternehmens am Konzerneigenkapital nicht weiter zu untergliedern.[776] Die Klassifizierung nicht beherrschender Anteile als Eigenkapital begründet der Standardsetzer damit, dass sie nicht die Definition einer Schuld im Sinne des *Conceptual Framework* erfüllen, da mit diesen Anteilen keine gegenwärtige Verpflichtung seitens des Konzerns verbunden ist.[777] Vielmehr haben die nicht beherrschenden Gesellschafter lediglich einen Residualanspruch an dem auf ihre Anteile entfallenden Nettovermögen, was der Definition von Eigenkapital in den IFRS entspricht.[778]

Durch die Aufnahme nicht beherrschender Anteile in die Konzernbilanz im Rahmen der Vollkonsolidierung eines Tochterunternehmens wird zum Erwerbszeitpunkt dieses Tochterunternehmens dem Grunde nach eine Kapitalzuführung in Form einer **Sacheinlage** seitens der nicht beherrschenden Gesellschafter in den Konzern **fingiert.**[779] Folglich führt dies zu einer Erhöhung des Konzerneigenkapitals.[780] Während diese Einlage im Rahmen der *partial goodwill method* nur die auf die Anteile nicht beherrschender Gesellschafter entfallenden Teile der Vermögenswerte und Schulden des Tochterunternehmens umfasst,[781] wird bei der *full goodwill method* zusätzlich zu diesen anteiligen Vermögenswerten und Schulden eine Einlage des auf die Anteile dieses Gesellschafterstammes entfallenden Geschäfts- oder Firmenwertes angenommen.[782]

Seit Abschluss der ersten Phase des Projekts *Business Combinations* im Jahr 2004 ist die Vollkonsolidierung eines Tochterunternehmens ausschließlich nach der in IFRS 3 verankerten **Neubewertungsmethode** vorzunehmen.[783] Hierbei unterliegen nicht nur die auf die Anteile des

---

775 Vgl. IFRS 10.22, sowie PwC (Hrsg.), Manual of accounting 2019, Rn. 26.185; BAETGE, J./HAYN, S./STRÖHER, T., in: Baetge u. a., Rechnungslegung nach IFRS, 2. Aufl., IFRS 10, Rn. 431; DELOITTE (Hrsg.), iGAAP 2019, S. 2261.

776 Vgl. REUTER, M., Eigenkapitalausweis im IFRS-Abschluss, S. 101; LÜDENBACH, N./HOFFMANN, W.-D./FREIBERG, J., in: Lüdenbach/Hoffmann/Freiberg, Haufe IFRS-Kommentar, 17. Aufl., § 20, Rn. 99. Vgl. für eine mögliche Untergliederung dieses Postens ADS International, Abschnitt 22, Rn. 45–48.

777 Vgl. IFRS 10.BCZ157 f., sowie PAWELZIK, K. U., Konsolidierung von Minderheiten, S. 680, der der expliziten Klassifizierung nicht beherrschender Anteile als Konzerneigenkapital im Zuge von IAS 27 (*rev.* 2003) eher klarstellenden Charakter beimisst.

778 Vgl. IFRS 10.BCZ159. Vgl. zur Definition des Eigenkapitals in den IFRS Fn. 746.

779 Vgl. ORDELHEIDE, D., Kapitalkonsolidierung und Konzernerfolg, S. 298; BUSSE VON COLBE, W. U. A., Konzernabschlüsse, S. 207; EBELING, R. M., Anteile fremder Gesellschafter, S. 333; PAWELZIK, K. U., Konsolidierung von Minderheiten, S. 678; HOMMEL, M./FRANKE, F./RÖẞLER, B., Behandlung des Minderheitengoodwill, S. 159; THEILE, C./BEHLING, K., in: Heuser/Theile, IFRS Handbuch, 6. Aufl., Kap. 36, Rn. 36.253; HACHMEISTER, D., Bilanzierung von Unternehmenszusammenschlüssen, S. 120.

780 Vgl. THEILE, C./BEHLING, K., in: Heuser/Theile, IFRS Handbuch, 6. Aufl., Kap. 36, Rn. 36.253; PAWELZIK, K. U., Konsolidierung von Minderheiten, S. 678.

781 Vgl. ORDELHEIDE, D., Kapitalkonsolidierung und Konzernerfolg, S. 298; LEINEN, M., Kapitalkonsolidierung im mehrstufigen Konzern, S. 62 f.

782 Vgl. HOMMEL, M./FRANKE, F./RÖẞLER, B., Behandlung des Minderheitengoodwill, S. 159; ähnlich HACHMEISTER, D., Bilanzierung von Unternehmenszusammenschlüssen, S. 120.

783 Vgl. IFRS 3.BC198–BC204, sowie KIRSCH, H.-J./ENGELKE, F., in: Baetge/Kirsch/Thiele, Bilanzrecht, § 307 HGB, Rn. 512.

Konzernmutterunternehmens entfallenden Teile der Vermögenswerte und Schulden des Tochterunternehmens einer Neubewertung, vielmehr sind die Vermögenswerte und Schulden des Tochterunternehmens vollständig zum Zugangszeitpunkt neuzubewerten und in der Konzernbilanz anzusetzen.[784] Demzufolge sind die auf die nicht beherrschenden Anteile entfallenden Teile der Vermögenswerte und Schulden des Tochterunternehmens nicht etwa zu Buchwerten aus dem Einzelabschluss des Tochterunternehmens fortzuführen,[785] sondern ebenfalls Gegenstand der Neubewertung.[786]

Die mit der vollständigen Neubewertung verbundene Aufdeckung der auf die nicht beherrschenden Anteile entfallenden stillen Reserven und stillen Lasten war in der Vergangenheit oftmals Gegenstand der Kritik.[787] Schon ORDELHEIDE hat hinsichtlich der Bewertung der fingierten Sacheinlage der nicht beherrschenden Gesellschafter allerdings zutreffend darauf hingewiesen, dass sämtliche Bewertungsmaßstäbe „letztlich unvollkommene Hilfslösungen“[788] sein werden.[789] Dies liegt darin begründet, dass für die Anteile nicht beherrschender Gesellschafter – im Gegensatz zu den seitens des Mutterunternehmens erworbenen Anteilen –[790] keine (neuerlichen) Anschaffungskosten oder anderweitige Gegenleistung entrichtet werden, da die nicht beherrschenden Gesellschafter an dem Erwerb des Tochterunternehmens durch die Konzernobergesellschaft tatsächlich nicht teilnehmen.[791]

Die vollständige Neubewertung der Vermögenswerte und Schulden des Tochterunternehmens zum Zugangszeitpunkt ist vor allem mit Blick auf die Darstellung der Vermögenslage des Konzerns im Vergleich zu einer anteiligen Neubewertung zu begrüßen, da sie nicht wie die anteilige Neubewertung unterschiedliche Bewertungsmaßstäbe miteinander vermengt, was „zu einem wenig verständlichen Bewertungsdurcheinander in der Konzernbilanz“[792] führt, sondern der Bewertung der Vermögenswerte und Schulden eine einheitliche Wertbasis zugrunde legt.[793] Darüber hinaus ist die Bewertung der fingierten Sacheinlage zum beizulegenden Zeitwert innerhalb des IFRS-Normengefüges insofern konsistent, als auch eine tatsächlich eingebrachte

784 Vgl. IFRS 3.18.

785 Die noch nach IAS 22.33 zulässige und präferierte nur anteilige Neubewertung der erworbenen Vermögenswerte und übernommenen Schulden (Benchmark-Methode) ist nach IFRS 3 nicht mehr zulässig. Vgl. hierzu ausführlich Fn. 716.

786 Vgl. MÜHLBERGER, M., Bilanzierung von Minderheitsanteilen, S. 1312.

787 Vgl. für einen Überblick bspw., wenn auch im handelsrechtlichen Kontext, KÜTING, K., Anteile in Fremdbesitz, S. 553–560 m. w. N.

788 ORDELHEIDE, D., Konzernerfolg, S. 312.

789 Vgl. ORDELHEIDE, D., Konzernerfolg, S. 312; ORDELHEIDE, D., Kapitalkonsolidierung und Konzernerfolg, S. 296 f.; LEINEN, M., Kapitalkonsolidierung im mehrstufigen Konzern, S. 63 f.

790 Zu beachten ist allerdings, dass im Rahmen der Erwerbsmethode nach IFRS 3 der Ansatz und die Bewertung der erworbenen identifizierbaren Vermögenswerte und der übernommenen Schulden losgelöst von der übertragenen Gegenleistung erfolgt. Vgl. GIMPEL-HENNING, N., Sukzessive Anteilserwerbe, S. 72 f.; KÜTING, K./WEBER, C.-P./WIRTH, J., Goodwillbilanzierung, S. 141.

791 Vgl. ORDELHEIDE, D., Kapitalkonsolidierung und Konzernerfolg, S. 296–298; LEINEN, M., Kapitalkonsolidierung im mehrstufigen Konzern, S. 60 f.; PAWELZIK, K. U., Konsolidierung von Minderheiten, S. 678 f.; ENGELKE, F., Kapitalkonsolidierung im mehrstufigen Konzern, S. 125.

792 HENDLER, M./ZÜLCH, H., Anteile anderer Gesellschafter, S. 1162.

793 Vgl. HAAKER, A., Einheitstheorie und Fair Value-Orientierung, S. 453; MUJKANOVIC, R., Unternehmenserwerbe im Konzernabschluss, S. 644; HENDLER, M./ZÜLCH, H., Anteile anderer Gesellschafter, S. 1162.

Sacheinlage gegen Gewährung von Eigenkapitalanteilen gemäß IFRS 2 grundsätzlich mit ihrem beizulegenden Zeitwert zu bewerten ist.[794]

Elementar für ein Verständnis des Charakters der Anteile nicht beherrschender Gesellschafter sind darüber hinaus die Vorschriften zur **Fortschreibung** ihres konzernbilanziellen Wertansatzes. So werden die Anteile nicht beherrschender Gesellschafter im Rahmen der Fortschreibung nicht etwa zu jedem Bilanzstichtag eigenständig, bspw. zum beizulegenden Zeitwert, neubewertet.[795] Vielmehr ist ihr Wertansatz anteilig entsprechend den **Veränderungen des Konzerneigenkapitals** fortzuschreiben.[796]

Solche Veränderungen können dabei erstens aus **Eigenkapitaltransaktionen** resultieren.[797] Hierzu zählen zum einen Transaktionen zwischen dem Tochterunternehmen und seinen nicht beherrschenden Gesellschaftern.[798] Zum anderen sind hierunter Transaktionen zwischen dem Konzernmutterunternehmen und den nicht beherrschenden Gesellschaftern des in Rede stehenden Tochterunternehmens zu subsumieren.[799] Solche Auf- und (statuswahrenden)[800] Abstockungen sind nicht (mehr potenziell)[801] als Erwerbs- oder Veräußerungsvorgang, sondern als reine Eigenkapitaltransaktionen zwischen den Gesellschafterstämmen im Konzernabschluss abzubilden,[802] da diese Transaktionen als Transaktionen zwischen Eigenkapitalgebern eingeordnet werden.[803] Zweitens ist der Wertansatz der nicht beherrschenden Anteile um das auf sie

---

794 Vgl. IFRS 2.10, sowie PELLENS, B./CRASSELT, N., Share-based Payment, S. 36; LÜDENBACH, N./HOFFMANN, W.-D./FREIBERG, J., in: Lüdenbach/Hoffmann/Freiberg, Haufe IFRS-Kommentar, 17. Aufl., § 20, Rn. 81.

795 Vgl. PWC (Hrsg.), Manual of accounting 2019, Rn. 26.190; DELOITTE (Hrsg.), iGAAP 2019, S. 2347; ENGELKE, F., Kapitalkonsolidierung im mehrstufigen Konzern, S. 147; FREIBERG, J., Behandlung von nichtbeherrschenden Gesellschaftern, S. 264. Vgl. hierzu kritisch FRÖHLICH, C., *Non-Controlling Interest* im IFRS-Abschluss, S. 419 f.

796 Vgl. IFRS 10.B94–B96, sowie BAETGE, J./HAYN, S./STRÖHER, T., in: Baetge u. a., Rechnungslegung nach IFRS, 2. Aufl., IFRS 10, Rn. 414 f.; KÜTING, K./WEBER, C.-P., Der Konzernabschluss, S. 349–353; WIRTH, J., Firmenwertbilanzierung, S. 177 f.

797 Vgl. ENGELKE, F., Kapitalkonsolidierung im mehrstufigen Konzern, S. 147.

798 Vgl. ENGELKE, F., Kapitalkonsolidierung im mehrstufigen Konzern, S. 147 f. Diese Eigenkapitaltransaktionen sind grundsätzlich als Kapitalerhöhung oder -herabsetzung zu charakterisieren. Vgl. BAETGE, J./HAYN, S./STRÖHER, T., in: Baetge u. a., Rechnungslegung nach IFRS, 2. Aufl., IFRS 10, Rn. 414, sowie ausführlich LÜDENBACH, N./HOFFMANN, W.-D./FREIBERG, J., in: Lüdenbach/Hoffmann/Freiberg, Haufe IFRS-Kommentar, 17. Aufl., § 32, Rn. 159 f., sowie, wenn auch im handelsrechtlichen Kontext, HOFFMANN, W.-D./LÜDENBACH, N., in: Hoffmann/Lüdenbach, NWB Kommentar Bilanzierung, 10. Aufl., § 301 HGB, Rn. 119–121.

799 Vgl. ENGELKE, F., Kapitalkonsolidierung im mehrstufigen Konzern, S. 147.

800 Sofern das Mutterunternehmen seinen beherrschenden Einfluss auf das Tochterunternehmen infolge einer Anteilsveräußerung verliert, sind nicht nur die vom Mutterunternehmen veräußerten Anteile, sondern auch die Anteile nicht beherrschender Gesellschafter aus dem Konzernabschluss des Mutterunternehmens auszubuchen, da die Einbeziehung des bislang als Tochterunternehmen klassifizierten Beteiligungsunternehmens im Wege der Vollkonsolidierung entsprechend zu beenden ist. Vgl. IFRS 10.25 (a) i. V. m. IFRS 10.B98 (a) (ii), sowie PANZER, A., Statusändernde Anteilsveräußerungen, S. 85 f. Eine etwaige Restbeteiligung ist infolgedessen je nach neuerlicher Einstufung gemäß IFRS 9, IAS 28 oder IFRS 11 zu bilanzieren. Vgl. IFRS 10.25 (b).

801 Die Bilanzierung des Zu- und Verkaufs von Anteilen an Tochterunternehmen ist erst seit dem Abschluss der zweiten Phase des Projekts *Business Combinations* explizit geregelt. Vgl. HUSMANN, R./HETTICH, S., Aufkauf von Minderheitenanteilen im IFRS-Konzernabschluss, S. 150 und S. 155.

802 Vgl. IFRS 10.23 i. V. m. IFRS 10.B96.

803 Vgl. IFRS 10.BCZ169–BCZ179, sowie KÜTING, K./SEEL, C./STRAUß, M., Änderung der Beteiligungshöhe, S. 180 und S. 182; KLOSE, N.-C., Kapitalkonsolidierungs- und Bewertungsmethoden, S. 190 f. und S. 195;

anteilig[804] entfallende **Gesamtergebnis des Konzerns** fortzuschreiben.[805] Hierunter fallen neben dem anteiligen Jahresergebnis eines Tochterunternehmens insbesondere auch die anteiligen Erfolgswirkungen aus den im Zuge der Erstkonsolidierung angesetzten Vermögenswerten und Schulden des Tochterunternehmens, d. h. auch die Fortschreibung der zum Zugangszeitpunkt aufgedeckten stillen Reserven und stillen Lasten, sowie ein ggf. auf die Anteile nicht beherrschender Gesellschafter entfallender Geschäfts- oder Firmenwert[806].[807] Der Wertansatz der nicht beherrschenden Anteile ist insofern entsprechend der Erfolgskonzeption der IFRS um die (Wert-)Änderungen der auf diese Anteile entfallenden Teile der im Konzernabschluss bilanzierten Vermögenswerte und Schulden erfolgswirksam fortzuschreiben.[808]

Der Wertansatz der Anteile nicht beherrschender Gesellschafter kann im Rahmen der Fortschreibung – in erster Linie infolge der Aufzehrung durch anhaltende Verluste des Tochterunternehmens – auch einen **negativen Wert** annehmen.[809] IAS 27 (*rev.* 2003) sah demgegenüber noch vor, einen den Wertansatz der nicht beherrschenden Anteile übersteigenden, auf diese Anteile entfallenden negativen Erfolgsbeitrag mit dem Anteil des Konzernmutterunternehmens am Konzerneigenkapital zu verrechnen.[810] Eine solche Allokation von Verlusten „hängt in der Luft“[811], da das Konzernmutterunternehmen diese auf die Anteile nicht beherrschender Gesellschafter entfallenden Verluste grundsätzlich nicht auszugleichen hat.[812] Vielmehr partizipieren

---

LÜDENBACH, N./HOFFMANN, W.-D./FREIBERG, J., in: Lüdenbach/Hoffmann/Freiberg, Haufe IFRS-Kommentar, 17. Aufl., § 31, Rn. 162 und Rn. 178.

804 Die Aufteilung erfolgt grundsätzlich beteiligungsproportional. Vgl. KPMG (Hrsg.), Insights into IFRS 2019/20, Rn. 2.5.500.10.

805 Vgl. IFRS 10.B94, sowie FREIBERG, J., Behandlung von nicht-beherrschenden Gesellschaftern, S. 264; WIRTH, J., Firmenwertbilanzierung, S. 178.

806 Im Rahmen der *partial goodwill method* kann infolge einer statuswahrenden Abstockung oder aber bei Anwendung der sog. additiven Methode im Rahmen der Kapitalkonsolidierung im mehrstufigen Konzern ein Teil des Geschäfts- oder Firmenwertes auf die Anteile nicht beherrschender Gesellschafter entfallen. Vgl. KESSLER, H./LEINEN, M./STRICKMANN, M., Mehr Rechte für Minderheiten, S. 334–339. Vgl. zur Fortschreibung des Geschäfts- oder Firmenwertes ausführlich und zugleich kritisch bspw. KÜTING, K./WEBER, C.-P./WIRTH, J., Goodwillbilanzierung, S. 144–148; HAAKER, A., Goodwill-Bilanzierung nach IFRS, S. 363–387.

807 Vgl. BAETGE, J./HAYN, S./STRÖHER, T., in: Baetge u. a., Rechnungslegung nach IFRS, 2. Aufl., IFRS 10, Rn. 415; LÜDENBACH, N./HOFFMANN, W.-D./FREIBERG, J., in: Lüdenbach/Hoffmann/Freiberg, Haufe IFRS-Kommentar, 17. Aufl., § 32, Rn. 158; WIRTH, J., Firmenwertbilanzierung, S. 178.

808 Vgl. CF.4.68 f. i. V. m. IFRS 10.B94.

809 Vgl. IFRS 10.B94, sowie BAETGE, J./HAYN, S./STRÖHER, T., in: Baetge u. a., Rechnungslegung nach IFRS, 2. Aufl., IFRS 10, Rn. 421–424; KIRSCH, H.-J./ENGELKE, F., in: Baetge/Kirsch/Thiele, Bilanzrecht, § 307 HGB, Rn. 519.1; SENGER, T./DIERSCH, U., in: Driesch u. a., Beck IFRS HB, 5. Aufl., § 35, Rn. 52.

810 Allerdings nur insoweit, als die nicht beherrschenden Gesellschafter keine Verlustausgleichsverpflichtung hatten und zugleich imstande waren, diese Verluste auszugleichen. Vgl. IFRS 10.BCZ160, sowie SENGER, T./BRUNE, J. W., in: Bohl/Riese/Schlüter, Beck IFRS HB, 2. Aufl., § 33, Rn. 130–132; HANFT, S./KRETSCHMER, T., Negative Minderheitenanteile im Konzernabschluss, S. 2049. Die Abschaffung dieser Bilanzierungsvorgabe zugunsten der Möglichkeit, dass der Wertansatz der nicht beherrschenden Anteile einen negativen Wert annehmen kann, ist eine der markantesten Änderungen betreffend die Vorschriften zur Behandlung dieser Anteile im Zuge des Projekts *Business Combinations*. Vgl. PELLENS, B./AMSHOFF, H./SELLHORN, T., Einheitstheorie in der M&A-Bilanzierung, S. 604.

811 PAWELZIK, K. U., Konsolidierung von Minderheiten, S. 681.

812 Vgl. IFRS 10.BCZ165, sowie PAWELZIK, K. U., Konsolidierung von Minderheiten, S. 681 f. Der Standardsetzer stellt klar, dass auch das Vorliegen einer vertraglichen Nachschusspflicht seitens des Mutterunternehmens gegenüber dem (verlustträchtigen) Tochterunternehmen oder seinen nicht beherrschenden Gesellschaf-

die nicht beherrschenden Gesellschafter grundsätzlich proportional an den Chancen und Risiken in Bezug auf das jeweilige Tochterunternehmen.[813]

Im Ergebnis ist damit eine (weitgehende)[814] **Gleichstellung** der (Folge-)Bilanzierung von Anteilen nicht beherrschender Gesellschafter mit dem Anteil des Konzernmutterunternehmens am Konzerneigenkapital zu erkennen.[815] Die Anteile nicht beherrschender Gesellschafter haben im Kontext der Konzernrechnungslegung insofern eine Entwicklung vom „Eigenkapital zweiter Klasse“[816] hin zum „**Eigenkapital erster Klasse**“[817] erfahren.[818]

Diese Gleichstellung wird im Schrifttum vielfach als Hinwendung zur sog. Einheitstheorie[819] oder gar vollständige Umsetzung dieser in der IFRS-Konzernrechnungslegung verstanden.[820]

---

tern die Zuordnung des Gesamtergebnisses nicht zu beeinflussen hat und der Wertansatz der nicht beherrschenden Anteile einen negativen Wert annehmen kann. Stattdessen ist eine solche Verpflichtung in der Konzernbilanz unabhängig von einer eventuellen Verlustzuweisung auf die Anteile nicht beherrschender Gesellschafter zu bilanzieren. Vgl. IFRS 10.BCZ162, sowie SENGER, T./DIERSCH, U., in: Driesch u. a., Beck IFRS HB, 5. Aufl., § 35, Rn. 53.

813 Vgl. IFRS 10.BCZ165, sowie SENGER, T./DIERSCH, U., in: Driesch u. a., Beck IFRS HB, 5. Aufl., § 35, Rn. 53.

814 Eine (augenscheinliche) bilanzielle Ungleichbehandlung liegt darin, dass die noch im Standardentwurf des IFRS 3 vorgesehene zwingende Anwendung der *full goodwill method* nicht in den finalen Standard eingegangen ist, sondern ein Wahlrecht hinsichtlich des Ansatzes eines auf die Anteile nicht beherrschender Gesellschafter entfallenden Geschäfts- oder Firmenwertes in IFRS 3 verankert wurde. Vgl. SIGLE, H./FREIBERG, J., *Goodwill* für Minderheitenanteile?, S. 301. Dieses Wahlrecht ist jedoch weniger auf die vermeintlich nicht gewollte Gleichstellung der Gesellschafterstämme an sich zurückzuführen, sondern vielmehr auf die mit der *full goodwill method* verbundenen Bewertungsunsicherheiten. Vgl. hierzu IASB (Hrsg.), Project Summary Business Combinations Phase II, S. 18 f., sowie ausführlich ENGELKE, F., Kapitalkonsolidierung im mehrstufigen Konzern, S. 125–128.

815 Vgl. SIGLE, H./FREIBERG, J., *Goodwill* für Minderheitenanteile?, S. 301.

816 LÜDENBACH, N./HOFFMANN, W.-D., Auf- oder Abstockung, S. 1805 und S. 1809.

817 LÜDENBACH, N./HOFFMANN, W.-D., Auf- oder Abstockung, S. 1809, die sich bei diesem Zitat allerdings nicht nur auf die vollumfängliche Verlustzuweisung auf die nicht beherrschenden Anteile beziehen, sondern zusätzlich auch auf die noch im Standardentwurf des IFRS 3 vorgesehene zwingende Anwendung der *full goodwill method*.

818 Vgl. BAETGE, J./HAYN, S./STRÖHER, T., in: Baetge u. a., Rechnungslegung nach IFRS, 2. Aufl., IFRS 10, Rn. 423; LÜDENBACH, N./HOFFMANN, W.-D., Auf- oder Abstockung, S. 1805–1809; KLOSE, N.-C., Kapitalkonsolidierungs- und Bewertungsmethoden, S. 192.

819 Losgelöst von den rechtlichen Vorschriften der Konzernrechnungslegung wurden mit der sog. Einheitstheorie und der sog. Interessentheorie zwei Konzerntheorien entwickelt, die Art und Umfang der Einbeziehung der Einzelabschlüsse von Tochterunternehmen in den Konzernabschluss sowie die Charakterisierung und die darauf aufbauende bilanzielle Behandlung der Anteile nicht beherrschender Gesellschafter zum Gegenstand haben. Vgl. BAETGE, J./KIRSCH, H.-J./THIELE, S., Konzernbilanzen, S. 15 f. Im Rahmen der Einheitstheorie wird eine Interessenhomogenität aller Anteilseigner unterstellt, die damit begründet wird, dass die Anteilseigner des Mutterunternehmens ihre Interessen gegenüber den nicht beherrschenden Gesellschaftern durchsetzen können. Die nicht beherrschenden Gesellschafter gelten daher neben den Anteilseignern des Mutterunternehmens ebenfalls als Eigenkapitalgeber des Konzerns. Der Grundgedanke der Interessentheorie ist hingegen eine Interessendivergenz dieser beiden Gesellschaftergruppen. Den Anteilseignern des Mutterunternehmens wird eine höhere Bedeutung beigemessen, sodass der Konzern aus ihrer Sicht aufzustellen ist. Die nicht beherrschenden Gesellschafter werden hingegen als Konzernaußenstehende bzw. Fremdkapitalgeber betrachtet. Vgl. ausführlich zu beiden Theorien BORES, W., Konsolidierte Erfolgsbilanzen, S. 129–141; HENDLER, M./ZÜLCH, H., Anteile anderer Gesellschafter, S. 1155–1161; SCHWARZKOPF, A.-S., Anteile nicht beherrschender Gesellschafter, S. 5–28, sowie zu den verschiedenen Ausprägungen der Interessentheorie grundlegend BAXTER, G. C./SPINNEY, J. C., Consolidated financial statement theory, S. 32–35.

820 Vgl. FREIBERG, J., Vom Minderheitenanteil zum nicht beherrschenden Anteil, S. 210 f.; BAETGE, J./HAYN, S./STRÖHER, T., in: Baetge u. a., Rechnungslegung nach IFRS, 2. Aufl., IFRS 10, Rn. 52 i. V. m. Rn. 410;

Da – wie zum Teil argumentiert – der der Konzernrechnungslegung zugrunde liegenden Konzerntheorie eine zentrale Bedeutung im Rahmen der Beantwortung von konzernbilanziellen Zweifelsfragen, d. h. bei Fragen der Auslegung und Lückenschließung, zuzugestehen sei,[821] wären nunmehr „alle Fragestellungen im Lichte der Einheitstheorie zu beurteilen“[822].[823] Hierbei sollte jedoch die argumentative Wirkungsrichtung nicht verkannt werden. Obgleich es mitunter möglich sein wird, einzelne Bilanzierungsvorschriften der Konzernrechnungslegung nach IFRS der Einheitstheorie zuzuordnen, besitzt umgekehrt der Hinweis auf einen Verstoß gegen die Einheitstheorie im Zuge einer ihr entgegengesetzten Bilanzierung per se keine „teleologische Beweiskraft“[824].[825] Schließlich stellt der Standardsetzer ausdrücklich klar, dass er sich im Zuge der Überarbeitung der Vorschriften zur Konzernrechnungslegung im Rahmen des Projekts *Business Combinations* nicht auf eine Theorie festgelegt hat, da dies nicht Gegenstand des Projekts gewesen ist.[826] Im Folgenden wird daher darauf verzichtet, die Einheitstheorie (oder die Interessentheorie) zur Lösung von Auslegungsfragen im Kontext der Zwischenergebniseliminierung heranzuziehen.

521.232. Implikationen aus dem separaten Ausweis der nicht beherrschenden Anteile am Konzerneigenkapital

Von zentraler Bedeutung für den Charakter der Anteile nicht beherrschender Gesellschafter ist die der Konzernbilanz und der Gesamtergebnisrechnung des Konzerns (implizit) zugrunde liegende **gedankliche gesellschafterstammspezifische Aufteilung** sämtlicher aufzunehmenden Vermögenswerte und Schulden sowie Erträge und Aufwendungen eines Tochterunternehmens, die auch als „Bruchteilsvorstellung“[827] der Konzernrechnungslegung bezeichnet werden

HAYN, S., Entwicklungstendenzen in der Konzernrechnungslegung, S. 433–436; KÜTING, K./ELPRANA, K./WIRTH, J., Sukzessive Anteilserwerbe in der Konzernrechnungslegung, S. 477 f.; ERNST & YOUNG (Hrsg.), Unternehmenszusammenschlüsse und Konzernabschlüsse, S. 16; FRÖHLICH, C., *Non-Controlling Interest* im IFRS-Abschluss, S. 418; SENGER, T., in: Hennrichs/Kleindiek/Watrin, MüKo Bilanzrecht Bd. 2, § 307 HGB, Rn. 4; PELLENS, B./AMSHOFF, H./SELLHORN, T., Einheitstheorie in der M&A-Bilanzierung, S. 605; HAYN, B./HAYN, S., Neuausrichtung der Konzernrechnungslegung nach IFRS, S. 74.

821 Vgl. GÖTH, P., Eigenkapital im Konzernabschluß, S. 27; PILHOFER, J./HERR, S. B./DÖMLING, E., Bilanzanalytische Behandlung von Minderheitsanteilen, S. 858; COENENBERG, A. G./HALLER, A./SCHULTZE, W., Jahresabschluss und Jahresabschlussanalyse, S. 626; HENDLER, M./ZÜLCH, H., Anteile anderer Gesellschafter, S. 1155; KÜTING, K., Anteile in Fremdbesitz, S. 555.

822 HAEGLER, O., Nicht-beherrschende Gesellschafter im mehrstufigen Konzern, S. 192.

823 Vgl. HAEGLER, O., Nicht-beherrschende Gesellschafter im mehrstufigen Konzern, S. 192; KÜTING, K./WEBER, C.-P., Der Konzernabschluss, S. 128; WIRTH, J., Firmenwertbilanzierung, S. 105. LEINEN attestiert den Konzerntheorien wohl zu Recht eine „Omnipräsenz als argumentative Allzweckwaffe“. LEINEN, M., Kapitalkonsolidierung im mehrstufigen Konzern, S. 49, wenn auch im handelsrechtlichen Kontext.

824 BEINE, F./GORA, V., Ertragslage von Konzernen, S. 1741, wenn auch im handelsrechtlichen Kontext.

825 Vgl. so auch SCHWARZKOPF, A.-S., Anteile nicht beherrschender Gesellschafter, S. 7; FRÖHLICH, C., *Non-Controlling Interest* im IFRS-Abschluss, S. 418; ENGELKE, F., Kapitalkonsolidierung im mehrstufigen Konzern, S. 55, Fn. 317, sowie, wenn auch im handelsrechtlichen Kontext, LEINEN, M., Kapitalkonsolidierung im mehrstufigen Konzern, S. 47–49.

826 Vgl. IFRS 10.BCZ170, sowie SCHWARZKOPF, A.-S., Anteile nicht beherrschender Gesellschafter, S. 7. Vgl. hierzu kritisch FRÖHLICH, C., *Non-Controlling Interest* im IFRS-Abschluss, S. 418. Die Triebkraft hinter einigen Änderungen, vor allem hinter der intendierten *full goodwill method* scheint eher dem Willen einer Zeitwertbilanzierung denn der Umsetzung der Einheitstheorie geschuldet zu sein. Vgl. SCHMIDT, M., Full Goodwill Methode, S. 180; HAAKER, A., Einheitstheorie und Fair Value-Orientierung, S. 454.

827 GROH, M., Die Bilanzen der Mitunternehmerschaft, S. 384.

kann.[828] Zwar werden im Konzernabschluss weder Vermögenswerte und Schulden noch Erträge und Aufwendungen unmittelbar gesellschafterstammspezifisch ausgewiesen.[829] Der IASB betont sogar im *Conceptual Framework*, dass „*[f]inancial statements provide information about transactions and other events viewed from the perspective of the reporting entity as a whole, not from the perspective of any particular group of the entity's existing or potential investors, lenders or other creditors*."[830] Diese einzunehmende Perspektive steht jedoch nicht der hier gemeinten Bruchteilsvorstellung entgegen. Vielmehr zielen diese Ausführungen des Standardsetzers in erster Linie auf die Konkretisierung der Adressaten der Konzernfinanzberichterstattung ab und sollen in diesem Zusammenhang bspw. verdeutlichen, dass eine ausschließlich auf die Anteilseigner der Konzernobergesellschaft ausgerichtete Bilanzierung den Informationsinteressen weiterer (potenzieller) Kapitalgeber des Konzerns, die ebenfalls zu den primären Adressaten zählen, entgegenstünde.[831]

Die Bruchteilsvorstellung der in den Konzernabschluss aufzunehmenden Abschlussposten ist vielmehr bereits in der Vollkonsolidierung in Verbindung mit der Sacheinlagenfiktion angelegt.[832] Schließlich sind zum Zugangszeitpunkt eines Tochterunternehmens, an dem die Konzernobergesellschaft weniger als 100 % der Anteile hält, nicht nur die auf die Anteile des Konzernmutterunternehmens entfallenden Teile der Vermögenswerte und Schulden des Tochterunternehmens im Konzernabschluss anzusetzen, sondern auch die auf die nicht beherrschenden Anteile entfallenden Teile dieser Vermögenswerte und Schulden.[833] Heruntergebrochen auf einen einzelnen Vermögenswert impliziert dies, dass ein Vermögenswert sich (gedanklich) schon **dem Grunde nach** aus **zwei Teilen** zusammensetzt, nämlich zum einen aus demjenigen Teil, der auf die Anteile des Konzernmutterunternehmens entfällt, und zum anderen aus demjenigen Teil, der auf die Anteile nicht beherrschender Gesellschafter entfällt.[834] Die Anschaffungskosten eines solchen Vermögenswertes, die im Rahmen der Erstkonsolidierung eines Tochterunternehmens grundsätzlich durch seinen beizulegenden Zeitwert zum Zugangszeitpunkt fingiert werden,[835] setzen sich folglich – vor dem Hintergrund der Neubewertungsmethode grundsätzlich proportional entsprechend der jeweiligen Beteiligungsquote – aus den Anschaffungskosten des Konzernmutterunternehmens einerseits sowie den Anschaffungskosten der nicht beherrschenden Gesellschafter andererseits zusammen.[836] Da die nicht beherrschenden Anteile in

---

828 Vgl., wenn auch im handelsrechtlichen Kontext, LEINEN, M., Kapitalkonsolidierung im mehrstufigen Konzern, S. 60.

829 Vgl. so wohl FREIBERG, J., Vom Minderheitenanteil zum nicht beherrschenden Anteil, S. 210.

830 CF.3.8.

831 Vgl. IASB (Hrsg.), Staff Paper 10E (May 2014), Rn. 20–24; IASB (Hrsg.), DP/2006/July: Conceptual Framework, Rn. BC1.9–BC1.13, sowie ENGELKE, F., Kapitalkonsolidierung im mehrstufigen Konzern, S. 127 f.

832 Vgl. so auch im handelsrechtlichen Kontext LEINEN, M., Kapitalkonsolidierung im mehrstufigen Konzern, S. 59 f.

833 Vgl. IFRS 3.10.

834 Vgl. so auch im handelsrechtlichen Kontext KÜTING, K./LEINEN, M., Kapitalkonsolidierung bei Erwerb eines Teilkonzerns, S. 1202 f.; LEINEN, M., Kapitalkonsolidierung im mehrstufigen Konzern, S. 146–154.

835 Vgl. implizit IFRS 3.BC43 i. V. m. IFRS 3.BC24 i. V. m. IFRS 3.BC204 (a).

836 Vgl., wenn auch im handelsrechtlichen Kontext, LEINEN, M., Kapitalkonsolidierung im mehrstufigen Konzern, S. 60; KÜTING, K./LEINEN, M., Kapitalkonsolidierung bei Erwerb eines Teilkonzerns, S. 1202 f.

Höhe des auf sie entfallenden Anteils am neubewerteten Reinvermögen des Tochterunternehmens oder zum beizulegenden Zeitwert bewertet werden,[837] repräsentieren diese Anteile umgekehrt den Saldo der auf sie entfallenden Teile der Vermögenswerte und Schulden, ggf. zuzüglich eines auf sie entfallenden Geschäfts- oder Firmenwertes, des entsprechenden Tochterunternehmens.[838]

Darüber hinaus kann aus der Vorschrift des IFRS 10.B94 abgeleitet werden, dass dem Gedanken der Bruchteilsvorstellung auch im Rahmen der **Folgekonsolidierung** Rechnung zu tragen ist.[839] So ist hiernach das Gesamtergebnis des Konzerns auf die Gesellschafterstämme aufzuteilen,[840] sodass (auch) der Wertansatz der nicht beherrschenden Anteile um die (Wert-)Änderungen der auf diese Anteile entfallenden Teile der in der Konzernbilanz enthaltenen Vermögenswerte und Schulden der entsprechenden Tochterunternehmen erfolgswirksam fortzuschreiben ist.[841] Im Grundsatz repräsentieren die nicht beherrschenden Anteile folglich auch in den Folgeperioden den Saldo der Konzernbuchwerte der auf sie entfallenden Teile der Vermögenswerte und Schulden.[842] Dieser Lesart steht eine von der jeweiligen (gesellschaftsrechtlichen) Beteiligungsquote ausnahmsweise[843] abweichende Zuordnung des Nettovermögens auf die Anteile des Konzernmutterunternehmens respektive der nicht beherrschenden Gesellschafter keinesfalls zwingend entgegen.[844] So entfällt bspw. bei Anwendung der *full goodwill method* bereits zum Zugangszeitpunkt der Geschäfts- oder Firmenwert regelmäßig nicht entsprechend den Beteiligungsquoten auf die Gesellschafterstämme, da ein potenzieller auf die Anteile nicht beherrschender Gesellschafter entfallender Geschäfts- oder Firmenwert nicht durch eine beteiligungsproportionale Hochrechnung zu ermitteln ist, sondern aus der Differenz der zum beizulegenden Zeitwert zu bewertenden nicht beherrschenden Anteile abzüglich des auf diese Anteile entfallenden Nettovermögens des Tochterunternehmens.[845]

Die Idee der Bruchteilsvorstellung ist schließlich auch in den in IFRS 10.25 f. i. V. m. IFRS 10.B98 f. enthaltenen Vorschriften zur **Endkonsolidierung** „als letztes Glied der Kette“[846] der Einbeziehung eines Tochterunternehmens zu erkennen, die gedanklich in zwei Komponenten aufgeteilt werden kann. So ist zum einen der auf das Konzernmutterunternehmen

837 Vgl. IFRS 3.19.

838 Im Folgenden wird, wenn nicht explizit anders angegeben, von einem auf die Anteile nicht beherrschender Gesellschafter entfallenden Geschäfts- oder Firmenwert abstrahiert.

839 Vgl. so auch im handelsrechtlichen Kontext LEINEN, M., Kapitalkonsolidierung im mehrstufigen Konzern, S. 143 f.

840 Vgl. FREIBERG, J., Behandlung von nicht-beherrschenden Gesellschaftern, S. 264; HACHMEISTER, D./SCHWARZKOPF, A.-S., in: Böcking u. a., Beck HdR, C 403, Rn. 151.

841 Vgl. CF.4.68 f. i. V. m. IFRS 10.B94, sowie Abschnitt 521.231.

842 Vgl., wenn auch im handelsrechtlichen Kontext, EBELING, R. M., Anteile fremder Gesellschafter, S. 325 und S. 332.

843 Eine weitere Ausnahme sind die Emission bestimmter Finanzinstrumente, bspw. einer Wandelschuldverschreibung. Vgl. hierzu FREIBERG, J., Vom Minderheitenanteil zum nicht beherrschenden Anteil, S. 212; THEILE, C./BEHLING, K., in: Heuser/Theile, IFRS Handbuch, 6. Aufl., Kap. 36, Rn. 36.230–36.237.

844 Vgl. hierzu aber kritisch FRÖHLICH, C., *Non-Controlling Interest* im IFRS-Abschluss, S. 420.

845 Vgl. BUSSE VON COLBE, W./FALKENHAHN, G., Methoden der Kapitalkonsolidierung, S. 12–15; ZWIRNER, C., Full Goodwill nach IFRS 3, S. 411 f.; HAAKER, A., Anwendung der *full goodwill method*, S. 191.

846 ORDELHEIDE, D., Endkonsolidierung, S. 766.

entfallende Teil der abgehenden Vermögenswerte und Schulden des Tochterunternehmens auszubuchen und in diesem Zuge ein Endkonsolidierungserfolg zu ermitteln.[847] Zum anderen ist der auf die nicht beherrschenden Anteile entfallende Teil der abgehenden Vermögenswerte und Schulden erfolgsneutral gegen die nicht beherrschenden Anteile auszubuchen. Korrespondierend zur Sacheinlagenfiktion im Rahmen der Erstkonsolidierung wird insofern zum Endkonsolidierungszeitpunkt die **Entnahme der Sacheinlage** seitens der nicht beherrschenden Gesellschafter fingiert.[848] Dabei spielt die Ermittlung und Erfassung eines auf die Anteile des Konzernmutterunternehmens entfallenden Endkonsolidierungserfolges eine zentrale Rolle,[849] da dieser als grundsätzlich[850] letzter Beitrag zum Konzerntotalerfolgsbeitrag eines Tochterunternehmens die Wahrung des konzernspezifischen Kongruenzprinzips sicherzustellen hat.[851] Ungeachtet der Möglichkeit etwaiger Umgliederungen bedarf es insofern einer sachgerechten Fortschreibung der Vermögenswerte und Schulden mit Blick auf die Allokation auf die jeweiligen Anteile am Konzerneigenkapital, damit sich sowohl der auf die nicht beherrschenden Anteile entfallende Teil der abgehenden Vermögenswerte und Schulden und die nicht beherrschenden Anteile wertmäßig entsprechen als auch der zu erfassende Endkonsolidierungserfolg den tatsächlichen Verhältnissen entspricht.

Mit Blick auf die im Folgenden zu beantwortenden Fragestellungen im Kontext der Zwischenergebniseliminierung ist mithin der Vorstellung Rechnung zu tragen, dass über die gesamte Dauer der Konzernzugehörigkeit eines Tochterunternehmens dessen im Konzernabschluss bilanzierte Vermögenswerte und Schulden **gedanklich auf die Gesellschaftergruppen aufgeteilt** werden können. So entfallen die Vermögenswerte und Schulden eines Tochterunternehmens nicht gänzlich auf den Eigenkapitalanteil des Konzernmutterunternehmens, sondern auch anteilig auf die nicht beherrschenden Anteile. Da im Gegensatz zu den Vermögenswerten und Schulden das Eigenkapital der wirtschaftlichen Einheit nicht nur gedanklich, sondern auch im Rahmen des Ausweises in „**zwei Blöcke aufgeteilt**“[852] wird, ist eine hinsichtlich der gesellschafterstammspezifischen Aufteilung sachgerechte Fortschreibung der Vermögenswerte und Schulden eines Tochterunternehmens besonders bedeutsam. Schließlich können beide Anteile

---

847 Vgl. zur Methodik der Endkonsolidierung Abschnitt 521.1.

848 Vgl. PAWELZIK, K. U., Konsolidierung von Minderheiten, S. 678; THEILE, C./BEHLING, K., in: Heuser/Theile, IFRS Handbuch, 6. Aufl., Kap. 36, Rn. 36.290.

849 Vgl. ZORN, T., Ableitung der Endkonsolidierung, S. 87; HOEHNE, F., Veräußerung von Anteilen, S. 87; HACKENSCHMIDT, A. M./RAMMERT, S., Kapitalkonsolidierung von Tochterunternehmen, S. 202.

850 Eine Ausnahme hiervon sind bspw. Erfolge aus der Veräußerung eines ursprünglich konzernintern gelieferten Vermögenswertes, dessen Wertansatz Gegenstand der Zwischenergebniseliminierung war und der von einem Unternehmen konzernintern geliefert wurde, das zum Zeitpunkt der Veräußerung dieses Vermögenswertes an konzernexterne Dritte kein Konzernunternehmen mehr ist. Vgl. hierzu das Beispiel in Abschnitt 522.222.

851 Vgl. ZORN, T., Ableitung der Endkonsolidierung, S. 93 f.; SCHINDLER, J., Kapitalkonsolidierung nach dem BiRiLiG, S. 238; HAYN, B., Konsolidierungstechnik, S. 226 f.

852 KIRSCH, H.-J./ENGELKE, F., in: Baetge/Kirsch/Thiele, Bilanzrecht, § 307 HGB, Rn. 3, wenn auch im handelsrechtlichen Kontext.

am Eigenkapital der jeweiligen Gesellschaftergruppe bspw. als Bezugsgröße für Rentabilitätsberechnungen auf ihr (fiktiv) eingesetztes Kapital dienen.[853] Selbst wenn in diesem Zusammenhang die Auffassung vertreten würde, dass ein separater Ausweis der nicht beherrschenden Anteile innerhalb des Konzerneigenkapitals für die nicht beherrschenden Gesellschafter keinen Nutzen stifte, wird die Aufteilung des Eigenkapitals der wirtschaftlichen Einheit für das Konzernmutterunternehmen und weitere Konzernabschlussadressaten wie die Fremdkapitalgeber relevant sein.[854] So bezieht sich bspw. die für den Kapitalmarkt bedeutende Kennzahl „Ergebnis je Aktie" (*earnings per share*)[855] lediglich auf den Anteil des Konzernmutterunternehmens am Konzernergebnis sowie am Konzerneigenkapital.[856] Mittels des separaten Ausweises in Verbindung mit einer sachgerechten Fortschreibung der Vermögenswerte und Schulden kann der Vermittlung eines den tatsächlichen Verhältnissen entsprechenden Bildes des Anteils des Konzernmutterunternehmens am Konzerneigenkapital entsprochen werden.[857]

521.3 Regelungen zur Zwischenergebniseliminierung

Die Zwischenergebniseliminierung für konzerninterne Geschäftsvorfälle zwischen Unternehmen aus dem Vollkonsolidierungskreis ist in **IFRS 10.B86 (c)** geregelt. Der Einheitsfiktion folgend sind aus diesen Transaktionen resultierende, im Wertansatz eines Vermögenswertes enthaltene Zwischenergebnisse **in voller Höhe** zu eliminieren (*eliminate in full*), d. h. unabhängig davon, ob neben dem Mutterunternehmen auch nicht beherrschende Gesellschafter am Eigenkapital eines an der Transaktion partizipierenden Tochterunternehmens beteiligt sind.[858] Vermögenswerte sind im Konzernabschluss entsprechend mit dem Wert anzusetzen, der für sie einschlägig wäre, sofern das Mutterunternehmen und seine Tochterunternehmen ein einziges Unternehmen wären.[859]

---

853 Vgl. implizit FREIBERG, J., Vom Minderheitenanteil zum nicht beherrschenden Anteil, S. 212.

854 Vgl. ähnlich FRÖHLICH, C., *Non-Controlling Interest* im IFRS-Abschluss, S. 420, der allerdings die gesellschafterstammspezifische Aufteilung der Vermögenswerte und Schulden im Rahmen der Anwendung der *full goodwill method* aufgrund des nicht beteiligungsproportional hochgerechneten Geschäfts- oder Firmenwertes für nicht möglich hält.

855 Sie gilt als „wichtige Kennzahl am Kapitalmarkt zur Verbindung von Unternehmensbewertung und Rechnungslegung." WIECHMANN, J./SCHARFENBERG, A., in: Driesch u. a., Beck IFRS HB, 5. Aufl., § 16, Rn. 1. Vgl. zur Bedeutung dieser Kennzahl auch PELLENS, B./NEUHAUS, S./NÖLTE, U., Konzernergebnis und Earnings per Share, S. 32 m. w. N.

856 Vgl. PELLENS, B./NEUHAUS, S./NÖLTE, U., Konzernergebnis und Earnings per Share, S. 32 und S. 35–38; LÜDENBACH, N./HOFFMANN, W.-D./FREIBERG, J., in: Lüdenbach/Hoffmann/Freiberg, Haufe IFRS-Kommentar, 17. Aufl., § 35, Rn. 1 und Rn. 10. Die Vorgabe zur Ermittlung und Offenlegung des Ergebnisses je Aktie betrifft nur Unternehmen, deren (potenzielle) Stammaktien öffentlich gehandelt werden oder die eine Emission derartiger Instrumente in die Wege geleitet haben. Vgl. IAS 33.2.

857 Vgl. ähnlich CLARK, M. W., Evolution of Concepts of Minority Interest, S. 65, mit Verweis auf MOONITZ, M., The Entity Approach to Consolidated Statements, S. 241. Vgl. implizit EBELING, R. M., in: Baetge/Kirsch/Thiele, Bilanzrecht, § 304 HGB, Rn. 519.

858 Vgl. BAETGE, J./HAYN, S./STRÖHER, T., in: Baetge u. a., Rechnungslegung nach IFRS, 2. Aufl., IFRS 10, Rn. 287; THEILE, C./BEHLING, K., in: Heuser/Theile, IFRS Handbuch, 6. Aufl., Kap. 40, Rn. 40.47.

859 Vgl. PEFFEKOVEN, F. P./CHRISMANN, T., IFRS: Konzernabschluss, S. 92; WATRIN, C./HOEHNE, F./LAMMERT, J., in: Hennrichs/Kleindiek/Watrin, MüKo Bilanzrecht Bd. 1, IAS 27, Rn. 201. Vgl. zur Ermittlung des konzernbilanziell maßgebenden Wertes Abschnitt 422.

Aus der Vorschrift des IFRS 10.B86 (c) lassen sich die **drei Voraussetzungen** zur Durchführung einer Zwischenergebniseliminierung ableiten.[860] Hiernach ist eine Zwischenergebniseliminierung durchzuführen, wenn

- ein Vermögenswert vorliegt,
- der in der Konzernbilanz nach dem Recht des Mutterunternehmens zu aktivieren ist und
- der aufgrund einer konzerninternen Lieferungs- oder Leistungsbeziehung zwischen vollkonsolidierten Konzernunternehmen einen aus Konzernsicht zu hohen oder zu niedrigen Wertansatz hat.

Aus dem Wortlaut „*recognised in **assets*** [ohne Hervorhebung im Original]“[861] geht unmittelbar hervor, dass erstens allgemein ein **Vermögenswert** vorliegen muss, damit eine Zwischenergebniseliminierung vorzunehmen ist. Wann in den IFRS ein Gut als ein Vermögenswert einzustufen ist, regelt in erster Instanz das *Conceptual Framework* in Form eines zweistufiges Verfahrens, wonach ein Gut zum einen die Definitionskriterien eines Vermögenswertes und zum anderen die allgemeinen Ansatzkriterien des Rahmenkonzepts zu erfüllen hat.[862] Ein Vermögenswert (*asset*) wird im *Conceptual Framework* definiert als eine gegenwärtige ökonomische Ressource[863], die von der berichterstattenden Einheit kontrolliert wird und auf einem vergangenen Ereignis basiert.[864] Im Rahmen der allgemeinen Ansatzkriterien ist sodann zu prüfen, ob der Ansatz dieses als Vermögenswert definierten Gutes den Abschlussadressaten entscheidungsnützliche, d. h. sowohl relevante als auch glaubwürdig darstellbare, Informationen liefern kann.[865] Die gemäß dem Rahmenkonzept ansatzpflichtigen Vermögenswerte unterliegen schließlich dem Vorbehalt abweichender Vorschriften der Einzelstandards, die den Bilanzansatz sowohl eingrenzen als auch erweitern können.[866]

---

860 Vgl. WOHLGEMUTH, M., in: Schulze-Osterloh/Hennrichs/Wüstemann, HdJ, Abt. V/5, Rn. 5; KÜTING, K./WEBER, C.-P., Der Konzernabschluss, S. 507 f., BAETGE, J./HAYN, S./STRÖHER, T., in: Baetge u. a., Rechnungslegung nach IFRS, 2. Aufl., IFRS 10, Rn. 281 f., sowie schon im Kontext von IAS 27 (*rev.* 2003) WATRIN, C./HOEHNE, F./LAMMERT, J., in: Hennrichs/Kleindiek/Watrin, MüKo Bilanzrecht Bd. 1, IAS 27, Rn. 201 f.; PEFFEKOVEN, F. P./CHRISMANN, T., IFRS: Konzernabschluss, S. 93. Vgl. zu den vergleichbaren Voraussetzungen im handelsrechtlichen Kontext BAETGE, J./KIRSCH, H.-J./THIELE, S., Konzernbilanzen, S. 282–284; ADS, 6. Aufl., § 304 HGB, Rn. 41–51.

861 IFRS 10.B86 (c).

862 Vgl. BAETGE, J. U. A., in: Baetge u. a., Rechnungslegung nach IFRS, 2. Aufl., Kap. II, Rn. 68.

863 Eine ökonomische Ressource wird separat als ein Recht definiert, das das Potenzial besitzt, ökonomischen Nutzen zu generieren. Vgl. CF.4.4. Durch diese Definition möchte der IASB klarstellen, dass der Vermögenswert eine ökonomische Ressource, nicht aber den daraus resultierenden Nutzenzufluss darstellt. Vgl. CF.BC4.7.

864 Vgl. CF.4.3. Vgl. zu den Einzelheiten CF.4.6–4.25, sowie BAETGE, J. U. A., in: Baetge u. a., Rechnungslegung nach IFRS, 2. Aufl., Kap. II, Rn. 70–73a.

865 Vgl. CF.5.6 f., sowie ausführlich BAETGE, J. U. A., in: Baetge u. a., Rechnungslegung nach IFRS, 2. Aufl., Kap. II, Rn. 96–101.

866 Vgl. BAETGE, J. U. A., in: Baetge u. a., Rechnungslegung nach IFRS, 2. Aufl., Kap. II, Rn. 69; BAETGE, J./KIRSCH, H.-J./THIELE, S., Bilanzen, S. 182 f. und S. 185 f. Vgl. für einen Überblick spezifischer Aktivierungsvorschriften in den Einzelstandards, die zum Teil lediglich klarstellenden, zum Teil aber auch ergänzenden oder einschränkenden Charakter gegenüber den Definitions- und Ansatzkriterien des Rahmenkonzepts aufweisen, BAETGE, J. U. A., in: Baetge u. a., Rechnungslegung nach IFRS, 2. Aufl., Kap. II, Rn. 103.

Reine **Dienstleistungen** innerhalb des Konzerns, die vom empfangenden Unternehmen nicht als Vermögenswert aktiviert, sondern unmittelbar aufwandswirksam in der Gesamtergebnisrechnung erfasst werden, fallen demnach nicht in den Anwendungsbereich der Zwischenergebniseliminierung.[867] Die aus einem solchen Sachverhalt erwachsenden Erträge und Aufwendungen werden zwar regelmäßig auch der Konsolidierungspflicht unterliegen, sind aber vielmehr Gegenstand der Aufwands- und Ertragskonsolidierung.[868] Dies gilt gleichermaßen für konzerninterne Dienstleistungsgeschäfte, die beim leistenden Unternehmen im Einzelabschluss nach den Vorschriften des IFRS 15 bilanziert werden. Zwar werden im Kontext der Erfassung von Umsatzerlösen nach IFRS 15.31 zum Zeitpunkt des Kontrollübergangs an einen Kunden nicht nur Güter (*goods*), sondern auch Dienstleistungen (*services*), die nicht die Vermögenswertdefinition des *Conceptual Framework* erfüllen, unter dem Begriff des Vermögenswertes subsumiert.[869] Für Dienstleistungen wird dabei „im Wege einer Fiktion nach IFRS 15.33 angenommen, dass der Kunde für eine logische Sekunde Kontrolle über einen Vermögenswert erlangt“[870].[871] In dieser Sekunde erhält der die Dienstleistung in Anspruch nehmende Kunde zunächst diese Dienstleistung, ehe er sie anschließend unmittelbar verbraucht.[872] Diese Fiktion soll allerdings lediglich dazu dienen, innerhalb des IFRS 15 eine einheitliche konzeptionelle Basis für sämtliche Leistungstatbestände zu verankern.[873] Ein tatsächlich ansatzpflichtiger Vermögenswert, der Gegenstand der Zwischenergebniseliminierung sein könnte, resultiert hieraus nicht.

Zweitens muss der Vermögenswert am Abschlussstichtag nach dem **Recht des Mutterunternehmens** in der **Konzernbilanz** zu aktivieren sein.[874] Wurde der Vermögenswert, der Gegenstand einer konzerninternen Lieferungs- oder Leistungsbeziehung war, bis zum Bilanzstichtag bereits an konzernexterne Dritte weiterveräußert, unterliegt er nicht (mehr) der Zwischenergebniseliminierung.[875] Die Maßgeblichkeit des Ansatzes des Vermögenswertes aus Sicht des Mutterunternehmens für die Anwendung der Zwischenergebniseliminierung geht zwar nicht unmittelbar aus dem Wortlaut des IFRS 10.B86 (c) hervor, lässt sich jedoch regelungssystematisch aus seiner Stellung innerhalb des IFRS 10 ableiten. Schließlich ist diese Vorschrift, mithin die Zwischenergebniseliminierung auf die Summenbilanz anzuwenden, die durch die horizontale Addition der nach dem Konzernrechnungslegungsrecht des Mutterunternehmens aufgestellten

---

867 Vgl., wenn auch im handelsrechtlichen Kontext, WEBER, H., in: Küting/Weber, HdK, 2. Aufl., § 304 HGB, Rn. 8.

868 Vgl. WOHLGEMUTH, M., in: Schulze-Osterloh/Hennrichs/Wüstemann, HdJ, Abt. V/5, Rn. 9.

869 Vgl. KÖNIG, C., Umsatzrealisierung in der Airline-Industrie, S. 184 f.

870 HEINTGES, S./HOFFMANN, T./USINGER, R., IFRS 15, S. 581.

871 Vgl. HEINTGES, S./HOFFMANN, T./USINGER, R., IFRS 15, S. 581; WÜSTEMANN, J./WÜSTEMANN, S./JENDRECK, A., in: Baetge u. a., Rechnungslegung nach IFRS, 2. Aufl., IFRS 15, Rn. 64.

872 Vgl. IFRS 15.BC118 (a), sowie BREIDENBACH, K./WÄHRISCH, M., Umsatzerlöse, Rn. 278; DELOITTE (Hrsg.), IFRS 15, S. 9. Vgl. kritisch zu dieser Fiktion LÜDENBACH, N./HOFFMANN, W.-D./FREIBERG, J., in: Lüdenbach/Hoffmann/Freiberg, Haufe IFRS-Kommentar, 17. Aufl., § 25, Rn. 135.

873 Vgl. LÜDENBACH, N./HOFFMANN, W.-D./FREIBERG, J., in: Lüdenbach/Hoffmann/Freiberg, Haufe IFRS-Kommentar, 17. Aufl., § 25, Rn. 135; KÖNIG, C., Umsatzrealisierung in der Airline-Industrie, S. 185.

874 Vgl. WOHLGEMUTH, M., in: Schulze-Osterloh/Hennrichs/Wüstemann, HdJ, Abt. V/5, Rn. 12.

875 Vgl. KÜTING, K./WEBER, C.-P., Der Konzernabschluss, S. 507.

IFRS-Bilanzen erstellt wurde.[876] Hieraus folgt wiederum, dass auch Vermögenswerte, die nicht auf Einzelabschlussebene, sondern erst im Rahmen der Konzernrechnungslegung ansatzpflichtig werden, Gegenstand der Zwischenergebniseliminierung sein können.[877] Umgekehrt sind Vermögenswerte, die zwar im Einzelabschluss eines Konzernunternehmens anzusetzen sind, aus Sicht des Mutterunternehmens allerdings einem konzernbilanziellen Ansatzverbot unterliegen, nicht Gegenstand der Zwischenergebniseliminierung.[878]

Drittens knüpft IFRS 10.B86 (c) die Pflicht zur vollständigen Eliminierung eines Zwischenergebnisses daran, dass der im Konzernabschluss zu aktivierende Vermögenswert einen aus Konzernsicht zu hohen oder zu niedrigen Wert aufweist,[879] welcher ganz oder teilweise[880] aus einer Lieferungs- oder Leistungsbeziehung zwischen Konzernunternehmen aus dem **Vollkonsolidierungskreis** resultiert.[881] Folglich umfasst die Vorschrift unmittelbare[882] Lieferungen oder Leistungen von einem vollkonsolidierten Tochterunternehmen an die Konzernobergesellschaft (sog. **Upstream-Transaktionen**), von der Konzernobergesellschaft an eines ihrer vollkonsolidierten Tochterunternehmen (sog. **Downstream-Transaktionen**) sowie von einem vollkonso-

876 Vgl. IFRS 10.19 i. V. m. IFRS 10.B86 (a), sowie KÜTING, K./WEBER, C.-P., Der Konzernabschluss, S. 283; BAETGE, J./HAYN, S./STRÖHER, T., in: Baetge u. a., Rechnungslegung nach IFRS, 2. Aufl., IFRS 10, Rn. 248. Das für den Einzelabschluss des Mutterunternehmens einschlägige Recht – im deutschen Rechtsraum regelmäßig das Handelsrecht – ist dabei grundsätzlich unerheblich. Vgl. BAETGE, J./HAYN, S./STRÖHER, T., in: Baetge u. a., Rechnungslegung nach IFRS, 2. Aufl., IFRS 10, Rn. 243.

877 Vgl. WOHLGEMUTH, M., in: Schulze-Osterloh/Hennrichs/Wüstemann, HdJ, Abt. V/5, Rn. 12.

878 Vgl. WOHLGEMUTH, M., in: Schulze-Osterloh/Hennrichs/Wüstemann, HdJ, Abt. V/5, Rn. 12. Solche Vermögenswerte, wie bspw. ein selbst geschaffener Markenname gemäß IAS 38.63, der Gegenstand einer konzerninternen Veräußerung war, sind vielmehr im Rahmen der Vereinheitlichung der Einzelabschlüsse an die konzerneinheitlichen Bilanzierungsmethoden zu eliminieren. Vgl. HAYN, S./GRÜNE, M., Konzernabschluss nach IFRS, S. 103, sowie, wenn auch im handelsrechtlichen Kontext, BAETGE, J./KIRSCH, H.-J./THIELE, S., Konzernbilanzen, S. 284 f.

879 Vgl. hierzu ausführlich Abschnitt 41 und Abschnitt 422.

880 Entsprechend wäre auch nur eine anteilige Zwischenergebniseliminierung vorzunehmen. Vgl. hierzu, wenn auch im handelsrechtlichen Kontext, BAETGE, J./KIRSCH, H.-J./THIELE, S., Konzernbilanzen, S. 284.

881 Vgl. SENGER, T./DIERSCH, U., in: Driesch u. a., Beck IFRS HB, 5. Aufl., § 35, Rn. 106; VON WYSOCKI, K./WOHLGEMUTH, M./BRÖSEL, G., Konzernrechnungslegung, S. 215 i. V. m. S. 250. Zwischenergebnisse sind ab dem Zeitpunkt der erstmaligen Einbeziehung des entsprechenden Tochterunternehmens zu eliminieren. Erfolgsbeiträge, die aus Transaktionen mit einem solchen Unternehmen vor dessen Konzernzugehörigkeit resultieren, sind folglich nicht Gegenstand der Zwischenergebniseliminierung. Vgl. SENGER, T./DIERSCH, U., in: Driesch u. a., Beck IFRS HB, 5. Aufl., § 35, Rn. 107; THEILE, C./BEHLING, K., in: Heuser/Theile, IFRS Handbuch, 6. Aufl., Kap. 36, Rn. 36.301.

882 Ein zunächst vom Mutter- oder von einem Tochterunternehmen an einen konzernexternen Dritten veräußerter Vermögenswert, der anschließend wieder von einem in den Vollkonsolidierungskreis einbezogenen Unternehmen zurückerworben wird (sog. Dreiecksgeschäft), unterliegt grundsätzlich nicht der Zwischenergebniseliminierungspflicht. Ausnahmsweise kann aber auch dann eine Pflicht zur Eliminierung von Zwischenergebnissen bestehen, wenn ein Dreiecksgeschäft bewusst zur Umgehung der Eliminierungspflicht genutzt wird oder es sich um treuhänderische oder treuhandähnliche Geschäfte handelt. Vgl. BAETGE, J./HAYN, S./STRÖHER, T., in: Baetge u. a., Rechnungslegung nach IFRS, 2. Aufl., IFRS 10, Rn. 283, sowie, wenn auch im handelsrechtlichen Kontext, ADS, 6. Aufl., § 304 HGB, Rn. 49–51 m. w. N. Vgl. zu einem diesbezüglich ausführlichen Beispiel, bei dem aus wirtschaftlichen Gesichtspunkten eine Zwischenergebniseliminierungspflicht geboten sein kann, LÜDENBACH, N./HOFFMANN, W.-D./FREIBERG, J., in: Lüdenbach/Hoffmann/Freiberg, Haufe IFRS-Kommentar, 17. Aufl., § 32, Rn. 154 f.

lidierten Tochterunternehmen an ein ebenfalls vollkonsolidiertes Tochterunternehmen (sog. **Sidestream-Transaktionen**)[883].[884] Zu beachten sind hierbei Änderungen des Vollkonsolidierungskreises. So ist bspw. ein ursprünglich konzernintern gelieferter Vermögenswert, der im Bestand eines ausscheidenden Tochterunternehmens ist, das aufgrund des Verlusts der Beherrschung der Konzernobergesellschaft auf dieses Unternehmen zum Bilanzstichtag nicht mehr Teil des Vollkonsolidierungskreises ist, nicht (mehr) Gegenstand der Zwischenergebniseliminierung gemäß IFRS 10.B86 (c)[885].[886]

522. Mögliche Vorgehensweisen bei der Zwischenergebniseliminierung im Kontext der Vollkonsolidierung unter der Berücksichtigung von Anteilen nicht beherrschender Gesellschafter

522.1 Vorbemerkungen

Entsprechend den im vorangehenden Abschnitt 521.3 erläuterten Vorschriften zur Zwischenergebniseliminierung ist ein Zwischenergebnis, das aus einer konzerninternen Lieferungs- oder Leistungsbeziehung zwischen der Konzernobergesellschaft und einem Tochterunternehmen resultiert, gemäß IFRS 10.B86 (c) unabhängig von der Beteiligungsquote an diesem Tochterunternehmen vollständig zu eliminieren. Demzufolge ist es zwar unstrittig, dass sowohl der Wertansatz des mit der Transaktion in Zusammenhang stehenden Vermögenswertes als auch das Konzernergebnis selbst dann zwingend von einem Zwischenergebnis zu befreien sind, sofern neben dem Mutterunternehmen auch nicht beherrschende Gesellschafter am Eigenkapital des an der Transaktion partizipierenden Tochterunternehmens beteiligt sind.[887] Gleichwohl enthält IFRS 10 keine explizite Vorgabe hinsichtlich der gesellschafterstammspezifischen Verteilung eines Zwischenergebnisses im Zusammenhang der Aufteilung des Konzernergebnisses[888] auf

---

883 Sidestream-Transaktionen sind allerdings nicht Gegenstand der Untersuchung.

884 Vgl. DELOITTE (Hrsg.), iGAAP 2019, S. 2238–2240; SENGER, T./DIERSCH, U., in: Driesch u. a., Beck IFRS HB, 5. Aufl., § 35, Rn. 106 i. V. m. Rn. 115. Vgl. zu den Begriffen GRÜNBERGER, D., IFRS 2020, S. 471.

885 Vgl. zur Diskussion, inwieweit eine Zwischenergebniseliminierung weiterhin vorzunehmen ist, sofern infolge eines Verlusts der Beherrschung noch eine Restbeteiligung verbleibt, die infolge eines Statuswechsels nunmehr anteilig oder mittels der Equity-Methode einzubeziehen ist, ausführlich PANZER, A., Statusändernde Anteilsveräußerungen, S. 163–167 m. w. N.

886 Vgl. SENGER, T./DIERSCH, U., in: Driesch u. a., Beck IFRS HB, 5. Aufl., § 35, Rn. 107. Konsolidierungstechnisch kann es indes angezeigt sein, die Zwischenergebniseliminierung zunächst bis zum Endkonsolidierungszeitpunkt fortzuführen, sofern eine Endkonsolidierung ausgehend von einem fortgeführten Konzernabschluss vorgenommen wird. Vgl. hierzu Abschnitt 522.322.

887 Vgl. LÜDENBACH, N./HOFFMANN, W.-D./FREIBERG, J., in: Lüdenbach/Hoffmann/Freiberg, Haufe IFRS-Kommentar, 17. Aufl., § 32, Rn. 153; BAETGE, J./HAYN, S./STRÖHER, T., in: Baetge u. a., Rechnungslegung nach IFRS, 2. Aufl., IFRS 10, Rn. 287; ERNST & YOUNG (Hrsg.), International GAAP 2019, S. 471 f.; PWC (Hrsg.), Manual of accounting 2019, Rn. FAQ 26.182.1.

888 Nach hier verwendeter Nomenklatur bezieht sich der Begriff „Konzernergebnis" auf das noch nicht auf die Gesellschafterstämme verteilte, (teilweise implizit) in der Konzernbilanz ausgewiesene Ergebnis sowie auf das korrespondierende Ergebnis der Konzern-Gewinn- und Verlustrechnung. Dieses besteht folglich zum einen aus dem der Konzernobergesellschaft zuzurechnenden Ergebnis, das zwar in der Konzernbilanz nicht zwingend gesondert von den Gewinnrücklagen auszuweisen ist (vgl. Abschnitt 521.22), aber im Rahmen dieser Arbeit gesondert ausgewiesen wird, und zum anderen aus dem den nicht beherrschenden Anteilen zuzuordnenden Ergebnis, das in den Wertansatz der nicht beherrschenden Anteile eingeht.

die Gesellschafterstämme[889].[890] Diesbezüglich stehen sich **zwei**[891] **Vorgehensweisen** bei der **Zwischenergebniseliminierung** gegenüber, die in der Literatur strittig diskutiert werden.[892]

Die erste Möglichkeit bei der Vorgehensweise der Zwischenergebniseliminierung besteht darin, das vollständig zu eliminierende Zwischenergebnis im Rahmen der Verteilung des Konzernergebnisses entsprechend den Beteiligungsverhältnissen am Eigenkapital des **liefernden oder leistenden** Unternehmens, also des Unternehmens, bei dem auf Einzelabschlussebene dieses Zwischenergebnis erfasst wurde, auf die Gesellschafterstämme zu verteilen (sog. **ergebnisorientierte Vorgehensweise**).[893] Dies hat in Bezug auf eine Upstream-Transaktion zur Folge, dass das der Konzernobergesellschaft zustehende Ergebnis und der Wertansatz der Anteile nicht beherrschender Gesellschafter mit dem auf die jeweiligen Anteile beteiligungsproportional entfallenden Teil des Zwischenergebnisses verrechnet werden.[894] Im Rahmen einer Downstream-Transaktion wird das Zwischenergebnis hingegen vollständig mit dem der Konzernobergesellschaft zuzurechnenden Ergebnis verrechnet, sodass der Wertansatz der nicht beherrschenden Anteile hiervon unberührt bleibt.[895] Die zweite Möglichkeit der Zwischenergebniseliminierung besteht demgegenüber darin, das zu eliminierende Zwischenergebnis entsprechend den Beteiligungsverhältnissen am Eigenkapital des **empfangenden** Unternehmens, also des Unternehmens, in dessen Bestand sich der mit der Transaktion in Zusammenhang stehende

---

889 Vgl. IFRS 10.B94.

890 Vgl. BAETGE, J./HAYN, S./STRÖHER, T., in: Baetge u. a., Rechnungslegung nach IFRS, 2. Aufl., IFRS 10, Rn. 288 und Rn. 416; LÜDENBACH, N., Zwischenergebniseliminierung bei Minderheiten, S. 180; HACHMEISTER, D./SCHWARZKOPF, A.-S., in: Böcking u. a., Beck HdR, C 403, Rn. 154.

891 Neben der ergebnisorientierten Vorgehensweise und der vermögensorientierten Vorgehensweise besteht grundsätzlich noch die Möglichkeit einer dritten Vorgehensweise, im Rahmen derer das Zwischenergebnis ungeachtet der Lieferungs- oder Leistungsrichtung pauschal vollständig mit dem auf das Mutterunternehmen entfallenden Ergebnis verrechnet wird (sog. Eliminierung zulasten des Mutterunternehmens). Diese Vorgehensweise wird teilweise als unzulässig angesehen (vgl. SENGER, T./DIERSCH, U., in: Driesch u. a., Beck IFRS HB, 5. Aufl., § 35, Rn. 114), teilweise aus Praktikabilitätsgründen befürwortet (vgl. VON WYSOCKI, K./WOHLGEMUTH, M./BRÖSEL, G., Konzernrechnungslegung, S. 252), teilweise aber auch vor dem Hintergrund des Arguments, dass der Wertansatz der nicht beherrschenden Anteile von erfolgswirksamen Konsolidierungsmaßnahmen per se nicht berührt werden dürfe, befürwortet (vgl., wenn auch im handelsrechtlichen Kontext, ADS, 6. Aufl., § 304 HGB, Rn. 110). Diese pauschale Vorgehensweise zulasten des Mutterunternehmens führt jedoch bei den hier nicht betrachteten Sidestream-Transaktionen zu einer nicht den tatsächlichen Verhältnissen entsprechenden Abbildung. Vgl. dazu ausführlich FRÖHLICH, C., Zwischengewinne bei Geschäften mit Tochterunternehmen, S. 358, sowie, wenn auch im handelsrechtlichen Kontext, STÖRK, U./HOFFMANN, K., in: Grottel u. a., Beck Bilanzkomm., 12. Aufl., § 307 HGB, Rn. 56. Da zudem die Abbildung einer Upstream-Transaktion nach der vermögensorientierten Vorgehensweise bzw. einer Downstream-Transaktion nach der ergebnisorientierten Vorgehensweise im Ergebnis jeweils derjenigen nach der pauschalen Vorgehensweise entspricht, wird diese pauschale Vorgehensweise im Folgenden nicht als eigenständige Vorgehensweise berücksichtigt.

892 Vgl. für einen Überblick zum diesbezüglichen Meinungsstreit, wenn auch im handelsrechtlichen Kontext, STÖRK, U./HOFFMANN, K., in: Grottel u. a., Beck Bilanzkomm., 12. Aufl., § 307 HGB, Rn. 54 m. w. N., sowie im IFRS-Kontext FRÖHLICH, C., Zwischengewinne bei Geschäften mit Tochterunternehmen, S. 357 f. Vgl. im IFRS-Kontext die ergebnisorientierte Vorgehensweise befürwortend bspw. ERNST & YOUNG (Hrsg.), International GAAP 2019, S. 471, sowie die vermögensorientierte Vorgehensweise befürwortend bspw. SENGER, T./DIERSCH, U., in: Driesch u. a., Beck IFRS HB, 5. Aufl., § 35, Rn. 113.

893 Vgl. SENGER, T./DIERSCH, U., in: Driesch u. a., Beck IFRS HB, 5. Aufl., § 35, Rn. 113.

894 Vgl. PWC (Hrsg.), Manual of accounting 2019, Rn. FAQ 26.182.2.

895 Vgl. LÜDENBACH, N., Zwischenergebniseliminierung bei Minderheiten, S. 180.

Vermögenswert nach der Transaktion befindet, zuzuordnen (sog. **vermögensorientierte Vorgehensweise**).[896] Umgekehrt zur ergebnisorientierten Vorgehensweise führt die vermögensorientierte Vorgehensweise im Rahmen einer Upstream-Transaktion zu einer vollständigen Verrechnung des Zwischenergebnisses mit dem der Konzernobergesellschaft zustehenden Ergebnis, während bei einer Downstream-Transaktion das Zwischenergebnis anteilig den an dem empfangenden Tochterunternehmen beteiligten Gesellschafterstämmen, also neben der Konzernobergesellschaft auch den nicht beherrschenden Gesellschaftern, zugeordnet wird.[897]

Obgleich beide Vorgehensweisen dazu führen, dass die konzerninterne Lieferungs- oder Leistungsbeziehung weder einen Einfluss auf die Darstellung des im Konzernabschluss ausgewiesenen Konzernvermögens noch auf das dort ausgewiesene Konzernergebnis oder Konzerneigenkapital insgesamt hat, beeinflusst die Zuordnung des Zwischenergebnisses die Verteilung des dargestellten Konzerneigenkapitals auf die Gesellschafterstämme, mithin sowohl die Höhe des Anteils der Konzernobergesellschaft am Konzerneigenkapital als auch den Wertansatz der nicht beherrschenden Anteile.[898]

Im **Mittelpunkt** der folgenden Ausführungen betreffend die Zwischenergebniseliminierung im Rahmen der Vollkonsolidierung unter der Berücksichtigung nicht beherrschender Anteile steht folglich die konkret zu beantwortende Fragestellung, ob die ergebnisorientierte Vorgehensweise oder die vermögensorientierte Vorgehensweise zu einer vergleichsweise entscheidungsnützlicheren Abbildung einer Upstream- und einer Downstream-Transaktion führt. Um in diesem Zusammenhang eine möglichst ganzheitliche Betrachtung zu gewährleisten, wird die Analyse nicht auf die Periode der erstmaligen Entstehung des Zwischenergebnisses beschränkt, sondern um den Aspekt der (möglichen) Realisation dieses Zwischenergebnisses in einer Folgeperiode ergänzt. Diesbezüglich läge es zwar auf den ersten Blick nahe, (isoliert) die Periode der Veräußerung des Vermögenswertes, dessen Wertansatz ursprünglich Gegenstand der Zwischenergebniseliminierung war, an einen konzernexternen Dritten zu betrachten.[899] Gleichwohl kann sich dieser Vermögenswert infolge einer Upstream-Transaktion länger in der Verfügungsmacht des Konzerns befinden, als das in die konzerninterne Transaktion involvierte Tochterunternehmen Teil des Konzernverbundes ist. Da infolge eines Beherrschungsverlusts der Konzernobergesellschaft über ein Tochterunternehmen auch die Anteile der nicht beherrschenden Gesellschafter dieses Tochterunternehmens gänzlich aus der Konzernbilanz auszubuchen sind,[900] käme im Rahmen einer weiterhin durchzuführenden Zwischenergebniseliminierung der Wertansatz dieser Anteile dann für eine Verrechnung nicht mehr infrage.[901] Angesichts dieser

---

896 Vgl. SENGER, T./DIERSCH, U., in: Driesch u. a., Beck IFRS HB, 5. Aufl., § 35, Rn. 113.

897 Vgl. PELLENS, B./NEUHAUS, S./NÖLTE, U., Konzernergebnis und Earnings per Share, S. 40–43.

898 Vgl., wenn auch im handelsrechtlichen Kontext, KIRSCH, H.-J./ENGELKE, F., in: Baetge/Kirsch/Thiele, Bilanzrecht, § 307 HGB, Rn. 38.14.

899 Vgl. für eine solche Analyse, wenn auch im handelsrechtlichen Kontext, LEINEN, M., Kapitalkonsolidierung im mehrstufigen Konzern, S. 267–279. Vgl. auch Fn. 1079.

900 Vgl. IFRS 10.B98 (a) (ii), sowie Abschnitt 521.1.

901 Vgl. ähnlich FRÖHLICH, C., Zwischengewinne bei Geschäften mit Tochterunternehmen, S. 358.

zusätzlichen Herausforderungen im Rahmen der Endkonsolidierung soll eine Folgeperiode betrachtet werden, in der das Tochterunternehmen aus dem Konzernverbund ausscheidet. Der Fall der konzernexternen Veräußerung des Vermögenswertes, dessen Wertansatz Gegenstand der Zwischenergebniseliminierung war, ist dabei mit abgedeckt, sodass mit der Periode der Endkonsolidierung der umfassendere Fall einer Folgeperiode betrachtet wird. Schließlich ist dieser Vermögenswert (impliziter) Gegenstand einer Veräußerung an konzernexterne Dritte, sofern er sich im Bestand des aus dem Konzernverbund ausscheidenden Tochterunternehmens befindet.

Um die beiden Vorgehensweisen zu veranschaulichen, wird im Folgenden sowohl die Analyse einer Upstream- als auch die einer Downstream-Transaktion von einem konkreten Zahlenbeispiel begleitet. Hierbei wird jeweils die Lieferung eines typisierten, nicht planmäßig abschreibungspflichtigen[902] Vermögenswertes des Vorratsvermögens[903] betrachtet, der zudem nach der konzerninternen Lieferung keiner Wertschwankung unterliegt. Hierdurch soll eine möglichst von anderen Bilanzierungsfragestellungen losgelöste und an den spezifischen Fragestellungen der Zwischenergebniseliminierung im Zusammenhang nicht beherrschender Anteile orientierte Analyse sichergestellt werden.

522.2 Upstream-Transaktionen

522.21 Ausgangsbeispiel

Zur Analyse der Zwischenergebniseliminierung unter Berücksichtigung nicht beherrschender Gesellschafter im Kontext einer **Upstream-Transaktion** soll auf das folgende Beispiel zurückgegriffen werden.

Das Unternehmen A hat zum 31.12.**X0** 80 % der Anteile am Eigenkapital des Unternehmens B erworben. Dieses Anteilspaket ermöglicht Unternehmen A, einen beherrschenden Einfluss auf Unternehmen B auszuüben, sodass Unternehmen B als Tochterunternehmen im Wege der Vollkonsolidierung gemäß IFRS 10 i. V. m. IFRS 3 in den Konzernabschluss von Unternehmen A einzubeziehen ist. Die entrichtete Gegenleistung für das Anteilspaket betrug 800 GE. Die restlichen 20 % am Eigenkapital von Unternehmen B werden von nicht beherrschenden Gesellschaftern gehalten. Unternehmen A wendet die *partial goodwill method* gemäß IFRS 3.19 (b) an. Tabelle 5-1 zeigt die bereits an die konzerneinheitlichen Bilanzierungsmethoden angepassten (stark vereinfachten) IFRS-Bilanzen II des Mutterunternehmens und des Tochterunternehmens.

[902] Die folgende Untersuchung könnte alternativ auch anhand eines abschreibungspflichtigen Vermögenswertes vorgenommen werden. Davon sei aber hier abstrahiert.

[903] Es sei davon abstrahiert, dass Vermögenswerte des Vorratsvermögens regelmäßig innerhalb von zwölf Monaten weiterveräußert oder verbraucht werden. Vgl. zur Unterscheidung von kurzfristigen und langfristigen Vermögenswerten IAS 1.66–68, sowie WAWRZINEK, W./LÜBBIG, M., in: Driesch u. a., Beck IFRS HB, 5. Aufl., § 2, Rn. 300 f.

31.12.X0 (Zahlenangaben in GE)	A (MU) IFRS-Bilanz II	B (TU) IFRS-Bilanz II
Aktiva		
Beteiligung	800	
Vorräte		1.000
Kasse	1.200	
Summe Aktiva	2.000	1.000
Passiva		
Gez. Kapital	2.000	1.000
Jahresergebnis	0	0
Summe Passiva	2.000	1.000
Legende: GE ≙ Geldeinheiten | Gez. Kapital ≙ Gezeichnetes Kapital | MU ≙ Mutterunternehmen | TU ≙ Tochterunternehmen		

Tabelle 5-1: Einzelbilanzen des Mutterunternehmens und des Tochterunternehmens zum 31.12.X0 [Upstream-Transaktion]

Die Vermögenswerte des vollständig eigenkapitalfinanzierten Unternehmens A umfassen die Beteiligung an Unternehmen B sowie liquide Mittel in Höhe von 1.200 GE. Das ebenfalls vollständig eigenkapitalfinanzierte Unternehmen B besitzt lediglich einen selbst hergestellten Vermögenswert des Vorratsvermögens, der mit seinen Herstellungskosten gemäß IAS 2.12 in Höhe von 1.000 GE bewertet ist. Es bestehen bei Unternehmen B weder stille Reserven noch stille Lasten. Zudem hat Unternehmen B keinen Geschäfts- oder Firmenwert.

Zur Aufstellung der **Konzernbilanz** zum 31.12.**X0** wären zunächst die erworbenen identifizierbaren Vermögenswerte und übernommenen Schulden des Tochterunternehmens vollständig neuzubewerten.[904] Da bei Unternehmen B weder stille Reserven noch stille Lasten vorhanden sind, wird dieser Schritt nicht weiter betrachtet. In einem nächsten Schritt sind die Einzelabschlüsse von Unternehmen A und Unternehmen B durch horizontale Addition zu einem Summenabschluss zusammenzuführen.[905] Um die im Summenabschluss enthaltene Kapitalverflechtung zwischen den beiden Konzernunternehmen zu eliminieren, wird mit Buchung (1) der Wertansatz der Beteiligung des Mutterunternehmens mit dem darauf entfallenden Eigenkapital des Tochterunternehmens (800 GE = 1.000 GE * 80 %) verrechnet.[906]

(1)	Gezeichnetes Kapital	800 GE	*an*	Beteiligung	800 GE

904 Vgl. IFRS 3.18.

905 Vgl. IFRS 10.B86 (a).

906 Vgl. IFRS 10.B86 (b). Alternativ wäre es auch möglich, der in Abschnitt 521.1 erläuterten Ermittlungssystematik eines Unterschiedsbetrages nach IFRS 3 konsolidierungstechnisch Rechnung zu tragen, indem zunächst die nicht beherrschenden Anteile bewertet werden und darauf aufbauend der Unterschiedsbetrag ermittelt wird. Darüber hinaus könnten Buchung (1) und (2) auch in einem Buchungssatz zusammengefasst werden. Vgl. so auch ENGELKE, F., Kapitalkonsolidierung im mehrstufigen Konzern, S. 38, Fn. 226.

Da sich die beiden Beträge wertmäßig entsprechen, verbleibt aus der Kapitalkonsolidierung kein auf das Mutterunternehmen entfallender Unterschiedsbetrag, sodass weder ein Geschäfts- oder Firmenwert zu aktivieren noch ein negativer Unterschiedsbetrag ertragswirksam zu erfassen ist.

Mittels Buchungssatz (2) werden in einem weiteren Schritt die nicht beherrschenden Anteile am Reinvermögen des Tochterunternehmens in den Bilanzposten der nicht beherrschenden Gesellschafter eingestellt.[907] Da Unternehmen A zur *partial goodwill method* optiert, sind die **nicht beherrschenden Anteile** in Höhe des auf sie entfallenden Reinvermögens des Tochterunternehmens zu dotieren (200 GE = 1.000 GE * 20 %).[908]

(2)	Gezeichnetes Kapital	200 GE	*an*	Nicht beh. Anteile	200 GE

Die nachstehende Tabelle 5-2 zeigt zusätzlich zu den Einzelbilanzen der Konzernunternehmen die auf diesen Bilanzen basierende Summenbilanz, die für die Aufstellung des Konzernabschlusses erforderlichen, zuvor erläuterten Kapitalkonsolidierungsbuchungen sowie die daraus resultierende Konzernbilanz von Unternehmen A zum 31.12.X0.

31.12.X0 (Zahlenangaben in GE)	**A (MU)** IFRS II	**B (TU)** IFRS II	**SB**	**Konsolidierungsspalte** Soll	Haben	**KB**
Aktiva						
Beteiligung	800		800		(1) 800	
Vorräte		1.000	1.000			1.000
Kasse	1.200		1.200			1.200
Summe Aktiva	2.000	1.000	3.000			2.200
Passiva						
Gez. Kapital	2.000	1.000	3.000	(1) 800 (2) 200		2.000
Ergebnis	0	0	0			0
Nicht beh. Anteile					(2) 200	200
Summe Passiva	2.000	1.000	3.000	1.000	1.000	2.200

Legende: GE ≙ Geldeinheiten | Gez. Kapital ≙ Gezeichnetes Kapital | KB ≙ Konzernbilanz | MU ≙ Mutterunternehmen | Nicht beh. Anteile ≙ Nicht beherrschende Anteile | SB ≙ Summenbilanz | TU ≙ Tochterunternehmen

Tabelle 5-2: Aufstellung der Konzernbilanz zum 31.12.X0 [Upstream-Transaktion][909]

[907] Vgl. BAETGE, J./KIRSCH, H.-J./THIELE, S., Konzernbilanzen, S. 246.

[908] Vgl. IFRS 3.19 (b).

[909] Die in dieser Arbeit verwendete Darstellungsform der Aufstellung einer Konzernbilanz erfolgt in enger Anlehnung an BAETGE, J./KIRSCH, H.-J./THIELE, S., Konzernbilanzen, S. 203.

Für Zwecke der weiteren Analyse der Zwischenergebniseliminierung sei die letzte Spalte der Tabelle 5-2 – die Konzernbilanz – nochmals mit Blick auf die der Konzernbilanz immanenten Bruchteilsvorstellung **gesellschafterstammspezifisch** in Kontenform dargestellt.

Aktiva	**Gesellschafterstammspezifische Konzernbilanz von A (MU)** zum 31.12.X0 (Zahlenangaben in GE)		**Passiva**
$Vorräte_{TU}$	1.000	Gezeichnetes Kapital	2.000
davon MU:	800		
davon NbA:	200	Ergebnis	0
$Kasse_{MU}$	1.200		
davon MU:	1.200	Nicht beherrschende Anteile	200
davon NbA:	0		
∑ Aktiva	2.200	∑ Passiva	2.200
Legende: GE ≙ Geldeinheiten | MU ≙ Mutterunternehmen | NbA ≙ Nicht beherrschende Anteile | TU ≙ Tochterunternehmen			

Tabelle 5-3: Gesellschafterstammspezifische Konzernbilanz zum 31.12.X0 [Upstream-Transaktion]

Der in Tabelle 5-3 dargestellten gesellschafterstammspezifischen Konzernbilanz ist zum einen zu entnehmen, welcher Vermögenswert des Konzerns von welchem Konzernunternehmen gehalten wird. So ist der Vermögenswert „$Vorräte_{TU}$" rechtliches Eigentum des Tochterunternehmens, während der Vermögenswert „$Kasse_{MU}$" im Bestand des Mutterunternehmens ist. Zum anderen ist der so dargestellten Konzernbilanz zu entnehmen, welcher Teil eines jeweiligen Vermögenswertes auf welchen gesellschafterstammspezifischen Anteil am Konzerneigenkapital entfällt. Zu erkennen ist dabei, dass der auf das Mutterunternehmen entfallende Teil des Konzernvermögens in Höhe von 2.000 GE (= 1.000 GE * 80 % + 1.200 GE) dem in der Konzernbilanz ausgewiesenen Anteil des Mutterunternehmens am Konzerneigenkapital wertmäßig entspricht. Dazu korrespondierend entspricht ebenfalls der auf die Anteile der nicht beherrschenden Gesellschafter entfallende Teil des Konzernvermögens in Höhe von 200 GE (= 1.000 GE * 20 %) den nicht beherrschenden Anteilen am Konzerneigenkapital.

Im darauffolgenden Geschäftsjahr **X1** wird der selbst hergestellte, weiterhin mit seinem Buchwert in Höhe von 1.000 GE bilanzierte Vermögenswert des Vorratsvermögens im Rahmen eines konzerninternen Lieferungsgeschäfts von Unternehmen B an Unternehmen A, d. h. vom Tochterunternehmen an das Mutterunternehmen (**Upstream-Lieferung**), zu einem Preis in Höhe von 1.200 GE geliefert. Dieser Preis entspricht (vereinfachend)[910] dem beizulegenden Zeitwert des gelieferten Vermögenswertes zum Zeitpunkt der Lieferung.[911] Der Betrag wird

910 Durch die vereinfachende Annahme, dass sowohl der Verrechnungspreis des konzernintern gelieferten Vermögenswertes als auch der Veräußerungspreis dieses Vermögenswertes an konzernexterne Dritte seinem (unveränderten) beizulegenden Zeitwert entsprechen, soll eine möglichst von anderen Bilanzierungsfragestellungen losgelöste Analyse der Zwischenergebniseliminierung im Zusammenhang mit nicht beherrschenden Anteilen gewährleistet werden.

911 Der beizulegende Zeitwert des Vermögenswertes hat sich folglich gegenüber der Vorperiode um 200 GE

vonseiten des Mutterunternehmens in bar beglichen. Für das Mutterunternehmen ist diese Transaktion auf Einzelabschlussebene ein reiner Aktivtausch. In der Bilanz des Tochterunternehmens führt die Ausbuchung des zu liefernden Vermögenswertes in Höhe von 1.000 GE verbunden mit dem Ansatz der erhaltenen liquiden Mittel in Höhe von 1.200 GE hingegen zu einem Vermögenszuwachs, woraus entsprechend ein Jahresergebnis[912] in Höhe von 200 GE resultiert. In der Gewinn- und Verlustrechnung[913] erfasst das Tochterunternehmen aus diesem Geschäft Umsatzerlöse in Höhe von 1.200 GE sowie die damit verbundenen Herstellungskosten des Umsatzes in Höhe von 1.000 GE und vereinnahmt das Jahresergebnis in Höhe von 200 GE. Dieses Jahresergebnis wird vollständig thesauriert.[914]

Diese Abschlussposten beider Konzernunternehmen gehen dann in den Summenabschluss von Unternehmen A ein. Da aus Konzernsicht der gelieferte Vermögenswert nicht an konzernexterne Dritte veräußert wurde, ist er weiterhin mit seinen Konzernherstellungskosten anzusetzen. Diese entsprechen hier den Herstellungskosten auf Einzelabschlussebene in Höhe von 1.000 GE. Folglich resultiert aus der Lieferung ein Zwischenergebnis in Höhe von 200 GE, das gemäß IFRS 10.B86 (c) der vollständigen Zwischenergebniseliminierung und der damit verbundenen Aufwands- und Ertragskonsolidierung unterliegt. Weitere Geschäftsvorfälle finden in dieser Periode nicht statt.

Am Ende des nächsten Geschäftsjahres **X2** veräußert das Mutterunternehmen zum 31.12.X2 sein gesamtes achtzigprozentiges Anteilspaket an Unternehmen B zu einem Veräußerungspreis in Höhe von 960 GE[915] an einen konzernexternen Käufer. Da der Buchwert der Beteiligung im Einzelabschluss unverändert mit 800 GE bewertet wird, beträgt der Veräußerungserfolg des Mutterunternehmens auf Einzelabschlussebene 160 GE (= 960 GE ./. 800 GE). Da keine weiteren Transaktionen stattgefunden haben, entspricht dieser Veräußerungsgewinn gleichzeitig dem vom Mutterunternehmen auf Einzelabschlussebene erfassten Totalerfolgsbeitrag aus der Investition in das Tochterunternehmen.

Zum 31.12.**X3** veräußert das Mutterunternehmen schließlich den ursprünglich konzernintern gelieferten Vermögenswert in Höhe seines unveränderten beizulegenden Zeitwertes in Höhe von 1.200 GE an konzernexterne Dritte. Für das Mutterunternehmen stellt diese Transaktion auf Einzelabschlussebene einen reinen Aktivtausch dar. Auf Konzernebene gelten die bis dahin

erhöht. Bis zum Zeitpunkt der Veräußerung war der Vermögenswert auf Einzelabschlussebene indes (maximal) mit seinen Herstellungskosten zu bewerten.

912 Nach hier verwendeter Nomenklatur bezieht sich der Begriff „Jahresergebnis" auf das in der Einzelbilanz auszuweisende Ergebnis sowie dessen korrespondierende Größe in der Gewinn- und Verlustrechnung. Vgl. zur Abgrenzung gegenüber den Begriffen „Konzernergebnis" und „Ergebnis" im Rahmen der Konzernbilanz und der Konzern-Gewinn- und Verlustrechnung Fn. 888.

913 Für die Darstellung der (Konzern-)Gewinn- und Verlustrechnung wird in dieser Arbeit stets das Umsatzkostenverfahren gewählt. Vgl. hierzu auch Fn. 640.

914 Das Jahresergebnis wird vor diesem Hintergrund in der Folgeperiode (vereinfachend) vollständig in den Gewinnrücklagen ausgewiesen.

915 Dieser Betrag entspricht dem beizulegenden Zeitwert des anteiligen, auf das Unternehmen A entfallenden Vermögens des Tochterunternehmens zum Zeitpunkt der Veräußerung (960 GE = 1.200 GE * 80 %).

im Rahmen der Zwischenergebniseliminierung zu eliminierenden 200 GE nunmehr als realisiert, sodass ein entsprechendes Konzernergebnis zu vereinnahmen ist.

Im Folgenden werden zu den beiden Bilanzierungszeitpunkten zum Ende des Geschäftsjahres X1 (Geschäftsjahr der Upstream-Lieferung) sowie zum Ende des Geschäftsjahres X2 (Geschäftsjahr des Abgangs des Tochterunternehmens) sowohl die Zwischenergebniseliminierung nach der ergebnisorientierten als auch nach der vermögensorientierten Vorgehensweise im Kontext einer Upstream-Lieferung beschrieben, konkretisiert und zugleich vor dem Hintergrund der Anforderung an eine entscheidungsnützliche Informationsvermittlung kritisch analysiert.

522.22 Ergebnisorientierte Vorgehensweise

522.221. Bilanzierung zum Lieferungszeitpunkt

Zur Aufstellung der **Konzernbilanz** zum 31.12.**X1** sind zunächst im Rahmen der Folgekonsolidierung die im vorangegangenen Abschnitt 522.21 erläuterten Kapitalkonsolidierungsbuchungen (1) und (2) des vorherigen Geschäftsjahres X0 grundsätzlich unverändert zu wiederholen, wobei mittels Buchung (2) zusätzlich der auf die nicht beherrschenden Anteile entfallende Teil des Jahresergebnisses von Unternehmen B in Höhe von 40 GE (= 200 GE * 20 %) in den Posten der nicht beherrschenden Gesellschafter eingestellt wird.

(1)	Gezeichnetes Kapital	800 GE	*an*	Beteiligung	800 GE
(2)	Gezeichnetes Kapital	200 GE	*an*	Nicht beh. Anteile	240 GE
	Ergebnis	40 GE			

Darüber hinaus ist das aus der Upstream-Lieferung entstandene Zwischenergebnis gemäß **IFRS 10.B86 (c)** im Rahmen der Zwischenergebniseliminierung vollständig sowohl aus dem Wertansatz des gelieferten Vermögenswertes als auch aus dem Konzernergebnis zu eliminieren. Bei der **ergebnisorientierten Vorgehensweise** ist das zu eliminierende Zwischenergebnis dabei entsprechend den Beteiligungsverhältnissen am Eigenkapital des **liefernden Unternehmens** auf die Gesellschafterstämme zu verteilen.[916] Da im Beispiel am Eigenkapital des liefernden Unternehmens B neben dem Mutterunternehmen auch nicht beherrschende Gesellschafter beteiligt sind, wird das zu eliminierende Zwischenergebnis – entsprechend den Beteiligungsquoten an Unternehmen B – in Höhe von 160 GE (= 200 GE * 80 %) den Anteilen des Mutterunternehmens sowie in Höhe von 40 GE (= 200 GE * 20 %) den nicht beherrschenden Anteilen zugeordnet. Die Zwischenergebniseliminierung nach der ergebnisorientierten Vorgehensweise wird auf Basis von Buchungssatz (3) vorgenommen.

[916] Vgl. FRÖHLICH, C., Zwischengewinne bei Geschäften mit Tochterunternehmen, S. 358; SENGER, T./DIERSCH, U., in: Driesch u. a., Beck IFRS HB, 5. Aufl., § 35, Rn. 113.

(3)	Ergebnis	160 GE	*an*	Vorräte	200 GE
	Nicht beh. Anteile	40 GE			

Tabelle 5-4 zeigt die Aufstellung der Konzernbilanz von Unternehmen A zum 31.12.X1 unter Berücksichtigung der Zwischenergebniseliminierung nach der ergebnisorientierten Vorgehensweise. Die Konzernbilanz hat sich gegenüber der zum Vorjahr nicht verändert.

31.12.X1 (Zahlenangaben in GE)	**A (MU)** IFRS II	**B (TU)** IFRS II	**SB**	**Konsolidierungsspalte** Soll	Haben	**KB**
Aktiva						
Beteiligung	800		800		(1) 800	
Vorräte	1.200		1.200		(3) 200	1.000
Kasse		1.200	1.200			1.200
Summe Aktiva	2.000	1.200	3.200			2.200
Passiva						
Gez. Kapital	2.000	1.000	3.000	(1) 800 (2) 200		2.000
Ergebnis	0	200	200	(2) 40 (3) 160		0
Nicht beh. Anteile				(3) 40	(2) 240	200
Summe Passiva	2.000	1.200	3.200	1.240	1.240	2.200

Legende: GE ≙ Geldeinheiten | Gez. Kapital ≙ Gezeichnetes Kapital | KB ≙ Konzernbilanz | MU ≙ Mutterunternehmen | Nicht beh. Anteile ≙ Nicht beherrschende Anteile | SB ≙ Summenbilanz | TU ≙ Tochterunternehmen

Tabelle 5-4: Aufstellung der Konzernbilanz zum 31.12.X1 (ergebnisorientierte Vorgehensweise [Upstream-Transaktion])

Zur Aufstellung der **Konzern-Gewinn- und Verlustrechnung** ist die mit der Zwischenergebniseliminierung verbundene Aufwands- und Ertragskonsolidierung mittels Buchung (1*) durchzuführen,[917] bei der nicht nur das Zwischenergebnis, sondern auch sämtliche damit verbundenen von Unternehmen B auf Einzelabschlussebene erfassten und in die Summen-Gewinn- und Verlustrechnung übernommenen Umsatzerlöse sowie Herstellungskosten des Umsatzes aus der konzerninternen Transaktion zu eliminieren sind.[918]

(1*)	Umsatzerlöse	1.200 GE	*an*	HKdU	1.000 GE
				Konzernergebnis	200 GE

917 Vgl. ähnlich KPMG (Hrsg.), Insights into IFRS 2019/20, Rn. 2.5.550.40; PwC (Hrsg.), Manual of accounting 2019, Rn. FAQ 26.182.2.

918 Vgl. IFRS 10.B86 (c).

Die Aufstellung der Konzern-Gewinn- und Verlustrechnung kann anschließend der Tabelle 5-5 entnommen werden. In der Konzern-Gewinn- und Verlustrechnung werden weder Erträge noch Aufwendungen ausgewiesen, da im Geschäftsjahr X1 neben der konzerninternen Transaktion, die Gegenstand der Konsolidierung war, keine weitere Transaktion stattgefunden hat. Das gemäß IFRS 10.B94 auf die Gesellschafterstämme aufzuteilende Konzernergebnis beträgt insofern 0 GE, sodass auch den Gesellschafterstämmen ein Ergebnis in Höhe von jeweils 0 GE zugeordnet wird. Die gesellschafterstammspezifischen Ergebnisse werden im Wege eines „Davon-Vermerks" ausgewiesen.[919]

31.12.X1 (Zahlenangaben in GE)	A (MU) IFRS II	B (TU) IFRS II	S-GuV	Konsolidierungsspalte Soll	Konsolidierungsspalte Haben	K-GuV
Erträge						
Umsatzerlöse		1.200	1.200	(1*) 1.200		
Aufwendungen						
HKdU		1.000	1.000		(1*) 1.000	
Konzernergebnis	0	200	200		(1*) 200	0
davon MU						0
davon NbA						0

Legende: GE ≙ Geldeinheiten | HKdU ≙ Herstellungskosten des Umsatzes | K-GuV ≙ Konzern-Gewinn- und Verlustrechnung | MU ≙ Mutterunternehmen | NbA ≙ Nicht beherrschende Anteile | S-GuV ≙ Summen-Gewinn- und Verlustrechnung | TU ≙ Tochterunternehmen

Tabelle 5-5: Aufstellung der Konzern-Gewinn- und Verlustrechnung zum 31.12.X1 (ergebnisorientierte Vorgehensweise [Upstream-Transaktion])[920]

Im Rahmen der Zwischenergebniseliminierung und der damit verbundenen Aufwands- und Ertragskonsolidierung nach der ergebnisorientierten Vorgehensweise werden folglich sowohl die Konzernbilanz als auch die Gewinn- und Verlustrechnung des Konzerns so dargestellt, als ob die Upstream-Lieferung des Vermögenswertes nicht im Sinne eines Umsatzgeschäfts stattgefunden hätte,[921] sondern lediglich eine Lieferung zwischen Betriebsstätten des Konzerns vorgenommen wurde, die keinen Einfluss auf die Bilanzierung hat.

Aus der gesellschafterstammspezifischen Konzernbilanz von Unternehmen A, die Tabelle 5-6 zu entnehmen ist, wird mit Blick auf die nach den Gesellschafterstämmen „aufgeteilten" Vermögenswerte allerdings ersichtlich, dass der jeweilige gesellschafterstammspezifische Anteil am Konzernvermögen wertmäßig nicht mehr – wie noch im Ausgangsbeispiel – dem jeweiligen Anteil am Konzerneigenkapital entspricht.

919 Vgl. IAS 1.81B, sowie BISCHOF, S./WENDLANDT, K., in: Baetge u. a., Rechnungslegung nach IFRS, 2. Aufl., IAS 1, Rn. 141.

920 Die in dieser Arbeit verwendete Darstellungsform der Aufstellung einer Konzern-Gewinn- und Verlustrechnung erfolgt in enger Anlehnung an BAETGE, J./KIRSCH, H.-J./THIELE, S., Konzernbilanzen, S. 329.

921 Vgl. PELLENS, B./NEUHAUS, S./NÖLTE, U., Konzernergebnis und Earnings per Share, S. 42; FRÖHLICH, C., Zwischengewinne bei Geschäften mit Tochterunternehmen, S. 358.

Aktiva	**Gesellschafterstammspezifische Konzernbilanz von A (MU)** zum 31.12.X1 (Zahlenangaben in GE)		**Passiva**
Vorräte$_{MU}$	1.000	Gezeichnetes Kapital	2.000
davon MU:	1.000		
davon NbA:	0	Ergebnis	0
Kasse$_{TU}$	1.200		
davon MU:	960	Nicht beherrschende Anteile	200
davon NbA:	240		
∑ Aktiva	2.200	∑ Passiva	2.200
Legende: GE ≙ Geldeinheiten | MU ≙ Mutterunternehmen | NbA ≙ Nicht beherrschende Anteile | TU ≙ Tochterunternehmen			

Tabelle 5-6: Gesellschafterstammspezifische Konzernbilanz zum 31.12.X1 (ergebnisorientierte Vorgehensweise [Upstream-Transaktion])

Da den Anteilen des Mutterunternehmens nunmehr 100 % des gelieferten Vermögenswertes des Vorratsvermögens sowie nur noch 80 % der liquiden Mittel zuzuordnen sind, entfallen nicht mehr 2.000 GE (= 1.200 GE * 100 % + 1.000 GE * 80 %) von dem zu Konzernbuchwerten bewerteten Konzernvermögen auf das Mutterunternehmen, sondern nur noch 1.960 GE (= 1.000 GE * 100 % + 1.200 GE * 80 %). Mithin ist die Upstream-Lieferung in Bezug auf das Konzernvermögen mit einer Vermögensminderung aufseiten des belieferten Mutterunternehmens verbunden. Umgekehrt entfällt auf die Anteile der nicht beherrschenden Gesellschafter eine an Konzernbuchwerten gemessene Vermögensmehrung, da dieser Beteiligung von 20 % nunmehr durch die an das Tochterunternehmen transferierten liquiden Mittel ein Konzernvermögen in Höhe von 240 GE (= 1.200 GE * 20 %) anstelle von 200 GE (= 1.000 GE * 20 %) zuzuordnen ist. Insofern hat gemessen an **konzernbilanziellen Buchwerten** eine **Vermögensverschiebung** zwischen den Gesellschafterstämmen stattgefunden.[922] Diese Vermögensverschiebung zwischen den Gesellschafterstämmen wird allerdings in dem in der Konzernbilanz ausgewiesenen Konzerneigenkapital im Rahmen der Zwischenergebniseliminierung nach der ergebnisorientierten Vorgehensweise zum Lieferungszeitpunkt bilanziell **nicht nachgezeichnet**, da die auf die jeweiligen Anteile entfallenden Ergebnisse auf 0 GE korrigiert wurden.[923]

Zwar hat gemessen an **Zeitwerten** – unter der dem Beispiel zugrunde liegenden Annahme, dass der Veräußerungspreis dem beizulegenden Zeitwert des gelieferten Vermögenswertes ent-

922 Vgl., wenn auch im handelsrechtlichen Kontext, STÖRK, U./HOFFMANN, K., in: Grottel u. a., Beck Bilanzkomm., 12. Aufl., § 307 HGB, Rn. 55 und Rn. 57; KIRSCH, H.-J./ENGELKE, F., in: Baetge/Kirsch/Thiele, Bilanzrecht, § 307 HGB, Rn. 38.16; LEINEN, M., Kapitalkonsolidierung im mehrstufigen Konzern, S. 271–273; LORSON, P./HELL, C./HÖFNER, S., in: Hofbauer/Kupsch, Rechnungslegung, 2. Aufl., § 307 HGB, Rn. 49, sowie im IFRS-Kontext FRÖHLICH, C., Zwischengewinne bei Geschäften mit Tochterunternehmen, S. 358.

923 Vgl., wenn auch im handelsrechtlichen Kontext, STÖRK, U./HOFFMANN, K., in: Grottel u. a., Beck Bilanzkomm., 12. Aufl., § 307 HGB, Rn. 55; KIRSCH, H.-J./ENGELKE, F., in: Baetge/Kirsch/Thiele, Bilanzrecht, § 307 HGB, Rn. 38.16, sowie im IFRS-Kontext FRÖHLICH, C., Zwischengewinne bei Geschäften mit Tochterunternehmen, S. 358.

spricht – keine wertmäßige Vermögensverschiebung zwischen dem Mutter- und dem Tochterunternehmen und damit auch nicht zwischen den Gesellschafterstämmen stattgefunden.[924] So wurden für den gelieferten Vermögenswert liquide Mittel exakt in Höhe seines beizulegenden Zeitwertes hingegeben. Diese Sichtweise ist hier jedoch aus der Perspektive der Konzernrechnungslegung **unerheblich**.[925] Schließlich verbleibt das mit dem gelieferten Vermögenswert verbundene **Absatzrisiko** weiterhin im Konzern, da dieser Vermögenswert nicht Gegenstand einer Transaktion mit konzernexternen Dritten war. Das aus der Transaktion resultierende Zwischenergebnis gilt daher nicht als realisiert, sodass der Vermögenswert konzernbilanziell weiterhin mit seinen Konzernherstellungskosten zu bewerten ist. Vor diesem Hintergrund ist mit der Vermögensverschiebung aber gleichzeitig eine Vermögens**risikoverlagerung** hinsichtlich des Absatzrisikos des gelieferten Vermögenswertes zwischen den Gesellschafterstämmen verbunden.[926] Da sich der gelieferte Vermögenswert rein rechtlich nicht mehr im Bestand des Tochterunternehmens, sondern nunmehr im Bestand des Mutterunternehmens befindet, **geht** das Absatzrisiko, an dem vor der Lieferung auch die nicht beherrschenden Gesellschafter des Tochterunternehmens partizipiert haben, **vollständig** auf das Mutterunternehmen **über**.[927] Diese Verschiebung zwischen den Gesellschafterstämmen wird jedoch aus dem Ausweis des Konzerneigenkapitals zum Lieferungszeitpunkt nicht ersichtlich.

522.222. Bilanzierung zum Endkonsolidierungszeitpunkt

In einem nächsten Schritt wird die Periode des Abgangs des Tochterunternehmens aus dem Konzernverbund betrachtet, während der konzernintern gelieferte Vermögenswert weiterhin im Konzernbestand verbleibt und erst in der Folgeperiode an konzernexterne Dritte veräußert wird. Dem Ausgangsbeispiel entsprechend verkauft das Unternehmen A seine Anteile an Unternehmen B vollständig zum 31.12.**X2**, sodass im Rahmen der Aufstellung des Konzernabschlusses von Unternehmen A zu diesem Zeitpunkt eine Endkonsolidierung des bislang als Tochterunternehmen einbezogenen Unternehmens B gemäß IFRS 10.25 f. i. V. m. IFRS 10.B98 f. vorzunehmen ist.[928] Konsolidierungstechnisch wird hier die Endkonsolidierung ausgehend vom fortgeführten Konzernabschluss vorgenommen.[929] Zur Aufstellung der **Konzernbilanz** ist daher

[924] Vgl. FRÖHLICH, C., Zwischengewinne bei Geschäften mit Tochterunternehmen, S. 359, sowie, wenn auch im handelsrechtlichen Kontext, STÖRK, U./HOFFMANN, K., in: Grottel u. a., Beck Bilanzkomm., 12. Aufl., § 307 HGB, Rn. 57.

[925] Vgl. so auch im handelsrechtlichen Kontext STÖRK, U./HOFFMANN, K., in: Grottel u. a., Beck Bilanzkomm., 12. Aufl., § 307 HGB, Rn. 57.

[926] Vgl. PELLENS, B./NEUHAUS, S./NÖLTE, U., Konzernergebnis und Earnings per Share, S. 42, sowie, wenn auch im handelsrechtlichen Kontext, EBELING, R. M., Einheitsfiktion, S. 358 f.

[927] Vgl. PELLENS, B./NEUHAUS, S./NÖLTE, U., Konzernergebnis und Earnings per Share, S. 42, sowie, wenn auch im handelsrechtlichen Kontext, EBELING, R. M., Anteile fremder Gesellschafter, S. 340.

[928] Sofern Unternehmen A kein weiteres Tochterunternehmen hält, wäre es eigentlich nicht mehr dazu verpflichtet, einen Konzernabschluss aufzustellen. Ungeachtet dessen wird davon ausgegangen, dass Unternehmen A weiterhin einen Konzernabschluss aufzustellen hat.

[929] Wird die Endkonsolidierung im Unterschied dazu ausgehend vom Summenabschluss vorgenommen, ist der Einzelabschluss des endzukonsolidierenden Tochterunternehmens erst gar nicht mehr in den Summenabschluss zu übernehmen. Der Endkonsolidierungserfolg ist dann indirekt, ausgehend vom Veräußerungserfolg des Mutterunternehmens, zu ermitteln. Vgl. hierzu ausführlich, wenn auch im handelsrechtlichen Kontext, HERRMANN, D., Änderung von Beteiligungsverhältnissen, S. 230–245, sowie im IFRS-Kontext ZORN, T.,

zunächst das im Einzelabschluss des Mutterunternehmens bereits erfasste Veräußerungsgeschäft der Beteiligung mittels Buchungssatz (0) zu stornieren.[930] Dabei hatte das Mutterunternehmen für die Anteile einen Veräußerungserlös in Höhe von 960 GE erzielt, infolgedessen auf Einzelabschlussebene ein Veräußerungserfolg in Höhe von 160 GE (= 960 GE ./. 800 GE) erfasst wurde.[931]

(0)	Beteiligung	800 GE	*an*	Kasse	960 GE
	Ergebnis	160 GE			

Darauf aufbauend sind im Rahmen der Folgekonsolidierung die Buchungssätze (1) und (2) der Kapitalkonsolidierung der Vorjahre zu wiederholen, wobei Buchungssatz (2) dergestalt zu modifizieren ist, dass die nicht beherrschenden Gesellschafter an den Gewinnrücklagen, die aus dem vollständig thesaurierten Jahresergebnis des vorherigen Geschäftsjahres von Unternehmen B resultieren und insofern diesem wertmäßig entsprechen, gemäß ihrem Anteil zu beteiligen sind.

(1)	Gezeichnetes Kapital	800 GE	*an*	Beteiligung	800 GE
(2)	Gezeichnetes Kapital	200 GE	*an*	Nicht beh. Anteile	240 GE
	Gewinnrücklagen	40 GE			

Die im vorherigen Geschäftsjahr X1 durchgeführte **Zwischenergebniseliminierung** ist nicht etwa vor dem Hintergrund der Endkonsolidierung einzustellen, sondern weiterhin – allerdings erfolgsneutral, da die Lieferung im Vorjahr stattfand – mittels Buchungssatz (3) vorzunehmen.[932] Dabei sind unverändert die nicht beherrschenden Gesellschafter entsprechend der Beteiligungsquote an Unternehmen B an dem zu eliminierenden Zwischenergebnis zu beteiligen.

(3)	Gewinnrücklagen	160 GE	*an*	Vorräte	200 GE
	Nicht beh. Anteile	40 GE			

Der **Notwendigkeit zur Fortführung** einer Zwischenergebniseliminierung im Kontext einer Upstream-Lieferung trotz des Abgangs des liefernden Unternehmens aus dem Konzernverbund

Ableitung der Endkonsolidierung, S. 164–167. Dabei können sich jedoch konsolidierungstechnische Herausforderungen in Bezug auf die Ausbuchung eines Geschäfts- oder Firmenwertes ergeben. Vgl. hierzu weiterführend LÜDENBACH, N./HOFFMANN, W.-D./FREIBERG, J., in: Lüdenbach/Hoffmann/Freiberg, Haufe IFRS-Kommentar, 17. Aufl., § 31, Rn. 167 f.

930 Vgl. WATRIN, C./HOEHNE, F., Endkonsolidierung von Tochterunternehmen, S. 704.

931 Aufgrund der unterschiedlichen Periodisierung von Erfolgen aus einer Investition in eine Beteiligung im Einzelabschluss gegenüber derjenigen im Konzernabschluss entspricht der Veräußerungserfolg auf Einzelabschlussebene regelmäßig nicht dem Endkonsolidierungserfolg auf Konzernebene. Vgl. hierzu allgemein, wenn auch im handelsrechtlichen Kontext, KIRSCH, H.-J./ZÜLCH, H./GIMPEL-HENNING, N., in: Baetge/Kirsch/Thiele, Bilanzrecht, § 301 HGB, Rn. 362 f.

932 Vgl. SENGER, T./DIERSCH, U., in: Driesch u. a., Beck IFRS HB, 5. Aufl., § 35, Rn. 107.

wird in Teilen des Schrifttums allerdings widersprochen.[933] So sei diese Konsolidierungsmaßnahme im Zuge der Endkonsolidierung einzustellen, da der ursprünglich konzernintern gelieferte Vermögenswert infolge der Veräußerung der Anteile an dem ausscheidenden Tochterunternehmen nicht mehr einen gelieferten Vermögenswert zwischen vollkonsolidierten Konzernunternehmen darstellen würde, sodass eine grundlegende Anwendungsvoraussetzung zur Zwischenergebniseliminierung nun nicht mehr erfüllt sei.[934] Dem ist allerdings entgegenzuhalten, dass für die Beurteilung dieser Anwendungsvoraussetzung nicht die Verhältnisse betreffend den Konsolidierungskreis zum Zeitpunkt der Aufstellung des Konzernabschlusses, sondern nur die **Verhältnisse zum Zeitpunkt der Lieferung** des Vermögenswertes maßgebend sein können.[935] Schließlich ist ein etwaiges Zwischenergebnis eines sich im Konzernbestand befindlichen, an das Mutterunternehmen gelieferten Vermögenswertes weiterhin nicht realisiert, da keine Transaktion mit konzernexternen Dritten erfolgte.[936]

Demgegenüber wird teilweise argumentiert, dass der Erwerber der Anteile an einem aus dem Konzernverbund ausscheidenden Unternehmen das bereits auf Einzelabschlussebene erfasste und ggf. thesaurierte Ergebnis in seiner Kaufpreisfindung berücksichtigen wird,[937] sodass ein Zwischenergebnis aus einer Upstream-Lieferung mittelbar als realisiert angesehen werden könne.[938] Allerdings werden im Rahmen der Veräußerung der Anteile lediglich das im Tochterunternehmen enthaltene Nettovermögen und darin unter Umständen enthaltene, auf Konzernebene eliminierte Zwischenergebnisse wertmäßig bestätigt, weshalb bezogen auf dieses Nettovermögen folgerichtig ein entsprechender Endkonsolidierungserfolg konzernbilanziell zu erfassen ist. Die für den ursprünglich konzernintern gelieferten Vermögenswert hingegebene Gegenleistung – im Beispiel die liquiden Mittel – vollzieht insofern den „Wertsprung zum Absatzmarkt“[939]. Für den gelieferten Vermögenswert selber ist dies aber gerade nicht der Fall. Die Veräußerung der Anteile ändert schließlich nichts daran, dass sich dieser Vermögenswert weiterhin im Konzernbestand befindet und keiner Markttransaktion unterlegen hat.[940] Insofern

---

933 Vgl. ZORN, T., Ableitung der Endkonsolidierung, S. 153, sowie, wenn auch im handelsrechtlichen Kontext, DUSEMOND, M., Konzernanschaffungs- und Konzernherstellungskosten, S. 461 f.; KÜTING, K./GÖTH, P., Minderheitenanteile im Konzernabschluß, S. 316; HAYN, B., Konsolidierungstechnik, S. 255–258.

934 Vgl., wenn auch im handelsrechtlichen Kontext, DUSEMOND, M., Konzernanschaffungs- und Konzernherstellungskosten, S. 462.

935 Vgl. FRÖHLICH, C., Zwischengewinne bei Geschäften mit Tochterunternehmen, S. 358, sowie, wenn auch im handelsrechtlichen Kontext, EBELING, R. M., Einheitsfiktion, S. 267.

936 Vgl. WATRIN, C./HOEHNE, F./POTT, C., Einflussfaktoren auf die Endkonsolidierung, S. 742; BAETGE, J./HAYN, S./STRÖHER, T., in: Baetge u. a., Rechnungslegung nach IFRS, 2. Aufl., IFRS 10, Rn. 338, sowie, wenn auch im handelsrechtlichen Kontext, ADS, 6. Aufl., § 304 HGB, Rn. 128; EBELING, R. M., Einheitsfiktion, S. 267; HERRMANN, D., Änderung von Beteiligungsverhältnissen, S. 77; WARMBOLD, S., Endkonsolidierung, S. 180 f.

937 Vgl. hierzu auch kritisch KÖNIGSMAIER, H., Zwischenergebniseliminierung und Endkonsolidierung, S. 195 f., der unter anderem kritisiert, dass bei dieser Argumentation dem Käufer eine substanzwertorientierte Kaufpreisfindung unterstellt wird.

938 Vgl. ZORN, T., Ableitung der Endkonsolidierung, S. 153 f., sowie, wenn auch im handelsrechtlichen Kontext, HAYN, B., Konsolidierungstechnik, S. 255 f.; HAYN, B./KÜTING, K., Beendigung der Vollkonsolidierung von Tochterunternehmen, S. 2075.

939 BAETGE, J./KIRSCH, H.-J./THIELE, S., Konzernbilanzen, S. 279.

940 Vgl. HOEHNE, F., Veräußerung von Anteilen, S. 140 f.

kann der Zwischengewinn keinesfalls als realisiert angesehen werden, da die Bestätigung eines Wertes oberhalb der fortgeführten Konzernherstellungskosten seitens des Marktes noch aussteht.[941]

Nach der Stornierung des einzelbilanziell erfassten Beteiligungsabgangs sowie der Durchführung der Folgekonsolidierung ist die eigentliche Transaktion des Geschäftsjahres X2, der **Abgang von Unternehmen B**, mittels Endkonsolidierung ausgehend von einem fortgeführten Konzernabschluss konsolidierungstechnisch im Sinne der Einzelveräußerungsfiktion zu berücksichtigen. Hierzu ist zunächst der auf die **veräußerten Anteile** bezogene **Endkonsolidierungserfolg** des Mutterunternehmens gemäß IFRS 10.B98 zu ermitteln. Dabei ist dem Veräußerungserlös in Höhe von 960 GE der auf die veräußerten Anteile entfallende Teil des abgehenden Vermögens von Unternehmen B zu fortgeführten Konzernbuchwerten in Höhe von 960 GE (= 1.200 GE * 80 %) gegenüberzustellen.

	Veräußerungserlös des Mutterunternehmens	960 GE
./.	Auf das Mutterunternehmen entfallendes abgehendes Vermögen zu fortgeführten Konzernbuchwerten	960 GE
=	**Endkonsolidierungserfolg**	**0 GE**

Tabelle 5-7: Ermittlung des Endkonsolidierungserfolges der veräußerten Anteile zum 31.12.X2 (ergebnisorientierte Vorgehensweise [Upstream-Transaktion])

Aufbauend auf der Ermittlung dieses Teils des Endkonsolidierungserfolges ist der auf die Anteile des Mutterunternehmens entfallende Teil des Vermögens des Tochterunternehmens zu fortgeführten Konzernbuchwerten auszubuchen.[942] Da der auf die veräußerten Anteile entfallende Teil des Endkonsolidierungserfolges im Beispiel 0 GE beträgt, ist im Zuge der Ausbuchung des auf diese Anteile entfallenden Teils des Vermögens mit Buchung (4) kein Erfolg zu erfassen. Das abgehende Vermögen des Tochterunternehmens umfasst lediglich liquide Mittel, wofür das Mutterunternehmen im Beispielsachverhalt wiederum ebenfalls liquide Mittel in entsprechend wertmäßiger Höhe erhält, sodass der Buchungssatz wie folgt aussieht:[943]

(4)	$Kasse_{MU}$	960 GE	*an*	$Kasse_{TU}$	960 GE

Dabei sollen die Indizes verdeutlichen, dass ein Vermögenswert des Tochterunternehmens, der vor dem Hintergrund der Beteiligung des Mutterunternehmens am Tochterunternehmen zu

[941] Vgl. WATRIN, C./HOEHNE, F./LAMMERT, J., in: Hennrichs/Kleindiek/Watrin, MüKo Bilanzrecht Bd. 1, IAS 27, Rn. 277, sowie, wenn auch im handelsrechtlichen Kontext, ADS, 6. Aufl., § 304 HGB, Rn. 128; FISCHER, T. M./HALLER, A., in: Schmidt/Ebke, MüKo HGB, 3. Aufl., § 304 HGB, Rn. 66; KÖNIGSMAIER, H., Zwischenergebniseliminierung und Endkonsolidierung, S. 195.

[942] Vgl. IFRS 10.B98 (a) (i), sowie WATRIN, C./HOEHNE, F., Endkonsolidierung von Tochterunternehmen, S. 703 f.

[943] Vgl. IFRS 10.B98 (a) (i) i. V. m. IFRS 10.B98 (b) (i).

80 % auf die Anteile des Mutterunternehmens entfiel, aus dem Konzernverbund abgeht, während dem Konzern ein Vermögenswert zugeht, der sich unmittelbar im Eigentum des Mutterunternehmens befindet.

Infolge der Ausbuchung des auf die Anteile des Mutterunternehmens entfallenden Teils des abgehenden Vermögens des Tochterunternehmens ist zusätzlich der auf die **nicht beherrschenden Anteile** entfallende Teil dieses Vermögens aus der fortgeführten Konzernbilanz auszubuchen.[944] Diesem Teil des Vermögens ist der fortgeführte konzernbilanzielle Wertansatz der nicht beherrschenden Anteile gegenüberzustellen.[945] Wie Tabelle 5-8 zeigt, stehen sich allerdings der Wertansatz der nicht beherrschenden Anteile in Höhe von 200 GE und der auf die nicht beherrschenden Anteile entfallende Teil des abgehenden Vermögens in Höhe von 240 GE (= 1.200 GE * 20 %) infolge der ergebnisorientieren Vorgehensweise bei der Zwischenergebniseliminierung wertmäßig **nicht in gleicher Höhe gegenüber**. Vielmehr verbleibt ein **Differenzbetrag** in Höhe von -40 GE.

	Konzernbuchwert der nicht beherrschenden Anteile	200 GE
./.	Auf die nicht beherrschenden Anteile entfallendes abgehendes Vermögen zu fortgeführten Konzernbuchwerten	240 GE
=	**Differenzbetrag aus der Ausbuchung der nicht beherrschenden Anteile**	**-40 GE**

Tabelle 5-8: Ermittlung des Differenzbetrages aus der Ausbuchung der nicht beherrschenden Anteile zum 31.12.X2 (ergebnisorientierte Vorgehensweise [Upstream-Transaktion])

Die Behandlung dieses aus der Ausbuchung der nicht beherrschenden Anteile verbleibenden Differenzbetrages ist in den IFRS **nicht** (explizit) **geregelt**. Es stellt sich daher die Frage, auf welche Weise dieser Betrag bilanziell zu berücksichtigen ist.[946]

Rein buchungstechnisch kommt es hierbei nach der Endkonsolidierung keinesfalls in Betracht, die -40 GE den Anteilen der nicht beherrschenden Gesellschafter zuzuordnen. Zwar kann regelungssystematisch der Eigenkapitalposten der nicht beherrschenden Anteile in der Konzernbilanz prinzipiell sehr wohl im Saldo einen negativen Wert annehmen,[947] allerdings sind infolge der Anteilsveräußerung die hier in Rede stehenden nicht beherrschenden Gesellschafter gar

944 Vgl. PANZER, A., Statusändernde Anteilsveräußerungen, S. 86; WATRIN, C./HOEHNE, F., Endkonsolidierung von Tochterunternehmen, S. 703 f.

945 Vgl. IFRS 10.B98 (a) (ii), sowie PANZER, A., Statusändernde Anteilsveräußerungen, S. 86; WATRIN, C./HOEHNE, F., Endkonsolidierung von Tochterunternehmen, S. 698.

946 Wird die Zwischenergebniseliminierung eine logische Sekunde vor der Endkonsolidierung eingestellt, so wie in Teilen des Schrifttums befürwortet wird (vgl. bereits Fn. 933), entsprechen sich der zu Konzernbuchwerten bewertete abgehende Teil des auf die nicht beherrschenden Anteile entfallenden Vermögens sowie die nicht beherrschenden Anteile am Konzerneigenkapital wertmäßig, sodass sich in diesem Fall die Diskussion um den Differenzbetrag erübrigen würde. Der Auffassung, die Zwischenergebniseliminierung infolge einer Upstream-Lieferung aufgrund des Abgangs des liefernden Tochterunternehmens einzustellen, wird hier aber, wie bereits in diesem Abschnitt erläutert wurde, nicht gefolgt.

947 Vgl. IFRS 10.B94, sowie Abschnitt 521.231.

nicht mehr am Eigenkapital eines der in den Konzernabschluss von Unternehmen A einzubeziehenden Tochterunternehmens beteiligt.[948] Die Einbeziehung von Unternehmen B im Wege der Vollkonsolidierung in den Konzernabschluss von Unternehmen A ist beendet, sodass folglich auch etwaige Anteile anderer an Unternehmen B beteiligten Gesellschafter nicht mehr im Konzernabschluss auszuweisen sind.[949] Daher kann der Differenzbetrag in Höhe von -40 GE nicht den auszubuchenden Anteilen der an Unternehmen B beteiligten nicht beherrschenden Gesellschafter zugeordnet werden, sondern ist zwingend den Anteilen einer anderen Gesellschaftergruppe zuzuordnen.[950] Mangels anderer Gesellschaftergruppen kommen dabei im Beispielsachverhalt lediglich die Anteile des Mutterunternehmens infrage. Fraglich ist aber dann, ob diese zunächst rein buchungstechnisch sachlogische Zuordnung konzernbilanziell auch angezeigt ist.

Der nach der Ausbuchung der nicht beherrschenden Anteile verbleibende negative Differenzbetrag kann entsprechend der Fiktion der Sacheinlage zum Erstkonsolidierungszeitpunkt bzw. der Entnahme dieser (fortgeführten) Einlage zum Endkonsolidierungszeitpunkt seitens der nicht beherrschenden Gesellschafter aus der **Perspektive dieser Gesellschaftergruppe** seinem Wesen nach als ihr **Abgangsgewinn** interpretiert werden. Schließlich „entnehmen“ gedanklich die nicht beherrschenden Gesellschafter ihr zu 240 GE bewertetes Vermögen aus dem Konzern,[951] wobei zugleich ihre darauf bezogenen Anteile am Konzerneigenkapital mit 200 GE bewertet sind. Da im Konzernabschluss infolge der Anteilsveräußerung lediglich ein auf die Anteile des Mutterunternehmens entfallendes Vermögen von insgesamt 1.960 GE (= 1.000 GE + 960 GE) verbleibt, während der Anteil des Mutterunternehmens am Konzerneigenkapital noch mit 2.000 GE bewertet ist, scheint eine entsprechende Eigenkapitalminderung **zulasten des Mutterunternehmens** geboten zu sein.

Dabei ist zu erkennen, dass durch eine solche Umgliederung zulasten des Mutterunternehmens des zunächst auf die nicht beherrschenden Anteile entfallenden Differenzbetrages infolge der Ausbuchung dieser Anteile lediglich die zwischen den Gesellschafterstämmen im Rahmen der konzerninternen Transaktion in der Vorperiode stattgefundene **Vermögensverschiebung nachgezeichnet** wird. Die Darstellung dieser Vermögensverschiebung zwischen den Gesellschafterstämmen, im Zuge derer das mit dem gelieferten Vermögenswert verbundene Absatzrisiko vollständig auf das Mutterunternehmen übergegangen ist,[952] wird insofern im Rahmen der Endkonsolidierung lediglich implizit durch die Umgliederung nachgeholt.

Eine Umgliederung des aus der Ausbuchung der nicht beherrschenden Anteile verbleibenden Differenzbetrages zulasten des Mutterunternehmens ist folglich nicht nur buchungstechnisch,

948 Vgl. FRÖHLICH, C., Zwischengewinne bei Geschäften mit Tochterunternehmen, S. 358.

949 Vgl. IFRS 10.25 f. i. V. m. IFRS 10.B98 (a) (ii).

950 Vgl., wenn auch im handelsrechtlichen Kontext, STÖRK, U./HOFFMANN, K., in: Grottel u. a., Beck Bilanzkomm., 12. Aufl., § 307 HGB, Rn. 55.

951 Vgl., wenn auch im handelsrechtlichen Kontext, STÖRK, U./HOFFMANN, K., in: Grottel u. a., Beck Bilanzkomm., 12. Aufl., § 307 HGB, Rn. 55.

952 Vgl. Abschnitt 522.221.

sondern auch inhaltlich zu rechtfertigen. In einem nächsten Schritt ist im Zusammenhang mit dieser Umgliederung zu diskutieren, ob der Betrag **erfolgswirksam** in der Gewinn- und Verlustrechnung des Konzerns zu erfassen **oder aber erfolgsneutral** innerhalb des Konzerneigenkapitals umzugliedern ist. Hinsichtlich der Ausbuchung der nicht beherrschenden Anteile ist regelungssystematisch zunächst festzuhalten, dass der IASB gemäß IFRS 10.B98 (a) (ii) i. V. m. IFRS 10.B98 (d) **strikt** eine **erfolgsneutrale Ausbuchung** dieser Anteile vorsieht und insofern der oben beschriebene, als „Abgangsgewinn" der nicht beherrschenden Gesellschafter interpretierbare Betrag keinesfalls erfolgswirksam zugunsten der nicht beherrschenden Anteile zu erfassen ist. Sowohl diese Regelung als auch die Tatsache, dass im Kontext eines anderen Sachverhaltes die erfolgsneutrale Umgliederung eines dem Wesen nach ähnlichen Differenzbetrages in die Gewinnrücklagen des Konzerns befürwortet wird,[953] sprechen auf den ersten Blick für eine erfolgsneutrale Umgliederung. So kann aus der Anwendung der *full goodwill method* ebenfalls im Rahmen der Endkonsolidierung des entsprechenden Tochterunternehmens ein Differenzbetrag zwischen dem auf die nicht beherrschenden Anteile entfallenden Teil des auszubuchenden Geschäfts- oder Firmenwertes sowie dem Wert der nicht beherrschenden Anteile ein Differenzbetrag verbleiben.[954]

Die mit einer regelungssystematisch auf den ersten Blick angezeigten erfolgsneutralen Umgliederung verbundenen Implikationen des aus der Ausbuchung der nicht beherrschenden Anteile verbleibenden Differenzbetrages gilt es im Folgenden mit Blick auf den auf die Anteile des Mutterunternehmens entfallenden Teil des **Konzerntotalerfolgsbeitrages** des Tochterunternehmens im Vergleich zu dem Totalerfolgsbeitrag des Tochterunternehmens auf Einzelabschlussebene des Mutterunternehmens zu untersuchen. Während das Mutterunternehmen auf Einzelabschlussebene einen Totalerfolgsbeitrag aus dem Beteiligungsengagement in Höhe von 160 GE erfasst hat,[955] würde sich infolge der erfolgsneutralen Umgliederung der auf die Anteile des Mutterunternehmens entfallende Teil des Konzerntotalerfolgsbeitrages dieses Beteiligungsengagements – unter der im Ausgangsbeispiel beschriebenen Annahme einer Veräußerung des gelieferten Vermögenwertes zum 31.12.X3 in Höhe seines unveränderten beizulegenden Zeitwertes in Höhe von 1.200 GE – auf 200 GE belaufen. Hierbei ist der Erfolg aus der Veräußerung des Vermögenswertes im Geschäftsjahr X3 im Rahmen der Totalerfolgsbetrachtung als Teil des Konzerntotalerfolgsbeitrages des Tochterunternehmens zu behandeln, da sich dieser Vermögenswert zum Zeitpunkt der Investition des Konzerns in das Tochterunternehmen

---

953 Vgl. WATRIN, C./HOEHNE, F., Endkonsolidierung von Tochterunternehmen, S. 702; BAETGE, J./HAYN, S./STRÖHER, T., in: Baetge u. a., Rechnungslegung nach IFRS, 2. Aufl., IFRS 10, Rn. 348; KLOSE, N.-C., Kapitalkonsolidierungs- und Bewertungsmethoden, S. 173.

954 Ein solcher Differenzbetrag kann sich bei der Anwendung der *full goodwill method* zum einen infolge eines nicht beteiligungsproportional auf die gesellschafterstammspezifischen Ergebnisse zugeordneten etwaigen Wertminderungsbedarfs des Geschäfts- oder Firmenwertes und zum anderen im Rahmen der Endkonsolidierung aufgrund des sog. relativen Unternehmenswertvergleichs zur Bestimmung des auszubuchenden Geschäfts- oder Firmenwertes ergeben. Vgl. KÜTING, K./WEBER, C.-P./WIRTH, J., Goodwillbilanzierung, S. 146 f. und S. 148–151; SENGER, T./DIERSCH, U., in: Driesch u. a., Beck IFRS HB, 5. Aufl., § 35, Rn. 39 f.

955 Vgl. Abschnitt 522.21.

noch im Bestand dieses Tochterunternehmens befand.[956] Die Totalerfolgsbetrachtung wird in Tabelle 5-9 dargestellt. Dabei bezieht sich die Spalte „EA A (MU)" auf die im Einzelabschluss vom Mutterunternehmen erfassten Erfolgsbeiträge aus der Investition in das Tochterunternehmen, während die Spalte „Konzernabschluss A (MU)" die auf Konzernabschlussebene erfassten Erfolgsbeiträge zeigt, die sich ebenfalls auf das Tochterunternehmen beziehen.

Erfolgsbeiträge (Zahlenangaben in GE)	**EA A (MU)**	**Konzernabschluss A (MU)**		
Zeitpunkt		Anteil MU	Anteil NbA	∑ Konzern
Lieferung des VW	0	0	0	0
Endkonsolidierung des TU	160	0	0	0
Veräußerung des VW	0	200	-	200
Totalerfolgsbeitrag	160	200	0	200
Legende: EA ≙ Einzelabschluss | GE ≙ Geldeinheiten | MU ≙ Mutterunternehmen | NbA ≙ Nicht beherrschende Anteile | TU ≙ Tochterunternehmen | VW ≙ Vermögenswert				

Tabelle 5-9: Totalerfolgsbetrachtung bei erfolgsneutraler Umbuchung zum 31.12.X2 (ergebnisorientierte Vorgehensweise [Upstream-Transaktion])

Wie Tabelle 5-9 entnommen werden kann, **entsprechen sich** der auf Einzelabschlussebene des Mutterunternehmens erfasste Totalerfolgsbeitrag des Tochterunternehmens und der auf die Anteile des Mutterunternehmens entfallende Teil des Konzerntotalerfolgsbeitrages seitens dieses Tochterunternehmens **nicht**, sofern der aus der Ausbuchung der nicht beherrschenden Anteile verbleibende Differenzbetrag **erfolgsneutral** in die Gewinnrücklagen umgegliedert wird. Die Übereinstimmung dieser Totalerfolgsgrößen kann im Rahmen der Zwischenergebniseliminierung nach der ergebnisorientierten Vorgehensweise nur dann erreicht werden, wenn der in Rede stehende Differenzbetrag (spätestens)[957] zum Zeitpunkt der Endkonsolidierung erfolgswirksam erfasst würde. Eine erfolgsneutrale Erfassung würde demgegenüber dazu führen, dass in Abhängigkeit des vereinbarten Transaktionspreises des Vermögenswertes im Rahmen der im Geschäftsjahr X1 getätigten Upstream-Lieferung das **konzernspezifische Kongruenzprinzip** letztlich durchbrochen wird. Um dieses Prinzip zu wahren, sind die -40 GE folglich aufwandswirksam in der Konzern-Gewinn- und Verlustrechnung zulasten des Mutterunternehmens zu erfassen.[958]

[956] Die Erfassung eines solchen Erfolges, der sich auf ein Beteiligungsunternehmen bezieht, das bereits endkonsolidiert wurde, steht der Wahrung des konzernspezifischen Kongruenzprinzips nicht per se entgegen. Vgl., wenn auch im handelsrechtlichen Kontext, KÖNIGSMAIER, H., Zwischenergebniseliminierung und Endkonsolidierung, S. 192 i. V. m. S. 195.

[957] Eine vorherige Umgliederung wäre etwa dann angezeigt, wenn der konzernintern gelieferte Vermögenswert – abweichend von dem hier betrachteten Beispielsachverhalt – eher an konzernexterne Dritte weiterveräußert wird, als das Tochterunternehmen aus dem Konzernverbund ausscheidet. Vgl. hierzu Fn. 1079.

[958] Vgl. im Ergebnis so auch im handelsrechtlichen Kontext STÖRK, U./HOFFMANN, K., in: Grottel u. a., Beck Bilanzkomm., 12. Aufl., § 307 HGB, Rn. 55; deutlicher noch FÖRSCHLE, G., in: Budde u. a., Beck Bilanzkomm., 3. Aufl., § 307 HGB, Rn. 54.

Die **erfolgswirksame Erfassung** dieses aus der Ausbuchung der nicht beherrschenden Anteile verbleibenden Differenzbetrages scheint zwar auf den ersten Blick im Widerspruch zur Vorschrift des IFRS 10.B98 (a) (ii) i. V. m. IFRS 10.B98 (d) zu stehen. Schließlich sieht der Standardsetzer eine erfolgsneutrale Ausbuchung dieser Anteile vor, während lediglich ein auf das Mutterunternehmen entfallender Endkonsolidierungserfolg erfolgswirksam zu erfassen ist. Dabei ist jedoch zu berücksichtigen, dass die erfolgswirksame Umgliederung ohnehin lediglich für den auf das Mutterunternehmen entfallenden Teil in Höhe von -40 GE gilt. So ist dieser Betrag dem Ermittlungsschema des IFRS 10.B98 folgend erfolgswirksam als Teil des Endkonsolidierungserfolges des Mutterunternehmens zu erfassen. Der spiegelbildlich gedanklich auf die Anteile der nicht beherrschenden Gesellschafter entfallende „Erfolg" in Höhe von 40 GE ist **nicht** als Teil des Endkonsolidierungserfolges auszuweisen. Schließlich partizipiert diese Gesellschaftergruppe angesichts des Ausscheidens des Tochterunternehmens aus dem Konzernverbund nicht mehr am Konzernerfolg. Sämtliche nicht beherrschenden Anteile werden im Zuge der Endkonsolidierung gemäß IFRS 10.B98 (a) (ii) daher gänzlich ausgebucht.

Für die Zulässigkeit dieser erfolgswirksamen Umgliederung spricht ferner, dass die Vorgabe zur erfolgsneutralen Ausbuchung der nicht beherrschenden Anteile wohl in erster Linie darauf abzielen wird, dass die nicht beherrschenden Gesellschafter an einer Anteilsveräußerung des Mutterunternehmens nicht beteiligt sind und ihnen insofern auch kein Anteil am Endkonsolidierungserfolg aus einer solchen Transaktion zusteht.[959] Vielmehr „entnehmen" die nicht beherrschenden Gesellschafter gedanklich ihre Sacheinlage,[960] die wertmäßig in aller Regel mit dem Wertansatz ihrer Anteile am Konzerneigenkapital korrespondiert.[961] Die hier in Rede stehende Umgliederung, durch die lediglich die aus der Upstream-Lieferung der Vorperiode resultierende Vermögensverschiebung zwischen den Gesellschaftergruppen konzernbilanziell nachgezeichnet wird, dürfte der Standardsetzer bei der Vorgabe zur erfolgsneutralen Ausbuchung der nicht beherrschenden Anteile hingegen nicht im Blick gehabt haben.

Im Ergebnis ist festzuhalten, dass der aus der Ausbuchung der nicht beherrschenden Anteile verbleibende Differenzbetrag zum Endkonsolidierungszeitpunkt erfolgswirksam zulasten des Mutterunternehmens umzugliedern ist.[962] Mithin **mindert** sich hier der insgesamt zu erfassende **Endkonsolidierungserfolg** von 0 GE auf -40 GE. Um dies konsolidierungstechnisch umzusetzen, sind mittels Buchungssatz (5) die nicht beherrschenden Anteile und der auf diese Anteile entfallende Teil des abgehenden Vermögens aus der fortgeführten Konzernbilanz auszubuchen

959 Vgl. ähnlich ZAUNER, J., Übergangs- und Endkonsolidierung nach IFRS, S. 124; HOEHNE, F., Veräußerung von Anteilen, S. 90 f., sowie, wenn auch im handelsrechtlichen Kontext, WARMBOLD, S., Endkonsolidierung, S. 183.

960 Vgl. PAWELZIK, K. U., Konsolidierung von Minderheiten, S. 678; THEILE, C./BEHLING, K., in: Heuser/Theile, IFRS Handbuch, 6. Aufl., Kap. 36, Rn. 36.290.

961 Vgl. WATRIN, C./HOEHNE, F., Endkonsolidierung von Tochterunternehmen, S. 698; ZAUNER, J., Übergangs- und Endkonsolidierung nach IFRS, S. 124.

962 Vgl. im Ergebnis so auch, wenn auch nicht im sachverhaltsspezifischen Kontext, ZAUNER, J., Übergangs- und Endkonsolidierung nach IFRS, S. 124; PFAFF, D./GANSKE, T., Ent- und Übergangskonsolidierung, Sp. 658.

sowie der sich dabei ergebende negative Differenzbetrag zulasten des dem Mutterunternehmen zuzurechnenden Ergebnisses zu buchen.

(5)	Nicht beh. Anteile	200 GE	*an*	Kasse	240 GE
	Ergebnis	40 GE			

Die Aufstellung der Konzernbilanz von Unternehmen A zum 31.12.X2 unter Berücksichtigung der Endkonsolidierung des Unternehmens B auf Basis der vorgenannten Buchungen (0)–(5) ist schließlich der folgenden Tabelle 5-10 zu entnehmen.

31.12.X2 (Zahlenangaben in GE)	**A (MU)** IFRS II	**B (TU)** IFRS II	**SB**	**Konsolidierungsspalte** Soll	Haben	**KB**
Aktiva						
Beteiligung				(0) 800	(1) 800	
Vorräte	1.200		1.200		(3) 200	1.000
Kasse	960	1.200	2.160	(4) 960	(0) 960 (4) 960 (5) 240	960
Summe Aktiva	2.160	1.200	3.360			1.960
Passiva						
Gez. Kapital	2.000	1.000	3.000	(1) 800 (2) 200		2.000
Gewinnrücklagen		200	200	(2) 40 (3) 160		0
Ergebnis	160	0	160	(0) 160 (5) 40		-40
Nicht beh. Anteile				(3) 40 (5) 200	(2) 240	
Summe Passiva	2.160	1.200	3.360	3.400	3.400	1.960

Legende: GE ≙ Geldeinheiten | Gez. Kapital ≙ Gezeichnetes Kapital | KB ≙ Konzernbilanz | MU ≙ Mutterunternehmen | Nicht beh. Anteile ≙ Nicht beherrschende Anteile | SB ≙ Summenbilanz | TU ≙ Tochterunternehmen

Tabelle 5-10: Aufstellung der Konzernbilanz zum 31.12.X2 (ergebnisorientierte Vorgehensweise [Upstream-Transaktion])

Zur Aufstellung der **Konzern-Gewinn- und Verlustrechnung** ist analog zum Vorgehen bei der Aufstellung der Konzernbilanz zunächst mittels Buchungssatz (0*) der auf Einzelabschlussebene von Unternehmen A erfasste Erfolg aus dem Beteiligungsabgang zu stornieren.[963]

---

963 Vereinfachend wird hier der Erfolg aus dem Beteiligungsabgang in der Gewinn- und Verlustrechnung sowohl auf Einzel- als auch auf Konzernabschlussebene saldiert im Posten „sonstige Erträge" bzw. „sonstige Aufwendungen" ausgewiesen. Vgl. zum Ausweis im Einzelabschluss SCHLÜTER, J./SCHÖNHOFER, C., in: Driesch

(0*)	Sonstige Erträge	160 GE	*an*	Konzernergebnis	160 GE

Der zuvor ermittelte Endkonsolidierungserfolg – bestehend aus dem auf die veräußerten Anteile entfallenden Teil (0 GE) sowie der Ausbuchung der nicht beherrschenden Anteile (-40 GE) – ist sodann mittels Buchungssatz (1*) einzubuchen. Da der Endkonsolidierungserfolg einen negativen Wert aufweist, wird er hier in den sonstigen Aufwendungen ausgewiesen und mindert das Ergebnis des Konzerns.

(1*)	Sonstige Aufwendungen	40 GE	*an*	Konzernergebnis	40 GE

Die Aufstellung der Konzern-Gewinn- und Verlustrechnung zum 31.12.X2 ist Tabelle 5-11 zu entnehmen.

31.12.X2 (Zahlenangaben in GE)	**A (MU)** IFRS II	**B (TU)** IFRS II	**S-GuV**	**Konsolidierungsspalte** Soll	Haben	**K-GuV**
Erträge						
Sonstige Erträge	160		160	(0*) 160		
Aufwendungen						
Sonstige Aufwendungen				(1*) 40		40
Konzernergebnis	160	0	160		(0*) 160 (1*) 40	-40
davon MU davon NbA						-40 0
Legende: GE ≙ Geldeinheiten | K-GuV ≙ Konzern-Gewinn- und Verlustrechnung | MU ≙ Mutterunternehmen | NbA ≙ Nicht beherrschende Anteile | S-GuV ≙ Summen-Gewinn- und Verlustrechnung | TU ≙ Tochterunternehmen						

Tabelle 5-11: Aufstellung der Konzern-Gewinn- und Verlustrechnung zum 31.12.X2 (ergebnisorientierte Vorgehensweise [Upstream-Transaktion])

522.223. Kritische Analyse

Im Rahmen der Zwischenergebniseliminierung nach der ergebnisorientierten Vorgehensweise wird zum **Lieferungszeitpunkt** durch die vollständige Eliminierung des im Wertansatz des gelieferten Vermögenswertes enthaltenen Zwischenergebnisses auf der einen Seite sowie die Eliminierung der in dem auf das Mutterunternehmen entfallenden Ergebnis bzw. im Wertansatz der nicht beherrschenden Anteile jeweils enthaltenen Teile des Zwischenergebnisses auf der anderen Seite die Konzernbilanz von sämtlichen aus der Upstream-Lieferung resultierenden

u. a., Beck IFRS HB, 5. Aufl., § 15, Rn. 126–129, sowie im Konzernabschluss HOEHNE, F., Veräußerung von Anteilen, S. 268–270.

Ergebniseffekten bereinigt. Die **Aufgabe der Zwischenergebniseliminierung** wird damit erfüllt.[964] Ebenso wird nach der ergebnisorientierten Zuordnung des zu eliminierenden Zwischenergebnisses infolge der mit der Zwischenergebniseliminierung verbundenen Aufwands- und Ertragskonsolidierung die konzerninterne Transaktion vollständig aus der Konzern-Gewinn- und Verlustrechnung eliminiert.[965] Sowohl die Konzernbilanz als auch die Konzern-Gewinn- und Verlustrechnung werden also so dargestellt, als ob diese konzerninterne Transaktion nicht stattgefunden hätte.[966]

Da zum Lieferungszeitpunkt mithin weder die mittels des Konzernabschlusses dargestellte Vermögens- noch die Ertragslage des Konzerns durch die konzerninterne Transaktion beeinflusst werden,[967] scheint die ergebnisorientierte Vorgehensweise zunächst vor dem Hintergrund der **Einheitsfiktion** sachgerecht zu sein.[968] Das Absatzrisiko des konzernintern gelieferten Vermögenswertes verbleibt im Konzern, sodass weder die Bewertung des Vermögenswertes oberhalb seiner Konzernherstellungskosten noch die Erfassung eines aus der Upstream-Transaktion resultierenden Konzernergebnisses gerechtfertigt wären.[969]

Obgleich mit Blick auf die Einheitsfiktion eine konzerninterne Transaktion stattgefunden hat, deren einzelbilanzielle Konsequenzen auf Konzernabschlussebene insofern aus Sicht der wirtschaftlichen Einheit zu Recht storniert werden, hat zwischen dem Mutterunternehmen und den nicht beherrschenden Gesellschaftern des liefernden Tochterunternehmens **gemessen an Konzernbuchwerten** aber tatsächlich eine **Vermögensverschiebung** stattgefunden,[970] im Zuge derer das mit dem gelieferten Vermögenswert verbundene **Absatzrisiko** vollständig auf das Mutterunternehmen übergegangen ist.[971] Vor diesem Hintergrund ist es fraglich, ob die gesellschafterstammspezifischen Ergebnisse und insofern die **Aufteilung des Konzerneigenkapitals** im

[964] Vgl. so auch FRÖHLICH, C., Zwischengewinne bei Geschäften mit Tochterunternehmen, S. 358.

[965] Vgl. implizit im handelsrechtlichen Kontext STÖRK, U./HOFFMANN, K., in: Grottel u. a., Beck Bilanzkomm., 12. Aufl., § 307 HGB, Rn. 55.

[966] Vgl. FRÖHLICH, C., Zwischengewinne bei Geschäften mit Tochterunternehmen, S. 358; PELLENS, B./NEUHAUS, S./NÖLTE, U., Konzernergebnis und Earnings per Share, S. 42, sowie, wenn auch im handelsrechtlichen Kontext, STÖRK, U./HOFFMANN, K., in: Grottel u. a., Beck Bilanzkomm., 12. Aufl., § 307 HGB, Rn. 55.

[967] Vgl., wenn auch im handelsrechtlichen Kontext, KIRSCH, H.-J./ENGELKE, F., in: Baetge/Kirsch/Thiele, Bilanzrecht, § 307 HGB, Rn. 38.16.

[968] Vgl., wenn auch im handelsrechtlichen Kontext, EBELING, R. M., Einheitsfiktion, S. 358; STÖRK, U./HOFFMANN, K., in: Grottel u. a., Beck Bilanzkomm., 12. Aufl., § 307 HGB, Rn. 55; KIRSCH, H.-J./ENGELKE, F., in: Baetge/Kirsch/Thiele, Bilanzrecht, § 307 HGB, Rn. 38.16.

[969] Vgl. LÜDENBACH, N./HOFFMANN, W.-D./FREIBERG, J., in: Lüdenbach/Hoffmann/Freiberg, Haufe IFRS-Kommentar, 17. Aufl., § 32, Rn. 142; SENGER, T./DIERSCH, U., in: Driesch u. a., Beck IFRS HB, 5. Aufl., § 35, Rn. 113; DELOITTE (Hrsg.), iGAAP 2019, S. 2239 f.

[970] Vgl., wenn auch im handelsrechtlichen Kontext, STÖRK, U./HOFFMANN, K., in: Grottel u. a., Beck Bilanzkomm., 12. Aufl., § 307 HGB, Rn. 55 und Rn. 57; KIRSCH, H.-J./ENGELKE, F., in: Baetge/Kirsch/Thiele, Bilanzrecht, § 307 HGB, Rn. 38.16; LEINEN, M., Kapitalkonsolidierung im mehrstufigen Konzern, S. 271–273; LORSON, P./HELL, C./HÖFNER, S., in: Hofbauer/Kupsch, Rechnungslegung, 2. Aufl., § 307 HGB, Rn. 49, sowie im IFRS-Kontext FRÖHLICH, C., Zwischengewinne bei Geschäften mit Tochterunternehmen, S. 358.

[971] Vgl. PELLENS, B./NEUHAUS, S./NÖLTE, U., Konzernergebnis und Earnings per Share, S. 42, sowie, wenn auch im handelsrechtlichen Kontext, EBELING, R. M., Einheitsfiktion, S. 358 f.

Rahmen der ergebnisorientierten Vorgehensweise seinen tatsächlichen Verhältnissen entsprechend abgebildet wird.

Mit Blick auf die Tatsache, dass aus der konzerninternen Transaktion kein Konzernergebnis zu erfassen ist, wird in der Literatur zum Teil geschlussfolgert, dass basierend auf der Verteilung dieses Konzernergebnisses gemäß IFRS 10.B94 auch den Gesellschafterstämmen aus der konzerninternen Transaktion kein Ergebnis zuzuordnen sei.[972] Schließlich sei die **Fortschreibungsregel des IFRS 10.B94**, nach der der Konzernerfolg auf die Gesellschafterstämme aufzuteilen ist, aus der **Perspektive der Erfolgsrechnung** formuliert, die gesellschafterstammspezifische Aufteilung von Vermögenswerten und Schulden würde dabei hingegen keine Rolle spielen.[973] „[D]en Konzernabschluss als Ganzes als Periodisierungsbasis anzusehen“[974] würde im Rahmen der Verteilung des Konzernergebnisses auf die Gesellschafterstämme jedoch verkennen, dass sich im Zuge der Lieferung eines Vermögenswertes, dessen Wertansatz zwischenergebniseliminierungspflichtig ist, die jeweiligen Anteile der Gesellschaftergruppen am konzernbilanziell ausgewiesenen Vermögen – wie gezeigt wurde – wertmäßig durchaus verändern können.

Der **Erfolgskonzeption** in Verbindung mit der durch den separaten Ausweis der gesellschafterstammspezifischen Anteile am Konzernergebnis auch im Ausweis angelegten **Bruchteilsvorstellung der Konzernrechnungslegung** folgend müsste eine (Wert-)Änderung des auf die Anteile einer Gesellschaftergruppe entfallenden konzernbilanziellen Vermögens grundsätzlich mit einer korrespondierenden Wertänderung des jeweiligen Anteils am Konzerneigenkapital verbunden sein. Schließlich ist nicht nur das gesamte Konzernergebnis an eine (Wert-)Änderung der Vermögenswerte und Schulden des Konzerns gekoppelt, vielmehr besteht dieser Zusammenhang gleichfalls zwischen den gesellschafterstammspezifischen Ergebnissen und einer jeweiligen (Wert-)Änderung der auf das Mutterunternehmen bzw. der auf die Anteile nicht beherrschende Gesellschafter entfallenden Teile der Vermögenswerte und Schulden.[975] Obgleich also die erfolgswirksame Fortschreibung der gesellschafterstammspezifischen Kapitalanteile gemäß IFRS 10.B94 formal entsprechend dem jeweiligen Anteil am Konzernergebnis vorzunehmen ist, gründen diese Ergebnisanteile wiederum auf der (wertmäßigen) Änderung der auf die jeweiligen Anteile entfallenden Teile der Vermögenswerte und Schulden des Konzerns.[976]

---

[972] Vgl. KPMG (Hrsg.), Insights into IFRS 2019/20, Rn. 2.5.550.50; PWC (Hrsg.), Manual of accounting 2019, Rn. FAQ 26.182.2; LÜDENBACH, N., Minderheitenanteil am Zwischenergebnis, S. 508.

[973] Vgl. LÜDENBACH, N., Zwischenergebniseliminierung bei Minderheiten, S. 180; FRÖHLICH, C., Zwischengewinne bei Geschäften mit Tochterunternehmen, S. 359 f.

[974] LEINEN, M., Kapitalkonsolidierung im mehrstufigen Konzern, S. 276, wenn auch im handelsrechtlichen Kontext.

[975] Vgl. so auch im handelsrechtlichen Kontext LEINEN, M., Kapitalkonsolidierung im mehrstufigen Konzern, S. 270 f.; STÖRK, U./HOFFMANN, K., in: Grottel u. a., Beck Bilanzkomm., 12. Aufl., § 307 HGB, Rn. 57; EBELING, R. M., Anteile fremder Gesellschafter, S. 325 und S. 330.

[976] Vgl. hierzu auch Abschnitt 521.232.

Der Argumentation, IFRS 10.B94 nehme die Erfolgsperspektive ein, kann also nur bedingt gefolgt werden, vielmehr ist diese Norm wohl eher Ausfluss des im *Conceptual Framework* verankerten Erfolgsverständnisses, nach dem Erfolge allgemein an die (Wert-)Änderung von den in der Konzernbilanz enthaltenen Vermögenswerten und Schulden geknüpft sind.[977] Der gesellschafterstammspezifischen Fortschreibung des konzernbilanziellen Vermögens wird im Rahmen der Zwischenergebniseliminierung nach der ergebnisorientierten Vorgehensweise – aufgrund der Eliminierung des jeweiligen Ergebnisses der am liefernden Unternehmen beteiligten Anteilseigner – jedoch gerade nicht Rechnung getragen.[978] In der Folge repräsentieren weder der Anteil des Mutterunternehmens am Konzerneigenkapital noch die nicht beherrschenden Anteile (wertmäßig) vollumfänglich das auf die jeweiligen Anteile entfallende Konzernvermögen,[979] was mit der Anforderung einer den **tatsächlichen Verhältnissen entsprechenden Abbildung** der Aufteilung des Konzerneigenkapitals auf die Gesellschafterstämme **in Konflikt** steht.[980]

Weiterhin kommen die mit der Durchbrechung zwischen einer gesellschafterstammspezifischen konzernbilanziellen Vermögensänderung und einer prinzipiell damit verbundenen Erfassung eines gesellschafterstammspezifischen Erfolges verbundenen Implikationen vor allem in den **Folgeperioden** – hier am Beispiel der **Endkonsolidierung** verdeutlicht –[981] zum Tragen. So ist entgegen einer regelungssystematisch grundsätzlich vorzunehmenden erfolgsneutralen Ausbuchung der nicht beherrschenden Anteile, aber zur Wahrung des **konzernspezifischen Kongruenzprinzips** und einer damit verbundenen Einschränkung der Möglichkeiten zu bilanzpolitisch motivierten Maßnahmen in Bezug auf die Totalperiode, die Vermögensverschiebung zwischen den Gesellschafterstämmen zum Endkonsolidierungszeitpunkt ergebnisseitig nachzuholen. Hierzu ist im Rahmen der Endkonsolidierung der aus der Ausbuchung der nicht beherrschenden Anteile verbleibende Differenzbetrag als Teil des auf die Anteile des Mutterunternehmens entfallenden Endkonsolidierungserfolges zu erfassen.[982] Da dieser als Teil des Endkonsolidierungserfolges zu erfassende Erfolgsbeitrag jedoch lediglich die zum Zeitpunkt der Upstream-Lieferung konzernbilanziell ergebnisseitig nicht nachgezeichnete Vermögensverschiebung zwischen den Gesellschafterstämmen nachholt, wird dieser Erfolgsbeitrag seinem Wesen nach regelmäßig nicht mit dem Verkauf der Anteile seitens des Mutterunternehmens in Verbindung stehen. So veräußert im Beispielsachverhalt das Mutterunternehmen seine Anteile

---

977 Vgl. Abschnitt 241.

978 Vgl. so auch im handelsrechtlichen Kontext LEINEN, M., Kapitalkonsolidierung im mehrstufigen Konzern, S. 275 f.; STÖRK, U./HOFFMANN, K., in: Grottel u. a., Beck Bilanzkomm., 12. Aufl., § 307 HGB, Rn. 55 und Rn. 57; KIRSCH, H.-J./ENGELKE, F., in: Baetge/Kirsch/Thiele, Bilanzrecht, § 307 HGB, Rn. 38.16.

979 Vgl. FRÖHLICH, C., Zwischengewinne bei Geschäften mit Tochterunternehmen, S. 358.

980 Vgl. so auch im handelsrechtlichen Kontext KIRSCH, H.-J./ENGELKE, F., in: Baetge/Kirsch/Thiele, Bilanzrecht, § 307 HGB, Rn. 38.16.

981 Vgl. zu einer beispielhaften Darstellung mit Veräußerung des konzernintern gelieferten Vermögenswertes an konzernexterne Dritte, wenn auch im handelsrechtlichen Kontext, LEINEN, M., Kapitalkonsolidierung im mehrstufigen Konzern, S. 269–277. Vgl. auch Fn. 1079.

982 Vgl. Abschnitt 522.222.

am Tochterunternehmen exakt in der Höhe des auf diese Anteile entfallenden, zu Konzernbuchwerten bewerteten abgehenden Vermögens, und hat trotzdem einen um die Vermögensverschiebung niedrigeren Endkonsolidierungserfolg auszuweisen, der im Beispiel hierdurch sogar einen negativen Wert annimmt. Dies ist insofern problematisch, als dieser negative Endkonsolidierungserfolg ein entsprechend schlechteres Verhandlungsergebnis des Managements von Unternehmen A aus dem Verkauf der Anteile suggeriert, als es eigentlich erzielt hat. Der ausgewiesene Endkonsolidierungserfolg entspricht insoweit nicht den **tatsächlichen Verhältnissen** im Zusammenhang mit dem Abgang der Beteiligung. Dabei ist in diesem Zusammenhang auch besonders kritisch, dass der korrespondierende, auf die Anteile nicht beherrschender Gesellschafter entfallende „Abgangserfolg“ im Zuge der Endkonsolidierung nicht ausgewiesen wird. Schließlich würde durch einen solchen Ausweis verdeutlicht werden, dass die Vermögensverschiebung lediglich zwischen den Gesellschaftergruppen stattgefunden hat.[983]

Ein weiterer dabei zu berücksichtigender Aspekt ist der **Zeitpunkt** der erfolgswirksamen Erfassung des auf die Vermögensverschiebung zum Zeitpunkt der Lieferung zurückzuführenden Betrages. So wird hier die Vermögensverschiebung zwischen den Gesellschafterstämmen in Bezug auf einen Vermögenswert ergebnisseitig zum Zeitpunkt des Abgangs des Tochterunternehmens nachgeholt, obgleich diese Vermögensverschiebung mit dem Abgang dieses Unternehmens aus dem Konzernverbund in **keinem** unmittelbar **sachlichen Zusammenhang** steht. Vielmehr wird die Erfolgserfassung lediglich buchungstechnisch durch die Endkonsolidierung induziert, da die Anteile nicht beherrschender Gesellschafter im Zuge der Endkonsolidierung vollständig auszubuchen sind. Es könnte hier zwar inhaltlich argumentiert werden, dass vor dem Hintergrund des Ausscheidens der nicht beherrschenden Gesellschafter aus dem Konzern die Vermögensverschiebung nunmehr zwischen den Gesellschaftergruppen hinreichend objektiviert sei und daher auch zu Recht erfasst wird. Allerdings hat sich in Bezug auf die konzerninterne Lieferung an den Verhältnissen zum Zeitpunkt der Endkonsolidierung im Vergleich zum Geschäftsjahr der Lieferung insofern nichts verändert, als der betreffende Vermögenswert weiterhin nicht Gegenstand einer Transaktion mit konzernexternen Dritte war, sondern sich im Bestand des Mutterunternehmens befindet. Folglich ist die Erfassung des diese Vermögensverschiebung zwischen den Gesellschafterstämmen repräsentierenden Betrages zum Zeitpunkt der Endkonsolidierung – selbst ungeachtet seiner Vermischung mit dem „eigentlichen“ Endkonsolidierungserfolg des Mutterunternehmens – auch deshalb kritisch zu betrachten, da er zu diesem Zeitpunkt **keiner höheren Objektivierung** unterliegt als zum Lieferungszeitpunkt.

Es lässt sich festhalten, dass bei einer ergebnisorientierten Zuordnung eines zu eliminierenden Zwischenergebnisses infolge einer Upstream-Lieferung zwar die Aufgabe der Zwischenergebniseliminierung erfüllt wird und das konzernspezifische Kongruenzprinzip zumindest unter Berücksichtigung einer erfolgswirksamen Umbuchung eines verbleibenden Differenzbetrages im

[983] Durch entsprechende Angaben im Konzernanhang könnten diese Informationsdefizite zumindest reduziert werden.

Rahmen der Ausbuchung nicht beherrschender Anteile gewahrt bleibt. Gleichwohl konnte gezeigt werden, dass diese Vorgehensweise mit der der Konzernrechnungslegung zugrunde liegenden Bruchteilsvorstellung konfligiert. Ob indes mit der Zwischenergebniseliminierung nach der vermögensorientierten Vorgehensweise eine vergleichsweise sachgerechtere Abbildung einer Upstream-Lieferung verbunden ist, ist in den folgenden Abschnitten zu analysieren.

522.23 Vermögensorientierte Vorgehensweise

522.231. Bilanzierung zum Lieferungszeitpunkt

Zur Aufstellung der **Konzernbilanz** zum 31.12.**X1** sind zunächst analog zur ergebnisorientierten Vorgehensweise im Rahmen der Folgekonsolidierung die in Abschnitt 522.21 erläuterten Kapitalkonsolidierungsbuchungen (1) und (2) des vorherigen Geschäftsjahres X0 zu wiederholen, wobei mittels Buchungssatz (2) zusätzlich der auf die nicht beherrschenden Anteile entfallende Teil des Jahresergebnisses von Unternehmen B in Höhe von 40 GE (= 200 GE * 20 %) in den Posten der nicht beherrschenden Gesellschafter eingestellt wird.

(1)	Gezeichnetes Kapital	800 GE	*an*	Beteiligung	800 GE
(2)	Gezeichnetes Kapital	200 GE	*an*	Nicht beh. Anteile	240 GE
	Ergebnis	40 GE			

In einem nächsten Schritt ist gemäß **IFRS 10.B86 (c)** das aus der Upstream-Lieferung resultierende, sowohl im Wertansatz des von Unternehmen A in die Summenbilanz übernommenen gelieferten Vermögenswertes als auch in dem von Unternehmen B übernommenen Jahresergebnis enthaltene, Zwischenergebnis vollständig zu eliminieren. Bei der **vermögensorientierten Vorgehensweise** ist das zu eliminierende Zwischenergebnis allerdings nicht entsprechend den Beteiligungsverhältnissen am Eigenkapital des liefernden, sondern denen am Eigenkapital des **empfangenden Unternehmens** auf die Gesellschafterstämme aufzuteilen.[984] Im Beispielsachverhalt ist das empfangende Unternehmen das Mutterunternehmen, sodass das Zwischenergebnis vollständig mit dem dem Mutterunternehmen zustehenden Ergebnis zu verrechnen ist. Mit Buchungssatz (3) wird die Zwischenergebniseliminierung nach der vermögensorientierten Vorgehensweise vorgenommen.

(3)	Ergebnis	200 GE	*an*	Vorräte	200 GE

Aufbauend auf den vorgenannten Buchungssätzen ist die Aufstellung der **Konzernbilanz** von Unternehmen A unter Berücksichtigung der Zwischenergebniseliminierung nach der vermögensorientierten Vorgehensweise Tabelle 5-12 zu entnehmen.

[984] Vgl. SENGER, T./DIERSCH, U., in: Driesch u. a., Beck IFRS HB, 5. Aufl., § 35, Rn. 113; PELLENS, B./NEUHAUS, S./NÖLTE, U., Konzernergebnis und Earnings per Share, S. 42.

31.12.X1 (Zahlenangaben in GE)	A (MU) IFRS II	B (TU) IFRS II	SB	Konsolidierungsspalte Soll	Konsolidierungsspalte Haben	KB
Aktiva						
Beteiligung	800		800		(1) 800	
Vorräte	1.200		1.200		(3) 200	1.000
Kasse		1.200	1.200			1.200
Summe Aktiva	2.000	1.200	3.200			2.200
Passiva						
Gez. Kapital	2.000	1.000	3.000	(1) 800 (2) 200		2.000
Ergebnis	0	200	200	(2) 40 (3) 200		-40
Nicht beh. Anteile					(2) 240	240
Summe Passiva	2.000	1.200	3.200	1.240	1.240	2.200

Legende: GE ≙ Geldeinheiten | Gez. Kapital ≙ Gezeichnetes Kapital | KB ≙ Konzernbilanz | MU ≙ Mutterunternehmen | Nicht beh. Anteile ≙ Nicht beherrschende Anteile | SB ≙ Summenbilanz | TU ≙ Tochterunternehmen

Tabelle 5-12 Aufstellung der Konzernbilanz zum 31.12.X1 (vermögensorientierte Vorgehensweise [Upstream-Transaktion])

Mit Blick auf die Konzernbilanz wird ersichtlich, dass im Rahmen der Zwischenergebniseliminierung nach der vermögensorientierten Vorgehensweise die Vermögensverschiebung zwischen den Gesellschafterstämmen nicht nur (gedanklich) durch eine gesellschafterstammspezifische Zuordnung des bilanzierten Vermögens, sondern auch im ausgewiesenen Konzerneigenkapital gezeigt wird.[985] Im Gegensatz zur Zwischenergebniseliminierung nach der ergebnisorientierten Vorgehensweise – im Rahmen derer die gesellschafterstammspezifischen Ergebnisse jeweils 0 GE betrugen – wird folglich das Konzerneigenkapital nicht etwa so dargestellt, als ob die konzerninterne Transaktion gänzlich nicht stattgefunden hätte.[986] Vielmehr ist die Minderung des auf die Anteile des Mutterunternehmens entfallenden konzernbilanziellen Vermögens von vormals insgesamt 2.000 GE auf nunmehr 1.960 GE mit der Erfassung eines auf diese Anteile entfallenden **Verlusts** in Höhe von **40 GE** verbunden. Korrespondierend erhöht sich durch die Transaktion das auf die nicht beherrschenden Anteile entfallende Vermögen von 200 GE auf 240 GE, was im Rahmen der vermögensorientierten Vorgehensweise durch eine entsprechende **Erhöhung** des Wertansatzes der nicht beherrschenden Anteile am Konzerneigenkapital um **40 GE** in der Konzernbilanz nachgezeichnet wird.

[985] Vgl. PELLENS, B./NEUHAUS, S./NÖLTE, U., Konzernergebnis und Earnings per Share, S. 42; FRÖHLICH, C., Zwischengewinne bei Geschäften mit Tochterunternehmen, S. 358 f., sowie, wenn auch im handelsrechtlichen Kontext, STÖRK, U./HOFFMANN, K., in: Grottel u. a., Beck Bilanzkomm., 12. Aufl., § 307 HGB, Rn. 57.

[986] Vgl., wenn auch im handelsrechtlichen Kontext, KIRSCH, H.-J./ENGELKE, F., in: Baetge/Kirsch/Thiele, Bilanzrecht, § 307 HGB, Rn. 38.17.

In einem nächsten Schritt ist bei dieser Vorgehensweise allerdings fraglich, auf welche Weise diese in der Konzernbilanz dargestellte Vermögensverschiebung mit korrespondierender Ergebniswirkung zwischen den Gesellschafterstämmen in der **Konzern-Gewinn- und Verlustrechnung** abzubilden ist. Da die Gewinn- und Verlustrechnung des Konzerns gemäß IFRS 10.B86 (c) i. V. m. IFRS 10.A aus Sicht der **wirtschaftlichen Einheit** aufzustellen ist, sind im Rahmen der mit der Zwischenergebniseliminierung verbundenen Aufwands- und Ertragskonsolidierung sämtliche Erträge und Aufwendungen aus konzerninternen Transaktionen vollständig zu eliminieren.[987] Folglich sind mittels Buchungssatz (1*) – wie auch im Rahmen der ergebnisorientierten Vorgehensweise – die im Zuge der Upstream-Lieferung auf Einzelabschlussebene erfassten und in die Summen-Gewinn- und Verlustrechnung übernommenen Umsatzerlöse und Herstellungskosten des Umsatzes sowie das daraus resultierende Ergebnis vollständig zu stornieren.

(1*)	Umsatzerlöse	1.200 GE	*an*	HKdU	1.000 GE
				Konzernergebnis	200 GE

Um indes das in der Konzernbilanz zum einen ausgewiesene, auf das Unternehmen A entfallende Ergebnis in Höhe von -40 GE sowie zum anderen das auf die nicht beherrschenden Anteile entfallende, im ausgewiesenen Wertansatz dieser Anteile enthaltene Ergebnis in Höhe von 40 GE auch in der Konzern-Gewinn- und Verlustrechnung abzubilden, sind hier bei der vermögensorientierten Vorgehensweise zusätzlich mittels „Buchungssatz" (2*) die gesellschafterstammspezifischen Ergebnisse entsprechend anzupassen. Dieser „Buchungssatz" ist dabei kein Buchungssatz im eigentlichen buchungstechnischen Sinne, sondern betrifft lediglich die **Aufteilung** des **Konzernergebnisses auf die Gesellschafterstämme**.

(2*)	$\text{Konzernergebnis}_{\text{NbA}}$	40 GE	*an*	$\text{Konzernergebnis}_{\text{MU}}$	40 GE

Die hierbei verwendeten Indizes sollen verdeutlichen, dass es sich bei den in diesem „Buchungssatz" angesprochenen Posten um die gesellschafterstammspezifischen Anteile am Konzernergebnis handelt, die in der Konzern-Gewinn- und Verlustrechnung im Rahmen eines „Davon-Vermerks" unterhalb des Konzernergebnisses ausgewiesen werden.[988] Die Aufstellung der Konzern-Gewinn- und Verlustrechnung von Unternehmen A ist schließlich Tabelle 5-13 zu entnehmen.

---

[987] Vgl. BAETGE, J./HAYN, S./STRÖHER, T., in: Baetge u. a., Rechnungslegung nach IFRS, 2. Aufl., IFRS 10, Rn. 290; SENGER, T./DIERSCH, U., in: Driesch u. a., Beck IFRS HB, 5. Aufl., § 35, Rn. 100 und Rn. 113; LÜDENBACH, N./HOFFMANN, W.-D./FREIBERG, J., in: Lüdenbach/Hoffmann/Freiberg, Haufe IFRS-Kommentar, 17. Aufl., § 32, Rn. 140.

[988] Vgl. IAS 1.81B, sowie BISCHOF, S./WENDLANDT, K., in: Baetge u. a., Rechnungslegung nach IFRS, 2. Aufl., IAS 1, Rn. 141.

31.12.X1 (Zahlenangaben in GE)	A (MU) IFRS II	B (TU) IFRS II	S-GuV	Konsolidierungsspalte Soll	Konsolidierungsspalte Haben	K-GuV
Erträge						
Umsatzerlöse		1.200	1.200	(1*) 1.200		
Aufwendungen						
HKdU		1.000	1.000		(1*) 1.000	
Konzernergebnis	0	200	200		(1*) 200	0
davon MU					(2*) 40	-40
davon NbA				(2*) 40		40

Legende: GE ≙ Geldeinheiten | HKdU ≙ Herstellungskosten des Umsatzes | K-GuV ≙ Konzern-Gewinn- und Verlustrechnung | MU ≙ Mutterunternehmen | NbA ≙ Nicht beherrschende Anteile | S-GuV ≙ Summen-Gewinn- und Verlustrechnung | TU ≙ Tochterunternehmen

Tabelle 5-13: Aufstellung der Konzern-Gewinn- und Verlustrechnung zum 31.12.X1 (vermögensorientierte Vorgehensweise [Upstream-Transaktion])

Korrespondierend zur Erfassung der beiden gesellschafterstammspezifischen Ergebnisse in der Konzernbilanz[989] wird damit in der Konzern-Gewinn- und Verlustrechnung sichergestellt, dass zum einen die Vermögensverschiebung auch erfolgsrechnerisch nachgezeichnet und zum anderen das Konzernergebnis um das vollständige Zwischenergebnis bereinigt werden. Dabei widerspricht ein Konzernergebnis in Höhe von 0 GE zwar nicht per se einer sich im Vorzeichen gegensätzlich gegenüberstehenden Ergebnisverteilung auf die Gesellschafterstämme. Zu erkennen ist aber, dass auf diese Weise der Bilanzierung auf Konzernabschlussebene gesellschafterstammspezifische Ergebnisse ausgewiesen werden, obgleich diese – zumindest ausweislich den in der Konzern-Gewinn- und Verlustrechnung erfassten Erträgen und Aufwendungen – aus Konzernsicht erst gar nicht erwirtschaftet wurden.

Der Ergebnis**verteilung** sowohl in der Konzernbilanz als auch in der Konzern-Gewinn- und Verlustrechnung liegt dabei der Gedanke zugrunde, dass die konzerninterne Transaktion in Bezug auf den **Teil des gelieferten Vermögenswertes**, der vor dieser Transaktion auf die **nicht beherrschenden Anteile entfiel**, tatsächlich zu den aus Konzernperspektive maßgebenden Werten stattgefunden hat und daher insoweit nicht zu eliminieren ist.[990] So hat Unternehmen A, dem aus Konzernperspektive vor der konzerninternen Transaktion 80 % des gelieferten Vermögenswertes zuzuordnen war, die weiteren 20 %, d. h. den vor der Transaktion auf die nicht beherrschenden Anteile entfallenden Teil dieses Vermögenswertes von Unternehmen B erworben. Wenngleich (gedanklich) Unternehmen A für diesen Teil des Vermögenswertes eine Gegenleistung in Höhe von 240 GE (= 1.200 GE * 20 %) entrichtet, ist er konzernbilanziell weiterhin lediglich mit seinen Konzernherstellungskosten in Höhe von 200 GE (= 1.000 GE * 20 %) zu bewerten, sodass auf das Mutterunternehmen im Zuge des Erwerbs

989 Während der auf das Mutterunternehmen entfallende Teil des Konzernergebnisses im Posten „Ergebnis" explizit ausgewiesen wird, ist der auf die nicht beherrschenden Anteile entfallende Teil des Konzernergebnisses hingegen im Posten „nicht beherrschende Anteile" enthalten.

990 Vgl. ähnlich FRÖHLICH, C., Zwischengewinne bei Geschäften mit Tochterunternehmen, S. 359.

eine **Vermögensminderung** in Höhe von -40 GE entfällt. Diesem Gedanken folgend entfallen aufgrund der Veräußerung seitens des Unternehmens B zugleich auf die nicht beherrschenden Anteile Umsatzerlöse in Höhe von 240 GE sowie die damit in Verbindung stehenden Herstellungskosten des Umsatzes in Höhe von 200 GE, sodass diesen Anteilen ein Ergebnis in Höhe von 40 GE zuzuordnen ist, das ihre **Vermögensmehrung** repräsentiert.

Implizit liegt der im Konzernabschluss berücksichtigten Ergebnisverteilung im Rahmen der Zwischenergebniseliminierung und der damit verbundenen Aufwands- und Ertragskonsolidierung nach der vermögensorientierten Vorgehensweise mithin die in Tabelle 5-14 dargestellte gesellschafterstammspezifische Konzern-Gewinn- und Verlustrechnung[991] zugrunde.[992] Im Gegensatz zu dieser der Ergebnisverteilung implizit zugrunde liegenden Gewinn- und Verlustrechnung sind jedoch in der **tatsächlichen** Gewinn- und Verlustrechnung des Konzerns – wie oben dargestellt – weder Teile der Erträge noch Teile der Aufwendungen aus der konzerninternen Transaktion erfasst, da sich deren Erfassung danach richtet, ob sie aus Sicht der wirtschaftlichen Einheit angefallen sind.

Soll	**(Implizite) Gesellschafterstammspezifische K-GuV von A (MU)** zum 31.12.X1 (Zahlenangaben in GE)		**Haben**
HKdU	200	Umsatzerlöse	240
davon MU:	0	davon MU:	0
davon NbA:	200	davon NbA:	240
Vermögensminderung	40		
davon MU:	40		
davon NbA:	0		
Konzernergebnis	0		
davon MU:	-40		
davon NbA:	40		
∑ Soll	240	∑ Haben	240

Legende: GE ≙ Geldeinheiten | HKdU ≙ Herstellungskosten des Umsatzes | K-GuV ≙ Konzern-Gewinn- und Verlustrechnung | MU ≙ Mutterunternehmen | NbA ≙ Nicht beherrschende Anteile | TU ≙ Tochterunternehmen

Tabelle 5-14: (Implizite) Gesellschafterstammspezifische Konzern-Gewinn- und Verlustrechnung zum 31.12.X1 (vermögensorientierte Vorgehensweise [Upstream-Transaktion])

Erneut werden in einem nächsten Schritt die mit der gewählten Vorgehensweise bei der Zwischenergebniseliminierung verbundenen Implikationen in einer Folgeperiode – hier weiterhin am Beispiel der Periode des Abgangs des Tochterunternehmens – betrachtet.

991 In der Konzernbilanz kann die Vermögensverschiebung zwischen den Gesellschafterstämmen, wie bereits in Abschnitt 522.221. erläutert wurde, der in Tabelle 5-6 (Abschnitt 522.221.) dargestellten gesellschafterstammspezifischen Konzernbilanz zum 31.12.X1 im Vergleich zu derjenigen in Tabelle 5-3 zum 31.12.X0 (Abschnitt 522.21) entnommen werden.

992 Vgl. implizit so wohl auch FRÖHLICH, C., Zwischengewinne bei Geschäften mit Tochterunternehmen, S. 359.

522.232. Bilanzierung zum Endkonsolidierungszeitpunkt

Im Rahmen der Aufstellung der **Konzernbilanz** von Unternehmen A zum 31.12.**X2** unter Berücksichtigung der Endkonsolidierung von Unternehmen B ist zunächst analog zur ergebnisorientierten Vorgehensweise das im Einzelabschluss von Unternehmen A bereits erfasste Veräußerungsgeschäft der Beteiligung an Unternehmen B mittels Buchungssatz (0) zu stornieren.[993] Im Zuge dieses Veräußerungsgeschäfts hatte Unternehmen A einzelbilanziell einen Veräußerungserfolg in Höhe von 160 GE erfasst (= 960 GE ./. 800 GE).

(0)	Beteiligung	800 GE	*an*	Kasse	960 GE
	Ergebnis	160 GE			

Ebenfalls analog zur Folgekonsolidierung im Rahmen der ergebnisorientierten Vorgehensweise sind infolgedessen die Buchungssätze (1) und (2) der Kapitalkonsolidierung der vorherigen Geschäftsjahre X1 und X2 zu wiederholen, wobei erneut Buchungssatz (2) dergestalt zu modifizieren ist, dass die nicht beherrschenden Gesellschafter an den Gewinnrücklagen, die aus dem vollständig thesaurierten Jahresergebnis des vorherigen Geschäftsjahres von Unternehmen B resultieren und insofern diesem wertmäßig entsprechen, gemäß ihrem Anteil zu beteiligen sind.

(1)	Gezeichnetes Kapital	800 GE	*an*	Beteiligung	800 GE
(2)	Gezeichnetes Kapital	200 GE	*an*	Nicht beh. Anteile	240 GE
	Gewinnrücklagen	40 GE			

Die im vorherigen Geschäftsjahr X1 durchgeführte **Zwischenergebniseliminierung** ist wie auch bei der ergebnisorientierten Vorgehensweise nicht einzustellen,[994] sondern ungeachtet des Abgangs von Unternehmen B weiterhin – wenn auch erfolgsneutral, da die Lieferung im vorherigen Geschäftsjahr stattfand – durchzuführen. Dabei ist das zu eliminierende Zwischenergebnis mittels Buchungssatz (3) unverändert gegenüber dem Vorjahr vollständig zulasten des Unternehmens A, also des Mutterunternehmens zu eliminieren.

(3)	Gewinnrücklagen	200 GE	*an*	Vorräte	200 GE

Anschließend ist die Veräußerung der Anteile an Unternehmen B konsolidierungstechnisch im Sinne der Einzelveräußerungsfiktion abzubilden. Hierzu sind in einem ersten Schritt mittels Buchung (4) der auf die **veräußerten Anteile des Mutterunternehmens** entfallende Teil des abgehenden Vermögens von Unternehmen B ($Kasse_{TU}$) zu Konzernbuchwerten in Höhe von

993 Vgl. zur alternativen Vorgehensweise ausgehend vom Summenabschluss Fn. 929.
994 Vgl. zur Begründung ausführlich Abschnitt 522.222.

960 GE (= 1.200 GE * 80 %) auszubuchen sowie die dafür erhaltenen liquiden Mittel ($Kasse_{MU}$) in Höhe von 960 GE in der Konzernbilanz anzusetzen.[995] Da sich diese Werte in gleicher Höhe gegenüberstehen, ergibt sich kein zu erfassender Endkonsolidierungserfolg.

(4)	$Kasse_{MU}$	960 GE	*an*	$Kasse_{TU}$	960 GE

In einem zweiten Schritt der Endkonsolidierung sind die **nicht beherrschenden Anteile** sowie der darauf entfallende Teil des abgehenden Vermögens aus der fortgeführten Konzernbilanz auszubuchen.[996] Da bei der Zwischenergebniseliminierung nach der vermögensorientierten Vorgehensweise die durch die Upstream-Lieferung induzierte Vermögensverschiebung zwischen den Gesellschafterstämmen bereits zum Lieferungszeitpunkt konzernbilanziell vollständig nachgezeichnet wurde, stehen sich der Wertansatz der nicht beherrschenden Anteile in Höhe von 240 GE sowie das auf diese Anteile entfallende abgehende Vermögen zu fortgeführten Konzernbuchwerten in Höhe von 240 GE (= 1.200 GE * 20 %) in gleicher Höhe gegenüber. Es verbleibt demnach – anders als im Rahmen der ergebnisorientierten Vorgehensweise – kein Differenzbetrag, dessen Behandlung erörtert werden müsste.[997] Vielmehr kann eine **erfolgsneutrale Ausbuchung** der nicht beherrschenden Anteile nach IFRS 10.B98 (a) (ii) i. V. m. IFRS 10.B98 (d) erfolgen. Die Ausbuchung ist mittels Buchung (5) vorzunehmen.

(5)	Nicht beh. Anteile	240 GE	*an*	Kasse	240 GE

Ein Blick auf die von Unternehmen A erfassten **Totalerfolgsbeiträge** aus dem Investment „Beteiligung an Unternehmen B“ sowohl auf Einzel- als auch auf Konzernabschlussebene, die in Tabelle 5-15 dargestellt sind, zeigt, dass bei der vermögensorientierten Vorgehensweise das konzernspezifische Kongruenzprinzip gewahrt bleibt.

Erfolgsbeiträge (Zahlenangaben in GE)	**EA A (MU)**	**Konzernabschluss A (MU)**		
Zeitpunkt		Anteil MU	Anteil NbA	∑ Konzern
Lieferung des VW	0	-40	40	0
Endkonsolidierung des TU	160	0	0	0
Veräußerung des VW	0	200	-	200
Totalerfolgsbeitrag	160	160	40	200
Legende: EA ≙ Einzelabschluss | GE ≙ Geldeinheiten | MU ≙ Mutterunternehmen | NbA ≙ Nicht beherrschende Anteile | TU ≙ Tochterunternehmen | VW ≙ Vermögenswert				

Tabelle 5-15: Totalerfolgsbetrachtung (vermögensorientierte Vorgehensweise [Upstream-Transaktion])

995 Vgl. IFRS 10.B98 (a) (i) i. V. m. IFRS 10.B98 (b) (i).
996 Vgl. IFRS 10.B98 (a) (ii), sowie PANZER, A., Statusändernde Anteilsveräußerungen, S. 86.
997 Vgl. für eine solche Diskussion Abschnitt 522.222.

Dabei wird dem Ausgangsbeispiel entsprechend angenommen, dass der konzernintern gelieferte Vermögenswert im folgenden Geschäftsjahr zum 31.12.X3 in Höhe seines unveränderten beizulegenden Zeitwertes von 1.200 GE an konzernexterne Dritte veräußert wird, sodass konzernbilanziell ein Erfolg in Höhe von 200 GE erfasst wird. Nach der Erfassung dieses Erfolgs, der vollständig dem Mutterunternehmen zuzuordnen ist, entsprechen sich der auf das Mutterunternehmen entfallende Konzerntotalerfolgsbeitrag des Tochterunternehmens sowie der aus diesem Beteiligungsengagement resultierende Totalerfolgsbeitrag auf Einzelabschlussebene.[998]

Tabelle 5-16 zeigt die Aufstellung der **Konzernbilanz** von Unternehmen A zum 31.12.X2 unter Berücksichtigung der Endkonsolidierung des Unternehmens B auf Basis der vorgenannten Buchungen.

31.12.X2 (Zahlenangaben in GE)	**A (MU)** IFRS II	**B (TU)** IFRS II	**SB**	**Konsolidierungsspalte**		**KB**
				Soll	Haben	
Aktiva						
Beteiligung				(0) 800	(1) 800	
Vorräte	1.200		1.200		(3) 200	1.000
Kasse	960	1.200	2.160	(4) 960	(0) 960 (4) 960 (5) 240	960
Summe Aktiva	2.160	1.200	3.360			1.960
Passiva						
Gez. Kapital	2.000	1.000	3.000	(1) 800 (2) 200		2.000
Gewinnrücklagen		200	200	(2) 40 (3) 200		-40
Ergebnis	160	0	160	(0) 160		0
Nicht beh. Anteile				(5) 240	(2) 240	
Summe Passiva	2.160	1.200	3.360	3.400	3.400	1.960

Legende: GE ≙ Geldeinheiten | Gez. Kapital ≙ Gezeichnetes Kapital | KB ≙ Konzernbilanz | MU ≙ Mutterunternehmen | Nicht beh. Anteile ≙ Nicht beherrschende Anteile | SB ≙ Summenbilanz | TU ≙ Tochterunternehmen

Tabelle 5-16: Aufstellung der Konzernbilanz zum 31.12.X2 (vermögensorientierte Vorgehensweise [Upstream-Transaktion])

Zur Aufstellung der **Konzern-Gewinn- und Verlustrechnung** ist mittels Buchungssatz (0*) der auf Einzelabschlussebene von Unternehmen A erfasste Erfolg aus dem Beteiligungsabgang zu stornieren.[999]

[998] Vgl. hierzu auch Fn. 956.

[999] Vgl. zum Ausweis des Erfolges aus dem Beteiligungsabgang Fn. 963.

(0*)	Sonstige Erträge	160 GE	*an*	Konzernergebnis	160 GE

Im Gegensatz zur Endkonsolidierung im Rahmen der ergebnisorientierten Vorgehensweise ist kein Endkonsolidierungserfolg einzubuchen, da er nunmehr 0 GE beträgt. Die Aufstellung der Konzern-Gewinn- und Verlustrechnung zum 31.12.X2 gestaltet sich wie folgt:

31.12.X2 (Zahlenangaben in GE)	**A (MU)** IFRS II	**B (TU)** IFRS II	**S-GuV**	**Konsolidierungsspalte** Soll	Haben	**K-GuV**
Erträge						
Sonstige Erträge	160		160	(0*) 160		
Aufwendungen						
Sonstige Aufwendungen						
Konzernergebnis	160	0	160		(0*) 160	0
davon MU						0
davon NbA						0

Legende: GE ≙ Geldeinheiten | K-GuV ≙ Konzern-Gewinn- und Verlustrechnung | MU ≙ Mutterunternehmen | NbA ≙ Nicht beherrschende Anteile | S-GuV ≙ Summen-Gewinn- und Verlustrechnung | TU ≙ Tochterunternehmen

Tabelle 5-17: Aufstellung der Konzern-Gewinn- und Verlustrechnung zum 31.12.X2 (vermögensorientierte Vorgehensweise [Upstream-Transaktion])

522.233. Kritische Analyse

Im Rahmen der Zwischenergebniseliminierung nach der vermögensorientierten Vorgehensweise unter Berücksichtigung nicht beherrschender Anteile am Eigenkapital des an der Lieferung beteiligten Tochterunternehmens wird die durch eine Upstream-Lieferung induzierte Vermögensverschiebung zwischen den Gesellschafterstämmen bereits zum **Lieferungszeitpunkt** konzernbilanziell im Konzerneigenkapital nachgezeichnet.[1000] Insofern ergeben sich für die Endkonsolidierung des Tochterunternehmens keine diesbezüglichen Besonderheiten aus der Zwischenergebniseliminierung. Obgleich das Konzernergebnis insgesamt von dieser Transaktion unberührt bleibt, wird die auf die jeweiligen Anteile entfallende Erhöhung bzw. Minderung des konzernbilanziellen Vermögens in Form der gesellschafterstammspezifischen Ergebnisse sowohl in der Konzernbilanz als auch damit korrespondierend in der Gewinn- und Verlustrechnung des Konzerns unmittelbar erfasst. Fraglich ist, ob diese Erfassung von gesellschafterstammspezifischen Erfolgsbeiträgen aus einer konzerninternen Transaktion und die damit verbundene Veränderung der dargestellten Aufteilung des Konzerneigenkapitals sachgerecht ist. So wird im Schrifttum kritisiert, dass diese Ergebnisse im Rahmen der vermögensorientierten Vorgehensweise unzutreffend ausgewiesen werden, da sie auf einem Geschäftsvorfall beruhen,

1000 Vgl. PELLENS, B./NEUHAUS, S./NÖLTE, U., Konzernergebnis und Earnings per Share, S. 42; FRÖHLICH, C., Zwischengewinne bei Geschäften mit Tochterunternehmen, S. 358 f., sowie, wenn auch im handelsrechtlichen Kontext, STÖRK, U./HOFFMANN, K., in: Grottel u. a., Beck Bilanzkomm., 12. Aufl., § 307 HGB, Rn. 57.

der aus Konzernsicht nicht stattgefunden habe und insofern daraus resultierende (Ergebnis-)Effekte konzernbilanziell nicht abzubilden seien.[1001]

In diesem Zusammenhang gilt es zunächst zu prüfen, ob die **Aufgabe der Zwischenergebniseliminierung** im Rahmen der vermögensorientierten Vorgehensweise erfüllt wird. Da bei dieser Vorgehensweise gesellschafterstammspezifische Erfolgsbeiträge aus einer konzerninternen Transaktion erfasst werden und insofern die konzerninterne Transaktion nicht vollständig aus dem Konzernabschluss eliminiert wird, könnte argumentiert werden, dass dies gerade nicht der Fall sei.[1002] Obschon diese Argumentation auf den ersten Blick zu überzeugen vermag, würde hierbei verkannt werden, dass aus der Perspektive der wirtschaftlichen Einheit die konzerninterne Transaktion sehr wohl konsolidierungstechnisch rückgängig gemacht wird. Schließlich werden der Einheitsfiktion der Konzernrechnungslegung folgend sowohl das im Wertansatz des gelieferten Vermögenswertes, der aus **Sicht der wirtschaftlichen Einheit als Ganzes** ausgewiesen wird, als auch das im Konzernergebnis, also im **Ergebnis der wirtschaftlichen Einheit**, enthaltene Zwischenergebnis vollständig eliminiert. Demnach hat die Upstream-Transaktion weder auf den konzernbilanziellen Wertansatz des Vermögenswertes noch auf das Konzernergebnis einen Einfluss. Folglich bleibt auch das Konzerneigenkapital insgesamt von dieser konzerninternen Transaktion unberührt.

Dass dennoch den Gesellschafterstämmen ein konzernbilanzielles Ergebnis mit zueinander gegensätzlichen Vorzeichen zugeordnet wird, steht der Erfüllung der Aufgabe der Zwischenergebniseliminierung nicht per se entgegen. Dies liegt darin begründet, dass einerseits dem Konzernergebnis insgesamt sowie andererseits dessen Aufteilung eine **unterschiedliche konzeptionelle Basis** zugrunde liegt. So fußt die **gesellschafterstammspezifische Aufteilung des Konzernergebnisses** eben nicht etwa wie der Ausweis des Konzernergebnisses als Ergebnis der wirtschaftlichen Einheit konzeptionell auf der in IFRS 10.A verankerten Einheitsfiktion.[1003] Vielmehr kann diese Aufteilung – in der die **Bruchteilsvorstellung** der Konzernrechnungslegung zum Ausdruck kommt –[1004] als eher rechtlich geprägt verstanden werden,[1005] da sie sich regelmäßig an den gesellschaftsrechtlichen Beteiligungsquoten der Gesellschafterstämme am Eigenkapital des jeweiligen Tochterunternehmens orientiert.[1006] Wenngleich rein technisch das Konzernergebnis erst infolge der Ergebnisentstehung auf die Gesellschafterstämme aufgeteilt wird, gründen die gesellschafterstammspezifischen Anteile am Konzernergebnis auf der

[1001] Vgl. KÜTING, K./WEBER, C.-P., Der Konzernabschluss, S. 535; FRÖHLICH, C., Zwischengewinne bei Geschäften mit Tochterunternehmen, S. 359, sowie, wenn auch im handelsrechtlichen Kontext, KÜTING, K./GÖTH, P., Minderheitenanteile im Konzernabschluß, S. 316.

[1002] Vgl. FRÖHLICH, C., Zwischengewinne bei Geschäften mit Tochterunternehmen, S. 359, der „das Ziel“ der Zwischenergebniseliminierung nur dann als erfüllt ansieht, sofern nicht nur das Konzernergebnis, sondern auch die gesellschafterstammspezifischen Ergebnisanteile in der Periode der Lieferung so dargestellt werden, als ob die konzerninterne Transaktion nicht stattgefunden hätte.

[1003] Vgl. implizit PAWELZIK, K. U., Konsolidierung von Minderheiten, S. 680.

[1004] Vgl. hierzu ausführlich Abschnitt 521.232.

[1005] Vgl. ähnlich im handelsrechtlichen Kontext LEINEN, M., Kapitalkonsolidierung im mehrstufigen Konzern, S. 59–66.

[1006] Vgl. KPMG (Hrsg.), Insights into IFRS 2019/20, Rn. 2.5.500.10.

(Wert-)Änderung der auf die Anteile der jeweiligen Gesellschaftergruppe entfallenden Teile der konzernbilanziellen Vermögenswerte und Schulden.[1007] Während also das Konzernergebnis grundsätzlich eine (wertmäßige) Änderung der konzernbilanziell dargestellten Vermögenslage der wirtschaftlichen Einheit insgesamt reflektiert, korrespondiert der Anteil des Mutterunternehmens am Konzernergebnis mit einer (wertmäßigen) Änderung der auf das Mutterunternehmen entfallenden Teile der in der Konzernbilanz enthaltenen Vermögenswerte und Schulden. Der Anteil der nicht beherrschenden Gesellschafter am Konzernergebnis bezieht sich hingegen folglich auf die Fortschreibung der durch diese Gesellschaftergruppe zum Zugangszeitpunkt eines Tochterunternehmens (fiktiv) eingelegten Sacheinlage in den Konzern.[1008] Insofern wird im gegenständlichen Sachverhalt mit der Erfassung der gesellschafterstammspezifischen Erfolgsbeiträge lediglich die jeweilige gesellschafterstammspezifische konzernbilanzielle Vermögensänderung und damit die Vermögensverschiebung zwischen den Gesellschafterstämmen nachgezeichnet, während der Wertansatz des gelieferten Vermögenswertes und das Konzernergebnis insgesamt aber von dem Zwischenergebnis gänzlich befreit werden. Mithin wird die **Aufgabe der Zwischenergebniseliminierung** auch bei der Zwischenergebniseliminierung nach der vermögensorientierten Vorgehensweise erfüllt.[1009]

Gleichwohl lässt sich an der Erfassung der gesellschafterstammspezifischen Erfolgsbeiträge zum Lieferungszeitpunkt im Rahmen der vermögensorientierten Vorgehensweise kritisieren, dass die gesellschafterstammspezifischen Ergebnisse mithilfe solcher Erfolgsbeiträge aus einer konzerninternen Transaktion seitens des Konzernmutterunternehmens qua seines beherrschenden Einflusses durch entsprechend gewählte Verrechnungspreise beeinflusst werden können.[1010] Bilanzpolitisch motivierte Maßnahmen vonseiten des Konzernmutterunternehmens zulasten etwaiger nicht beherrschender Gesellschafter können in diesem Fall daher nicht ausgeschlossen werden,[1011] sodass die im Rahmen der vermögensorientierten Vorgehensweise ausgewiesenen gesellschafterstammspezifischen Ergebnisse mit der Anforderung an eine **neutrale** Informationsvermittlung in Konflikt stehen können. So kann bspw. auch die für den Kapitalmarkt bedeutende Kennzahl „Ergebnis je Aktie“[1012] – die sich nur auf den Ergebnisanteil des Mutterunternehmens bezieht – durch eine Upstream-Lieferung beeinflusst und insoweit die Objektivierung dieser Kennzahl eingeschränkt werden.[1013]

1007 Vgl. zur gesellschafterstammspezifischen Fortschreibung der konzernbilanziellen Vermögenswerte und Schulden auch bereits Abschnitt 522.223.

1008 Vgl. Abschnitt 521.231.

1009 Vgl. ähnlich SENGER, T./DIERSCH, U., in: Driesch u. a., Beck IFRS HB, 5. Aufl., § 35, Rn. 113. A. A. FRÖHLICH, C., Zwischengewinne bei Geschäften mit Tochterunternehmen, S. 359.

1010 Vgl. FRÖHLICH, C., Zwischengewinne bei Geschäften mit Tochterunternehmen, S. 359, sowie, wenn auch im handelsrechtlichen Kontext KIRSCH, H.-J./ENGELKE, F., in: Baetge/Kirsch/Thiele, Bilanzrecht, § 307 HGB, Rn. 38.17.

1011 Vgl. FRÖHLICH, C., Zwischengewinne bei Geschäften mit Tochterunternehmen, S. 359.

1012 Vgl. zur Bedeutung dieser Kennzahl bspw. PELLENS, B./NEUHAUS, S./NÖLTE, U., Konzernergebnis und Earnings per Share, S. 32 m. w. N., sowie bereits Fn. 855.

1013 Vgl. ähnlich PELLENS, B./NEUHAUS, S./NÖLTE, U., Konzernergebnis und Earnings per Share, S. 32 und S. 40–44.

Dem ist jedoch entgegenzuhalten, dass ungeachtet bilanzpolitisch motivierter Maßnahmen durch die in Rede stehende Ergebnisverteilung lediglich in Bezug auf die gesellschafterstammspezifische Perspektive konzernbilanziell das nachgezeichnet wird, was gemessen an Konzernbuchwerten tatsächlich stattgefunden hat.[1014] Zwar gilt das aus der Upstream-Lieferung resultierende Zwischenergebnis aus Konzernsicht noch nicht als realisiert, sodass im Beispielsachverhalt der gelieferte Vermögenswert weiterhin mit seinen Konzernherstellungskosten in Höhe von 1.000 GE zu bewerten ist. Schließlich fand keine Transaktion mit konzernexternen Dritten statt, vielmehr verbleibt das mit dem **Vermögenswert verbundene Absatzrisiko** im Konzern. Ebendieses Absatzrisiko **geht** indes mit Blick auf das auf die jeweiligen Gesellschafterstämme entfallende Konzernvermögen im Zuge der Lieferung **vollständig auf das Mutterunternehmen über**.[1015] In diesem Zusammenhang vermindert sich aber im hier betrachteten Beispiel der auf das Mutterunternehmen entfallende Teil des konzernbilanziellen Vermögens, während sich zugleich der auf die nicht beherrschenden Anteile entfallende Teil dieses Vermögens durch die Transferierung der zu 1.200 GE bewerteten liquiden Mittel an das Tochterunternehmen erhöht.[1016] Vor diesem Hintergrund ist die Erfassung der (rechtlich geprägten) gesellschafterstammspezifischen Erfolgsbeiträge, die aus dieser Verschiebung resultieren, insofern sachgerecht, als sie die an Konzernbuchwerten gemessene Vermögensverschiebung zwischen den Gesellschafterstämmen nachzeichnen. Dass die nicht beherrschenden Gesellschafter dabei im Zuge der Transaktion nicht benachteiligt werden, ist weniger Aufgabe der (konzern-)bilanziellen Abbildungsregeln, sondern vielmehr Aufgabe gesellschaftsrechtlicher Vorschriften, wie bspw. im deutschen Rechtsraum des Aktiengesetzes.[1017] So könnten bspw. etwaige Schutzrechte für nicht beherrschende Gesellschafter – wie der in § 311 Abs. 1 AktG verankerte Nachteilsausgleich im Kontext faktischer Konzerne – eine (signifikante) Benachteiligung verhindern.[1018]

Ein weiterer zu diskutierender Aspekt im Rahmen der vermögensorientierten Zuordnung des zu eliminierenden Zwischenergebnissens ist der **Ausweis in der Gewinn- und Verlustrechnung** des Konzerns. So werden gesellschafterstammspezifische Ergebnisanteile ausgewiesen, denen gemäß den durch die Konzern-Gewinn- und Verlustrechnung vermittelten Informationen weder Erträge noch Aufwendungen zugrunde liegen. Dies ist erneut darauf zurückzuführen, dass im Rahmen der Konzernergebnis**entstehung** und der Konzernergebnis**verteilung unterschiedliche Perspektiven** eingenommen werden. Ob Erträge und Aufwendungen in der Gewinn- und Verlustrechnung des Konzerns zu erfassen sind, ist aus Sicht der wirtschaftlichen Einheit zu beurteilen.[1019] Die Ergebnisverteilung ist hingegen rechtlich geprägt und bringt die

1014 Vgl. Abschnitt 522.221.

1015 Vgl. PELLENS, B./NEUHAUS, S./NÖLTE, U., Konzernergebnis und Earnings per Share, S. 42, sowie, wenn auch im handelsrechtlichen Kontext, EBELING, R. M., Einheitsfiktion, S. 358 f.

1016 Vgl. hierzu die Erläuterungen in Abschnitt 522.231.

1017 Vgl. LEINEN, M., Kapitalkonsolidierung im mehrstufigen Konzern, S. 278 f.

1018 Vgl. BAETGE, J./KIRSCH, H.-J./THIELE, S., Konzernbilanzen, S. 4 f. Vgl. allgemein zu Schutzrechten im Sinne von IFRS 10 Abschnitt 32.

1019 Vgl. BAETGE, J./HAYN, S./STRÖHER, T., in: Baetge u. a., Rechnungslegung nach IFRS, 2. Aufl., IFRS 10, Rn. 290; SENGER, T./DIERSCH, U., in: Driesch u. a., Beck IFRS HB, 5. Aufl., § 35, Rn. 100; LÜDENBACH,

Bruchteilsvorstellung der Konzernrechnungslegung zum Ausdruck. Wenngleich der Saldo aus den auf die Anteile einer Gesellschaftergruppe entfallenden Teilen der Erträge und Aufwendungen regelmäßig auch dem jeweiligen Anteil am Konzernergebnis dieser Gesellschaftergruppe entsprechen wird, sodass diese unterschiedlichen Perspektiven zu einer in sich konsistenten Bilanzierung führen, ist dies bei dem vorliegenden Fall der Zwischenergebniseliminierung und der damit verbundenen Aufwands- und Ertragskonsolidierung gerade nicht der Fall. Um die Ergebnisverteilung bei der vermögensorientierten Vorgehensweise zum Zeitpunkt der Lieferung nachvollziehen zu können, müssten nicht nur das Konzerneigenkapital und das Konzernergebnis gesellschafterstammspezifisch aufgeteilt werden, sondern bereits die Vermögenswerte und Schulden sowie die Erträge und Aufwendungen. Da aber aufgrund der verschiedenen Perspektiven – wie gezeigt wurde – kein kohärenter Ausweis erfolgt, wird zumindest die **Verständlichkeit** der durch die Konzern-Gewinn- und Verlustrechnung vermittelten Informationen im Rahmen der vermögensorientierten Vorgehensweise eingeschränkt.

522.3 Downstream-Transaktionen

522.31 Ausgangsbeispiel

Aufbauend auf den bereits gewonnenen Erkenntnissen aus der Analyse der Zwischenergebniseliminierung sowohl nach der vermögensorientierten als auch nach der ergebnisorientierten Vorgehensweise im Kontext einer Upstream-Transaktion soll nunmehr eine **Downstream-Transaktion** betrachtet werden. Hierbei wird auf den folgenden Beispielsachverhalt zurückgegriffen, der eng an den in Abschnitt 522.21 eingeführten Beispielsachverhalt zu einer Upstream-Lieferung angelehnt ist.

Analog zu dem Beispielsachverhalt der Upstream-Lieferung erwirbt das Unternehmen A zum 31.12.**X0** 80 % der Anteile am Eigenkapital des Unternehmens B, sodass infolgedessen das erworbene Unternehmen als Tochterunternehmen mittels der Vollkonsolidierung gemäß IFRS 10 i. V. m. IFRS 3 in den Konzernabschluss von Unternehmen A einzubeziehen ist. Die entrichtete Gegenleistung für diese Anteile betrug abweichend von dem Beispiel der Upstream-Lieferung nunmehr 960 GE. Die restlichen 20 % am Eigenkapital von Unternehmen B werden erneut von nicht beherrschenden Gesellschaftern gehalten.

Der zu liefernde Vermögenswert ist in diesem, im Vergleich zum Beispiel der Upstream-Lieferung leicht modifizierten Ausgangssachverhalt im Eigentum des Mutterunternehmens, das diesen Vermögenswert selbst hergestellt hat und gemäß IAS 2.12 mit seinen Herstellungskosten in Höhe von 1.000 GE in der Bilanz ausweist. Das Tochterunternehmen besitzt lediglich liquide Mittel in Höhe von 1.200 GE.

N./HOFFMANN, W.-D./FREIBERG, J., in: Lüdenbach/Hoffmann/Freiberg, Haufe IFRS-Kommentar, 17. Aufl., § 32, Rn. 140.

Tabelle 5-18 zeigt die bereits an die konzerneinheitlichen Bilanzierungsmethoden angepassten (stark vereinfachten) IFRS-Bilanzen II der beiden Unternehmen. Erneut bestehen beim Tochterunternehmen keinerlei stille Reserven oder stille Lasten. Ein Geschäfts- oder Firmenwert ist ebenfalls wieder nicht vorhanden.

31.12.X0 (Zahlenangaben in GE)	**A (MU)** IFRS-Bilanz II	**B (TU)** IFRS-Bilanz II
Aktiva		
Beteiligung	960	
Vorräte	1.000	
Kasse		1.200
Summe Aktiva	1.960	1.200
Passiva		
Gez. Kapital	1.960	1.200
Jahresergebnis	0	0
Summe Passiva	1.960	1.200
Legende: GE ≙ Geldeinheiten | Gez. Kapital ≙ Gezeichnetes Kapital | MU ≙ Mutterunternehmen | TU ≙ Tochterunternehmen		

Tabelle 5-18: Einzelbilanzen des Mutterunternehmens und des Tochterunternehmens zum 31.12.X0 [Downstream-Transaktion]

Zur Aufstellung der **Konzernbilanz** von Unternehmen A zum 31.12.**X0** sind neben der Erstellung der Summenbilanz die Kapitalkonsolidierungsbuchungen (1) und (2) erforderlich, für deren Erläuterungen aufgrund der konsolidierungstechnisch analogen Vorgehensweise auf die Ausführungen in Abschnitt 522.21 verwiesen wird.

(1)	Gezeichnetes Kapital	960 GE	*an*	Beteiligung	960 GE
(2)	Gezeichnetes Kapital	240 GE	*an*	Nicht beh. Anteile	240 GE

Tabelle 5-19 zeigt die Einzelbilanzen der Konzernunternehmen, die auf diesen Bilanzen basierende Summenbilanz, die Kapitalkonsolidierungsbuchungen sowie die daraus resultierende Konzernbilanz von Unternehmen A zum 31.12.X0.

31.12.X0 (Zahlenangaben in GE)	A (MU) IFRS II	B (TU) IFRS II	SB	Konsolidierungsspalte Soll	Konsolidierungsspalte Haben	KB
Aktiva						
Beteiligung	960		960		(1) 960	
Vorräte	1.000		1.000			1.000
Kasse		1.200	1.200			1.200
Summe Aktiva	1.960	1.200	3.160			2.200
Passiva						
Gez. Kapital	1.960	1.200	3.160	(1) 960 (2) 240		1.960
Ergebnis	0	0	0			0
Nicht beh. Anteile					(2) 240	240
Summe Passiva	1.960	1.200	3.160	1.200	1.200	2.200

Legende: GE ≙ Geldeinheiten | Gez. Kapital ≙ Gezeichnetes Kapital | KB ≙ Konzernbilanz | MU ≙ Mutterunternehmen | Nicht beh. Anteile ≙ Nicht beherrschende Anteile | SB ≙ Summenbilanz | TU ≙ Tochterunternehmen

Tabelle 5-19: Aufstellung der Konzernbilanz zum 31.12.X0 [Downstream-Transaktion]

Für Zwecke der weiteren Analyse der Zwischenergebniseliminierung im Kontext einer Downstream-Transaktion sei wieder die letzte Spalte der vorstehenden Tabelle 5-19 – die Konzernbilanz – mit Blick auf die der Konzernbilanz innewohnende Bruchteilsvorstellung **gesellschafterstammspezifisch** in Kontenform dargestellt. Aus dieser Darstellungsweise wird nicht nur ersichtlich, welcher Vermögenswert von welcher Gesellschaft gehalten wird, sondern zugleich auf welche Gesellschaftergruppe(n) die jeweiligen Vermögenswerte entfallen.[1020]

Aktiva	**Gesellschafterstammspezifische Konzernbilanz von A (MU)** zum 31.12.X0 (Zahlenangaben in GE)		**Passiva**
Vorräte_{MU}	1.000	Gezeichnetes Kapital	1.960
davon MU:	1.000		
davon NbA:	0	Ergebnis	0
Kasse_{TU}	1.200		
davon MU:	960	Nicht beherrschende Anteile	240
davon NbA:	240		
$\sum$ Aktiva	2.200	$\sum$ Passiva	2.200

Legende: GE ≙ Geldeinheiten | MU ≙ Mutterunternehmen | NbA ≙ Nicht beherrschende Anteile | TU ≙ Tochterunternehmen

Tabelle 5-20: Gesellschafterstammspezifische Konzernbilanz zum 31.12.X0 [Downstream-Transaktion]

1020 Vgl. hierzu auch die Ausführungen in Abschnitt 522.21.

Im darauffolgenden Geschäftsjahr **X1** wird der von Unternehmen A selbst hergestellte, weiterhin mit seinem Buchwert in Höhe von 1.000 GE bilanzierte Vermögenswert im Rahmen eines konzerninternen Lieferungsgeschäfts von Unternehmen A an Unternehmen B, d. h. vom Mutterunternehmen an das Tochterunternehmen (**Downstream-Lieferung**), zu einem Preis in Höhe von 1.200 GE geliefert. Dieser Preis entspricht wieder (vereinfachend)[1021] dem beizulegenden Zeitwert des gelieferten Vermögenswertes zum Zeitpunkt der Lieferung. Der Betrag wird seitens des Tochterunternehmens in bar beglichen. In der Einzelbilanz des Mutterunternehmens führt die Ausbuchung des zu liefernden Vermögenswertes in Höhe von 1.000 GE verbunden mit dem Ansatz der erhaltenen liquiden Mittel in Höhe von 1.200 GE zu einem Vermögenszuwachs, woraus entsprechend ein Jahresergebnis in Höhe von 200 GE resultiert. In der Gewinn- und Verlustrechnung erfasst das Mutterunternehmen aus diesem Geschäft Umsatzerlöse in Höhe von 1.200 GE sowie die damit verbundenen Herstellungskosten des Umsatzes in Höhe von 1.000 GE und vereinnahmt das Jahresergebnis in Höhe von 200 GE. Für das Tochterunternehmen ist diese Transaktion auf Einzelabschlussebene ein reiner Aktivtausch. Analog zu dem in Abschnitt 522.21 beschriebenen Beispielsachverhalt der Upstream-Lieferung gelten diese im Wertansatz des gelieferten Vermögenswertes enthaltenen 200 GE aus Konzernperspektive nicht als realisiert, sodass vor diesem Hintergrund gemäß IFRS 10.B86 (c) eine Zwischenergebniseliminierung und eine damit verbundene Aufwands- und Ertragskonsolidierung vorzunehmen ist. Erneut finden keine weiteren Geschäftsvorfälle in dieser Periode statt.

Am Ende des nächsten Geschäftsjahres **X2** veräußert das Mutterunternehmen zum 31.12.X2 sein gesamtes achtzigprozentiges Anteilspaket an Unternehmen B zu einem Veräußerungspreis in Höhe von 960 GE[1022] an einen konzernexternen Käufer. Da der Buchwert der Beteiligung im Einzelabschluss unverändert mit 960 GE bewertet wird, beträgt der Veräußerungserfolg des Mutterunternehmens auf Einzelabschlussebene 0 GE. Zusammen mit dem bereits im Zuge des Umsatzgeschäfts erfassten Erfolg des Vorjahres beträgt der vom Mutterunternehmen auf Einzelabschlussebene erfasste Totalerfolgsbeitrag aus der Investition in das Tochterunternehmen damit 200 GE.

522.32 Ergebnisorientierte Vorgehensweise

522.321. Bilanzierung zum Lieferungszeitpunkt

Zur Aufstellung der **Konzernbilanz** zum 31.12.**X1** sind zunächst im Rahmen der Folgekonsolidierung die Konsolidierungsbuchungen (1) und (2) des vorherigen Geschäftsjahres X0 unverändert zu wiederholen.[1023]

[1021] Vgl. bereits Fn. 910.

[1022] Dieser Betrag entspricht dem beizulegenden Zeitwert des anteiligen, auf das Unternehmen A entfallenden Vermögens des Tochterunternehmens zum Zeitpunkt der Veräußerung (960 GE = 1.200 GE * 80 %).

[1023] Entgegen der Konsolidierungsbuchung (2) in Abschnitt 522.221. bedarf es hier keiner Aufteilung des Ergebnisses von Unternehmen B auf das Mutterunternehmen einerseits sowie auf die Anteile nicht beherrschender Gesellschafter andererseits, da im hier betrachteten Beispiel der Downstream-Lieferung das Zwischenergebnis beim Mutter-, nicht beim Tochterunternehmen entstanden ist.

(1)	Gezeichnetes Kapital	960 GE	*an*	Beteiligung	960 GE
(2)	Gezeichnetes Kapital	240 GE	*an*	Nicht beh. Anteile	240 GE

In einem nächsten Schritt ist das aus der Downstream-Lieferung resultierende Zwischenergebnis gemäß **IFRS 10.B86 (c)** im Rahmen der Zwischenergebniseliminierung vollständig zu eliminieren. Bei der **ergebnisorientierten Vorgehensweise** ist das zu eliminierende Zwischenergebnis dabei entsprechend den Beteiligungsverhältnissen am Eigenkapital des **liefernden Unternehmens** auf die Gesellschafterstämme zu verteilen.[1024] Im Beispielsachverhalt ist das liefernde Unternehmen das Mutterunternehmen, sodass das Zwischenergebnis in Höhe von 200 GE vollständig zulasten des dem Mutterunternehmen zustehenden Ergebnisses zu eliminieren ist. Die Zwischenergebniseliminierung nach der ergebnisorientierten Vorgehensweise bei der Downstream-Lieferung wird mit Buchungssatz (3) vorgenommen.

(3)	Ergebnis	200 GE	*an*	Vorräte	200 GE

Tabelle 5-21 zeigt die Aufstellung der Konzernbilanz von Unternehmen A zum 31.12.X1 unter Berücksichtigung der Zwischenergebniseliminierung nach der ergebnisorientierten Vorgehensweise.

31.12.X1 (Zahlenangaben in GE)	**A (MU)** IFRS II	**B (TU)** IFRS II	**SB**	**Konsolidierungsspalte** Soll	Haben	**KB**
Aktiva						
Beteiligung	960		960		(1) 960	
Vorräte		1.200	1.200		(3) 200	1.000
Kasse	1.200		1.200			1.200
Summe Aktiva	2.160	1.200	3.360			2.200
Passiva						
Gez. Kapital	1.960	1.200	3.160	(1) 960 (2) 240		1.960
Ergebnis	200	0	200	(3) 200		0
Nicht beh. Anteile					(2) 240	240
Summe Passiva	2.160	1.200	3.360	1.400	1.400	2.200

Legende: GE ≙ Geldeinheiten | Gez. Kapital ≙ Gezeichnetes Kapital | KB ≙ Konzernbilanz | MU ≙ Mutterunternehmen | Nicht beh. Anteile ≙ Nicht beherrschende Anteile | SB ≙ Summenbilanz | TU ≙ Tochterunternehmen

Tabelle 5-21: Aufstellung der Konzernbilanz zum 31.12.X1 (ergebnisorientierte Vorgehensweise [Downstream-Transaktion])

[1024] Vgl. PELLENS, B./NEUHAUS, S./NÖLTE, U., Konzernergebnis und Earnings per Share, S. 42 f.; SENGER, T./DIERSCH, U., in: Driesch u. a., Beck IFRS HB, 5. Aufl., § 35, Rn. 113, sowie bereits Abschnitt 522.221.

Zur Aufstellung der **Konzern-Gewinn- und Verlustrechnung** ist die mit der Zwischenergebniseliminierung verbundene Aufwands- und Ertragskonsolidierung mittels Buchung (1*) durchzuführen.[1025] Dabei sind zusätzlich zum Zwischenergebnis sämtliche von Unternehmen A erfassten und in die Summen-Gewinn- und Verlustrechnung übernommenen Erträge und Aufwendungen aus der konzerninternen Transaktion zu eliminieren.[1026]

(1*)	Umsatzerlöse	1.200 GE	*an*	HKdU	1.000 GE
				Konzernergebnis	200 GE

Die Aufstellung der Konzern-Gewinn- und Verlustrechnung kann der folgenden Tabelle 5-22 entnommen werden.

31.12.X1 (Zahlenangaben in GE)	**A (MU)** IFRS II	**B (TU)** IFRS II	**S-GuV**	**Konsolidierungsspalte** Soll	Haben	**K-GuV**
Erträge						
Umsatzerlöse	1.200		1.200	(1*) 1.200		
Aufwendungen						
HKdU	1.000		1.000		(1*) 1.000	
Konzernergebnis	200	0	200		(1*) 200	0
davon MU						0
davon NbA						0

Legende: GE ≙ Geldeinheiten | HKdU ≙ Herstellungskosten des Umsatzes | K-GuV ≙ Konzern-Gewinn- und Verlustrechnung | MU ≙ Mutterunternehmen | NbA ≙ Nicht beherrschende Anteile | S-GuV ≙ Summen-Gewinn- und Verlustrechnung | TU ≙ Tochterunternehmen

Tabelle 5-22: Aufstellung der Konzern-Gewinn- und Verlustrechnung zum 31.12.X1 (ergebnisorientierte Vorgehensweise [Downstream-Transaktion])

Wie auch im Rahmen einer Upstream-Lieferung werden bei der ergebnisorientierten Zuordnung eines zu eliminierenden Zwischenergebnisses infolge einer Downstream-Lieferung sowohl die Konzernbilanz als auch die Konzern-Gewinn- und Verlustrechnung so dargestellt, als ob die Transaktion zwischen den beiden Konzernunternehmen lediglich eine Lieferung zwischen Betriebsstätten des Konzerns war, die keinen Einfluss auf die Bilanzierung hat.[1027] Das Umsatzgeschäft zwischen Unternehmen A und Unternehmen B wird mithin zum Lieferungszeitpunkt konzernbilanziell vollständig negiert.

Mit Blick auf die gesellschafterstammspezifische Konzernbilanz von Unternehmen A, die Tabelle 5-23 entnommen werden kann, wird allerdings ersichtlich, dass aufgrund der vollständigen Stornierung der konzerninternen Transaktion der jeweilige gesellschafterstammspezifische

[1025] Vgl. ähnlich KPMG (Hrsg.), Insights into IFRS 2019/20, Rn. 2.5.550.20; DELOITTE (Hrsg.), iGAAP 2019, S. 2240; PWC (Hrsg.), Manual of accounting 2019, Rn. FAQ 26.182.3.

[1026] Vgl. IFRS 10.B86 (c).

[1027] Vgl. PELLENS, B./NEUHAUS, S./NÖLTE, U., Konzernergebnis und Earnings per Share, S. 42 f.

Anteil am konzernbilanziellen Vermögen wertmäßig nicht mehr mit dem entsprechenden Kapitalanteil der jeweiligen Gesellschaftergruppe korrespondiert.

Aktiva	**Gesellschafterstammspezifische Konzernbilanz von A (MU)** zum 31.12.X1 (Zahlenangaben in GE)		Passiva
Vorräte_{TU}	1.000	Gezeichnetes Kapital	1.960
davon MU:	800		
davon NbA:	200	Ergebnis	0
Kasse_{MU}	1.200		
davon MU:	1.200	Nicht beherrschende Anteile	240
davon NbA:	0		
∑ Aktiva	2.200	∑ Passiva	2.200
Legende: GE ≙ Geldeinheiten | MU ≙ Mutterunternehmen | NbA ≙ Nicht beherrschende Anteile | TU ≙ Tochterunternehmen			

Tabelle 5-23: Gesellschafterstammspezifische Konzernbilanz zum 31.12.X1 (ergebnisorientierte Vorgehensweise [Downstream-Transaktion])

Obgleich unter der Annahme der Lieferung des Vermögenswertes zum Preis in Höhe seines beizulegenden Zeitwertes auf Sachverhaltsebene keine wertmäßige Vermögensverschiebung zwischen den Konzernunternehmen und damit auch nicht zwischen den Gesellschafterstämmen stattgefunden hat, ist gemessen an **konzernbilanziellen Buchwerten** eine **Vermögensverschiebung** zwischen den Gesellschaftergruppen zu verzeichnen. Den Anteilen des Mutterunternehmens sind nunmehr 100 % der liquiden Mittel sowie nur noch 80 % des gelieferten Vermögenswertes zuzuordnen, sodass nicht mehr 1.960 GE (= 1.000 GE * 100 % + 1.200 GE * 80 %) des zu Konzernbuchwerten bewerteten Konzernvermögens auf das Mutterunternehmen entfällt, sondern 2.000 GE (= 1.200 GE * 100 % + 1.000 GE * 80 %). Insofern führt die Downstream-Lieferung in Bezug auf das Konzernvermögen zu einer Vermögensmehrung aufseiten des liefernden Mutterunternehmens. Umgekehrt entfällt auf die Anteile der nicht beherrschenden Gesellschafter eine entsprechende Vermögensminderung, da dieser Beteiligung von 20 % nunmehr durch den an das Tochterunternehmen gelieferten Vermögenswert ein Konzernvermögen in Höhe von 200 GE (= 1.000 GE * 20 %) anstelle von vormals 240 GE (= 1.200 GE * 20 %) zuzuordnen ist.

Mit dieser Vermögensverschiebung ist wiederum eine zur Upstream-Lieferung spiegelbildliche Vermögens**risikoverlagerung** zwischen den Gesellschafterstämmen verbunden. So geht das mit dem gelieferten Vermögenswert verbundene **Absatzrisiko**, das vor der Transaktion noch gänzlich auf das Mutterunternehmen entfiel, im Rahmen der Downstream-Lieferung anteilig auf die nicht beherrschenden Gesellschafter über, da der Vermögenswert nunmehr im Bestand des Tochterunternehmens ist.[1028] Diese Verschiebung wird – wie auch bei der Upstream-Lieferung – jedoch im Rahmen der Zwischenergebniseliminierung nach der ergebnisorientierten Vorgehensweise im Konzernabschluss nicht nachgezeichnet.

522.322. Bilanzierung zum Endkonsolidierungszeitpunkt

Im Rahmen der Aufstellung der **Konzernbilanz** von Unternehmen A zum 31.12.**X2** ist vor dem Hintergrund, dass Unternehmen A seine Anteile an Unternehmen B zum selben Zeitpunkt vollständig veräußert, die Endkonsolidierung dieses bislang als Tochterunternehmen einbezogenen Unternehmens vorzunehmen.[1029] Ausgehend von einem fortgeführten Konzernabschluss[1030] ist zunächst das im Einzelabschluss des Mutterunternehmens bereits erfasste Veräußerungsgeschäft der Beteiligung an Unternehmen B mittels Buchungssatz (0) zu stornieren.[1031] In diesem Zuge hatte das Mutterunternehmen für die Anteile keinen Veräußerungserfolg erfasst, da sich der Wertansatz der Beteiligung im Einzelabschluss sowie die für diese Anteile erhaltene Gegenleistung jeweils in Höhe von 960 GE wertmäßig entsprachen.

(0)	Beteiligung	960 GE	*an*	Kasse	960 GE

Anschließend sind die Kapitalkonsolidierungsbuchungen (1) und (2) der vorherigen Geschäftsjahre im Rahmen der Folgekonsolidierung zu wiederholen.

(1)	Gezeichnetes Kapital	960 GE	*an*	Beteiligung	960 GE
(2)	Gezeichnetes Kapital	240 GE	*an*	Nicht beh. Anteile	240 GE

Auch die im vorherigen Geschäftsjahr X1 durchgeführte **Zwischenergebniseliminierung** nach der ergebnisorientierten Vorgehensweise ist zunächst – wenn auch erfolgsneutral, da die Lieferung im vorherigen Geschäftsjahr stattfand – weiterhin vorzunehmen, um die Endkonsolidierung ausgehend von einem fortgeführten Konzernabschluss gewährleisten zu können.[1032]

(3)	Gewinnrücklagen	200 GE	*an*	Vorräte	200 GE

Darauf aufbauend ist schließlich die Endkonsolidierung von Unternehmen B – analog zur Endkonsolidierung im Rahmen des Beispiels einer Upstream-Lieferung – konsolidierungstechnisch im Sinne der Einzelveräußerungsfiktion abzubilden. Ausgangspunkt der Endkonsolidierung ist wieder die Ermittlung des auf die veräußerten Anteile bezogenen Endkonsolidierungserfolges

[1028] Vgl. PELLENS, B./NEUHAUS, S./NÖLTE, U., Konzernergebnis und Earnings per Share, S. 43, sowie, wenn auch im handelsrechtlichen Kontext, EBELING, R. M., Einheitsfiktion, S. 358 f.

[1029] Sofern Unternehmen A kein weiteres Tochterunternehmen hält, wäre es eigentlich nicht mehr dazu verpflichtet, einen Konzernabschluss aufzustellen. Ungeachtet dessen wird davon ausgegangen, dass Unternehmen A weiterhin einen Konzernabschluss aufzustellen hat.

[1030] Vgl. zur alternativen Vorgehensweise ausgehend vom Summenabschluss Fn. 929.

[1031] Vgl. WATRIN, C./HOEHNE, F., Endkonsolidierung von Tochterunternehmen, S. 704.

[1032] Vgl. WATRIN, C./HOEHNE, F./POTT, C., Einflussfaktoren auf die Endkonsolidierung, S. 740.

von Unternehmen A gemäß IFRS 10.B98. Hierzu ist dem Veräußerungserlös in Höhe von 960 GE der auf die veräußerten Anteile entfallende Teil des abgehenden Vermögens von Unternehmen B zu fortgeführten Konzernbuchwerten in Höhe von 800 GE (= 1.000 GE * 80 %) gegenüberzustellen. Dabei verbleibt folglich zunächst ein Endkonsolidierungserfolg in Höhe von 160 GE.

	Veräußerungserlös des Mutterunternehmens	960 GE
./.	Auf das Mutterunternehmen entfallende abgehende Vermögen zu fortgeführten Konzernbuchwerten	800 GE
=	**Endkonsolidierungserfolg**	**160 GE**

Tabelle 5-24: Ermittlung des Endkonsolidierungserfolges der veräußerten Anteile zum 31.12.X2 (ergebnisorientierte Vorgehensweise [Downstream-Transaktion])

Anders als im Beispiel zur Upstream-Lieferung ist der Teil des eliminierten Zwischenergebnisses, der sich auf den auf die Anteile des Mutterunternehmens entfallenden Teil des an das Tochterunternehmen gelieferten Vermögenswertes bezieht, impliziter Bestandteil[1033] des zu erfassenden Endkonsolidierungserfolges. Dies liegt darin begründet, dass bei der Ermittlung des Endkonsolidierungserfolges ausgehend von einem fortgeführten Konzernabschluss dem Veräußerungserlös des Mutterunternehmens der um das Zwischenergebnis verminderte Teil dieses Vermögenswertes gegenübergestellt wird, sodass das in Rede stehende Zwischenergebnis in diesem Zuge „automatisch“[1034] im Endkonsolidierungserfolg erfasst wird.[1035] Da der Vermögenswert, der ursprünglich Gegenstand der Downstream-Lieferung war, Teil des abgehenden Vermögens ist und insofern einer Transaktion mit konzernexternen Dritten unterliegt, ist diese (implizite) Erfassung des Zwischenergebnisses (unstrittig) geboten.[1036]

Aufbauend auf der Ermittlung dieses Teils des Endkonsolidierungserfolges sind mittels Buchung (4) zunächst der auf die **Anteile des Mutterunternehmens** entfallende Teil des Vermögens des Tochterunternehmens zu fortgeführten Konzernbuchwerten – d. h. auch nach erneut

[1033] Im Schrifttum wird zum Teil vorgeschlagen, im Rahmen des Abgangs einer Beteiligung zu erfassende Zwischenergebnisse gesondert vom Endkonsolidierungserfolg auszuweisen. Vgl. WATRIN, C./HOEHNE, F./POTT, C., Einflussfaktoren auf die Endkonsolidierung, S. 741 m. w. N.

[1034] HAYN, B., Konsolidierungstechnik, S. 252; HOEHNE, F., Veräußerung von Anteilen, S. 135.

[1035] Vgl. ZORN, T., Ableitung der Endkonsolidierung, S. 148 f.; WATRIN, C./HOEHNE, F./POTT, C., Einflussfaktoren auf die Endkonsolidierung, S. 740 f.; HOEHNE, F., Veräußerung von Anteilen, S. 135, sowie, wenn auch im handelsrechtlichen Kontext, ULRICH, T. M., Endkonsolidierung, S. 83.

[1036] Vgl. BAETGE, J./HAYN, S./STRÖHER, T., in: Baetge u. a., Rechnungslegung nach IFRS, 2. Aufl., IFRS 10, Rn. 338; WATRIN, C./HOEHNE, F./POTT, C., Einflussfaktoren auf die Endkonsolidierung, S. 740 f.; ZORN, T., Ableitung der Endkonsolidierung, S. 148, sowie, wenn auch im handelsrechtlichen Kontext, BAETGE, J./HERRMANN, D., Probleme der Endkonsolidierung, S. 229; WARMBOLD, S., Endkonsolidierung, S. 180; HAYN, B., Konsolidierungstechnik, S. 252; KÖNIGSMAIER, H., Zwischenergebniseliminierung und Endkonsolidierung, S. 193.

vorgenommener Zwischenergebniseliminierung – auszubuchen, die für diese Anteile erhaltenen liquiden Mittel in der Konzernbilanz anzusetzen sowie der Endkonsolidierungserfolg zu erfassen.[1037]

(4)	Kasse	960 GE	*an*	Vorräte	800 GE
				Ergebnis	160 GE

Infolge der Ausbuchung des auf die Anteile des Mutterunternehmens entfallenden Teils des abgehenden Vermögens ist zusätzlich der auf die **nicht beherrschenden Anteile** entfallende Teil dieses Vermögens aus der fortgeführten Konzernbilanz auszubuchen.[1038] Diesem Teil des Vermögens ist der fortgeführte konzernbilanzielle Wertansatz der nicht beherrschenden Anteile gegenüberzustellen.[1039]

	Konzernbuchwert der nicht beherrschenden Anteile	240 GE
./.	Auf die nicht beherrschenden Anteile entfallendes abgehendes Vermögen zu fortgeführten Konzernbuchwerten	200 GE
=	**Differenzbetrag aus der Ausbuchung der nicht beherrschenden Anteile**	**40 GE**

Tabelle 5-25: Ermittlung des Differenzbetrages aus der Ausbuchung der nicht beherrschenden Anteile zum 31.12.X2 (ergebnisorientierte Vorgehensweise [Downstream-Transaktion])

Wie Tabelle 5-25 entnommen werden kann, verbleibt – wie schon im Beispiel zur Upstream-Lieferung im Rahmen der ergebnisorientierten Vorgehensweise – bei dieser Verrechnung ein **Differenzbetrag**, da sich der Wertansatz der nicht beherrschenden Anteile in Höhe von 240 GE sowie der auf diese Anteile entfallende Teil des abgehenden Vermögens in Höhe von 200 GE (= 1.000 GE * 20 %) wertmäßig nicht in gleicher Höhe gegenüberstehen. Dieser Betrag beläuft sich hier auf **40 GE**. Spiegelbildlich zum Beispiel der Upstream-Lieferung kann dieser Differenzbetrag aus der **Perspektive der nicht beherrschenden Gesellschafter** als ihr **Abgangsverlust** interpretiert werden.[1040] So „entnimmt" diese Gesellschaftergruppe zum Endkonsolidierungszeitpunkt ihr zu 200 GE bewertetes Vermögen aus dem Konzernverbund,[1041] während zugleich ihre darauf bezogenen Anteile mit 240 GE bewertet sind.

[1037] Vgl. IFRS 10.B98 (a) (i) i. V. m. IFRS 10.B98 (b) (i) i. V. m. IFRS 10.B98 (d), sowie WATRIN, C./HOEHNE, F., Endkonsolidierung von Tochterunternehmen, S. 703 f.; WATRIN, C./HOEHNE, F./POTT, C., Einflussfaktoren auf die Endkonsolidierung, S. 740.

[1038] Vgl. PANZER, A., Statusändernde Anteilsveräußerungen, S. 86; WATRIN, C./HOEHNE, F., Endkonsolidierung von Tochterunternehmen, S. 703 f.

[1039] Vgl. IFRS 10.B98 (a) (ii), sowie PANZER, A., Statusändernde Anteilsveräußerungen, S. 86; WATRIN, C./HOEHNE, F., Endkonsolidierung von Tochterunternehmen, S. 698.

[1040] Vgl. Abschnitt 522.222.

[1041] Vgl., wenn auch im handelsrechtlichen Kontext, STÖRK, U./HOFFMANN, K., in: Grottel u. a., Beck Bilanzkomm., 12. Aufl., § 307 HGB, Rn. 55.

Obgleich die nicht beherrschenden Anteile bei der Beendigung der Vollkonsolidierung von Unternehmen B regelungssystematisch gemäß IFRS 10.B98 (a) (ii) i. V. m. IFRS 10.B98 (d) erfolgsneutral aus der Konzernbilanz auszubuchen sind, ist dieser Differenzbetrag analog zur Behandlung eines solchen Betrages bei einer Upstream-Lieferung im Rahmen der ergebnisorientierten Vorgehensweise insoweit umzugliedern, als er als Teil des dem Mutterunternehmen zuzurechnenden Endkonsolidierungserfolges zu erfassen ist.[1042] Der insgesamt zu erfassende Endkonsolidierungserfolg erhöht sich dadurch um 40 GE auf 200 GE. Hierdurch wird die **Vermögensverschiebung** zwischen den Gesellschafterstämmen, die in der Vorperiode im Zuge der Downstream-Lieferung stattgefunden hat, konzernbilanziell zum Zeitpunkt der Endkonsolidierung **nachgezeichnet**.

Erfolgsbeiträge (Zahlenangaben in GE)	**EA A (MU)**	**Konzernabschluss A (MU)**		
Zeitpunkt		Anteil MU	Anteil NbA	∑ Konzern
Lieferung des VW	200	0	0	0
Endkonsolidierung des TU	0	160 + 40	-	160 + 40
Totalerfolgsbeitrag	200	200	0	200
Legende: EA ≙ Einzelabschluss | GE ≙ Geldeinheiten | MU ≙ Mutterunternehmen | NbA ≙ Nicht beherrschende Anteile | TU ≙ Tochterunternehmen | VW ≙ Vermögenswert				

Tabelle 5-26: Totalerfolgsbetrachtung bei erfolgswirksamer Umbuchung zum 31.12.X2 (ergebnisorientierte Vorgehensweise [Downstream-Transaktion])

Auf diese Weise wird, wie Tabelle 5-26 zeigt, zudem das **konzernspezifische Kongruenzprinzip** gewahrt, da sich dann der auf die Anteile des Mutterunternehmens entfallende Teil des Konzerntotalerfolgsbeitrages des Tochterunternehmens in Äquivalenz zu dem aus diesem Beteiligungsengagement im Einzelabschluss des Mutterunternehmens erfassten Totalerfolgsbeitrag auf 200 GE beläuft. Die nicht beherrschenden Anteile werden mittels Buchungssatz (5) ausgebucht.

(5)	Nicht beh. Anteile	240 GE	*an*	Vorräte	200 GE
				Ergebnis	40 GE

Die Aufstellung der Konzernbilanz von Unternehmen A zum 31.12.X2 unter Berücksichtigung der Endkonsolidierung des Unternehmens B auf Basis der vorgenannten Buchungen ist schließlich der folgenden Tabelle 5-27 zu entnehmen.

[1042] Vgl. zur Begründung ausführlich Abschnitt 522.222.

31.12.X2 (Zahlenangaben in GE)	A (MU) IFRS II	B (TU) IFRS II	SB	Konsolidierungsspalte Soll	Konsolidierungsspalte Haben	KB
Aktiva						
Beteiligung				(0) 960	(1) 960	
Vorräte		1.200	1.200		(3) 200 (4) 800 (5) 200	
Kasse	2.160		2.160	(4) 960	(0) 960	2.160
Summe Aktiva	2.160	1.200	3.360			2.160
Passiva						
Gez. Kapital	1.960	1.200	3.160	(1) 960 (2) 240		1.960
Gewinnrücklagen	200		200	(3) 200		
Ergebnis	0	0	0		(4) 160 (5) 40	200
Nicht beh. Anteile				(5) 240	(2) 240	
Summe Passiva	2.160	1.200	3.360	3.560	3.560	2.160

Legende: GE ≙ Geldeinheiten | Gez. Kapital ≙ Gezeichnetes Kapital | KB ≙ Konzernbilanz | MU ≙ Mutterunternehmen | Nicht beh. Anteile ≙ Nicht beherrschende Anteile | SB ≙ Summenbilanz | TU ≙ Tochterunternehmen

Tabelle 5-27: Aufstellung der Konzernbilanz zum 31.12.X2 (ergebnisorientierte Vorgehensweise [Downstream-Transaktion])

Zur Aufstellung der **Konzern-Gewinn- und Verlustrechnung** bedarf es keiner Stornierung des auf Einzelabschlussebene von Unternehmen A erfassten Beteiligungsabgangs der Anteile an Unternehmen B, da dem Beispielsachverhalt entsprechend der Veräußerungserlös wertmäßig dem Wertansatz der Beteiligung entspricht und insoweit lediglich ein nicht die Gewinn- und Verlustrechnung berührender Aktivtausch stattgefunden hat.[1043] Gleichwohl ist der zuvor aus Konzernperspektive ermittelte Endkonsolidierungserfolg – bestehend aus dem auf die veräußerten Anteile entfallenden Teil (160 GE) sowie der Ausbuchung der nicht beherrschenden Anteile (40 GE) – mittels Buchung (1*) in der Gewinn- und Verlustrechnung des Konzerns zu erfassen. Im Gegensatz zum Beispiel der Upstream-Lieferung im Rahmen der ergebnisorientierten Vorgehensweise ist der Endkonsolidierungserfolg positiv, sodass er nunmehr in den sonstigen Erträgen ausgewiesen wird.

(1*)	Konzernergebnis	200 GE	*an*	Sonstige Erträge	200 GE

1043 Prinzipiell stünden sich im Rahmen eines solchen erfolgsneutralen Abgangs eines Vermögenswertes sonstige Erträge und sonstige Aufwendungen in gleicher Höhe gegenüber. Vereinfachend wird hier von einem saldierten Ausweis ausgegangen. Vgl. Fn. 963.

Die Aufstellung der Konzern-Gewinn- und Verlustrechnung zum 31.12.X2 ist darauf aufbauend der folgenden Tabelle 5-28 zu entnehmen.

31.12.X2 (Zahlenangaben in GE)	**A (MU)** IFRS II	**B (TU)** IFRS II	**S-GuV**	**Konsolidierungsspalte** Soll	Haben	**K-GuV**
Erträge						
Sonstige Erträge					(1*) 200	200
Konzernergebnis	0	0	0	(1*) 200		200
davon MU						200
davon NbA						0

Legende: GE ≙ Geldeinheiten | K-GuV ≙ Konzern-Gewinn- und Verlustrechnung | MU ≙ Mutterunternehmen | NbA ≙ Nicht beherrschende Anteile | S-GuV ≙ Summen-Gewinn- und Verlustrechnung | TU ≙ Tochterunternehmen

Tabelle 5-28: Aufstellung der Konzern-Gewinn- und Verlustrechnung zum 31.12.X2 (ergebnisorientierte Vorgehensweise [Downstream-Transaktion])

522.323. Kritische Analyse

Infolge der Zwischenergebniseliminierung und der damit verbundenen Aufwands- und Ertragskonsolidierung nach der ergebnisorientierten Vorgehensweise werden zum **Lieferungszeitpunkt** im Kontext einer Downstream-Lieferung – wie auch bei einer Upstream-Lieferung – sowohl die Konzernbilanz als auch die Konzern-Gewinn- und Verlustrechnung so dargestellt, als ob die Transaktion zwischen dem Mutterunternehmen und seinem Tochterunternehmen nicht stattgefunden hätte.[1044] Die Aufgabe der Zwischenergebniseliminierung wird unstrittig erfüllt.[1045] Vor dem Hintergrund der **Einheitsfiktion** scheint die ergebnisorientierte Vorgehensweise insofern erneut auf den ersten Blick sachgerecht zu sein.[1046] Schließlich hat aus Sicht der wirtschaftlichen Einheit lediglich eine Transaktion zwischen Betriebsstätten desselben Unternehmens stattgefunden, die insoweit zu Recht eliminiert wird.[1047] Das aus der Transaktion resultierende Zwischenergebnis gilt aus Konzernsicht als nicht realisiert, da der Vermögenswert nicht an konzernexterne Dritte veräußert wurde, mithin das mit ihm verbundene Absatzrisiko weiterhin im Konzernverbund verbleibt.[1048]

Wie die Analyse allerdings gezeigt hat, findet auch bei einer Downstream-Lieferung **gemessen an Konzernbuchwerten** eine – in den hier gewählten Beispielsachverhalten zur Upstream-Lieferung spiegelbildliche – **Vermögensverschiebung** zwischen dem Mutterunterunternehmen und den nicht beherrschenden Gesellschaftern des belieferten Tochterunternehmens statt, im Zuge derer das mit dem gelieferten Vermögenswert verbundene **Absatzrisiko**, das vor der

1044 Vgl. Pellens, B./Neuhaus, S./Nölte, U., Konzernergebnis und Earnings per Share, S. 42 f.
1045 Vgl. zur Begründung auch Abschnitt 522.223.
1046 Vgl. bereits Abschnitt 522.223.
1047 Vgl. Senger, T./Diersch, U., in: Driesch u. a., Beck IFRS HB, 5. Aufl., § 35, Rn. 113.
1048 Vgl. Lüdenbach, N./Hoffmann, W.-D./Freiberg, J., in: Lüdenbach/Hoffmann/Freiberg, Haufe IFRS-Kommentar, 17. Aufl., § 32, Rn. 142; Deloitte (Hrsg.), iGAAP 2019, S. 2239 f.

Transaktion noch gänzlich auf das Mutterunternehmen entfiel, anteilig auf die nicht beherrschenden Gesellschafter übergegangen ist.[1049] Da im Rahmen der ergebnisorientierten Vorgehensweise keine gesellschafterstammspezifischen Erfolgsbeiträge aus einer konzerninternen Lieferung erfasst werden, wird diese Vermögensverschiebung zwischen den Gesellschafterstämmen konzernbilanziell zum Lieferungszeitpunkt nicht nachgezeichnet.[1050] Erneut stellt sich daher die Frage, ob diese Vorgehensweise überzeugen kann.

Im Kontext einer Downstream-Lieferung wird die ergebnisorientierte Vorgehensweise oftmals damit begründet, dass das zu eliminierende Zwischenergebnis auf Einzelabschlussebene beim liefernden Mutterunternehmen entstanden ist.[1051] Insofern sei eine Eliminierung vollständig zulasten des Mutterunternehmens angezeigt, da die nicht beherrschenden Gesellschafter nur an dem Ergebnis des Tochterunternehmens, nicht aber an dem des Mutterunternehmens partizipieren.[1052] Diese Argumentation kann allerdings nur vordergründig überzeugen. Schließlich ist mit der Downstream-Lieferung – ungeachtet der Tatsache, dass das Zwischenergebnis auf Einzelabschlussebene beim Mutterunternehmen entstanden ist – in Bezug auf das Konzernvermögen eine Vermögensmehrung aufseiten des Mutterunternehmens und eine Vermögensminderung aufseiten der nicht beherrschenden Gesellschafter verbunden.[1053] Da im Rahmen der ergebnisorientierten Vorgehensweise die jeweilige gesellschafterstammspezifische konzernbilanzielle Vermögensänderung nicht mit einer entsprechenden gesellschafterstammspezifischen Erfolgserfassung korrespondiert, wird – wie auch bei dieser Vorgehensweise im Kontext einer Upstream-Lieferung – der der Konzernrechnungslegung zugrunde liegenden **Bruchteilsvorstellung** nicht vollumfänglich Rechnung getragen.[1054] Die dargestellte Aufteilung des Konzerneigenkapitals auf die Gesellschafterstämme steht im Rahmen der ergebnisorientierten Vorgehensweise insofern in Konflikt mit einer den tatsächlichen Verhältnissen entsprechenden Abbildung.[1055]

Die damit verbundenen Implikationen wurden erneut am Beispiel der **Endkonsolidierung** des belieferten Tochterunternehmens betrachtet. Zum Zeitpunkt der Endkonsolidierung ist der im Zuge der Ausbuchung der nicht beherrschenden Anteile verbleibende Differenzbetrag entgegen der regelungssystematisch grundsätzlich vorzunehmenden erfolgsneutralen Ausbuchung dieser Anteile als Teil des Endkonsolidierungserfolges erfolgswirksam zu erfassen. Auf diese Weise

---

1049 Vgl. Abschnitt 522.321.

1050 Vgl., wenn auch im handelsrechtlichen Kontext, STÖRK, U./HOFFMANN, K., in: Grottel u. a., Beck Bilanzkomm., 12. Aufl., § 307 HGB, Rn. 55.

1051 Vgl. bspw. LÜDENBACH, N., Zwischenergebniseliminierung bei Minderheiten, S. 180; KPMG (Hrsg.), Insights into IFRS 2019/20, Rn. 2.5.550.30; implizit PWC (Hrsg.), Manual of accounting 2019, Rn. FAQ 26.182.3; DELOITTE (Hrsg.), iGAAP 2019, S. 2239 f., sowie im US-GAAP-Kontext FASB (Hrsg.), Discussion Memorandum: Consolidation Policy and Procedures, S. 26 i. V. m. S. 139.

1052 Vgl. LÜDENBACH, N./HOFFMANN, W.-D./FREIBERG, J., in: Lüdenbach/Hoffmann/Freiberg, Haufe IFRS-Kommentar, 17. Aufl., § 32, Rn. 151 i. V. m. Rn. 153; implizit ERNST & YOUNG (Hrsg.), International GAAP 2019, S. 471.

1053 Vgl. Abschnitt 522.321.

1054 Vgl. ausführlich Abschnitt 522.223.

1055 Vgl. so auch im handelsrechtlichen Kontext KIRSCH, H.-J./ENGELKE, F., in: Baetge/Kirsch/Thiele, Bilanzrecht, § 307 HGB, Rn. 38.16.

wird die Vermögensverschiebung zwischen den Gesellschafterstämmen ergebnisseitig nachgezeichnet und zugleich das **konzernspezifische Kongruenzprinzip** gewahrt. Aus Perspektive der vom Mutterunternehmen vorgenommenen Anteilsveräußerung bildet auch hier bei einer Downstream-Lieferung im Rahmen der ergebnisorientierten Vorgehensweise der Endkonsolidierungserfolg zu einem gewissen Grad einen Mischwert, da dieser neben dem dem Management des Mutterunternehmens zuzurechnenden Erfolg aus dem Anteilsverkauf zusätzlich den Betrag umfasst, der auf die Vermögensverschiebung zwischen den Gesellschafterstämmen zurückzuführen ist, die zum Lieferungszeitpunkt stattgefunden hat.

Allerdings ist im **Unterschied zur Upstream-Lieferung** diesbezüglich festzuhalten, dass die Vorteilhaftigkeit der Erfassung des die Vermögensverschiebung repräsentierenden Betrages zum Endkonsolidierungszeitpunkt gegenüber einer Erfassung zum Lieferungszeitpunkt damit begründet werden kann, dass der gelieferte Vermögenswert durch den Abgang des ihn haltenden Unternehmens aus dem Konzernverbund nunmehr tatsächlich den Verfügungsbereich des Konzerns verlässt. Insofern ließe sich im Rahmen einer Downstream-Lieferung durchaus argumentieren, dass nunmehr die Vermögensverschiebung zwischen den Gesellschafterstämmen **hinreichend objektiviert** ist und daher zu Recht nicht zum Lieferungszeitpunkt, sondern erst zum Endkonsolidierungszeitpunkt nachgezeichnet wird.

Ehe die ergebnisorientierte Vorgehensweise und die vermögensorientierte Vorgehensweise abschließend gewürdigt werden, wird im Folgenden das Beispiel zur Downstream-Lieferung noch im Rahmen der vermögensorientierten Vorgehensweise betrachtet.

522.33 Vermögensorientierte Vorgehensweise

522.331. Bilanzierung zum Lieferungszeitpunkt

Zur Aufstellung der **Konzernbilanz** zum 31.12.**X1** sind zunächst analog zur ergebnisorientierten Vorgehensweise im Rahmen der Folgekonsolidierung die Konsolidierungsbuchungen (1) und (2) des vorherigen Geschäftsjahres X0 unverändert zu wiederholen.

(1)	Gezeichnetes Kapital	960 GE	*an*	Beteiligung	960 GE
(2)	Gezeichnetes Kapital	240 GE	*an*	Nicht beh. Anteile	240 GE

In einem nächsten Schritt ist das aus der Downstream-Lieferung resultierende und in der Summenbilanz sowohl im Wertansatz des gelieferten Vermögenswertes als auch im Ergebnis enthaltene Zwischenergebnis gemäß **IFRS 10.B86 (c)** vollständig zu eliminieren. Bei der vermögensorientierten Vorgehensweise ist dabei das zu eliminierende Zwischenergebnis entsprechend den Beteiligungsverhältnissen am Eigenkapital des **empfangenden Unternehmens** auf die Gesellschafterstämme zu verteilen.[1056] Da im Beispielsachverhalt der Downstream-Lieferung am Eigenkapital des empfangenden Unternehmens B neben dem Mutterunternehmen auch

[1056] Vgl. Abschnitt 522.231.

nicht beherrschende Gesellschafter beteiligt sind, ist das zu eliminierende Zwischenergebnis – entsprechend den Beteiligungsquoten – in Höhe von 160 GE (= 200 GE * 80 %) den Anteilen des Mutterunternehmens sowie in Höhe von 40 GE (= 200 GE * 20 %) den nicht beherrschenden Anteilen zuzuordnen. Die **Zwischenergebniseliminierung** nach der **vermögensorientierten Vorgehensweise** bei der Downstream-Lieferung wird mit Buchungssatz (3) vorgenommen.

(3)	Ergebnis	160 GE	*an*	Vorräte	200 GE
	Nicht beh. Anteile	40 GE			

Die Aufstellung der Konzernbilanz von Unternehmen A zum 31.12.X1 unter Berücksichtigung der Zwischenergebniseliminierung nach der vermögensorientierten Vorgehensweise ist Tabelle 5-29 zu entnehmen.

31.12.X1 (Zahlenangaben in GE)	**A (MU)**	**B (TU)**	**SB**	**Konsolidierungsspalte**		**KB**
	IFRS II	IFRS II		Soll	Haben	
Aktiva						
Beteiligung	960		960		(1) 960	
Vorräte		1.200	1.200		(3) 200	1.000
Kasse	1.200		1.200			1.200
Summe Aktiva	2.160	1.200	3.360			2.200
Passiva						
Gez. Kapital	1.960	1.200	3.160	(1) 960 (2) 240		1.960
Ergebnis	200	0	200	(3) 160		40
Nicht beh. Anteile				(3) 40	(2) 240	200
Summe Passiva	2.160	1.200	3.360	1.400	1.400	2.200

Legende: GE ≙ Geldeinheiten | Gez. Kapital ≙ Gezeichnetes Kapital | KB ≙ Konzernbilanz | MU ≙ Mutterunternehmen | Nicht beh. Anteile ≙ Nicht beherrschende Anteile | SB ≙ Summenbilanz | TU ≙ Tochterunternehmen

Tabelle 5-29: Aufstellung der Konzernbilanz zum 31.12.X1 (vermögensorientierte Vorgehensweise [Downstream-Transaktion])

Anschließend ist die **Konzern-Gewinn- und Verlustrechnung** aufzustellen. Da diese gemäß IFRS 10.B86 (c) i. V. m. IFRS 10.A aus Sicht der **wirtschaftlichen Einheit** aufzustellen ist, sind im Rahmen der mit der Zwischenergebniseliminierung verbundenen Aufwands- und Ertragskonsolidierung sämtliche Erträge und Aufwendungen aus konzerninternen Transaktionen vollständig zu eliminieren.[1057] Dies gilt sowohl für eine Upstream- als auch für eine

1057 Vgl. zur Aufstellung der Konzern-Gewinn- und Verlustrechnung im Rahmen der vermögensorientierten Vorgehensweise auch bereits die Ausführungen in Abschnitt 522.231.

Downstream-Lieferung unabhängig davon, ob die Zwischenergebniseliminierung vermögens- oder ergebnisorientiert vorgenommen wird. Die Aufwands- und Ertragskonsolidierung erfolgt also erneut mittels Buchungssatz (1*), mit dem die bei Unternehmen A auf Einzelabschlussebene erfassten und in die Summen-Gewinn- und Verlustrechnung übernommenen Umsatzerlöse, Herstellungskosten des Umsatzes sowie das daraus resultierende Ergebnis eliminiert werden.

(1*)	Umsatzerlöse	1.200 GE	*an*	HKdU	1.000 GE
				Konzernergebnis	200 GE

Analog zur vermögensorientierten Vorgehensweise im Kontext einer Upstream-Lieferung sind darüber hinaus wieder die gesellschafterstammspezifischen Ergebnisse mittels „Buchungssatz“ (2*)[1058] anzupassen, um zum einen das in der Konzernbilanz explizit ausgewiesene, auf Unternehmen A entfallende Ergebnis in Höhe von 40 GE sowie zum anderen das auf die nicht beherrschenden Anteile entfallende, im konzernbilanziellen Wertansatz dieser Anteile enthaltene Ergebnis in Höhe von -40 GE auch in der Konzern-Gewinn- und Verlustrechnung abzubilden.

(2*)	$\text{Konzernergebnis}_{MU}$	40 GE	*an*	$\text{Konzernergebnis}_{NbA}$	40 GE

Die Aufstellung der Konzern-Gewinn- und Verlustrechnung von Unternehmen A unter Berücksichtigung der vorgenannten Buchungen ist Tabelle 5-30 zu entnehmen.

31.12.X1 (Zahlenangaben in GE)	**A (MU)** IFRS II	**B (TU)** IFRS II	**S-GuV**	**Konsolidierungsspalte** Soll	Haben	**K-GuV**
Erträge						
Umsatzerlöse	1.200		1.200	(1*) 1.200		
Aufwendungen						
HKdU	1.000		1.000		(1*) 1.000	
Konzernergebnis	200	0	200		(1*) 200	0
davon MU				(2*) 40		40
davon NbA					(2*) 40	-40

Legende: GE ≙ Geldeinheiten | HKdU ≙ Herstellungskosten des Umsatzes | K-GuV ≙ Konzern-Gewinn- und Verlustrechnung | MU ≙ Mutterunternehmen | NbA ≙ Nicht beherrschende Anteile | S-GuV ≙ Summen-Gewinn- und Verlustrechnung | TU ≙ Tochterunternehmen

Tabelle 5-30: Aufstellung der Konzern-Gewinn- und Verlustrechnung zum 31.12.X1 (vermögensorientierte Vorgehensweise [Downstream-Transaktion])

1058 Dieser „Buchungssatz“ ist dabei kein Buchungssatz im eigentlichen buchungstechnischen Sinne, sondern betrifft lediglich die Aufteilung des Konzernergebnisses auf die Gesellschafterstämme. Die im „Buchungssatz“ verwendeten Indizes korrespondieren mit dem jeweiligen „Davon-Vermerk“ in der Konzern-Gewinn- und Verlustrechnung. Vgl. bereits Abschnitt 522.231.

Wie bereits ausführlich in Abschnitt 522.231. herausgearbeitet wurde, wird folglich bei der Zwischenergebniseliminierung und der damit verbundenen Aufwands- und Ertragskonsolidierung nach der vermögensorientierten Vorgehensweise die zwischen den Gesellschafterstämmen gemessen an Konzernbuchwerten stattgefundene Vermögensverschiebung sowohl bei der **Verteilung** des **Konzernergebnisses** als auch damit korrespondierend bei der **Aufteilung** des **Konzerneigenkapitals** nachgezeichnet. Der Ergebnisverteilung liegt dabei der Gedanke zugrunde, dass die Transaktion in Bezug auf den Teil des an das Tochterunternehmen gelieferten Vermögenswertes, der nach der Transaktion auf die nicht beherrschenden Anteile entfällt, tatsächlich zu den aus Konzernperspektive maßgebenden Werten stattgefunden hat und insoweit nicht zu eliminieren ist.[1059]

522.332. Bilanzierung zum Endkonsolidierungszeitpunkt

Analog zur ergebnisorientierten Vorgehensweise ist bei der Aufstellung der **Konzernbilanz** von Unternehmen A zum 31.12.**X2** die Endkonsolidierung von Unternehmen B vorzunehmen. Da hier die Endkonsolidierung konsolidierungstechnisch ausgehend vom fortgeführten Konzernabschluss vorgenommen wird, ist erneut zunächst das im Einzelabschluss des Mutterunternehmens bereits erfasste Veräußerungsgeschäft der Beteiligung an Unternehmen B mittels Buchungssatz (0) zu stornieren.

(0)	Beteiligung	960 GE	*an*	Kasse	960 GE

Anschließend sind die Kapitalkonsolidierungsbuchungen (1) und (2) der vorherigen Geschäftsjahre im Rahmen der Folgekonsolidierung zu wiederholen.

(1)	Gezeichnetes Kapital	960 GE	*an*	Beteiligung	960 GE
(2)	Gezeichnetes Kapital	240 GE	*an*	Nicht beh. Anteile	240 GE

Die im vorherigen Geschäftsjahr X1 vorgenommene **Zwischenergebniseliminierung** nach der vermögensorientierten Vorgehensweise ist ebenfalls zunächst – wenn auch erfolgsneutral, da die Lieferung im vorherigen Geschäftsjahr stattfand – weiterhin durchzuführen, da hier die Endkonsolidierung ausgehend vom fortgeführten Konzernabschluss vorgenommen wird.[1060]

(3)	Gewinnrücklagen	160 GE	*an*	Vorräte	200 GE
	Nicht beh. Anteile	40 GE			

Anschließend sind in einem ersten Schritt der Endkonsolidierung von Unternehmen B mittels Buchung (4) die für die **veräußerten Anteile des Mutterunternehmens** erhaltenen liquiden

[1059] Vgl. hierzu ausführlich Abschnitt 522.231.
[1060] Vgl. WATRIN, C./HOEHNE, F./POTT, C., Einflussfaktoren auf die Endkonsolidierung, S. 740.

Mittel in Höhe von 960 GE in der Konzernbilanz anzusetzen sowie der auf diese Anteile entfallende Teil des abgehenden Vermögens von Unternehmen B zu fortgeführten Konzernbuchwerten in Höhe von 800 GE (= 1.000 GE * 80 %) auszubuchen.[1061] Entsprechend wird in diesem Zusammenhang ein Endkonsolidierungserfolg in Höhe von 160 GE erfasst,[1062] der dem auf die Anteile des Mutterunternehmens entfallenden Teils des zuvor eliminierten Zwischenergebnisses entspricht.[1063]

(4)	Kasse	960 GE	*an*	Vorräte	800 GE
				Ergebnis	160 GE

Infolge der Ausbuchung des auf die Anteile des Mutterunternehmens entfallenden Teils des abgehenden Vermögens ist in einem zweiten Schritt der Endkonsolidierung der auf die **nicht beherrschenden Anteile** entfallende Teil dieses Vermögens aus der fortgeführten Konzernbilanz auszubuchen.[1064] Diesem Teil des Vermögens ist der fortgeführte konzernbilanzielle Wertansatz der nicht beherrschenden Anteile gegenüberzustellen.[1065] Anders als infolge der Zwischenergebniseliminierung nach der ergebnisorientierten Vorgehensweise verbleibt nunmehr aus der Ausbuchung der nicht beherrschenden Anteile kein Differenzbetrag, da im Rahmen der vermögensorientierten Vorgehensweise die durch die Downstream-Lieferung induzierte Vermögensverschiebung zwischen dem Mutterunternehmen und den nicht beherrschenden Gesellschaftern von Unternehmen B konzernbilanziell bereits zum Lieferungszeitpunkt vollständig nachgezeichnet wurde. Demzufolge werden die nicht beherrschenden Anteile entsprechend der Vorgabe nach IFRS 10.B98 (a) (ii) i. V. m. IFRS 10.B98 (d) **erfolgsneutral** mittels Buchung (5) **ausgebucht**.

(5)	Nicht beh. Anteile	200 GE	*an*	Vorräte	200 GE

Auch hier soll ein Blick auf die **Totalerfolgsbeiträge** des Unternehmens B sowohl auf Einzel- als auch auf Konzernabschlussebene des Mutterunternehmens mittels Tabelle 5-31 geworfen werden. Dabei zeigt sich erneut,[1066] dass bei der vermögensorientierten Vorgehensweise der Zwischenergebniseliminierung das **konzernspezifische Kongruenzprinzip** gewahrt bleibt, da der auf das Mutterunternehmen entfallende Teil des Konzerntotalerfolgsbeitrages des Tochter-

[1061] Vgl. IFRS 10.B98 (a) (i) i. V. m. IFRS 10.B98 (b) (i), sowie WATRIN, C./HOEHNE, F., Endkonsolidierung von Tochterunternehmen, S. 703 f.

[1062] Vgl. IFRS 10.B98 (d).

[1063] Vgl. hierzu bereits ausführlich Abschnitt 522.322.

[1064] Vgl. PANZER, A., Statusändernde Anteilsveräußerungen, S. 86; WATRIN, C./HOEHNE, F., Endkonsolidierung von Tochterunternehmen, S. 703 f.

[1065] Vgl. IFRS 10.B98 (a) (ii), sowie PANZER, A., Statusändernde Anteilsveräußerungen, S. 86.

[1066] Vgl. bereits Abschnitt 522.232.

unternehmens in Höhe von 200 GE wertmäßig mit dem auf Einzelabschlussebene des Mutterunternehmens erfassten Totalerfolgsbeitrag aus diesem Beteiligungsengagement übereinstimmt.

Erfolgsbeiträge (Zahlenangaben in GE)	**EA A (MU)**	**Konzernabschluss A (MU)**		
Zeitpunkt		Anteil MU	Anteil NbA	∑ Konzern
Lieferung des VW	200	40	-40	0
Endkonsolidierung des TU	0	160	-	160
Totalerfolgsbeitrag	200	200	-40	160

Legende: EA ≙ Einzelabschluss | GE ≙ Geldeinheiten | MU ≙ Mutterunternehmen | NbA ≙ Nicht beherrschende Anteile | TU ≙ Tochterunternehmen | VW ≙ Vermögenswert

Tabelle 5-31: Totalerfolgsbetrachtung (vermögensorientierte Vorgehensweise [Downstream-Transaktion])

Tabelle 5-32 zeigt die Aufstellung der Konzernbilanz von Unternehmen A zum 31.12.X2 unter Berücksichtigung der Endkonsolidierung des Unternehmens B auf Basis der vorgenannten Buchungen.

31.12.X2 (Zahlenangaben in GE)	**A (MU)** IFRS II	**B (TU)** IFRS II	**SB**	**Konsolidierungsspalte** Soll	Haben	**KB**
Aktiva						
Beteiligung				(0) 960	(1) 960	
Vorräte		1.200	1.200		(3) 200 (4) 800 (5) 200	
Kasse	2.160		2.160	(4) 960	(0) 960	2.160
Summe Aktiva	2.160	1.200	3.360			2.160
Passiva						
Gez. Kapital	1.960	1.200	3.160	(1) 960 (2) 240		1.960
Gewinnrücklagen	200		200	(3) 160		40
Ergebnis	0	0	0		(4) 160	160
Nicht beh. Anteile				(3) 40 (5) 200	(2) 240	
Summe Passiva	2.160	1.200	3.360	3.520	3.520	2.160

Legende: GE ≙ Geldeinheiten | Gez. Kapital ≙ Gezeichnetes Kapital | KB ≙ Konzernbilanz | MU ≙ Mutterunternehmen | Nicht beh. Anteile ≙ Nicht beherrschende Anteile | SB ≙ Summenbilanz | TU ≙ Tochterunternehmen

Tabelle 5-32: Aufstellung der Konzernbilanz zum 31.12.X2 (vermögensorientierte Vorgehensweise [Downstream-Transaktion])

Zur Aufstellung der **Konzern-Gewinn- und Verlustrechnung** ist analog zur ergebnisorientierten Vorgehensweise lediglich der zuvor ermittelte Endkonsolidierungserfolg, der nunmehr nicht 200 GE, sondern 160 GE beträgt, mittels Buchungssatz (1*) in der Gewinn- und Verlustrechnung des Konzerns zu erfassen.

(1*)	Konzernergebnis	160 GE	*an*	Sonstige Erträge	160 GE

Die Aufstellung der Konzern-Gewinn- und Verlustrechnung zum 31.12.X2 ist darauf aufbauend der folgenden Tabelle 5-33 zu entnehmen.

31.12.X2 (Zahlenangaben in GE)	**A (MU)** IFRS II	**B (TU)** IFRS II	**S-GuV**	**Konsolidierungsspalte** Soll	**Konsolidierungsspalte** Haben	**K-GuV**
Erträge						
Sonstige Erträge					(1*) 160	160
Konzernergebnis davon MU davon NbA	0	0	0	(1*) 160		160 160 0
Legende: GE ≙ Geldeinheiten | K-GuV ≙ Konzern-Gewinn- und Verlustrechnung | MU ≙ Mutterunternehmen | NbA ≙ Nicht beherrschende Anteile | S-GuV ≙ Summen-Gewinn- und Verlustrechnung | TU ≙ Tochterunternehmen						

Tabelle 5-33: Aufstellung der Konzern-Gewinn- und Verlustrechnung zum 31.12.X2 (vermögensorientierte Vorgehensweise [Downstream-Transaktion])

522.333. Kritische Analyse

Im Gegensatz zur Zwischenergebniseliminierung und der damit verbundenen Aufwands- und Ertragskonsolidierung nach der ergebnisorientierten Vorgehensweise wird im Rahmen der vermögensorientierten Vorgehensweise die Vermögensverschiebung, die zwischen den Gesellschafterstämmen **zum Zeitpunkt der konzerninternen Lieferung** stattgefunden hat, bereits zu diesem Zeitpunkt im Konzernabschluss nachgezeichnet.[1067] Dies ist hier mit einer entsprechenden Erfassung von gesellschafterstammspezifischen Erfolgsbeiträgen aus der Downstream-Lieferung verbunden.[1068] Die Aufgabe der Zwischenergebniseliminierung ist gleichwohl erfüllt, da sowohl der Wertansatz des gelieferten Vermögenswertes als auch das Konzernergebnis um das vollständige Zwischenergebnis korrigiert werden.[1069] Da die Vermögensverschiebung zwischen den Gesellschafterstämmen bereits unmittelbar zum Lieferungszeitpunkt nachgezeichnet wird, ergeben sich für die Endkonsolidierung keine diesbezüglichen Besonderheiten aus der Zwischenergebniseliminierung.

1067 Vgl., wenn auch im handelsrechtlichen Kontext, STÖRK, U./HOFFMANN, K., in: Grottel u. a., Beck Bilanzkomm., 12. Aufl., § 307 HGB, Rn. 57.

1068 Vgl. PELLENS, B./NEUHAUS, S./NÖLTE, U., Konzernergebnis und Earnings per Share, S. 43.

1069 Vgl. zur Erfüllung der Aufgabe der Zwischenergebniseliminierung im Rahmen der vermögensorientierten Vorgehensweise ausführlich Abschnitt 522.233.

Hinsichtlich der Beurteilung der vermögensorientierten Vorgehensweise im Kontext einer Downstream-Lieferung bestehen keine argumentativen Unterschiede im Vergleich zur vermögensorientierten Vorgehensweise im Rahmen einer Upstream-Lieferung.[1070] Demnach kann zwar die Erfassung von gesellschafterstammspezifischen Erfolgsbeiträgen aus einer konzerninternen Lieferung zunächst in Konflikt mit der Anforderung an eine neutrale Informationsvermittlung über eine solche konzerninterne Transaktion stehen, da sie nicht mit konzernexternen Dritten durchgeführt wurde.[1071] Gleichwohl wird auf diese Weise konzernbilanziell das nachgezeichnet, was hinsichtlich des Konzernvermögens **tatsächlich zum Lieferungszeitpunkt stattgefunden** hat.[1072] So führt hier die Downstream-Lieferung in Bezug auf das Konzernvermögen für das Mutterunternehmen zu einer Vermögensmehrung, für die nicht beherrschenden Gesellschafter des belieferten Tochterunternehmens hingegen zu einer entsprechenden Vermögensminderung.[1073] Im Zuge dieser Vermögensverschiebung geht das mit dem gelieferten Vermögenswert verbundene Absatzrisiko, das vor der Transaktion noch gänzlich auf das Mutterunternehmen entfiel, anteilig auf die nicht beherrschenden Gesellschafter über, da dieser Vermögenswert nunmehr im Bestand des Tochterunternehmens ist.[1074] Die gesellschafterstammspezifischen Ergebnisse repräsentieren mithin die (wertmäßige) Änderung des auf die Anteile der jeweiligen Gesellschaftergruppe entfallenden Teils des konzernbilanziellen Vermögens, sodass der Erfolgskonzeption in Verbindung mit der der Konzernrechnungslegung zugrunde liegenden Bruchteilsvorstellung Rechnung getragen wird.[1075] Dies führt dazu, dass im Rahmen der vermögensorientierten Vorgehensweise insoweit die Aufteilung des Konzerneigenkapitals auf die Gesellschaftergruppen ihren tatsächlichen Verhältnissen entsprechend abgebildet wird.[1076]

In einem nächsten Schritt sollen die spezifischen Vor- und Nachteile der ergebnisorientierten Vorgehensweise auf der einen Seite sowie der vermögensorientierten Vorgehensweise auf der anderen Seite hinsichtlich beider hier diskutierten Lieferungsrichtungen zusammenfassend gegenübergestellt und abschließend gewürdigt werden.

522.4 Abschließende Analyse und Würdigung

Nach der Vorgabe des **IFRS 10.B86 (c)** ist die Eliminierung des aus einer Lieferung eines Vermögenswertes zwischen dem Mutterunternehmen und eines seiner vollkonsolidierten Tochterunternehmen resultierenden Zwischenergebnisses **auch dann** verpflichtend **vollständig** vorzunehmen, wenn neben dem Mutterunternehmen auch **nicht beherrschende Gesellschafter** am

---

1070 Vgl. zu den Argumenten ausführlich Abschnitt 522.233.

1071 Vgl. FRÖHLICH, C., Zwischengewinne bei Geschäften mit Tochterunternehmen, S. 359.

1072 Vgl., wenn auch im handelsrechtlichen Kontext, STÖRK, U./HOFFMANN, K., in: Grottel u. a., Beck Bilanzkomm., 12. Aufl., § 307 HGB, Rn. 57.

1073 Vgl. Abschnitt 522.321.

1074 Vgl. PELLENS, B./NEUHAUS, S./NÖLTE, U., Konzernergebnis und Earnings per Share, S. 43, sowie, wenn auch im handelsrechtlichen Kontext, EBELING, R. M., Einheitsfiktion, S. 358 f.

1075 Vgl. hierzu Abschnitt 522.223.

1076 Vgl. so auch im handelsrechtlichen Kontext STÖRK, U./HOFFMANN, K., in: Grottel u. a., Beck Bilanzkomm., 12. Aufl., § 307 HGB, Rn. 57.

Eigenkapital des liefernden bzw. belieferten Tochterunternehmens beteiligt sind. Schließlich verbleibt das mit dem gelieferten Vermögenswert verbundene Absatzrisiko im Konzern, sodass ein im Zusammenhang mit einer solchen Transaktion einzelbilanziell erfasstes Ergebnis aus Konzernsicht als nicht realisiert gilt. Demnach sind auf Konzernabschlussebene im Rahmen der Zwischenergebniseliminierung sowohl der Wertansatz des gelieferten Vermögenswertes als auch das Konzernergebnis von dem Zwischenergebnis vollständig zu befreien.

In der hier vorgenommenen Analyse konnte gezeigt werden, dass ebendiese **Aufgabe der Zwischenergebniseliminierung** sowohl durch die ergebnisorientierte als auch durch die vermögensorientierte Vorgehensweise bei der Zwischenergebniseliminierung **erfüllt** wird.[1077] Diesbezüglich besteht also kein Unterschied zwischen den beiden Vorgehensweisen, sodass hieraus nicht auf die Vorzugswürdigkeit einer der beiden Vorgehensweisen geschlossen werden kann. Der **zentrale Unterschied** zwischen der ergebnisorientierten Vorgehensweise und der vermögensorientierten Vorgehensweise bei der Zwischenergebniseliminierung und der damit verbundenen Aufwands- und Ertragskonsolidierung liegt vielmehr darin, zu **welchem Zeitpunkt** eine etwaige an Konzernbuchwerten gemessene **Vermögensverschiebung zwischen den Gesellschafterstämmen** des an der Transaktion partizipierenden Tochterunternehmens – also zwischen dem Mutterunternehmen und den nicht beherrschenden Gesellschaftern dieses Tochterunternehmens – konzernbilanziell in der Aufteilung des Konzernergebnisses sowie des Konzerneigenkapitals auf die Gesellschafterstämme nachgezeichnet wird. Im Rahmen der **ergebnisorientierten Vorgehensweise** werden sowohl die Konzernbilanz als auch die Konzern-Gewinn- und Verlustrechnung zum Lieferungszeitpunkt so dargestellt, als ob die konzerninterne Transaktion nicht stattgefunden hätte, sodass eine solche Vermögensverschiebung zwischen den Gesellschafterstämmen zu diesem Zeitpunkt ergebnisseitig nicht erfasst wird.[1078] Vielmehr werden die mit der Vermögensverschiebung verbundenen gesellschafterstammspezifischen Erfolgsbeiträge grundsätzlich erst dann erfasst, wenn der Vermögenswert den Verfügungsbereich des Konzerns schlussendlich verlässt.[1079] Bei der **vermögensorientierten Vorgehensweise**

[1077] Vgl. Abschnitt 522.223. und 522.233. A. A. FRÖHLICH, C., Zwischengewinne bei Geschäften mit Tochterunternehmen, S. 358 f., der „das Ziel" der Zwischenergebniseliminierung nur dann als erfüllt ansieht, sofern nicht nur das Konzernergebnis, sondern auch die gesellschafterstammspezifischen Ergebnisanteile in der Periode der Lieferung so dargestellt werden, als ob die konzerninterne Transaktion nicht stattgefunden hätte.

[1078] Vgl. Abschnitt 522.221. und 522.321.

[1079] Im Rahmen der Analyse wurde hier neben dem Lieferungszeitpunkt der Endkonsolidierungszeitpunkt des liefernden bzw. belieferten Tochterunternehmens als zu analysierender Zeitpunkt betrachtet. Vgl. zur Begründung Abschnitt 522.1. Regelmäßig werden jedoch ursprünglich konzernintern gelieferte Vermögenswerte – insbesondere des Vorratsvermögens – wohl eher an konzernexterne Dritte veräußert, als das Tochterunternehmen aus dem Konzernverbund ausscheidet. Dieser Fall wurde hier zwar nicht (isoliert) betrachtet, ähnelt aber gleichwohl dem Fall der Endkonsolidierung im Kontext einer Downstream-Lieferung. Wird der Vermögenswert veräußert, ist es im Rahmen der ergebnisorientierten Vorgehensweise angezeigt, die zum Lieferungszeitpunkt ergebnisseitig nicht nachgezeichnete Vermögensverschiebung zwischen den Gesellschafterstämmen zum Veräußerungszeitpunkt des Vermögenswertes nachzuholen. Folglich werden dann zum Veräußerungszeitpunkt die gesellschafterstammspezifischen Erfolgsbeiträge, die die Vermögensverschiebung repräsentieren, erfasst. Vgl., wenn auch im handelsrechtlichen Kontext, LEINEN, M., Kapitalkonsolidierung im mehrstufigen Konzern, S. 276 f. Von einem (planmäßig) abzuschreibenden Vermögenswert wird hier abstrahiert.

wird eine Vermögensverschiebung hingegen unmittelbar zum Lieferungszeitpunkt ergebnisseitig nachgezeichnet, sodass zu diesem Zeitpunkt die zugrunde liegende konzerninterne Transaktion zu einer Erfassung von gesellschafterstammspezifischen Erfolgsbeiträgen – mit einer entsprechenden Wirkung auf die Aufteilung des Konzerneigenkapitals – führt.[1080] Hinsichtlich der Frage, welche der beiden Vorgehensweisen vorzuziehen ist, bedarf es daher einer Beurteilung der **Entscheidungsnützlichkeit** der infolge ihrer jeweiligen Anwendung durch den Konzernabschluss vermittelten Informationen zu diesen **verschiedenen Zeitpunkten**.

Da im Rahmen der **ergebnisorientierten Vorgehensweise** die Vermögensverschiebung zwischen den Gesellschafterstämmen zum **Lieferungszeitpunkt** konzernbilanziell nicht nachgezeichnet wird, werden die Adressaten des Konzernabschlusses insofern zu diesem Zeitpunkt mittels des Konzernabschlusses nicht über die Vermögensverschiebung zwischen den Gesellschafterstämmen informiert, sodass ihnen (potenziell) relevante Informationen vorenthalten bleiben. Gleichwohl ist die mit dieser unterlassenen Erfassung von gesellschafterstammspezifischen Erfolgsbeiträgen zum Lieferungszeitpunkt verbundene Informationsvermittlung hinsichtlich der **Relevanz** insoweit positiv zu beurteilen, als die Ergebnisanteile der Gesellschafterstämme frei von Erfolgsbeiträgen bleiben, die aus konzerninternen Geschäftsvorfällen resultieren. So besitzen die durch die gesellschafterstammspezifischen Ergebnisse vermittelten Informationen dann vor allem Bestätigungswert, da die in diesen Ergebnissen enthaltenen Erfolgsbeiträge aus Lieferungsbeziehungen auch aus Konzernsicht als hinreichend realisiert gelten und somit Auskunft über insoweit „abgeschlossene“ Transaktionen geben.

Verlässt der ursprünglich konzernintern gelieferte Vermögenswert den **Verfügungsbereich des Konzerns**, sind im Rahmen der Anwendung der ergebnisorientierten Vorgehensweise zu diesem **Zeitpunkt** die gesellschafterstammspezifischen Erfolgsbeiträge zu erfassen, die die Vermögensverschiebung zwischen den Gesellschafterstämmen repräsentieren.[1081] Dabei werden die Adressaten zwar verzögert über die bereits zum Lieferungszeitpunkt stattgefundene Vermögensverschiebung informiert, was mit der Anforderung einer zeitnahen Berichterstattung zunächst in Konflikt steht. Gleichwohl informieren die gesellschafterstammspezifischen Ergebnisse auf diese Weise – konzeptionell konsistent zur Informationsvermittlung zum Lieferungszeitpunkt – weiterhin über aus Konzernsicht „abgeschlossene“ Transaktionen, sodass ihnen zuvorderst Bestätigungswert zuzusprechen ist. Schließlich gelten die mit der zugrunde liegenden Transaktion verbundenen Erfolgsbeiträge nunmehr aus Konzernsicht als realisiert. Die durch die Anwendung der ergebnisorientierten Vorgehensweise vermittelten Informationen in Folgeperioden sind unter **Relevanzgesichtspunkten** allerdings dann **problematisch**, sofern das Tochterunternehmen, das an der konzerninternen Transaktion partizipiert hat, eher den Konzernverbund verlässt, als der konzernintern gelieferte Vermögenswert an konzernexterne Dritte weiterveräußert wird. Zur Wahrung des konzernspezifischen Kongruenzprinzips ist in einem

[1080] Vgl. Abschnitt 522.231. und 522.331.
[1081] Vgl. Fn. 1079.

solchen Fall die Vermögensverschiebung zwischen den Gesellschafterstämmen zum **Endkonsolidierungszeitpunkt** ergebnisseitig nachzuholen.[1082] Hierzu ist im Rahmen der Endkonsolidierung entgegen der gemäß IFRS 10.B98 (a) (ii) i. V. m. IFRS 10.B98 (d) regelungssystematisch angezeigten erfolgsneutralen Ausbuchung der nicht beherrschenden Anteile aus der Konzernbilanz der bei der Ausbuchung dieser Anteile verbleibende Differenzbetrag, der auf die Vermögensverschiebung zurückzuführen ist, erfolgswirksam als Teil des Endkonsolidierungserfolges des Mutterunternehmens zu erfassen. Dieser Teil des Endkonsolidierungserfolges wird jedoch regelmäßig in keinem sachlichen Zusammenhang mit der Veräußerung der Anteile des Mutterunternehmens und dem in diesem Rahmen erzielten Veräußerungserlös stehen. Durch diese Vermischung[1083] verliert der Endkonsolidierungserfolg dabei zum einen an Bestätigungswert hinsichtlich der Leistung des Managements betreffend das Veräußerungsgeschäft der Anteile. Zum anderen kann auch der Prognosewert des Endkonsolidierungserfolges mit Blick auf künftige vom Management möglicherweise zu tätigende Investitionen eingeschränkt sein. Schließlich wird der „eigentliche" Endkonsolidierungserfolg um den aus der Ausbuchung der nicht beherrschenden Anteile verbleibenden Differenzbetrag erhöht bzw. vermindert, obgleich dieser Differenzbetrag auf einer Vermögensverschiebung zwischen den Gesellschafterstämmen aus einer Vorperiode beruht und insofern lediglich einen buchungstechnischen „**Nachholcharakter**" aufweist. Im Extremfall ist sogar denkbar, dass der Endkonsolidierungserfolg aufgrund dieses Teils von einem vormals positiven bzw. negativen Wert in einen Wert mit entsprechend umgekehrtem Vorzeichen umschlägt, was eine Fehleinschätzung der Leistung des Managements in Bezug auf die Veräußerung der Anteile zur Folge haben kann.

Bei der **vermögensorientierten Vorgehensweise** werden die die Vermögensverschiebung repräsentierenden gesellschafterstammspezifischen Erfolgsbeiträge hingegen unmittelbar zum **Lieferungszeitpunkt** erfasst.[1084] Mit dem Ausweis der gesellschafterstammspezifischen Ergebnisse im Konzernabschluss ist dabei insofern eine **Vermittlung relevanter Informationen** verbunden, als sie den Eigenkapitalgebern des Konzerns die periodische Veränderung des von ihnen jeweils insgesamt in den Konzern (fiktiv) eingelegten Kapitals widerspiegeln. So umfassen schließlich die Ergebnisanteile der Gesellschaftergruppen im Rahmen der vermögensorientierten Vorgehensweise nicht nur eine mit konzernexternen Dritten in Verbindung stehende (Wert-)Änderung der auf ihre Anteile entfallenden Teile der Vermögenswerte und Schulden des Konzerns, sondern sämtliche (Wert-)Änderungen dieser Vermögenswerte und Schulden,

[1082] Vgl. hierzu ausführlich Abschnitt 522.222. und 522.232.

[1083] Die damit verbundenen Informationsdefizite könnten allerdings durch einen gesonderten Ausweis eines aus der Ausbuchung der nicht beherrschenden Anteile verbleibenden Differenzbetrages behoben oder zumindest durch eine entsprechende Angabe im Konzernanhang reduziert werden.

[1084] Vgl. Abschnitt 522.231. und 522.331.

d. h. gerade auch eine konzerninterne Vermögensverschiebung zwischen den Gesellschafterstämmen.[1085] Dies ist innerhalb des Regelungskanons der IFRS insofern konzeptionell **systemgerecht**, als der **Erfolgskonzeption** in Verbindung mit der **Bruchteilsvorstellung** der Konzernrechnungslegung Rechnung getragen wird.[1086]

Mit **beiden Vorgehensweisen** der Zwischenergebniseliminierung ist somit eine **Vermittlung relevanter Informationen** für die Adressaten des Konzernabschlusses verbunden, obgleich über die Vermögensverschiebung zwischen den Gesellschafterstämmen zu unterschiedlichen Zeitpunkten informiert wird. Dabei weisen die im Konzernabschluss je nach Vorgehensweise ausgewiesenen gesellschafterstammspezifischen Ergebnisse einen **unterschiedlichen Charakter** auf.[1087] So umfassen diese Ergebnisanteile im Rahmen der ergebnisorientierten Vorgehensweise lediglich solche Erfolgsbeiträge, die auch im Konzernergebnis insgesamt erfasst werden dürfen. Demgegenüber repräsentieren die gesellschafterstammspezifischen Ergebnisse im Rahmen der vermögensorientierten Vorgehensweise die (Wert-)Änderung der jeweiligen gesellschafterstammspezifischen Teile der Vermögenswerte und Schulden des Konzerns, sodass hierbei auch Erfolgsbeiträge aus einer konzerninternen Transaktion erfasst werden können, die mit einer Vermögensverschiebung zwischen den Gesellschafterstämmen verbunden ist. Sofern im Rahmen der Anwendung der ergebnisorientierten Vorgehensweise allerdings ein Tochterunternehmen eher aus dem Konzernverbund ausscheidet, als der ursprünglich konzernintern gelieferte Vermögenswert an konzernexterne Dritte veräußert wird, ist zum Endkonsolidierungszeitpunkt – wie gezeigt wurde – ein Erfolgsbeitrag zugunsten bzw. zulasten des Mutterunternehmens zu erfassen, der auf die Vermögensverschiebung zurückzuführen ist. Die **Relevanz** der durch die Anwendung der ergebnisorientierten Vorgehensweise vermittelten Informationen wird in diesem spezifischen Fall **eingeschränkt**, da die konzeptionelle Stringenz innerhalb der Anwendung dieser Vorgehensweise durchbrochen wird.

Damit die Informationsvermittlung entscheidungsnützlich ist, muss die Abbildung des zugrunde liegenden Sachverhaltes nicht nur relevant sein, sondern ebenfalls der Anforderung an eine **glaubwürdige Darstellung** genügen. Diese gilt es in einem nächsten Schritt für beide Vorgehensweisen zu prüfen.

Unter der Voraussetzung, dass der Verrechnungspreis des gelieferten Vermögenswertes dem beizulegenden Zeitwert dieses Vermögenswertes entspricht, ist eine konzerninterne Lieferung trotz eines Zwischenergebnisses gemessen an Zeitwerten nicht mit einer wertmäßigen Vermögensverschiebung zwischen den Gesellschafterstämmen verbunden,[1088] sodass vor diesem Hin-

---

[1085] Vgl., wenn auch im handelsrechtlichen Kontext, EBELING, R. M., Einheitsfiktion, S. 359; STÖRK, U./HOFFMANN, K., in: Grottel u. a., Beck Bilanzkomm., 12. Aufl., § 307 HGB, Rn. 57; LEINEN, M., Kapitalkonsolidierung im mehrstufigen Konzern, S. 276.

[1086] Vgl. Abschnitt 522.223. und 522.233.

[1087] Vgl. hierzu ähnlich im handelsrechtlichen Kontext EBELING, R. M., Einheitsfiktion, S. 358 f.

[1088] Vgl. FRÖHLICH, C., Zwischengewinne bei Geschäften mit Tochterunternehmen, S. 359, sowie, wenn auch im handelsrechtlichen Kontext, STÖRK, U./HOFFMANN, K., in: Grottel u. a., Beck Bilanzkomm., 12. Aufl., § 307

tergrund die ergebnisorientierte Vorgehensweise scheinbar zu einer den tatsächlichen Verhältnissen entsprechenden Abbildung dieses Sachverhaltes führt. Gleichwohl ist eine solche Zeitwertbetrachtung – unabhängig davon, ob der Verrechnungspreis tatsächlich dem beizulegenden Zeitwert des gelieferten Vermögenswertes entspricht – im Rahmen der Konzernrechnungslegung ohnehin unerheblich.[1089] Da das mit diesem Vermögenswert verbundene Absatzrisiko im Konzern verbleibt, ist der gelieferte Vermögenswert weiterhin mit seinen Konzernanschaffungs- oder Konzernherstellungskosten zu bewerten. Ebendieses mit dem Vermögenswert verbundene **Absatzrisiko geht** im Rahmen der konzerninternen Lieferung allerdings auf das jeweils empfangende Unternehmen **über**, sodass in der Folge – obgleich dieses Absatzrisiko im Konzernverbund verbleibt – die Gesellschafterstämme über ihre Anteile nunmehr in unterschiedlichem Maße als vor der Transaktion an diesem Risiko partizipieren.[1090] Eine Nichterfassung der Vermögensverschiebung, die mit dieser Vermögensrisikoverlagerung verbunden ist, in den gesellschafterstammspezifischen Ergebnissen im Konzernabschluss im Rahmen der ergebnisorientierten Vorgehensweise wird regelmäßig dazu führen, dass sich der jeweilige gesellschafterstammspezifische Anteil am Konzerneigenkapital und der entsprechende Saldo der gesellschafterstammspezifischen Teile der zu Konzernbuchwerten bewerteten Vermögenswerte und Schulden wertmäßig nicht mehr entsprechen.[1091] Aus diesem Blickwinkel heraus kann der vermeintlich mit der **ergebnisorientierten Vorgehensweise** verbundene Vorteil, dass die Ergebnisanteile der Gesellschafterstämme zumindest infolge einer Lieferung, bei der der Verrechnungspreis des gelieferten Vermögenswertes dem beizulegenden Zeitwert dieses Vermögenswertes entspricht, die tatsächlichen Verhältnisse widerspiegeln,[1092] nicht zugestimmt werden.[1093] Vielmehr führt die Nichterfassung der gesellschafterstammspezifischen Erfolgsbeiträge aus einer konzerninternen Transaktion im Rahmen der ergebnisorientierten Vorgehensweise regelmäßig zu einem Ausweis des **Konzerneigenkapitals**, das zum Lieferungszeitpunkt **nicht** (zwingend) seinen **tatsächlichen Verhältnissen** entsprechend abgebildet wird.[1094]

Hieraus folgt indes nicht, dass die ergebnisorientierte Vorgehensweise zu einer gänzlich unglaubwürdigen Darstellung, mithin zu einer nicht entscheidungsnützlichen Informationsvermittlung hinsichtlich des hier diskutierten Sachverhaltes führt. Vielmehr liegt dieser Methode

---

HGB, Rn. 57.

1089 Vgl. so auch im handelsrechtlichen Kontext STÖRK, U./HOFFMANN, K., in: Grottel u. a., Beck Bilanzkomm., 12. Aufl., § 307 HGB, Rn. 57. Von der Vorgabe einer Zeitwertbewertung des gelieferten Vermögenswertes wird hier abstrahiert. Vgl. zur Zwischenergebniseliminierung im Rahmen der Zeitwertbewertung von Vermögenswerten Fn. 660.

1090 Vgl. PELLENS, B./NEUHAUS, S./NÖLTE, U., Konzernergebnis und Earnings per Share, S. 42, sowie, wenn auch im handelsrechtlichen Kontext, EBELING, R. M., Einheitsfiktion, S. 358 f.

1091 Vgl. FRÖHLICH, C., Zwischengewinne bei Geschäften mit Tochterunternehmen, S. 358, sowie, wenn auch im handelsrechtlichen Kontext, STÖRK, U./HOFFMANN, K., in: Grottel u. a., Beck Bilanzkomm., 12. Aufl., § 307 HGB, Rn. 55.

1092 Vgl. implizit FRÖHLICH, C., Zwischengewinne bei Geschäften mit Tochterunternehmen, S. 359.

1093 Vgl. ähnlich im handelsrechtlichen Kontext STÖRK, U./HOFFMANN, K., in: Grottel u. a., Beck Bilanzkomm., 12. Aufl., § 307 HGB, Rn. 55 und Rn. 57.

1094 Vgl. so auch im handelsrechtlichen Kontext KIRSCH, H.-J./ENGELKE, F., in: Baetge/Kirsch/Thiele, Bilanzrecht, § 307 HGB, Rn. 38.16; STÖRK, U./HOFFMANN, K., in: Grottel u. a., Beck Bilanzkomm., 12. Aufl., § 307 HGB, Rn. 55.

ein gegenüber der vermögensorientierten Vorgehensweise **unterschiedliches Verständnis** bezüglich des an die Erfassung von gesellschafterstammspezifischen Erfolgsbeiträgen zu stellenden **Objektivierungserfordernisses** zugrunde. So wird im Rahmen der ergebnisorientierten Vorgehensweise angenommen, dass die gesellschafterstammspezifischen Ergebnisse analog zum Konzernergebnis gänzlich von Erfolgsbeiträgen aus konzerninternen Transaktionen zwischen vollkonsolidierten Konzernunternehmen zu befreien seien.[1095] Aus diesem Grund sind die mit der Vermögensverschiebung verbundenen Erfolgsbeiträge im Rahmen der ergebnisorientierten Vorgehensweise erst dann zu erfassen, wenn der entsprechende Vermögenswert an konzernexterne Dritte veräußert wird, also wenn diese Erfolgsbeiträge aus Konzernsicht als realisiert gelten. Zu diesem Zeitpunkt sind die Erfolgsbeiträge als in höchstem Maße objektiviert zu werten, was mit Blick auf eine glaubwürdige Berichterstattung zunächst positiv ist. Dabei ist es jedoch konzeptionell nicht überzeugend, dass die im Konzernabschluss dargestellte Aufteilung des Konzerneigenkapitals auf die Gesellschafterstämme in den etwaigen Perioden zwischen der ursprünglichen konzerninternen Lieferung und der letztlichen konzernexternen Veräußerung nicht den tatsächlichen Verhältnissen entsprechen wird. Zudem kann in dem bereits angeführten spezifischen Sachverhalt der Endkonsolidierung die Anwendung dieser Vorgehensweise dazu führen, dass Bestandteile des Endkonsolidierungserfolges nicht mit der eigentlichen Anteilsveräußerung in Verbindung stehen, sodass dieser Erfolgsausweis auch mit einer den tatsächlichen Verhältnissen entsprechenden Abbildung konfligieren kann. Aufgrund der beschriebenen Mängel sind die im Rahmen der Anwendung der ergebnisorientierten Vorgehensweise im Konzernabschluss vermittelten Informationen bei einer Upstream- oder Downstream-Lieferung in ihrer **Glaubwürdigkeit eingeschränkt**.

Da durch die unmittelbare ergebnisseitige Erfassung der Vermögensverschiebung zwischen den Gesellschafterstämmen die jeweilige gesellschafterstammspezifische Vermögensmehrung bzw. Vermögensminderung konzernbilanziell im Eigenkapital nachgezeichnet wird, führt die **vermögensorientierte Vorgehensweise** demgegenüber insoweit zu einer den **tatsächlichen Verhältnissen** entsprechenden Abbildung der Aufteilung des **Konzerneigenkapitals** zum Lieferungszeitpunkt.[1096] Dass im Rahmen dieser Vorgehensweise der Zwischenergebniseliminierung die in der Konzernbilanz und in der Konzern-Gewinn- und Verlustrechnung ausgewiesenen gesellschafterstammspezifische Ergebnisse von Erfolgsbeiträgen geprägt sein können, die aus einer konzerninternen Transaktion resultieren, steht dabei einer glaubwürdigen Darstellung dieser Ergebnisanteile und des damit verbundenen Ausweises des Konzerneigenkapitals nicht

[1095] Vgl. FRÖHLICH, C., Zwischengewinne bei Geschäften mit Tochterunternehmen, S. 358; ähnlich im handelsrechtlichen Kontext KIRSCH, H.-J./ENGELKE, F., in: Baetge/Kirsch/Thiele, Bilanzrecht, § 307 HGB, Rn. 38.16 f.; EBELING, R. M., Einheitsfiktion, S. 359.

[1096] Vgl. so auch im handelsrechtlichen Kontext STÖRK, U./HOFFMANN, K., in: Grottel u. a., Beck Bilanzkomm., 12. Aufl., § 307 HGB, Rn. 57; KIRSCH, H.-J./ENGELKE, F., in: Baetge/Kirsch/Thiele, Bilanzrecht, § 307 HGB, Rn. 38.17; EBELING, R. M., Einheitsfiktion, S. 359.

entgegen.[1097] So sind im Rahmen der Konzernrechnungslegung „die aus der rechtlichen Selbständigkeit der Unternehmen resultierenden Folgen“[1098] nicht gänzlich zu vernachlässigen. Vielmehr ist deren Berücksichtigung angesichts der Bilanzierung nicht beherrschender Anteile gerade in der rechtlich geprägten gesellschafterstammspezifischen Aufteilung des Konzernergebnisses sowie der damit eng verbundenen „Zweiteilung“[1099] des Konzerneigenkapitals vom Standardsetzer zu einem gewissen Grad angelegt.[1100] Während das Konzernergebnis als Ergebnis der wirtschaftlichen Einheit frei von Zwischenergebnissen aus konzerninternen Transaktionen zu sein hat, ist dies für die rechtlich geprägte Aufteilung dieses Ergebnisses gerade nicht zwingend der Fall. Schließlich findet im Zuge einer zwischenergebnisbehafteten Lieferung zwischen dem Mutter- und einem Tochterunternehmen gemessen an Konzernbuchwerten – ungeachtet der Angemessenheit der Gegenleistung – **tatsächlich** eine **Vermögensverschiebung zwischen** den **Gesellschafterstämmen** statt, im Rahmen derer das mit einem Vermögenswert verbundene Absatzrisiko auf das jeweils empfangende Konzernunternehmen übergeht.

Da im Rahmen der vermögensorientierten Vorgehensweise zum Lieferungszeitpunkt allerdings den aus einer konzerninternen Transaktion resultierenden gesellschafterstammspezifischen Ergebnisanteilen in der Konzern-Gewinn- und Verlustrechnung keine ausgewiesenen Erträge und Aufwendungen zugrunde liegen, werden die durch diese Ergebnisrechnung vermittelten Informationen die fördernde qualitative Anforderung an eine **verständliche** Berichterstattung **einschränken.**[1101] Dies ist jedoch nicht als ein spezifisches aus der Anwendung der vermögensorientierten Vorgehensweise resultierendes Problem zu werten. Vielmehr hängt dies mit dem Umstand zusammen, dass bei der Konzernergebnisentstehung – also bei der Erfassung von Erträgen und Aufwendungen – die Perspektive der wirtschaftlichen Einheit im Sinne der Einheitsfiktion einzunehmen ist, während die gesellschafterstammspezifische Verteilung des Konzernergebnisses auf einer Bruchteilsvorstellung beruht.[1102]

Im Ergebnis führt folglich die **vermögensorientierte Vorgehensweise** bei der Zwischenergebniseliminierung und der damit verbundenen Aufwands- und Ertragskonsolidierung im Kontext von Upstream- und Downstream-Transaktionen trotz leichter Einschränkungen hinsichtlich der Verständlichkeit zu **vergleichsweise entscheidungsnützlicheren Informationen** als die ergebnisorientierte Vorgehensweise und ist dieser daher vorzuziehen.[1103] Eine entsprechende Konkretisierung des IFRS 10.B86 (c) seitens des Standardsetzers ist vor diesem Hintergrund wünschenswert.

1097 Vgl. ähnlich im handelsrechtlichen Kontext LEINEN, M., Kapitalkonsolidierung im mehrstufigen Konzern, S. 278 f.

1098 BEINE, F./GORA, V., Ertragslage von Konzernen, S. 1741, wenn auch im handelsrechtlichen Kontext.

1099 FREIBERG, J., Vom Minderheitenanteil zum nicht beherrschenden Anteil, S. 211.

1100 Vgl. Abschnitt 521.23.

1101 Vgl. Abschnitt 522.233.

1102 Vgl. hierzu ausführlich Abschnitt 521.232. und 522.233.

1103 Vgl. im Ergebnis so auch SENGER, T./DIERSCH, U., in: Driesch u. a., Beck IFRS HB, 5. Aufl., § 35, Rn. 115. A. A. bspw. LÜDENBACH, N./HOFFMANN, W.-D./FREIBERG, J., in: Lüdenbach/Hoffmann/Freiberg, Haufe IFRS-Kommentar, 17. Aufl., § 32, Rn. 153; KPMG (Hrsg.), Insights into IFRS 2019/20, Rn. 2.5.550.

53 Zwischenergebniseliminierung im Rahmen der anteiligen Einbeziehung nach IFRS 11

531. Anteilige Einbeziehung nach IFRS 11

531.1 Allgemeine Bilanzierungssystematik der anteiligen Einbeziehung

531.11 Abbildung von einer nicht über ein separates Vehikel strukturierten gemeinschaftlichen Tätigkeit

Die (konzern-)bilanzielle[1104] Abbildung einer gemeinschaftlichen Tätigkeit richtet sich grundsätzlich nach den Bilanzierungsvorschriften des IFRS 11. Die Kernvorschrift bildet hierbei IFRS 11.20, nach der ein gemeinschaftlicher Betreiber (*joint operator*)[1105] im Zusammenhang mit seinem Anteil (*in relation to its interest*) an der gemeinschaftlichen Tätigkeit folgende Posten in seinen Konzernabschluss zu übernehmen hat:

- Seine Vermögenswerte, einschließlich seines Anteils an gemeinschaftlich gehaltenen Vermögenswerten;
- seine Schulden, einschließlich seines Anteils an gemeinschaftlich eingegangenen Schulden;
- seine Erlöse aus dem Verkauf seines Anteils an den Erzeugnissen oder Leistungen der gemeinschaftlichen Tätigkeit;
- seinen Anteil an den Erlösen aus dem Verkauf der Erzeugnisse oder Leistungen der gemeinschaftlichen Tätigkeit; und
- seine Aufwendungen, einschließlich seines Anteils an gemeinschaftlich entstandenen Aufwendungen.

Die konkrete Bilanzierung eines (anteilig) übernommenen Abschlusspostens richtet sich dabei gemäß IFRS 11.21 nach den Vorgaben des jeweils für ihn maßgeblichen Standards, sodass bspw. (anteilig) übernommene Vorräte nach IAS 2 und (anteilig) übernommene Sachanlagen nach IAS 16 zu bilanzieren sind.[1106] In welchem Umfang die einzelnen Abschlussposten zu

---

[1104] Die in IFRS 11 enthaltenen Vorschriften zur Abbildung einer gemeinschaftlichen Tätigkeit sind nicht auf den Konzernabschluss begrenzt, sondern gelten bereits auf Einzelabschlussebene. Vgl. IFRS 11.26 (a), sowie hierzu auch IFRS IC (Hrsg.), IFRIC Update (March 2015), S. 11. Da Unternehmen mit Sitz in Deutschland jedoch in aller Regel keinen separaten IFRS-Einzelabschluss aufstellen werden, sind die Vorschriften für deutsche Unternehmen faktisch erst für die Konzernrechnungslegung einschlägig. Vgl. so auch GIMPEL-HENNING, N., Sukzessive Anteilserwerbe, S. 158, Fn. 928. Für die hier betrachtete Zwischenergebniseliminierung sowie der damit verbundenen Aufwands- und Ertragskonsolidierung würde hieraus wiederum folgen, dass diese Konsolidierungsmaßnahmen bereits im Rahmen der Aufstellung des IFRS-Abschlusses II vorzunehmen wären. Vgl. ähnlich BADER, A., in: Fett/Spiering, Handbuch Joint Venture, 2. Aufl., 4. Kap., Rn. 85; BRUNE, J. W., Fortbestand der quotalen Einbeziehung, S. 518. Um die Konsolidierungsmaßnahmen indes besser zu veranschaulichen, werden diese im Folgenden erst nach Aufstellung des Summenabschlusses vorgenommen.

[1105] Ein gemeinschaftlicher Betreiber ist gemäß IFRS 11.A eine Partei einer gemeinschaftlichen Tätigkeit, die an deren gemeinschaftlicher Führung partizipiert. Eine Partei ist ein Unternehmen, das an einer gemeinschaftlichen Vereinbarung beteiligt ist.

[1106] Als Bilanzierungseinheit sind insofern nicht die an den Abschlussposten bestehenden Rechte und Pflichten,

übernehmen sind, hängt dabei allerdings von den vertraglich mit ihnen verbundenen Rechten und Pflichten ab.[1107] Insofern ist die Bilanzierung von gemeinschaftlichen Tätigkeiten nach dem Konzept der anteiligen Einbeziehung gemäß IFRS 11.20 auf engste Weise verbunden mit dem in IFRS 11 neu eingeführten **Rechte- und Pflichtenkonzept**, das der Klassifizierung von gemeinschaftlichen Vereinbarungen als gemeinschaftliche Tätigkeit oder Gemeinschaftsunternehmen zugrunde liegt.[1108] Um ein Verständnis für das Konzept der anteiligen Einbeziehung entsprechend den Rechten und Pflichten zu entwickeln, sind daher zunächst die von den nach IFRS 11 definierten gemeinschaftlichen Tätigkeiten zu betrachten. Vor dem Hintergrund der neuartigen Klassifizierung nach dem Rechte- und Pflichtenkonzept gegenüber IAS 31 können nunmehr auch solche Kooperationsformen unter den nach IFRS 11 definierten gemeinschaftlichen Tätigkeiten subsumiert werden, die rechtlich eigenständig sind.[1109] Der Standardsetzer verfolgt hierbei das Ziel, dass nicht die rechtliche Strukturierung einer gemeinschaftlichen Vereinbarung für deren Klassifizierung und darauf aufbauend auch für deren Bilanzierung im Vordergrund steht, sondern vielmehr die mit einer gemeinschaftlichen Vereinbarung verbundene **ökonomische Substanz**.[1110]

Nach IFRS 11 sind sämtliche gemeinschaftlichen Vereinbarungen, deren Vermögenswerte und Schulden nicht in einem separaten Vehikel gehalten werden, zwingend als gemeinschaftliche Tätigkeit zu klassifizieren.[1111] Mit Bezug zu dem Vorgängerstandard folgt hieraus, dass die vormals nach IAS 31 als gemeinschaftliche Tätigkeiten (*jointly controlled operations*) oder als gemeinschaftlich geführte Vermögenswerte (*jointly controlled assets*) klassifizierten Vereinbarungen[1112] nunmehr nach IFRS 11 in der Kategorie der gemeinschaftlichen Tätigkeiten (*joint operation*) nach IFRS 11 zusammengefasst sind.[1113]

Die (konzern-)bilanzielle Abbildung dieser Vereinbarungen bleibt jedoch trotz dieser neuen Klassifizierung im Vergleich zur Abbildung nach IAS 31 **grundsätzlich unverändert**.[1114] Zwar sah IAS 31 in Abhängigkeit der Klassifizierung als gemeinschaftliche Tätigkeit oder gemeinschaftlich geführte Vermögenswerte eine unterschiedliche Bilanzierung dieser beiden Vereinbarungen vor. So hatte eine an der gemeinschaftlichen Führung beteiligte Partei im Zusammenhang mit einer nach IAS 31 definierten gemeinschaftlichen Tätigkeit ihre eigenen, d. h.

---

sondern die Abschlussposten selbst anzusehen. Vgl. IFRS 11.BC39, sowie KÜTING, K./SEEL, C., Die quotale Einbeziehung nach IFRS 11, S. 591.

[1107] Vgl. ZÜLCH, H. U. A., Bilanzierung von Joint Arrangements, S. 1820; HÖFNER, S., Gemeinschaftliche Vereinbarungen nach IFRS 11, S. 120.

[1108] Vgl. zur Klassifizierung von gemeinschaftlichen Vereinbarungen Abschnitt 332.

[1109] Vgl. SCHILD, M., Anteilserwerbe an gemeinschaftlichen Tätigkeiten, S. 90 f.

[1110] Vgl. IFRS 11.BC43, sowie SCHILD, M., Anteilserwerbe an gemeinschaftlichen Tätigkeiten, S. 41 und S. 67.

[1111] Vgl. IFRS 11.B16 i. V. m. IFRS 11.B19.

[1112] Es sei darauf hingewiesen, dass der Oberbegriff der Vereinbarungen nach IAS 31 nicht wie in IFRS 11 „gemeinschaftliche Vereinbarungen" (*joint arrangements*) war, sondern „Gemeinschaftsunternehmen" (*joint ventures*) lautete.

[1113] Vgl. IFRS 11.BC26, sowie SCHILD, M., Anteilserwerbe an gemeinschaftlichen Tätigkeiten, S. 91; ZÜLCH, H. U. A., Bilanzierung von Joint Arrangements, S. 1818–1820; KÜTING, K./SEEL, C., Abgrenzung und Bilanzierung von joint arrangements, S. 343 f.

[1114] Vgl. SEEL, C., Joint Ventures, S. 224.

die in ihrer Verfügungsmacht stehenden Vermögenswerte und Schulden sowie Erträge und Aufwendungen vollständig in ihren (Konzern-)Abschluss[1115] einzubeziehen.[1116] Demgegenüber waren die Abschlussposten im Zusammenhang mit gemeinschaftlich geführten Vermögenswerten lediglich entsprechend ihrem Anteil an diesen zu bilanzieren.[1117] Ebendiese differenzierte bilanzielle Abbildung von eigenen Vermögenswerten bzw. Schulden und entsprechenden Erfolgsposten auf der einen Seite sowie der anteiligen Bilanzierung von Bruchteilseigentum auf der anderen Seite ist aber auch in dem **Wortlaut des IFRS 11.20** verankert. Schließlich zielt die Formulierung – bspw. in Bezug auf Vermögenswerte – „seine Vermögenswerte" des IFRS 11.20 (a) auf die in der alleinigen Verfügungsmacht eines gemeinschaftlichen Betreibers stehenden Vermögenswerte ab, während sich „seines Anteils an gemeinschaftlich gehaltenen Vermögenswerten" offensichtlich auf gemeinschaftlich geführte Vermögenswerte bezieht, die folglich weiterhin anteilig zu bilanzieren sind.[1118] Dies gilt ebenfalls für sämtliche anderen Abschlussposten, die in IFRS 11.20 (b)–(e) adressiert werden.

Diese Zusammenführung der nach IAS 31 definierten gemeinschaftlichen Tätigkeiten und gemeinschaftlich geführten Vermögenswerten ist keinesfalls rein redaktioneller Natur, sondern – wie der Standardsetzer in IFRS 11.BC25 begründet – auf zwei wesentliche Gründe zurückzuführen. Erstens sei es nicht immer zweifelsfrei möglich, zwischen diesen beiden Vereinbarungen zu unterscheiden, da die gemeinschaftlichen Betreiber mitunter sowohl eigenes als auch gemeinschaftliches Vermögen im Rahmen einer gemeinschaftlichen Vereinbarung nutzen.[1119] Diesem Umstand wird im Wortlaut des IFRS 11.20 dergestalt Rechnung getragen, dass ein gemeinschaftlicher Betreiber nicht nur „seine" ggf. vorhandenen Vermögenswerte bzw. Schulden sowie die entsprechenden Erfolgsposten einzubeziehen hat, sondern – wie durch den Begriff „einschließlich" zum Ausdruck gebracht wird – **zusätzlich** auch etwaig vorhandenes Bruchteilseigentum.[1120] Zweitens führt der Standardsetzer an, dass ohnehin diese beiden nach IAS 31 noch differenzierten Arten von gemeinschaftlichen Tätigkeiten insoweit auf die gleiche Weise bilanziert werden, als im (Konzern-)Abschluss des Betreibers Vermögenswerte und Schulden (ggf. anteilig) einzeln angesetzt sowie Erträge und Aufwendungen (ggf. anteilig) einzeln erfasst werden, und eben nicht wie bei Einbeziehung eines Gemeinschaftsunternehmens mittels der Equity-Methode eine Beteiligung als Ganzes ausgewiesen wird.[1121]

1115 Die Einbeziehung einer gemeinschaftlichen Tätigkeit oder von gemeinschaftlich geführten Vermögenswerten nach IAS 31 hatte auch bereits auf Ebene des Einzelabschlusses zu erfolgen. Vgl. IAS 31.15 f. i. V. m. IAS 31.21 f.

1116 Vgl. IAS 31.15, sowie BAETGE, J./KLAHOLZ, E./HARZHEIM, T., in: Baetge u. a., Rechnungslegung nach IFRS, 2. Aufl., IAS 31, Rn. 28.

1117 Vgl. IAS 31.21, sowie BAETGE, J./KLAHOLZ, E./HARZHEIM, T., in: Baetge u. a., Rechnungslegung nach IFRS, 2. Aufl., IAS 31, Rn. 40.

1118 Vgl. SCHILD, M., Anteilserwerbe an gemeinschaftlichen Tätigkeiten, S. 92; ZÜLCH, H. U. A., Bilanzierung von Joint Arrangements, S. 1820. Vgl. hierzu auch IFRS 11.B17 f.

1119 Vgl. IFRS 11.BC25, sowie SCHILD, M., Anteilserwerbe an gemeinschaftlichen Tätigkeiten, S. 91.

1120 Vgl. SCHILD, M., Anteilserwerbe an gemeinschaftlichen Tätigkeiten, S. 92.

1121 Vgl. IFRS 11.BC25.

Festzuhalten ist, dass im Rahmen der anteiligen Einbeziehung einer gemeinschaftlichen Tätigkeit nach IFRS 11.20, die nicht über ein separates Vehikel strukturiert ist, eine **differenzierte Bilanzierung** hinsichtlich der Übernahme der der gemeinschaftlichen Tätigkeit zuzurechnenden Abschlussposten erforderlich ist. Der Umfang der Einbeziehung hängt unmittelbar davon ab, welche Rechte und Pflichten die gemeinschaftlichen Betreiber in Bezug auf die im Zusammenhang mit der gemeinschaftlichen Tätigkeiten stehenden Vermögenswerte und Schulden sowie den entsprechenden Erfolgsposten innehaben.[1122] Dabei hat ein gemeinschaftlicher Betreiber im Rahmen der differenziert anteiligen Einbeziehung diese Abschlussposten entsprechend seinem Anteil gar nicht, anteilig oder eben vollständig in seinen (Konzern-)Abschluss einzubeziehen.[1123]

531.12 Besonderheiten der Abbildung von einer über ein separates Vehikel strukturierten gemeinschaftlichen Tätigkeit in Abgrenzung zur Quotenkonsolidierung nach IAS 31

Die anteilige Einbeziehung einer gemeinschaftlichen Tätigkeit entsprechend den aus ihr erwachsenden Rechten und Pflichten gemäß IFRS 11.20 erstreckt sich indes nicht nur auf diejenigen Vereinbarungen, die nicht über ein separates Vehikel strukturiert sind. Dies liegt darin begründet, dass im Gegensatz zu den Regelungen des IAS 31 die rechtliche Strukturierung einer gemeinschaftlichen Vereinbarung nicht mehr das entscheidende Kriterium für ihre Klassifizierung als gemeinschaftliche Tätigkeit oder Gemeinschaftsunternehmen ist.[1124] Entscheidend ist vielmehr, welche **Rechte und Pflichten** für die gemeinschaftlich führenden Parteien basierend auf einer wirtschaftlichen Betrachtungsweise mit der gemeinschaftlichen Vereinbarung verbunden sind.[1125] Zwar deutet die Strukturierung der gemeinschaftlichen Vereinbarung über ein separates Vehikel darauf hin, dass den Parteien lediglich ein Residualanspruch am Nettovermögen der gemeinschaftlichen Vereinbarung zusteht und insofern eine Klassifizierung als Gemeinschaftsunternehmen angezeigt ist.[1126] Gleichwohl ist dies keine hinreichende Bedingung für die Klassifizierung.[1127] Eine gemeinschaftliche Vereinbarung ist nämlich auch dann als gemeinschaftliche Tätigkeit zu klassifizieren und folglich gemäß IFRS 11.20 einzubeziehen, wenn die Vermögenswerte und Schulden dieser Vereinbarung zwar in einem separaten Vehikel gehalten werden, den gemeinschaftlich führenden Parteien aber dennoch vor dem Hintergrund der rechtlichen Struktur dieses Vehikels, vertraglicher Vereinbarungen oder sonstiger relevanter Tatsachen und Umstände direkte Rechte und Pflichten an diesen Vermögenswerten und Schulden zustehen.[1128]

[1122] Vgl. ZÜLCH, H. U. A., Bilanzierung von Joint Arrangements, S. 1820.

[1123] Vgl. SCHILD, M., Anteilserwerbe an gemeinschaftlichen Tätigkeiten, S. 92.

[1124] Vgl. KÜTING, K./SEEL, C., Abgrenzung und Bilanzierung von joint arrangements, S. 344. Vgl. zur Klassifizierung von gemeinschaftlichen Vereinbarungen nach IFRS 11 auch bereits Abschnitt 332.

[1125] Vgl. IFRS 11.14, sowie ZÜLCH, H./POPP, M., Reformation der IFRS-Konzernrechnungslegung (Teil II), S. 328; SCHILD, M., Anteilserwerbe an gemeinschaftlichen Tätigkeiten, S. 2 f.

[1126] Vgl. FREIBERG, J., Beteiligungs- oder Abnahmequote?, S. 60.

[1127] Vgl. IFRS 11.B19, sowie FISCHER, D. T., IFRS 11 – *Joint Arrangements*, S. 205.

[1128] Vgl. IFRS 11.17 i. V. m. IFRS 11.B21 (a).

Daraus folgt also, dass die anteilige Einbeziehung entsprechend den Rechten und Pflichten nach **IFRS 11.20** nicht nur für die Arten von gemeinschaftlichen Tätigkeiten vorgesehen ist, die vormals nach IAS 31 trotz der noch unterschiedlichen Klassifizierung im Ergebnis auf die gleiche Weise wie nach IFRS 11 bilanziert wurden, sondern zum Teil auch auf solche Vereinbarungen, die nach **IAS 31** noch zwingend als **gemeinschaftlich geführte Unternehmen** (*jointly controlled entities*) zu klassifizieren waren und daher wahlweise mittels der **Quotenkonsolidierung** (*proportionate consolidation*) einbezogen werden konnten.[1129] Die Quotenkonsolidierung ist methodisch eng an die Vollkonsolidierung angelehnt, mit dem zentralen Unterschied, dass die Vermögenswerte und Schulden sowie Erträge und Aufwendungen des jeweiligen Beteiligungsunternehmens nicht vollständig, sondern lediglich quotal in den Konzernabschluss des beteiligten Unternehmens einzubeziehen sind.[1130] Die auf die Anteile anderer an dem entsprechenden Beteiligungsunternehmen beteiligten Gesellschafter entfallenden Teile dieser Abschlussposten werden folglich nicht aufgenommen.[1131] Als maßgebliche Quote zur Einbeziehung sämtlicher Abschlussposten im Rahmen der Quotenkonsolidierung steht regelmäßig die gesellschaftsrechtliche Beteiligungsquote am Beteiligungsunternehmen im Mittelpunkt.[1132] Obgleich die Abbildung einer gemeinschaftlichen Tätigkeit nach der Methodik der anteiligen Einbeziehung gemäß IFRS 11.20 im Ergebnis oftmals derjenigen entsprechen wird, wie es nach der Quotenkonsolidierung der Fall wäre,[1133] **unterscheidet sich** die Abbildungsmethodik nach der anteiligen Einbeziehung konzeptionell **in zwei wesentlichen Punkten** von der Quotenkonsolidierung, wie IFRS 11.BC38 zu entnehmen ist. Erstens haben die gemeinschaftlichen Betreiber die Vermögenswerte und Schulden sowie Erträge und Aufwendungen der gemeinschaftlichen Tätigkeit nicht pauschal auf Basis der rechtlichen Kapitalanteilsquote einzubeziehen, sondern differenziert im Umfang der ihnen jeweils zustehenden, in der vertraglichen Vereinbarung festgelegten Rechte und Pflichten an diesen.[1134] Der jeweilige Anteil an den Vermögenswerten und Schulden sowie Erträgen und Aufwendungen kann, muss aber nicht zwingend der rechtlichen Kapitalanteilsquote an der gemeinschaftlichen Tätigkeit entsprechen.[1135] Der zweite Unterschied der Abbildungsmethodik nach IFRS 11 gegenüber der Quotenkonsolidierung, den der

---

1129 Vgl. ZÜLCH, H. U. A., Bilanzierung von Joint Arrangements, S. 1819 f.

1130 Vgl. HAYN, B., in: Bohl/Riese/Schlüter, Beck IFRS HB, 4. Aufl., § 37, Rn. 11.

1131 Vgl., wenn auch im handelsrechtlichen Kontext, BAETGE, J./KIRSCH, H.-J./THIELE, S., Konzernbilanzen, S. 344.

1132 Die zur quotalen Konsolidierung maßgebliche Quote war jedoch in IAS 31 nicht expliziert. Im Schrifttum wurden neben dem Kapitalanteil auch der Gewinn-, der Stimmrechtsanteil sowie eine „gespaltene Einbeziehung" diskutiert. Vgl. Fn. 430.

1133 Vgl. IASB (Hrsg.), FAQ zu IFRS 11, S. 4.

1134 Vgl. IFRS 11.BC38, sowie ZÜLCH, H./HENDLER, M., Bilanzierung nach IFRS, S. 699–702; HÖFNER, S., Gemeinschaftliche Vereinbarungen nach IFRS 11, S. 270 f.; FREIBERG, J., Einzelbilanzielle Perspektive einer joint operation, S. 96 f.

1135 Vgl. FREIBERG, J., Beteiligungs- oder Abnahmequote?, S. 61; KÜTING, K./SEEL, C., Abgrenzung und Bilanzierung von joint arrangements, S. 349. Vgl. zur Bestimmung des konkreten Anteils an den einzelnen Abschlussposten am Beispiel einer Zuliefergesellschaft ausführlich HÖFNER, S., Gemeinschaftliche Vereinbarungen nach IFRS 11, S. 284–302.

IASB anführt, liegt darin, dass die Einbeziehung einer gemeinschaftlichen Tätigkeit bereits auf Ebene des IFRS-Einzelabschlusses der Parteien zu erfolgen hat.[1136]

Sofern also bspw. ein Vermögenswert einer gemeinschaftlichen Tätigkeit von den gemeinschaftlichen Betreibern gemeinsam genutzt wird und bzw. oder eine Schuld gemeinsam bedient werden muss, haben die gemeinschaftlichen Betreiber diesen Vermögenswert und bzw. oder diese Schuld bereits im Einzelabschluss im Umfang des ihnen zustehenden Anteils anzusetzen.[1137] Sofern hingegen – bspw. vor dem Hintergrund eigenständiger Produktionsprozesse der Betreiber – ein gemeinschaftlicher Betreiber die alleinige Verfügungsmacht über einen in die gemeinschaftliche Tätigkeit eingebrachten Vermögenswert besitzt und bzw. oder die alleinige Pflicht aus einer Schuld trägt, bilanziert er diesen Vermögenswert und bzw. oder diese Schuld vollständig in seinem (Konzern-)Abschluss, während keine andere an der gemeinschaftlichen Tätigkeit beteiligte Partei diesen Vermögenswert und bzw. oder diese Schuld ansetzt.[1138]

Hieraus kann abgeleitet werden, dass der IASB eine **konsistente Bilanzierung** von gemeinschaftlichen Vereinbarungen, bei denen die Parteien direkte Rechte an den Vermögenswerten und direkte Pflichten aus den Schulden der Vereinbarung haben, anstrebt.[1139] So ist eine hinsichtlich des Umfangs der Einbeziehung sämtlicher Abschlussposten **differenzierte Bilanzierung** nicht nur bei gemeinschaftlichen Tätigkeiten, die nicht über ein separates Vehikel strukturiert sind, erforderlich. Vielmehr ist auch im Rahmen der anteiligen Einbeziehung einer gemeinschaftlichen Tätigkeit, bei der die Vermögenswerte und Schulden in einem separaten Vehikel gehalten werden und die nach IAS 31 noch mittels der Quotenkonsolidierung einbezogen werden durfte, auf die direkten Rechte und Pflichten an den einzelnen Vermögenswerten und Schulden sowie an den einzelnen Erfolgsposten abzustellen.[1140] Die rechtliche Form der gemeinschaftlichen Tätigkeit rückt dabei folglich in den Hintergrund.[1141]

Das folgende Beispiel soll die Abbildungsmethodik nach der differenziert anteiligen Einbeziehung entsprechend den Rechten und Pflichten gemäß IFRS 11.20 verdeutlichen:

1136 Vgl. IFRS 11.BC38 i. V. m. IFRS 11.26 (a).

1137 Vgl. IFRS IC (Hrsg.), Staff Paper 2C (July 2014), Rn. 6 (a) i. V. m. Rn. 7. Das IFRS IC bezieht sich hierbei beispielhaft auf eine gemeinschaftliche Vereinbarung, die über ein separates Vehikel strukturiert ist, aber mit Blick auf einen exklusiven Abnahmevertrag der Parteien aufgrund sonstiger relevanter Tatsachen und Umstände als gemeinschaftliche Tätigkeit zu klassifizieren ist.

1138 Vgl. IFRS IC (Hrsg.), Staff Paper 2C (July 2014), Rn. 6 (b) i. V. m. Rn. 9; HÖFNER, S., Gemeinschaftliche Vereinbarungen nach IFRS 11, S. 271.

1139 Vgl. ähnlich SCHILD, M., Anteilserwerbe an gemeinschaftlichen Tätigkeiten, S. 93 f.

1140 Vgl. ZÜLCH, H./HENDLER, M., Bilanzierung nach IFRS, S. 699–702.

1141 Vgl. HÖFNER, S., Gemeinschaftliche Vereinbarungen nach IFRS 11, S. 272.

Beispielsachverhalt

Die gemeinschaftlichen Betreiber A und B halten jeweils 50 % der Anteile am Eigenkapital der gemeinschaftlichen Tätigkeit C. Die gemeinschaftliche Tätigkeit ist über ein separates Vehikel strukturiert und fungiert als Träger der mit ihr in Zusammenhang stehenden Vermögenswerte 1–3. Entsprechend den mit der gemeinschaftlichen Tätigkeit verbundenen Rechten und Pflichten entfällt Vermögenswert 1 gänzlich auf Betreiber A, während Vermögenswert 3 gänzlich Betreiber B zuzuordnen ist. Vermögenswert 2 wird hingegen von den beiden Betreibern gemeinsam im Verhältnis 50:50 genutzt.

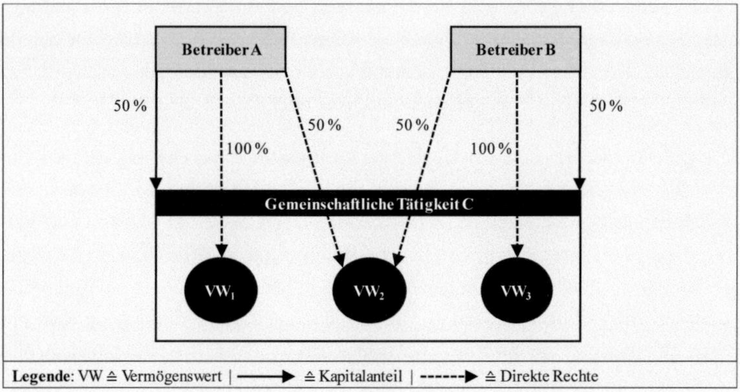

Abbildung 5-1: Anteilige Einbeziehung einer gemeinschaftlichen Tätigkeit gemäß IFRS 11.20

Entsprechend den direkten Rechten an Vermögenswert 1 bezieht Betreiber A diesen Vermögenswert ungeachtet des gesellschaftsrechtlichen Mantels der gemeinschaftlichen Tätigkeit C vollständig in seinen (Konzern-)Abschluss ein. Gleichzeitig bezieht Betreiber B mit Blick auf seine direkten Rechte an Vermögenswert 3 diesen vollständig ein. Vermögenswert 2 ist hingegen zu je 50 % in den jeweiligen (Konzern-)Abschluss der Betreiber zu übernehmen. Im Rahmen der Quotenkonsolidierung hätten die Betreiber demgegenüber pauschal sämtliche Vermögenswerte dieser gemeinschaftlichen Tätigkeit zu 50 % einzubeziehen.[1142]

531.2 Regelungen zur Zwischenergebniseliminierung

Neben der Vorschrift zur anteiligen Einbeziehung der Abschlussposten der gemeinschaftlichen Tätigkeit gemäß IFRS 11.20 enthält IFRS 11 mit den Regelungen in IFRS 11.B34–B37 explizite Vorgaben zur **anteiligen Zwischenergebniseliminierung** bei Transaktionen eines gemeinschaftlichen Betreibers mit seiner gemeinschaftlichen Tätigkeit. Sofern ein gemeinschaftlicher Betreiber eine Transaktion wie bspw. den Erwerb eines Vermögenswertes von seiner gemeinschaftlichen Tätigkeit mit dieser vornimmt (**Upstream-Transaktion**), hat er seinen Anteil an

[1142] Vgl. IAS 31.33, sowie HAYN, B., in: Bohl/Riese/Schlüter, Beck IFRS HB, 4. Aufl., § 37, Rn. 11 f.; HAYN, S./GRÜNE, M., Konzernabschluss nach IFRS, S. 140 f.

einem etwaigen Zwischenergebnis aus dieser Transaktion zu eliminieren und diesen Teil des Zwischenergebnisses erst dann zu erfassen, wenn der betreffende Vermögenswert an (konzern-)externe Dritte weiterveräußert wird.[1143] Der Anteil des bzw. der anderen Betreiber(s) an diesem Zwischenergebnis gilt hingegen als realisiert und ist daher nicht zu eliminieren, sondern verbleibt insoweit im Wertansatz des Vermögenswertes, der Gegenstand der Zwischenergebniseliminierung ist.[1144] Wenn ein gemeinschaftlicher Betreiber hingegen bspw. einen Vermögenswert an die gemeinschaftliche Tätigkeit veräußert oder einen Vermögenswert in diese einlegt[1145] (**Downstream-Transaktion**), hat er ein etwaiges Zwischenergebnis aus einer solchen Transaktion im Umfang des Anteils der anderen an der gemeinschaftlichen Tätigkeit beteiligten Partei(en) zu erfassen,[1146] da dieser Teil als realisiert gilt.[1147] Der auf den eigenen Anteil entfallende Teil des Zwischenergebnisses ist wiederum zu eliminieren und erst dann zu erfassen, wenn ein Geschäft mit (konzern-)externen Dritten stattgefunden hat.[1148] Unabhängig von der Lieferungs- oder Leistungsrichtung[1149] ist bei einem Zwischenverlust zu prüfen, ob ein Wertminderungsbedarf bezüglich des entsprechenden Vermögenswertes vorliegt, sodass keine Zwischenergebniseliminierung, sondern eine außerplanmäßige Abschreibung vorzunehmen wäre.[1150]

Über die Regelungen zur Zwischenergebniseliminierung hinaus enthält IFRS 11 indes keine expliziten Vorschriften zur **Aufwands- und Ertragskonsolidierung.**[1151] Infolge einer Up- oder Downstream-Transaktion werden durch eine Zwischenergebniseliminierung allerdings nur die damit verbundenen Bilanzposten angesprochen, während die entsprechenden Erfolgsposten Gegenstand der Aufwands- und Ertragskonsolidierung sind. Insofern folgt aus den Regelungen zur Zwischenergebniseliminierung implizit auch eine Verpflichtung zu einer mit der Zwischenergebniseliminierung verbundenen Aufwands- und Ertragskonsolidierung.[1152]

1143 Vgl. IFRS 11.B36, sowie HÖFNER, S., Gemeinschaftliche Vereinbarungen nach IFRS 11, S. 303.

1144 Vgl. LÜDENBACH, N./SCHUBERT, D., Gemeinschaftliche Vereinbarungen, S. 5.

1145 Auf die Einlage von Vermögenswerten wird im Folgenden nicht gesondert eingegangen. Vgl. hierzu LÜDENBACH, N./HOFFMANN, W.-D./FREIBERG, J., in: Lüdenbach/Hoffmann/Freiberg, Haufe IFRS-Kommentar, 17. Aufl., § 34, Rn. 47–52.

1146 Vgl. IFRS 11.B34, sowie WEBER, C.-P. U. A., Abbildung von gemeinschaftlichen Tätigkeiten bei divergierenden Quoten, S. 244.

1147 Vgl. STREICHENBERG, U./VÖGELE, O., Gemeinschaftliche Tätigkeiten nach IFRS 11, S. 366; BRUNE, J. W., in: Driesch u. a., Beck IFRS HB, 5. Aufl., § 29, Rn. 40.

1148 Vgl. KÜTING, K./SEEL, C., Die quotale Einbeziehung nach IFRS 11, S. 594.

1149 Leistungsbeziehungen werden zwar in den Vorschriften zur Zwischenergebniseliminierung in IFRS 11 nicht explizit angeführt, gleichwohl sind diese ebenfalls Gegenstand der Zwischenergebniseliminierung (vgl. so auch KÜTING, K./SEEL, C., Die quotale Einbeziehung nach IFRS 11, S. 594), sofern eine Leistung zwischen einem gemeinschaftlichen Betreiber und seiner gemeinschaftlichen Tätigkeit dazu führt, dass der Wertansatz eines im (Konzern-)Abschluss des gemeinschaftlichen Betreibers zu aktivierenden Vermögenswertes zu hoch oder zu niedrig ist. Vgl. allgemein zur Aufgabe der Zwischenergebniseliminierung Abschnitt 41.

1150 Vgl. IFRS 11.B35 und IFRS 11.B37, sowie LÜDENBACH, N./HOFFMANN, W.-D./FREIBERG, J., in: Lüdenbach/Hoffmann/Freiberg, Haufe IFRS-Kommentar, 17. Aufl., § 34, Rn. 47. Von diesem Fall wird im Rahmen dieser Untersuchung abstrahiert.

1151 Vgl. SCHILDBACH, T./FELDHOFF, P., Konzernabschluss, S. 277.

1152 Vgl. so auch SCHILDBACH, T./FELDHOFF, P., Konzernabschluss, S. 277; BRUNE, J. W., in: Driesch u. a., Beck IFRS HB, 5. Aufl., § 29, Rn. 41; ROGLER, S., Aufwands- und Ertragskonsolidierung nach IFRS, S. 108; FREIBERG, J., Ausstrahlung der (Voll-)Konsolidierungsmethoden, S. 177; KÜTING, K./SEEL, C., Die quotale

532. Mögliche Vorgehensweisen bei der Zwischenergebniseliminierung im Kontext der anteiligen Einbeziehung

532.1 Vorbemerkungen

Angesichts der im vorangehenden Abschnitt erläuterten Regelungen zur Zwischenergebniseliminierung bei Transaktionen eines gemeinschaftlichen Betreibers mit seiner gemeinschaftlichen Tätigkeit stellt sich die Frage, in welchem Umfang, d. h., mit welchem „Anteil" eine anteilige Zwischenergebniseliminierung gemäß IFRS 11.B36 bzw. IFRS 11.B34 vorzunehmen ist. Im Kontext von Transaktionen eines gemeinschaftlichen Betreibers mit seiner gemeinschaftlichen Tätigkeit, die **nicht** über ein **separates Vehikel** strukturiert ist, kommt hierbei keinesfalls eine gesellschaftsrechtliche Beteiligungsquote als maßgebende Quote für den Umfang der Eliminierung infrage. Dies ergibt sich bereits daraus, dass aufgrund der rechtlichen Struktur einer solchen gemeinschaftlichen Tätigkeit gar keine gesellschaftsrechtliche Beteiligung vorliegt. Vielmehr ist hierbei – konzeptionell konsistent zur differenziert anteiligen Einbeziehung der Abschlussposten einer gemeinschaftlichen Tätigkeit gemäß IFRS 11.20 – die **anteilige** Zwischenergebniseliminierung **differenziert entsprechend den Rechten und Pflichten** der gemeinschaftlichen Betreiber vorzunehmen.[1153] Sofern bspw. der seitens eines gemeinschaftlichen Betreibers an seine gemeinschaftliche Tätigkeit gelieferte Vermögenswert auch noch nach dieser Lieferung entsprechend den Rechten und Pflichten dem liefernden Betreiber gänzlich zuzuordnen ist, hat dieser Betreiber den gelieferten Vermögenswert nach der Transaktion weiterhin gemäß IFRS 11.20 (a) vollständig als „seinen Vermögenswert" in seiner (Konzern-)Bilanz anzusetzen.[1154] Der „Anteil" an einem zu eliminierenden Zwischenergebnis bezieht sich in einem solchen Fall folglich auf das gesamte Zwischenergebnis, sodass im (Konzern-)Abschluss kein Teil des Zwischenergebnisses zu erfassen ist.[1155] Wird aber entsprechend den mit dem gelieferten Vermögenswert verbundenen Rechten und Pflichten dieser Vermögenswert im Zuge der Lieferung in das gemeinschaftliche Vermögen der gemeinschaftlichen Tätigkeit überführt, wäre nur derjenige „Anteil" an dem Zwischenergebnis eliminierungspflichtig, der sich auf den Teil des Vermögenswertes bezieht, der auch nach der Transaktion noch auf den liefernden Betreiber entfällt.[1156] Der Anteil am Zwischenergebnis, der sich auf denjenigen Teil des Vermögenswertes, der nunmehr von dem bzw. den anderen Betreiber(n) zu bilanzieren ist, gilt hingegen als realisiert und ist daher im (Konzern-)Abschluss des liefernden Betreibers zu erfassen.[1157]

Einbeziehung nach IFRS 11, S. 594. Darüber hinaus lassen sich aus den Vorschriften des IFRS 11 auch eine allgemeine Pflicht zur Aufwands- und Ertragskonsolidierung sowie zu einer Schuldenkonsolidierung ableiten. Vgl. hierzu ausführlich HÖFNER, S., Gemeinschaftliche Vereinbarungen nach IFRS 11, S. 312–322.

1153 Vgl. implizit so auch BRUNE, J. W., in: Driesch u. a., Beck IFRS HB, 5. Aufl., § 29, Rn. 40, sowie in Bezug auf Downstream-Transaktionen so auch LÜDENBACH, N./HOFFMANN, W.-D./FREIBERG, J., in: Lüdenbach/Hoffmann/Freiberg, Haufe IFRS-Kommentar, 17. Aufl., § 34, Rn. 48.

1154 Vgl. Abschnitt 531.11.

1155 Vgl. so auch LÜDENBACH, N./HOFFMANN, W.-D./FREIBERG, J., in: Lüdenbach/Hoffmann/Freiberg, Haufe IFRS-Kommentar, 17. Aufl., § 34, Rn. 48.

1156 Vgl. BRUNE, J. W., in: Driesch u. a., Beck IFRS HB, 5. Aufl., § 29, Rn. 40.

1157 Vgl. LÜDENBACH, N./HOFFMANN, W.-D./FREIBERG, J., in: Lüdenbach/Hoffmann/Freiberg, Haufe IFRS-

Demgegenüber ist im Kontext von Transaktionen mit einer gemeinschaftlichen Tätigkeit, die über ein **separates Vehikel** strukturiert ist und vormals nach IAS 31 noch mittels der Quotenkonsolidierung einbezogen werden durfte, sehr wohl eine gesellschaftsrechtliche Beteiligungsquote vorhanden, die als maßgebende Quote für die anteilige Zwischenergebniseliminierung infrage käme. Vor diesem Hintergrund wird im Schrifttum – obwohl die Quotenkonsolidierung (formal) abgeschafft wurde und ungeachtet der in Abschnitt 531.12 angeführten konzeptionellen Unterschiede zwischen der Quotenkonsolidierung und der anteiligen Einbeziehung – teilweise angenommen, dass die aus der Quotenkonsolidierung gemäß IAS 31.48 f. bekannte Methodik der Zwischenergebniseliminierung unmittelbar auf Transaktionen mit dieser Art von gemeinschaftlichen Tätigkeiten übertragen werden kann.[1158] Bei dieser Methodik der Zwischenergebniseliminierung ist gerade nicht eine differenziert quotale Eliminierung angezeigt. Vielmehr ist ein Zwischenergebnis pauschal quotal in Höhe der eigenen Beteiligungsquote zu eliminieren, sodass zugleich pauschal der auf die Fremdbeteiligungsquote entfallende Teil des Zwischenergebnisses zu erfassen ist.[1159] Für eine Übertragung der Vorgehensweise würde vor allem sprechen, dass die Regelungen zur Zwischenergebniseliminierung nach IFRS 11 und IAS 31 einen nahezu identischen Wortlaut aufweisen.[1160] Andererseits ist es fraglich, ob auf diese Weise der vom Standardsetzer in IFRS 11.BC43 geäußerten Anforderung, die wirtschaftliche Substanz einer gemeinschaftlichen Tätigkeit (konzern-)bilanziell nachzuzeichnen, Rechnung getragen würde.

Vor dem Hintergrund dieser spezifischen Herausforderungen im Kontext von Transaktionen mit gemeinschaftlichen Tätigkeiten, die über ein separates Vehikel strukturiert sind und vormals nach IAS 31 noch mittels der Quotenkonsolidierung einbezogen werden durften, sind ebendiese Gegenstand der folgenden Analyse. Die konkrete Fragestellung dabei ist, ob im Rahmen von Transaktionen mit solchen Arten von gemeinschaftlichen Tätigkeiten die **anteilige** Zwischenergebniseliminierung **differenziert** entsprechend den Rechten und Pflichten **oder** aber **pauschal** nach Maßgabe der Beteiligungsquote vorzunehmen ist. Um diese Frage beantworten zu können, gilt es im Folgenden auch herauszuarbeiten, welcher Gedanke der konzernbilanziellen Abbildung einer zwischenergebniseliminierungspflichtigen Transaktion im Rahmen der Quotenkonsolidierung zugrunde liegt. Hierzu wird bei der folgenden Analyse des für eine Upstream-Lieferung einschlägigen IFRS 11.B36 ein Beispielsachverhalt betrachtet, bei dem eine über ein separates Vehikel strukturierte gemeinschaftliche Tätigkeit jeweils einen Vermögenswert an ihre beiden gemeinschaftlichen Betreiber liefert. Diese Transaktionen werden aus Sicht eines Betreibers zunächst nach Maßgabe der Zwischenergebniseliminierung im

---

Kommentar, 17. Aufl., § 34, Rn. 47.

1158 Vgl. so bspw. VON WYSOCKI, K./WOHLGEMUTH, M./BRÖSEL, G., Konzernrechnungslegung, S. 253; RUHNKE, K./SIMONS, D., Rechnungslegung nach IFRS und HGB, S. 696 f.; wohl auch STREICHENBERG, U./VÖGELE, O., Gemeinschaftliche Tätigkeiten nach IFRS 11, S. 366; SCHILDBACH, T./FELDHOFF, P., Konzernabschluss, S. 248.

1159 Vgl. IAS 31.48 f., sowie HAYN, S./GRÜNE, M., Konzernabschluss nach IFRS, S. 141.

1160 Vgl. IFRS 11.B34 und IAS 31.48 sowie IFRS 11.B36 und IAS 31.49, sowie HÖFNER, S., Gemeinschaftliche Vereinbarungen nach IFRS 11, S. 306 und S. 310.

Sinne der Quotenkonsolidierung des nicht mehr gültigen IAS 31 abgebildet,[1161] ehe in einem nächsten Schritt diese Abbildungsweise in den Kontext des IFRS 11 gestellt wird. Aufbauend auf den dabei gewonnenen Erkenntnissen aus der Analyse des IFRS 11.B36 wird anschließend – ebenfalls durch einen Beispielsachverhalt veranschaulicht – die Vorgehensweise bei der Zwischenergebniseliminierung im Rahmen einer Downstream-Lieferung gemäß dem hierfür einschlägigen IFRS 11.B34 analysiert und gewürdigt.[1162]

532.2 Upstream-Transaktionen

532.21 Ausgangsbeispiel

Das einen Konzernabschluss aufstellende[1163] Unternehmen A führt zusammen mit Unternehmen B eine gemeinschaftliche Vereinbarung, das Unternehmen C. Unternehmen C ist über ein separates Vehikel gemäß IFRS 11.A i. V. m. IFRS 11.B19 strukturiert, das als Träger der mit der gemeinschaftlichen Vereinbarung verbundenen Vermögenswerte und Schulden fungiert. Die beiden gemeinschaftlich führenden Parteien A und B halten jeweils **50 % der Anteile** am Eigenkapital der gemeinschaftlichen Vereinbarung. Der Gesellschaftszweck von Unternehmen C liegt in der Herstellung von speziellen Vorprodukten für die gemeinschaftlich führenden Parteien. In diesem Zusammenhang haben die beiden Parteien im Rahmen eines **exklusiven Abnahmevertrags** vereinbart, dass sämtliche von Unternehmen C produzierten Erzeugnisse ausschließlich an Unternehmen A und Unternehmen B geliefert werden. Die beiden Parteien einigen sich auf eine den Kapitalanteilen entsprechende Abnahmequote in Höhe von je 50 %. Unternehmen C darf nur mit Zustimmung der beiden gemeinschaftlich führenden Parteien seine Erzeugnisse an Dritte verkaufen. Mit Blick auf den exklusiven Abnahmevertrag liegen sonstige Tatsachen und Umstände gemäß IFRS 11.B31 f. i. V. m. IFRS 11.15 vor, die dazu führen, dass Unternehmen C als **gemeinschaftliche Tätigkeit** zu klassifizieren und damit nach den Vorschriften des IFRS 11 anteilig einzubeziehen ist.

Die gemeinschaftlichen Betreiber A und B haben ferner vereinbart, dass die von ihnen benötigten Vorprodukte a bzw. b von der gemeinschaftlichen Tätigkeit in voneinander losgelösten Produktionsverfahren hergestellt werden. Für diese Vorprodukte setzen die Betreiber jeweils ihre „eigenen" Vermögenswerte und Schulden ein, die allerdings rein formal von C gehalten werden. Zu diesem Zweck haben die gemeinschaftlichen Betreiber jeweils Eigenkapitalmittel in Höhe von 500 GE in die gemeinschaftliche Tätigkeit eingebracht, die vollständig in die vom jeweiligen Betreiber benötigten Sachanlagen für den jeweils spezifischen Produktionsprozess

[1161] Vgl. zur Technik der Quotenkonsolidierung HAYN, S./GRÜNE, M., Konzernabschluss nach IFRS, S. 140–148.

[1162] Obgleich sich die Abbildung einer gemeinschaftlichen Tätigkeit auf Einzelabschlussebene nicht von derjenigen auf Konzernabschlussebene und folglich auch nicht in Bezug auf die Zwischenergebniseliminierung unterscheidet (vgl. IFRS 11.26 (a) i. V. m. IFRS 11.22 i. V. m. IFRS 11.B34–B37, sowie LÜDENBACH, N./HOFFMANN, W.-D./FREIBERG, J., in: Lüdenbach/Hoffmann/Freiberg, Haufe IFRS-Kommentar, 17. Aufl., § 34, Rn. 47), wird hier die Zwischenergebniseliminierung bei der Aufstellung eines Konzernabschlusses erst im Rahmen der Konsolidierungsbuchungen, d. h. nach Aufstellung der jeweiligen an die konzerneinheitlichen Bilanzierungsmethoden angepassten IFRS-Abschlüsse vorgenommen. Vgl. auch bereits Fn. 1104.

[1163] Es wird davon ausgegangen, dass Unternehmen A das Mutterunternehmen eines Tochterunternehmens ist. Auf die Darstellung dieser Unternehmensverbindung wird im Beispiel indes verzichtet.

investiert wurden. Darüber hinaus haben die gemeinschaftlichen Betreiber vereinbart, dass auf Ebene der gemeinschaftlichen Tätigkeit für beide Betreiber jeweils ein Bankkredit in Höhe von 1.000 GE aufgenommen wird, der für die jeweilige Produktion benötigt wird. Die beiden Betreiber zeichnen dabei für jeweils einen Kredit verantwortlich. Die jeweilige Rückzahlung erfolgt über die liquiden Mittel, die die gemeinschaftliche Tätigkeit über die Veräußerung der Vorprodukte an ihre Betreiber in Form von Umsatzerlösen erwirtschaftet.

Im Geschäftsjahr **X0** stellt die gemeinschaftliche Tätigkeit im Auftrag von Unternehmen A das Vorprodukt a sowie im Auftrag von Unternehmen B das Vorprodukt b her. Bei der Herstellung dieser Produkte des Vorratsvermögens fallen in beiden Fällen Herstellungskosten in Höhe von 1.000 GE an. Die Herstellungskosten sind vollständig zahlungs- und aufwandswirksam. Beide Betreiber beziehen ihr jeweiliges Vorprodukt im Laufe des Geschäftsjahres X0 zu einem Preis in Höhe von je **1.200 GE** von der gemeinschaftlichen Tätigkeit (**Upstream-Lieferung**), den sie in bar bezahlt haben. Die gemeinschaftliche Tätigkeit erwirtschaftet basierend auf diesen Erträgen in Höhe von 2.400 GE und Aufwendungen in Höhe von 2.000 GE ein Jahresergebnis in Höhe von 400 GE. Von weiteren Geschäftsvorfällen wird abstrahiert. Tabelle 5-34 zeigt die (stark vereinfachten) IFRS-Bilanzen II des hier betrachteten Betreibers A sowie der gemeinschaftlichen Tätigkeit C zum 31.12.X0.[1164]

31.12.X0 (Zahlenangaben in GE)	**Betreiber A** IFRS-Bilanz II	**C (GT)** IFRS-Bilanz II
Aktiva		
Beteiligung	500	
Sachanlagen		1.000
Vorräte	1.200	
Kasse		2.400
Summe Aktiva	1.700	3.400
Passiva		
Gez. Kapital	1.700	1.000
Jahresergebnis	0	400
Verbindlichkeiten		2.000
Summe Passiva	1.700	3.400
Legende: GE ≙ Geldeinheiten | Gez. Kapital ≙ Gezeichnetes Kapital | GT ≙ Gemeinschaftliche Tätigkeit		

Tabelle 5-34: Einzelbilanzen des gemeinschaftlichen Betreibers und der gemeinschaftlichen Tätigkeit zum 31.12.X0 [Upstream-Transaktion]

[1164] Um im Folgenden die Unterschiede zwischen der Quotenkonsolidierung und der anteiligen Einbeziehung zu veranschaulichen, wird dabei unterstellt, dass die Beteiligung an der gemeinschaftlichen Tätigkeit in der IFRS-Bilanz II des Betreibers A zunächst noch als Ganzes ausgewiesen wird, obgleich im Kontext der anteiligen Einbeziehung die Vorschriften des IFRS 11 bereits auf Einzelabschlussebene einschlägig wären.

532.22 Eliminierung gemäß IFRS 11.B36

532.221. Eliminierung auf Basis der Quotenkonsolidierung

Um die **Konzernbilanz** von Unternehmen A unter Berücksichtigung der Einbeziehung von Unternehmen C im Wege der Quotenkonsolidierung aufzustellen, sind in einem ersten Schritt zusätzlich zu den Bilanzposten von Unternehmen A die Vermögenswerte und Schulden der gemeinschaftlichen Tätigkeit C laut IFRS-Bilanz II in Höhe der Kapitalanteilsquote von Unternehmen A von 50 % in die Summenbilanz des Konzerns zu übernehmen.[1165] Anschließend ist die in der Summenbilanz enthaltene Kapitalverflechtung zwischen den beiden Konzernunternehmen mittels Buchung (1) zu eliminieren, indem die Beteiligung von Unternehmen A mit dem darauf entfallenden Eigenkapital der gemeinschaftlichen Tätigkeit verrechnet wird.[1166]

(1)	Gezeichnetes Kapital	500 GE	*an*	Beteiligung	500 GE

Da sich die beiden Beträge wertmäßig entsprechen, verbleibt aus der Kapitalkonsolidierung kein Unterschiedsbetrag, sodass weder ein Geschäfts- oder Firmenwert zu aktivieren noch ein negativer Unterschiedsbetrag ertragswirksam zu erfassen ist.

Darüber hinaus ist in Bezug auf das im Wertansatz des von der gemeinschaftlichen Tätigkeit an Unternehmen A gelieferten Vermögenswertes enthaltene Zwischenergebnis eine Zwischenergebniseliminierung durchzuführen.[1167] Diese erfolgt im Rahmen der Quotenkonsolidierung grundsätzlich entsprechend dem Vorgehen bei der Zwischenergebniseliminierung im Rahmen der Vollkonsolidierung,[1168] allerdings mit dem Unterschied, dass das Zwischenergebnis nicht etwa vollständig, sondern **quotal** in Höhe der Kapitalanteilsquote zu eliminieren ist.[1169] Das zu eliminierende Zwischenergebnis beträgt damit 100 GE (= 200 GE * 50 %). Da der an Unternehmen A gelieferte Vermögenswert über dessen Einzelabschluss vollständig in den Summenabschluss des Konzerns eingeht, verbleibt damit auch nach Eliminierung ein Zwischenergebnis im konzernbilanziellen Wertansatz dieses Vermögenswertes.[1170] Die Zwischenergebniseliminierung erfolgt mittels Buchungssatz (2).

(2)	Ergebnis	100 GE	*an*	Vorräte	100 GE

Tabelle 5-35 zeigt die Aufstellung der Konzernbilanz von Unternehmen A zum 31.12.X0 unter Einbeziehung von Unternehmen C im Wege der Quotenkonsolidierung nach IAS 31.

1165 Vgl. IAS 31.33, sowie HAYN, B., in: Bohl/Riese/Schlüter, Beck IFRS HB, 4. Aufl., § 37, Rn. 11.

1166 Vgl. HAYN, B., in: Bohl/Riese/Schlüter, Beck IFRS HB, 4. Aufl., § 37, Rn. 14.

1167 Vgl. IAS 31.49.

1168 Vgl. HAYN, B., in: Bohl/Riese/Schlüter, Beck IFRS HB, 4. Aufl., § 37, Rn. 13 i. V. m. Rn. 17.

1169 Vgl. IAS 31.49, sowie KÜTING, K./SEEL, C., Die quotale Einbeziehung nach IFRS 11, S. 589.

1170 Vgl., wenn auch im handelsrechtlichen Kontext, ZÜNDORF, H., Quotenkonsolidierung versus Equity-Methode, S. 169; BAETGE, J./KIRSCH, H.-J./THIELE, S., Konzernbilanzen, S. 359.

31.12.X0 (Zahlenangaben in GE)	Betreiber A IFRS II	C (GT) IFRS II	SB	Konsolidierungsspalte Soll		Konsolidierungsspalte Haben		KB
Aktiva								
Beteiligung	500		500			(1)	500	
Sachanlagen		500	500					500
Vorräte	1.200		1.200			(2)	100	1.100
Kasse		1.200	1.200					1.200
Summe Aktiva	1.700	1.700	3.400					2.800
Passiva								
Gez. Kapital	1.700	500	2.200	(1)	500			1.700
Ergebnis	0	200	200	(2)	100			100
Verbindlichkeiten		1.000	1.000					1.000
Summe Passiva	1.700	1.700	3.400	600		600		2.800

Legende: GE ≙ Geldeinheiten | Gez. Kapital ≙ Gezeichnetes Kapital | GT ≙ Gemeinschaftliche Tätigkeit | KB ≙ Konzernbilanz | SB ≙ Summenbilanz

Tabelle 5-35: Aufstellung der Konzernbilanz zum 31.12.X0 (Quotenkonsolidierung [Upstream-Transaktion])

Zur Aufstellung der **Konzern-Gewinn- und Verlustrechnung** ist die mit der Zwischenergebniseliminierung verbundene Aufwands- und Ertragskonsolidierung mittels Buchung (1*) ebenfalls entsprechend der Logik der Quotenkonsolidierung lediglich quotal in Höhe von 50 % durchzuführen.[1171] Da die Erfolgsposten der Gewinn- und Verlustrechnung von Unternehmen C allerdings schon nur quotal in Höhe von 50 % in die Summen-Gewinn- und Verlustrechnung des Konzerns zu übernehmen sind,[1172] werden die mit der Transaktion zwischen Unternehmen A und Unternehmen C verbundenen Posten der Gewinn- und Verlustrechnung letztlich vollständig eliminiert.[1173]

(1*)	Umsatzerlöse	600 GE	*an*	HKdU	500 GE
				Konzernergebnis	100 GE

Die Aufstellung der Konzern-Gewinn- und Verlustrechnung kann der folgenden Tabelle 5-36 entnommen werden.

[1171] Vgl. HAYN, S./GRÜNE, M., Konzernabschluss nach IFRS, S. 141.

[1172] Vgl. PEFFEKOVEN, F. P./CHRISMANN, T., IFRS: Konzernabschluss, S. 103.

[1173] Vgl. HAYN, B., in: Bohl/Riese/Schlüter, Beck IFRS HB, 4. Aufl., § 37, Rn. 16, sowie, wenn auch im handelsrechtlichen Kontext, BAETGE, J./KIRSCH, H.-J./THIELE, S., Konzernbilanzen, S. 360.

31.12.X0 (Zahlenangaben in GE)	Betreiber A	C (GT)	S-GuV	Konsolidierungsspalte		K-GuV
	IFRS II	IFRS II		Soll	Haben	
Erträge						
Umsatzerlöse		1.200	1.200	(1*) 600		600
Aufwendungen						
HKdU		1.000	1.000		(1*) 500	500
Konzernergebnis	0	200	200		(1*) 100	100
Legende: GE ≙ Geldeinheiten | GT ≙ Gemeinschaftliche Tätigkeit | HKdU ≙ Herstellungskosten des Umsatzes | K-GuV ≙ Konzern-Gewinn- und Verlustrechnung | S-GuV ≙ Summen-Gewinn- und Verlustrechnung						

Tabelle 5-36: Aufstellung der Konzern-Gewinn- und Verlustrechnung zum 31.12.X0 (Quotenkonsolidierung [Upstream-Transaktion])

Der Zwischenergebniseliminierung im Kontext der Quotenkonsolidierung liegt der Gedanke zugrunde, eine Transaktion mit einem quotal einbezogenen Beteiligungsunternehmen für konzernbilanzielle Zwecke **zweizuteilen.**[1174] Es wird dabei pauschal unterstellt, dass die Transaktion in Höhe der eigenen Beteiligungsquote am Beteiligungsunternehmen wie bei der Vollkonsolidierung als eine Transaktion zwischen Betriebsstätten desselben Unternehmens, d. h. als konzerninterne Transaktion zu werten und insoweit zu eliminieren ist.[1175] Der andere, auf die Fremdbeteiligungsquote entfallende Teil der Transaktion wird hingegen als eine Transaktion mit konzernexternen Dritten betrachtet, sodass ein daraus resultierendes Zwischenergebnis als am Markt realisiert gilt und daher nicht der Eliminierung unterliegt.[1176] In Bezug auf die hier betrachtete Upstream-Transaktion zwischen den Unternehmen A und C folgt hieraus, dass bei der Bilanzierung des an Unternehmen A gelieferten, seitens der gemeinschaftlichen Tätigkeit im selben Geschäftsjahr hergestellten Vermögenswertes unterstellt wird, dass der auf die Beteiligungsquote von Unternehmen A (50 %) am quotal einbezogenen Unternehmen C entfallende Teil des Vermögenswertes seitens des Konzerns selber hergestellt wurde, während der auf die Fremdbeteiligungsquote (50 %) entfallende Teil desselben Vermögenswertes von konzernexternen Dritten – hier also von Unternehmen B – erworben wurde. Der maßgebende konzernbilanzielle Wertansatz dieses Vermögenswertes in Höhe von 1.100 GE umfasst demnach zum einen die Konzern**herstellungs**kosten in Höhe von 500 GE (= 1.000 * 50 %) und zum anderen die den quotalen, nicht eliminierten Teil des Zwischenergebnisses enthaltenen Konzern**anschaffungs**kosten in Höhe von 600 GE (= 1.200 * 50 %). Die Upstream-Lieferung von Unternehmen C an Unternehmen A kann mithin aus Konzernsicht interpretiert werden als eine

---

1174 Vgl. implizit im handelsrechtlichen Kontext BAETGE, J./KIRSCH, H.-J./THIELE, S., Konzernbilanzen, S. 357; EBELING, R. M., in: Baetge/Kirsch/Thiele, Bilanzrecht (Stand: August 2011), § 310 HGB, Rn. 90.

1175 Vgl., wenn auch im handelsrechtlichen Kontext, EBELING, R. M., in: Baetge/Kirsch/Thiele, Bilanzrecht (Stand: August 2011), § 310 HGB, Rn. 90; EBELING, R. M., Einheitsfiktion, S. 194.

1176 Vgl. HAYN, B., in: Bohl/Riese/Schlüter, Beck IFRS HB, 4. Aufl., § 37, Rn. 16–18; PEFFEKOVEN, F. P./CHRISMANN, T., IFRS: Konzernabschluss, S. 109 f., sowie, wenn auch im handelsrechtlichen Kontext, ADS, 6. Aufl., § 310 HGB, Rn. 41; BAETGE, J./KIRSCH, H.-J./THIELE, S., Konzernbilanzen, S. 357–360.

eliminierungspflichtige konzerninterne Transaktion auf der einen Seite sowie ein **Anschaffungsvorgang** auf der anderen Seite.

Darüber hinaus sind auch die Implikationen der Transaktion zwischen Unternehmen B und Unternehmen C für die Konzernbilanz sowie die Konzern-Gewinn- und Verlustrechnung von Unternehmen A zu berücksichtigen. Spiegelbildlich zur oben erläuterten gedanklichen Zweiteilung des von Unternehmen C an Unternehmen A gelieferten Vermögenswertes a wird im Rahmen der Quotenkonsolidierung in Bezug auf den Vermögenswert b fingiert, dass dieser in Höhe von 50 % im Konzern von Unternehmen B selber hergestellt wurde, während der andere Teil des Vermögenswertes aus Sicht von Unternehmen B von Unternehmen A fremdbezogen wurde. Aus Sicht des hier betrachteten Unternehmens A impliziert dies wiederum, dass der von Unternehmen A geleitete Konzern den von Unternehmen B fremdbezogenen Teil des Vermögenswertes b hergestellt und anschließend im Rahmen eines **Veräußerungsvorganges** an Unternehmen B geliefert hat. Auf ebendiese Transaktion entfallen die auch nach der mit der Zwischenergebniseliminierung verbundenen Aufwands- und Ertragskonsolidierung im Konzernabschluss von Unternehmen A verbleibenden Umsatzerlöse in Höhe von 600 GE, die damit korrespondierenden Herstellungskosten des Umsatzes in Höhe von 500 GE sowie das daraus resultierende Konzernergebnis in Höhe von 100 GE.

Aufbauend auf diesen Erläuterungen sei zudem der Wertansatz der in der Konzernbilanz von Unternehmen A ausgewiesenen **liquiden Mittel** hervorgehoben. Dieser ergibt sich rein rechnerisch entsprechend der Konsolidierungstechnik im Kontext der Quotenkonsolidierung durch die quotale Übernahme der liquiden Mittel von Unternehmen C in die Summenbilanz in Höhe von 1.200 GE (= 2.400 * 50 %). Dabei kann die Wertentwicklung der liquiden Mittel mit Bezug zu den Vorprodukten a und b aus Sicht des Konzerns von Unternehmen A wie folgt interpretiert werden:

	Liquide Mittel laut Einzelabschluss von Betreiber A <u>vor</u> Herstellung/Lieferung[1177]	1.200 GE
+	Liquide Mittel durch Fremdkapitalaufnahme	1.000 GE
./.	Herstellungskosten Produkt a	500 GE
./.	Anschaffungskosten Produkt a	600 GE
+	Umsatzerlöse Produkt b	600 GE
./.	Herstellungskosten Produkt b	500 GE
=	**Liquide Mittel des Konzerns zum 31.12.X0**	**1.200 GE**

Tabelle 5-37: Ermittlung des konzernbilanziellen Wertansatzes der liquiden Mittel zum 31.12.X0 (Quotenkonsolidierung [Upstream-Transaktion])

1177 Dieser Wert ist der in Tabelle 5-34 dargestellten Einzelbilanz von Betreiber A nicht unmittelbar zu entnehmen, da dort die Bilanzen <u>nach</u> der Lieferung des Vermögenswertes gezeigt werden.

Hierbei ist zu erkennen, dass sich auch im konzernbilanziellen Wertansatz der liquiden Mittel die der Quotenkonsolidierung zugrunde liegenden Fiktionen im Rahmen von Upstream-Lieferungen des Beteiligungsunternehmens an die beteiligten Unternehmen widerspiegeln. So umfassen die liquiden Mittel des von Unternehmen A geleiteten Konzerns zum einen die von Unternehmen A eingebrachten liquiden Mittel in Höhe von 1.200 GE sowie zum anderen diejenigen aus dem auf Ebene der gemeinschaftlichen Tätigkeit aufgenommenen Bankkredit in Höhe von 1.000 GE. Mit ebendiesen liquiden Mitteln werden aus Konzernperspektive die teilweise Herstellung sowie die teilweise Anschaffung von Vorprodukt a bezahlt. Darüber hinaus erhöhen sich die liquiden Mittel im Saldo um 100 GE durch die Herstellung und der anschließenden Veräußerung des auf Unternehmen A entfallenden Teils von Vorprodukt b an Unternehmen B.

532.222. Eliminierung auf Basis der anteiligen Einbeziehung

Die im vorangehenden Abschnitt erläuterten Fiktionen, die der Zwischenergebniseliminierung in Bezug auf die beiden Transaktionen mit einem im Wege der **Quotenkonsolidierung** einbezogenen Beteiligungsunternehmen zugrunde liegen, spiegeln jedoch **nicht** die **tatsächlichen wirtschaftlichen Verhältnisse** des hier betrachteten Sachverhaltes wider. Denn wie dem Sachverhalt zu entnehmen ist, haben die gemeinschaftlichen Betreiber Unternehmen A und Unternehmen B gerade nicht vereinbart, die Vorprodukte mit gemeinschaftlichen Produktionsmitteln herzustellen, sodass es sachgerecht wäre, darauf basierend eine quotale Anschaffung bzw. Veräußerung zwischen den Betreibern zu unterstellen.[1178] Stattdessen nutzt die gemeinschaftliche Tätigkeit zur Herstellung von Vorprodukt a ausschließlich diejenigen Vermögenswerte und Schulden, die wirtschaftlich betrachtet Unternehmen A zuzuordnen sind, während Vorprodukt b gänzlich durch die dem Unternehmen B zuzuordnenden Vermögenswerte und Schulden produziert wird. Die gemeinschaftliche Tätigkeit übernimmt in Bezug auf diese beiden Vorprodukte insofern lediglich die „Funktion eines verlängerten Arms der Wertschöpfung“[1179], und zwar bezogen auf das hier konkrete Beispiel für beide gemeinschaftlichen Betreiber gesondert. Es wäre daher sachgerecht, für konzernbilanzielle Zwecke aus Sicht von Unternehmen A zu fingieren, dass es das Vorprodukt a im Konzern **vollständig** selber hergestellt hat.[1180] An der Produktion von Vorprodukt b ist es hingegen **nicht beteiligt**, da diese Produktion umgekehrt vollständig auf Unternehmen B entfällt.

Um dieser **wirtschaftlichen Betrachtungsweise** auch bei der Bilanzierung Rechnung zu tragen, ist allerdings schon auf **Ebene der Einbeziehung** der gemeinschaftlichen Tätigkeit in den Konzernabschluss von Unternehmen A – zunächst losgelöst von der Vorgehensweise bei der Zwischenergebniseliminierung – ein signifikanter Unterschied zwischen der anteiligen Einbeziehung nach IFRS 11.20 gegenüber der Quotenkonsolidierung zu beachten. Unternehmen A

1178 Vgl. so wohl auch LÜDENBACH, N./HOFFMANN, W.-D./FREIBERG, J., in: Lüdenbach/Hoffmann/Freiberg, Haufe IFRS-Kommentar, 17. Aufl., § 34, Rn. 47.

1179 SEEL, C., Joint Ventures, S. 219; KÜTING, K./SEEL, C., Abgrenzung und Bilanzierung von joint arrangements, S. 348.

1180 Vgl. HÖFNER, S., Gemeinschaftliche Vereinbarungen nach IFRS 11, S. 299–301.

hat schließlich im Kontext der anteiligen Einbeziehung nicht etwa wie bei der Quotenkonsolidierung undifferenziert 50 % sämtlicher Abschlussposten der gemeinschaftlichen Tätigkeit zu übernehmen.[1181] Vielmehr bilanziert es gemäß IFRS 11.20 **differenziert** entsprechend seinen Rechten und Pflichten „seine Vermögenswerte", „seine Schulden" sowie die damit verbundenen Erfolgsposten.[1182] Dies bedeutet im hier betrachteten Sachverhalt, dass Unternehmen A die für die Produktion des Vorprodukts a verwendeten Sachanlagen zu 100 % in Höhe von 500 GE, den für diese Produktion aufgenommenen Bankkredit zu 100 % in Höhe von 1.000 GE sowie seine mit der Transaktion verbundenen liquiden Mittel ebenfalls vollständig in Höhe von 1.200 GE zu bilanzieren hat.

Die **Upstream-Lieferung** der gemeinschaftlichen Tätigkeit an Unternehmen A ist sodann für Zwecke der konzernbilanziellen Abbildung bei Unternehmen A **vollständig** wie eine Transaktion zwischen Betriebsstätten desselben Unternehmens zu werten. Das im Wertansatz des Vorprodukts a enthaltene Zwischenergebnis von 200 GE ist damit nicht vor dem Hintergrund eines fingierten Anschaffungsvorganges hälftig als realisiert anzusehen, sondern es entfällt gänzlich auf eine konzerninterne Transaktion.[1183] Hierauf aufbauend lässt sich unmittelbar ableiten, dass im Rahmen der anteiligen Zwischenergebniseliminierung gemäß IFRS 11.B36 die Eliminierung nicht pauschal in Höhe der Beteiligungsquote, sondern **differenziert** entsprechend den Rechten und Pflichten vorzunehmen ist. Dies bedeutet im hier betrachteten Sachverhalt, dass das Zwischenergebnis **vollständig**, d. h. hier zu **100 %** zu eliminieren ist.[1184] Würde nämlich hier nur eine Zwischenergebniseliminierung in Höhe von 50 % stattfinden, würde Unternehmen A auf Konzernabschlussebene einen Vermögenswert oberhalb seiner Konzernherstellungskosten ausweisen und gleichzeitig einen entsprechenden Erfolg erfassen.[1185] Die **Aufgabe der Zwischenergebniseliminierung**, aus Konzernsicht unrealisierte, aber einzelbilanziell erfasste Erfolgsbeiträge aus konzerninternen Transaktionen sowohl aus dem Wertansatz des betreffenden Vermögenswertes als auch aus dem Konzernergebnis zu beseitigen, wäre in diesem Fall nicht erfüllt. Vielmehr hat Unternehmen A gemäß IFRS 11.B36 „seinen Anteil an den Gewinnen [...] aus dieser Transaktion", der hier 100 % umfasst, erst dann zu erfassen, wenn der in Rede stehende Vermögenswert an einen konzernexternen Dritten weiterveräußert wird.[1186] Die Zwischenergebniseliminierung wird schließlich mittels Buchung (2) vorgenommen.

(2)	Ergebnis	200 GE	*an*	Vorräte	200 GE

[1181] Vgl. ZÜLCH, H. U. A., Bilanzierung von Joint Arrangements, S. 1820; HÖFNER, S., Gemeinschaftliche Vereinbarungen nach IFRS 11, S. 269–274; SEEL, C., Joint Ventures, S. 225.

[1182] Vgl. HÖFNER, S., Gemeinschaftliche Vereinbarungen nach IFRS 11, S. 270 f.; ZÜLCH, H./HENDLER, M., Bilanzierung nach IFRS, S. 699–702.

[1183] Vgl. HÖFNER, S., Gemeinschaftliche Vereinbarungen nach IFRS 11, S. 306 f.

[1184] Vgl. so auch HÖFNER, S., Gemeinschaftliche Vereinbarungen nach IFRS 11, S. 303.

[1185] Vgl. so auch HÖFNER, S., Gemeinschaftliche Vereinbarungen nach IFRS 11, S. 307.

[1186] Vgl. IFRS IC (Hrsg.), Staff Paper 2C (July 2014), Rn. 6 (b) i. V. m. Rn. 10; IFRS IC (Hrsg.), IFRIC Update (March 2015), S. 9 f.; HÖFNER, S., Gemeinschaftliche Vereinbarungen nach IFRS 11, S. 303.

Die Aufstellung der Konzernbilanz von Unternehmen A zum 31.12.X0 auf Basis der anteiligen Einbeziehung inklusive der gegenüber der Einbeziehung nach der Quotenkonsolidierung unveränderten Kapitalkonsolidierungsbuchung (1) ist der folgenden Tabelle 5-38 zu entnehmen.

31.12.X0 (Zahlenangaben in GE)	Betreiber A IFRS II	C (GT) IFRS II	SB	Konsolidierungsspalte Soll	Konsolidierungsspalte Haben	KB
Aktiva						
Beteiligung	500		500		(1) 500	
Sachanlagen		500	500			500
Vorräte	1.200		1.200		(1) 200	1.000
Kasse		1.200	1.200			1.200
Summe Aktiva	1.700	1.700	3.400			2.700
Passiva						
Gez. Kapital	1.700	500	2.200	(1) 500		1.700
Ergebnis	0	200	200	(2) 200		0
Verbindlichkeiten		1.000	1.000			1.000
Summe Passiva	1.700	1.700	3.400	700	700	2.700

Legende: GE ≙ Geldeinheiten | Gez. Kapital ≙ Gezeichnetes Kapital | GT ≙ Gemeinschaftliche Tätigkeit | KB ≙ Konzernbilanz | SB ≙ Summenbilanz

Tabelle 5-38: Aufstellung der Konzernbilanz zum 31.12.X0 (anteilige Einbeziehung [Upstream-Transaktion])

Eng verbunden mit den in die Summen- bzw. Konzernbilanz zu übernehmenden Vermögenswerten und Schulden ist die Erfassung von Erträgen und Aufwendungen im Rahmen der Aufstellung der **Konzern-Gewinn- und Verlustrechnung**. Da aus Sicht von Unternehmen A in Bezug auf den von der gemeinschaftlichen Tätigkeit an Unternehmen B gelieferten Vermögenswert nicht ein teilweiser Herstellungs- und ein teilweiser Veräußerungsprozess zu fingieren ist, sondern auf Basis einer wirtschaftlichen Betrachtungsweise Unternehmen B dieses Produkt vollständig selber hergestellt hat, sind auch die auf diese Transaktion entfallenden Erträge und Aufwendungen nicht in der Konzern-Gewinn- und Verlustrechnung von Unternehmen A zu erfassen. Damit sind folglich zusätzlich zum Zwischenergebnis die in die Summen-Gewinn- und Verlustrechnung übernommenen Erträge und Aufwendungen vollständig, d. h. hier zu 100 % mittels Buchung (1*) im Rahmen der mit der anteiligen Zwischenergebniseliminierung verbundenen Aufwands- und Ertragskonsolidierung zu eliminieren. Denn aus Konzernperspektive hat ungeachtet der rechtlichen Struktur der gemeinschaftlichen Tätigkeit wirtschaftlich betrachtet kein Umsatzgeschäft stattgefunden.[1187]

[1187] Vgl. hierzu auch IFRS IC (Hrsg.), Staff Paper 2C (July 2014), Rn. 6 (b) i. V. m. Rn. 10; IFRS IC (Hrsg.), IFRIC Update (March 2015), S. 9 f.

(1*)	Umsatzerlöse	1.200 GE	*an*	HKdU	1.000 GE
				Konzernergebnis	200 GE

Die Aufstellung der Konzern-Gewinn- und Verlustrechnung von Unternehmen A kann der folgenden Tabelle 5-39 entnommen werden.

31.12.X0 (Zahlenangaben in GE)	**Betreiber A** IFRS II	**C (GT)** IFRS II	**S-GuV**	**Konsolidierungsspalte** Soll	Haben	**K-GuV**
Erträge						
Umsatzerlöse		1.200	1.200	(1*) 1.200		
Aufwendungen						
HKdU		1.000	1.000		(1*) 1.000	
Konzernergebnis	0	200	200		(1*) 200	0
Legende: GE ≙ Geldeinheiten | GT ≙ Gemeinschaftliche Tätigkeit | HKdU ≙ Herstellungskosten des Umsatzes | K-GuV ≙ Konzern-Gewinn- und Verlustrechnung | S-GuV ≙ Summen-Gewinn- und Verlustrechnung						

Tabelle 5-39: Aufstellung der Konzern-Gewinn- und Verlustrechnung zum 31.12.X0 (anteilige Einbeziehung [Upstream-Transaktion])

Erneut sei ein Blick auf den Wertansatz der in der Konzernbilanz von Unternehmen A ausgewiesenen **liquiden Mittel** geworfen. Dieser Wertansatz entspricht zwar im hier betrachteten Beispielsachverhalt der Höhe nach demjenigen im Rahmen der Quotenkonsolidierung, basiert aber gleichwohl auf einer divergierenden Entwicklung, wie die folgende Tabelle 5-40 verdeutlichen soll.

	Liquide Mittel laut Einzelabschluss von Betreiber A vor Herstellung/Lieferung	1.200 GE
+	Liquide Mittel durch Fremdkapitalaufnahme	1.000 GE
./.	Herstellungskosten Produkt a	1.000 GE
=	**Liquide Mittel**	**1.200 GE**

Tabelle 5-40: Ermittlung des konzernbilanziellen Wertansatzes der liquiden Mittel zum 31.12.X0 (anteilige Einbeziehung [Upstream-Transaktion])

Anders als bei der Einbeziehung von Unternehmen C mittels der Quotenkonsolidierung und der daran anknüpfenden Zwischenergebniseliminierung liegt dem Wertansatz der liquiden Mittel hier eine Entwicklung zugrunde, die der wirtschaftlichen Substanz des vorliegenden Sachverhaltes Rechnung trägt.[1188] So hat aus Sicht des Konzerns von Unternehmen A weder eine An-

[1188] Vgl. ähnlich HÖFNER, S., Gemeinschaftliche Vereinbarungen nach IFRS 11, S. 303–306.

schaffung von konzernexternen Dritten noch eine Veräußerung an konzernexterne Dritte stattgefunden. Vielmehr handelt es sich letztlich um eine (kreditfinanzierte) Herstellung zwischen Betriebsstätten desselben Unternehmens.

532.23 Kritische Analyse

Die Analyse des hier betrachteten Beispielsachverhaltes von Upstream-Lieferungen einer gemeinschaftlichen Tätigkeit, die über ein separates Vehikel strukturiert ist und vormals nach IAS 31 noch mittels der Quotenkonsolidierung einbezogen werden durfte, hat in Verbindung mit der in Abschnitt 531.12 vorangestellten Konkretisierung von IFRS 11.20 gezeigt, dass die Vorgehensweise bei der anteiligen Zwischenergebniseliminierung gemäß IFRS 11.B36 nicht (zwingend) derjenigen entsprechen sollte, die im Rahmen der Quotenkonsolidierung angezeigt wäre. Dies liegt darin begründet, dass bei einer Upstream-Lieferung im Rahmen der Quotenkonsolidierung für konzernbilanzielle Zwecke pauschal grundsätzlich[1189] in Höhe der Kapitalanteilsquote an dem Beteiligungsunternehmen eine eliminierungspflichtige konzerninterne Transaktion fingiert wird, während zugleich pauschal der auf die Fremdbeteiligungsquote entfallende Teil der Transaktion als gewöhnlicher Anschaffungsvorgang zu bilanzieren ist, sodass ein auf diesen Teil der Transaktion entfallendes Zwischenergebnis als realisiert gilt und entsprechend nicht zu eliminieren ist. Diese pauschale Vorgehensweise bei der anteiligen Zwischenergebniseliminierung im Rahmen einer Upstream-Lieferung trägt jedoch nicht zwingend der wirtschaftlichen Substanz der Transaktion Rechnung. Daher ist eine **differenzierte Vorgehensweise** bei der **anteiligen Zwischenergebniseliminierung** gemäß IFRS 11.B36 erforderlich. Schließlich ist im Kontext der anteiligen Einbeziehung einer gemeinschaftlichen Tätigkeit nach IFRS 11 auch bei der Zwischenergebniseliminierung auf die mit der gemeinschaftlichen Tätigkeit verbundenen Rechte und Pflichten der Parteien abzustellen. Dies gilt – einer wirtschaftlichen Betrachtungsweise folgend – auch dann, wenn die gemeinschaftliche Tätigkeit formal als eigenständiges Unternehmen strukturiert ist und die gemeinschaftlichen Betreiber an diesem Unternehmen gesellschaftsrechtlich beteiligt sind.

Wenn bspw. – wie es im hier betrachteten Sachverhalt der Fall ist – die gemeinschaftlichen Betreiber A und B einer gemeinschaftlichen Tätigkeit wirtschaftlich betrachtet voneinander losgelöst jeweils ihre eigenen Produktionsmittel in die gemeinschaftliche Tätigkeit einbringen und diese auf Basis der eingebrachten Produktionsmittel für den Betreiber A den Vermögenswert a sowie für Betreiber B den Vermögenswert b herstellt, ist es eben nicht sachgerecht, einen Teil der jeweiligen Transaktion als Anschaffungs- bzw. Veräußerungsvorgang zwischen den Betreibern zu fingieren.[1190] Vielmehr stellt dann bei einer Upstream-Lieferung aus Sicht eines belieferten Betreibers die Transaktion zwischen ihm und der gemeinschaftlichen Tätigkeit

[1189] Unter Umständen kam bei der Zwischenergebniseliminierung im Rahmen der Quotenkonsolidierung nach IAS 31 auch eine andere Eliminierungsquote als die Kapitalanteilsquote infrage. Vgl. BAETGE, J./KLAHOLZ, E./HARZHEIM, T., in: Baetge u. a., Rechnungslegung nach IFRS, 2. Aufl., IAS 31, Rn. 70 i. V. m. Rn. 62 f.

[1190] Vgl. implizit so wohl auch LÜDENBACH, N./HOFFMANN, W.-D./FREIBERG, J., in: Lüdenbach/Hoffmann/Freiberg, Haufe IFRS-Kommentar, 17. Aufl., § 34, Rn. 47.

gänzlich eine **konzerninterne Transaktion** dar.[1191] In diesem Zusammenhang würde eine pauschal anteilige Zwischenergebniseliminierung nach Maßgabe der gesellschaftsrechtlichen Beteiligungsquote regelmäßig nicht zu einer sachgerechten Abbildung dieser Transaktion führen. Vielmehr bedarf es einer differenzierten Vorgehensweise im Rahmen der anteiligen Zwischenergebniseliminierung gemäß IFRS 11.B36, um die Aufgabe der Zwischenergebniseliminierung zu erfüllen. Denn in einem solchen Fall sind der Wertansatz des gelieferten Vermögenswertes sowie das Ergebnis vollständig, d. h. zu 100 % um das Zwischenergebnis zu bereinigen, da dieses Zwischenergebnis ausschließlich auf eine konzerninterne Transaktion entfällt, und eben nicht anteilig auf eine fingierte Transaktion mit dem anderen gemeinschaftlichen Betreiber.[1192] Da dementsprechend auch für keinen Betreiber ein Veräußerungsvorgang zu fingieren ist, haben sie darüber hinaus auch keine Erträge oder Aufwendungen aus den hier betrachteten Transaktionen in der Konzern-Gewinn- und Verlustrechnung zu erfassen.[1193] Der Unterschied zwischen den bei der Quotenkonsolidierung zugrunde gelegten Fiktionen der Anschaffungs- bzw. Veräußerungsvorgänge gegenüber den voneinander losgelösten Transaktionen im **hier** betrachteten Sachverhalt soll mittels Abbildung 5-2 nochmals verdeutlicht werden.

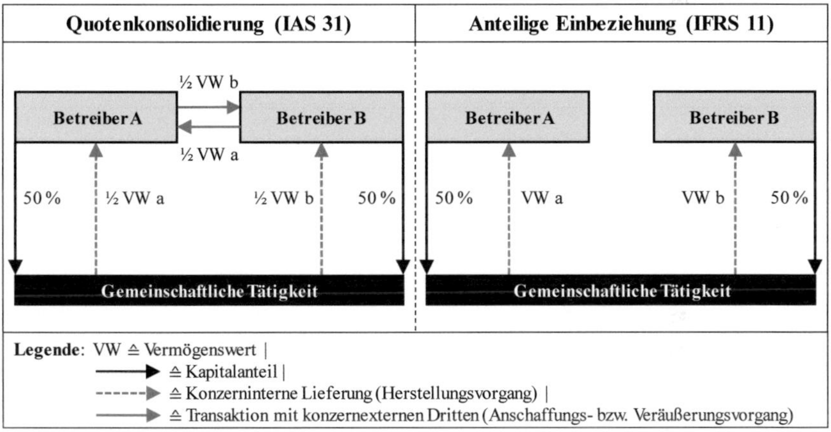

Abbildung 5-2: Konzeption einer Upstream-Lieferung im Rahmen der Quotenkonsolidierung und der anteiligen Einbeziehung

Da im betrachteten Sachverhalt kein gemeinschaftliches Vermögen im Sinne von IFRS 11.20 vorliegt und die Betreiber ihre Produkte losgelöst voneinander herstellen (lassen), ist es hier sachgerecht, im Rahmen der anteiligen Zwischenergebniseliminierung eine Eliminierung zu

1191 Vgl. HÖFNER, S., Gemeinschaftliche Vereinbarungen nach IFRS 11, S. 305.

1192 Vgl. HÖFNER, S., Gemeinschaftliche Vereinbarungen nach IFRS 11, S. 306 f.

1193 Hierbei wird für die Darstellung der Konzern-Gewinn- und Verlustrechnung das Umsatzkostenverfahren angenommen. Bei Anwendung des Gesamtkostenverfahrens würden hingegen die (aktivierungsfähigen) Aufwendungen in Verbindung mit einer Bestandserhöhung erfasst.

100 % vorzunehmen. Damit entfernt sich an dieser Stelle zwar die Vorgehensweise der anteiligen Zwischenergebniseliminierung von derjenigen nach der Quotenkonsolidierung. Gleichwohl fußt hier die vollständige Eliminierung des Zwischenergebnisses auf der vom Standardsetzer in IFRS 11.BC43 geäußerten Anforderung, die **wirtschaftliche Substanz** einer gemeinschaftlichen Tätigkeit (konzern-)bilanziell nachzuzeichnen, indem auf die aus den mit ihr im Zusammenhang stehenden Vermögenswerten und Schulden erwachsenden Rechte und Pflichten abgestellt wird. Umgekehrt würde durch die Abbildung nach der Quotenkonsolidierung in Verbindung mit der daran anknüpfenden pauschal anteiligen Zwischenergebniseliminierung nicht der wirtschaftlichen Substanz des hier betrachteten Sachverhaltes Rechnung getragen, da diese Vorgehensweise der Zwischenergebniseliminierung in diesem Fall nicht dazu führt, dass die tatsächlichen Rechte und Pflichten der gemeinschaftlichen Betreiber nachgezeichnet werden.

Dabei ist zu berücksichtigen, dass im hier betrachteten Beispielsachverhalt die für die Produktion genutzten Vermögenswerte und eingegangenen Schulden sowie die produzierten Erzeugnisse entsprechend den mit ihnen verbundenen Rechten und Pflichten jeweils einem gemeinschaftlichen Betreiber zu 100 % zuzuordnen waren. In diesem Zusammenhang wurden „eigene“, d. h. nicht gemeinschaftliche Vermögenswerte an die gemeinschaftlichen Betreiber geliefert. Gleichwohl kann es im Kontext der anteiligen Einbeziehung – losgelöst von dem hier betrachteten Sachverhalt – ebenfalls sachgerecht sein, Zwischenergebnisse zu weniger als 100 % zu eliminieren.[1194] Diese Differenzierung erlaubt nicht nur IFRS 11.20 im Rahmen der anteiligen Einbeziehung der Abschlussposten einer gemeinschaftlichen Tätigkeit in die (Konzern-)Abschlüsse ihrer Betreiber, sondern auch der konzeptionell daran aufbauende IFRS 11.B36, nach dem ein Betreiber „seinen Anteil“ am Zwischenergebnis erst bei Weiterveräußerung an (konzern-)externe Dritte zu erfassen hat. Der Anteil kann sich dabei auf einen ganzen Vermögenswert – so wie im hier betrachteten Sachverhalt – beziehen, sodass entsprechend eine Eliminierung des Zwischenergebnisses zu 100 % angezeigt ist. Ebenso sind aber Sachverhaltskonstellationen vorstellbar, bei denen ein zuvor jeweils anteilig von den Betreibern bilanzierter Vermögenswert aus dem gemeinschaftlichem Vermögen der gemeinschaftlichen Tätigkeit an einen Betreiber geliefert wird, dem dieser Vermögenswert nach der Transaktion entsprechend vollumfänglich zuzurechnen ist.[1195] In einem solchen Fall wäre eben nur eine Zwischenergebniseliminierung in Höhe des vormaligen eigenen Anteils am Vermögenswert sachgerecht.[1196]

1194 Vgl. LÜDENBACH, N./HOFFMANN, W.-D./FREIBERG, J., in: Lüdenbach/Hoffmann/Freiberg, Haufe IFRS-Kommentar, 17. Aufl., § 34, Rn. 47. Vgl. auch das Beispiel bei HÖFNER, S., Gemeinschaftliche Vereinbarungen nach IFRS 11, S. 307–310.

1195 Vgl. BRUNE, J. W., in: Driesch u. a., Beck IFRS HB, 5. Aufl., § 29, Rn. 40; LÜDENBACH, N./HOFFMANN, W.-D./FREIBERG, J., in: Lüdenbach/Hoffmann/Freiberg, Haufe IFRS-Kommentar, 17. Aufl., § 34, Rn. 47.

1196 Vgl. BRUNE, J. W., in: Driesch u. a., Beck IFRS HB, 5. Aufl., § 29, Rn. 40; LÜDENBACH, N./HOFFMANN, W.-D./FREIBERG, J., in: Lüdenbach/Hoffmann/Freiberg, Haufe IFRS-Kommentar, 17. Aufl., § 34, Rn. 47.

Im Ergebnis kann, muss aber die Zwischenergebniseliminierung im Rahmen der anteiligen Einbeziehung nicht derjenigen nach der Quotenkonsolidierung entsprechen. Der **wesentliche Unterschied** ist dabei, dass im Kontext der anteiligen Einbeziehung – anders als bei der Zwischenergebniseliminierung im Rahmen der Quotenkonsolidierung – **nicht pauschal** ein auf die Fremdbeteiligungsquote entfallender Anschaffungs- bzw. Veräußerungsvorgang zu unterstellen ist. Vielmehr ist es erforderlich, dass analog zur differenziert anteiligen Einbeziehung gemäß IFRS 11.20, die einen Ansatz der verschiedenen Vermögenswerte einer gemeinschaftlichen Tätigkeit in der (Konzern-)Bilanz zu jeweils unterschiedlichen Anteilen eines Betreibers erlaubt, eine **differenzierte** Vorgehensweise bei der **Zwischenergebniseliminierung entsprechend den Rechten und Pflichten** der an der Vereinbarung beteiligten Parteien vorgenommen wird. Hiermit soll zum Ausdruck gebracht werden, dass nicht nur bei der anteiligen Einbeziehung gemäß IFRS 11.20, sondern auch bei der anteiligen Zwischenergebniseliminierung in Bezug auf eine Upstream-Lieferung **sachverhaltsspezifisch** zu differenzieren ist.

532.3 Downstream-Transaktionen

532.31 Ausgangsbeispiel

Aufbauend auf den Erkenntnissen aus der Analyse von Upstream-Transaktionen und der in diesem Kontext vorzunehmenden Zwischenergebniseliminierung gemäß IFRS 11.B36 soll in einem nächsten Schritt der für **Downstream-Transaktionen** zwischen einem gemeinschaftlichen Betreiber und seiner gemeinschaftlichen Tätigkeit einschlägige IFRS 11.B34 analysiert werden. Hierzu wird auf den bereits in Abschnitt 532.21 eingeführten Ausgangssachverhalt zurückgegriffen, bei dem die Unternehmen A und B als gemeinschaftliche Betreiber die gemeinschaftliche Tätigkeit C betreiben, an der sie mit jeweils 50 % am Eigenkapital beteiligt sind. Die beiden von der gemeinschaftlichen Tätigkeit aufgenommenen Bankkredite belaufen sich von dem Upstream-Beispiel abweichend auf je 1.200 GE. Erneut entfällt wirtschaftlich betrachtet jeweils ein Kredit auf einen Betreiber.

Im Laufe des Geschäftsjahres **X0** liefert der gemeinschaftliche Betreiber A einen Vermögenswert, der zu Beginn der Periode in Höhe seiner Herstellungskosten von 1.000 GE im Vorratsvermögen bilanziert wurde, an die gemeinschaftliche Tätigkeit (**Downstream-Lieferung**). Der unmittelbar seitens der gemeinschaftlichen Tätigkeit in bar entrichtete Preis beträgt **1.200 GE**. Die hierfür genutzten liquiden Mittel entfielen entsprechend den Rechten und Pflichten bis zur Transaktion gänzlich auf Betreiber A. Der an die gemeinschaftliche Tätigkeit gelieferte Vermögenswert wird im Zuge der Transaktion nicht in das gemeinschaftliche Vermögen der Betreiber A und B auf Ebene der gemeinschaftlichen Tätigkeit überführt, sondern entfällt auf Basis einer wirtschaftlichen Betrachtung auch nach der Transaktion ebenfalls gänzlich auf Betreiber A. Weitere Geschäftsvorfälle haben nicht stattgefunden. Die gegenüber denen im Abschnitt 532.21 beschriebenen Sachverhalt leicht modifizierten IFRS-Bilanzen II des Betreibers A sowie der gemeinschaftlichen Tätigkeit C zum 31.12.X0 sind der folgenden Tabelle 5-41 zu entnehmen.

31.12.X0 (Zahlenangaben in GE)	Betreiber A IFRS-Bilanz II	C (GT) IFRS-Bilanz II
Aktiva		
Beteiligung	500	
Sachanlagen		1.000
Vorräte		1.200
Kasse	1.200	1.200
Summe Aktiva	1.700	3.400
Passiva		
Gez. Kapital	1.500	1.000
Jahresergebnis	200	0
Verbindlichkeiten		2.400
Summe Passiva	1.700	3.400
Legende: GE ≙ Geldeinheiten | Gez. Kapital ≙ Gezeichnetes Kapital | GT ≙ Gemeinschaftliche Tätigkeit		

Tabelle 5-41: Einzelbilanzen des gemeinschaftlichen Betreibers und der gemeinschaftlichen Tätigkeit zum 31.12.X0 [Downstream-Transaktion]

532.32 Eliminierung gemäß IFRS 11.B34

Zur Aufstellung der **Konzernbilanz** des Betreibers A ist zunächst der für die Zwischenergebniseliminierung im Kontext einer Downstream-Lieferung einschlägige IFRS 11.B34 zu betrachten. Zwar sind im Rahmen der derivativen Konzernabschlusserstellung die Einbeziehung der Abschlussposten in den Summenabschluss auf der einen Seite sowie die Zwischenergebniseliminierung auf der anderen Seite (technisch betrachtet) zwei grundsätzlich voneinander unabhängige Schritte.[1197] Gleichwohl hat die Analyse einer Upstream-Lieferung im Rahmen der anteiligen Einbeziehung gezeigt, dass die Konzeption der Zwischenergebniseliminierung nicht losgelöst von der Ebene der Einbeziehung der mit der Transaktion verbundenen Abschlussposten einer gemeinschaftlichen Tätigkeit in den Summenabschluss ist. Vielmehr hängt dies unmittelbar miteinander zusammen, um eine schlüssige Abbildung eines Lieferungsgeschäfts im Konzernabschluss sicherstellen zu können.

Hinsichtlich der Frage, ob die Zwischenergebniseliminierung im Rahmen einer Downstream-Lieferung pauschal anteilig, d. h. entsprechend dem Vorgehen bei der Quotenkonsolidierung nach IAS 31, oder differenziert anteilig, d. h. in Abhängigkeit der Rechte und Pflichten der Betreiber entsprechend dem Vorgehen bei einer Upstream-Lieferung gemäß IFRS 11.B36, vorzunehmen ist, ist der Wortlaut des IFRS 11.B34 eindeutig. So führt ein Betreiber gemäß IFRS 11.B34 eine Downstream-Transaktion „mit den anderen Parteien der gemeinschaftlichen

1197 So ist auch im Rahmen der Vollkonsolidierung zunächst gemäß IFRS 10.B86 (a) ein Summenabschluss aufzustellen, ehe anschließend gemäß IFRS 10.B86 (b)–(c) die Konsolidierungsmaßnahmen vorzunehmen sind. Vgl. so auch BAETGE, J./HAYN, S./STRÖHER, T., in: Baetge u. a., Rechnungslegung nach IFRS, 2. Aufl., IFRS 10, Rn. 248.

Tätigkeit aus" und hat „etwaige Gewinne und Verluste" aus einer solchen Transaktion „im Umfang des Anteils der anderen an der gemeinschaftlichen Tätigkeit beteiligten Parteien zu erfassen." Mithin hat der liefernde Betreiber die Transaktion zwingend so zu bilanzieren, als wäre sie in Höhe der eigenen Beteiligungsquote eine konzerninterne Transaktion, während der auf die Fremdbeteiligungsquote entfallende Teil der Transaktion als konzernexterne Transaktion zu werten ist.[1198] Diese **Fiktion** entspricht gerade derjenigen, die bei der Zwischenergebniseliminierung im Rahmen der **Quotenkonsolidierung** einzunehmen ist.[1199] Hierzu sind vor der Zwischenergebniseliminierung die mit der Downstream-Lieferung in Verbindung stehenden Abschlussposten entsprechend der Quotenkonsolidierung, d. h. hier entsprechend dem Kapitalanteil in Höhe von 50 % in den Summenabschluss zu übernehmen. Dies bedeutet, dass sowohl die nach der Transaktion bei der gemeinschaftlichen Tätigkeit verbleibenden liquiden Mittel in Höhe von 1.200 GE als auch der an die gemeinschaftliche Tätigkeit gelieferte Vermögenswert in Höhe von 1.200 GE jeweils hälftig, d. h. in Höhe von jeweils 600 GE in die Summenbilanz des Konzerns zu übernehmen sind. Bevor die Zwischenergebniseliminierung durchgeführt wird, ist zudem die in der Summenbilanz enthaltene Kapitalverflechtung zwischen dem Betreiber A und der gemeinschaftlichen Tätigkeit zu eliminieren. Diese Eliminierung erfolgt mittels Buchung (1).

(1)	Gezeichnetes Kapital	500 GE	*an*	Beteiligung	500 GE

Da sich die beiden Beträge wertmäßig entsprechen, verbleibt aus der Kapitalkonsolidierung kein Unterschiedsbetrag, sodass weder ein Geschäfts- oder Firmenwert zu aktivieren noch ein negativer Unterschiedsbetrag ertragswirksam zu erfassen ist.

In einem nächsten Schritt ist mit Blick auf die Downstream-Lieferung eine anteilige Zwischenergebniseliminierung mittels Buchung (2) vorzunehmen. Wie bereits erläutert wurde, hat diese gemäß IFRS 11.B34 **pauschal anteilig** entsprechend der Kapitalanteilsquote zu erfolgen, d. h. in Höhe von 100 GE (= 200 GE * 50 %).

(2)	Ergebnis	100 GE	*an*	Vorräte	100 GE

Da der an die gemeinschaftliche Tätigkeit gelieferte Vermögenswert im Konzernabschluss des Betreibers A – der Abbildung der Transaktion entsprechend der Vorgehensweise im Rahmen der Quotenkonsolidierung folgend – auch lediglich quotal in Höhe von 600 GE (= 1.200 GE *

[1198] Vgl. HÖFNER, S., Gemeinschaftliche Vereinbarungen nach IFRS 11, S. 310; STREICHENBERG, U./VÖGELE, O., Gemeinschaftliche Tätigkeiten nach IFRS 11, S. 366.

[1199] Vgl. so auch STREICHENBERG, U./VÖGELE, O., Gemeinschaftliche Tätigkeiten nach IFRS 11, S. 366; HÖFNER, S., Gemeinschaftliche Vereinbarungen nach IFRS 11, S. 310; KÜTING, K./SEEL, C., Die quotale Einbeziehung nach IFRS 11, S. 594.

50 %) in die Summenbilanz übernommen wurde, verbleibt im Wertansatz des gelieferten Vermögenswertes infolge der Zwischenergebniseliminierung kein Zwischenergebnis.[1200] Die Aufstellung der Konzernbilanz des Betreibers A zum 31.12.X0 unter Berücksichtigung der pauschal anteiligen Zwischenergebniseliminierung gemäß IFRS 11.B34 ist Tabelle 5-42 zu entnehmen.

31.12.X0 (Zahlenangaben in GE)	Betreiber A IFRS II	C (GT) IFRS II	SB	Konsolidierungsspalte Soll	Konsolidierungsspalte Haben	KB
Aktiva						
Beteiligung	500		500		(1) 500	
Sachanlagen		500	500			500
Vorräte		600	600		(2) 100	500
Kasse	1.200	600	1.800			1.800
Summe Aktiva	1.700	1.700	3.400			2.800
Passiva						
Gez. Kapital	1.500	500	2.000	(1) 500		1.500
Ergebnis	200	0	200	(2) 100		100
Verbindlichkeiten		1.200	1.200			1.200
Summe Passiva	1.700	1.700	3.400	600	600	2.800

Legende: GE ≙ Geldeinheiten | Gez. Kapital ≙ Gezeichnetes Kapital | GT ≙ Gemeinschaftliche Tätigkeit | KB ≙ Konzernbilanz | SB ≙ Summenbilanz

Tabelle 5-42: Aufstellung der Konzernbilanz zum 31.12.X0 (Eliminierung gemäß IFRS 11.B34 [Downstream-Transaktion])

Zur Aufstellung der **Konzern-Gewinn- und Verlustrechnung** ist die mit der anteiligen Zwischenergebniseliminierung verbundene Aufwands- und Ertragskonsolidierung vorzunehmen. Korrespondierend zur Vorgehensweise im Rahmen der Aufstellung der Konzernbilanz ist die Eliminierung pauschal quotal in Höhe von 50 % vorzunehmen. Dies erfolgt mittels Buchung (1*).

(1*)	Umsatzerlöse	600 GE	*an*	HKdU	500 GE
				Konzernergebnis	100 GE

Da die mit der Downstream-Lieferung verbundenen Erfolgsposten aus dem Einzelabschluss des Betreibers A vollständig in die Summen-Gewinn- und Verlustrechnung des Konzerns zu übernehmen sind,[1201] verbleiben auch nach der Eliminierung auf Konzernebene Erträge in Höhe

1200 Vgl. mit Bezug zur Quotenkonsolidierung, wenn auch im handelsrechtlichen Kontext, BAETGE, J./KIRSCH, H.-J./THIELE, S., Konzernbilanzen, S. 358.

1201 Vgl., wenn auch im handelsrechtlichen Kontext, BAETGE, J./KIRSCH, H.-J./THIELE, S., Konzernbilanzen, S. 358.

von 600 GE, Herstellungskosten des Umsatzes in Höhe von 500 GE sowie ein daraus resultierendes Ergebnis in Höhe von 100 GE.[1202] Die Erfassung dieser Erfolgsposten baut auf der entsprechend gemäß IFRS 11.B34 bei der Bilanzierung zu berücksichtigenden Fiktion auf, der auf die Fremdbeteiligungsquote entfallende Teil der Transaktion habe mit dem Betreiber B stattgefunden, sodass ein damit verbundenes Zwischenergebnis als realisiert gilt.[1203] Tabelle 5-43 zeigt die Aufstellung der Konzern-Gewinn- und Verlustrechnung.

31.12.X0 (Zahlenangaben in GE)	**Betreiber A** IFRS II	**C (GT)** IFRS II	**S-GuV**	**Konsolidierungsspalte**		**K-GuV**
				Soll	Haben	
Erträge						
Umsatzerlöse	1.200		1.200	(1*) 600		600
Aufwendungen						
HKdU	1.000		1.000		(1*) 500	500
Konzernergebnis	200	0	200		(1*) 100	100
Legende: GE ≙ Geldeinheiten | GT ≙ Gemeinschaftliche Tätigkeit | HKdU ≙ Herstellungskosten des Umsatzes | K-GuV ≙ Konzern-Gewinn- und Verlustrechnung | S-GuV ≙ Summen-Gewinn- und Verlustrechnung						

Tabelle 5-43: Aufstellung der Konzern-Gewinn- und Verlustrechnung zum 31.12.X0 (Eliminierung gemäß IFRS 11.B34 [Downstream-Transaktion])

532.33 Kritische Analyse sowie alternative Vorgehensweise *de lege ferenda*

Sofern ein gemeinschaftlicher Betreiber seiner gemeinschaftlichen Tätigkeit einen Vermögenswert liefert, hat er gemäß IFRS 11.B34 diese Transaktion so zu bilanzieren, als wenn der auf seinen Anteil an der gemeinschaftlichen Tätigkeit entfallende Teil der Transaktion eine konzerninterne Lieferung darstellt, während der andere Teil der Transaktion als mit konzernexternen Dritten realisiert zu verstehen ist.[1204] Hierbei wird also zum einen eine konzerninterne Lieferung sowie zum anderen ein Veräußerungsvorgang fingiert. Im hier betrachteten Sachverhalt wurde der von Betreiber A an die gemeinschaftliche Tätigkeit gelieferte Vermögenswert allerdings nicht in das gemeinschaftliche Vermögen der gemeinschaftlichen Tätigkeit überführt. Mit Blick auf die mit dieser Transaktion verbundenen Rechte und Pflichten der gemeinschaftlichen Betreiber ist vielmehr festzustellen, dass der gelieferte Vermögenswert auch noch nach der Lieferung Betreiber A vollständig zuzuordnen ist. Gleichzeitig werden – wie dem in Ab-

1202 Vgl. HAYN, S./GRÜNE, M., Konzernabschluss nach IFRS, S. 141.

1203 Vgl. STREICHENBERG, U./VÖGELE, O., Gemeinschaftliche Tätigkeiten nach IFRS 11, S. 366; KÜTING, K./SEEL, C., Die quotale Einbeziehung nach IFRS 11, S. 594; HÖFNER, S., Gemeinschaftliche Vereinbarungen nach IFRS 11, S. 310; LÜDENBACH, N./HOFFMANN, W.-D./FREIBERG, J., in: Lüdenbach/Hoffmann/Freiberg, Haufe IFRS-Kommentar, 17. Aufl., § 34, Rn. 47 f.

1204 Vgl. STREICHENBERG, U./VÖGELE, O., Gemeinschaftliche Tätigkeiten nach IFRS 11, S. 366; HÖFNER, S., Gemeinschaftliche Vereinbarungen nach IFRS 11, S. 310; KÜTING, K./SEEL, C., Die quotale Einbeziehung nach IFRS 11, S. 594; LÜDENBACH, N./HOFFMANN, W.-D./FREIBERG, J., in: Lüdenbach/Hoffmann/Freiberg, Haufe IFRS-Kommentar, 17. Aufl., § 34, Rn. 47 f.; BRUNE, J. W., in: Driesch u. a., Beck IFRS HB, 5. Aufl., § 29, Rn. 40.

schnitt 532.31 beschriebenen Ausgangssachverhalt zu entnehmen ist – für diesen Vermögenswert diejenigen liquiden Mittel von der gemeinschaftlichen Tätigkeit an den Betreiber A transferiert, die bis zur Transaktion vollständig auf diesen Betreiber entfielen und daher im Rahmen der Einbeziehung der gemeinschaftlichen Tätigkeit zu 100 %, d. h. in Höhe von 1.200 GE anzusetzen waren. Vor diesem Hintergrund kann hier die Fiktion eines teilweisen Veräußerungsvorganges des in Rede stehenden Vermögenswertes an Betreiber B nach IFRS 11.B34 nicht überzeugen, da auf diese Weise die gegenständliche Transaktion nicht entsprechend den Rechten und Pflichten der Betreiber – und damit nicht die wirtschaftliche Substanz dieses Sachverhaltes –[1205] abgebildet wird. Einen solchen Veräußerungsvorgang zu fingieren würde nur dann der wirtschaftlichen Substanz der Transaktion gerecht werden, wenn der gelieferte Vermögenswert in gemeinschaftliches Vermögen überführt worden wäre.[1206]

Damit dem Anspruch einer auf die Rechte und Pflichten der Parteien abstellendende Vorgehensweise im Rahmen der anteiligen Zwischenergebniseliminierung Rechnung getragen wird, ist es insofern erforderlich, dass diese Konsolidierungsmaßnahme nicht pauschal, sondern **differenziert** vorgenommen werden kann. So wäre es im hier betrachteten Sachverhalt sachgerecht, zu fingieren, dass die Transaktion zwischen Betreiber A und der gemeinschaftlichen Tätigkeit **vollständig** eine **konzerninterne Transaktion** innerhalb des Konzerns von Betreiber A ist. Darauf aufbauend wäre es mithin erforderlich, entgegen der Vorschrift des IFRS 11.B34 die Transaktion vollständig als konzerninterne Transaktion abzubilden. Um dies zu verdeutlichen, sollen im Folgenden sowohl die Konzernbilanz als auch die Konzern-Gewinn- und Verlustrechnung von Betreiber A über den Wortlaut des IFRS 11.B34 hinaus, d. h. im Rahmen einer **de lege ferenda-Betrachtung** erneut aufgestellt werden.

Bei der Aufstellung der **Konzernbilanz** ist zunächst hinsichtlich des gelieferten Vermögenswertes zu beachten, dass dieser im Rahmen einer **differenziert** anteiligen Einbeziehung abweichend von der Vorgehensweise bei der Quotenkonsolidierung **nicht pauschal** entsprechend der Kapitalanteilsquote, sondern hier zu 100 % in Höhe von 1.200 GE in die Summenbilanz zu übernehmen ist. Schließlich wird dieser Vermögenswert gemäß dem Sachverhalt nicht in gemeinschaftliches Vermögen überführt, sondern entfällt auch nach der Transaktion noch vollständig, d. h. zu 100 % auf Betreiber A, sodass Betreiber A diesen Vermögenswert gemäß IFRS 11.20 (a) als „seinen“ Vermögenswert zu 100 % einzubeziehen hat. Darauf aufbauend sind im Sinne einer differenzierten Vorgehensweise im Rahmen der anteiligen Zwischenergebniseliminierung der Wertansatz des gelieferten Vermögenswertes sowie das Ergebnis nicht wie im Rahmen der pauschal quotalen Eliminierung um 100 GE, sondern um 200 GE (= 200 GE * 100 %) zu korrigieren. Der gegenüber der pauschalen Vorgehensweise nach IFRS 11.B34 leicht modifizierte Buchungssatz (2) lautet damit wie folgt:

1205 Vgl. IFRS 11.BC43.

1206 Vgl. LÜDENBACH, N./HOFFMANN, W.-D./FREIBERG, J., in: Lüdenbach/Hoffmann/Freiberg, Haufe IFRS-Kommentar, 17. Aufl., § 34, Rn. 47 f.; BRUNE, J. W., in: Driesch u. a., Beck IFRS HB, 5. Aufl., § 29, Rn. 40.

(2)	Ergebnis	200 GE	*an*	Vorräte	200 GE

Hierdurch wird zum einen der in Rede stehende Vermögenswert zu 100 % mit seinen Konzernherstellungskosten in Höhe von 1.000 GE in der Konzernbilanz angesetzt. Zum anderen verbleibt aus der Downstream-Lieferung kein Zwischenergebnis in dem in der Konzernbilanz ausgewiesenen Ergebnis. Damit die konzernbilanzielle Abbildung der Downstream-Lieferung entsprechend den Rechten und Pflichten der Betreiber erfolgt, sind zudem die liquiden Mittel im Vergleich zur Vorgehensweise im Rahmen der Quotenkonsolidierung anderweitig einzubeziehen. Die in die Summenbilanz des Konzerns von Betreiber A zu übernehmenden liquiden Mittel umfassen lediglich die liquiden Mittel des Betreibers A in Höhe von 1.200 GE. Denn die nach der Transaktion verbleibenden liquiden Mittel der gemeinschaftlichen Tätigkeit in Höhe von 1.200 GE sind nicht pauschal wie bei der Quotenkonsolidierung zu 50 % dem Betreiber A zuzuordnen, vielmehr entfallen sie entsprechend den Rechten und Pflichten gänzlich auf Betreiber B und sind daher auch von diesem gemäß IFRS 11.20 (a) vollständig, d. h. zu 100 % in dessen Abschluss einzubeziehen. Die Aufstellung der Konzernbilanz von Betreiber A unter Berücksichtigung der anteiligen Einbeziehung der gemeinschaftlichen Tätigkeit, einer unveränderten Kapitalkonsolidierung[1207] sowie der anteiligen Zwischenergebniseliminierung *de lege ferenda* ist der Tabelle 5-44 zu entnehmen.

31.12.X0 (Zahlenangaben in GE)	**Betreiber A** IFRS II	**C (GT)** IFRS II	**SB**	**Konsolidierungsspalte** Soll	Haben	**KB**
Aktiva						
Beteiligung	500		500		(1) 500	
Sachanlagen		500	500			500
Vorräte		1.200	1.200		(2) 200	1.000
Kasse	1.200		1.200			1.200
Summe Aktiva	1.700	1.700	3.400			2.700
Passiva						
Gez. Kapital	1.500	500	2.000	(1) 500		1.500
Ergebnis	200	0	200	(2) 200		0
Verbindlichkeiten		1.200	1.200			1.200
Summe Passiva	1.700	1.700	3.400	700	700	2.700
Legende: GE ≙ Geldeinheiten | Gez. Kapital ≙ Gezeichnetes Kapital | GT ≙ Gemeinschaftliche Tätigkeit | KB ≙ Konzernbilanz | SB ≙ Summenbilanz						

Tabelle 5-44: Aufstellung der Konzernbilanz zum 31.12.X0 (Eliminierung *de lege ferenda* [Downstream-Transaktion])

1207 Vgl. hierzu die Konsolidierungsbuchung (1) in Abschnitt 532.32.

Korrespondierend zur Abbildung der Downstream-Lieferung als vollständig konzerninterne Transaktion in der Konzernbilanz ist diese Transaktion in der **Konzern-Gewinn- und Verlustrechnung** *de lege ferenda* von Betreiber A entsprechend abzubilden. Hierzu sind sämtliche mit der Transaktion verbundenen Erfolgsposten vollständig, d. h. zu 100 % zu eliminieren. Entgegen der Vorgehensweise gemäß IFRS 11.B34, nach der im Sinne der Quotenkonsolidierung pauschal ein Veräußerungsgeschäft in Höhe des auf die Fremdbeteiligungsquote entfallenden Teils des an die gemeinschaftliche Tätigkeit gelieferten Vermögenswertes an Betreiber B zu fingieren ist, verbleiben durch die vollständige Eliminierung weder Umsätze noch Herstellungskosten des Umsatzes und damit auch kein Zwischenergebnis in der Gewinn- und Verlustrechnung des Konzerns. Schließlich hat kein Umsatzgeschäft mit konzernexternen Dritten stattgefunden, das eine solche Erfassung rechtfertigen würde. Die mit der differenziert anteiligen Zwischenergebniseliminierung verbundene Aufwands- und Ertragskonsolidierung erfolgt mittels Buchung (1*).

(1*)	Umsatzerlöse	1.200 GE	*an*	HKdU	1.000 GE
				Konzernergebnis	200 GE

Die Aufstellung der Konzern-Gewinn- und Verlustrechnung *de lege ferenda* kann Tabelle 5-45 entnommen werden.

31.12.X0 (Zahlenangaben in GE)	**Betreiber A** IFRS II	**C (GT)** IFRS II	**S-GuV**	**Konsolidierungsspalte** Soll	Haben	**K-GuV**
Erträge						
Umsatzerlöse	1.200		1.200	(1*) 1.200		
Aufwendungen						
HKdU	1.000		1.000		(1*) 1.000	
Konzernergebnis	200	0	200		(1*) 200	0

Legende: GE ≙ Geldeinheiten | GT ≙ Gemeinschaftliche Tätigkeit | HKdU ≙ Herstellungskosten des Umsatzes | K-GuV ≙ Konzern-Gewinn- und Verlustrechnung | S-GuV ≙ Summen-Gewinn- und Verlustrechnung

Tabelle 5-45: Aufstellung der Konzern-Gewinn- und Verlustrechnung zum 31.12.X0 (Eliminierung *de lege ferenda* [Downstream-Transaktion])

532.4 Abschließende Analyse und Würdigung

Die konzernbilanzielle Abbildung einer über ein separates Vehikel strukturierten gemeinschaftlichen Tätigkeit nach der anteiligen Einbeziehung gemäß IFRS 11.20 beruht auf einer von der Quotenkonsolidierung abweichenden Konzeption. Während im Rahmen der Quotenkonsolidierung die Abschlussposten des Beteiligungsunternehmens pauschal grundsätzlich entsprechend der Kapitalanteilsquote einzubeziehen waren, erfolgt nunmehr im Rahmen der anteiligen Einbeziehung gemäß IFRS 11.20 eine **differenzierte Einbeziehung** der einzelnen Abschlussposten entsprechend den Rechten und Pflichten der gemeinschaftlichen Betreiber.[1208] Durch das Abstellen auf die Rechte und Pflichten soll sichergestellt werden, dass in den (Konzern-)Abschlüssen der Betreiber die wirtschaftliche Substanz der gemeinschaftlichen Tätigkeit bilanziell nachgezeichnet wird, sodass eine **glaubwürdige Darstellung** der Berichterstattung ermöglicht wird.[1209]

Diese Veränderung der Konzeption der Einbeziehungsmethode von gemeinschaftlichen Tätigkeiten, die über ein separates Vehikel strukturiert sind, bleibt für die Vorgehensweise bei der anteiligen Zwischenergebniseliminierung im Rahmen von Transaktionen mit solchen Beteiligungsunternehmen – in Abgrenzung zur Vorgehensweise bei der Quotenkonsolidierung nach IAS 31 – nicht folgenlos. Schließlich ist die Vorgehensweise bei der Zwischenergebniseliminierung grundsätzlich auf engste Weise konzeptionell mit der konzernbilanziellen Einbeziehungsmethode verbunden. Unter dem Aspekt einer wirtschaftlichen Betrachtungsweise ist es nicht sachgerecht, den der anteiligen Zwischenergebniseliminierung im Rahmen der Quotenkonsolidierung zugrunde liegende Gedanken, in Bezug auf eine Transaktion pauschal sowohl eine teilweise konzerninterne Transaktion als auch eine teilweise Transaktion mit konzernexternen Dritten zu fingieren, unreflektiert auf eine sich an den Rechten und Pflichten der Betreiber orientierende anteilige Zwischenergebniseliminierung nach IFRS 11 zu übertragen. Vielmehr ist bei der **anteiligen Zwischenergebniseliminierung** im Rahmen der anteiligen Einbeziehung auf die **wirtschaftlichen Verhältnisse** einer Transaktion abzustellen.

Sofern bspw. ein gemeinschaftlicher Betreiber mit seiner gemeinschaftlichen Tätigkeit eine Up- oder Downstream-Lieferung eines Vermögenswertes durchführt, der nicht aus dem gemeinschaftlichen Vermögen der gemeinschaftlichen Tätigkeit entnommen bzw. nicht in dieses überführt wird, sondern sowohl vor als auch nach der Transaktion gänzlich auf diesen Betreiber entfällt, würde die Vorgehensweise der Zwischenergebniseliminierung im Rahmen der Quotenkonsolidierung regelmäßig dazu führen, dass die wirtschaftliche Substanz des Sachverhaltes unzutreffend abgebildet wird. Da sich in einer solchen Konstellation die Rechte und Pflichten der Betreiber in Bezug auf den gelieferten Vermögenswert – ungeachtet der tatsächlich stattgefundenen Lieferung – in aller Regel nicht verändern werden, sollte der Vermögenswert vielmehr auch nach der Transaktion im Konzernabschluss[1210] des belieferten bzw. liefernden Betreibers unverändert zu 100 % mit seinen Konzernanschaffungs- oder Konzernherstellungskosten angesetzt werden. Dies impliziert für die Vorgehensweise bei der anteiligen Zwischenergebniseliminierung, dass sie konzeptionell analog zur anteiligen Einbeziehung gemäß

[1208] Vgl. Abschnitt 531.12.

[1209] Vgl. IFRS 11.BC43, sowie SCHILD, M., Anteilserwerbe an gemeinschaftlichen Tätigkeiten, S. 2 f. und S. 41 f.

[1210] Es sei nochmals darauf hingewiesen, dass sich die Abbildung einer gemeinschaftlichen Tätigkeit im IFRS-Konzernabschluss nicht von derjenigen im IFRS-Einzelabschluss unterscheidet, im Rahmen dieser Arbeit jedoch der Fokus auf der Konzernrechnungslegung liegt. Vgl. hierzu auch Fn. 1104.

IFRS 11.20 **differenziert**, d. h. hier entsprechend den mit einer Transaktion verbundenen Rechten und Pflichten, vorzunehmen ist.[1211] Eine solche differenzierte Vorgehensweise ist erforderlich, um die wirtschaftliche Substanz einer Up- oder Downstream-Transaktion abbilden und damit die **glaubwürdige Darstellung** der Bilanzierung einer solchen Transaktion sicherstellen zu können.

Diese differenzierte Vorgehensweise bei der anteiligen Zwischenergebniseliminierung steht im Kontext einer **Upstream-Lieferung** im Einklang mit dem Wortlaut des hierfür einschlägigen **IFRS 11.B36**, nach dem ein gemeinschaftlicher Betreiber „seinen Anteil an den Gewinnen und Verlusten aus dieser **Transaktion** [ohne Hervorhebung im Original]“[1212] erst bei Veräußerung des gelieferten Vermögenswertes an konzernexterne Dritte erfassen darf. Durch das Abstellen auf den Anteil an einem Zwischenergebnis aus einer **einzelnen Transaktion** eröffnet der Standardsetzer in diesem Zusammenhang die Möglichkeit einer transaktionsbezogenen, d. h. sachverhaltsspezifischen Differenzierung bei der anteiligen Zwischenergebniseliminierung. Sofern (im Extremfall) der gelieferte Vermögenswert sowohl vor als auch nach der Lieferung entsprechend den Rechten und Pflichten vollständig, d. h. zu 100 % dem belieferten Betreiber zuzuordnen ist, erfordert dies eine entsprechende Zwischenergebniseliminierung zu 100 %, da sein Anteil am Zwischenergebnis aus dieser Transaktion das gesamte Zwischenergebnis umfasst.[1213] Dies liegt darin begründet, dass es sich wirtschaftlich betrachtet um eine rein konzerninterne Transaktion handelt. Wird dem Betreiber hingegen ein gemeinschaftlicher Vermögenswert von der gemeinschaftlichen Tätigkeit geliefert, ist bzw. sind der bzw. die andere(n) Betreiber dieser gemeinschaftlichen Tätigkeit (implizit) an dieser Transaktion im Umfang des auf ihn bzw. sie entfallenden Teils des gemeinschaftlichen Vermögenswertes beteiligt, sodass hier aus Sicht des belieferten Betreibers die Fiktion eines teilweisen Anschaffungsvorganges mit konzernexternen Dritten berechtigt ist. Insofern umfasst dann sein Anteil am Zwischenergebnis aus dieser Transaktion gerade nicht das gesamte Zwischenergebnis, sodass eine Zwischenergebniseliminierung nur in Höhe des auf ihn entfallenden Teils am Zwischenergebnis aus dieser Transaktion angezeigt ist.[1214] Letzterer Fall würde in der Konsequenz dann der konzernbilanziellen Abbildung dieser Transaktion im Rahmen der Quotenkonsolidierung ähneln, sofern die Eliminierungsquote im Rahmen einer differenzierten Vorgehensweise der Kapitalanteilsquote entspricht.

Eine solche differenzierte Vorgehensweise bei der anteiligen Zwischenergebniseliminierung im Rahmen einer **Downstream-Lieferung** ist hingegen nicht in Einklang mit dem Wortlaut des **IFRS 11.B34** zu bringen. Schließlich hat ein gemeinschaftlicher Betreiber gemäß IFRS 11.B34 bei einer Downstream-Lieferung eines Vermögenswertes an seine gemeinschaftliche Tätigkeit

---

[1211] Vgl. ähnlich differenzierend LÜDENBACH, N./HOFFMANN, W.-D./FREIBERG, J., in: Lüdenbach/Hoffmann/Freiberg, Haufe IFRS-Kommentar, 17. Aufl., § 34, Rn. 47 f.

[1212] IFRS 11.B36.

[1213] Vgl. ähnlich HÖFNER, S., Gemeinschaftliche Vereinbarungen nach IFRS 11, S. 303.

[1214] Vgl. LÜDENBACH, N./HOFFMANN, W.-D./FREIBERG, J., in: Lüdenbach/Hoffmann/Freiberg, Haufe IFRS-Kommentar, 17. Aufl., § 34, Rn. 47; BRUNE, J. W., in: Driesch u. a., Beck IFRS HB, 5. Aufl., § 29, Rn. 40.

für konzernbilanzielle Zwecke zwingend eine Transaktion mit dem bzw. den anderen Betreiber(n) dieser gemeinschaftlichen Tätigkeit zu fingieren. Grundsätzlich analog zur Vorgehensweise bei der Zwischenergebniseliminierung im Rahmen der Quotenkonsolidierung nach IAS 31 hat dabei der liefernde Betreiber ein etwaiges Zwischenergebnis und die damit verbundenen Erträge und Aufwendungen „im Umfang des Anteils der anderen an der gemeinschaftlichen Tätigkeit beteiligten Parteien zu erfassen“[1215], da dieser Teil der Transaktion fiktiv mit konzernexternen Dritten durchgeführt wurde.[1216] Anders als nach IFRS 11.B36 erfolgt die Zwischenergebniseliminierung also **nicht sachverhaltsspezifisch** hinsichtlich einer einzelnen Transaktion, **sondern** hat sich (pauschal) an den **Beteiligungsverhältnissen** der Betreiber an der gemeinschaftlichen Tätigkeit zu orientieren.[1217]

Die Vorgehensweise gemäß IFRS 11.B34 kann zwar durchaus sachgerecht sein, sofern im Zuge einer Downstream-Lieferung eines Vermögenswertes an die gemeinschaftliche Tätigkeit dieser Vermögenswert in gemeinschaftliches Vermögen übertragen wird. Vor allem auch dann, wenn die Rechte und Pflichten in Bezug auf einen einzelnen Vermögenswert nicht eindeutig bestimmbar sind, kann die gesellschaftsrechtliche Beteiligungsquote im Rahmen der anteiligen Zwischenergebniseliminierung einen **objektivierenden** Charakter aufweisen. Wenn aber bspw. (wiederum im Extremfall) der seitens eines Betreibers an die gemeinschaftliche Tätigkeit gelieferte Vermögenswert nicht in das gemeinschaftliche Vermögen dieser gemeinschaftlichen Tätigkeit überführt wird, sondern der Vermögenswert mit Blick auf die Rechte und Pflichten der Betreiber auch noch nach der Transaktion vollständig dem liefernden Betreiber zuzuordnen ist, kann die **Fiktion** eines **teilweisen Veräußerungsvorganges** an den bzw. die anderen Betreiber der gemeinschaftlichen Tätigkeit **nicht überzeugen.** Die konzernbilanzielle Erfassung eines Zwischenergebnisses pauschal in Höhe der Fremdbeteiligungsquote, wie sie IFRS 11.B34 vorsieht, steht in einem solchen Fall vielmehr dem bei der Zwischenergebniseliminierung zu beachtenden **Realisationsprinzip**[1218] entgegen. Schließlich würde ein Erfolg erfasst, der sich den wirtschaftlichen Verhältnissen entsprechend ausschließlich auf eine konzerninterne Transaktion bezieht. Die **Aufgabe der Zwischenergebniseliminierung**, aus Konzernsicht unrealisierte, aber einzelbilanziell erfasste Erfolgsbeiträge aus konzerninternen Transaktionen sowohl aus dem Wertansatz des betreffenden Vermögenswertes als auch aus dem Konzernergebnis zu beseitigen, würde hierbei nicht erfüllt werden.

Weiterhin **widerspricht** die derzeit regelungssystematisch angezeigte Vorgehensweise der pauschal anteiligen Zwischenergebniseliminierung gemäß IFRS 11.B34 bei einer Transaktion, bei der der gelieferte Vermögenswert im Zuge der Transaktion nicht in das gemeinschaftliche Vermögen der gemeinschaftlichen Tätigkeit überführt wird, der **Konzeption** der **anteiligen**

1215 IFRS 11.B34.

1216 Vgl. HÖFNER, S., Gemeinschaftliche Vereinbarungen nach IFRS 11, S. 310.

1217 Aus der englischen Originalfassung des IFRS 11 geht dies noch deutlicher als aus der deutschen Fassung hervor: „[T]he joint operator shall recognise gains and losses resulting from such a transaction only to the extent of the other parties' **interests in the joint operation** [ohne Hervorhebung im Original].“ IFRS 11.B34.

1218 Vgl. hierzu Abschnitt 241. und Abschnitt 41.

Einbeziehung gemäß IFRS 11.20. Denn während aufgrund der Fiktion eines teilweisen Veräußerungsvorganges im Sinne von IFRS 11.B34 der veräußerte Teil des entsprechenden Vermögenswertes nach der Transaktion logisch-systematisch nicht mehr in der Konzernbilanz des liefernden Betreibers bilanziert werden kann, hätte dieser Betreiber den Vermögenswert entsprechend der anteiligen Einbeziehung gemäß IFRS 11.20 (a) als „seinen Vermögenswert" vollständig, d. h. zu 100 % mit seinen Konzernanschaffungs- oder Konzernherstellungskosten in seiner Konzernbilanz anzusetzen. Ein mit IFRS 11.20 (a) in Einklang stehender Ansatz zu 100 % des an die gemeinschaftliche Tätigkeit gelieferten Vermögenswertes würde dann wiederum eine Eliminierung des gesamten im Wertansatz des Vermögenswertes enthaltenen Zwischenergebnisses, mithin die Möglichkeit einer sachverhaltsspezifisch differenzierten Vorgehensweise bei der anteiligen Zwischenergebniseliminierung erfordern.

Im Ergebnis stehen sich die Vorschriften zur anteiligen Zwischenergebniseliminierung im Rahmen der anteiligen Einbeziehung gemäß IFRS 11.B36 und IFRS 11.B34 **konfliktär gegenüber**, da sie auf unterschiedlichen Konzeptionen beruhen. Auf der einen Seite ist im Rahmen einer Upstream-Lieferung IFRS 11.B36 folgend eine differenziert anteilige Zwischenergebniseliminierung vorzunehmen, die sich damit konzeptionell stringent in die Konzeption der differenziert anteiligen Einbeziehung gemäß IFRS 11.20 einbetten lässt. IFRS 11.B34 erfordert auf der anderen Seite eine der pauschal anteiligen Zwischenergebniseliminierung im Rahmen der Quotenkonsolidierung entsprechende Vorgehensweise. Da diese Vorgehensweise nicht (zwingend) zu einer konzernbilanziellen Abbildung führt, die die wirtschaftliche Substanz einer Downstream-Lieferung widerspiegelt, wird letztlich eine der **glaubwürdigen Darstellung** genügende Abbildung solcher Sachverhalte nur eingeschränkt möglich sein. Damit die Abbildung einer Downstream-Lieferung konsistent in das Normengefüge der anteiligen Einbeziehung nach IFRS 11 eingebettet werden kann, wird hier eine **Anpassung des IFRS 11.B34** vorgeschlagen. So sollte die Vorgabe, pauschal eine teilweise Transaktion mit dem bzw. den anderen Betreiber(n) zu fingieren und entsprechend abzubilden, gestrichen werden. Der Wortlaut des IFRS 11.B34 sollte zudem dergestalt angepasst werden, dass analog zur anteiligen Zwischenergebniseliminierung bei einer Upstream-Lieferung gemäß IFRS 11.B36 eine differenzierte Vorgehensweise ermöglicht wird, bei der sachverhaltsspezifisch auf die unmittelbaren Rechte und Pflichten der Betreiber in Bezug auf die mit der Transaktion verbundenen Abschlussposten abgestellt werden kann.

Dem steht nicht entgegen, dass es in beiden Lieferungsrichtungen sachgerecht sein kann, die **gesellschaftsrechtliche Beteiligungsquote** heranzuziehen. Dies wäre zum einen dann der Fall, wenn auf diese Weise die wirtschaftliche Substanz einer Transaktion zutreffend abgebildet wird. Zum anderen könnten dabei Objektivierungsgesichtspunkte im Vordergrund stehen, sofern die Rechte und Pflichten der gemeinschaftlichen Betreiber hinsichtlich einzelner Vermögenswerte nicht eindeutig bestimmbar sind.

54 Zwischenergebniseliminierung im Rahmen der Equity-Methode nach IAS 28

541. Equity-Methode nach IAS 28

541.1 Allgemeine Bilanzierungssystematik der Equity-Methode

Die konzernbilanzielle Abbildung einer Beteiligung an einem assoziierten Unternehmen oder an einem Gemeinschaftsunternehmen richtet sich nach der in IAS 28 verankerten Equity-Methode.[1219] Anders als bei der Vollkonsolidierung eines Tochterunternehmens nach IFRS 10 und der anteiligen Einbeziehung einer gemeinschaftlichen Tätigkeit nach IFRS 11 werden bei der Anwendung der Equity-Methode weder die Vermögenswerte und Schulden noch die Erträge und Aufwendungen des Beteiligungsunternehmens unmittelbar im Konzernabschluss des Investors[1220] ausgewiesen.[1221] Vielmehr erfolgt im Konzernabschluss bei der Einbeziehung nach der Equity-Methode (*at equity*) ein Ausweis der Beteiligung an einem solchen Unternehmen als Ganzes.[1222] Die Equity-Methode beruht dabei auf der grundlegenden Idee, dass im Rahmen ihrer Anwendung der Wertansatz der Beteiligung, dem sog. **Equity-Wert**, den auf diese Beteiligung entfallenden Anteil am Nettovermögen des Beteiligungsunternehmens repräsentiert.[1223]

Zum Zeitpunkt der **erstmaligen Anwendung** der Equity-Methode ist die Beteiligung an einem assoziierten Unternehmen bzw. an einem Gemeinschaftsunternehmen grundsätzlich mit ihren Anschaffungskosten[1224] in der Konzernbilanz anzusetzen.[1225] Zusätzlich sind in einer außerbilanziellen Nebenrechnung methodisch wie bei der Vollkonsolidierung die für die Beteiligung geleisteten Anschaffungskosten mit dem auf die Beteiligung entfallenden Anteil am neubewerteten Nettovermögen des Beteiligungsunternehmens zu verrechnen.[1226] Ein dabei verbleibender positiver Unterschiedsbetrag ist als Geschäfts- oder Firmenwert zu interpretieren, jedoch nicht

---

[1219] Vgl. IAS 28.16.

[1220] Als Investor (*investor*) werden in IAS 28 diejenigen Unternehmen bezeichnet, die an der gemeinschaftlichen Führung eines Gemeinschaftsunternehmens beteiligt sind oder maßgeblichen Einfluss auf ein assoziiertes Unternehmen haben. Vgl. IAS 28.2.

[1221] Vgl. BAETGE, J./GRAUPE, F./HÖBENER, J., in: Baetge u. a., Rechnungslegung nach IFRS, 2. Aufl., IAS 28, Rn. 2; HAYN, B., in: Driesch u. a., Beck IFRS HB, 5. Aufl., § 36, Rn. 1; KÜTING, K./WEBER, C.-P., Der Konzernabschluss, S. 653.

[1222] Vgl. SCHILDBACH, T./FELDHOFF, P., Konzernabschluss, S. 173.

[1223] Vgl. PEFFEKOVEN, F. P./CHRISMANN, T., IFRS: Konzernabschluss, S. 110; SCHILDBACH, T./FELDHOFF, P., Konzernabschluss, S. 173; LÜDENBACH, N., Zwischenergebniseliminierung bei der *equity*-Methode, S. 207; FREIBERG, J., Ausstrahlung der (Voll-)Konsolidierungsmethoden, S. 175; BRADBURY, M., Intercompany Transactions when Equity Accounting, S. 48.

[1224] Zu den Anschaffungskosten gemäß IAS 28.10 zählen – anders als zur übertragenen Gegenleistung gemäß IFRS 3.37 f. i. V. m. IFRS 3.53 – neben dem Erwerbspreis auch Anschaffungsnebenkosten, d. h. dem Erwerb direkt zurechenbare Kostenbestandteile. Vgl. IFRS IC (Hrsg.), IFRIC Update (July 2009), S. 3; GIMPEL-HENNING, N., Sukzessive Anteilserwerbe, S. 181, sowie ausführlich zur Bestimmung der Anschaffungskosten gemäß IAS 28.10 BAETGE, J./GRAUPE, F./HÖBENER, J., in: Baetge u. a., Rechnungslegung nach IFRS, 2. Aufl., IAS 28, Rn. 74–83; LÜDENBACH, N./HOFFMANN, W.-D./FREIBERG, J., in: Lüdenbach/Hoffmann/Freiberg, Haufe IFRS-Kommentar, 17. Aufl., § 33, Rn. 51–54; HEINTGES, S./URBANCZIK, P., Erwerb und Folgebewertung assoziierter Unternehmen, S. 419–422.

[1225] Vgl. IAS 28.10, sowie RICHTER, F., Sukzessive Erwerbe bei Anwendung der Equity-Methode, S. 289; THEILE, C./BEHLING, K., in: Heuser/Theile, IFRS Handbuch, 6. Aufl., Kap. 37, Rn. 37.1 i. V. m. Rn. 37.25.

[1226] Vgl. IAS 28.32, sowie GIMPEL-HENNING, N., Sukzessive Anteilserwerbe, S. 181; LÜDENBACH, N./HOFFMANN, W.-D./FREIBERG, J., in: Lüdenbach/Hoffmann/Freiberg, Haufe IFRS-Kommentar, 17. Aufl., § 33, Rn. 24; HAYN, B., in: Driesch u. a., Beck IFRS HB, 5. Aufl., § 36, Rn. 34.

gesondert auszuweisen, sondern bereits implizit im Equity-Wert enthalten.[1227] Übersteigt hingegen das anteilige Nettovermögen die Anschaffungskosten, ist der Wertansatz der Beteiligung um diesen negativen Unterschiedsbetrag zu erhöhen und zugleich ein entsprechender Ertrag unmittelbar in der Konzern-Gewinn- und Verlustrechnung zu vereinnahmen.[1228]

Dem Grundgedanken der Equity-Methode folgend sollen sich auch die periodischen Veränderungen des anteiligen Eigenkapitals des Beteiligungsunternehmens in der periodischen Veränderung des Equity-Wertes widerspiegeln.[1229] Dementsprechend ist im Rahmen der **Fortschreibung des Equity-Wertes** dieser um die auf die Beteiligung entfallenden Eigenkapitalveränderungen des Beteiligungsunternehmens zu erhöhen oder zu vermindern.[1230] In Abhängigkeit der zugrunde liegenden Eigenkapitalveränderung beim Beteiligungsunternehmen ist korrespondierend zur Erhöhung oder Verminderung des Equity-Wertes ein entsprechender Betrag entweder in der Konzern-Gewinn- und Verlustrechnung, im sonstigen Ergebnis des Konzerns oder gesamtergebnisneutral im Konzerneigenkapital zu erfassen.[1231] Das zentrale Element der Fortschreibung bildet dabei die gemäß IAS 28.10 vorzunehmende Erhöhung bzw. Verminderung des Equity-Wertes um den auf die Beteiligung entfallenden Anteil am Gewinn bzw. Verlust des Beteiligungsunternehmens.[1232] Dieses anteilige Ergebnis ist zugleich in einem Posten der Gewinn- und Verlustrechnung des Konzerns zu erfassen.[1233] Darüber hinaus ist der Equity-Wert um das auf die Beteiligung entfallende sonstige Ergebnis des Beteiligungsunternehmens fortzuschreiben,[1234] um etwaige vom Beteiligungsunternehmen erhaltene Dividenden zu vermindern[1235] sowie um die anteilige Abschreibung bzw. Auflösung der zum Erstanwendungszeitpunkt aufgedeckten und in der außerbilanziellen Nebenrechnung fortgeführten stillen Reserven

[1227] Vgl. IAS 28.32 (a), sowie BAETGE, J./GRAUPE, F./HÖBENER, J., in: Baetge u. a., Rechnungslegung nach IFRS, 2. Aufl., IAS 28, Rn. 84 i. V. m. Rn. 94. In Folgeperioden wird der Geschäfts- oder Firmenwert weder planmäßig abgeschrieben noch separat einem Wertminderungstest unterzogen, vielmehr ist die Beteiligung als Ganzes nach den Vorschriften des IAS 36 auf Wertminderung zu prüfen. Vgl. IAS 28.32 (a) i. V. m. IAS 28.42, sowie ausführlich HAYN, B., in: Driesch u. a., Beck IFRS HB, 5. Aufl., § 36, Rn. 55 i. V. m. Rn. 67–70.

[1228] Vgl. IAS 28.32 (b), sowie LÜDENBACH, N./HOFFMANN, W.-D./FREIBERG, J., in: Lüdenbach/Hoffmann/Freiberg, Haufe IFRS-Kommentar, 17. Aufl., § 33, Rn. 61; HAYN, B., in: Driesch u. a., Beck IFRS HB, 5. Aufl., § 36, Rn. 58.

[1229] Vgl. PEFFEKOVEN, F. P./CHRISMANN, T., IFRS: Konzernabschluss, S. 110 f.; HAYN, B., in: Driesch u. a., Beck IFRS HB, 5. Aufl., § 36, Rn. 1; BAETGE, J./GRAUPE, F./HÖBENER, J., in: Baetge u. a., Rechnungslegung nach IFRS, 2. Aufl., IAS 28, Rn. 2.

[1230] Vgl. IAS 28.3 und IAS 28.IN7, sowie KÜTING, K./WEBER, C.-P., Der Konzernabschluss, S. 656, die die Fortschreibung des Equity-Wertes um die anteilige Eigenkapitalveränderung als „Kernstück der Equity-Methode“ bezeichnen.

[1231] Vgl. IAS 28.10, sowie PELLENS, B. U. A., Internationale Rechnungslegung, S. 940; KESSLER, H./LEINEN, M., Bewertung von Anteilen an assoziierten Unternehmen (Teil 1), S. 159.

[1232] Vgl. BAETGE, J./GRAUPE, F./HÖBENER, J., in: Baetge u. a., Rechnungslegung nach IFRS, 2. Aufl., IAS 28, Rn. 140; HAYN, B., in: Driesch u. a., Beck IFRS HB, 5. Aufl., § 36, Rn. 50.

[1233] Vgl. IAS 28.10.

[1234] Korrespondierend zur Erhöhung bzw. Verminderung des Equity-Wertes um das anteilige sonstige Ergebnis des Beteiligungsunternehmens ist dieses im sonstigen Ergebnis des Konzerns zu erfassen. Vgl. IAS 28.10.

[1235] Vgl. IAS 28.10. Da erhaltene Dividenden bereits auf Einzelabschlussebene als Ertrag erfasst wurden, wird im Ergebnis durch diese Korrektur eine konzernbilanzielle Abbildung dieser Dividendenausschüttung als ein gesamtergebnisneutraler Aktivtausch erreicht. Vgl. PELLENS, B. U. A., Internationale Rechnungslegung, S. 940.

und stillen Lasten anzupassen.[1236] Sofern der auf die Beteiligung entfallende Anteil am Verlust[1237] des Beteiligungsunternehmens dem Gesamtwert der Beteiligung[1238] entspricht oder diesen übersteigt, ist die Anwendung der Equity-Methode insoweit auszusetzen, als die Beteiligung mit einem Buchwert von null in der Konzernbilanz anzusetzen ist.[1239] Eine konzernbilanzielle Fortschreibung des Equity-Wertes und die damit verbundene Erfassung eines anteiligen Ergebnisses aus dem Beteiligungsunternehmen ist erst dann wieder vorzunehmen, wenn die in einer außerbilanziellen Nebenrechnung zu erfassenden kumulierten anteiligen Verluste durch kumulierte anteilige Gewinne des Beteiligungsunternehmens überstiegen werden.[1240]

541.2 Regelungen zur Zwischenergebniseliminierung

Sofern aus einer Transaktion zwischen einem vollkonsolidierten Unternehmen und einem im Wege der Equity-Methode einbezogenen Beteiligungsunternehmen ein Zwischenergebnis resultiert, ist im Rahmen der Anwendung der Equity-Methode gemäß IAS 28.28 eine **Zwischenergebniseliminierung** vorzunehmen. Die Pflicht zur Zwischenergebniseliminierung betrifft sowohl Upstream-Transaktionen als auch Downstream-Transaktionen zwischen einem vollkonsolidierten Unternehmen und einem assoziierten Unternehmen bzw. einem Gemeinschaftsunternehmen.[1241] In beiden Fällen ist eine **quotale**, d. h. **beteiligungsproportionale** Zwischenergebniseliminierung angezeigt.[1242] Der auf die Fremdbeteiligungsquote entfallende Teil eines Zwischenergebnisses gilt hingegen als realisiert und ist daher im Konzernabschluss zu erfassen.[1243] Auf die Zwischenergebniseliminierung ist zu verzichten, wenn ein Zwischenverlust einen substanziellen Hinweis auf die Wertminderung des betreffenden Vermögenswertes gibt und insoweit eine außerplanmäßige Abschreibung erforderlich ist.[1244]

1236 Vgl. IAS 28.32, sowie ausführlich zur Fortschreibung des Equity-Wertes bspw. HAYN, B., in: Driesch u. a., Beck IFRS HB, 5. Aufl., § 36, Rn. 48–87.

1237 Obgleich mit den Termen „Anteil eines Unternehmens an den Verlusten“ (*entity's share of losses*) und „Anteil an den Gewinnen“ (*share of those profits*) in IAS 28.38 f. scheinbar nur auf das Ergebnis der (Konzern-)Gewinn- und Verlustrechnung des Beteiligungsunternehmens abgestellt wird, ist hierbei jeweils der gesamte (saldierte) Fortschreibungsbetrag gemeint.

1238 Der Gesamtwert der Beteiligung umfasst dabei gemäß IAS 28.38 nicht nur den Equity-Wert, sondern zusätzlich sämtliche weiteren langfristigen Teile des finanziellen Engagements an einem assoziierten Unternehmen bzw. Gemeinschaftsunternehmen, wie bspw. langfristige Forderungen, Vorzugsaktien oder Darlehen. Vgl. hierzu ausführlich BAETGE, J./GRAUPE, F./HÖBENER, J., in: Baetge u. a., Rechnungslegung nach IFRS, 2. Aufl., IAS 28, Rn. 214.

1239 Vgl. IAS 28.38.

1240 Vgl. IAS 28.39.

1241 Vgl. IAS 28.28, sowie LÜDENBACH, N./HOFFMANN, W.-D./FREIBERG, J., in: Lüdenbach/Hoffmann/Freiberg, Haufe IFRS-Kommentar, 17. Aufl., § 33, Rn. 75.

1242 Vgl. IAS 28.28, sowie WOHLGEMUTH, M., in: Schulze-Osterloh/Hennrichs/Wüstemann, HdJ, Abt. V/5, Rn. 141; WASCHBUSCH, G./STEINER, C., Konsolidierung von assoziierten Unternehmen, S. 448.

1243 Vgl. IAS 28.28, sowie KÖSTER, O., in: Hennrichs/Kleindiek/Watrin, MüKo Bilanzrecht Bd. 1, IAS 28, Rn. 67; PEFFEKOVEN, F. P./CHRISMANN, T., IFRS: Konzernabschluss, S. 118; HARR, U./ZEYER, F., Zwischenergebniseliminierung bei assoziierten Unternehmen, S. 588.

1244 Vgl. IAS 28.29, sowie HAYN, B., in: Driesch u. a., Beck IFRS HB, 5. Aufl., § 36, Rn. 61. Des Weiteren enthält IAS 28 Vorschriften für die Behandlung von Zwischenergebnissen, die aus der Einlage von nicht monetären Vermögenswerten in ein assoziiertes Unternehmen oder Gemeinschaftsunternehmen gegen die Gewährung von Anteilen am Eigenkapital resultieren. Auf diese in IAS 28.30 f. adressierten Fälle wird im Rahmen dieser Untersuchung nicht eingegangen. Vgl. hierzu bspw. HAYN, B., in: Driesch u. a., Beck IFRS HB,

IAS 28 enthält indes keine expliziten Vorschriften zur **Aufwands- und Ertragskonsolidierung.**[1245] Ungeachtet der Diskussion, ob diese im Allgemeinen im Rahmen der Anwendung der Equity-Methode vorzunehmen ist oder zumindest sein sollte,[1246] ist zumindest eine mit der Zwischenergebniseliminierung verbundene Aufwands- und Ertragskonsolidierung insofern zwingend angezeigt, als eine in der Konzernbilanz vorgenommene Eliminierung eines Zwischenergebnisses auch insoweit in der Konzern-Gewinn- und Verlustrechnung nachzuzeichnen ist.[1247]

542. Mögliche Vorgehensweisen bei der Zwischenergebniseliminierung im Kontext der Equity-Methode

542.1 Vorbemerkungen

Ungeachtet der expliziten Vorgabe in IAS 28.28 zur quotalen Eliminierung von Zwischenergebnissen, die aus Transaktionen zwischen einem vollkonsolidierten und einem im Wege der Equity-Methode einbezogenen Unternehmen resultieren, bleibt IAS 28 hinsichtlich der konkreten Vorgehensweise bei der Zwischenergebniseliminierung offen.[1248] Spezifische Herausforderungen bei der Vorgehensweise der Zwischenergebniseliminierung im Rahmen der Anwendung der Equity-Methode ergeben sich vor allem aus der Konzeption der Equity-Methode, nach der sowohl die Vermögenswerte und Schulden als auch die Erträge und Aufwendungen des *at equity* einbezogenen Beteiligungsunternehmens jeweils in einem Posten in der Konzernbilanz bzw. in der Konzern-Gewinn- und Verlustrechnung saldiert ausgewiesen werden.[1249] Diesbezüglich ist allgemein unklar, ob im Rahmen der Zwischenergebniseliminierung und der damit verbundenen Aufwands- und Ertragskonsolidierung auch Posten im Konzernabschluss abseits des Equity-Wertes und des korrespondierenden Ergebnisses aus assoziierten Unternehmen bzw. aus Gemeinschaftsunternehmen für die Eliminierung infrage kommen.[1250] Zwar stehen im Zusammenhang mit einer Lieferung von einem assoziierten Unternehmen bzw. einem Gemeinschaftsunternehmen oder einer Lieferung an ein solches Beteiligungsunternehmen rein technisch aufgrund des saldierten Ausweises ohnehin nicht sämtliche Posten, die die Transaktion betreffen, unmittelbar zur Verrechnung zur Verfügung.[1251] Gleichwohl werden zumindest im

---

5. Aufl., § 36, Rn. 62 f.

1245 Vgl. WASCHBUSCH, G./STEINER, C., Konsolidierung von assoziierten Unternehmen, S. 448.

1246 Vgl. zu dieser Diskussion, auch mit Blick auf die Frage, ob eine Schuldenkonsolidierung im Rahmen der Anwendung der Equity-Methode vorzunehmen ist, HAYN, B., in: Driesch u. a., Beck IFRS HB, 5. Aufl., § 36, Rn. 65 f.; BAETGE, J./GRAUPE, F./HÖBENER, J., in: Baetge u. a., Rechnungslegung nach IFRS, 2. Aufl., IAS 28, Rn. 165–167; LÜDENBACH, N./HOFFMANN, W.-D./FREIBERG, J., in: Lüdenbach/Hoffmann/Freiberg, Haufe IFRS-Kommentar, 17. Aufl., § 33, Rn. 75; KÖSTER, O., in: Hennrichs/Kleindiek/Watrin, MüKo Bilanzrecht Bd. 1, IAS 28, Rn. 73–75, sowie, wenn auch im handelsrechtlichen Kontext, HAASE, K. D., Zwischenerfolgseliminierung bei Equity-Bilanzierung, S. 1703 und S. 1706; SCHMIDT, G., Rechnungslegung nach der Equity-Methode, S. 428–440; LÜDENBACH, N., Aufwands- und Schuldenkonsolidierung bei assoziiertem Unternehmen?, S. 775.

1247 Vgl. BAETGE, J./GRAUPE, F./HÖBENER, J., in: Baetge u. a., Rechnungslegung nach IFRS, 2. Aufl., IAS 28, Rn. 166; SCHILDBACH, T./FELDHOFF, P., Konzernabschluss, S. 278.

1248 Vgl. ERNST & YOUNG (Hrsg.), International GAAP 2019, S. 780; LIENAU, A., Equity-Methode nach IFRS, S. 15 f.

1249 Vgl. LÜDENBACH, N., Zwischenergebniseliminierung bei der *equity*-Methode, S. 207 f.

1250 Vgl. HARR, U./ZEYER, F., Zwischenergebniseliminierung bei assoziierten Unternehmen, S. 588 f.

1251 Vgl. LÜDENBACH, N., Zwischenergebniseliminierung bei der *equity*-Methode, S. 208.

Rahmen einer Upstream-Lieferung der Wertansatz des gelieferten Vermögenswertes in der Konzernbilanz sowie im Rahmen einer Downstream-Lieferung die operativen[1252] Erträge und Aufwendungen des liefernden Unternehmens in der Konzern-Gewinn- und Verlustrechnung unmittelbar ausgewiesen und kämen insofern grundsätzlich für eine Verrechnung infrage.

In der Literatur wird zum Teil argumentiert, dass vor dem Hintergrund der Ausgestaltung der Equity-Methode als sog. **Einzeilenkonsolidierung** (*one line consolidation*)[1253] bei der Zwischenergebniseliminierung und der damit verbundenen Aufwands- und Ertragskonsolidierung eine Verrechnung ausschließlich mit dem Equity-Wert und dem Equity-Ergebnis angezeigt sei.[1254] Eine Verrechnung mit dem Wertansatz des gelieferten Vermögenswertes im Rahmen einer Upstream-Lieferung oder mit den operativen Erträgen und Aufwendungen im Rahmen einer Downstream-Lieferung kämen dann nicht in Betracht. Nur so könne der Zusammenhang zwischen Equity-Wert und der korrespondierenden Erfolgsgröße gewahrt bleiben.[1255] Dies würde in Bezug auf die in der Literatur vielfach geführte Diskussion, ob die Equity-Methode eine Bewertungs- oder (vereinfachte) Konsolidierungsmethode sei, die Stellung der Equity-Methode als eigenständige Bewertungsmethode stärken.[1256]

Gleichwohl ist es ebenso denkbar, die Zwischenergebniseliminierung und die damit verbundene Aufwands- und Ertragskonsolidierung grundsätzlich, d. h. insoweit konsolidierungstechnisch möglich,[1257] **analog** zur Vorgehensweise gemäß **IFRS 10.B86 (c)** vorzunehmen.[1258] Schließlich enthält IAS 28 den allgemeinen Verweis in IAS 28.26, wonach viele der im Rahmen der Anwendung der Equity-Methode sachgerechten Bilanzierungsmethoden den in

---

1252 Unter den operativen Erträgen und Aufwendungen werden im Folgenden die mit der jeweiligen Transaktion verbundenen Umsatzerlöse und Herstellungskosten des Umsatzes verstanden. Dessen ungeachtet kann das Ergebnis aus assoziierten Unternehmen bzw. Gemeinschaftsunternehmen unter Umständen auch operativen Charakter aufweisen, sodass ein diesbezüglicher Ausweis in der Konzern-Gewinn- und Verlustrechnung als Teil des operativen Ergebnisses anstelle des Finanzergebnisses grundsätzlich infrage kommt. Vgl. hierzu BRUNE, J. W., in: Driesch u. a., Beck IFRS HB, 5. Aufl., § 29, Rn. 69 m. w. N.

1253 Vgl. bspw. SCHÄFER, H., Bilanzierung nach der Equity-Methode, S. 16.

1254 Vgl. bspw. KÖSTER, O., in: Hennrichs/Kleindiek/Watrin, MüKo Bilanzrecht Bd. 1, IAS 28, Rn. 70; HAYN, B., in: Driesch u. a., Beck IFRS HB, 5. Aufl., § 36, Rn. 64; BUSSE VON COLBE, W. U. A., Konzernabschlüsse, S. 545–547.

1255 Vgl. implizit HAYN, B., in: Driesch u. a., Beck IFRS HB, 5. Aufl., § 36, Rn. 64; KÖSTER, O., in: Hennrichs/Kleindiek/Watrin, MüKo Bilanzrecht Bd. 1, IAS 28, Rn. 70.

1256 Vgl. WOHLGEMUTH, M., in: Schulze-Osterloh/Hennrichs/Wüstemann, HdJ, Abt. V/5, Rn. 132 i. V. m. Rn. 139; ähnlich BRADBURY, M., Intercompany Transactions when Equity Accounting, S. 48 f. Vgl. allgemein zu dieser Diskussion bezüglich der Charakterisierung der Equity-Methode bspw. HAYN, B., in: Driesch u. a., Beck IFRS HB, 5. Aufl., § 36, Rn. 2 f.; BAETGE, J./KIRSCH, H.-J./THIELE, S., Konzernbilanzen, S. 395; SCHMIDT, C., Die *equity*-Methode, S. 61–66.

1257 Im Unterschied zur Vollkonsolidierung stehen zum einen aufgrund des saldierten Ausweises bei einer Upstream-Lieferung die operativen Erträge und Aufwendungen des Beteiligungsunternehmens sowie im Rahmen einer Downstream-Lieferung der Wertansatz des gelieferten Vermögenswertes rein technisch nicht unmittelbar zur Verrechnung zur Verfügung. Zum anderen erfolgt die Eliminierung gemäß IAS 28.28 im Gegensatz zur Eliminierung gemäß IFRS 10.B86 (c) nicht vollständig, sondern lediglich im Umfang der Beteiligungsquote am Beteiligungsunternehmen. Vgl. LÜDENBACH, N./HOFFMANN, W.-D./FREIBERG, J., in: Lüdenbach/Hoffmann/Freiberg, Haufe IFRS-Kommentar, 17. Aufl., § 33, Rn. 75. Aus den vorgenannten Gründen wird im Folgenden von „grundsätzlich" analoger Vorgehensweise gemäß IFRS 10.B86 (c) gesprochen.

1258 Vgl. LÜDENBACH, N., Zwischenergebniseliminierung bei der *equity*-Methode, S. 208; ähnlich im handelsrechtlichen Kontext SCHMIDT, G., Rechnungslegung nach der Equity-Methode, S. 412 f.

IFRS 10 enthaltenen Konsolidierungsmaßnahmen ähneln. Hiernach wäre im Kontext einer Upstream-Lieferung eine Verrechnung des zu eliminierenden Zwischenergebnisses mit dem Wertansatz des gelieferten Vermögenswertes anstelle des Equity-Wertes angezeigt,[1259] während im Zuge einer Downstream-Lieferung die operativen Erträge und Aufwendungen quotal zu eliminieren wären.[1260] Dabei ist jedoch zu berücksichtigen, dass sich der IASB schon im April 2009 an anderer Stelle wie folgt geäußert hat: „*The Board noted that paragraph 20 of IAS 28* [nunmehr IAS 28.26; Anm. d. Verf.] *explains only the methodology used to account for investments in associates. This should not be taken to imply that the principles for business combinations and consolidations can be applied by analogy to accounting for investments in associates and joint ventures.*"[1261] Die unreflektierte Übertragung einer Bilanzierungsweise gemäß einer Vorschrift nach IFRS 10 auf eine nicht explizit geregelte Bilanzierung im Rahmen der Anwendung der Equity-Methode nach IAS 28 ist daher ungeachtet des allgemeinen Verweises in IAS 28.26 ausgeschlossen.[1262] Gleichwohl wäre es ebenso wenig sachgerecht, umgekehrt eine Analogisierung in einem solchen Fall per se auszuschließen.[1263] Schließlich hat sich der IASB zur konkreten Wechselbeziehung zwischen den Vorschriften nach IFRS 10 (und IFRS 3) auf der einen Seite und den Regelungen nach IAS 28 auf der anderen Seite bislang nicht abschließend geäußert.[1264]

Im Folgenden werden die beiden konkreten Vorgehensweisen der Zwischenergebniseliminierung und der damit verbundenen Aufwands- und Ertragskonsolidierung im Rahmen der Equity-Methode sowohl im Zusammenhang mit einer Upstream- als auch mit einer Downstream-Lieferung jeweils anhand eines Beispiels veranschaulicht, analysiert sowie hinsichtlich ihrer Zulässigkeit geprüft. Darauf aufbauend wird letzten Endes diejenige Vorgehensweise herausgearbeitet, die zu einer im Sinne der Entscheidungsnützlichkeit bestmöglichen Informationsvermittlung führt.

542.2 Upstream-Transaktionen

542.21 Ausgangsbeispiel

Das einen Konzernabschluss aufstellende[1265] Unternehmen A hat zum 01.01.**X0 25 % der Anteile** am Eigenkapital des Unternehmens B erworben. Angesichts eines mit diesen Anteilen verbundenen maßgeblichen Einflusses auf Unternehmen B hat Unternehmen A als Investor dieses

---

1259 Vgl. LÜDENBACH, N./HOFFMANN, W.-D./FREIBERG, J., in: Lüdenbach/Hoffmann/Freiberg, Haufe IFRS-Kommentar, 17. Aufl., § 33, Rn. 75.

1260 Vgl. HARR, U./ZEYER, F., Zwischenergebniseliminierung bei assoziierten Unternehmen, S. 589 f.

1261 IAS 39.BC24D.

1262 Vgl. BAETGE, J./GRAUPE, F./HÖBENER, J., in: Baetge u. a., Rechnungslegung nach IFRS, 2. Aufl., IAS 28, Rn. 73; GIMPEL-HENNING, N., Sukzessive Anteilserwerbe, S. 185; ähnlich KESSLER, H./LEINEN, M., Bewertung von Anteilen an assoziierten Unternehmen (Teil 2), S. 222.

1263 Vgl. BAETGE, J./GRAUPE, F./HÖBENER, J., in: Baetge u. a., Rechnungslegung nach IFRS, 2. Aufl., IAS 28, Rn. 73.

1264 Vgl. HAYN, B., in: Driesch u. a., Beck IFRS HB, 5. Aufl., § 36, Rn. 2; ähnlich KPMG (Hrsg.), Insights into IFRS 2019/20, Rn. 3.5.190; ERNST & YOUNG (Hrsg.), International GAAP 2019, S. 764 f.

1265 Es wird davon ausgegangen, dass Unternehmen A das Mutterunternehmen eines Tochterunternehmens ist. Auf die Darstellung dieser Unternehmensverbindung wird im Beispiel indes verzichtet.

Beteiligungsunternehmen als **assoziiertes Unternehmen** mittels der **Equity-Methode** gemäß IAS 28 in seinen Konzernabschluss einzubeziehen.[1266] Die Anschaffungskosten für die Beteiligung betrugen 250 GE und entsprechen zum Erwerbszeitpunkt exakt dem auf diese Beteiligung entfallenden Anteil am (neubewerteten) Nettovermögen von Unternehmen B. Aus der außerbilanziellen Kapitalverrechnung verbleibt folglich kein Unterschiedsbetrag. Stille Reserven oder stille Lasten sind bei Unternehmen B ebenfalls nicht vorhanden.

Im Laufe des hier betrachteten Geschäftsjahres **X0** hat Unternehmen B einen Jahresüberschuss in Höhe von 200 GE erwirtschaftet. Dieser Betrag resultiert vollständig aus der Lieferung eines von Unternehmen B in derselben Periode selbst hergestellten Vermögenswertes des Vorratsvermögens an Unternehmen A (**Upstream-Lieferung**). Der in Barmitteln bezahlte Preis beträgt 1.200 GE, während sich die vollständig zahlungs- und aufwandswirksamen Herstellungskosten für diesen Vermögenswert auf 1.000 GE belaufen. Die (stark vereinfachten) IFRS-Bilanzen II des Investors A sowie des assoziierten Unternehmens B zum 31.12.X0 sind der Tabelle 5-46 zu entnehmen.

31.12.X0 (Zahlenangaben in GE)	**A (Investor)** IFRS-Bilanz II	**B (AU)** IFRS-Bilanz II
Aktiva		
Beteiligung	250	
Sachanlagen		1.000
Vorräte	1.200	
Kasse		1.200
Summe Aktiva	1.450	2.200
Passiva		
Gez. Kapital	1.450	1.000
Jahresergebnis	0	200
Verbindlichkeiten		1.000
Summe Passiva	1.450	2.200
Legende: AU ≙ Assoziiertes Unternehmen | GE ≙ Geldeinheiten | Gez. Kapital ≙ Gezeichnetes Kapital		

Tabelle 5-46: Einzelbilanzen des Investors und des assoziierten Unternehmens zum 31.12.X0 [Upstream-Transaktion]

542.22 Verrechnung mit dem Equity-Wert

542.221. Beispielhafte Darstellung

Zur Aufstellung der **Konzernbilanz** von Unternehmen A zum 31.12.X0 ist der Wertansatz der Beteiligung an Unternehmen B gemäß den Vorschriften des IAS 28 fortzuschreiben. Hierzu ist

[1266] Vgl. IAS 28.2 i. V. m. IAS 28.16.

in einem ersten Schritt[1267] der Equity-Wert gemäß IAS 28.10 um den anteilig auf die Beteiligung entfallenden Jahresüberschuss des Unternehmens B in Höhe von 50 GE (= 200 GE * 25 %) ergebniswirksam zu erhöhen. Dies erfolgt mittels Buchung (1).

(1)	Beteiligung	50 GE	*an*	Ergebnis	50 GE

Der fortgeschriebene Equity-Wert und das insoweit erfasste Ergebnis aus der Beteiligungsbeziehung sind jedoch vorbehaltlich der Zwischenergebniseliminierung. Angesichts der Upstream-Lieferung eines Vermögenswertes des Unternehmens B an Unternehmen A und dem in dessen Wertansatz enthaltenen Zwischenergebnis in Höhe von insgesamt 200 GE ist in einem zweiten Schritt eine Zwischenergebniseliminierung vorzunehmen.[1268] Da die Zwischenergebniseliminierung im Rahmen der Equity-Methode gemäß IAS 28.28 beteiligungsproportional zu erfolgen hat, beläuft sich das zu eliminierende Zwischenergebnis auf 50 GE (= 200 GE * 25 %). Hierbei ist fraglich, ob das zu eliminierende Zwischenergebnis auf der Aktivseite der Konzernbilanz mit dem Equity-Wert oder aber mit dem Wertansatz des gelieferten Vermögenswertes selber zu verrechnen ist.[1269] Die erste hier betrachtete Möglichkeit besteht darin, mittels Buchung (2) den Equity-Wert um das Zwischenergebnis zu vermindern.[1270]

(2)	Ergebnis	50 GE	*an*	Beteiligung	50 GE

Da die Fortschreibung des Equity-Wertes demnach im Saldo 0 GE beträgt und von anderen Beteiligungen und Transaktionen abstrahiert wird, entspricht hier die Konzernbilanz des Investors zum 31.12.X0 seiner Einzelbilanz. Die Aufstellung dieser Konzernbilanz unter Berücksichtigung der oben genannten Buchungssätze ist Tabelle 5-47 zu entnehmen.

1267 Um der Fortschreibungssystematik des Equity-Wertes Rechnung zu tragen, wäre es technisch auch möglich, die beiden Buchungen (1) und (2) zu einer zusammenzufassen. Da sie sich im hier betrachteten Sachverhalt indes wertmäßig gegenseitig aufheben würden, werden aus Anschaulichkeitsgründen beide Buchungen einzeln gezeigt.

1268 Vgl. IAS 28.28.

1269 Vgl. HARR, U./ZEYER, F., Zwischenergebniseliminierung bei assoziierten Unternehmen, S. 588 f.; THEILE, C./BEHLING, K., in: Heuser/Theile, IFRS Handbuch, 6. Aufl., Kap. 40, Rn. 40.53.

1270 Vgl. EHRCKE, H., in: Thiele/von Keitz/Brücks, Internationales Bilanzrecht, IAS 28, Rn. 142; PWC (Hrsg.), Manual of accounting 2019, Rn. FAQ 31.53.1.

31.12.X0 (Zahlenangaben in GE)	**A (Investor)** IFRS II	**SB**	**Equity-Fortschreibung** Soll	Haben	**KB**
Aktiva					
Beteiligung	250	250	(1) 50	(2) 50	250
Sachanlagen					
Vorräte	1.200	1.200			1.200
Kasse					
Summe Aktiva	1.450	1.450			1.450
Passiva					
Gez. Kapital	1.450	1.450			1.450
Ergebnis	0	0	(2) 50	(1) 50	0
Verbindlichkeiten					
Summe Passiva	1.450	1.450	100	100	1.450

Legende: GE ≙ Geldeinheiten | Gez. Kapital ≙ Gezeichnetes Kapital | KB ≙ Konzernbilanz | SB ≙ Summenbilanz

Tabelle 5-47: Aufstellung der Konzernbilanz zum 31.12.X0 (Verrechnung mit Equity-Wert [Upstream-Transaktion])

Die Aufstellung der **Konzern-Gewinn- und Verlustrechnung** von Unternehmen A unter Berücksichtigung der Beteiligungsbeziehung mit Unternehmen B soll aus didaktischen Gründen ebenfalls in zwei Schritten erfolgen.[1271] Hierzu ist zunächst die mit dem ersten Schritt der Fortschreibung des Equity-Wertes in der Konzernbilanz verbundene Ergebniswirkung in der Konzern-Gewinn-und Verlustrechnung mittels Buchung (1*) nachzuzeichnen.[1272] Dabei werden bei Anwendung der Equity-Methode nicht die einzelnen anteiligen Erträge und Aufwendungen des assoziierten Unternehmens übernommen, vielmehr ist deren Saldo in einem Posten als Ergebnis aus assoziierten Unternehmen in der Gewinn- und Verlustrechnung des Konzerns zu erfassen.[1273]

(1*)	Konzernergebnis	50 GE	*an*	Ergebnis aus aU	50 GE

In einem nächsten Schritt ist das Konzernergebnis indes wiederum um das anteilige Zwischenergebnis im Rahmen der mit der Zwischenergebniseliminierung verbundenen Aufwands- und

1271 Analog zur alternativen Möglichkeit der technischen Fortschreibung des Equity-Wertes in der Konzernbilanz mithilfe nur einer Buchung (vgl. Fn. 1267) könnten auch die nächsten beiden Buchungen betreffend die korrespondierende(n) Ergebniswirkung(en) in der Konzern-Gewinn- und Verlustrechnung zusammengefasst werden.

1272 Vgl. IAS 28.10.

1273 Vgl. IAS 1.82 (c), sowie HAYN, B., in: Driesch u. a., Beck IFRS HB, 5. Aufl., § 36, Rn. 142; LÜDENBACH, N./HOFFMANN, W.-D./FREIBERG, J., in: Lüdenbach/Hoffmann/Freiberg, Haufe IFRS-Kommentar, 17. Aufl., § 33, Rn. 75.

Ertragskonsolidierung gemäß IAS 28.28 gänzlich zu eliminieren. Da die dem Zwischenergebnis zugrunde liegenden Umsatzerlöse und Herstellungskosten des Umsatzes saldiert im Ergebnis aus assoziierten Unternehmen ausgewiesen werden, ist das Konzernergebnis mit diesem Ergebnis zu verrechnen.[1274] Dies erfolgt mittels Buchung (2*).

(2*)	Ergebnis aus aU	50 GE	*an*	Konzernergebnis	50 GE

In der in Tabelle 5-48 dargestellten Konzern-Gewinn- und Verlustrechnung zum 31.12.X0 werden infolge dieser Eliminierung weder Erträge noch Aufwendungen ausgewiesen. Vielmehr entspricht die Gewinn- und Verlustrechnung des Konzerns derjenigen von Unternehmen A auf Einzelabschlussebene.

31.12.X0 (Zahlenangaben in GE)	**A (Investor)** IFRS II	**S-GuV**	**Equity-Fortschreibung** Soll	Haben	**K-GuV**
Erträge					
Umsatzerlöse					
Ergebnis aus aU			(2*) 50	(1*) 50	
Aufwendungen					
HKdU					
Konzernergebnis	0	0	(1*) 50	(2*) 50	0
Legende: aU ≙ assoziierten Unternehmen | GE ≙ Geldeinheiten | HKdU ≙ Herstellungskosten des Umsatzes | K-GuV ≙ Konzern-Gewinn- und Verlustrechnung | S-GuV ≙ Summen-Gewinn- und Verlustrechnung					

Tabelle 5-48: Aufstellung der Konzern-Gewinn- und Verlustrechnung zum 31.12.X0 (Verrechnung mit Equity-Wert [Upstream-Transaktion])

542.222. Kritische Analyse

Für die Verrechnung des zu eliminierenden Zwischenergebnisses mit dem Equity-Wert spricht zunächst die **Fortschreibungssystematik des Equity-Wertes gemäß IAS 28.10.**[1275] So ist hiernach der Equity-Wert (unter anderem) um das anteilige Jahresergebnis des Beteiligungsunternehmens zu erhöhen oder zu vermindern und in gleicher Höhe ein Erfolg in der Konzern-Gewinn- und Verlustrechnung zu vereinnahmen. Zwar hat das Beteiligungsunternehmen auf Einzelabschlussebene tatsächlich einen Erfolg erwirtschaftet, gleichwohl gilt der auf die Beteiligung von Unternehmen A entfallende Anteil an diesem Erfolg aufgrund der ihm zugrunde

[1274] Vgl. LÜDENBACH, N., Zwischenergebniseliminierung bei der *equity*-Methode, S. 208; EHRCKE, H., in: Thiele/von Keitz/Brücks, Internationales Bilanzrecht, IAS 28, Rn. 142.

[1275] Vgl. THEILE, C./BEHLING, K., in: Heuser/Theile, IFRS Handbuch, 6. Aufl., Kap. 40, Rn. 40.53; PwC (Hrsg.), Manual of accounting 2019, Rn. FAQ 31.53.1; implizit KÖSTER, O., in: Hennrichs/Kleindiek/Watrin, MüKo Bilanzrecht Bd. 1, IAS 28, Rn. 70.

liegenden Transaktion gemäß IAS 28.28 nicht als realisiert,[1276] sodass auf Konzernabschlussebene gerade kein Erfolg aus der Beteiligungsbeziehung zu erfassen ist.[1277] Da also konzernbilanziell kein anteiliges Ergebnis zu vereinnahmen ist und auch gemäß dem Sachverhalt keine anderweitige Eigenkapitalveränderung beim Beteiligungsunternehmen stattgefunden hat, könnte argumentiert werden, dass sich folglich auf Basis der Upstream-Lieferung auch der Equity-Wert nicht verändern darf.[1278] Die Kongruenz zwischen der im Konzernabschluss zu erfassenden anteiligen Eigenkapitalveränderung des Beteiligungsunternehmens und der Veränderung des Equity-Wertes bleiben bei einer Verrechnung mit dem Equity-Wert bestehen.[1279] Dies fördert auf den ersten Blick die Nachvollziehbarkeit der Ermittlung des Equity-Wertes und insoweit die **Verständlichkeit** der Berichterstattung über diese Beteiligungsbeziehung.

Dem steht jedoch kritisch gegenüber, dass infolge der Verrechnung des anteiligen Zwischenergebnisses mit dem Equity-Wert dieser **nicht mehr dem anteiligen Nettovermögen** des Beteiligungsunternehmens entspricht.[1280] Obgleich auf Konzernebene kein Erfolg aus der Beteiligung an dem assoziierten Unternehmen zu vereinnahmen ist, hat bei ebendiesem auf Einzelabschlussebene tatsächlich eine Reinvermögenserhöhung stattgefunden.[1281] Schließlich hat Unternehmen B eine Gegenleistung in Form liquider Mittel für den an Unternehmen A gelieferten Vermögenswert erhalten, die betragsmäßig über den aktivierten Herstellungskosten dieses Vermögenswertes lagen. Der Grundidee der Equity-Methode, dass der Equity-Wert dem anteiligen Nettovermögen des Beteiligungsunternehmens entspricht und im Rahmen der Fortschreibung dessen Änderungen widerspiegelt,[1282] widerspricht dies.[1283] Im Extremfall wäre es sogar denkbar, dass der Equity-Wert infolge der Zwischenergebniseliminierung auf bzw. theoretisch unter null zu korrigieren und die Equity-Methode daher möglicherweise auszusetzen wäre,[1284] obgleich das auf die Beteiligung entfallende Nettovermögen des Beteiligungsunternehmens noch

1276 Vgl. KÖSTER, O., in: Hennrichs/Kleindiek/Watrin, MüKo Bilanzrecht Bd. 1, IAS 28, Rn. 67, sowie in Bezug auf Gemeinschaftsunternehmen LÜDENBACH, N./HOFFMANN, W.-D./FREIBERG, J., in: Lüdenbach/Hoffmann/Freiberg, Haufe IFRS-Kommentar, 17. Aufl., § 34, Rn. 47.

1277 Vgl. PWC (Hrsg.), Manual of accounting 2019, Rn. FAQ 31.53.1.

1278 Vgl., wenn auch im handelsrechtlichen Kontext, ZÜNDORF, H., Quotenkonsolidierung versus Equity-Methode, S. 174; SCHMIDT, G., Rechnungslegung nach der Equity-Methode, S. 414.

1279 Vgl., wenn auch im handelsrechtlichen Kontext, SCHMIDT, G., Rechnungslegung nach der Equity-Methode, S. 414.

1280 Vgl., wenn auch im handelsrechtlichen Kontext, MANDL, G./KÖNIGSMAIER, H., Equitymethode und Zwischenergebniseliminierung, S. 138; implizit D'ARCY, A./KURT, C. E., in: Böcking u. a., Beck HdR, C 511, Rn. 152.

1281 Vgl. PWC (Hrsg.), Manual of accounting 2019, Rn. FAQ 31.53.1, sowie, wenn auch im handelsrechtlichen Kontext, HAASE, K. D., Zwischenerfolgseliminierung bei Equity-Bilanzierung, S. 1705.

1282 Vgl. FREIBERG, J., Anwendungsfragen der *equity*-Bewertung, S. 255 f.; GEISEL, A./SCHMIDT, M., Equity-Methode mit kündbaren Anteilen, S. 81 und S. 87; BRADBURY, M., Intercompany Transactions when Equity Accounting, S. 48.

1283 Vgl., wenn auch im handelsrechtlichen Kontext, MANDL, G./KÖNIGSMAIER, H., Equitymethode und Zwischenergebniseliminierung, S. 138.

1284 Vgl. HAYN, B., in: Driesch u. a., Beck IFRS HB, 5. Aufl., § 36, Rn. 144; KÖSTER, O., in: Hennrichs/Kleindiek/Watrin, MüKo Bilanzrecht Bd. 1, IAS 28, Rn. 70; EHRCKE, H., in: Thiele/von Keitz/Brücks, Internationales Bilanzrecht, IAS 28, Rn. 141.

positiv ist.[1285] Den Abschlussadressaten des Konzerns würde ein (nahezu) überschuldetes Beteiligungsunternehmen und insofern ein nicht den tatsächlichen Verhältnissen entsprechendes Bild der wirtschaftlichen Lage des Beteiligungsunternehmens vermittelt. Zwar käme wohl – bevor die Equity-Methode tatsächlich ausgesetzt werden würde – spätestens in einem solchen Fall der Wertansatz des gelieferten Vermögenswertes für eine (ggf. noch verbleibende) Zwischenergebniseliminierung infrage,[1286] jedoch würde dies mit einer stetigen Vorgehensweise bei der Zwischenergebniseliminierung im Rahmen der Anwendung der Equity-Methode konfligieren und die Nachvollziehbarkeit der Ermittlung des Equity-Wertes insoweit einschränken.

Da der **Wertansatz des gelieferten Vermögenswertes** im Rahmen einer Verrechnung des anteiligen Zwischenergebnisses mit dem Equity-Wert hingegen nicht um das anteilige Zwischenergebnis korrigiert wird, umfasst dieser in der Konzernbilanz ausgewiesene Wertansatz des gelieferten Vermögenswertes das vollständige Zwischenergebnis.[1287] Losgelöst von der Höhe des Equity-Wertes kann dies zunächst insoweit positiv beurteilt werden, als die tatsächlich für den gelieferten Vermögenswert gezahlten Anschaffungskosten zum Ansatz kommen und insoweit dem „Prinzip der Maßgeblichkeit der Gegenleistung“[1288] Rechnung getragen wird. Gleichwohl suggeriert der Ausweis des gelieferten Vermögenswertes in Höhe der von Unternehmen A insgesamt gezahlten Anschaffungskosten, dass dieser Vermögenswert vollständig von konzernexternen Dritten – hier dem Beteiligungsunternehmen – erworben wurde und das darin enthaltene Zwischenergebnis vor diesem Hintergrund realisiert sei. Auch wenn die Vermögenslage insgesamt angesichts der Korrektur des Equity-Wertes um das anteilige Zwischenergebnis mit Blick auf die Vorgabe des IAS 28.28, eine beteiligungsproportionale Zwischenergebniseliminierung vorzunehmen, nicht verzerrt dargestellt wird, konfligiert zumindest der Wertansatz des gelieferten Vermögenswertes mit der **Aufgabe der Zwischenergebniseliminierung**, da dieser weiterhin einen nicht realisierten Anteil eines Zwischenergebnisses enthält.[1289] Ob indes umgekehrt eine Verrechnung des Zwischenergebnisses mit dem Wertansatz des gelieferten Vermögenswertes vorzuziehen ist, gilt es im Folgenden zu prüfen.

[1285] Hätte im vorliegenden Sachverhalt bspw. das Unternehmen B einen Verlust in Höhe von 800 GE erwirtschaftet, würde der Equity-Wert aufgrund der Fortschreibung um das anteilige Ergebnis in Höhe von 200 GE (= 800 GE * 25 %) und der anschließenden Korrektur des Equity-Wertes um das anteilige Zwischenergebnis in Höhe von 50 GE (= 200 GE * 25 %) auf null vermindert werden, obgleich das Nettovermögen des assoziierten Unternehmens noch 200 GE bzw. der auf die Beteiligung von Unternehmen A entfallende Teil noch 50 GE betragen würde.

[1286] Vgl. hierzu das Beispiel bei HAYN, B., in: Driesch u. a., Beck IFRS HB, 5. Aufl., § 36, Rn. 144 f. Zudem kämen hierbei prinzipiell auch die weiteren Teile des Gesamtwertes der Beteiligung infrage, wie bspw. langfristige Forderungen. Vgl. zum Gesamtwert der Beteiligung Fn. 1238.

[1287] Vgl., wenn auch im handelsrechtlichen Kontext, MANDL, G./KÖNIGSMAIER, H., Equitymethode und Zwischenergebniseliminierung, S. 138; FRICKE, G., Rechnungslegung für Beteiligungen, S. 323 f.

[1288] WOHLGEMUTH, M./RADDE, J., Anschaffungskosten nach HGB und IAS, S. 906. Vgl. zum Prinzip der Maßgeblichkeit der Gegenleistung Abschnitt 422.

[1289] Vgl., wenn auch im handelsrechtlichen Kontext, FRICKE, G., Rechnungslegung für Beteiligungen, S. 323; SCHMIDT, G., Rechnungslegung nach der Equity-Methode, S. 414; GÖTH, P., Eigenkapital im Konzernabschluß, S. 379; MANDL, G./KÖNIGSMAIER, H., Equitymethode und Zwischenergebniseliminierung, S. 138.

542.23 Verrechnung mit dem Wertansatz des gelieferten Vermögenswertes

542.231. Beispielhafte Darstellung

Die zweite Möglichkeit, die Zwischenergebniseliminierung im Kontext einer Upstream-Lieferung eines *at equity* einbezogenen Unternehmens an ein vollkonsolidiertes Unternehmen vorzunehmen, besteht darin, das zu eliminierende Zwischenergebnis nicht mit dem Equity-Wert, sondern grundsätzlich analog zu IFRS 10.B86 (c) mit dem Wertansatz des gelieferten Vermögenswertes selber zu verrechnen.[1290] Zur Aufstellung der **Konzernbilanz** von Unternehmen A unter Berücksichtigung dieser Vorgehensweise sind zunächst unverändert gemäß IAS 28.10 mittels Buchung (1) der Equity-Wert um den anteilig auf die Beteiligung entfallenden Jahresüberschuss des Unternehmens B in Höhe von 50 GE (= 200 GE * 25 %) fortzuschreiben und in gleicher Höhe ein Ergebnis zu erfassen.

(1)	Beteiligung	50 GE	*an*	Ergebnis	50 GE

Der auf diese Weise erfasste Erfolg aus dem assoziierten Unternehmen ist wiederum in einem zweiten Schritt im Rahmen der gemäß IAS 28.28 vorzunehmenden Zwischenergebniseliminierung zu eliminieren. Dies erfolgt nunmehr nicht zulasten des Equity-Wertes, sondern mittels Buchung (2) zulasten des Wertansatzes des gelieferten Vermögenswertes.

(2)	Ergebnis	50 GE	*an*	Vorräte	50 GE

Der Unterschied in der auf diesen Buchungen aufbauenden, der Tabelle 5-49 zu entnehmenden Konzernbilanz von Unternehmen A zum 31.12.X0 im Vergleich zur Konzernbilanz, die auf der ersten hier betrachteten Vorgehensweise bei der Zwischenergebniseliminierung gemäß IAS 28.28 basiert, besteht folglich darin, dass der Equity-Wert um das anteilige Zwischenergebnis höher ist, während der Wertansatz des gelieferten Vermögenswertes entsprechend um das anteilige Zwischenergebnis geringer ist.

1290 Vgl. Baetge, J./Graupe, F./Höbener, J., in: Baetge u. a., Rechnungslegung nach IFRS, 2. Aufl., IAS 28, Rn. 150; Ernst & Young (Hrsg.), International GAAP 2019, S. 782.

31.12.X0 (Zahlenangaben in GE)	**A (Investor)** IFRS II	**SB**	**Equity-Fortschreibung**		**KB**
			Soll	Haben	
Aktiva					
Beteiligung	250	250	(1) 50		300
Sachanlagen					
Vorräte	1.200	1.200		(2) 50	1.150
Kasse					
Summe Aktiva	1.450	1.450			1.450
Passiva					
Gez. Kapital	1.450	1.450			1.450
Ergebnis	0	0	(2) 50	(1) 50	0
Verbindlichkeiten					
Summe Passiva	1.450	1.450	100	100	1.450
Legende: GE ≙ Geldeinheiten | Gez. Kapital ≙ Gezeichnetes Kapital | KB ≙ Konzernbilanz | SB ≙ Summenbilanz					

Tabelle 5-49: Aufstellung der Konzernbilanz zum 31.12.X0 (Verrechnung mit Wertansatz des gelieferten Vermögenswertes [Upstream-Transaktion])

Auch bei der grundsätzlich analogen Vorgehensweise gemäß IFRS 10.B86 (c) ist im Rahmen der mit der Zwischenergebniseliminierung verbundenen Aufwands- und Ertragskonsolidierung das zu eliminierende Zwischenergebnis mit dem Ergebnis aus assoziierten Unternehmen zu verrechnen, da die dem Zwischenergebnis zugrunde liegenden Erträge und Aufwendungen nicht einzeln, sondern saldiert in ebendiesem Posten in die Gewinn- und Verlustrechnung des Konzerns übernommen werden.[1291] Die in Tabelle 5-50 erneut dargestellte **Konzern-Gewinn- und Verlustrechnung** von Unternehmen A zum 31.12.X0 entspricht daher derjenigen im Rahmen der Verrechnung des Zwischenergebnisses mit dem Equity-Wert. Für die Erläuterungen der Buchungssätze wird auf die Ausführungen in Abschnitt 542.221. verwiesen.

[1291] Vgl. LÜDENBACH, N., Zwischenergebniseliminierung bei der *equity*-Methode, S. 208.

31.12.X0 (Zahlenangaben in GE)	A (Investor) IFRS II	S-GuV	Equity-Fortschreibung Soll	Equity-Fortschreibung Haben	K-GuV
Erträge					
Umsatzerlöse					
Ergebnis aus aU			(2*) 50	(1*) 50	
Aufwendungen					
HKdU					
Konzernergebnis	0	0	(1*) 50	(2*) 50	0
Legende: aU ≙ assoziierten Unternehmen | GE ≙ Geldeinheiten | HKdU ≙ Herstellungskosten des Umsatzes | K-GuV ≙ Konzern-Gewinn- und Verlustrechnung | S-GuV ≙ Summen-Gewinn- und Verlustrechnung					

Tabelle 5-50: Aufstellung der Konzern-Gewinn- und Verlustrechnung zum 31.12.X0 (Verrechnung mit Wertansatz des gelieferten Vermögenswertes [Upstream-Transaktion])

542.232. Kritische Analyse

Im Rahmen der grundsätzlich analogen Anwendung von IFRS 10.B86 (c) wird das anteilige Zwischenergebnis nicht mit dem Equity-Wert, sondern mit dem Wertansatz des gelieferten Vermögenswertes verrechnet. Die analoge Anwendung einer Vorschrift eines geregelten Sachverhaltes auf einen nicht hinreichend geregelten oder einen gänzlich ungeregelten Sachverhalt setzt allgemein voraus, dass sich die beiden Sachverhalte – hier die Zwischenergebniseliminierung im Rahmen der Vollkonsolidierung gemäß IFRS 10.B86 (c) auf der einen sowie die Zwischenergebniseliminierung im Rahmen der Equity-Methode gemäß IAS 28.28 auf der anderen Seite – in den für die rechtliche Bewertung maßgebenden Hinsichten hinreichend ähneln.[1292] Für die Beurteilung der Ähnlichkeit ist in Bezug auf die hier betrachtete Fragestellung folglich entscheidend, ob der der Zwischenergebniseliminierung gemäß IFRS 10.B86 (c) innewohnende Zweck bzw. Grundgedanke auf die Zwischenergebniseliminierung gemäß IAS 28.28 sinnvoll übertragen werden kann.

Die allgemeine Aufgabe der aus der in IFRS 10.A verankerten Einheitsfiktion abgeleiteten Zwischenergebniseliminierung besteht darin, aus Konzernsicht unrealisierte, aber einzelbilanziell erfasste Erfolgsbeiträge aus konzerninternen Transaktionen sowohl aus dem Wertansatz des betreffenden Vermögenswertes als auch aus dem Konzernergebnis zu beseitigen.[1293] Dies soll wiederum bezwecken, die Vermögens- und Ertragslage des Konzerns zutreffend abzubilden. Schließlich gründen Erfolgsbeiträge, die aus konzerninternen Transaktionen resultieren, nicht auf einem Umsatzgeschäft mit der Außenwelt des Konzerns und sind deshalb konzernbilanziell vor dem Hintergrund einer glaubwürdigen Berichterstattung nicht zu erfassen. Ein in der Konzernbilanz zu aktivierender Vermögenswert, der Gegenstand einer konzerninternen Lieferung

[1292] Vgl. LARENZ, K./CANARIS, C.-W., Methodenlehre der Rechtswissenschaft, S. 202, sowie Abschnitt 252.
[1293] Vgl. Abschnitt 41.

war, ist insoweit grundsätzlich bis zu seiner Veräußerung an konzernexterne Dritte mit seinen (fortgeführten) Konzernanschaffungs- bzw. Konzernherstellungskosten zu bewerten.[1294]

Ebendieser **Grundgedanke der Zwischenergebniseliminierung** gemäß IFRS 10.B86 (c), den Wertansatz eines konzernintern gelieferten Vermögenswertes um Zwischenergebnisse zu bereinigen, sodass der Vermögenswert mit seinen (fortgeführten) Konzernanschaffungs- bzw. Konzernherstellungskosten bewertet wird, scheint auf den ersten Blick unmittelbar auf die Zwischenergebniseliminierung nach IAS 28.28 übertragbar zu sein. Schließlich ist auch hier im Wertansatz des gelieferten Vermögenswertes ein Zwischenergebnis enthalten.[1295] Die der Zwischenergebniseliminierung zugrunde liegende Einheitsfiktion im Sinne des IFRS 10.A beschränkt sich allerdings dem Wortlaut nach nur auf das Mutterunternehmen und seine Tochterunternehmen.[1296] Insofern kann die aus der Einheitsfiktion abgeleitete Idee der Zwischenergebniseliminierung, dass eine konzerninterne Transaktion wie eine Lieferungs- oder Leistungsbeziehung zwischen Betriebsstätten desselben Unternehmens zu werten und folglich dementsprechend im Konzernabschluss abzubilden ist, zwar nicht unmittelbar auf die im Kontext der Equity-Methode anzuwendende quotale Zwischenergebniseliminierung übertragen werden.[1297] Vor dem Hintergrund des mindestens maßgeblichen Einflusses eines Investors auf ein *at equity* einbezogenes Unternehmen können aber zugleich Zwischenergebnisse, die aus einer Transaktionen zwischen einem vollkonsolidierten Unternehmen und einem solchen Beteiligungsunternehmen resultieren, auch „nicht als endgültig erzielt angesehen werden“[1298].[1299] Die aus der Einheitsfiktion abgeleitete Idee der Zwischenergebniseliminierung kann vielmehr – wie aus der Quotenkonsolidierung bekannt und in Abschnitt 532.22 erläutert – dergestalt übertragen werden, dass im Umfang der eigenen Beteiligungsquote eine zwischenergebniseliminierungspflichtige konzerninterne Transaktion zu fingieren ist, während der auf die Fremdbeteiligungsquote entfallende Teil der Transaktion als mit konzernexternen Dritten durchgeführt gilt. Nach

---

1294 Vgl. LÜDENBACH, N., Zwischenergebniseliminierung bei der *equity*-Methode, S. 208.

1295 Vgl. BAETGE, J./GRAUPE, F./HÖBENER, J., in: Baetge u. a., Rechnungslegung nach IFRS, 2. Aufl., IAS 28, Rn. 150; HARR, U./ZEYER, F., Zwischenergebniseliminierung bei assoziierten Unternehmen, S. 592; LIENAU, A., Equity-Methode nach IFRS, S. 16, sowie, wenn auch im handelsrechtlichen Kontext, FRICKE, G., Rechnungslegung für Beteiligungen, S. 323 f.; SCHÄFER, H., Bilanzierung nach der Equity-Methode, S. 80.

1296 Vgl. BAETGE, J./HAYN, S./STRÖHER, T., in: Baetge u. a., Rechnungslegung nach IFRS, 2. Aufl., IFRS 10, Rn. 31. Aus diesem Grund wird vor allem im handelsrechtlichen Schrifttum teilweise argumentiert, dass sich eine Zwischenergebniseliminierung im Rahmen der Anwendung der Equity-Methode nicht mit der Einheitsfiktion begründen ließe, sondern die Notwendigkeit der Zwischenergebniseliminierung vor dem Hintergrund der Einheitsfiktion vielmehr infrage zu stellen ist. Vgl., wenn auch im handelsrechtlichen Kontext, VON WYSOCKI, K./WOHLGEMUTH, M./BRÖSEL, G., Konzernrechnungslegung, S. 245; ähnlich PELLENS, B./FÜLBIER, R. U., in: Schmidt/Ebke, MüKo HGB, 3. Aufl., § 312 HGB, Rn. 53, HACHMEISTER, D./BEYER, B., in: Baetge/Kirsch/Thiele, Bilanzrecht, § 312 HGB, Rn. 156 m. w. N.

1297 Vgl. BUSSE VON COLBE, W. U. A., Konzernabschlüsse, S. 544 f.

1298 DEUTSCHER BUNDESTAG (Hrsg.), BT-Drucksache 7/5221, S. 21, wenn auch in Bezug auf assoziierte Unternehmen im handelsrechtlichen Kontext.

1299 Vgl. KÖSTER, O., in: Hennrichs/Kleindiek/Watrin, MüKo Bilanzrecht Bd. 1, IAS 28, Rn. 67 f.; in Bezug auf Gemeinschaftsunternehmen SCHMIDT, M./LABRENZ, H., Bilanzierung von Gemeinschaftsunternehmen nach IFRS, S. 474, sowie in Bezug auf assoziierte Unternehmen, wenn auch im handelsrechtlichen Kontext, HAASE, K. D., Zwischenerfolgseliminierung bei Equity-Bilanzierung, S. 1703.

dieser Logik entspricht im hier betrachteten Beispielsachverhalt der maßgebende konzernbilanzielle Wertansatz des gelieferten Vermögenswertes gerade nicht den für ihn aus rechtlicher Perspektive tatsächlich entrichteten Anschaffungskosten in Höhe von 1.200 GE, vielmehr setzt sich dieser Wert aus fingierten Konzern**herstellungs**kosten in Höhe von 250 GE (= 1.000 GE * 25 %) und Konzern**anschaffungs**kosten in Höhe von 900 GE (= 1.200 GE * 75 %) zusammen. Mithin beläuft sich der konzernbilanzielle Wertansatz insgesamt auf 1.150 GE. Vor diesem Hintergrund ist der Grundgedanke der aus der Einheitsfiktion abgeleiteten Zwischenergebniseliminierung sinnvoll auf die Zwischenergebniseliminierung im Rahmen der Equity-Methode übertragbar,[1300] sodass diesbezüglich eine Verrechnung des Zwischenergebnisses mit dem Wertansatz des gelieferten Vermögenswertes zulässig ist und zudem auch konzeptionell angezeigt zu sein scheint.

Gleichwohl wird bei einer Verrechnung mit dem Wertansatz des gelieferten Vermögenswertes die damit verbundene **Erhöhung bzw. Verminderung des Equity-Wertes** um ein anteiliges Zwischenergebnis, das nicht gleichzeitig im Konzernergebnis erfasst wird, im Schrifttum teilweise als problematisch erachtet.[1301] Die zentrale Kritik besteht zum einen darin, dass der in IAS 28.10 verankerte Zusammenhang zwischen der Veränderung des Equity-Wertes und einer korrespondierenden Erfassung eines Ergebnisses aus einem im Wege der Equity-Methode einbezogenen Unternehmen durchbrochen wird.[1302] Zum anderen wird kritisiert, dass infolge der Verrechnung eines Zwischenergebnisses mit dem Wertansatz des gelieferten Vermögenswertes der Equity-Wert um das anteilige Zwischenergebnis zu hoch bzw. zu niedrig ausgewiesen wird.[1303]

Dieser Kritik kann zumindest insoweit zugestimmt werden, als hier die (technische) Erhöhung des Equity-Wertes um das anteilige Zwischenergebnis einen Erfolg des Beteiligungsunternehmens und damit eine **positive Entwicklung** seiner wirtschaftlichen Lage **suggeriert**. Obschon das Beteiligungsunternehmen auf Einzelabschlussebene sehr wohl einen Erfolg erwirtschaftet und sich insoweit auch dessen Nettovermögen erhöht hat, ist der anteilige Erfolg aus Konzernperspektive nicht realisiert und kann daher konzernbilanziell auch keine erfolgswirksame Erhöhung des Equity-Wertes im Sinne von IAS 28.10 rechtfertigen.[1304] Ungeachtet des einzelbilanziellen Erfolges des assoziierten Unternehmens lässt sich die Erhöhung des Equity-Wertes

---

1300 Vgl. so wohl auch LÜDENBACH, N., Zwischenergebniseliminierung bei der *equity*-Methode, S. 208. A. A. wohl BUSSE VON COLBE, W. U. A., Konzernabschlüsse, S. 544 f.

1301 Vgl. für einen Überblick der diesbezüglichen Kritikpunkte, wenn auch im handelsrechtlichen Kontext, MANDL, G./KÖNIGSMAIER, H., Equitymethode und Zwischenergebniseliminierung, S. 141–143.

1302 Vgl. implizit KÖSTER, O., in: Hennrichs/Kleindiek/Watrin, MüKo Bilanzrecht Bd. 1, IAS 28, Rn. 70; HAYN, B., in: Driesch u. a., Beck IFRS HB, 5. Aufl., § 36, Rn. 64, sowie deutlicher, wenn auch im handelsrechtlichen Kontext, ZÜNDORF, H., Quotenkonsolidierung versus Equity-Methode, S. 173 f.; BENTLER, M., Grundsätze ordnungsmäßiger Bilanzierung für die Equitymethode, S. 53; GÖTH, P., Eigenkapital im Konzernabschluß, S. 379; JANSCHEK, O., Konzernrechnungslegung, S. 319.

1303 Vgl., wenn auch im handelsrechtlichen Kontext, JANSCHEK, O., Konzernrechnungslegung, S. 319; ZÜNDORF, H., Quotenkonsolidierung versus Equity-Methode, S. 174; BENTLER, M., Grundsätze ordnungsmäßiger Bilanzierung für die Equitymethode, S. 53.

1304 Vgl. PwC (Hrsg.), Manual of accounting 2019, Rn. FAQ 31.53.1.

aber mit Blick auf die aus der Einheitsfiktion abgeleiteten Idee der quotalen Zwischenergebniseliminierung nachvollziehen. So stellt hiernach die Upstream-Lieferung aus **Konzernperspektive** eine teilweise konzerninterne Herstellung des in Rede stehenden Vermögenswertes in Höhe von 250 GE sowie eine teilweise Anschaffung in Höhe von 900 GE dar, sodass konzernbilanziell kein erfolgswirksamer Geschäftsvorgang stattgefunden hat, sondern ein **reiner Aktivtausch** – unter Vernachlässigung des saldierten Ausweises des implizit im Equity-Wert enthaltenen Konzernvermögens – *per* Vermögenswert *an* liquide Mittel. Dies spiegelt sich auch unter Berücksichtigung der implizit im Equity-Wert enthaltenen liquiden Mittel in der Entwicklung der insgesamt auf den Konzern entfallenden liquiden Mittel im Laufe des Geschäftsjahres wider, die in Tabelle 5-51 verdeutlicht wird.

	Auf den Konzern entfallende liquide Mittel vor Herstellung/Anschaffung zum 01.01.X0	1.450 GE
./.	Herstellungskosten des Vermögenswertes	250 GE
./.	Anschaffungskosten des Vermögenswertes	900 GE
=	**Liquide Mittel des Konzerns zum 31.12.X0**	**300 GE**

Tabelle 5-51: Ermittlung der auf den Konzern entfallenden liquiden Mittel zum 31.12.X0 (Verrechnung mit Wertansatz des gelieferten Vermögenswertes [Upstream-Transaktion])

Auf den Konzern entfielen zu Beginn des Geschäftsjahres X0, d. h. vor der fiktiven teilweisen Herstellung bzw. Anschaffung des Vermögenswertes, liquide Mittel in Höhe von 1.450 GE, die sich aus den liquiden Mitteln des Unternehmens A in Höhe von 1.200 GE sowie aus den implizit im Equity-Wert enthaltenen liquiden Mitteln in Höhe von 250 GE (= 1.000 GE * 25 %) des Unternehmens B zusammensetzen.[1305] Die nach der teilweisen Herstellung in Höhe von 250 GE und der teilweisen Anschaffung in Höhe von 900 GE auf den Konzern entfallenden liquiden Mittel belaufen sich folglich auf 300 GE. Ebendiese verbleibenden liquiden Mittel sind nunmehr vollständig implizit im Equity-Wert zum 31.12.X0 enthalten, jedoch aufgrund des saldierten Ausweises im Rahmen der Equity-Methode nicht unmittelbar der Konzernbilanz zu entnehmen. Der (impliziten) Abnahme des konzernbilanziellen Vermögens um 1.150 GE in Form von liquiden Mitteln steht mit dem in Rede stehenden Vermögenswert wiederum eine entsprechende Zunahme des konzernbilanziellen Vermögens in Höhe von 1.150 GE gegenüber.

Die Erhöhung des Equity-Wertes bleibt zwar zu einem gewissen Grad kontraintuitiv.[1306] Gleichwohl ist sie vor dem Hintergrund der aus der Einheitsfiktion abgeleiteten Idee der quotalen Zwischenergebniseliminierung gerade nicht auf ein anteilig erfasstes Zwischenergebnis zurückzuführen.[1307] Vielmehr gründet die Erhöhung aus Konzernsicht auf einen an Konzernbuchwerten gemessenen Aktivtausch, infolgedessen lediglich das auf den Konzern entfallende,

[1305] Diese Werte sind den in Tabelle 5-46 dargestellten Einzelbilanzen nicht unmittelbar zu entnehmen, da dort die Bilanzen nach der Lieferung des Vermögenswertes gezeigt werden.
[1306] Vgl. ERNST & YOUNG (Hrsg.), International GAAP 2019, S. 782.
[1307] Vgl. so aber ERNST & YOUNG (Hrsg.), International GAAP 2019, S. 782.

implizit im Equity-Wert enthaltene Vermögen des Unternehmens B höher als vor der Lieferung ist. Insofern steht die Erhöhung des Equity-Wertes auch nicht in Konflikt mit IAS 28.28 i. V. m. IAS 28.10. Stattdessen ist die Erhöhung als Ausfluss eines konzernbilanziellen Aktivtausches zu verstehen, der im Rahmen der Anwendung der Equity-Methode im Übrigen auch keine Ausnahme ist.[1308] Die Kritik, der Equity-Wert sei infolge der Verrechnung des zu eliminierenden Zwischenergebnisses mit dem Wertansatz des gelieferten Vermögenswertes zu hoch, kann daher nicht überzeugen. Dass diese Erhöhung nicht unmittelbar eingängig ist, resultiert hingegen eher aus dem saldierten Ausweis der hinter dem Equity-Wert stehenden anteiligen Vermögenswerte und Schulden.

Ehe die beiden hier diskutierten Vorgehensweisen der Zwischenergebniseliminierung im Rahmen der Equity-Methode bei einer Upstream-Lieferung in Abschnitt 542.4 abschließend mit Blick auf die Entscheidungsnützlichkeit der jeweils durch sie vermittelten Informationen gewürdigt werden, wird im Folgenden zunächst der Beispielsachverhalt zur Downstream-Lieferung analysiert.

542.3 Downstream-Transaktionen

542.31 Ausgangsbeispiel

Im Kontext einer Downstream-Transaktion zwischen einem vollkonsolidierten Unternehmen und einem *at equity* einbezogenen Unternehmen stellt sich die spezifische Fragestellung, ob ein anteilig zu eliminierendes Zwischenergebnis bei der mit der Zwischenergebniseliminierung verbundenen Aufwands- und Ertragskonsolidierung mit dem Equity-Ergebnis zu verrechnen ist oder ob alternativ grundsätzlich analog zu IFRS 10.B86 (c) die einzelnen von der Transaktion betroffenen operativen Erfolgsposten des liefernden Unternehmens zu korrigieren sind.[1309]

Zur Analyse dieser beiden Vorgehensweisen soll im Folgenden auf das in Abschnitt 542.21 beschriebene Beispiel einer Upstream-Lieferung in leicht modifizierter Form zurückgegriffen werden. Nunmehr stellt nicht das assoziierte Unternehmen B, sondern der Investor A einen Vermögenswert des Vorratsvermögens zu vollständig zahlungs- und aufwandswirksamen Herstellungskosten in Höhe von 1.000 GE selber her, liefert diesen Vermögenswert im Laufe des Geschäftsjahres X0 zu einem Preis in Höhe von 1.200 GE an das assoziierte Unternehmen (**Downstream-Lieferung**) und erfasst hieraus einen Jahresüberschuss in Höhe von 200 GE.

[1308] So ist bspw. der Equity-Wert auch im Zuge einer proportionalen Teilnahme des Konzerns an der Kapitalerhöhung eines *at equity* einbezogenen Beteiligungsunternehmens ohne gleichzeitige Veränderung des Konzerneigenkapitals zu erhöhen. Vgl. BAETGE, J./GRAUPE, F./HÖBENER, J., in: Baetge u. a., Rechnungslegung nach IFRS, 2. Aufl., IAS 28, Rn. 191; LÜDENBACH, N./HOFFMANN, W.-D./FREIBERG, J., in: Lüdenbach/Hoffmann/Freiberg, Haufe IFRS-Kommentar, 17. Aufl., § 33, Rn. 110; FRÖHLICH, C., Bilanzierung von Beteiligungen an assoziierten Unternehmen, S. 69 i. V. m. S. 108.

[1309] Vgl. HARR, U./ZEYER, F., Zwischenergebniseliminierung bei assoziierten Unternehmen, S. 589 f.

Unternehmen B erwirtschaftet hingegen keinen Erfolg. Die IFRS-Bilanzen II des Unternehmens A sowie des Unternehmens B zum 31.12.X0, d. h. nach der Lieferung des selbst hergestellten Vermögenswertes, sind der Tabelle 5-52 zu entnehmen.

31.12.X0 (Zahlenangaben in GE)	**A (Investor)** IFRS-Bilanz II	**B (AU)** IFRS-Bilanz II
Aktiva		
Beteiligung	250	
Sachanlagen		1.000
Vorräte		1.200
Kasse	1.200	
Summe Aktiva	1.450	2.200
Passiva		
Gez. Kapital	1.250	1.000
Jahresergebnis	200	0
Verbindlichkeiten		1.200
Summe Passiva	1.450	2.200
Legende: AU ≙ Assoziiertes Unternehmen | GE ≙ Geldeinheiten | Gez. Kapital ≙ Gezeichnetes Kapital		

Tabelle 5-52: Einzelbilanzen des Investors und des assoziierten Unternehmens zum 31.12.X0 [Downstream-Transaktion]

542.32 Verrechnung mit dem Ergebnis aus assoziierten Unternehmen

542.321. Beispielhafte Darstellung

Zur Aufstellung der **Konzernbilanz** von Unternehmen A zum 31.12.X0 gilt es, Unternehmen B mittels der Equity-Methode gemäß IAS 28 einzubeziehen. Da Unternehmen B keinen Erfolg auf Einzelabschlussebene erfasst hat, erübrigt sich eine entsprechende Fortschreibung gemäß IAS 28.10. Vielmehr ist im Rahmen der Fortschreibung des Equity-Wertes aufgrund des aus der Downstream-Lieferung resultierenden Zwischenergebnisses eine Zwischenergebniseliminierung gemäß IAS 28.28 vorzunehmen. Analog zur Upstream-Lieferung erfolgt die Zwischenergebniseliminierung im Rahmen einer Downstream-Lieferung beteiligungsproportional, sodass das aus der Transaktion resultierende Zwischenergebnis in Höhe von 50 GE (= 200 GE * 25 %) zu eliminieren ist.[1310] Dabei ist es im Gegensatz zur Vorgehensweise bei einer Upstream-Lieferung unstrittig, das anteilig zu eliminierende Zwischenergebnis mit dem Equity-Wert zu verrechnen, da infolge einer Downstream-Lieferung der gelieferte Vermögenswert anteilig impliziter Bestandteil des Equity-Wertes ist.[1311] Diese Verrechnung erfolgt mittels Buchung (1).

1310 Vgl. IAS 28.28.

1311 Vgl. KPMG (Hrsg.), Insights into IFRS 2019/20, Rn. 3.5.430.60; HAYN, B., in: Driesch u. a., Beck IFRS HB,

(1)	Ergebnis	50 GE	*an*	Beteiligung	50 GE

Die darauf aufbauende Konzernbilanz ist Tabelle 5-53 zu entnehmen. Gegenüber dem in der Einzelbilanz zum 31.12.X0 von Unternehmen A ausgewiesenen Beteiligungswertansatz in Höhe von 250 GE, der hier zugleich dem konzernbilanziellen Equity-Wert zum Erstanwendungszeitpunkt entspricht, sinkt folglich der Equity-Wert um ebendieses anteilige Zwischenergebnis auf 200 GE. Das Ergebnis des Konzerns beträgt infolge der Eliminierung 150 GE. Dies entspricht dem auf die Fremdbeteiligungsquote entfallenden Teil des gesamten Zwischenergebnisses aus der Downstream-Lieferung.

31.12.X0 (Zahlenangaben in GE)	**A (Investor)** IFRS II	**SB**	**Equity-Fortschreibung** Soll	Haben	**KB**
Aktiva					
Beteiligung	250	250		(1) 50	200
Sachanlagen					
Vorräte					
Kasse	1.200	1.200			1.200
Summe Aktiva	1.450	1.450			1.400
Passiva					
Gez. Kapital	1.250	1.250			1.250
Ergebnis	200	200	(1) 50		150
Verbindlichkeiten					
Summe Passiva	1.450	1.450	50	50	1.400
Legende: GE ≙ Geldeinheiten | Gez. Kapital ≙ Gezeichnetes Kapital | KB ≙ Konzernbilanz | SB ≙ Summenbilanz					

Tabelle 5-53: Aufstellung der Konzernbilanz zum 31.12.X0 (Verrechnung mit Ergebnis aus assoziierten Unternehmen [Downstream-Transaktion])

Im Rahmen der Aufstellung der **Konzern-Gewinn- und Verlustrechnung** ist sodann die mit der Zwischenergebniseliminierung verbundene Aufwands- und Ertragskonsolidierung vorzunehmen. Korrespondierend zur bilanzseitigen Korrektur des Ergebnisses ist das in die Summen-Gewinn- und Verlustrechnung übernommene Jahresergebnis anteilig um das aus der Downstream-Lieferung resultierende Zwischenergebnis zu korrigieren.[1312] Nach der ersten hier

5. Aufl., § 36, Rn. 64; BAETGE, J./GRAUPE, F./HÖBENER, J., in: Baetge u. a., Rechnungslegung nach IFRS, 2. Aufl., IAS 28, Rn. 150; LÜDENBACH, N., Zwischenergebniseliminierung bei der *equity*-Methode, S. 208; HARR, U./ZEYER, F., Zwischenergebniseliminierung bei assoziierten Unternehmen, S. 589; PWC (Hrsg.), Manual of accounting 2019, Rn. FAQ 31.53.2.

1312 Vgl. IAS 28.28.

betrachteten konsolidierungstechnischen Möglichkeit wird das zu eliminierende Zwischenergebnis mit dem Ergebnis aus assoziierten Unternehmen mittels Buchung (1*) verrechnet.

(1*)	Ergebnis aus aU	50 GE	*an*	Konzernergebnis	50 GE

Im Zuge dieser Vorgehensweise bei der mit der Zwischenergebniseliminierung verbundenen Aufwands- und Ertragskonsolidierung werden folglich sämtliche mit der Downstream-Lieferung verbundenen, auf Einzelabschlussebene des liefernden Unternehmens A erfassten und in die Summen-Gewinn- und Verlustrechnung übernommenen Umsatzerlöse und Herstellungskosten des Umsatzes in der Konzern-Gewinn- und Verlustrechnung unkorrigiert ausgewiesen. Das Ergebnis aus assoziierten Unternehmen reduziert sich hingegen um das anteilige Zwischenergebnis und nimmt einen **Verlust** in Höhe von 50 GE an, weshalb es hier unter den Aufwendungen ausgewiesen wird. Die Konzern-Gewinn- und Verlustrechnung zum 31.12.X0 ist Tabelle 5-54 zu entnehmen.

31.12.X0 (Zahlenangaben in GE)	**A (Investor)** IFRS II	**S-GuV**	**Equity-Fortschreibung** Soll	Haben	**K-GuV**
Erträge					
Umsatzerlöse	1.200	1.200			1.200
Aufwendungen					
HKdU	1.000	1.000			1.000
Ergebnis aus aU			(1*) 50		50
Konzernergebnis	200	200		(1*) 50	150

Legende: aU ≙ assoziierten Unternehmen | GE ≙ Geldeinheiten | HKdU ≙ Herstellungskosten des Umsatzes | K-GuV ≙ Konzern-Gewinn- und Verlustrechnung | S-GuV ≙ Summen-Gewinn- und Verlustrechnung

Tabelle 5-54: Aufstellung der Konzern-Gewinn- und Verlustrechnung zum 31.12.X0 (Verrechnung mit Ergebnis aus assoziierten Unternehmen [Downstream-Transaktion])

542.322. Kritische Analyse

Das assoziierte Unternehmen B hat auf Einzelabschlussebene im Zusammenhang mit der Transaktion keinen Erfolg erfasst, sodass sich die Höhe seines Reinvermögens nicht ändert.[1313] Schließlich stellt die Anschaffung des gelieferten Vermögenswertes einzelbilanziell einen reinen Aktivtausch dar.[1314] Die konzernbilanzielle Minderung des **Equity-Wertes** um das anteilige Zwischenergebnis ist daher zunächst kontraintuitiv, da sie – abgesehen von etwaigen Kapitalmaßnahmen – gleichzeitig eine Reinvermögensminderung des assoziierten Unternehmens

[1313] Vgl. zur Erfolgskonzeption der IFRS Abschnitt 241.

[1314] Vgl., wenn auch im handelsrechtlichen Kontext, ZÜNDORF, H., Quotenkonsolidierung versus Equity-Methode, S. 175; WOHLGEMUTH, M., in: Schulze-Osterloh/Hennrichs/Wüstemann, HdJ, Abt. V/5, Rn. 154, Fn. 219.

suggeriert.[1315] Gleichwohl kann die **Minderung** des Equity-Wertes mit Blick auf eine zutreffende Darstellung der Vermögenslage des Konzerns unter Berücksichtigung einer vorzunehmenden Zwischenergebniseliminierung als **sachgerecht** beurteilt werden. Denn aus Konzernperspektive verbirgt sich im Equity-Wert nunmehr ein gegenüber dem Zeitpunkt vor der Transaktion gesunkenes zu Konzernbuchwerten bewertetes anteiliges Nettovermögen, da der auf die Beteiligungsquote am Beteiligungsunternehmen entfallende Teil des gelieferten Vermögenswertes, dessen Konzernherstellungskosten sich auf 250 GE (= 1.000 * 25 %) belaufen, nunmehr implizit im Equity-Wert enthalten ist,[1316] während sich die dafür seitens des Beteiligungsunternehmens hingegebenen liquiden Mittel in Höhe von 300 GE (= 1.200 GE * 25 %) im Bestand des vollkonsolidierten Unternehmens A befinden.

Demgegenüber ist es aber fraglich, ob im Zusammenhang mit der mit der Zwischenergebniseliminierung verbundenen Aufwands- und Ertragskonsolidierung die aus der Verrechnung des anteiligen Zwischenergebnisses mit dem **Ergebnis aus assoziierten Unternehmen** resultierende Erfassung eines Verlusts überzeugen kann. Analog zur Verrechnung eines anteiligen Zwischenergebnisses mit dem Equity-Wert im Rahmen einer Upstream-Lieferung besteht ein Vorteil der Verrechnung des zu eliminierenden Zwischenergebnisses mit dem Equity-Ergebnis zunächst ganz allgemein darin, dass der in IAS 28.10 verankerten **Fortschreibungssystematik des Equity-Wertes** Rechnung getragen wird.[1317] So ist im Rahmen dieser Vorgehensweise hier die Minderung des Equity-Wertes mit einem entsprechenden Verlust aus assoziierten Unternehmen verbunden. Dies fördert grundsätzlich die Nachvollziehbarkeit der Ermittlung des Equity-Wertes und insoweit die **Verständlichkeit** der durch die Anwendung der Equity-Methode vermittelten Informationen.

Bei dieser Vorgehensweise wird indes nicht bloß der formale Zusammenhang zwischen der Veränderung des Equity-Wertes auf der einen Seite sowie einer korrespondierenden Ergebniserfassung auf der anderen Seite gewahrt. Vielmehr ist sie angesichts der Erfassung der operativen Erfolgsposten des liefernden Unternehmens in unkorrigierter Höhe und einer gleichzeitigen Erfassung eines Verlusts aus assoziierten Unternehmen in der Konzern-Gewinn- und Verlustrechnung mit einer **konzernbilanziellen Trennung** zwischen der **wirtschaftlichen Einheit** der vollkonsolidierten Unternehmen einerseits sowie der **rechtlichen Einheit** „Beteiligungsunternehmen" andererseits verbunden. Schließlich wird auf diese Weise die an Konzernbuchwerten gemessene **Vermögensverschiebung** zwischen der wirtschaftlichen Einheit der vollkonsolidierten Unternehmen und dem *at equity* einbezogenen Beteiligungsunternehmen auch in der Konzern-Gewinn- und Verlustrechnung durch die Erfassung der entsprechenden Erträge und Aufwendungen nachgezeichnet.

1315 Vgl., wenn auch im handelsrechtlichen Kontext, ZÜNDORF, H., Quotenkonsolidierung versus Equity-Methode, S. 175 f.

1316 Dem liegt die Annahme zugrunde, dass wiederum der auf die Fremdbeteiligungsquote entfallende Teil des gelieferten Vermögenswertes kein (impliziter) Bestandteil des Equity-Wertes ist, da er an konzernexterne Dritte veräußert wurde.

1317 Vgl. implizit KÖSTER, O., in: Hennrichs/Kleindiek/Watrin, MüKo Bilanzrecht Bd. 1, IAS 28, Rn. 70.

Folglich kann diese Abbildungsweise hinsichtlich der Darstellung der Ertragslage dergestalt **interpretiert** werden, dass zunächst – wie aus der Zwischenergebniseliminierung im Rahmen der Quotenkonsolidierung bekannt – der auf die **Fremdbeteiligungsquote entfallende Teil** der Transaktion als gewöhnlicher, nicht zwischenergebniseliminierungspflichtiger Veräußerungsvorgang abgebildet wird,[1318] aus dem mit Blick auf die diesbezüglichen Umsatzerlöse in Höhe von 900 GE (= 1.200 GE * 75 %) und den Herstellungskosten des Umsatzes in Höhe von 750 GE (= 1.000 GE * 75 %) das Konzernergebnis in Höhe von 150 GE resultiert. Darüber hinaus wird allerdings der auf die **Beteiligungsquote des Konzerns** am Beteiligungsunternehmen **entfallende Teil** der in Rede stehenden Transaktion wiederum **zweigeteilt** abgebildet. Zum einen in dem Sinne, als ob die wirtschaftliche Einheit der vollkonsolidierten Unternehmen den auf diese Beteiligungsquote entfallenden Teil des gelieferten Vermögenswertes zu einem Preis von 300 GE (= 1.200 GE * 25 %) an die rechtliche Einheit „Beteiligungsunternehmen" veräußert hat, sodass hieraus unter Berücksichtigung der korrespondierenden Herstellungskosten des Umsatzes in Höhe von 250 GE (= 1.000 GE * 25 %) ein gedankliches Teilergebnis der wirtschaftlichen Einheit der vollkonsolidierten Unternehmen in Höhe von 50 GE verbleibt. Mit Blick auf die gleichzeitige Erfassung des Verlusts aus assoziierten Unternehmen in Höhe von 50 GE wird dieser Teil der Transaktion zum anderen so abgebildet, als ob die rechtliche Einheit „Beteiligungsunternehmen" ein gedankliches Teilergebnis in Höhe von -50 GE erwirtschaftet hat. Dabei kann dieser Verlust als Vermögensminderung in Bezug auf das der rechtlichen Einheit „Beteiligungsunternehmen" zustehende Konzernvermögen interpretiert werden, da sie liquide Mittel in Höhe von 300 GE für den gelieferten Vermögenswert entrichtet hat, obgleich dessen konzernbilanzieller Wertansatz angesichts der vorzunehmenden Zwischenergebniseliminierung lediglich 250 GE (= 1.000 * 25 %) beträgt.[1319] Im Saldo haben diese gedanklichen Teilergebnisse aus dem auf die Beteiligungsquote des Konzerns entfallenden Teil der Transaktion keinen Einfluss auf das Konzernergebnis, da sie sich in betragsmäßig gleicher Höhe, aber umgekehrtem Vorzeichen gegenüberstehen.

Diese Abbildungsweise in der Konzern-Gewinn- und Verlustrechnung, im Rahmen derer die an Konzernbuchwerten gemessene Vermögensverschiebung zwischen der wirtschaftlichen Einheit der vollkonsolidierten Unternehmen und dem *at equity* einbezogenen Beteiligungsunternehmen mittels der Erfassung der entsprechenden Erträge und Aufwendungen nachgezeichnet wird, kann nur **bedingt überzeugen**. Die explizite Wahrung der rechtlichen Einheit „Beteiligungsunternehmen" in Form des Equity-Ergebnisses gegenüber den Erträgen und Aufwendungen der wirtschaftlichen Einheit der vollkonsolidierten Unternehmen im Kontext einer Transaktion zwischen diesen Einheiten würde zwar der Stellung der Equity-Methode als eigenständige Bilanzierungsmethode Rechnung tragen.[1320] Schließlich findet hier im Rahmen der

---

1318 Vgl. Abschnitt 532.33.

1319 Vgl. ähnlich HARR, U./ZEYER, F., Zwischenergebniseliminierung bei assoziierten Unternehmen, S. 593.

1320 Vgl. implizit so wohl KÖSTER, O., in: Hennrichs/Kleindiek/Watrin, MüKo Bilanzrecht Bd. 1, IAS 28, Rn. 70; HAYN, B., in: Driesch u. a., Beck IFRS HB, 5. Aufl., § 36, Rn. 64; LÜDENBACH, N./HOFFMANN, W.-D./FREIBERG, J., in: Lüdenbach/Hoffmann/Freiberg, Haufe IFRS-Kommentar, 17. Aufl., § 33, Rn. 75.

Transaktion in Bezug auf den auf die Beteiligungsquote entfallenden Teil des gelieferten Vermögenswertes tatsächlich eine an Konzernbuchwerten gemessene Vermögensverschiebung zugunsten der wirtschaftlichen Einheit der vollkonsolidierten Unternehmen und zulasten der rechtlichen Einheit „Beteiligungsunternehmen" statt. Allerdings wird den Konzernabschlussadressaten ungeachtet der hier vorgenommenen Interpretation dieser Transaktion und trotz der Zwischenergebniseliminierung mit Blick auf den Ausweis der vollständigen, d. h. unkorrigierten Umsatzerlöse und Herstellungskosten des Umsatzes suggeriert, dass die Lieferung des Vermögenswertes an das Beteiligungsunternehmen ein vollständiges Umsatzgeschäft mit der Außenwelt des Konzerns und insofern das diesbezügliche Ergebnis realisiert sei.[1321] Zugleich verbleibt aber der auf die Beteiligungsquote am assoziierten Unternehmen entfallende Teil des gelieferten und wertmäßig implizit um das quotale Zwischenergebnis verminderten Vermögenswertes im Equity-Wert enthalten und ist daher auch weiterhin Teil des in der Konzernbilanz ausgewiesenen Konzernvermögens. Darüber hinaus suggeriert die Minderung des Equity-Wertes mit einer korrespondierenden Erfassung eines Verlusts aus assoziierten Unternehmen eine negative wirtschaftliche Lage dieses Beteiligungsunternehmens, während es im hier betrachteten Beispielsachverhalt weder einen positiven noch einen negativen Erfolg erwirtschaftet hat.

In diesem Sinne steht die Darstellung der Ertragslage des Konzerns im Zuge der Verrechnung eines anteiligen Zwischenergebnisses mit dem Ergebnis aus assoziierten Unternehmen bzw. Gemeinschaftsunternehmen **in Konflikt** mit der **Einheitsfiktion der Konzernrechnungslegung**. Vor dem Hintergrund der Einheitsfiktion ist schließlich die Konzern-Gewinn- und Verlustrechnung gemäß IFRS 10.B86 (c) i. V. m. IFRS 10.A so darzustellen, als handele es sich bei den Konzernunternehmen um ein einziges Unternehmen. Wie im Kontext der Upstream-Lieferung bereits erläutert wurde,[1322] beschränkt sich die Einheitsfiktion gemäß dem Wortlaut des IFRS 10.A zwar nur auf das Mutterunternehmen sowie seine Tochterunternehmen. Gleichwohl kann die dahinter stehende Idee im Rahmen der aus der Einheitsfiktion abgeleiteten Zwischenergebniseliminierung auf die quotale Zwischenergebniseliminierung und der damit verbundenen Aufwands- und Ertragskonsolidierung insofern übertragen werden, als bei einer Transaktion zwischen einem vollkonsolidierten Unternehmen und einem *at equity* einbezogenen Unternehmen beteiligungsproportional eine konzerninterne Transaktion zu fingieren ist,[1323] während der auf die Fremdbeteiligungsquote entfallende Teil der Transaktion als mit konzernexternen Dritten durchgeführt gilt.[1324] Ersterem, also der Fiktion der teilweisen konzerninternen

1321 Vgl. HARR, U./ZEYER, F., Zwischenergebniseliminierung bei assoziierten Unternehmen, S. 593, sowie darauf hinweisend, dass diese operativen Erfolgsposten zu hoch seien, wenn auch im handelsrechtlichen Kontext, FRICKE, G., Rechnungslegung für Beteiligungen, S. 324 f.; KÜTING, K./ZÜNDORF, H., Die Equity-Methode im deutschen Bilanzrecht, S. 16; WOHLGEMUTH, M., in: Schulze-Osterloh/Hennrichs/Wüstemann, HdJ, Abt. V/5, Rn. 154.

1322 Vgl. Abschnitt 542.232.

1323 Vgl. HARR, U./ZEYER, F., Zwischenergebniseliminierung bei assoziierten Unternehmen, S. 592 f.

1324 Vgl. LÜDENBACH, N./HOFFMANN, W.-D./FREIBERG, J., in: Lüdenbach/Hoffmann/Freiberg, Haufe IFRS-Kommentar, 17. Aufl., § 34, Rn. 47.

Transaktion, wird im Rahmen der Abbildung auf Konzernabschlussebene gerade nicht Rechnung getragen, wenn sich sowohl operative Erfolgsposten als auch das Equity-Ergebnis unmittelbar auf den auf die Beteiligungsquote entfallenden Teil der Transaktion beziehen. Vielmehr suggeriert der Ausweis der unkorrigierten operativen Erfolgsposten – losgelöst von dem Equity-Ergebnis – eine Realisation des auf die Beteiligungsquote am assoziierten Unternehmen entfallenden Teils des Zwischenergebnisses, die aus Konzernsicht nicht gegeben ist.

542.33 Verrechnung mit den einzelnen operativen Erfolgsposten

542.331. Beispielhafte Darstellung

Alternativ zur Verrechnung des anteiligen Zwischenergebnisses mit dem Ergebnis aus assoziierten Unternehmen können grundsätzlich analog zur Vorgehensweise im Rahmen der Vollkonsolidierung gemäß IFRS 10.B86 (c) unmittelbar die aus der Downstream-Lieferung resultierenden operativen Erträge und Aufwendungen beteiligungsproportional korrigiert werden.[1325] Da sich bei dieser Vorgehensweise bei der mit der Zwischenergebniseliminierung verbundenen Aufwands-und Ertragskonsolidierung im Kontext einer Downstream-Lieferung lediglich die Darstellung in der Konzern-Gewinn- und Verlustrechnung verändert, bleibt die in Tabelle 5-55 dargestellte **Konzernbilanz** von Unternehmen A zum 31.12.X0 unverändert. Für die entsprechenden Erläuterungen wird auf die Ausführungen in Abschnitt 542.321. verwiesen.

31.12.X0 (Zahlenangaben in GE)	**A (Investor)** IFRS II	**SB**	**Equity-Fortschreibung**		**KB**
			Soll	Haben	
Aktiva					
Beteiligung	250	250		(1) 50	200
Sachanlagen					
Vorräte					
Kasse	1.200	1.200			1.200
Summe Aktiva	1.450	1.450			1.400
Passiva					
Gez. Kapital	1.250	1.250			1.250
Ergebnis	200	200	(1) 50		150
Verbindlichkeiten					
Summe Passiva	1.450	1.450	50	50	1.400
Legende: GE ≙ Geldeinheiten | Gez. Kapital ≙ Gezeichnetes Kapital | KB ≙ Konzernbilanz | SB ≙ Summenbilanz					

Tabelle 5-55: Aufstellung der Konzernbilanz von Unternehmen A zum 31.12.X0 (Verrechnung mit operativen Erfolgsposten [Downstream-Transaktion])

1325 Vgl. HARR, U./ZEYER, F., Zwischenergebniseliminierung bei assoziierten Unternehmen, S. 589 f.

Im Rahmen der Aufstellung der **Konzern-Gewinn- und Verlustrechnung** sind bei der grundsätzlich analogen Anwendung von IFRS 10.B86 (c) die im Zuge der Downstream-Lieferung auf Einzelabschlussebene des liefernden Unternehmens erfassten und in die Summen-Gewinn- und Verlustrechnung übernommenen Umsatzerlöse und Herstellungskosten des Umsatzes sowie das daraus resultierende Ergebnis unmittelbar zu korrigieren.[1326] Die Eliminierung erfolgt gemäß IAS 28.28 beteiligungsproportional in Höhe von jeweils 25 % mittels Buchung (1*).

(1*)	Umsatzerlöse	300 GE	*an*	HKdU	250 GE
				Konzernergebnis	50 GE

Die darauf aufbauende Gewinn- und Verlustrechnung des Konzerns zum 31.12.X0 ist Tabelle 5-56 zu entnehmen. Bei dieser Vorgehensweise bleibt im Gegensatz zur Verrechnung des Zwischenergebnisses mit dem Ergebnis aus assoziierten Unternehmen ebendieses von der Downstream-Lieferung unberührt. Die aus der Transaktion resultierenden operativen Erträge und Aufwendungen des liefernden Unternehmens werden hingegen nicht mehr zu 100 %, sondern nur noch entsprechend der Fremdbeteiligungsquote zu 75 % erfasst. Das Konzernergebnis beträgt unverändert 150 GE.

31.12.X0 (Zahlenangaben in GE)	**A (Investor)** IFRS II	**S-GuV**	**Equity-Fortschreibung** Soll	Haben	**K-GuV**
Erträge					
Umsatzerlöse	1.200	1.200	(1*) 300		900
Aufwendungen					
HKdU	1.000	1.000		(1*) 250	750
Ergebnis aus aU					
Konzernergebnis	200	200		(1*) 50	150
Legende: aU ≙ assoziierten Unternehmen | GE ≙ Geldeinheiten | HKdU ≙ Herstellungskosten des Umsatzes | K-GuV ≙ Konzern-Gewinn- und Verlustrechnung | S-GuV ≙ Summen-Gewinn- und Verlustrechnung					

Tabelle 5-56: Aufstellung der Konzern-Gewinn- und Verlustrechnung zum 31.12.X0 (Verrechnung mit operativen Erfolgsposten [Downstream-Transaktion])

542.332. Kritische Analyse

Da im Rahmen der grundsätzlich analogen Vorgehensweise gemäß IFRS 10.B86 (c) mit sowohl den Umsatzerlösen als auch den Herstellungskosten des Umsatzes Posten der Gewinn- und Verlustrechnung Gegenstand der Eliminierung sind, könnte aus regelungssystematischer Sicht gegen diese Vorgehensweise sprechen, dass IAS 28.28 lediglich eine Vorgabe zur Zwi-

[1326] Vgl. PwC (Hrsg.), Manual of accounting 2019, Rn. FAQ 31.53.2; BAETGE, J./GRAUPE, F./HÖBENER, J., in: Baetge u. a., Rechnungslegung nach IFRS, 2. Aufl., IAS 28, Rn. 150.

schenergebniseliminierung, aber **keine explizite Vorgabe** zur **Aufwands- und Ertragskonsolidierung** enthält und daher auch eine solche nicht vorsehe.[1327] Rein technisch ist mit einer Zwischenergebniseliminierung jedoch grundsätzlich auch eine Aufwands- und Ertragskonsolidierung **untrennbar verbunden**, da die Zwischenergebniseliminierung lediglich Bilanzposten zum Gegenstand hat, während die Korrektur der entsprechenden Erfolgsposten in der Gewinn- und Verlustrechnung Aufgabe der Aufwands- und Ertragskonsolidierung ist.[1328] Zwar ließe sich aus der fehlenden Vorgabe zur Aufwands- und Ertragskonsolidierung in IAS 28.28 ebenfalls ableiten, dass der Standardsetzer gerade im Rahmen der Equity-Methode vor dem Hintergrund ihres besonderen Wesens, die Vermögenswerte und Schulden bzw. Erträge und Aufwendungen in jeweils einem Posten saldiert darzustellen, gerade keine Aufwands- und Ertragskonsolidierung im Sinne der unmittelbaren Eliminierung von Erträgen und Aufwendungen, sondern wie bei einer Upstream-Lieferung nur des saldierten Ergebnisses aus assoziierten Unternehmen bzw. Gemeinschaftsunternehmen insgesamt im Sinn hat.[1329] Allerdings werden im Rahmen der Upstream-Lieferung implizit auch die operativen Erfolgsposten eliminiert, da sie letztlich saldiert im Ergebnis aus assoziierten Unternehmen enthalten sind.[1330]

Die fehlende explizite Vorgabe in IAS 28.28 zu einer mit der Zwischenergebniseliminierung verbundenen Aufwands- und Ertragskonsolidierung dürfte ohnehin vielmehr damit zusammenhängen, dass der Standardsetzer die hier vorgenommene strikte Unterscheidung zwischen der bilanzbezogenen Zwischenergebniseliminierung einerseits und der ergebnisrechnungsbezogenen Aufwands- und Ertragskonsolidierung andererseits nicht gleichermaßen differenzierend vornimmt. So fehlt bspw. auch bei den in IFRS 11.B34–B37 verankerten Vorschriften zur Zwischenergebniseliminierung im Rahmen der anteiligen Einbeziehung einer gemeinschaftlichen Tätigkeit der explizite Hinweis auf eine damit verbundene Aufwands- und Ertragskonsolidierung, obgleich diese zwingend geboten ist.[1331] Vor diesem Hintergrund kann die in IAS 28.28 fehlende explizite Vorgabe zur Aufwands- und Ertragskonsolidierung nicht (zwingend) als Wertungsentscheidung des IASB verstanden werden, im Zuge einer Downstream-Lieferung eine grundsätzlich analoge Vorgehensweise gemäß IFRS 10.B86 (c) – und damit die quotale

---

[1327] Dieser Einwand findet sich vor allem im handelsrechtlichen Schrifttum mit Blick auf die in § 312 HGB geregelte Methodik der Equity-Methode. So enthält § 312 Abs. 5 Satz 3 HGB einen expliziten Verweis auf die in § 304 HGB geregelte Zwischenergebniseliminierung, nicht aber auf die in § 305 HGB geregelte Aufwands- und Ertragskonsolidierung. Vgl. so bspw. SCHMIDT, G., Rechnungslegung nach der Equity-Methode, S. 424; HACHMEISTER, D./BEYER, B., in: Baetge/Kirsch/Thiele, Bilanzrecht, § 312 HGB, Rn. 166.

[1328] Vgl. BAETGE, J./KIRSCH, H.-J./THIELE, S., Konzernbilanzen, S. 280 f. Vgl. demgegenüber aber bspw. EBELING, R. M., in: Baetge/Kirsch/Thiele, Bilanzrecht, § 305 HGB, Rn. 5, nach dem die Aufwands- und Ertragskonsolidierung lediglich Erträge und Aufwendungen, nicht aber das Ergebnis zum Gegenstand hat.

[1329] Vgl. so wohl HAYN, B., in: Driesch u. a., Beck IFRS HB, 5. Aufl., § 36, Rn. 64 i. V. m. Rn. 143. Vgl. auch EHRCKE, H., in: Thiele/von Keitz/Brücks, Internationales Bilanzrecht, IAS 28, Rn. 139; HARR, U./ZEYER, F., Zwischenergebniseliminierung bei assoziierten Unternehmen, S. 588, die darauf hinweisen, dass aus der Vorgabe zur Zwischenergebniseliminierung in IAS 28.28 keine Pflicht zur quotalen Eliminierung der operativen Erfolgsposten des liefernden Unternehmens abgeleitet werden kann.

[1330] Vgl. ähnlich LÜDENBACH, N., Zwischenergebniseliminierung bei der *equity*-Methode, Rn. 208.

[1331] Vgl. Abschnitt 531.2.

Eliminierung der operativen Erfolgsposten – kategorisch auszuschließen. Vielmehr ist die **Zulässigkeit** dieser Vorgehensweise regelungssystematisch zu **bejahen.**[1332]

Angesichts der Tatsache, dass im Rahmen der grundsätzlich analogen Vorgehensweise gemäß IFRS 10.B86 (c), d. h. bei der Verrechnung des quotalen Zwischenergebnisses mit den unmittelbar von der Transaktion betroffenen Erfolgsposten, das Ergebnis aus assoziierten Unternehmen bzw. Gemeinschaftsunternehmen trotz der Veränderung des Equity-Wertes unberührt bleibt,[1333] wird der unmittelbare Zusammenhang zwischen der Veränderung des Equity-Wertes auf der einen Seite und einer korrespondierenden Erfolgserfassung auf der anderen Seite durchbrochen.[1334] Gleichwohl wurde bereits bei der Analyse einer Upstream-Lieferung im Rahmen der Anwendung der Equity-Methode herausgearbeitet, dass die Erhöhung bzw. Verminderung des Equity-Wertes nicht zwingend mit dem Equity-Ergebnis bzw. allgemein mit einer Veränderung des Konzerneigenkapitals verbunden sein muss.[1335] Anders als im Rahmen der Verrechnung des anteiligen Zwischenergebnisses mit dem Equity-Ergebnis im Kontext einer Downstream-Lieferung wird bei der grundsätzlich analogen Anwendung von IFRS 10.B86 (c) die **Darstellung der Ertragslage** nicht durch die sich auf den auf die Beteiligungsquote des Konzerns am *at equity* einbezogenen Unternehmen entfallenden Teil der Transaktion beziehende an Konzernbuchwerten gemessene Vermögensverschiebung[1336] zwischen der wirtschaftlichen Einheit der vollkonsolidierten Unternehmen und der rechtlichen Einheit „Beteiligungsunternehmen" beeinflusst. Vielmehr kann ebendieser Teil der Downstream-Lieferung als **konzernbilanzieller Aktivtausch** verstanden werden, der gerade keine Erfassung von Erträgen oder Aufwendungen in der Konzern-Gewinn- und Verlustrechnung erfordert. In diesem Sinne wird die Ertragslage so dargestellt, als ob lediglich der auf die Fremdbeteiligungsquote entfallende Teil der Transaktion stattgefunden hat. Diese Vorgehensweise wird folglich dem Grundgedanken der quotalen Zwischenergebniseliminierung und der damit verbundenen Aufwands- und Ertragskonsolidierung, den auf die Beteiligungsquote am Beteiligungsunternehmen entfallenden Teil der Transaktion als konzernintern und daher als eliminierungspflichtig zu betrachten, gerecht.

542.4 Abschließende Analyse und Würdigung

Die Anwendung der Vorschriften zur Zwischenergebniseliminierung gemäß IAS 28.28 im Rahmen einer Transaktion zwischen einem vollkonsolidierten Unternehmen und einem *at equity*

[1332] Auch im Schrifttum wird die Zulässigkeit dieser Methodik überwiegend bejaht. Vgl. bspw. ERNST & YOUNG (Hrsg.), International GAAP 2019, S. 781; PwC (Hrsg.), Manual of accounting 2019, Rn. FAQ 31.53.2; LÜDENBACH, N./HOFFMANN, W.-D./FREIBERG, J., in: Lüdenbach/Hoffmann/Freiberg, Haufe IFRS-Kommentar, 17. Aufl., § 33, Rn. 75; BAETGE, J./GRAUPE, F./HÖBENER, J., in: Baetge u. a., Rechnungslegung nach IFRS, 2. Aufl., IAS 28, Rn. 150; HAYN, S./GRÜNE, M., Konzernabschluss nach IFRS, S. 163 f. Vgl. wohl ablehnend KÖSTER, O., in: Hennrichs/Kleindiek/Watrin, MüKo Bilanzrecht Bd. 1, IAS 28, Rn. 70.

[1333] Vgl., wenn auch im handelsrechtlichen Kontext, STÖRK, U./LEWE, S., in: Grottel u. a., Beck Bilanzkomm., 12. Aufl., § 312 HGB, Rn. 81.

[1334] Vgl., wenn auch im handelsrechtlichen Kontext, BENTLER, M., Grundsätze ordnungsmäßiger Bilanzierung für die Equitymethode, S. 53; SCHMIDT, G., Rechnungslegung nach der Equity-Methode, S. 424.

[1335] Vgl. Abschnitt 542.232.

[1336] Vgl. hierzu die Ausführungen in Abschnitt 542.322.

einbezogenen Unternehmen weist **spezifische Herausforderungen** gegenüber der Zwischenergebniseliminierung im Rahmen der Vollkonsolidierung und der anteiligen Einbeziehung auf. Dies liegt in erster Linie darin begründet, dass mit der Zwischenergebniseliminierung eine aus der Einheitsfiktion der Konzernrechnungslegung abgeleitete Konsolidierungsmaßnahme anzuwenden ist, obgleich im Zuge der Anwendung der Equity-Methode die rechtliche Einheit „Beteiligungsunternehmen" in Form eines **saldierten Vermögens**- und **Erfolgsausweises** im Konzernabschluss bestehen bleibt.[1337] Der Einheitsfiktion – und damit grundsätzlich auch der Anwendung von Konsolidierungsmaßnahmen – liegt aber gerade die grundsätzliche Negierung der jeweiligen Rechtseinheit der einzelnen Konzernunternehmen dergestalt zugrunde, dass sämtliche gleichartigen Vermögenswerte und Schulden bzw. Erträge und Aufwendungen der Beteiligungsunternehmen in jeweils einem Konzernabschlussposten zusammengefasst ausgewiesen werden, als wären diese Unternehmen ein einziges Unternehmen.[1338]

Sowohl im Kontext einer Upstream- als auch einer Downstream-Transaktion bestehen jeweils **zwei Vorgehensweisen** der Zwischenergebniseliminierung und der damit verbundenen Aufwands- und Ertragskonsolidierung, die diesem Spannungsverhältnis auf unterschiedliche Weise begegnen. So wird auf der einen Seite im Rahmen der **ausschließlichen Verrechnung mit den Equity-Posten** die besondere konzernbilanzielle Behandlung der rechtlichen Einheit „Beteiligungsunternehmen" in den Vordergrund gerückt. Auf der anderen Seite besteht mit der **grundsätzlich analogen Anwendung von IFRS 10.B86 (c)** eine Vorgehensweise, im Zuge derer die Idee der Einheitsfiktion der Konzernrechnungslegung insoweit auf die vorzunehmende Zwischenergebniseliminierung übertragen wird, als im Umfang der Beteiligungsquote des Konzerns am *at equity* einbezogenen Beteiligungsunternehmen eine konzerninterne Transaktion fingiert wird.

Im Folgenden gilt es, die durch diese Vorgehensweisen jeweils vermittelten Informationen mit Blick auf ihre Entscheidungsnützlichkeit abschließend zu würdigen, um schließlich eine konkrete Empfehlung zugunsten einer Vorgehensweise abgeben zu können. In einem ersten Schritt werden hierzu bei beiden Lieferungsrichtungen die in Abhängigkeit der jeweiligen Vorgehensweise unterschiedlich betroffenen Posten – also im Kontext einer Upstream-Lieferung der Wertansatz des gelieferten Vermögenswertes und der Equity-Wert sowie im Kontext einer Downstream-Lieferung die operativen Erfolgsposten und das Equity-Ergebnis – hinsichtlich ihrer **Relevanz** geprüft.

Infolge der **ausschließlichen Verrechnung mit den Equity-Posten** im Rahmen einer **Upstream-Lieferung** wird mittels des in der Konzernbilanz des Investors ausgewiesenen **Wertansatzes des gelieferten Vermögenswertes** über die tatsächlich für diesen Vermögenswert

---

1337 Vgl. ähnlich HARR, U./ZEYER, F., Zwischenergebniseliminierung bei assoziierten Unternehmen, S. 593; THEILE, C./BEHLING, K., in: Heuser/Theile, IFRS Handbuch, 6. Aufl., Kap. 40, Rn. 40.3, sowie, wenn auch im handelsrechtlichen Kontext, HAASE, K. D., Zwischenerfolgseliminierung bei Equity-Bilanzierung, S. 1702.

1338 Vgl. IFRS 10.A i. V. m. IFRS 10.B86 (a), sowie ähnlich BAETGE, J./HAYN, S./STRÖHER, T., in: Baetge u. a., Rechnungslegung nach IFRS, 2. Aufl., IFRS 10, Rn. 11.

entrichtete Gegenleistung berichtet. Den Konzernabschlussadressaten werden auf diese Weise relevante Informationen vermittelt, da diese Informationen sie dazu in die Lage versetzen werden, sich ein Urteil über die Transaktion – bspw. mit Blick auf die Angemessenheit der für den Vermögenswert entrichteten Gegenleistung – zu bilden. Der Aussagegehalt des **Wertansatzes des gelieferten Vermögenswertes** im Rahmen der **grundsätzlich analogen Vorgehensweise gemäß IFRS 10.B86 (c)** kann zumindest vergleichsweise als weniger relevant beurteilt werden. Schließlich ist dieser Wertansatz mit Blick auf die quotale Zwischenergebniseliminierung insofern ein für die Adressaten möglicherweise schwer zu interpretierendes Wertekonglomerat, als er sich basierend auf der in dieser Arbeit vorgenommenen Interpretation sowohl aus Konzernanschaffungskosten aus einem gewöhnlichen Anschaffungsvorgang als auch aus Konzernherstellungskosten aus einer konzerninternen Herstellung zusammensetzt.

Ähnlich zur Berichterstattung über einen an den Investor gelieferten Vermögenswert infolge der **ausschließlichen Verrechnung mit den Equity-Posten** wird im Kontext einer **Downstream-Lieferung** nach dieser Vorgehensweise durch die in der Konzern-Gewinn- und Verlustrechnung ausgewiesenen **operativen Erfolgsposten** vollständig über die erhaltenen Umsatzerlöse sowie über die (zahlungswirksamen) Herstellungskosten des Umsatzes aus dem Veräußerungsgeschäft informiert, während diese Informationen im Rahmen der grundsätzlich analogen Vorgehensweise gemäß IFRS 10.B86 (c) angesichts der quotalen Eliminierung zumindest teilweise nicht vermittelt werden.[1339] Insofern können auch hier die in Rede stehenden Wertansätze unter Relevanzgesichtspunkten infolge der ausschließlichen Verrechnung mit den Equity-Posten grundsätzlich vergleichsweise positiver beurteilt werden. Den quotal ausgewiesenen **operativen Erfolgsposten** im Rahmen der **grundsätzlich analogen Anwendung von IFRS 10.B86 (c)** kann gleichwohl insoweit Prognosekraft zugesprochen werden, als die erfassten, auf die Fremdbeteiligungsquote entfallenden Teile zu einem gewissen Grad Rückschlüsse auf die künftig zu erwartenden Ergebnisse erlauben werden. Angesichts der Tatsache, dass im Rahmen der Anwendung der Equity-Methode anteilige Vermögenswerte und Schulden bzw. Erträge und Aufwendungen, wenn auch saldiert, in den Konzernabschluss übernommen werden, ist zudem die quotale Eliminierung insoweit konsistent[1340] und vor diesem Hintergrund auch keine spezifische Besonderheit der Zwischenergebniseliminierung.

Den vorgenannten positiv zu beurteilenden Aspekten mit Blick auf die Relevanz der infolge einer **ausschließlichen Verrechnung** eines anteiligen Zwischenergebnisses **mit den Equity-Posten** durch den Wertansatz des gelieferten Vermögenswertes im Kontext einer Upstream-Lieferung bzw. den operativen Erfolgsposten im Kontext einer Downstream-Lieferung vermittelten Informationen stehen jedoch auch erhebliche Nachteile bei beiden Lieferungsrichtungen gegenüber. So führt diese Vorgehensweise im Rahmen einer **Upstream-Lieferung** dazu, dass

---

[1339] Vgl. kritisch zum Ausweis quotaler Werte allgemein bspw. SCHMIDT, M./LABRENZ, H., Bilanzierung von Gemeinschaftsunternehmen nach IFRS, S. 474.

[1340] Vgl. so auch im handelsrechtlichen Kontext STÖRK, U./LEWE, S., in: Grottel u. a., Beck Bilanzkomm., 12. Aufl., § 312 HGB, Rn. 71, sowie im IFRS-Kontext implizit LÜDENBACH, N., Zwischenergebniseliminierung bei der *equity*-Methode, S. 208.

der **Equity-Wert** wertmäßig nicht mehr dem von ihm repräsentierten zu Konzernbuchwerten bewerteten anteiligen Nettovermögen des Beteiligungsunternehmens entspricht. Dies liegt darin begründet, dass der Equity-Wert mit dem anteiligen Zwischenergebnis verrechnet wird, obgleich dieses Zwischenergebnis nicht das auf den Konzern entfallende, implizit im Equity-Wert enthaltene anteilige Vermögen betrifft, sondern im Wertansatz des in den Vollkonsolidierungskreis gelieferten Vermögenswertes enthalten ist, sodass im Ergebnis die wertmäßige Erhöhung bzw. Verminderung des im Equity-Wert implizit auf den Konzern entfallenden Vermögens konzernbilanziell nicht nachgezeichnet wird. In der Folge kann dies zu fehlerhaften Einschätzungen seitens der Konzernabschlussadressaten hinsichtlich der Beurteilung der mit der Beteiligungsbeziehung verbundenen wirtschaftlichen Potenziale führen, was vor dem Hintergrund einer relevanten Informationsvermittlung kritisch zu beurteilen ist.

Der Vorgehensweise der **ausschließlichen Verrechnung mit den Equity-Posten** im Rahmen einer **Downstream-Lieferung** ist zwar gegenüber dieser Vorgehensweise im Rahmen einer Upstream-Lieferung zunächst eine höhere konzeptionelle Stringenz zu attestieren. So lässt sie sich im Rahmen einer Downstream-Lieferung dergestalt interpretieren, dass eine an Konzernbuchwerten gemessene Vermögensverschiebung zwischen der wirtschaftlichen Einheit der vollkonsolidierten Unternehmen und der rechtlichen Einheit „Beteiligungsunternehmen" auch in der Konzern-Gewinn- und Verlustrechnung nachgezeichnet wird.[1341] Gleichwohl führt diese konzernbilanzielle Trennung zwischen diesen Einheiten mit Blick auf die Darstellung der Ertragslage des Konzerns zu dem konzeptionell nicht überzeugenden Ergebnis, dass auf der einen Seite ein vollständiges Umsatzgeschäft gegenüber konzernexternen Dritten suggeriert wird, während auf der anderen Seite ein um das anteilige Zwischenergebnis vermindertes bzw. erhöhtes **Equity-Ergebnis** ausgewiesen wird, obgleich sich das gesamte Konzernvermögen in Bezug auf diesen Teil des gelieferten Vermögenswertes der Höhe nach nicht geändert hat. Dabei schränkt der Ausweis des Equity-Ergebnisses – analog zum Ausweis des Equity-Wertes im Rahmen dieser Vorgehensweise bei einer Upstream-Lieferung – die Relevanz der vermittelten Informationen ein, da den Adressaten des Konzernabschlusses ein um das Zwischenergebnis zu positives bzw. zu negatives Ergebnis aus dieser Beteiligungsbeziehung vermittelt wird, sodass das Management ein Ergebnis rechtfertigen muss, das es nur begrenzt zu verantworten hat.

Als **Zwischenfazit** ist festzuhalten, dass bei beiden hier diskutierten Vorgehensweisen der Zwischenergebniseliminierung und der damit verbundenen Aufwands- und Ertragskonsolidierung im Rahmen der Anwendung der Equity-Methode (**eingeschränkt**) **relevante Informationen** vermittelt werden. In einem nächsten Schritt gilt es, die **glaubwürdige Darstellung** der durch die jeweilige Vorgehensweise vermittelten Informationen zu prüfen.

Hinsichtlich der glaubwürdigen Darstellung scheinen die tatsächlich entrichtete Gegenleistung für den **gelieferten Vermögenswert** im Rahmen einer **Upstream-Lieferung** bzw. die (zah-

[1341] Vgl. ausführlich Abschnitt 542.322.

lungswirksamen) **Umsatzerlöse und Herstellungskosten** im Rahmen einer **Downstream-Lieferung** zunächst ein geeigneter Indikator für eine Abbildung der zutreffenden wirtschaftlichen Verhältnisse zu sein, sodass vor diesem Hintergrund die **ausschließliche Verrechnung mit den Equity-Posten** die vorzugswürdige Vorgehensweise zu sein scheint. Auch ließe sich in diesem Zusammenhang grundsätzlich argumentieren, dass der Konzern angesichts seines nicht vorhandenen beherrschenden Einflusses auf ein assoziiertes Unternehmen bzw. auf ein Gemeinschaftsunternehmen etwaige Zwischenergebnisse ohnehin regelmäßig nicht (alleinig) steuern kann,[1342] sodass diese Wertansätze gegenüber denjenigen, die aus einer quotalen Eliminierung resultieren, zu bevorzugen seien. Allerdings wäre Letzteres weniger ein Argument zugunsten der ausschließlichen Verrechnung eines zu eliminierenden Zwischenergebnisses mit den Equity-Posten gegenüber der grundsätzlich analogen Vorgehensweise gemäß IFRS 10.B86 (c), sondern ein grundsätzliches Argument für die Abschaffung der Vorgabe zur Zwischenergebniseliminierung im Rahmen der Equity-Methode.[1343] Schließlich ist ja ohnehin zwingend eine Zwischenergebniseliminierung vorzunehmen, da ein Ergebnis, das aus einem Geschäft mit einem *at equity* einbezogenen Beteiligungsunternehmen resultiert, „nicht als endgültig erzielt angesehen werden“[1344] kann.[1345]

Angesichts ebendieses der Zwischenergebniseliminierung im Rahmen der Equity-Methode zugrunde liegenden Gedankens sind die **Wertansätze des gelieferten Vermögenswertes** bei einer Upstream-Lieferung bzw. der **operativen Erfolgsposten** bei einer Downstream-Lieferung infolge der **ausschließlichen Verrechnung mit den Equity-Posten** hinsichtlich ihrer glaubwürdigen Darstellung erheblich beeinträchtigt, da diese Wertansätze eine Endgültigkeit der jeweils mit ihnen verbundenen Transaktion suggerieren, die diesen aus Konzernsicht keinesfalls beizumessen ist. So stellt aus Konzernperspektive weder eine Upstream-Lieferung einen vollständigen Anschaffungsvorgang noch eine Downstream-Lieferung ein vollständiges Umsatzgeschäft mit konzernexternen Dritten dar. Die ausschließliche Verrechnung mit den Equity-Posten führt vor diesem Hintergrund im Rahmen einer **Upstream-Lieferung** zu einer verzerrten Darstellung der Vermögenslage des Konzerns, da der aus Konzernsicht maßgebende Wertansatz des gelieferten Vermögenswertes gerade nicht der tatsächlich entrichteten Gegenleistung entspricht, sondern seinen Konzernanschaffungs- bzw. Konzernherstellungskosten, die das zu

---

1342 Vgl. bspw., wenn auch im handelsrechtlichen Kontext, PELLENS, B./FÜLBIER, R. U., in: Schmidt/Ebke, MüKo HGB, 3. Aufl., § 310 HGB, Rn. 53, HARMS, J.-E./KÜTING, K., Equity-Accounting im Konzernabschluß, S. 2160; WOHLGEMUTH, M., in: Schulze-Osterloh/Hennrichs/Wüstemann, HdJ, Abt. V/5, Rn. 130.

1343 Diese allgemeine Frage, ob die Vorgabe zur Zwischenergebniseliminierung im Rahmen der Anwendung der Equity-Methode abgeschafft werden sollte, ist nicht Gegenstand der Untersuchung. Vgl. dazu bspw., wenn auch im handelsrechtlichen Kontext, HACHMEISTER, D./BEYER, B., in: Baetge/Kirsch/Thiele, Bilanzrecht, § 312 HGB, Rn. 156 m. w. N.; JANSCHEK, O., Konzernrechnungslegung, S. 318 f.; WEBER, E., Grundsätze ordnungsmäßiger Bilanzierung für Beteiligungen, S. 101.

1344 DEUTSCHER BUNDESTAG (Hrsg.), BT-Drucksache 7/5221, S. 21, wenn auch in Bezug auf assoziierte Unternehmen im handelsrechtlichen Kontext.

1345 Vgl. KÖSTER, O., in: Hennrichs/Kleindiek/Watrin, MüKo Bilanzrecht Bd. 1, IAS 28, Rn. 67 f.; in Bezug auf Gemeinschaftsunternehmen SCHMIDT, M./LABRENZ, H., Bilanzierung von Gemeinschaftsunternehmen nach IFRS, S. 474, sowie in Bezug auf assoziierte Unternehmen, wenn auch im handelsrechtlichen Kontext, HAASE, K. D., Zwischenerfolgseliminierung bei Equity-Bilanzierung, S. 1703.

eliminierende anteilige Zwischenergebnis nicht enthalten. Da im Rahmen dieser Vorgehensweise auch der **Equity-Wert** – wie bereits erwähnt – nicht mehr dem von ihm repräsentierten zu Konzernbuchwerten bewerteten anteiligen Nettovermögen des Beteiligungsunternehmens entspricht, ist hiermit eine zusätzliche Beeinträchtigung der Darstellung der Vermögenslage verbunden. Auch im Rahmen einer **Downstream-Lieferung** führt die ausschließliche Verrechnung mit den Equity-Posten nicht zu einer den tatsächlichen wirtschaftlichen Verhältnissen entsprechenden Abbildung der zugrunde liegenden Transaktion. Da aus Konzernsicht zum einen kein vollständiges Umsatzgeschäft stattgefunden hat und zum anderen das um das anteilige Zwischenergebnis korrigierte Equity-Ergebnis die Darstellung der wirtschaftlichen Lage des Beteiligungsunternehmens verfälscht, wird die Ertragslage des Konzerns verzerrt dargestellt.

Demgegenüber wird im Rahmen der **grundsätzlich analogen Vorgehensweise gemäß IFRS 10.B86 (c)** bei einer Upstream-Lieferung der **Wertansatz des gelieferten Vermögenswertes** mit seinem aus Konzernsicht maßgebenden konzernbilanziellen Wert, d. h. vor allem exklusive des anteiligen Zwischenergebnisses, ausgewiesen. Bei einer Downstream-Lieferung wird durch den Ausweis der **operativen Erfolgsposten** vor dem Hintergrund ihrer quotalen Eliminierung gerade kein vollständig abgeschlossenes Umsatzgeschäft suggeriert, sondern der der quotalen Zwischenergebniseliminierung zugrunde liegenden Idee, dass ein Umsatzgeschäft nur entsprechend der Fremdbeteiligungsquote stattgefunden hat, Rechnung getragen. Die Eliminierung der direkt von der jeweiligen Transaktion betroffenen Posten im Sinne der grundsätzlich analogen Vorgehensweise gemäß IFRS 10.B86 (c) führt daher in beiden Lieferungsrichtungen zu einem diesbezüglich zutreffenden Einblick in die Vermögens- und Ertragslage des Konzerns,[1346] sodass diese Vorgehensweise zu einer gegenüber der ausschließlichen Verrechnung mit den Equity-Posten glaubwürdigeren Berichterstattung führt. Dem steht im Kontext einer **Upstream-Lieferung** auch nicht entgegen, dass der Equity-Wert dem Anschein nach um ein anteiliges Zwischenergebnis erhöht bzw. vermindert wird, was in Konflikt mit IAS 28.28 i. V. m. IAS 28.10 stehen könnte. Wie im Rahmen der Analyse herausgearbeitet wurde, entspricht diese Veränderung des Equity-Wertes den tatsächlichen wirtschaftlichen Verhältnissen des Konzerns, da aus Konzernsicht lediglich ein erfolgsneutraler Aktivtausch stattgefunden hat, infolgedessen das auf den Konzern entfallende, implizit im Equity-Wert enthaltene und zu Konzernbuchwerten bewertete Vermögen höher als zum Zeitpunkt vor der Lieferung ist.[1347]

Schließlich bestehen im Zusammenhang mit der **grundsätzlich analogen Anwendung von IFRS 10.B86 (c)** Herausforderungen hinsichtlich der **Verständlichkeit** der infolge dieser Vorgehensweise[1348] vermittelten Informationen, da infolge einer Upstream- oder Downstream-Lie-

---

[1346] Vgl. so auch HARR, U./ZEYER, F., Zwischenergebniseliminierung bei assoziierten Unternehmen, S. 593.

[1347] Vgl. ausführlich Abschnitt 542.232.

[1348] Im Kontext einer Downstream-Lieferung wird der Equity-Wert allerdings im Rahmen beider hier betrachteten Vorgehensweisen erhöht bzw. gemindert, obgleich auf Einzelabschlussebene des Beteiligungsunternehmens keine Nettovermögensänderung stattfindet.

ferung der grundsätzliche Zusammenhang zwischen einer Nettovermögensänderung des Beteiligungsunternehmens auf Einzelabschlussebene auf der einen Seite und sowohl einer Veränderung des Equity-Wertes als auch einer korrespondierenden Erfolgserfassung auf Konzernabschlussebene auf der anderen Seite nicht (zwingend) gewahrt bleibt.[1349] Gleichwohl kann in beiden Lieferungsrichtungen eine Veränderung des Equity-Wertes auf eine Vermögensverschiebung zwischen dem implizit im Equity-Wert enthaltenen Konzernvermögen und dem restlichen Konzernvermögen zurückgeführt werden, die gerade nicht mit der Erfassung eines Konzernerfolges verbunden ist. Die jeweilige Veränderung des Equity-Wertes ist zwar möglicherweise nicht unmittelbar eingängig, allerdings ist dies nicht als ein spezifisches aus der Anwendung der Zwischenergebniseliminierung resultierendes Problem zu werten, sondern ist Ausfluss des saldierten Ausweises der hinter dem Equity-Wert stehenden anteiligen Vermögenswerte und Schulden. Davon abgesehen ist die grundsätzlich analoge Anwendung von IFRS 10.B86 (c) der Verständlichkeit der infolge der Zwischenergebniseliminierung durch den Konzernabschluss vermittelten Informationen sogar zuträglich, da sich diese Vorgehensweise nicht nur (offensichtlich) besser in die Konzeption der Zwischenergebniseliminierung im Rahmen der Vollkonsolidierung, sondern auch in diejenige im Rahmen der anteiligen Einbeziehung einfügt. Schließlich kann es auch bei Letzterer zu einer nur teilweisen Eliminierung von Zwischenergebnissen kommen, sodass der Ausweis der mit einer entsprechenden Transaktion verbundenen Posten im Ergebnis der quotalen Eliminierung entsprechen kann.[1350]

In der Gesamtschau führt die **grundsätzlich analoge Vorgehensweise gemäß IFRS 10.B86 (c)** bei der Zwischenergebniseliminierung im Rahmen der Anwendung der Equity-Methode zu einer **entscheidungsnützlicheren Informationsvermittlung** als die ausschließliche Verrechnung mit den Equity-Posten sowohl bei einer Upstream-Lieferung als auch bei einer Downstream-Lieferung. Wenngleich beide Varianten Einschränkungen hinsichtlich der Relevanz der jeweiligen vermittelten Informationen aufweisen, führt die grundsätzlich analoge Vorgehensweise gemäß IFRS 10.B86 (c) zu einer in Bezug auf die mit der Transaktion verbundenen Abschlussposten zutreffenden Darstellung der Vermögens- und Ertragslage des Konzerns, während die ausschließliche Verrechnung mit den Equity-Posten diesbezüglich erhebliche Defizite offenbarte. Vor dem Hintergrund ihrer konzeptionellen Ähnlichkeit zur Vorgehensweise bei der Zwischenergebniseliminierung im Rahmen der Vollkonsolidierung und derjenigen im Rahmen der anteiligen Einbeziehung fördert darüber hinaus die hier präferierte Vorgehensweise die innere Konsistenz des IFRS-Normengefüges und damit die Verständlichkeit der infolge der Zwischenergebniseliminierung durch den Konzernabschluss vermittelten Informationen insgesamt. Daher wird sich hier für eine Konkretisierung des IAS 28.28 seitens des Standardsetzers zugunsten der grundsätzlich analogen Anwendung von IFRS 10.B86 (c) ausgesprochen.

1349 Vgl. HAYN, S./GRÜNE, M., Konzernabschluss nach IFRS, S. 164 f., die vor diesem Hintergrund auf die Notwendigkeit einer Überleitungsrechnung im Konzernanhang hinweisen.

1350 Vgl. Abschnitt 532.4.

55 Abschließende Würdigung

Ein IFRS-Konzernabschluss ist so aufzustellen, als handele es sich bei dem Mutterunternehmen und seinen Tochterunternehmen um ein einziges Unternehmen.[1351] Diese **Einheitsfiktion** gilt wohl zu Recht als die „tragende Säule der Konzernrechnungslegung."[1352] Schließlich lassen sich aus ihr sämtliche Konsolidierungsmaßnahmen ableiten, die erforderlich sind, um mittels des Konzernabschlusses seinen Adressaten einen zutreffenden Einblick in die wirtschaftliche Lage des Konzerns gewähren zu können.[1353] Mithilfe der Zwischenergebniseliminierung sind in diesem Zusammenhang konzerninterne Transaktionen wie Geschäftsvorgänge zwischen Betriebsstätten desselben Unternehmens abzubilden,[1354] sodass die Darstellung der Vermögens- und Ertragslage des Konzerns von ihnen nicht beeinflusst wird.[1355] Die eigenständigen Rechtseinheiten der in den Konzernabschluss einbezogenen Unternehmen rücken insofern in den Hintergrund.[1356] Diese mit der Einheitsfiktion eng verbundene grundsätzliche[1357] Negierung der Rechtseinheiten **endet** indes zu einem gewissen Grad (zwangsläufig) **dort**, wo der Konzern **weniger als 100 %** der Anteile am Eigenkapital eines Beteiligungsunternehmens hält. So haben Transaktionen der Konzernobergesellschaft mit solchen Beteiligungsunternehmen regelmäßig einen (jeweils unterschiedlichen) Einfluss auf die **tatsächliche wirtschaftliche Lage** des **Konzerns**, den es in Abhängigkeit der Spezifika der jeweils einschlägigen (konzern-)bilanziellen[1358] Einbeziehungsmethode sachgerecht abzubilden gilt. Der jeweilige Einfluss einer zwischenergebnisbehafteten Transaktion auf die wirtschaftliche Lage des Konzerns am Beispiel der Lieferung[1359] eines Vermögenswertes sowie die darauf aufbauende, hier jeweils[1360] präferierte Vorgehensweise der Zwischenergebniseliminierung unter Berücksichtigung der spezifischen Einbeziehungsmethode werden nachfolgend nochmals hervorgehoben.

- Transaktionen mit **Tochterunternehmen**, an deren Eigenkapital neben der Konzernobergesellschaft auch nicht beherrschende Gesellschafter beteiligt sind, führen in Bezug auf das Konzernvermögen zu einer **Vermögensverschiebung** zwischen diesen Gesellschafterstämmen. Diese Verschiebung bezieht sich wertmäßig auf den Teil eines gelieferten Vermögenswertes, der im Rahmen einer Upstream-Lieferung vor der Transaktion auf die nicht beherrschenden Anteile entfiel bzw. im Rahmen einer Downstream-Lieferung nach der

1351 Vgl. IFRS 10.A.

1352 KÜTING, K./WEBER, C.-P., Der Konzernabschluss, S. 286.

1353 Vgl. ausführlich Abschnitt 41.

1354 Vgl. KÜTING, K./WEBER, C.-P., Der Konzernabschluss, S. 133 und S. 505 f.

1355 Vgl., wenn auch im handelsrechtlichen Kontext, BAETGE, J./KIRSCH, H.-J./THIELE, S., Konzernbilanzen, S. 50.

1356 Vgl. BAETGE, J./HAYN, S./STRÖHER, T., in: Baetge u. a., Rechnungslegung nach IFRS, 2. Aufl., IFRS 10, Rn. 50.

1357 Vgl. zu den Grenzen der Einheitsfiktion bspw. auch KÜTING, K., Problematik der derivativen Erstellung des Konzernabschlusses, S. 177–184; KÜTING, K./WEBER, C.-P., Der Konzernabschluss, S. 132–135.

1358 Die in IFRS 11 enthaltenen Vorschriften zur Abbildung einer gemeinschaftlichen Tätigkeit gelten bereits auf Einzelabschlussebene. Vgl. IFRS 11.26 (a).

1359 Die folgenden Ergebnisse gelten allerdings analog im Kontext von konzerninternen Leistungsbeziehungen.

1360 Dies umfasst auch die hier vorgeschlagene differenzierte Vorgehensweise in Bezug auf eine Downstream-Transaktion mit einer gemeinschaftlichen Tätigkeit gemäß IFRS 11.B34 *de lege ferenda*. Vgl. hierzu Abschnitt 532.33.

Transaktion auf diese Anteile entfällt. Die Transaktion hat zwar **keinen Einfluss** auf die **Vermögenslage des Konzerns** aus Sicht der wirtschaftlichen Einheit als Ganzes, sodass – im Sinne der Einheitsfiktion – die Darstellung der Vermögenswerte und Schulden des Konzerns sowie des Konzernergebnisses und des Konzerneigenkapitals jeweils als Ganzes von der Transaktion ebenfalls unberührt bleiben. Gleichwohl ist mit einer solchen gesellschafterstammspezifischen Vermögensverschiebung eine entsprechende Änderung der **Verteilung des Konzerneigenkapitals** auf die Gesellschafterstämme verbunden, der es angesichts der in der „Zweiteilung"[1361] des Konzerneigenkapitals zum Ausdruck kommenden Bruchteilsvorstellung der Konzernrechnungslegung Rechnung zu tragen gilt. Mithin ist die jeweilige gesellschafterstammspezifische Vermögensänderung konzernbilanziell durch eine korrespondierende Erfassung eines gesellschafterstammspezifischen Erfolgsbeitrages nachzuzeichnen. Insofern hat die konzerninterne Transaktion **Einfluss** auf die **Verteilung** des im Konzernabschluss ausgewiesenen[1362] **Konzernergebnisses** und damit entsprechend auf die dargestellte Verteilung des **Konzerneigenkapitals** auf die Gesellschafterstämme.

- Transaktionen mit **gemeinschaftlichen Tätigkeiten** gilt es vor dem Hintergrund der mit ihnen verbundenen Rechte und Pflichten differenziert zu betrachten, da sie die wirtschaftliche Lage des Konzerns ändern **können**, aber nicht müssen. Insofern bedarf es einer **differenzierten** Vorgehensweise im Rahmen der anteiligen Zwischenergebniseliminierung. Wird bei einer Upstream- bzw. einer Downstream-Lieferung ein Vermögenswert aus dem gemeinschaftlichen Vermögen der gemeinschaftlichen Tätigkeit entnommen bzw. in dieses übertragen, sind die durch diese Lieferung hervorgerufene **Änderung der Rechte und Pflichten** und die damit verbundene **Änderung der wirtschaftlichen Lage** bilanziell nachzuzeichnen. Die anteilige Zwischenergebniseliminierung ist dabei im Umfang des eigenen Anteils an der Transaktion vorzunehmen, der sich nach den spezifischen Rechten und Pflichten der gemeinschaftlichen Betreiber bemisst. Im Umfang des Anteils der anderen an der gemeinschaftlichen Tätigkeit beteiligten Partei(en) an der Transaktion ist zugleich ein teilweiser **Anschaffungs-** bzw. **Veräußerungsvorgang** mit dieser bzw. diesen Partei(en) abzubilden. Sofern (im Extremfall) vonseiten der Konzernobergesellschaft im Rahmen einer Upstream- bzw. einer Downstream-Lieferung eines Vermögenswertes dieser nicht aus dem gemeinschaftlichen Vermögen entnommen bzw. nicht in dieses überführt wird, sondern sowohl vor als auch nach der Transaktion gänzlich auf die Konzernobergesellschaft entfällt, **ändern** sich die **Rechte und Pflichten** in Bezug auf diesen Vermögenswert **nicht**. Der eliminierungspflichtige Anteil an dieser Transaktion im Rahmen der antei-

[1361] FREIBERG, J., Vom Minderheitenanteil zum nicht beherrschenden Anteil, S. 211.

[1362] Während der auf das Mutterunternehmen entfallende Teil des Konzernergebnisses explizit als Ergebnis bzw. in den Gewinnrücklagen ausgewiesen wird (vgl. Abschnitt 521.22), ist der auf die Anteile nicht beherrschender Gesellschafter entfallende Teil des Konzernergebnisses hingegen im ausgewiesenen Wertansatz dieser Anteile enthalten (vgl. Abschnitt 521.231.).

ligen Zwischenergebniseliminierung bezieht sich hierbei folglich auf die gesamte Transaktion, sodass eine solche Transaktion infolge der Eliminierung **keinen Einfluss** auf die **Darstellung der Vermögens- und Ertragslage** des Konzerns hat.

- Transaktionen mit **assoziierten Unternehmen** oder mit **Gemeinschaftsunternehmen** führen schließlich zum einen in Bezug auf den auf die Beteiligungsquote des Konzerns entfallenden Teil der Transaktion zu einer **Vermögensverschiebung** zwischen dem anteilig auf den Konzern entfallenden, implizit im Equity-Wert enthaltenen und zu Konzernbuchwerten bewerteten Vermögen eines Beteiligungsunternehmens auf der einen Seite und dem restlichen Konzernvermögen auf der anderen Seite. Vor diesem Hintergrund ist eine entsprechende konzernbilanzielle Erhöhung bzw. Verminderung des Equity-Wertes ohne korrespondierende Erfolgserfassung aus dieser Beteiligungsbeziehung angezeigt. Zum anderen ist der auf die Fremdbeteiligungsquote entfallende Teil einer solchen Transaktion als ein Geschäft mit konzernexternen Dritten zu verstehen, sodass dieser Teil der Transaktion auch hier als ein teilweiser **Anschaffungs**- bzw. **Veräußerungsvorgang** im Konzernabschluss abzubilden ist.

Diese Erkenntnisse stellen gleichwohl die Bedeutung der Einheitsfiktion für die Konzernrechnungslegung keinesfalls infrage, sondern heben ihre Bedeutung sogar über die Vollkonsolidierung hinaus hervor. So liegt diesen Erkenntnissen zugrunde, den aus der Einheitsfiktion abgeleiteten Gedanken, Transaktionen zwischen einem Mutterunternehmen und seinen Tochterunternehmen wie Geschäfte zwischen Betriebsstätten desselben Unternehmens zu behandeln, mithilfe einer **gedanklichen Zweiteilung** im Rahmen der Zwischenergebniseliminierung auf sämtliche Transaktionen mit Beteiligungsunternehmen, an denen der Konzern weniger als 100 % der Anteile am Eigenkapital hält, zu übertragen. Dabei weisen die hier herausgearbeiteten Vorgehensweisen bei der Zwischenergebniseliminierung im Rahmen der Vollkonsolidierung nach IFRS 10, im Rahmen der anteiligen Einbeziehung nach IFRS 11 sowie bei der Anwendung der Equity-Methode nach IAS 28 die **konzeptionelle Gemeinsamkeit** auf, dass jeweils ein Teil der betreffenden Transaktion als konzernintern und der jeweils andere Teil als Anschaffungs- bzw. Veräußerungsvorgang interpretiert werden kann.

Den **konzerninternen Teil** einer Transaktion gilt es stets vor dem Hintergrund der Einheitsfiktion zu eliminieren. Dabei **unterscheiden** sich die Vorgehensweisen bei der Zwischenergebniseliminierung in Abhängigkeit der jeweiligen Einbeziehungsmethode eines Beteiligungsunternehmens hinsichtlich dieses Teils an einer Transaktion indes **konzeptionell** darin, welchen Umfang dieser Teil von einer Transaktion ausmacht. So bezieht sich der konzerninterne Teil einer Transaktion im Rahmen der Vollkonsolidierung nach IFRS 10 ungeachtet der Beteiligungsquote am Tochterunternehmen zwingend auf die gesamte Transaktion, sodass das entsprechende Zwischenergebnis vollständig zu eliminieren ist. Im Kontext der anteiligen Einbeziehung nach IFRS 11 ist demgegenüber differenziert auf die Rechte und Pflichten der gemeinschaftlichen Betreiber im Zusammenhang mit der spezifischen Transaktion abzustellen, sodass eine Eliminierungsquote von 0 % bis 100 % möglich ist. Bei der Einbeziehung nach der Equity-

Methode gemäß IAS 28 ist wiederum pauschal in Höhe der eigenen Beteiligungsquote am assoziierten Unternehmen bzw. am Gemeinschaftsunternehmen eine konzerninterne Transaktion zu fingieren und insoweit zu eliminieren.

Ein **weiterer konzeptioneller Unterschied** bei den Vorgehensweisen der Zwischenergebniseliminierung in Abhängigkeit der jeweiligen Einbeziehungsmethode besteht hinsichtlich des als gewöhnlichen **Anschaffungs- bzw. Veräußerungsvorgang** mit der bzw. den anderen an der Transaktion beteiligten Partei(en) zu interpretierenden Teils einer Transaktion, der im Gegensatz zum konzerninternen Teil gerade nicht eliminierungspflichtig ist. Im Kontext von IFRS 11 und IAS 28 bedeutet dies in Bezug auf diesen Teil der Transaktion, dass bei einer Upstream-Lieferung der Wertansatz des betreffenden, in der Konzernbilanz aktivierten Vermögenswertes ein anteiliges Zwischenergebnis umfasst bzw. bei einer Downstream-Lieferung in der Konzern-Gewinn- und Verlustrechnung anteilige Erträge und anteilige Aufwendungen sowie ein damit verbundenes anteiliges Zwischenergebnis erfasst werden. Angesichts der vollständigen Zwischenergebniseliminierung im Rahmen der Vollkonsolidierung nach IFRS 10 hat ebendieser Teil der Transaktion – im Gegensatz zu Transaktionen im Kontext von IFRS 11 und IAS 28 – demgegenüber keinen Einfluss auf die Darstellung der Vermögenslage sowie des Ergebnisses und des Eigenkapitals der wirtschaftlichen Einheit insgesamt. Gleichwohl liegt der Erfassung von gesellschafterstammspezifischen Erfolgsbeiträgen aus einer Transaktion innerhalb des Vollkonsolidierungskreises implizit zugrunde, dass der auf die Anteile nicht beherrschender Gesellschafter entfallende Teil einer solchen Transaktion zwischen der Konzernobergesellschaft und den nicht beherrschenden Gesellschaftern zu den aus Konzernperspektive maßgebenden Werten stattgefunden hat. Dies wird jedoch aus den im Konzernabschluss ausgewiesenen Vermögenswerten und Schulden bzw. Erträgen und Aufwendungen nicht ersichtlich, da diese nicht wie das Konzernergebnis und das Konzerneigenkapital gesellschafterstammspezifisch ausgewiesen werden.

Schließlich besteht bei der Zwischenergebniseliminierung im Kontext der Anwendung der **Equity-Methode** die **Besonderheit**, dass die mit dem als **konzernintern** zu interpretierenden **Teil** der Transaktion verbundene Verschiebung von Konzernvermögen auch im Konzernabschluss zum Ausdruck kommt. So führt eine zwischenergebnisbehaftete Transaktion mit einem assoziierten Unternehmen oder mit einem Gemeinschaftsunternehmen dazu, dass infolge der Transaktion das auf den Konzern anteilig entfallende, implizit im Equity-Wert enthaltene und zu Konzernbuchwerten bewertete Vermögen des Beteiligungsunternehmens höher bzw. niedriger sowie das restliche Konzernvermögen entsprechend niedriger bzw. höher als vor der Transaktion sind. Dies liegt indes nicht inhärent an der Vorgehensweise bei der Zwischenergebniseliminierung im Rahmen der Equity-Methode, sondern ist Ausfluss des saldierten Ausweises der hinter dem Equity-Wert stehenden anteiligen Vermögenswerte und Schulden im Konzernabschluss. Bei Transaktionen mit einem Tochterunternehmen oder mit einer gemeinschaftlichen Tätigkeit ist eine Vermögensverschiebung zwischen den rechtlichen Einheiten hingegen nicht unmittelbar zu erkennen, da im Rahmen der Vollkonsolidierung bzw. der anteiligen

Einbeziehung sämtliche gleichartigen (anteiligen) Abschlussposten der Konzernobergesellschaft sowie der Beteiligungsunternehmen im Konzernabschluss so zusammengefasst werden, als wären diese Unternehmen ein einziges Unternehmen.

Ungeachtet der vorgenannten konzeptionellen Unterschiede wird auf diese Weise der **gedanklichen Zweiteilung** von Transaktionen zwischen Konzernunternehmen der **Einheitsfiktion** im Rahmen der unterschiedlichen Anwendungsfälle der Zwischenergebniseliminierung Rechnung getragen, ohne dabei „die aus der rechtlichen Selbständigkeit der Unternehmen resultierenden Folgen“[1363] im Rahmen der Konzernrechnungslegung gänzlich zu vernachlässigen, sondern vielmehr explizit zu berücksichtigen. Der Anwendung der Zwischenergebniseliminierung liegt damit eine Systematik zugrunde, die trotz der Spezifika der Einbeziehungsmethoden eine **innere Konsistenz** aufweist. Insofern hat sich gezeigt, dass die aus der Einheitsfiktion abgeleitete Vorgehensweise der Zwischenergebniseliminierung sachgerecht auf Transaktionen mit anteilig einzubeziehenden gemeinschaftlichen Tätigkeiten sowie mit nach der Equity-Methode einzubeziehenden assoziierten Unternehmen bzw. Gemeinschaftsunternehmen übertragen und zugleich sinnvoll interpretiert werden kann. Dies ist in Bezug auf Transaktionen mit Beteiligungsunternehmen, die nach der Equity-Methode einbezogen werden, besonders hervorzuheben. So ist hier die Anwendung der Zwischenergebniseliminierung mit Blick darauf, dass im Zuge der Anwendung der Equity-Methode die rechtliche Einheit „Beteiligungsunternehmen“ in Form eines saldierten Vermögens- und Erfolgsausweises im Konzernabschluss bestehen bleibt, nicht etwa als systemfremd zu werten. Vielmehr besteht auch hier eine vor dem Hintergrund der Einheitsfiktion sinnvoll interpretierbare, sachgerechte Anwendung der Zwischenergebniseliminierung.

1363 BEINE, F./GORA, V., Ertragslage von Konzernen, S. 1741, wenn auch im handelsrechtlichen Kontext.

6 Zusammenfassung und Ausblick

Resultiert aus einer Lieferungs- oder Leistungsbeziehung zwischen Unternehmen eines Konzernverbundes ein Zwischenergebnis, ist im Rahmen der Aufstellung eines IFRS-Konzernabschlusses eine Zwischenergebniseliminierung vorzunehmen. Dies gilt nicht nur für Transaktionen zwischen Unternehmen des Vollkonsolidierungskreises, sondern auch in Bezug auf Transaktionen, die die Konzernobergesellschaft entweder mit gemeinschaftlichen Tätigkeiten oder aber mit assoziierten Unternehmen bzw. mit Gemeinschaftsunternehmen vornimmt. Obgleich in sämtlichen Fällen von Upstream- und Downstream-Transaktionen der jeweils einschlägige Standard explizite Vorgaben zur Zwischenergebniseliminierung enthält, bestehen zahlreiche Auslegungsfragen, die Gegenstand der Diskussionen im Schrifttum sind. Daran anknüpfend wurde die Untersuchung anhand der folgenden **Leitfragen** systematisiert:

(1) Ist bei der Zwischenergebniseliminierung im Rahmen der **Vollkonsolidierung nach IFRS 10**, sofern neben dem Mutterunternehmen auch nicht beherrschende Gesellschafter am Eigenkapital des an der Transaktion partizipierenden Tochterunternehmens beteiligt sind, die ergebnisorientierte Vorgehensweise oder aber die vermögensorientierte Vorgehensweise vorzuziehen?

(2) Ist im Kontext der Zwischenergebniseliminierung im Rahmen der **anteiligen Einbeziehung nach IFRS 11** die Übertragung der aus der Quotenkonsolidierung nach IAS 31 bekannten Methodik der Zwischenergebniseliminierung auf Transaktionen mit gemeinschaftlichen Tätigkeiten, die über ein separates Vehikel strukturiert sind und vormals noch mittels der Quotenkonsolidierung nach IAS 31 einbezogen werden durften, sachgerecht, oder ist eine alternative Vorgehensweise angezeigt?

(3) Sind im Rahmen der **Equity-Methode nach IAS 28** quotal zu eliminierende Zwischenergebnisse ausschließlich mit dem Equity-Wert bzw. dem Equity-Ergebnis zu verrechnen oder ist eine grundsätzlich analoge Anwendung von IFRS 10.B86 (c), d. h. eine Verrechnung mit den im Konzernabschluss unmittelbar ausgewiesenen, von der Transaktion betroffenen Posten, vorzuziehen?

Das **Ziel der vorliegenden Arbeit** bestand angesichts dieser Fragestellungen darin, für die verschiedenen Fallkonstellationen eine jeweils standardkonforme Vorgehensweise der Zwischenergebniseliminierung und der damit verbundenen Aufwands- und Ertragskonsolidierung abzuleiten, die dem vom IASB angestrebten Ziel einer entscheidungsnützlichen Informationsvermittlung bestmöglich entspricht. Hierzu wurden in den Grundlagenkapiteln zunächst die konzeptionellen Grundpfeiler der (Konzern-)Rechnungslegung nach IFRS beschrieben. Zudem wurde die spezifische Aufgabe der Zwischenergebniseliminierung herausgearbeitet, nach der aus Konzernsicht unrealisierte, aber einzelbilanziell erfasste Erfolgsbeiträge aus konzerninternen Transaktionen sowohl aus dem Wertansatz des betreffenden Vermögenswertes als auch aus dem Konzernergebnis zu beseitigen sind. Im Rahmen der anschließenden Analyse wurden die verschiedenen Fallkonstellationen in Abhängigkeit der jeweils einschlägigen Einbeziehungsmethode des Beteiligungsunternehmens untersucht. Die folgenden Ausführungen geben die wesentlichen Erkenntnisse der Untersuchung in aggregierter Form wieder:

- Im Rahmen der **Vollkonsolidierung nach IFRS 10** wurde zunächst losgelöst von der Zwischenergebniseliminierung ein grundlegendes Verständnis für die Bilanzierung der Anteile nicht beherrschender Gesellschafter entwickelt. Diese Anteile sind im Konzernabschluss nach IFRS innerhalb des Konzerneigenkapitals, indes getrennt vom Anteil der Konzernobergesellschaft, aggregiert in einem Posten auszuweisen. Für konzernbilanzielle Zwecke wird zum Erwerbszeitpunkt eines Tochterunternehmens fingiert, dass die nicht beherrschenden Gesellschafter zu diesem Zeitpunkt eine Sacheinlage in Höhe des auf ihre Anteile entfallenden Reinvermögens[1364] des Tochterunternehmens in den Konzern einbringen. Zum Endkonsolidierungszeitpunkt eines Tochterunternehmens wird wiederum die Entnahme dieser (fortgeführten) Sacheinlage seitens der entsprechenden nicht beherrschenden Gesellschafter fingiert. Aus den Regelungen zur Bilanzierung der nicht beherrschenden Anteile wurde abgeleitet, dass der Konzernrechnungslegung gedanklich eine gesellschafterstammspezifische Aufteilung sämtlicher im Konzernabschluss ausgewiesenen Vermögenswerte und Schulden sowie Erträge und Aufwendungen zugrunde liegt. Die im Konzernabschluss enthaltenen Abschlussposten eines Tochterunternehmens, an dem nicht beherrschende Gesellschafter beteiligt sind, entfallen somit zu einem Teil auf die Anteile der Konzernobergesellschaft und zum anderen Teil auf die nicht beherrschenden Anteile. Diese gedankliche Aufteilung wurde in dieser Arbeit als Bruchteilsvorstellung bezeichnet. Dieser Bruchteilsvorstellung ist in Verbindung mit der Erfolgskonzeption der IFRS auch im Rahmen der Fortschreibung insofern Rechnung zu tragen, als der Wertansatz der nicht beherrschenden Anteile erfolgswirksam um die (Wert-)Änderungen der auf diese Anteile entfallenden Teile der im Konzernabschluss bilanzierten Vermögenswerte und Schulden der entsprechenden Tochterunternehmen fortzuschreiben ist. Insofern entspricht der Wertansatz der nicht beherrschenden Anteile auch in Folgeperioden grundsätzlich dem Saldo der Konzernbuchwerte der auf sie entfallenden Teile der Vermögenswerte und Schulden.
- Zwischenergebnisse, die aus Transaktionen zwischen der Konzernobergesellschaft und eines ihrer Tochterunternehmen resultieren, sind gemäß IFRS 10.B86 (c) auch dann zwingend vollständig zu eliminieren, wenn neben dem Mutterunternehmen auch nicht beherrschende Gesellschafter am Eigenkapital des an der Transaktion partizipierenden Tochterunternehmens beteiligt sind. In einer solchen Konstellation findet sowohl bei einer Upstream- als auch bei einer Downstream-Lieferung gemessen an Konzernbuchwerten eine Vermögensverschiebung zwischen dem Mutterunternehmen und den nicht beherrschenden Gesellschaftern statt. Diese Vermögensverschiebung bezieht sich wertmäßig auf den Teil eines geliefertes Vermögenswertes, der im Rahmen einer Upstream-Lieferung vor der

[1364] Im Rahmen der *full goodwill method* wird zusätzlich eine Einlage des auf die Anteile der nicht beherrschenden Gesellschafter entfallenden Geschäfts- oder Firmenwertes fingiert.

Transaktion auf die nicht beherrschenden Anteile entfiel bzw. im Rahmen einer Downstream-Lieferung nach der Transaktion auf diese Anteile entfällt. Bei der Zwischenergebniseliminierung stehen sich mit der ergebnisorientierten Vorgehensweise und der vermögensorientierten Vorgehensweise zwei Methoden gegenüber, im Rahmen derer dieser Verschiebung unterschiedlich begegnet wird. Der zentrale Unterschied zwischen diesen Vorgehensweisen bei der Zwischenergebniseliminierung liegt darin, zu welchem Zeitpunkt ebendiese Vermögensverschiebung zwischen den Gesellschafterstämmen konzernbilanziell in der Verteilung des Konzernergebnisses sowie – damit korrespondierend – in der Verteilung des Konzerneigenkapitals auf die Gesellschafterstämme nachgezeichnet wird.

- Im Rahmen der ergebnisorientierten Vorgehensweise wird diese Vermögensverschiebung zwischen den Gesellschafterstämmen ergebnisseitig nicht zum Lieferungszeitpunkt erfasst, sondern regelmäßig erst dann, wenn der Vermögenswert den Verfügungsbereich des Konzerns verlässt. Zum Lieferungszeitpunkt werden sowohl die Konzernbilanz als auch die Konzern-Gewinn- und Verlustrechnung vielmehr so dargestellt, als ob die konzerninterne Transaktion nicht stattgefunden hätte. Dies überzeugt auf den ersten Blick, da die Darstellung der Vermögens- und Ertragslage des Konzerns durch die konzerninterne Transaktion nicht beeinflusst und die Aufgabe der Zwischenergebniseliminierung erfüllt wird. Gleichwohl entsprechen sich in der Folge der jeweilige gesellschafterstammspezifische Anteil am Konzerneigenkapital und der entsprechende Saldo der gesellschafterstammspezifischen Teile der zu Konzernbuchwerten bewerteten Vermögenswerte und Schulden wertmäßig nicht mehr. Dies führt in Bezug auf die Darstellung des Konzerneigenkapitals insbesondere zu einem Konflikt mit der Anforderung an eine glaubwürdige Darstellung, da die Verteilung des Konzerneigenkapitals auf die Gesellschafterstämme regelmäßig bis zur Veräußerung des Vermögenswertes an konzernexterne Dritte nicht mehr den tatsächlichen Verhältnissen entsprechend abgebildet wird. Weitere Defizite ergeben sich im Rahmen dieser Vorgehensweise darüber hinaus, sofern das Tochterunternehmen, das an der konzerninternen Transaktion partizipiert hat, eher aus dem Konzernverbund ausscheidet, als der konzernintern gelieferte Vermögenswert an konzernexterne Dritte weiterveräußert wird. Zur Wahrung des konzernspezifischen Kongruenzprinzips ist in einem solchen Fall die Vermögensverschiebung zwischen den Gesellschafterstämmen zum Zeitpunkt der Endkonsolidierung im Kontext der Ausbuchung der nicht beherrschenden Anteile ergebnisseitig nachzuholen. Entgegen der regelungssystematisch angezeigten erfolgsneutralen Ausbuchung der nicht beherrschenden Anteile ist der die Vermögensverschiebung repräsentierende Betrag erfolgswirksam als Teil des Endkonsolidierungserfolges der Konzernobergesellschaft zu erfassen. Da dieser Teil des Endkonsolidierungserfolges regelmäßig in keinem sachlichen Zusammenhang mit der Veräußerung der Anteile steht, weist er einen buchungstechnischen „Nachholcharakter" auf und ist vor allem unter Relevanzgesichtspunkten zu kritisieren.

- Im Rahmen der vermögensorientierten Vorgehensweise wird die Vermögensverschiebung zwischen den Gesellschafterstämmen demgegenüber bereits zum Lieferungszeitpunkt konzernbilanziell ergebnisseitig nachgezeichnet. Durch die Erfassung von gesellschafterstammspezifischen Erfolgsbeiträgen wird dabei der Bruchteilsvorstellung der Konzernrechnungslegung in Verbindung mit der Erfolgskonzeption der IFRS Rechnung getragen. So ist auf diese Weise die (Wert-)Änderung der auf die Anteile einer Gesellschaftergruppe entfallenden Teile der Vermögenswerte und Schulden mit einer korrespondierenden Wertänderung dieser Anteile am Konzerneigenkapital verbunden. Die Erfassung von gesellschafterstammspezifischen Erfolgsbeiträgen, die aus einer konzerninternen Transaktion resultieren, steht dabei nicht in Konflikt mit der Einheitsfiktion und der daraus abgeleiteten Aufgabe der Zwischenergebniseliminierung. Schließlich bleiben auch im Rahmen der vermögensorientierten Vorgehensweise die Darstellung des Konzernvermögens – das Vermögen der wirtschaftlichen Einheit – sowie des Konzernergebnisses und des Konzerneigenkapitals – das Ergebnis und das Eigenkapital der wirtschaftlichen Einheit – jeweils als Ganzes von der Transaktion unberührt. Die Ergebnisverteilung sowie die damit verbundene Aufteilung des Konzerneigenkapitals auf die Gesellschafterstämme ist hingegen rechtlich geprägt und bringt die Bruchteilsvorstellung zum Ausdruck.
- Basierend auf der vorgenommenen Analyse wird sich hier für die vermögensorientierte Vorgehensweise bei der Zwischenergebniseliminierung nach IFRS 10 ausgesprochen, da sie zu einer vergleichsweise entscheidungsnützlicheren Informationsvermittlung als die ergebnisorientierte Vorgehensweise führt.
- In einem nächsten Schritt hat die der Betrachtung der Zwischenergebniseliminierung im Rahmen **der anteiligen Einbeziehung nach IFRS 11** vorangehende Analyse dieser Abbildungsmethodik gezeigt, dass die Abbildung einer über ein separates Vehikel strukturierten gemeinschaftlichen Tätigkeit auf einer von der Quotenkonsolidierung nach IAS 31 abweichenden Konzeption beruht. So sind nicht pauschal sämtliche Abschlussposten des Beteiligungsunternehmens grundsätzlich entsprechend der Kapitalanteilsquote in den Konzernabschluss einzubeziehen. Vielmehr ist – konsistent zur Bilanzierung von gemeinschaftlichen Tätigkeiten, die nicht über ein separates Vehikel strukturiert sind – eine differenziert anteilige Einbeziehung der einzelnen Abschlussposten im Umfang der jeweils aus ihnen erwachsenden Rechte und Pflichten der gemeinschaftlichen Betreiber angezeigt. Konzeptionell hierauf aufbauend ist auch im Rahmen der anteiligen Zwischenergebniseliminierung diesem Rechte- und Pflichtenkonzept Rechnung zu tragen, sodass es einer differenzierten Vorgehensweise im Rahmen der anteiligen Zwischenergebniseliminierung bedarf. Auf diese Weise kann sichergestellt werden, dass die wirtschaftliche Substanz einer Transaktion mit einer gemeinschaftlichen Tätigkeit abgebildet wird.
- Wird etwa (im Extremfall) seitens der Konzernobergesellschaft im Rahmen einer Upstream-Lieferung eines Vermögenswertes dieser nicht aus dem gemeinschaftlichen Vermögen der gemeinschaftlichen Tätigkeit entnommen bzw. im Rahmen einer Downstream-

Lieferung nicht in dieses überführt, ist die Transaktion regelmäßig gänzlich als konzerninterne Transaktion zu interpretieren, sodass diese Transaktion im Rahmen der differenziert anteiligen Zwischenergebniseliminierung in voller Höhe zu eliminieren ist. Dies liegt darin begründet, dass sich die Rechte und Pflichten der gemeinschaftlichen Betreiber in Bezug auf den gelieferten Vermögenswert nicht geändert haben werden. Wird umgekehrt im Rahmen einer Transaktion ein Vermögenswert aus dem gemeinschaftlichen Vermögen entnommen bzw. in dieses überführt, ist eine Zwischenergebniseliminierung nur im Umfang des eigenen Anteils an der Transaktion angezeigt. Zugleich ist der auf die andere(n) Partei(en) entfallende Teil der Transaktion als Anschaffungs- bzw. als Veräußerungsvorgang abzubilden.

- Anders als der für eine Upstream-Lieferung einschlägige IFRS 11.B36 – der eine solche differenzierte Vorgehensweise bei der anteiligen Zwischenergebniseliminierung erlaubt – fußt der für eine Downstream-Lieferung einschlägige IFRS 11.B34 indes dem Wortlaut nach noch auf dem Konzept der anteiligen Zwischenergebniseliminierung im Rahmen der Quotenkonsolidierung nach IAS 31. So hat ein gemeinschaftlicher Betreiber im Rahmen einer Downstream-Lieferung an seine gemeinschaftliche Tätigkeit, an der er eine gesellschaftsrechtliche Beteiligung hält, zwingend in Höhe der Fremdbeteiligungsquote einen Veräußerungsvorgang zu fingieren und entsprechend abzubilden. Diese Vorgehensweise hält einer wirtschaftlichen Betrachtungsweise nicht (zwingend) stand, bei der auf die Rechte und Pflichten der Parteien abzustellen ist. Damit die Abbildung einer Downstream-Lieferung konsistent in das Normengefüge der differenziert anteiligen Einbeziehung nach IFRS 11 eingebettet werden kann, ist eine Anpassung des IFRS 11.B34 vorzunehmen. Zum einen sollte die Vorgabe, pauschal eine teilweise Transaktion mit dem bzw. den anderen Betreiber(n) zu fingieren und dementsprechend abzubilden, gestrichen werden. Zum anderen sollte analog zu IFRS 11.B36 eine differenzierte Vorgehensweise bei der anteiligen Zwischenergebniseliminierung ermöglicht werden, im Rahmen derer transaktionsspezifisch auf die Rechte und Pflichten der Betreiber in Bezug auf die mit der Transaktion verbundenen Abschlussposten abgestellt werden kann.
- Schließlich wurde im Rahmen der Zwischenergebniseliminierung der **Equity-Methode nach IAS 28** herausgearbeitet, dass eine dabei grundsätzlich analoge Anwendung von IFRS 10.B86 (c) in beiden Lieferungsrichtungen zu einer vergleichsweise entscheidungsnützlicheren Informationsvermittlung führt als eine ausschließliche Verrechnung mit den Equity-Posten. In beiden Lieferungsrichtungen kann die Erhöhung bzw. Verminderung des Equity-Wertes aus Konzernsicht als Verschiebung von Konzernvermögen interpretiert werden, die gerade nicht mit der Erfassung eines Erfolges aus *at equity* einbezogenen Unternehmen verbunden ist. Während die hier präferierte Vorgehensweise einen zutreffenden Einblick in die wirtschaftliche Lage des Konzerns gewährt, führt die ausschließliche Verrechnung mit den Equity-Posten im Kontext einer Upstream-Lieferung zu einer verzerrten Darstellung der Vermögenslage sowie im Kontext einer Downstream-Lieferung zu einer verzerrten Darstellung der Ertragslage.

Angesichts dieser Ergebnisse ergibt sich ein Handlungsbedarf für den IASB, um im Kontext der Zwischenergebniseliminierung eine bestmögliche Entscheidungsnützlichkeit der vermittelten Informationen sicherstellen zu können. So wäre es zum einen wünschenswert, wenn der Standardsetzer die Vorgaben zur Zwischenergebniseliminierung im Rahmen der Vollkonsolidierung zugunsten der vermögensorientierten Vorgehensweise sowie im Rahmen der Equity-Methode zugunsten einer grundsätzlich analogen Anwendung von IFRS 10.B86 (c) konkretisiert. Dies ließe sich bspw. im Rahmen von *illustrative examples* umsetzen. Hinsichtlich der Zwischenergebniseliminierung im Rahmen der anteiligen Einbeziehung nach IFRS 11 ist überdies eine Anpassung des IFRS 11.B34 dahin gehend notwendig, dass eine differenzierte Vorgehensweise bei der Zwischenergebniseliminierung im Rahmen einer Downstream-Lieferung ermöglicht wird. Einen geeigneten Rahmen für die Umsetzung der vorgenannten Vorschläge bilden bspw. der zu erwartende *post implementation review* zu IFRS 10, IFRS 11 und IFRS 12 sowie das Forschungsprojekt zur Equity-Methode, das bereits im Arbeitsplan des IASB war, indes vor dem Hintergrund dieses *post implementation review* im Jahr 2015 ausgesetzt und in die *research pipeline* des IASB verschoben wurde.[1365]

Zudem ergibt sich aus den Ergebnissen dieser Untersuchung bezüglich der Vorschriften zur Zwischenergebniseliminierung weiterer Forschungsbedarf. So ist die Zwischenergebniseliminierung konzeptionell eng verbunden mit der Schuldenkonsolidierung, deren Vorgehensweise(n) es ebenfalls zu überprüfen gilt.

[1365] Aktuelle Informationen zu diesen Projekten finden sich auf der Homepage des IASB (https://www.ifrs.org/).

Quellenverzeichnis

Verzeichnis der Kommentare und Handbücher

ADLER, HANS/DÜRING, WALTHER/SCHMALTZ, KURT, Rechnungslegung und Prüfung der Unternehmen. Kommentar zum HGB, AktG, GmbHG, PublG nach den Vorschriften des Bilanzrichtlinien-Gesetzes, 6. Aufl., Stuttgart 1994/2001 (zitiert: ADS, 6. Aufl.).

ADLER, HANS/DÜRING, WALTHER/SCHMALTZ, KURT, Rechnungslegung nach Internationalen Standards. Kommentar, Stuttgart 2002 ff. (Stand: August 2011) (zitiert: ADS International).

BAETGE, JÖRG/KIRSCH, HANS-JÜRGEN/THIELE, STEFAN (Hrsg.), Bilanzrecht. Kommentar, Loseblatt, Bonn/Berlin 2002 ff. (Stand: August 2011) (zitiert: BEARBEITER, in: Baetge/Kirsch/Thiele, Bilanzrecht (Stand: August 2011)).

BAETGE, JÖRG/KIRSCH, HANS-JÜRGEN/THIELE, STEFAN (Hrsg.), Bilanzrecht. Kommentar, Loseblatt, Bonn/Berlin 2002 ff. (Stand: Oktober 2019) (zitiert: BEARBEITER, in: Baetge/Kirsch/Thiele, Bilanzrecht).

BAETGE, JÖRG/WOLLMERT, PETER/KIRSCH, HANS-JÜRGEN/OSER, PETER/BISCHOF, STEFAN (Hrsg.), Rechnungslegung nach IFRS. Kommentar auf der Grundlage des deutschen Bilanzrechts, Loseblatt, 2. Aufl., Stuttgart 2003 ff. (Stand: November 2019) (zitiert: BEARBEITER, in: Baetge u. a., Rechnungslegung nach IFRS, 2. Aufl.).

BALLWIESER, WOLFGANG/BEINE, FRANK/HAYN, SVEN/PEEMÖLLER, VOLKER H./SCHRUFF, LOTHAR/WEBER, CLAUS-PETER (Hrsg.), Handbuch International Financial Reporting Standards 2011, 7. Aufl., Weinheim 2011 (zitiert: BEARBEITER, in: Ballwieser u. a., Handbuch IFRS, 7. Aufl.).

BERGER, AXEL/ELLROTT, HELMUT/FÖRSCHLE, GERHART/HENSE, BURKHARD (Hrsg.), Beck'scher Bilanz-Kommentar. Handels- und Steuerrecht. §§ 238 bis 339 HGB, 5. Aufl., München 2003 (zitiert: BEARBEITER, in: Berger u. a., Beck Bilanzkomm., 5. Aufl.).

BÖCKING, HANS-JOACHIM/GROS, MARIUS/OSER, PETER/SCHEFFLER, EBERHARD/THORMANN, BETTINA (Hrsg.), Beck'sches Handbuch der Rechnungslegung – HGB und IFRS –, Loseblatt, München 1987 ff. (Stand: August 2019) (zitiert: BEARBEITER, in: Böcking u. a., Beck HdR).

BOHL, WERNER/RIESE, JOACHIM/SCHLÜTER, JÖRG (Hrsg.), Beck'sches IFRS-Handbuch. Kommentierung der IFRS/IAS, 2. Aufl., München 2006 (zitiert: BEARBEITER, in: Bohl/Riese/Schlüter, Beck IFRS HB, 2. Aufl.).

BOHL, WERNER/RIESE, JOACHIM/SCHLÜTER, JÖRG (Hrsg.), Beck'sches IFRS-Handbuch. Kommentierung der IFRS/IAS, 4. Aufl., München 2013 (zitiert: BEARBEITER, in: Bohl/Riese/Schlüter, Beck IFRS HB, 4. Aufl.).

BUDDE, WOLFGANG DIETER/CLEMM, HERMANN/ELLROTT, HELMUT/FÖRSCHLE, GERHART/SCHNICKE, CHRISTIAN (Hrsg.), Beck'scher Bilanz-Kommentar. Handels- und Steuerrecht. §§ 238 bis 339 HGB, 3. Aufl., München 1995 (zitiert: BEARBEITER, in: Budde u. a., Beck Bilanzkomm., 3. Aufl.).

DELOITTE (Hrsg.), iGAAP 2019. Volume A: A guide to IFRS reporting, London 2019 (iGAAP 2019).

DRIESCH, DIRK/RIESE, JOACHIM/SCHLÜTER, JÖRG/SENGER, THOMAS (Hrsg.), Beck'sches IFRS-Handbuch. Kommentierung der IFRS/IAS, 5. Aufl., München 2016 (zitiert: BEARBEITER, in: Driesch u. a., Beck IFRS HB, 5. Aufl.).

ERNST & YOUNG (Hrsg.), International GAAP 2019. Generally Accepted Accounting Practice under International Financial Reporting Standards, Chichester 2019 (International GAAP 2019).

FETT, TORSTEN/SPIERING, CHRISTOPH (Hrsg.), Handbuch Joint Venture, 2. Aufl., Heidelberg 2015 (zitiert: BEARBEITER, in: Fett/Spiering, Handbuch Joint Venture, 2. Aufl.).

FÖRSCHLE, GERHART/GROTTEL, BERND/SCHMIDT, STEFAN/SCHUBERT, WOLFGANG J./WINKELJOHANN, NORBERT (Hrsg.), Beck'scher Bilanz-Kommentar. Handels- und Steuerbilanz. §§ 238 bis 339, 342 bis 342e HGB mit IFRS-Abweichungen, 9. Aufl., München 2014 (zitiert: BEARBEITER, in: Förschle u. a., Beck Bilanzkomm., 9. Aufl.).

GROTTEL, BERND/SCHMIDT, STEFAN/SCHUBERT, WOLFGANG J./STÖRK, ULRICH (Hrsg.), Beck'scher Bilanz-Kommentar. Handels- und Steuerbilanz. §§ 238 bis 339, 342 bis 342e HGB, 12. Aufl., München 2020 (zitiert: BEARBEITER, in: Grottel u. a., Beck Bilanzkomm., 12. Aufl.).

HENNRICHS, JOACHIM/KLEINDIEK, DETLEF/WATRIN, CHRISTOPH (Hrsg.), Münchener Kommentar zum Bilanzrecht. Band 1 IFRS, Loseblatt, München 2009 ff. (Stand: September 2014) (zitiert: BEARBEITER, in: Hennrichs/Kleindiek/Watrin, MüKo Bilanzrecht Bd. 1).

HENNRICHS, JOACHIM/KLEINDIEK, DETLEF/WATRIN, CHRISTOPH (Hrsg.), Münchener Kommentar zum Bilanzrecht. Band 2 Bilanzrecht §§ 238–342e HGB, München 2013 (zitiert: BEARBEITER, in: Hennrichs/Kleindiek/Watrin, MüKo Bilanzrecht Bd. 2).

HEUSER, PAUL J./THEILE, CARSTEN (Hrsg.), IFRS Handbuch. Einzel- und Konzernabschluss, 6. Aufl., Köln 2019 (zitiert: BEARBEITER, in: Heuser/Theile, IFRS Handbuch, 6. Aufl.).

HOFBAUER, MAX A./KUPSCH, PETER (Hrsg.), Rechnungslegung (ursprünglich unter dem Titel Bonner Handbuch Rechnungslegung). Aufstellung, Prüfung und Offenlegung des Jahresabschlusses, Loseblatt, 2. Aufl., Bonn 1994 ff. (Stand: September 2019) (zitiert: BEARBEITER, in: Hofbauer/Kupsch, Rechnungslegung, 2. Aufl.).

HOFFMANN, WOLF-DIETER/LÜDENBACH, NORBERT (Hrsg.), NWB Kommentar Bilanzierung. Handels- und Steuerrecht, 10. Aufl., Herne 2018 (zitiert: BEARBEITER, in: Hoffmann/Lüdenbach, NWB Kommentar Bilanzierung, 10. Aufl.).

IDW (Hrsg.), WP Handbuch. Wirtschaftsprüfung und Rechnungslegung, 16. Aufl., Düsseldorf 2019 (zitiert: BEARBEITER, in: WP Handbuch, 16. Aufl.).

KPMG (Hrsg.), Insights into IFRS. KPMG's practical guide to IFRS Standards, 16. Aufl., London 2018 (Insights into IFRS 2019/20).

KÜTING, KARLHEINZ/WEBER, CLAUS-PETER (Hrsg.), Handbuch der Konzernrechnungslegung. Kommentar zur Bilanzierung und Prüfung, 2. Aufl., Stuttgart 1998 (zitiert: BEARBEITER, in: Küting/Weber, HdK, 2. Aufl.).

LÜDENBACH, NORBERT/HOFFMANN, WOLF-DIETER/FREIBERG, JENS (Hrsg.), Haufe IFRS-Kommentar. Das Standardwerk, 17. Aufl., Freiburg 2019 (zitiert: BEARBEITER, in: Lüdenbach/Hoffmann/Freiberg, Haufe IFRS-Kommentar, 17. Aufl.).

MERKT, HANNO/PROBST, ARNO/FINK, CHRISTIAN (Hrsg.), Rechnungslegung nach HGB und IFRS. Themensystematischer Kommentar mit synoptischen Darstellungen, Stuttgart 2017 (zitiert: BEARBEITER, in: Merkt/Probst/Fink, Rechnungslegung nach HGB und IFRS).

PETERSEN, KARL/BANSBACH, FLORIAN/DORNBACH, EIKE, IFRS Praxishandbuch. Ein Leitfaden für die Rechnungslegung mit Fallbeispielen, 13. Aufl., München 2019 (IFRS Praxishandbuch).

PWC (Hrsg.), Manual of accounting. IFRS 2019, Beccles 2018 (Manual of accounting 2019).

SÄCKER, FRANZ JÜRGEN/RIXECKER, ROLAND/OETKER, HARTMUT/LIMPERG, BETTINA (Hrsg.), Münchener Kommentar zum Bürgerlichen Gesetzbuch, 7. Aufl., München 2017 (zitiert: BEARBEITER, in: Säcker u. a, MüKo BGB, 7. Aufl.).

SCHMIDT, KARSTEN/EBKE, WERNER F. (Hrsg.), Münchener Kommentar zum Handelsgesetzbuch. Band 4 Drittes Buch. Handelsbücher §§ 238–342e HGB, 3. Aufl., München 2013 (zitiert: BEARBEITER, in: Schmidt/Ebke, MüKo HGB, 3. Aufl.).

SCHULZE-OSTERLOH, JOACHIM/HENNRICHS, JOACHIM/WÜSTEMANN, JENS (Hrsg.), Handbuch des Jahresabschlusses. Bilanzrecht nach HGB, EStG und IFRS, Loseblatt, Köln 2005 ff. (Stand: September 2019) (zitiert: BEARBEITER, in: Schulze-Osterloh/Hennrichs/Wüstemann, HdJ).

THIELE, STEFAN/VON KEITZ, ISABEL /BRÜCKS, MICHAEL (Hrsg.), Internationales Bilanzrecht. Rechnungslegung nach IFRS, Loseblatt, Bonn/Berlin 2008 ff. (Stand: November 2019) (zitiert: BEARBEITER, in: Thiele/von Keitz/Brücks, Internationales Bilanzrecht).

WINKELJOHANN, NORBERT (Hrsg.), Rechnungslegung nach IFRS. Ein Handbuch für mittelständische Unternehmen, 2. Aufl., Herne/Berlin 2006 (zitiert: BEARBEITER, in: Winkeljohann, Rechnungslegung nach IFRS, 2. Aufl.).

Verzeichnis der Aufsätze, Monografien und sonstigen Fachbeiträge

ACHLEITNER, ANN-KRISTIN, Die Normierung der Rechnungslegung. Eine vergleichende Untersuchung unterschiedlicher institutioneller Ausgestaltungen des nationalen und internationalen Standardsetzungsprozesses, Zürich 1995 (Normierung der Rechnungslegung).

ALKEMEIER, MICHAEL, Konzerninterne Unternehmenszusammenschlüsse. Die Bilanzierung von Business Combinations under Common Control im IFRS-Teilkonzernabschluss, Lohmar/Köln 2017 (Konzerninterne Unternehmenszusammenschlüsse).

ANTONAKOPOULOS, NADINE, Gewinnkonzeptionen und Erfolgsdarstellung nach IFRS. Analyse der direkt im Eigenkapital erfassten Erfolgsbestandteile, Wiesbaden 2007 (Gewinnkonzeptionen und Erfolgsdarstellung).

ANTONAKOPOULOS, NADINE, Erfolgsquellenanalyse nach IFRS auf Basis des Gesamterfolgs (total comprehensive income), in: KoR 2010, S. 121–129 (Erfolgsquellenanalyse nach IFRS).

ARBEITSKREIS „EXTERNE UNTERNEHMENSRECHNUNG" DER SCHMALENBACH-GESELLSCHAFT (Hrsg.), Aufstellung von Konzernabschlüssen, in: zfbf Sonderheft 21/1987, S. 1–212 (Aufstellung von Konzernabschlüssen).

BACH, HEIKE/SCHREIBER, STEFAN M., Modernisierung des Konzepts der Wesentlichkeit durch den IASB, in: KoR 2019, S. 268–273 (Modernisierung des Konzepts der Wesentlichkeit).

BADER, AXEL/SCHREDER, MAX, Full goodwill-Methode vs. partial goodwill-Methode nach IFRS 3. Bilanzpolitische Spielräume und Akzeptanz in der Bilanzierungspraxis, in: PiR 2012, S. 276–282 (Full goodwill-Methode).

BAETGE, JÖRG/HERRMANN, DAGMAR, Probleme der Endkonsolidierung im Konzernabschluß, in: WPg 1995, S. 225–232 (Probleme der Endkonsolidierung).

BAETGE, JÖRG/KIRSCH, HANS-JÜRGEN/SOLMECKE, HENRIK, Auswirkungen des BilMoG auf die Zwecke des handelsrechtlichen Jahresabschlusses, in: WPg 2009, S. 1211–1222 (Auswirkungen des BilMoG).

BAETGE, JÖRG/KIRSCH, HANS-JÜRGEN/THIELE, STEFAN, Bilanzen, 15. Aufl., Düsseldorf 2019 (Bilanzen).

BAETGE, JÖRG/KIRSCH, HANS-JÜRGEN/THIELE, STEFAN, Konzernbilanzen, 13. Aufl., Düsseldorf 2019 (Konzernbilanzen).

BAETGE, JÖRG/THIELE, STEFAN, Gesellschafterschutz versus Gläubigerschutz – Rechenschaft versus Kapitalerhaltung. Zu den Zwecken des deutschen Einzelabschlusses vor dem Hintergrund der internationalen Harmonisierung, in: Handelsbilanzen und Steuerbilanzen. Festschrift zum 70. Geburtstag von Prof. Dr. h. c. Heinrich Beisse, hrsg. v. Budde, Wolfgang Dieter/Moxter, Adolf/Offerhaus, Klaus, Düsseldorf 1997, S. 11–24 (Gesellschafterschutz versus Gläubigerschutz).

BAETGE, JÖRG/WINKELJOHANN, NORBERT/HAENELT, TIMO, Die Bilanzierung des gesellschaftsrechtlichen Eigenkapitals von Nicht-Kapitalgesellschaften nach der novellierten Kapitalabgrenzung des IAS 32 (rev. 2008), in: DB 2008, S. 1518–1522 (Bilanzierung des gesellschaftsrechtlichen Eigenkapitals).

BALLWIESER, WOLFGANG, Die Analyse von Jahresabschlüssen nach neuem Recht, in: WPg 1987, S. 57–68 (Analyse von Jahresabschlüssen).

BALLWIESER, WOLFGANG, Informations-GoB – auch im Lichte von IAS und US-GAAP, in: KoR 2002, S. 115–121 (Informations-GoB).

BALLWIESER, WOLFGANG, Rahmenkonzepte der Rechnungslegung: Funktionen, Vergleich, Bedeutung, in: DK 2003, S. 337–348 (Rahmenkonzepte der Rechnungslegung).

BALLWIESER, WOLFGANG, IFRS-Rechnungslegung. Konzept, Regeln und Wirkungen, 3. Aufl., München 2013 (IFRS-Rechnungslegung).

BALLWIESER, WOLFGANG, Ansätze und Ergebnisse einer ökonomischen Analyse des Rahmenkonzepts zur Rechnungslegung, in: zfbf 2014, S. 451–476 (Analyse des Rahmenkonzepts).

BARAK, AHARON, Purposive Interpretation in Law, Princeton 2005 (Purposive Interpretation in Law).

BAXTER, GEORGE C./SPINNEY, JAMES C., A closer look at consolidated financial statement theory. Part I, in: CA magazine Januar 1975, S. 31–36 (Consolidated financial statement theory).

BEAVER, WILLIAM H., Financial Reporting: An Accounting Revolution, 3. Aufl., Upper Saddle River 1998 (Financial Reporting).

BEINE, FRANK/GORA, VINCENZ, Darstellung der Ertragslage von Konzernen mit außenstehenden Gesellschaftern, in: DStR 1997, S. 1739–1744 (Ertragslage von Konzernen).

BEINSEN, BIRGIT/WAGENHOFER, ALFRED, Das ambivalente Verhältnis des IASB zum Vorsichtsprinzip, in: IRZ 2013, S. 413–419 (Verhältnis des IASB zum Vorsichtsprinzip).

BEISSE, HEINRICH, Gewinnrealisierung – Ein systematischer Überblick über Rechtsgrundlagen, Grundtatbestände und grundsätzliche Streitfragen, in: Gewinnrealisierung im Steuerrecht. Theorie und Praxis der Gewinnverwirklichung durch Umsatzakt und durch Steuerentstrickung sowie des Besteuerungsaufschubs, hrsg. v. Ruppe, Hans Georg, Köln 1981, S. 13–43 (Gewinnrealisierung).

BENCI, MARGUERITE/SEIBERT, KLAUS, Joint Ventures als Marketing-Problem, Opladen 1979 (Joint Ventures als Marketing-Problem).

BENTLER, MARTIN, Grundsätze ordnungsmäßiger Bilanzierung für die Equitymethode, Wiesbaden 1991 (Grundsätze ordnungsmäßiger Bilanzierung für die Equitymethode).

BERESFORD, DENNIS R./VAN RIPER, ROBERT, The not-so-mysterious ways of the FASB. The facts about standard setting frequently are quite different from the perceptions, in: Journal of Accountancy 1992, S. 79–83 (The not-so-mysterious ways).

BERGER, JENS/STRUFFERT, RALF/NAGELSCHMITT, SABINE, Neue Klassifizierungs- und Bewertungsvorschriften für Finanzinstrumente – Endgültige Fassung von IFRS 9 veröffentlicht (Teil 1), in: WPg 2014, S. 1075–1088 (Klassifizierungs- und Bewertungsvorschriften für Finanzinstrumente).

BERTSCH, ANDREAS, Rechnungslegung von Konzernunternehmen. Probleme und alternative Konzeptionen, Heidelberg 1995 (Rechnungslegung von Konzernunternehmen).

BEYERSDORFF, MARTIN, Mehr Mut zur Relevanz in IFRS-Abschlüssen? Das neue IFRS Practice Statement 2 zu Wesentlichkeitsbeurteilungen nach IFRS, in: WPg 2017, S. 1383–1390 (Mehr Mut zur Relevanz).

BEYHS, OLIVER/BUSCHHÜTER, MICHAEL/SCHURBOHM, ANNE, IFRS 10 und IFRS 12: Die neuen IFRS zum Konsolidierungskreis, in: WPg 2011, S. 662–671 (IFRS 10 und IFRS 12).

BISCHOF, STEFAN/ROß, NORBERT, Qualitative Mindestanforderungen an das Organ nach HGB und IFRS bei einem Mutter-Tochter-Verhältnis durch Organbestellungsrecht, in: BB 2005, S. 203–207 (Qualitative Mindestanforderungen an das Organ).

BLUM, ANDREAS, Unabhängigkeit des Unternehmenswerts von der Rechnungslegung des Unternehmens, in: BB 2008, S. 2170–2174 (Unabhängigkeit des Unternehmenswerts).

BÖCKEM, HANNE/DISSER, INNA/WATERSCHEK-CUSHMAN, ELKE, Fondskonsolidierung in Deutschland vor dem Hintergrund des Delegated Power-Konzepts des IFRS 10, in: KoR 2013, S. 117–128 (Fondskonsolidierung).

BÖCKEM, HANNE/ISMAR, MICHAEL, Die Bilanzierung von Joint Arrangements nach IFRS 11, in: WPg 2011, S. 820–828 (Joint Arrangements nach IFRS 11).

BÖCKEM, HANNE/RÖHRICHT, VICTORIA, Joint Operation oder Joint Venture? – Zur praktischen Umsetzung der Klassifizierungsvorgaben für Joint Arrangements nach IFRS 11, in: WPg 2014, S. 1032–1042 (Joint Operation oder Joint Venture?).

BÖCKEM, HANNE/STIBI, BERND/ZOEGER, OLIVER, IFRS 10 „Consolidated Financial Statements“: Droht eine grundlegende Revision des Konsolidierungskreises?, in: KoR 2011, S. 399–409 (IFRS 10).

BOHL, WERNER/WIECHMANN, JOST, IFRS für Juristen. Einführung in eine kapitalmarktorientierte Rechnungslegung, 2. Aufl., München 2010 (IFRS für Juristen).

BOHNEFELD, SILVIA/EBELING, RALF MICHAEL, Die Abbildung von mit einem Dritten abgeschlossenen Fertigungsaufträgen im Konzernabschluss nach IAS 11 und IFRS 15. Teil 1: Ein Konzernunternehmen als Auftragnehmer, in: IRZ 2017, S. 255–259 (Fertigungsaufträge im Konzernabschluss (Teil 1)).

BORES, WILHELM, Konsolidierte Erfolgsbilanzen und andere Bilanzierungsmethoden für Konzerne und Kontrollgesellschaften, Leipzig 1935 (Konsolidierte Erfolgsbilanzen).

BRADBURY, MICHAEL, The Elimination of Profit on Intercompany Transactions when Equity Accounting – is it necessary?, in: The Accountants' Journal 1985, S. 48–49 (Intercompany Transactions when Equity Accounting).

BREIDENBACH, KARIN, Realisation von Umsatzerlösen nach IFRS 15. Neuregelung durch das IASB, in: BBK 2014, S. 631–637 (Realisation von Umsatzerlösen nach IFRS 15).

BREIDENBACH, KARIN/WÄHRISCH, MICHAEL, Umsatzerlöse. Handbuch zur Umsatzerfassung nach HGB und IFRS, Herne 2016 (Umsatzerlöse).

BRINKMANN, JÜRGEN, Zweckadäquanz der Rechnungslegung nach IFRS. Eine Untersuchung aus deutscher Sicht, Berlin 2006 (Zweckadäquanz der Rechnungslegung).

BRUNE, JENS W., Abschaffung und Fortbestand der quotalen Einbeziehungen von *Joint Arrangements* in den IFRS-Konzernabschluss, in: IRZ 2011, S. 515–518 (Fortbestand der quotalen Einbeziehung).

BUNTING, DAVID/MIZRUCHI, MARK S., The Transfer of Control in Large Corporations: 1905-1919, in: Journal of Economic Issues 1982, S. 985–1003 (Transfer of Control).

BÜRGE, ANDREAS/OHLUND, ERIC, International Accounting Standards – Neueste Entwicklungen, in: Der Schweizer Treuhänder 1993, S. 165–170 (International Accounting Standards).

BUSCH, JULIA/BOECKER, CORINNA, ED/2015/3: *Conceptual Framework for Financial Reporting* – ein erster Überblick zur vorgeschlagenen Neufassung, in: IRZ 2015, S. 270–272 (ED/2015/3: *Conceptual Framework*).

BUSCH, JULIA/ROTH, MATTHIAS, Konzernrechnungslegungspflicht nach IFRS 10. Implikationen des neu gefassten *Control*-Konzepts, in: IRZ 2012, S. 95–97 (Konzernrechnungslegungspflicht).

BUSCH, JULIA/ZWIRNER, CHRISTIAN, *Joint Arrangements* nach IFRS 11 – neue Abbildungsvorschriften und Folgewirkungen, in: IRZ 2012, S. 219–222 (Joint Arrangements).

BUSSE VON COLBE, WALTHER, Die Equitymethode zur Bewertung von Beteiligungen im Konzernabschluß. Eine wichtige Neuerung für das deutsche Bilanzrecht, in: Zukunftsaspekte der anwendungsorientierten Betriebswirtschaftslehre. Erwin Grochla zum 65. Geburtstag gewidmet, hrsg. v. Gaugler, Eduard/Meissner, Hans Günther/Thom, Norbert, Stuttgart 1986, S. 249–266 (Die Equitymethode).

BUSSE VON COLBE, WALTHER, Gefährdung des Kongruenzprinzips durch erfolgsneutrale Verrechnung von Aufwendungen im Konzernabschluß, in: Rechnungslegung. Entwicklungen bei der Bilanzierung und Prüfung von Kapitalgesellschaften. Festschrift zum 65. Geburtstag von Professor Dr. Dr. h.c. Karl-Heinz Forster, hrsg. v. Moxter, Adolf u. a., Düsseldorf 1992, S. 125–138 (Gefährdung des Kongruenzprinzips).

BUSSE VON COLBE, WALTHER, Was ist und was bedeutet Shareholder Value aus betriebswirtschaftlicher Sicht?, in: ZGR 1997, S. 271–290 (Shareholder Value).

BUSSE VON COLBE, WALTHER/CHMIELEWICZ, KLAUS, Das neue Bilanzrichtlinien-Gesetz, in: DBW 1986, S. 289–347 (Das neue Bilanzrichtlinien-Gesetz).

BUSSE VON COLBE, WALTHER/FALKENHAHN, GUNTHER, Neuere Entwicklung der Methoden der Kapitalkonsolidierung, in: Betriebliches Rechnungswesen und Controlling im Spannungsfeld von Theorie und Praxis. Festschrift für Prof. Dr. Jürgen Graßhoff zum 65. Geburtstag, hrsg. v. Jander, Heidrun/Krey, Antje, Hamburg 2005, S. 3–29 (Methoden der Kapitalkonsolidierung).

BUSSE VON COLBE, WALTHER/ORDELHEIDE, DIETER/GEBHARDT, GÜNTHER/PELLENS, BERNHARD, Konzernabschlüsse. Rechnungslegung nach betriebswirtschaftlichen Grundsätzen sowie nach Vorschriften des HGB und der IAS/IFRS, 9. Aufl., Wiesbaden 2010 (Konzernabschlüsse).

BYDLINSKI, FRANZ, Juristische Methodenlehre und Rechtsbegriff, 2. Aufl., Wien/New York 1991 (Juristische Methodenlehre und Rechtsbegriff).

CAIRNS, DAVID, Applying International Accounting Standards, 3. Aufl., London 2003 (Applying IAS).

CANARIS, CLAUS-WILHELM, Die Feststellung von Lücken im Gesetz. Eine methodologische Studie über Voraussetzungen und Grenzen der richterlichen Rechtsfortbildung praeter legem, 2. Aufl., Berlin 1983 (Feststellung von Lücken im Gesetz).

CASSEL, JOCHEN, Unternehmensbewertung im IFRS-Abschluss. Fair Value-Bewertung von Unternehmen und Sachgesamtheiten, Berlin 2012 (Unternehmensbewertung im IFRS-Abschluss).

CHRISTENSEN, JOHN, Conceptual frameworks of accounting from an information perspective, in: Accounting and Business Research 2010, S. 287–299 (Conceptual frameworks of accounting).

CLARK, MYRTLE W., Evolution of Concepts of Minority Interest, in: The Accounting Historians Journal 1993, S. 59–78 (Evolution of Concepts of Minority Interest).

COENENBERG, ADOLF G./STRAUB, BARBARA, Rechenschaft versus Entscheidungsunterstützung: Harmonie oder Disharmonie der Rechnungszwecke?, in: KoR 2008, S. 17–26 (Rechenschaft versus Entscheidungsunterstützung).

COENENBERG, ADOLF GERHARD/HALLER, AXEL/SCHULTZE, WOLFGANG, Jahresabschluss und Jahresabschlussanalyse. Betriebswirtschaftliche, handelsrechtliche, steuerrechtliche und internationale Grundlagen – HGB, IAS/IFRS, US-GAAP, DRS, 25. Aufl., Stuttgart 2018 (Jahresabschluss und Jahresabschlussanalyse).

DE LA PAIX, GERHARD/REINHOLDT, AGO, Die Aktivierung von Fremdkapitalkosten nach IAS 23, in: IRZ 2016, S. 359–362 (Aktivierung von Fremdkapitalkosten nach IAS 23).

DEHMEL, INGA/HOMMEL, MICHAEL/KUNKEL, TESSA, Conceptual Framework for Financial Reporting 2018 auf dem Prüfstand, in: BB 2018, S. 1706–1710 (Conceptual Framework).

DELOITTE (Hrsg.), IFRS fokussiert. IFRS 15 – Erlöse aus Verträgen mit Kunden, verfügbar unter: https://www2.deloitte.com/content/dam/Deloitte/de/Documents/audit/WP-IFRS_fokussiert_6_2014_safe.pdf (Stand: 09.12.2019) (IFRS 15).

DEMSKI, JOEL S., The General Impossibility of Normative Accounting Standards, in: The Accounting Review 1973, S. 718–723 (General Impossibility of Normative Accounting Standards).

DETTENRIEDER, DOMINIK, Hedge Accounting in Industrieunternehmen nach IFRS 9, Lohmar/Köln 2014 (Hedge Accounting).

DIETRICH, ANITA/KRAKUHN, JOACHIM/SIERLEJA, LUKAS, Berücksichtigung von Prinzipal-Agenten-Beziehungen im Rahmen der Abgrenzung des Konsolidierungskreises nach IFRS 10, in: IRZ 2011, S. 519–524 (Prinzipal-Agenten-Beziehungen).

DIETRICH, ANITA/STOEK, CAROLIN, Wenn Schutzrechte zu Mitwirkungsrechten werden – Anwendung des IAS 28 auf reine Kreditbeziehungen bei Banken, in: IRZ 2013, S. 349–353 (Wenn Schutzrechte zu Mitwirkungsrechten werden).

DITTMAR, PETER/GRAUPE, FABIAN, Analyse der Neuregelungen nach IFRS 11 für den deutschen Rechtsraum unter besonderer Berücksichtigung der Übergangsvorschriften, in: KoR 2012, S. 404–410 (Analyse der Neuregelungen nach IFRS 11).

DOBLER, MICHAEL/DOBLER, SILVIA, *Other Comprehensive Income*: Empirische Analyse von Ausmaß, Komponenten und *Recycling* in deutschen IFRS-Abschlüssen, in: IRZ 2012, S. 35–40 (*Other Comprehensive Income*).

DOBLER, MICHAEL/HETTICH, SILVIA, Geplante Änderungen der Rahmenkonzepte von IASB und FASB. Konzeption, Vergleich, Würdigung, in: IRZ 2007, S. 29–36 (Änderungen der Rahmenkonzepte).

DREGER, KARL-MARTIN, Der Konzernabschluß. Grundsätze ordnungsmäßiger Konsolidierung. Konzernrechnungslegung nach Aktienrecht 1965 in Anlehnung an Technik und Praxis in den USA, Wiesbaden 1969 (Der Konzernabschluß).

DUSEMOND, MICHAEL, Die Konzernanschaffungs- und Konzernherstellungskosten nach § 304 HGB. Ermittlung, Bewertung sowie Informationsbeschaffung auf der Grundlage einer eigenständigen Kostenrechnung, Stuttgart 1994 (Konzernanschaffungs- und Konzernherstellungskosten).

EBELING, RALF MICHAEL, Die zweckgemäße Abbildung der Anteile fremder Gesellschafter im Konzernabschluß nach deutschem HGB, in: DBW 1995, S. 323–346 (Anteile fremder Gesellschafter).

EBELING, RALF MICHAEL, Die Einheitsfiktion als Grundlage der Konzernrechnungslegung. Aussagegehalt und Ansätze zur Weiterentwicklung des Konzernabschlusses nach deutschem HGB unter Berücksichtigung konsolidierungstechnischer Fragen, Stuttgart 1995 (Einheitsfiktion).

EBELING, RALF MICHAEL, Zuordnung der im Konsolidierungsprozess auftretenden Eigenkapitaldifferenzen im IFRS-Konzernabschluss, in: BB 2007, S. 1609–1615 (Eigenkapitaldifferenzen im IFRS-Konzernabschluss).

EHSEN-RÜHL, JUDITH/ALTHOFF, FRANK, Konsolidierungspflicht ohne Stimmrechtsmehrheit? Beherrschungsmöglichkeit aufgrund potenzieller Stimmrechte nach IFRS, in: WPg 2016, S. 210–219 (Konsolidierungspflicht ohne Stimmrechtsmehrheit?).

EISELE, WOLFGANG/RENTSCHLER, RALPH, Gemeinschaftsunternehmen im Konzernabschluß, in: BFuP 1989, S. 309–324 (Gemeinschaftsunternehmen im Konzernabschluß).

EISENSCHMIDT, KARSTEN/LABRENZ, HELFRIED, Abbildung gemeinschaftlicher Vereinbarungen nach IFRS 11. Konzeptionelle Ausrichtung und informationsökonomische Folgewirkungen, in: KoR 2014, S. 25–35 (Abbildung gemeinschaftlicher Vereinbarungen).

ELZE, HANS, Lücken im Gesetz. Begriff und Ausfüllung, München, Leipzig 1916 (Lücken im Gesetz).

ENGELKE, FREDERIK, Kapitalkonsolidierung im mehrstufigen Konzern. Die Behandlung indirekter Beteiligungsverhältnisse im IFRS-Konzernabschluss, Siegburg 2018 (Kapitalkonsolidierung im mehrstufigen Konzern).

ENGISCH, KARL, Einführung in das juristische Denken, Stuttgart 2018 (Einführung in das juristische Denken).

ENKE, RUDOLF, Bilanzierung von Beteiligungen nach der Equity-Methode, Berlin 1977 (Equity-Methode).

ERB, CARSTEN/PELGER, CHRISTOPH, Das neue Rahmenkonzept des IASB, in: WPg 2018, S. 872–878 (Rahmenkonzept des IASB).

ERB, CARSTEN/PELGER, CHRISTOPH, Potenzielle Praxisimplikationen des neuen Rahmenkonzepts des IASB, in: IRZ 2018, S. 327–331 (Praxisimplikationen des neuen Rahmenkonzepts).

ERCHINGER, HOLGER/MELCHER, WINFRIED, IFRS-Konzernrechnungslegung – Neuerungen nach IFRS 10, in: DB 2011, S. 1229–1238 (Neuerungen nach IFRS 10).

ERNST & YOUNG (Hrsg.), Unternehmenszusammenschlüsse und Konzernabschlüsse. Wie werden sich die Änderungen auf Ihr Unternehmen auswirken?, verfügbar unter: http://www.ch.ey.com/Publication/vwLUAssets/Broschuere_Unternehmenszusammenschluesse_und_Konzernabschluesse/$FILE/BC_II_Unternehmenszusammenschluesse_und_Konzernabschluesse.pdf (Stand: 09.12.2019) (Unternehmenszusammenschlüsse und Konzernabschlüsse).

EWELT-KNAUER, CORINNA, Der Konzernabschluss als Berichtsinstrument der wirtschaftlichen Einheit. Zur Abgrenzung des Vollkonsolidierungskreises sowie zur bilanziellen Abbildung von Transaktionen mit Dritten, Lohmar/Köln 2010 (Der Konzernabschluss).

EWERT, RALF/WAGENHOFER, ALFRED, Interne Unternehmensrechnung, 8. Aufl., Berlin/Heidelberg 2014 (Interne Unternehmensrechnung).

FABER, MARCEL, Unternehmenszusammenschlüsse durch Einlage von Kapitalgesellschaftsanteilen. Auswirkungen eines unechten Anteilstausches auf den Konzernabschluss nach IFRS, Siegburg 2018 (Einlage von Kapitalgesellschaftsanteilen).

FALKENHAHN, GUNTHER, Änderungen der Beteiligungsstruktur an Tochterunternehmen im Konzernabschluss, Düsseldorf 2006 (Änderungen der Beteiligungsstruktur).

FIECHTER, PETER/HALBERKANN, JÉRÔME/MEYER, CONRAD, Determinants and Consequences of a Voluntary Turn Away from IFRS to Local GAAP: Evidence from Switzerland, in: European Accounting Review 2018, S. 955–989 (Evidence from Switzerland).

FISCHER, DANIEL T., IFRS 11 – *Joint Arrangements*, in: PiR 2011, S. 204–205 (IFRS 11 – *Joint Arrangements*).

FISCHER, DANIEL T., Umsatzrealisation bei Fertigungsaufträgen nach IFRS 15, in: PiR 2014, S. 253–254 (Fertigungsaufträge nach IFRS 15).

FISCHER, DANIEL T., Entwurf eines neugefassten Rahmenkonzepts (ED/2015/3), in: PiR 2015, S. 224–226 (Entwurf eines neugefassten Rahmenkonzepts).

FISCHER, DANIEL T., Neufassung des Wesentlichkeitsbegriffs und Anwendungshinweise, in: PiR 2017, S. 323–325 (Neufassung des Wesentlichkeitsbegriffs).

FISCHER, DANIEL T., Neufassung des IASB-Rahmenkonzepts, in: PiR 2018, S. 155–156 (Neufassung des IASB-Rahmenkonzepts).

FRANKE, GÜNTER/HAX, HERBERT, Finanzwirtschaft des Unternehmens und Kapitalmarkt, 6. Aufl., Berlin/Heidelberg 2009 (Finanzwirtschaft).

FREIBERG, JENS, Vom Minderheitenanteil zum nicht beherrschenden Anteil – mehr als eine Neuetikettierung?, in: PiR 2009, S. 210–212 (Vom Minderheitenanteil zum nicht beherrschenden Anteil).

FREIBERG, JENS, Aktuelle Anwendungsfragen der *equity*-Bewertung. Keine notwendige Korrespondenz von Beteiligungsansatz und anteiligem Eigenkapital?, in: PiR 2010, S. 253–259 (Anwendungsfragen der *equity*-Bewertung).

FREIBERG, JENS, Ausstrahlung der (Voll-)Konsolidierungsmethoden auf assoziierte Unternehmen und *joint arrangements*, in: PiR 2011, S. 175–177 (Ausstrahlung der (Voll-)Konsolidierungsmethoden).

FREIBERG, JENS, Zweifelsfragen der Behandlung von nicht-beherrschenden Gesellschaftern, in: PiR 2011, S. 263–265 (Behandlung von nicht-beherrschenden Gesellschaftern).

FREIBERG, JENS, Bestimmung des Anteils nicht-beherrschender Gesellschafter bei mittelbarer Beteiligung, in: PiR 2012, S. 95–98 (Bestimmung des Anteils nicht-beherrschender Gesellschafter).

FREIBERG, JENS, Abbildung einer joint operation nach Beteiligungs- oder Abnahmequote?, in: PiR 2014, S. 59–62 (Beteiligungs- oder Abnahmequote?).

FREIBERG, JENS, Die Mär vom Vorsichtsprinzip. Bedeutung von prudence für die bilanzielle Abbildung, in: PiR 2015, S. 290–294 (Die Mär vom Vorsichtsprinzip).

FREIBERG, JENS, Einzelbilanzielle Perspektive einer joint operation, in: PiR 2016, S. 96–97 (Einzelbilanzielle Perspektive einer joint operation).

FREIBERG, JENS/TEUFEL, CRISPIN, Neue Herausforderungen in der Abgrenzung des Konsolidierungskreises – Anwendung des IFRS 10 und IFRS 11, in: DK 2013, S. 9–16 (Abgrenzung des Konsolidierungskreises).

FRICKE, GABRIELE, Rechnungslegung für Beteiligungen nach der Anschaffungskostenmethode und nach der Equity-Methode, Bochum 1983 (Rechnungslegung für Beteiligungen).

FRÖHLICH, CHRISTOPH, Bilanzierung von Beteiligungen an assoziierten Unternehmen. Die Equity-Methode nach HGB und IAS, Wien 2001 (Bilanzierung von Beteiligungen an assoziierten Unternehmen).

FRÖHLICH, CHRISTOPH, Zwischengewinne bei Geschäften mit Tochterunternehmen mit Minderheitsgesellschaftern, in: IRZ 2007, S. 357–360 (Zwischengewinne bei Geschäften mit Tochterunternehmen).

FRÖHLICH, CHRISTOPH, *Non-Controlling Interest* im IFRS-Abschluss, in: IRZ 2008, S. 417–421 (*Non-Controlling Interest* im IFRS-Abschluss).

FUCHS, MARKUS/STIBI, BERND, IFRS 11 „Joint Arrangements“ – lange erwartet und doch noch mit (kleinen) Überraschungen?, in: BB 2011, S. 1451–1455 (IFRS 11).

FÜLBIER, ROLF UWE/GASSEN, JOACHIM, Bilanzrechtsregulierung: Auf der ewigen Suche nach der eierlegenden Wollmilchsau, in: Private und öffentliche Rechnungslegung. Festschrift für Hannes Streim zum 65. Geburtstag, hrsg. v. Wagner, Franz W./Schildbach, Thomas/Schneider, Dieter, Wiesbaden 2009, S. 135–155 (Bilanzrechtsregulierung).

GALLASCH, FLORIAN, Die Bilanzierung von Versicherungsverträgen nach IFRS 4 Phase II. Das Bewertungsmodell für Erst- und passive Rückversicherungsverträge im Schaden- und Unfallbereich, Lohmar/Köln 2014 (Bilanzierung von Versicherungsverträgen).

GASSEN, JOACHIM, Are stewardship and valuation usefulness compatible or alternative objectives of financial accounting?, verfügbar unter: https://edoc.hu-berlin.de/bitstream/handle/18452/4772/28.pdf?sequence=1 (Stand: 09.12.2019) (Stewardship and valuation usefulness).

GASSEN, JOACHIM/FISCHKIN, MICHAEL/HILL, VERENA, Das Rahmenkonzept-Projekt des IASB und des FASB: Eine normendeskriptive Analyse des aktuellen Stands, in: WPg 2008, S. 874–882 (Rahmenkonzept-Projekt).

GATTUNG, ANDREAS, Berichterstattung über Beziehungen zu nahe stehenden Unternehmen und Personen. Implikationen für eine „faithful representation" nach IFRS, Saarbrücken 2007 (Berichterstattung über Beziehungen zu nahe stehenden Unternehmen).

GEBHARDT, GÜNTHER/MORA, ARACELI/WAGENHOFER, ALFRED, Revisiting the Fundamental Concepts of IFRS, in: Abacus 2014, S. 107–116 (Fundamental Concepts of IFRS).

GEISEL, ADRIAN/SCHMIDT, MARTIN, Anwendung der Equity-Methode bei assoziierten Unternehmen mit kündbaren Anteilen, in: KoR 2010, S. 81–87 (Equity-Methode mit kündbaren Anteilen).

GIMPEL-HENNING, NILS, Sukzessive Anteilserwerbe im IFRS-Konzernabschluss. Bilanzielle Auswirkungen des Statuswechsels von Unternehmensbeteiligungen, Lohmar/Köln 2015 (Sukzessive Anteilserwerbe).

GIMPEL-HENNING, NILS, Bilanzierung der Altanteile bei sukzessiven Unternehmenserwerben. Implikationen aus der Anwendung der Bewertungsleitlinien des IFRS 13, in: PiR 2016, S. 37–44 (Bilanzierung der Altanteile bei sukzessiven Unternehmenserwerben).

GIMPEL-HENNING, NILS, Die Interpretation eines Goodwill aus stufenweisen Unternehmenserwerben nach IFRS 3. Eine zu Unrecht vernachlässigte Thematik, in: KoR 2016, S. 217–222 (Goodwill aus stufenweisen Unternehmenserwerben).

GJESDAL, FRØYSTEIN, Accounting for Stewardship, in: Journal of Accounting Research 1981, S. 208–231 (Accounting for Stewardship).

GOEBEL, ANDREA, Konzernrechnungslegung nach den International Accounting Standards. Konzeptionen, Inhalte und Möglichkeiten einer Annäherung durch deutsche Muttergesellschaften, in: DB 1994, S. 2457–2464 (Konzernrechnungslegung nach den IAS).

GÖTH, PETER, Das Eigenkapital im Konzernabschluß. Bilanzielle Darstellung, Ergebnisverwendungsrechnung, Konsolidierungstechnik, Stuttgart 1997 (Eigenkapital im Konzernabschluß).

GRAU, ANDREAS, Gewinnrealisierung nach International Accounting Standards, Wiesbaden 2002 (Gewinnrealisierung nach International Accounting Standards).

GRIESAR, PATRICK, Prinzipien zur Abbildung einer Verschmelzung im Konzernabschluß, in: WPg 1997, S. 768–780 (Verschmelzung im Konzernabschluß).

GRIESAR, PATRICK, Verschmelzung und Konzernabschluß. Konsolidierungsanforderungen und Konsolidierungsmethoden. Am Beispiel der Aufnahme eines konzernfremden Unternehmens durch ein Konzernbeteiligungsunternehmen, Düsseldorf 1998 (Verschmelzung und Konzernabschluß).

GROH, MANFRED, Die Bilanzen der Mitunternehmerschaft, in: StuW 1995, S. 383–389 (Die Bilanzen der Mitunternehmerschaft).

GROH, THOMAS, Methodenrelevante Normtexte im Gemeinschaftsrecht, in: Rechtssprache Europas. Reflexion der Praxis von Sprache und Mehrsprachigkeit im supranationalen Recht, hrsg. v. Müller, Friedrich/Burr, Isolde, Berlin 2004, S. 263–285 (Methodenrelevante Normtexte).

GRÜNBERGER, DAVID, IFRS 2020. Ein systematischer Praxis-Leitfaden, 17. Aufl., Herne 2019 (IFRS 2020).

HAAKER, ANDREAS, Einheitstheorie und Fair Value-Orientierung: Informationsnutzen der full goodwill method nach ED IFRS 3 und mögliche Auswirkungen auf die investororientierte Bilanzanalyse. Grundgedanken zum bilanzanalytischen Umgang mit den geplanten Regelungen des ED IFRS 3, in: KoR 2006, S. 451–458 (Einheitstheorie und Fair Value-Orientierung).

HAAKER, ANDREAS, Das Wahlrecht zur Anwendung der *full goodwill method* nach IFRS 3 (2008), in: PiR 2008, S. 188–194 (Anwendung der *full goodwill method*).

HAAKER, ANDREAS, Potential der Goodwill-Bilanzierung nach IFRS für eine Konvergenz im wertorientierten Rechnungswesen. Eine messtheoretische Analyse, Wiesbaden 2008 (Goodwill-Bilanzierung nach IFRS).

HAAKER, ANDREAS/FREIBERG, JENS, Endorsement des IFRS-Rahmenkonzepts?, in: PiR 2013, S. 259–260 (Endorsement des IFRS-Rahmenkonzepts?).

HAAKER, ANDREAS/FREIBERG, JENS, OCI als Mülleimer?, in: PiR 2014, S. 213–214 (OCI als Mülleimer?).

HAASE, KLAUS DITTMAR, Zur Zwischenerfolgseliminierung bei Equity-Bilanzierung, in: BB 1985, S. 1702–1707 (Zwischenerfolgseliminierung bei Equity-Bilanzierung).

HACHMEISTER, DIRK, Neuregelung der Bilanzierung von Unternehmenszusammenschlüssen nach IFRS 3 (2008), in: IRZ 2008, S. 115–122 (Bilanzierung von Unternehmenszusammenschlüssen).

HACKENSCHMIDT, ANNA MARIA/RAMMERT, STEFAN, Fall 6: Kapitalkonsolidierung von Tochterunternehmen – Endkonsolidierung, in: Konzernbilanzierung *case by case*. Lösungen nach HGB und IFRS, hrsg. v. Rammert, Stefan/Hommel, Michael/Wüstemann, Jens, 6. Aufl., Frankfurt am Main 2018, S. 200–221 (Kapitalkonsolidierung von Tochterunternehmen).

HAEGLER, OLAF, Bilanzierung von Anteilen nicht-beherrschender Gesellschafter im mehrstufigen Konzern nach IFRS, in: PiR 2009, S. 191–194 (Nicht-beherrschende Gesellschafter im mehrstufigen Konzern).

HALL, R. DUANE, The International Joint Venture, New York 1984 (The International Joint Venture).

HALLER, AXEL, Die Rolle des International Accounting Standards Committee bei der weltweiten Harmonisierung der externen Rechnungslegung, in: DB 1993, S. 1297–1305 (Rolle des IASC).

HANFT, STEPHAN/KRETSCHMER, THOMAS, Negative Minderheitenanteile im Konzernabschluss nach HGB, US-GAAP und IAS, in: BB 2001, S. 2047–2054 (Negative Minderheitenanteile im Konzernabschluss).

HARMS, JENS E./KÜTING, KARLHEINZ, Die Eliminierung von Zwischenverlusten nach der 7. EG-Richtlinie, in: BB 1983, S. 1891–1901 (Eliminierung von Zwischenverlusten).

HARMS, JENS-E./KÜTING, KARLHEINZ, Equity-Accounting im Konzernabschluß. Die Bewertung von Beteiligungen gemäß dem geänderten Vorschlag für eine 7. EG-Richtlinie nach dem Stand vom 10. Februar 1982, in: BB 1982, S. 2150–2161 (Equity-Accounting im Konzernabschluß).

HARR, UWE/ZEYER, FEDOR, Zwischenergebniseliminierung bei assoziierten Unternehmen in Verbindung mit der PoC-Methode. Grundsätze und Fallstudie, in: KoR 2010, S. 588–593 (Zwischenergebniseliminierung bei assoziierten Unternehmen).

HAUCK, ANTON/PRINZ, ULRICH, Auslegung von (europarechtlich übernommenen) IAS/IFRS, in: DK 2005, S. 635–641 (Auslegung von IAS/IFRS).

HAVERMANN, HANS, Die Equity-Bewertung von Beteiligungen, in: zfbf 1987, S. 302–309 (Die Equity-Bewertung von Beteiligungen).

HAYN, BENITA, Konsolidierungstechnik bei Erwerb und Veräußerung von Anteilen. Ein Leitfaden zur praktischen Umsetzung der Erst-, Übergangs- und Endkonsolidierung, Herne/Berlin 1999 (Konsolidierungstechnik).

HAYN, BENITA/HAYN, SVEN, Neuausrichtung der Konzernrechnungslegung nach IFRS. Current Status, in: IRZ 2006, S. 73–82 (Neuausrichtung der Konzernrechnungslegung nach IFRS).

HAYN, BENITA/KÜTING, KARLHEINZ, Beendigung der Vollkonsolidierung von Tochterunternehmen, in: BB 1999, S. 2072–2078 (Beendigung der Vollkonsolidierung von Tochterunternehmen).

HAYN, SVEN, Die International Accounting Standards (Teil I). Ihre grundlegende Bedeutung für die internationale Harmonisierung der Rechnungslegung sowie eine Darstellung wesentlicher Unterschiede zu den einzelgesellschaftlichen Normen des HGB, in: WPg 1994, S. 713-721 (Die International Accounting Standards).

HAYN, SVEN, Entwicklungstendenzen im Rahmen der Anwendung von IFRS in der Konzernrechnungslegung, in: BFuP 2005, S. 424–439 (Entwicklungstendenzen in der Konzernrechnungslegung).

HAYN, SVEN/GRÜNE, MICHAEL, Konzernabschluss nach IFRS. Konsolidierung und Bilanzierung, München 2006 (Konzernabschluss nach IFRS).

HEINTGES, SEBASTIAN/HOFFMANN, TIM/USINGER, RAINER, IFRS 15: Spagat zwischen rechtlicher und wirtschaftlicher Sicht der Umsatzrealisierung – Erfahrungen aus der Anwendung, in: WPg 2015, S. 570–583 (IFRS 15).

HEINTGES, SEBASTIAN/URBANCZIK, PATRICK, Erwerb und Folgebewertung assoziierter Unternehmen nach IAS 28. Bilanzielle Abbildung lässt Fragen offen, in: KoR 2011, S. 418–424 (Erwerb und Folgebewertung assoziierter Unternehmen).

HENDLER, MATTHIAS/ZÜLCH, HENNING, Anteile anderer Gesellschafter im IFRS-Konzernabschluss, in: WPg 2005, S. 1155–1166 (Anteile anderer Gesellschafter).

HENDLER, MATTHIAS/ZÜLCH, HENNING, Unternehmenszusammenschlüsse und Änderung von Beteiligungsverhältnissen bei Tochterunternehmen – die neuen Regelungen des IFRS 3 und IAS 27, in: WPg 2008, S. 484–493 (Unternehmenszusammenschlüsse und Änderung von Beteiligungsverhältnissen).

HENDRIKSEN, ELDON S./VAN BREDA, MICHAEL F., Accounting Theory, 5. Aufl., Boston 1992 (Accounting Theory).

HERRMANN, DAGMAR, Die Änderung von Beteiligungsverhältnissen im Konzernabschluß. Eine Untersuchung der Übergangskonsolidierung unter Berücksichtigung der Endkonsolidierung, Düsseldorf 1994 (Änderung von Beteiligungsverhältnissen).

HETTICH, SILVIA, Zweckadäquate Gewinnermittlungsregeln, Frankfurt am Main 2006 (Zweckadäquate Gewinnermittlungsregeln).

HEYD, REINHARD, Internationale Rechnungslegung, Stuttgart 2003 (Internationale Rechnungslegung).

HINRICHS, STEPHAN, Der „maßgebliche Einfluß“ als Definitionskriterium assoziierter Unternehmen, in: DB 1989, S. 1733–1737 (Der „maßgebliche Einfluß“).

HINZ, MICHAEL, Der Konzernabschluss als Instrument zur Informationsvermittlung und Ausschüttungsbemessung, Wiesbaden 2002 (Konzernabschluss als Instrument zur Informationsvermittlung).

HINZ, MICHAEL, Rechnungslegung nach IFRS. Konzept, Grundlagen und erste Anwendung, München 2005 (Rechnungslegung nach IFRS).

HÖBENER, JULIAN/DUST, YANNIC/GIMPEL-HENNING, NILS, Die Bilanzierung sukzessiver Unternehmenserwerbe im Lichte des Conceptual Framework-Projekts. Erfolgswirkungen aus der Neubewertung der Altanteile, in: PiR 2016, S. 337–344 (Sukzessive Unternehmenserwerbe).

HOEHNE, FELIX, Veräußerung von Anteilen an Tochterunternehmen im IFRS-Konzernabschluss. End- und Übergangskonsolidierung, Wiesbaden 2009 (Veräußerung von Anteilen).

HOFFMANN, SEBASTIAN/DETZEN, DOMINIC, Das Joint Conceptual Framework von IASB und FASB – Praktische Implikationen aus dem Abschluss der Phase A für kapitalmarktorientierte Unternehmen, in: KoR 2012, S. 53–55 (Joint Conceptual Framework).

HÖFNER, SEBASTIAN, Gemeinschaftliche Vereinbarungen nach IFRS 11. Eine konzeptionelle und empirische Analyse sowie Entwicklung eines Lösungskonzepts zur Klassifizierung und bilanziellen Abbildungen von Joint Operations, Berlin 2017 (Gemeinschaftliche Vereinbarungen nach IFRS 11).

HOLZAPFEL, GEORG/MUJKANOVIC, ROBIN, Die Bau-ARGE als joint arrangement. Erläuterung anhand von IFRS 11 und des ARGE-Mustervertrags, in: PiR 2012, S. 337–345 (Bau-ARGE).

HOLZEDER, KATHRIN/KAHRE, BURKHARD, Das Verhältnis von Kosten und Nutzen bei der Normierung der internationalen Rechnungslegung. Die Vorgehensweise des IASB bei der Kosten-Nutzen-Abwägung, in: PiR 2017, S. 211–215 (Das Verhältnis von Kosten und Nutzen).

HOMMEL, MICHAEL/FRANKE, FLORIAN/RÖßLER, BETTINA, Die bilanzielle Behandlung des Minderheitengoodwill gemäß Bilanzrechtsmodernisierungsgesetz, IAS 27 und IFRS 3, in: DK 2008, S. 157–166 (Behandlung des Minderheitengoodwill).

HONSELL, HEINRICH, Die rhetorischen Wurzeln der juristischen Auslegung, in: ZfPW 2016, S. 106–128 (Wurzeln der juristischen Auslegung).

HÜNING, MICHAEL, Kongruenzprinzip und Rechnungslegung von Sachanlagen nach IFRS, Lohmar/Köln 2007 (Kongruenzprinzip und Rechnungslegung von Sachanlagen).

HUSMANN, RAINER/HETTICH, SILVIA, Aufkauf von Minderheitenanteilen im IFRS-Konzernabschluss, in: PiR 2008, S. 150–155 (Aufkauf von Minderheitenanteilen im IFRS-Konzernabschluss).

IDW (Hrsg.), Stellungnahme HFA 1/1993: Zur Bilanzierung von Joint Ventures, in: WPg 1993, S. 441–444 (Bilanzierung von Joint Ventures).

IJIRI, YUJI/JAEDICKE, ROBERT K., Reliability and Objectivity of Accounting Measurements, in: The Accounting Review 1966, S. 474–483 (Reliability and Objectivity).

JANSCHEK, OTTO, Konzernrechnungslegung, 2. Aufl., Wien 1996 (Konzernrechnungslegung).

JASPER, UTE, Assoziierte Unternehmen im deutschen und britischen Konzernabschluß, Berlin 1989 (Assoziierte Unternehmen).

JUNG, MAXIMILIAN, Zum Konzept der Wesentlichkeit bei Jahresabschlußerstellung und -prüfung. Eine theoretische Untersuchung, Frankfurt am Main 1997 (Konzept der Wesentlichkeit).

JUNGIUS, TOM/KNAPPSTEIN, JANINA/SCHMIDT, ANDRÉ, Empirische Analyse der Auswirkungen der Erstanwendung des Konsolidierungspakets, in: KoR 2015, S. 233–244 (Erstanwendung des Konsolidierungspakets).

KAISER, THOMAS, Berichtigung und Änderung des handelsrechtlichen Jahresabschlusses, Herne/Berlin 2000 (Berichtigung und Änderung).

KAMPMANN, HELGA/SCHWEDLER, KRISTINA, Zum Entwurf eines gemeinsamen Rahmenkonzepts von FASB und IASB. Rechnungslegungsziele und qualitative Anforderungen, in: KoR 2006, S. 521–530 (Zum Entwurf eines gemeinsamen Rahmenkonzepts).

KASPERZAK, RAINER/LIECK, HANS, Die Darstellung von Unternehmenszusammenschlüssen unter gemeinsamer Beherrschung im IFRS-Teilkonzernabschluss einer börsennotierten AG. Predecessor Accounting oder Separate Reporting Entity Approach zum Schutz der Minderheitsgesellschafter?, in: DB 2008, S. 769–777 (IFRS-Teilkonzernabschluss).

KESSLER, HARALD/LEINEN, MARKUS, Bewertung von Anteilen an assoziierten Unternehmen bei wechselseitigen Beteiligungen. Teil 1: Die Non-IFRIC-Entscheidung des IFRS IC als Orakel von London, in: IRZ 2016, S. 159–164 (Bewertung von Anteilen an assoziierten Unternehmen (Teil 1)).

KESSLER, HARALD/LEINEN, MARKUS, Bewertung von Anteilen an assoziierten Unternehmen bei wechselseitigen Beteiligungen. Teil 2: Durch Teleologie zur Lösung, in: IRZ 2016, S. 221–229 (Bewertung von Anteilen an assoziierten Unternehmen (Teil 2)).

KESSLER, HARALD/LEINEN, MARKUS/STRICKMANN, MICHAEL, Mehr Rechte für Minderheiten – Wieviel Goodwill hat ein Konzern?, in: Berichterstattung für den Kapitalmarkt. Festschrift für Karlheinz Küting zum 65. Geburtstag, hrsg. v. Weber, Claus-Peter u. a., Stuttgart 2009, S. 319–343 (Mehr Rechte für Minderheiten).

KIRSCH, HANS-JÜRGEN, Die Equity-Methode im Konzernabschluß. Der Charakter der deutschen Regelungen vor dem Hintergrund der internationalen Entwicklung, Düsseldorf 1990 (Die Equity-Methode im Konzernabschluß).

KIRSCH, HANS-JÜRGEN/EWELT-KNAUER, CORINNA, Abgrenzung des Vollkonsolidierungskreises nach IFRS 10 und IFRS 12 – Update zu BB 2009, 1574ff., in: BB 2011, S. 1641–1645 (Abgrenzung des Vollkonsolidierungskreises).

KIRSCH, HANS-JÜRGEN/GIMPEL-HENNING, NILS, Zur aktuellen Diskussion um die Einführung eines „Disclosure Framework". Eine Darstellung der beiden Diskussionspapiere der EFRAG und des FASB, in: KoR 2013, S. 190–197 (Disclosure Framework).

KIRSCH, HANS-JÜRGEN/KOELEN, PETER/OLBRICH, ALEXANDER/DETTENRIEDER, DOMINIK, Die Bedeutung der Verlässlichkeit der Berichterstattung im Conceptual Framework des IASB und des FASB, in: WPg 2012, S. 762–771 (Bedeutung der Verlässlichkeit).

KLEINMANNS, HERMANN, Die „offene Gesellschaft der IFRS-Interpreten". Über Akteure, Kompetenzen und Bindungswirkungen beim Fehlen ausdrücklich zutreffender IFRS, in: DB 2014, S. 1325–1333 (Offene Gesellschaft der IFRS-Interpreten).

KLOSE, NILS-CHRISTIAN, Kapitalkonsolidierungs- und Bewertungsmethoden in der Konzernrechnungslegung nach IFRS. Bestandsaufnahme und ökonomische Analyse mit Reformvorschlag anhand der Darstellung der Übergangskonsolidierung mit speziellem Fokus auf der *goodwill*-Bilanzierung, Aachen 2014 (Kapitalkonsolidierungs- und Bewertungsmethoden).

KNOBLOCH, ALOIS PAUL/ANTON, KATHARINA, Das Fünf-Schritte-Modell zur Umsatzrealisation nach IFRS 15 (Teil II), in: DStR 2015, S. 1582–1588 (Fünf-Schritte-Modell zur Umsatzrealisation).

KNORR, LIESEL/BUCHHEIM, REGINE/SCHMIDT, MARTIN, Konzernrechnungslegungspflicht und Konsolidierungskreis – Wechselwirkungen und Folgen für die Verpflichtung zur Anwendung der IFRS, in: BB 2005, S. 2399–2403 (Konzernrechnungslegungspflicht und Konsolidierungskreis).

KOELEN, PETER, Investitionstheoretische Bewertungskalküle in der IFRS-Rechnungslegung. Möglichkeiten und Grenzen einer unternehmenswertorientierten Berichterstattung, Lohmar/Köln 2009 (Investitionstheoretische Bewertungskalküle).

KÖHLER, ANNETTE G./MARTEN, KAI-UWE, Diskussionsstand der IFRS-Konversion nicht kapitalmarktorientierter Unternehmen in Deutschland – Empirischer Befund –, in: IFRS für den Mittelstand? Tagungsband zur Fachveranstaltung des Ulmer Forums für Wirtschaftswissenschaften (UFW) e.V. am 25. Mai 2005 an der Universität Ulm, hrsg. v. Marten, Kai-Uwe/Quick, Reiner/Ruhnke, Klaus, Düsseldorf 2005, S. 1–29 (Diskussionsstand der IFRS-Konversion).

KÖNIG, CHRISTOPH, Umsatzrealisierung in der Airline-Industrie nach IFRS 15. Analyse und Konkretisierung der Vorschriften für Beförderungs- und Zusatzleistungen, Siegburg/Köln 2018 (Umsatzrealisierung in der Airline-Industrie).

KÖNIGSMAIER, HEINZ, Zwischenergebniseliminierung und Endkonsolidierung, in: BB 2000, S. 191–196 (Zwischenergebniseliminierung und Endkonsolidierung).

KÖNIGSMAIER, HEINZ, Übergang von der Vollkonsolidierung auf die Equitymethode. Vorgehensweise bei negativem Eigenkapital, in: SWK 2000, S. 1168-1174 (Übergang von der Vollkonsolidierung auf die Equitymethode).

KRAMER, ERNST AUGUST, Juristische Methodenlehre, 6. Aufl., Bern 2019 (Juristische Methodenlehre).

KRIMPMANN, ANDREAS, Konsolidierung nach IFRS/HGB. Vom Einzel- zum Konzernabschluss, Freiburg 2009 (Konsolidierung nach IFRS).

KÜHNE, MAREIKE, Ertragsvereinnahmung in der Diskussion des IASB: Hoffnung für das Realisationsprinzip? Aktuelle Entwicklungen des IASB-Projekts „Revenue Recognition“, in: WPg 2006, S. 1393–1399 (Ertragsvereinnahmung).

KUHNER, CHRISTOPH, Auf dem Weg zur Prinzipienbasierung der kapitalmarktorientierten Rechnungslegung? Einige Anmerkungen zum aktuellen Diskussionsstand, in: WPg 2004, S. 261–271 (Auf dem Weg zur Prinzipienbasierung).

KUNATH, OLIVER, Kaufpreisallokation: Bilanzierung erworbener immaterieller Vermögenswerte nach IFRS 3 (2004)/IAS 38 (rev. 2004) und ED IFRS 3 (amend. 2005), in: ZfCM Sonderheft 3/2005, S. 107–120 (Bilanzierung erworbener immaterieller Vermögenswerte).

KUSTNER, CLEMENS, Beteiligungsbewertung im Konzernabschluss. Plädoyer für den Ersatz der Equity Methode durch die Fair Value-Bewertung, Bamberg 2002 (Beteiligungsbewertung).

KÜTING, KARLHEINZ, Zur Problematik des Ausgleichspostens für Anteile in Fremdbesitz im Rahmen des zukünftigen Konzernbilanzrechts, in: ZfB 1984, S. 548–568 (Anteile in Fremdbesitz).

KÜTING, KARLHEINZ, Grundlagen der unternehmerischen Zusammenarbeit, in: DStR 1990, S. 1–20 (Grundlagen der unternehmerischen Zusammenarbeit).

KÜTING, KARLHEINZ, Problematik der derivativen Erstellung des Konzernabschlusses und des Eigenkapitalausweises. Dargestellt an einer Mehrperioden-Betrachtung der Zwischengewinneliminierung, in: DB 2010, S. 177–184 (Problematik der derivativen Erstellung des Konzernabschlusses).

KÜTING, KARLHEINZ, Der Objektivierungsgrundsatz im HGB- und IFRS-System. Eine vergleichende Darstellung und Würdigung, in: DB 2011, S. 1404–1410 (Objektivierungsgrundsatz).

KÜTING, KARLHEINZ/CASSEL, JOCHEN, Anschaffungs- und Herstellungskosten nach HGB und IFRS. Vergleich der beiden Regelwerke, in: StuB 2011, S. 283–289 (Anschaffungs- und Herstellungskosten).

KÜTING, KARLHEINZ/ELPRANA, KAI/WIRTH, JOHANNES, Sukzessive Anteilserwerbe in der Konzernrechnungslegung nach IAS 22/ED 3 und dem Business Combinations Project (Phase II), in: KoR 2003, S. 477–490 (Sukzessive Anteilserwerbe in der Konzernrechnungslegung).

KÜTING, KARLHEINZ/GÖTH, PETER, Minderheitenanteile im Konzernabschluß eines mehrstufigen Konzerns. Sachgerechte Ermittlung und Lösungen zur Konsolidierungstechnik, in: WPg 1997, S. 305–320 (Minderheitenanteile im Konzernabschluß).

KÜTING, KARLHEINZ/GÖTH, PETER/STRICKMANN, MICHAEL, Die Dokumentation des Konzerneigenkapitals (Teil I), in: DStR 1997, S. 935–940 (Die Dokumentation des Konzerneigenkapitals).

KÜTING, KARLHEINZ/HARTH, HANS-JÖRG, Herstellungskosten von Inventories und Self-Constructed Assets nach IAS und US-GAAP (Teil I). Vergleich zu den Vorschriften des HGB, in: BB 1999, S. 2343–2347 (Herstellungskosten von Inventories).

KÜTING, KARLHEINZ/LEINEN, MARKUS, Die Kapitalkonsolidierung bei Erwerb eines Teilkonzerns, in: WPg 2002, S. 1201–1217 (Kapitalkonsolidierung bei Erwerb eines Teilkonzerns).

KÜTING, KARLHEINZ/MOJADADR, MANA, Das neue Control-Konzept nach IFRS 10. IFRS 10 „Consolidated Financial Statements" stellt die Konzerne bereits jetzt vor enorme Herausforderungen, in: KoR 2011, S. 273–285 (Control-Konzept nach IFRS 10).

KÜTING, KARLHEINZ/RANKER, DANIEL, Tendenzen zur Auslegung der endorsed IFRS als sekundäres Gemeinschaftsrecht, in: BB 2004, S. 2510–2515 (Auslegung der endorsed IFRS).

KÜTING, KARLHEINZ/SEEL, CHRISTOPH, Die Abgrenzung und Bilanzierung von joint arrangements nach IFRS 11. Änderungen aus der grundlegenden Überarbeitung des IAS 31 und Auswirkungen auf die Bilanzierungspraxis, in: KoR 2011, S. 342–350 (Abgrenzung und Bilanzierung von joint arrangements).

KÜTING, KARLHEINZ/SEEL, CHRISTOPH, Gemeinschaftliche Beherrschung nach IFRS 11. Zur Beurteilung von Konfliktlösungs- oder Beendigungsmechanismen, in: IRZ 2012, S. 467–472 (Konfliktlösungs- oder Beendigungsmechanismen).

KÜTING, KARLHEINZ/SEEL, CHRISTOPH, Die gemeinschaftliche Beherrschung nach IFRS 11. Unterschiede und Gemeinsamkeiten zu IAS 31, in: KoR 2012, S. 452–460 (Gemeinschaftliche Beherrschung).

KÜTING, KARLHEINZ/SEEL, CHRISTOPH, Die quotale Einbeziehung nach IFRS 11 – Unterschiede zur Quotenkonsolidierung gem. IAS 31 und praktische Anwendungsprobleme, in: WPg 2012, S. 587–595 (Die quotale Einbeziehung nach IFRS 11).

KÜTING, KARLHEINZ/SEEL, CHRISTOPH/STRAUß, MARC, Die Änderung der Beteiligungshöhe als konsolidierungstechnisches Problem. Zum Wirrwarr der Konsolidierungsbegriffe nach HGB und IFRS, in: IRZ 2011, S. 175–183 (Änderung der Beteiligungshöhe).

KÜTING, KARLHEINZ/WEBER, CLAUS-PETER, Der Konzernabschluss. Praxis der Konzernrechnungslegung nach HGB und IFRS, 14. Aufl., Stuttgart 2018 (Der Konzernabschluss).

KÜTING, KARLHEINZ/WEBER, CLAUS-PETER/BOECKER, CORINNA, Fast Close – Beschleunigung der Jahresabschlusserstellung: (zu) schnell am Ziel?!, in: StuB 2004, S. 1–10 (Fast Close).

KÜTING, KARLHEINZ/WEBER, CLAUS-PETER/WIRTH, JOHANNES, Die Goodwillbilanzierung im finalisierten Business Combinations Project Phase II. Erstkonsolidierung, Werthaltigkeitstest und Endkonsolidierung, in: KoR 2008, S. 139–152 (Goodwillbilanzierung).

KÜTING, KARLHEINZ/WEBER, CLAUS-PETER/WIRTH, JOHANNES, Kapitalkonsolidierung im mehrstufigen Konzern. Fallstudie zur Kapitalkonsolidierung von Enkelkapitalgesellschaften unter Berücksichtigung indirekter Fremdanteile, in: KoR 2013, S. 43–52 (Kapitalkonsolidierung im mehrstufigen Konzern).

KÜTING, KARLHEINZ/WIRTH, JOHANNES, Bilanzierung eines negativen Unterschiedsbetrags nach IFRS 3 und die Bedeutung der Erfassung von Eventualschulden in der Kaufpreisallokation, in: IRZ 2006, S. 143–151 (Bilanzierung eines negativen Unterschiedsbetrags nach IFRS 3).

KÜTING, KARLHEINZ/ZÜNDORF, HORST, Die Equity-Methode im deutschen Bilanzrecht, in: BB 1986, Beilage 7 zu Heft 21, S. 1–24 (Die Equity-Methode im deutschen Bilanzrecht).

KÜTING, PETER, Konzerninterne Umstrukturierungen. Beteiligungspolitische Grundlagen – Konsolidierungspraxis (HGB/IFRS) – Firmenwertbilanzierung, Stuttgart 2012 (Konzerninterne Umstrukturierungen).

LANDGRAF, CHRISTIAN/SHIRKHANI, DAVID/MEESE, JAN-NIKLAS, Erkennen und Abbildung umgekehrter Unternehmenserwerbe nach IFRS. Ein Fallbeispiel, in: IRZ 2018, S. 65–71 (Abbildung umgekehrter Unternehmenserwerbe nach IFRS).

LARENZ, KARL/CANARIS, CLAUS-WILHELM, Methodenlehre der Rechtswissenschaft, 3. Aufl., Berlin 1995 (Methodenlehre der Rechtswissenschaft).

LAUBACH, WOLFGANG/PÜTZ, TIMO, Die Bilanzierung von Minderheitsanteilen an Tochterpersonengesellschaften in einem IFRS-Konzernabschluss – Neuregelungen in IFRS 3 (rev. 2008) und IAS 27 (amend. 2008) und Übergangsproblematik bei Anwendung der neuen Standards, in: WPg 2009, S. 943–956 (Bilanzierung von Minderheitsanteilen an Tochterpersonengesellschaften).

LAUER, CHRISTINE E./BÖCKEM, HANNE, Sonderprobleme der Währungsumrechnung bei Anwendung der Equity-Methode, in: BB 1992, S. 1890–1895 (Währungsumrechnung bei Anwendung der Equity-Methode).

LAUX, HELMUT/GILLENKIRCH, ROBERT M./SCHENK-MATHES, HEIKE Y., Entscheidungstheorie, 10. Aufl., Berlin 2018 (Entscheidungstheorie).

LEFFSON, ULRICH, Die Grundsätze ordnungsmäßiger Buchführung, 7. Aufl., Düsseldorf 1987 (Grundsätze ordnungsmäßiger Buchführung).

LEINEN, MARKUS, Die Kapitalkonsolidierung im mehrstufigen Konzern. Konzeptionelle Grundlagen und praxisnahe Konsolidierungsbeispiele, Herne/ Berlin 2002 (Kapitalkonsolidierung im mehrstufigen Konzern).

LENNARD, ANDREW, Stewardship and the Objectives of Financial Statements: A Comment on IASB's *Preliminary Views on an Improved Conceptual Framework for Financial Reporting: The Objective of Financial Reporting and Qualitative Characteristics of Decision-Useful Financial Reporting Information*, in: Accounting in Europe 2007, S. 51–66 (Stewardship).

LIENAU, ACHIM, Die Bilanzierung nach der Equity-Methode unter Berücksichtigung latenter Steuern nach IFRS, in: KoR 2007, S. 14–22 (Equity-Methode nach IFRS).

LINK, ROBERT, Anwendung von Wesentlichkeit in der Finanzberichterstattung – Möglichkeiten und Fallstricke vor dem Hintergrund des IFRS Practice Statement 2, in: BB 2018, S. 171–175 (Wesentlichkeit).

LLOYD, B. MICHL/WEYGANDT, JERRY J., Market Value Information for Nonsubsidiary Investments, in: The Accounting Review 1971, S. 756–764 (Nonsubsidiary Investments).

LORSON, PETER/GATTUNG, ANDREAS, Die Forderung nach einer „faithful representation". Verhältnis zur Objektivität, Neutralität und Nachprüfbarkeit, in: KoR 2008, S. 556–565 (Faithful representation).

LÜCK, WOLFGANG, Rechnungslegung im Konzern, Stuttgart 1994 (Rechnungslegung im Konzern).

LÜCKE, WOLFGANG, Investitionsrechnungen auf der Grundlage von Ausgaben oder Kosten?, in: ZfhF 1955, S. 310–324 (Investitionsrechnungen).

LÜDENBACH, NORBERT, Zwischenergebniseliminierung bei Anwendung der *equity*-Methode, in: PiR 2006, S. 207–209 (Zwischenergebniseliminierung bei der *equity*-Methode).

LÜDENBACH, NORBERT, Aufwands- und Schuldenkonsolidierung bei assoziiertem Unternehmen?, in: StuB 2014, S. 775 (Aufwands- und Schuldenkonsolidierung bei assoziiertem Unternehmen?).

LÜDENBACH, NORBERT, Zwischenergebniseliminierung bei Minderheiten, in: PiR 2015, S. 180 (Zwischenergebniseliminierung bei Minderheiten).

LÜDENBACH, NORBERT, Minderheitenanteil am Zwischenergebnis, in: StuB 2015, S. 508 (Minderheitenanteil am Zwischenergebnis).

LÜDENBACH, NORBERT, Anteil an einer gemeinschaftlichen Tätigkeit in der Bilanz des einfachen Investors, in: PiR 2016, S. 266 (Anteil an einer gemeinschaftlichen Tätigkeit).

LÜDENBACH, NORBERT/FREIBERG, JENS, Der Beherrschungsbegriff des IFRS 10 – Anwendung auf normale vs. strukturierte Unternehmen, in: PiR 2012, S. 41–50 (Der Beherrschungsbegriff des IFRS 10).

LÜDENBACH, NORBERT/HOFFMANN, WOLF-DIETER, Vom Principle-based zum Objektive-oriented Accounting, in: KoR 2003, S. 387–398 (Vom Principle-based zum Objektive-oriented Accounting).

LÜDENBACH, NORBERT/HOFFMANN, WOLF-DIETER, Übergangskonsolidierung und Auf- oder Abstockung von Mehrheitsbeteiligungen nach ED IAS 27 und ED IFRS 3, in: DB 2005, S. 1805–1811 (Auf- oder Abstockung).

LÜDENBACH, NORBERT/SCHUBERT, DANIEL, Gemeinschaftliche Vereinbarungen (joint arrangements) nach IFRS 11. Darstellung und kritische Würdigung des neuen Standards, in: PiR 2012, S. 1–7 (Gemeinschaftliche Vereinbarungen).

MAAS, ULRICH/SCHRUFF, WIENAND, Der Konzernabschluß nach neuem Recht (Teil II), in: WPg 1986, S. 237–247 (Der Konzernabschluß nach neuem Recht).

MANDL, GERWALD/KÖNIGSMAIER, HEINZ, Equitymethode und Zwischenergebniseliminierung. Zur Verrechnungstechnik im Falle von Upstream-Lieferungen, in: Jahrbuch für Controlling und Rechnungsweisen 1999, hrsg. v. Seicht, Gerhard, Wien 1999, S. 129–160 (Equitymethode und Zwischenergebniseliminierung).

MARTENS, STANLEY/STEVENS, KEVIN, The FASB' Cost/Benefit Constraint in Theory and Practice, in: Journal of Business Ethics 1994, S. 171–179 (Cost/Benefit Constraint).

MCCANDLESS, HENRY E., Applying the Effective Control Criterion, in: CA Magazine October 1975, S. 37–43 (Effective Control Criterion).

MERKT, HANNO, Das IFRS Conceptual Framework aus regelungsmethodischer Sicht, in: zfbf 2014, S. 477–504 (Conceptual Framework aus regelungsmethodischer Sicht).

METZ, CHRISTIAN, Unternehmenskauf und internationale Rechnungslegung. Kaufpreisklauseln in M&A-Verträgen und ihre bilanzielle Abbildung, Berlin 2012 (Unternehmenskauf).

MEYER, MARCO, Abgrenzung von substanziellen Rechten und Schutzrechten auf der Grundlage von IFRS 10. Einzelfragen zu IFRS 10, in: PiR 2012, S. 269–275 (Substanzielle Rechte und Schutzrechte).

MOONITZ, MAURICE, The Entity Approach to Consolidated Statements, in: The Accounting Review 1942, S. 236–242 (The Entity Approach to Consolidated Statements).

MOXTER, ADOLF, Bilanzlehre, Wiesbaden 1974 (Bilanzlehre).

MOXTER, ADOLF, Fundamentalgrundsätze ordnungsmäßiger Rechenschaft, in: Bilanzfragen. Festschrift zum 65. Geburtstag von Prof. Dr. Ulrich Leffson, hrsg. v. Baetge, Jörg/Moxter, Adolf/Schneider, Dieter, Düsseldorf 1976, S. 87–100 (Fundamentalgrundsätze).

MÜHLBERGER, MELANIE, Die zweckadäquate Bilanzierung von Minderheitsanteilen im ein- und mehrstufigen Konzern nach HGB, IAS und US-GAAP, in: WPg 2001, S. 1312–1325 (Bilanzierung von Minderheitsanteilen).

MUJKANOVIC, ROBIN, Die Vorschläge des Deutschen Standardisierungsrates zur Abbildung von Unternehmenserwerben im Konzernabschluss. Zwei Schritte vor, ein Schritt zurück?, in: WPg 2000, S. 637–647 (Unternehmenserwerbe im Konzernabschluss).

MUJKANOVIC, ROBIN, Fair Value im Financial Statement nach International Accounting Standards, Stuttgart 2002 (Fair Value im Financial Statement).

MUJKANOVIC, ROBIN/HOLZAPFEL, GEORG, Klassifikation der Bau-ARGE als joint arrangement nach IFRS 11. Klärung durch das IDW?, in: PiR 2014, S. 81–85 (Klassifikation der Bau-ARGE).

MÜLLER, INGO H., Matching Principle. Rechnungstheoretische Fundierung und Verankerung im Systemgefüge der IFRS, Köln 2008 (Matching Principle).

MÜNSTERMANN, HANS, Kongruenzprinzip und Vergleichbarkeitsgrundsatz im Rahmen der dynamischen Bilanzlehre. Bemerkungen zu Gedankengängen von Hasenack, in: BFuP 1964, S. 426–438 (Kongruenzprinzip und Vergleichbarkeitsgrundsatz).

MÜNSTERMANN, HANS, Bilanztheorien, dynamische, in: Enzyklopädie der Betriebswirtschaftslehre. Band III, Handwörterbuch des Rechnungswesens, hrsg. v. Kosiol, Erich/Chmielewicz, Klaus/Schweitzer, Marcell, 2. Aufl., Stuttgart 1981, Sp. 270–285 (Bilanztheorien).

MUSCHEID, WERNER, Schmalenbachs Dynamische Bilanz. Darstellung, Kritik und Antikritik, Köln/Opladen 1957 (Schmalenbachs Dynamische Bilanz).

NAGENGAST, KARL/BOECKER, CORINNA, Zur Veräußerung gehaltene langfristige Vermögenswerte und aufgegebene Geschäftsbereiche nach IFRS 5 in der Praxis, in: IRZ 2017, S. 493–496 (Zur Veräußerung gehaltene langfristige Vermögenswerte).

NERLICH, CHRISTOPH, Entwicklung einer Auslegungsmethodik für IFRS im EU-Kontext, Düsseldorf 2007 (Auslegungsmethodik für IFRS).

NIEHUS, RUDOLF J., Die IFRS auf Deutsch – Fehler und Unzulänglichkeiten der Übersetzung, in: DB 2005, S. 2477–2483 (IFRS auf Deutsch).

NOBES, CHRISTOPHER, An Analysis of the International Development of the Equity Method, in: Abacus 2002, S. 16–45 (Equity Method).

ORDELHEIDE, DIETER, Kapitalkonsolidierung nach der Erwerbsmethode (Teil I). Zur Umsetzung der 7. EG-Richtlinie in deutsches Recht, in: WPg 1984, S. 237–245 (Kapitalkonsolidierung nach der Erwerbsmethode).

ORDELHEIDE, DIETER, Endkonsolidierung bei Ausscheiden eines Unternehmens aus dem Konsolidierungskreis, in: BB 1986, S. 766–772 (Endkonsolidierung).

ORDELHEIDE, DIETER, Konzern und Konzernerfolg, in: WiSt 1986, S. 495–502 (Konzern und Konzernerfolg).

ORDELHEIDE, DIETER, Der Konzern als Gegenstand betriebswirtschaftlicher Forschung, in: BFuP 1986, S. 293–312 (Konzern als Gegenstand betriebswirtschaftlicher Forschung).

ORDELHEIDE, DIETER, Kapitalkonsolidierung und Konzernerfolg, in: zfbf 1987, S. 292–301 (Kapitalkonsolidierung und Konzernerfolg).

ORDELHEIDE, DIETER, Kapitalkonsolidierung und Konzernerfolg, in: WPg 1987, S. 309–315 (Konzernerfolg).

ORDELHEIDE, DIETER, Bedeutung und Wahrung des Kongruenzprinzips („clean surplus“) im internationalen Rechnungswesen, in: Unternehmensberatung und Wirtschaftsprüfung. Festschrift für Professor Dr. Günter Sieben zum 65. Geburtstag, hrsg. v. Matschke, Manfred Jürgen/Schildbach, Thomas, Stuttgart 1998, S. 515–530 (Bedeutung und Wahrung des Kongruenzprinzips).

OSER, PETER/MILANOVA, ELITSA, Aufstellungspflicht und Abgrenzung des Konsolidierungskreises – Rechtsvergleich zwischen HGB/DRS 19 und dem neuen IFRS 10, in: BB 2011, S. 2027–2032 (Aufstellungspflicht und Abgrenzung des Konsolidierungskreises).

PANZER, ALOIS, Statusändernde Anteilsveräußerungen im IFRS-Konzernabschluss. Eine fallübergreifende Untersuchung der Regelungen zur Übergangskonsolidierung, Lohmar/Köln 2016 (Statusändernde Anteilsveräußerungen).

PAWELZIK, KAI UDO, Die Prüfung des Konzerneigenkapitals. HGB, IAS/IFRS, US-GAAP, Konsolidierung, Ausweis, Eigenkapitalspiegel, Düsseldorf 2003 (Prüfung des Konzerneigenkapitals).

PAWELZIK, KAI UDO, Die Konsolidierung von Minderheiten nach IAS/IFRS der Phase II („business combinations“), in: WPg 2004, S. 677–694 (Konsolidierung von Minderheiten).

PEFFEKOVEN, FRANK PETER/CHRISMANN, THOMAS, IFRS: Konzernabschluss. Konsolidierung und Konzernspezifika, Berlin 2012 (IFRS: Konzernabschluss).

PELGER, CHRISTOPH, Entscheidungsnützlichkeit in neuem Gewand: Der Exposure Draft zur Phase A des Conceptual Framework-Projekts, in: KoR 2009, S. 156–163 (Entscheidungsnützlichkeit in neuem Gewand).

PELGER, CHRISTOPH, Rechnungslegungszweck und qualitative Anforderungen im Conceptual Framework for Financial Reporting (2010) – Der erste Stein im neuen Fundament der internationalen Rechnungslegung, in: WPg 2011, S. 908–916 (Rechnungslegungszweck).

PELLENS, BERNHARD/AMSHOFF, HOLGER/SELLHORN, THORSTEN, IFRS 3 (rev. 2008): Einheitstheorie in der M&A-Bilanzierung, in: BB 2008, S. 602–606 (Einheitstheorie in der M&A-Bilanzierung).

PELLENS, BERNHARD/CRASSELT, NILS, IFRS 2 „Share-based Payment". Anwendungsfragen bei nicht börsennotierten Gesellschaften, in: PiR 2005, S. 35–40 (Share-based Payment).

PELLENS, BERNHARD/FÜLBIER, ROLF UWE/GASSEN, JOACHIM/SELLHORN, THORSTEN, Internationale Rechnungslegung. IFRS 1 bis 16, IAS 1 bis 41, IFRIC-Interpretationen, Standardentwürfe, 10. Aufl., Stuttgart 2017 (Internationale Rechnungslegung).

PELLENS, BERNHARD/NEUHAUS, STEFAN/NÖLTE, UWE, Konzernergebnis und Earnings per Share, in: Betriebliches Rechnungswesen und Controlling im Spannungsfeld von Theorie und Praxis. Festschrift für Prof. Dr. Jürgen Graßhoff zum 65. Geburtstag, hrsg. v. Jander, Heidrun/Krey, Antje, Hamburg 2005, S. 31–51 (Konzernergebnis und Earnings per Share).

PETERSEN, KARL/ZWIRNER, CHRISTIAN, Unternehmensbegriff, Unternehmenseigenschaft und Unternehmensformen. Anmerkungen zu nicht kodifizierten Sachverhalten in der Rechnungslegung und Implikationen für die Prüfungspraxis, in: DB 2008, S. 481–487 (Unternehmensbegriff).

PFAFF, DIETER/GANSKE, TORSTEN, Ent- und Übergangskonsolidierung, in: Handwörterbuch der Rechnungslegung und Prüfung, hrsg. v. Ballwieser, Wolfgang/Coenenberg, Adolf Gerhard/von Wysocki, Klaus, 3. Aufl., Stuttgart 2002, Sp. 654–668 (Ent- und Übergangskonsolidierung).

PFLEGER, GÜNTER, Sachverhaltsgestaltungen zwischen inländischen verbundenen Unternehmen als Mittel der Bilanzpolitik – Teil II –. Probleme und Möglichkeiten, in: DB 1982, S. 2198–2204 (Sachverhaltsgestaltungen).

PIER, CHRISTOPH, Die Bilanzierung landwirtschaftlicher Vermögenswerte nach IAS 41 und den Regelungsänderungen „Agriculture: Bearer Plants", Lohmar/Köln 2015 (Bilanzierung landwirtschaftlicher Vermögenswerte nach IAS 41).

PILHOFER, JOCHEN/HERR, SASCHA B./DÖMLING, ELISABETH, Das „Stiefkind“ der Konzernbilanzanalyse: Bilanzanalytische Behandlung von Minderheitsanteilen, in: DB 2017, S. 857–867 (Bilanzanalytische Behandlung von Minderheitsanteilen).

POLLMANN, RENÉ, Schuldenkonsolidierung: Entstehung und Behandlung von Aufrechnungsdifferenzen, in: BC 2016, S. 271–276 (Schuldenkonsolidierung: Entstehung und Behandlung von Aufrechnungsdifferenzen).

PREIßLER, GERALD, Prinzipienbasierung der Rechnungslegung nach IAS/IFRS?, Frankfurt am Main 2005 (Prinzipienbasierung der Rechnungslegung).

QIN, SIGANG, Bilanzierung des Excess nach IFRS 3, Düsseldorf 2005 (Bilanzierung des Excess nach IFRS 3).

RADBRUCH, GUSTAV, Rechtsphilosophie. Studienausgabe, 3. Aufl., Heidelberg 1999 (Rechtsphilosophie).

REES, LYNN/SHANE, PHILIP, Academic Research and Standard-Setting: The Case of Other Comprehensive Income, in: Accounting Horizons 2012, S. 789–815 (The Case of Other Comprehensive Income).

REINKE, JENS/NISSEN-SCHMIDT, ASTRID, IFRS: Eigenkapital und Aktienoptionspläne. Ansatz, Bewertung, Darstellung, Berlin 2008 (Eigenkapital und Aktienoptionspläne).

REUTER, MICHAEL, Eigenkapitalausweis im IFRS-Abschluss. Praxis der Berichterstattung, Berlin 2008 (Eigenkapitalausweis im IFRS-Abschluss).

RICHTER, FRANK, Sukzessive Erwerbe nach IFRS bei Anwendung der Equity-Methode, in: KoR 2014, S. 289–297 (Sukzessive Erwerbe bei Anwendung der Equity-Methode).

RICHTER, HORST/SÄGLITZ, HANS-JÜRGEN, Von der Nachschau zur Konzernsteuerung durch die Einrichtung der originären Konzernbuchführung in der Versicherungswirtschaft, in: Rechnungslegung – Warum Und Wie. Festschrift für Hermann Clemm zum 70. Geburtstag, hrsg. v. Ballwieser, Wolfgang/Moxter, Adolf/Nonnenmacher, Rolf, München 1996, S. 311–336 (Originäre Konzernbuchführung).

ROGLER, SILVIA, Aufwands- und Ertragskonsolidierung mit Zwischenergebniseliminierung nach IFRS. Diskussion anhand einer Fallstudie, in: KoR 2015, S. 108–117 (Aufwands- und Ertragskonsolidierung nach IFRS).

RÜHL, JUDITH/ALTHOFF, FRANK, Faktische Beherrschung durch Präsenzmehrheit im Konzernabschluss nach HGB und IFRS, in: KoR 2012, S. 553–562 (Faktische Beherrschung durch Präsenzmehrheit).

RUHNKE, KLAUS, Zur Problematik der Bestimmung der Konzernherstellungskosten, in: WPg 1991, S. 377–385 (Bestimmung der Konzernherstellungskosten).

RUHNKE, KLAUS, Konzernbuchführung, Düsseldorf 1995 (Konzernbuchführung).

RUHNKE, KLAUS/NERLICH, CHRISTOPH, Behandlung von Regelungslücken innerhalb der IFRS, in: DB 2004, S. 389–395 (Regelungslücken innerhalb der IFRS).

RUHNKE, KLAUS/SIMONS, DIRK, Rechnungslegung nach IFRS und HGB. Lehrbuch zur Theorie und Praxis der Unternehmenspublizität mit Beispielen und Übungen, 4. Aufl., Stuttgart 2018 (Rechnungslegung nach IFRS und HGB).

RUPPERT, BERND, Die Bedeutung des § 297 Abs. 3 S. 1 HGB für die Konzernrechnungslegung, in: Rechnungslegung und Prüfung 1994. Vorträge der Jahre 1991–1993 vor dem Münsteraner Gesprächskreis Rechnungslegung und Prüfung e. V., hrsg. v. Baetge, Jörg, Düsseldorf 1994, S. 71–118 (Die Bedeutung des § 297 Abs. 3 S. 1 HGB).

RÜTHERS, BERND/FISCHER, CHRISTIAN/BIRK, AXEL, Rechtstheorie. Mit juristischer Methodenlehre, 10. Aufl., München 2018 (Rechtstheorie).

SCHÄFER, HARALD, Bilanzierung von Beteiligungen an assoziierten Unternehmen nach der Equity-Methode. Untersuchungen über die Anwendbarkeit der Equity-Methode in der Bundesrepublik Deutschland, Thun/Frankfurt am Main 1982 (Bilanzierung nach der Equity-Methode).

SCHEFFLER, EBERHARD, Konzernmanagement. Betriebswirtschaftliche und rechtliche Grundlagen der Konzernführungspraxis, 2. Aufl., München 2005 (Konzernmanagement).

SCHEFFLER, EBERHARD, Eigenkapital im Jahres- und Konzernabschluss nach IFRS. Abgrenzung, Konsolidierung und Veränderung, München 2006 (Eigenkapital nach IFRS).

SCHEFFLER, EBERHARD, Auslegungs- und Ermessensfragen beim Enforcement, in: BB 2006, BB-Special 4 zu Heft 17, S. 2–8 (Auslegungs- und Ermessensfragen beim Enforcement).

SCHEFFLER, EBERHARD, Überarbeitetes IFRS-Rahmenkonzept, in: AG 2018, S. R138-R139 (Überarbeitetes IFRS-Rahmenkonzept).

SCHEFFLER, EBERHARD, Schuldenkonsolidierung, in: Der Konzern 2018, S. 151–161 (Schuldenkonsolidierung).

SCHILD, MARC, Anteilserwerbe an gemeinschaftlichen Tätigkeiten. Der IFRS 11.21A zwischen theoretischem Anspruch und bilanzrechtlicher Realität, Wiesbaden 2018 (Anteilserwerbe an gemeinschaftlichen Tätigkeiten).

SCHILD, MARC, Anteilsaufstockungen bei gemeinschaftlichen Tätigkeiten. Ein Beitrag zum gegenwärtigen Meinungsstreit, in: DStR 2018, S. 2349–2352 (Anteilsaufstockungen bei gemeinschaftlichen Tätigkeiten).

SCHILDBACH, THOMAS, Externe Rechnungslegung und Kongruenz – Ursache für die Unterlegenheit deutscher verglichen mit angelsächsischer Bilanzierung?, in: DB 1999, S. 1813–1820 (Externe Rechnungslegung und Kongruenz).

SCHILDBACH, THOMAS, Die Zukunft des Jahresabschlusses nach HGB angesichts neuer Trends bei der Regulierung der Rechnungslegung und der IAS-Strategien der EU, in: StuB 2003, S. 1071–1078 (Die Zukunft des Jahresabschlusses).

SCHILDBACH, THOMAS, Prinzipienorientierung – wirksamer Schutz gegen Enronitis?, in: BFuP 2003, S. 247–266 (Prinzipienorientierung).

SCHILDBACH, THOMAS/FELDHOFF, PATRICIA, Der Konzernabschluss nach HGB und IFRS, 8. Aufl., Berlin 2018 (Konzernabschluss).

SCHINDLER, JOACHIM, Kapitalkonsolidierung nach dem Bilanzrichtlinien-Gesetz, Frankfurt am Main 1986 (Kapitalkonsolidierung nach dem BiRiLiG).

SCHMALENBACH, EUGEN, Dynamische Bilanz, 4. Aufl., Leipzig 1926 (Dynamische Bilanz, 4. Aufl.).

SCHMALENBACH, EUGEN, Dynamische Bilanz, 13. Aufl., Köln/Opladen 1962 (Dynamische Bilanz).

SCHMIDT, CARSTEN, Die *equity*-Methode – Interessentheoretische One-Line-Consolidation oder Bilanzierung eines Vermögenswerts?, in: PiR 2010, S. 61–66 (Die *equity*-Methode).

SCHMIDT, GERHARD, Die Rechnungslegung nach der Equity-Methode im konsolidierten Abschluß. Ein Beitrag zur Entstehung, Anwendung und Ausgestaltung des Verfahrens vor dem Hintergrund der Bestimmungen in der Europäischen Union und der Verlautbarungen internationaler Organisationen, Frankfurt am Main u. a. 1996 (Rechnungslegung nach der Equity-Methode).

SCHMIDT, HEINRICH/SCHISCHKOFF, GEORGI, Philosophisches Wörterbuch, 22. Aufl., Stuttgart 1991 (Philosophisches Wörterbuch).

SCHMIDT, MATTHIAS, Die sog. Full Goodwill Methode der Kapitalkonsolidierung: zum Problem vermehrt zeitwertorientierter Bilanzierung im IFRS-Konzernabschluss, in: Kritisches zu Rechnungslegung und Unternehmensbesteuerung. Festschrift zur Vollendung des 65. Lebensjahres von Theodor Siegel, hrsg. v. Schneider, Dieter u. a., Berlin 2005, S. 161–184 (Full Goodwill Methode).

SCHMIDT, MATTHIAS/LABRENZ, HELFRIED, Konsequenzen möglicher Änderungen bei der Bilanzierung von Gemeinschaftsunternehmen nach IFRS, in: KoR 2006, S. 467–476 (Bilanzierung von Gemeinschaftsunternehmen nach IFRS).

SCHÖLLHORN, THOMAS/MÜLLER, MARTIN, Bedeutung und praktische Relevanz des Rahmenkonzepts (framework) bei Erstellung von IFRS-Abschlüssen nach zukünftigem „deutschen Recht“ (Teil 1). Darstellung unter Berücksichtigung der IAS-VO und des BilReG, in: DStR 2004, S. 1623–1628 (Relevanz des Rahmenkonzepts).

SCHÖN, WOLFGANG, Kompetenzen der Gerichte zur Auslegung von IAS/IFRS, in: BB 2004, S. 763–768 (Kompetenzen der Gerichte).

SCHROTH, ULRICH, Juristische Hermeneutik und Norminterpretation dargestellt an Problemen strafrechtlicher Normanwendung, in: Einführung in Rechtsphilosophie und Rechtstheorie der Gegenwart, hrsg. v. Hassemer, Winfried/Neumann, Ulfrid/Saliger, Frank, 9. Aufl., Heidelberg 2016, S. 243–271 (Juristische Hermeneutik).

SCHRUFF, WIENAND, Einflüsse der 7. EG-Richtlinie auf die Aussagefähigkeit des Konzernabschlusses, Berlin 1984 (Aussagefähigkeit des Konzernabschlusses).

SCHRUFF, WIENAND, Die IFRS-Rechnungslegung im Spannungsfeld zwischen Cashflow-Prognose und Rechenschaft, in: WPg 2011, S. 855–860 (Spannungsfeld zwischen Cashflow-Prognose und Rechenschaft).

SCHÜBEL-PFISTER, ISABEL, Sprache und Gemeinschaftsrecht. Die Auslegung der mehrsprachig verbindlichen Rechtstexte durch den Europäischen Gerichtshof, Berlin 2004 (Sprache und Gemeinschaftsrecht).

SCHWARZKOPF, ANN-SOPHIE, Anteile nicht beherrschender Gesellschafter: Bilanzierung nach betriebswirtschaftlichen Grundsätzen und Vorschriften der IFRS, Hamburg 2013 (Anteile nicht beherrschender Gesellschafter).

SCHWEDLER, KRISTINA, Business Combinations Phase II: Die neuen Vorschriften zur Bilanzierung von Unternehmenszusammenschlüssen. Darstellung und Würdigung (Teil 1), in: KoR 2008, S. 125–138 (Business Combinations Phase II).

SEEL, CHRISTOPH, Joint Ventures in der Konzernrechnungslegung nach IFRS und HGB. Organisation, bilanzrechtliche Abgrenzung und Abbildung, Berlin 2013 (Joint Ventures).

SIGLE, HERMANN/FREIBERG, JENS, Ausweis von *goodwill* für Minderheitenanteile im Konzern?, in: PiR 2008, S. 300–301 (*Goodwill* für Minderheitenanteile?).

STEIN, HEINZ-GERD, Ziele und Maßnahmen der Konzernbilanzpolitik, in: zfbf 1993, S. 973–995 (Konzernbilanzpolitik).

STIBI, BERND/BÖCKEM, HANNE/KLAHOLZ, EVA, Mehr Anwendungssicherheit bei IFRS 10–12 durch zusätzliche Materialien von IASB und EFRAG?, in: BB 2012, S. 1527–1532 (Anwendungssicherheit bei IFRS 10–12).

STOREY, REED K./STOREY, SYLVIA, The Framework of Financial Accounting Concepts and Standards, Norwalk 1998 (The Framework of Financial Accounting).

STRAUB, BARBARA, Die Erfolgskonzeption der internationalen Rechnungslegung, München 2009 (Erfolgskonzeption der internationalen Rechnungslegung).

STREICHENBERG, URS/VÖGELE, OLIVER, Gemeinschaftliche Tätigkeiten nach IFRS 11. Ansatz, Klassifizierung und Konsolidierungstechniken, in: IRZ 2017, S. 361–367 (Gemeinschaftliche Tätigkeiten nach IFRS 11).

STREIM, HANNES, Grundzüge der handels- und steuerrechtlichen Bilanzierung, Stuttgart 1988 (Grundzüge der Bilanzierung).

STRÖHER, THOMAS, Die Bilanzierung von Unternehmenszusammenschlüssen unter Common Control nach IFRS, Düsseldorf 2008 (Bilanzierung von Unternehmenszusammenschlüssen).

STUTE, ANDREAS/KURT, VEYSI, Das Realisationsprinzip. Ausprägungen nach HGB und IFRS, in: PiR 2012, S. 251–258 (Realisationsprinzip).

TEITLER-FEINBERG, EVELYN, *Reporting Entity*, in: IRZ 2011, S. 3–5 (*Reporting Entity*).

THEILE, CARSTEN, Erfolgswirksame Schuldenkonsolidierung im HGB- und IFRS-Konzernabschluss, in: BBK 2014, S. 727–732 (Erfolgswirksame Schuldenkonsolidierung im Konzernabschluss).

THEILE, CARSTEN, Das neue Conceptual Framework – was für IFRS-Anwender wichtig ist. Ein Kommentar zur Neufassung des Rahmenkonzepts, in: BBK 2018, S. 589–594 (Das neue Conceptual Framework).

THEILE, CARSTEN, Zur neuen Wesentlichkeit im IFRS-Abschluss, in: BBK 2019, S. 41–46 (Zur neuen Wesentlichkeit im IFRS-Abschluss).

THEILE, CARSTEN/GOY, KARIN, Entwurf ED/2015/3: Conceptual Framework for Financial Reporting, in: BBK 2015, S. 617–622 (Entwurf ED/2015/3).

THEISEN, MANUEL RENÉ, Der Konzern. Betriebswirtschaftliche und rechtliche Grundlagen der Konzernunternehmung, 2. Aufl., Stuttgart 2000 (Der Konzern).

ULRICH, THOMAS M., Endkonsolidierung. Erfolgswirkungen des Ausscheidens von Unternehmen aus dem Konzernverbund und konsolidierungstechnische Abbildung im Konzernabschluß, Frankfurt am Main 2002 (Endkonsolidierung).

VALLELY, MARK/STOKES, DONALD/LIESCH, PETER, Equity Accounting: Empirical Evidence and Lessons from the Past, in: Australian Accounting Review 1997, S. 16–26 (Equity Accounting).

VAUBEL, MARC-ALEXANDER, Joint Ventures im Konzernabschluß des Partnerunternehmens. Grundsätze zur Einbeziehung von Joint Ventures in den Konzernabschluß des Partnerunternehmens nach handelsrechtlichen Vorschriften im Vergleich zu den Regeln des IASC, Düsseldorf 2001 (Joint Ventures im Konzernabschluß).

VON WYSOCKI, KLAUS/WOHLGEMUTH, MICHAEL/BRÖSEL, GERRIT, Konzernrechnungslegung, 5. Aufl., Konstanz/München 2014 (Konzernrechnungslegung).

WAGENHOFER, ALFRED/EWERT, RALF, Externe Unternehmensrechnung, 3. Aufl., Berlin/Heidelberg 2015 (Externe Unternehmensrechnung).

WANK, ROLF, Die Auslegung von Gesetzen, 6. Aufl., München 2015 (Auslegung von Gesetzen).

WARMBOLD, SIEGFRIED, Die Endkonsolidierung vollkonsolidierter Tochterunternehmen in der handelsrechtlichen Konzernrechnungslegung unter Berücksichtigung der konzeptionellen Grundlagen und der Generalnorm, Frankfurt am Main 1995 (Endkonsolidierung).

WASCHBUSCH, GERD/STEINER, CHRISTOF, Grundlagen der Schuldenkonsolidierung, der Aufwands- und Ertragskonsolidierung sowie der Zwischenergebniseliminierung nach IFRS, in: StB 2008, S. 362–365 (Grundlagen der Zwischenergebniseliminierung nach IFRS).

WASCHBUSCH, GERD/STEINER, CHRISTOF, Konsolidierung von assoziierten Unternehmen nach IFRS, in: StB 2008, S. 445–451 (Konsolidierung von assoziierten Unternehmen).

WATRIN, CHRISTOPH/HOEHNE, FELIX, Endkonsolidierung von Tochterunternehmen nach IAS 27 (2008), in: WPg 2008, S. 695–704 (Endkonsolidierung von Tochterunternehmen).

WATRIN, CHRISTOPH/HOEHNE, FELIX/POTT, CHRISTIANE, Konzernspezifische Einflussfaktoren auf die Endkonsolidierung nach IAS 27, in: KoR 2008, S. 736–747 (Einflussfaktoren auf die Endkonsolidierung).

WATRIN, CHRISTOPH/STROHM, CHRISTIANE/STRUFFERT, RALF, Aktuelle Entwicklungen der Bilanzierung von Unternehmenszusammenschlüssen nach IFRS, in: WPg 2004, S. 1450–1461 (Bilanzierung von Unternehmenszusammenschlüssen nach IFRS).

WEBER, CLAUS-PETER/KÜTING, PETER/SEEL, CHRISTOPH/HÖFNER, SEBASTIAN, Die bilanzielle Abbildung von gemeinschaftlichen Tätigkeiten bei divergierenden Quoten – ein lösbares Problem?, in: KoR 2014, S. 241–248 (Abbildung von gemeinschaftlichen Tätigkeiten bei divergierenden Quoten).

WEBER, EBERHARD, Grundsätze ordnungsmäßiger Bilanzierung für Beteiligungen, Düsseldorf 1980 (Grundsätze ordnungsmäßiger Bilanzierung für Beteiligungen).

WEDELL, HARALD, Die Wertschöpfung als Maßgröße für die Leistungskraft eines Unternehmens, in: DB 1976, S. 205–213 (Wertschöpfung).

WEINZIERL, EMIL, Wann ist der Umkehrschluß zulässig? Eine aussagenlogische Untersuchung, in: ÖJZ 1973, S. 372–374 (Wann ist der Umkehrschluß zulässig?).

WHITTINGTON, GEOFFREY, Fair Value and the IASB/FASB Conceptual Framework Project: An Alternative View, in: Abacus 2008, S. 139–168 (Fair Value and the Conceptual Framework).

WIRTH, JOHANNES, Firmenwertbilanzierung nach IFRS. Unternehmenszusammenschlüsse, Werthaltigkeitstest, Endkonsolidierung, Stuttgart 2005 (Firmenwertbilanzierung).

WOHLGEMUTH, MICHAEL/RADDE, JENS, Der Bewertungsmaßstab „Anschaffungskosten“ nach HGB und IAS. Darstellung der Besonderheiten und kritische Gegenüberstellung, in: WPg 2000, S. 903–911 (Anschaffungskosten nach HGB und IAS).

WOJCIK, KARL-PHILIPP, Die internationalen Rechnungslegungsstandards IAS/IFRS als europäisches Recht, Berlin 2008 (IAS/IFRS als europäisches Recht).

WOLLMERT, PETER/ACHLEITNER, ANN-KRISTIN, Konzeptionelle Grundlagen der IAS-Rechnungslegung (Teil I), in: WPg 1997, S. 209–222 (Konzeptionelle Grundlagen).

ZAUNER, JANINE, Übergangs- und Endkonsolidierung nach IFRS, Berlin 2006 (Übergangs- und Endkonsolidierung nach IFRS).

ZIPPELIUS, REINHOLD, Juristische Methodenlehre, 11. Aufl., München 2012 (Juristische Methodenlehre).

ZORN, THOMAS, Die Ableitung der Endkonsolidierung vor dem Hintergrund von Regelungslücken innerhalb der IAS/IFRS, München 2004 (Ableitung der Endkonsolidierung).

ZÜLCH, HENNING, Die Gewinn- und Verlustrechnung nach IFRS, Herne/Berlin 2005 (Die Gewinn- und Verlustrechnung nach IFRS).

ZÜLCH, HENNING, Die Rechnungslegungsnormen des IASB. Hierarchie, Lücken und Inkonsistenzen, in: PiR 2005, S. 1–7 (Rechnungslegungsnormen des IASB).

ZÜLCH, HENNING/ERDMANN, MARK-KEN/POPP, MARCO, Kritische Würdigung der Neuregelungen des IFRS 10 im Vergleich zu den bisherigen Vorschriften des IAS 27 sowie SIC-12, in: KoR 2011, S. 585–593 (Neuregelungen des IFRS 10).

ZÜLCH, HENNING/ERDMANN, MARK-KEN/POPP, MARCO/WÜNSCH, MARTIN, IFRS 11 – Die neuen Regelungen zur Bilanzierung von Joint Arrangements und ihre praktischen Implikationen, in: DB 2011, S. 1817–1822 (Bilanzierung von Joint Arrangements).

ZÜLCH, HENNING/FISCHER, CHRISTIAN/WILLMS, JESCO, Die Neugestaltung der Ertragsrealisation nach IFRS im Lichte der „Asset-Liability-Theory", in: KoR 2006, Beilage 3 zu Heft 10, S. 1–23 (Ertragsrealisation nach IFRS).

ZÜLCH, HENNING/HENDLER, MATTHIAS, Bilanzierung nach International Financial Reporting Standards (IFRS), 2. Aufl., Weinheim 2017 (Bilanzierung nach IFRS).

ZÜLCH, HENNING/POPP, MARCO, IFRS 10 – Consolidated Financial Statements: Ein erster Überblick über das neue Control-Konzept, in: DStR 2011, S. 1532–1538 (Überblick über das neue Control-Konzept).

ZÜLCH, HENNING/POPP, MARCO, Reformation der IFRS-Konzernrechnungslegung (Teil I). Das Control-Konzept nach IFRS 10, in: DK 2012, S. 245–255 (Reformation der IFRS-Konzernrechnungslegung (Teil I)).

ZÜLCH, HENNING/POPP, MARCO, Reformation der IFRS-Konzernrechnungslegung (Teil II). Joint Arrangements nach IFRS 11, in: DK 2012, S. 328–337 (Reformation der IFRS-Konzernrechnungslegung (Teil II)).

ZÜNDORF, HORST, Quotenkonsolidierung versus Equity-Methode. Zur Einbeziehung von Gemeinschaftsunternehmen in den Konzernabschluß nach neuem Konzernbilanzrecht, Stuttgart 1987 (Quotenkonsolidierung versus Equity-Methode).

ZWIRNER, CHRISTIAN, Full Goodwill nach IFRS 3: Keine verbesserte Vergleichbarkeit von Unternehmensakquisitionen. Eine Fallstudie zu den bilanzpolitischen Möglichkeiten der Goodwillbilanzierung, in: KoR 2010, S. 411–418 (Full Goodwill nach IFRS 3).

Verzeichnis der Gesetze

Aktiengesetz (AktG) vom 06.09.1965, BGBl. I 1965, S. 1089, zuletzt geändert durch Gesetz vom 17.07.2017, BGBl. I 2017, S. 2446.

Bürgerliches Gesetzbuch (BGB) in der Fassung der Bekanntmachung vom 02.01.2002, BGBl. I 2002, S. 42–44 und BGBl. 2003, S. 738, zuletzt geändert durch Gesetz vom 20.11.2019, BGBl. I 2019, S. 1724.

Handelsgesetzbuch (HGB) vom 10.05.1897, RGBl. 1897, S. 21–436, zuletzt geändert durch Gesetz vom 08.07.2019, BGBl. I 2019, S. 1002.

Verzeichnis der Geschäftsberichte

BASF SE (Hrsg.), BASF-Bericht 2018, Ludwigshafen 2019 (BASF-Bericht 2018).

VOLKSWAGEN AG (Hrsg.), Geschäftsbericht 2018, Wolfsburg 2019 (Geschäftsbericht 2018).

Verzeichnis der Materialien aus dem Gesetzgebungs- oder Standardsetzungsprozess

Nationale und internationale Rechnungslegungsstandards und Rahmenkonzepte

FASB (Hrsg.), Accounting Standards Codification 323. Investments – Equity-Method and Joint Ventures, Norwalk 2014 (zitiert: ASC 323).

IASB (Hrsg.), International Financial Reporting Standard 3. Business Combinations, London 2004 (Stand: 2004) (zitiert: IFRS 3 (2004)).

IASB (Hrsg.), Conceptual Framework for Financial Reporting, London 2018 (zitiert: CF).

IASB (Hrsg.), Preface to International Financial Reporting Standards, London 2019 (Preface to IFRS).

IASB (Hrsg.), IFRS Standards (Red Book). Issued at 1 January 2019, London 2019 (zitiert: IFRS/IAS).

IASC (Hrsg.), Framework for the Preparation and Presentation of Financial Statements, London 1989 (zitiert: F (1989)).

IASC (Hrsg.), International Accounting Standard 18. Revenue, London 1993 (zitiert: IAS 18).

IASC (Hrsg.), International Accounting Standard 22. Business Combinations, London 1983 (Stand: 1999) (zitiert: IAS 22).

IASC (Hrsg.), International Accounting Standard 27. Consolidated and Separate Financial Statements, London 1989 (Stand: 2003) (zitiert: IAS 27 (*rev.* 2003)).

IASC (Hrsg.), International Accounting Standard 27. Consolidated and Separate Financial Statements, London 1989 (Stand: 2008) (zitiert: IAS 27).

IASC (Hrsg.), International Accounting Standard 31. Interests in Joint Ventures, London 1990 (Stand: 2003) (zitiert: IAS 31).

IASC (Hrsg.), International Accounting Standard 39. Financial Instruments: Recognition and Measurement, London 1999 (Stand: 2015) (zitiert: IAS 39).

Entwurfsfassungen und Diskussionspapiere

IASB (Hrsg.), Discussion Paper: Preliminary Views on an improved Conceptual Framework for Financial Reporting. The Objective of Financial Reporting and Qualitative Characteristics of Decision-useful Financial Reporting Information, London 2006 (DP/2006/July: Conceptual Framework).

IASB (Hrsg.), Exposure Draft: Conceptual Framework for Financial Reporting (ED/2015/3), London 2015 (zitiert: ED.CF).

Sonstige Materialien aus dem Gesetzgebungs- und Standardsetzungsprozess

BULLEN, HALSEY G./CROOK, KIMBERLEY, Revisiting the Concepts. A New Conceptual Framework Project, verfügbar unter: https://www.google.com/url?sa=t&rct=j&q=&esrc=s&source=web&cd=1&ved=2ahUKEwjk4-y_rYPfAhWQ34UKHQWvB6AQFjAAegQIAhAC&url=https%3A%2F%2Fwww.fasb.org%2Fcs%2FBlobServer%3Fblobcol%3Durldata%26blobtable%3DMungoBlobs%26blobkey%3Did%26blobwhere%3D1175818825710%26blobheader%3Dapplication%252Fpdf&usg=AOvVaw3xEc-NWjOFVdPxTpbflcWA (Stand: 09.12.2019) (Revisiting the Concepts).

DEUTSCHER BUNDESTAG (Hrsg.), BT-Drucksache 7/5221 vom 19.05.76. Vorschlag einer 7. Richtlinie auf Grund von Artikel 54 Absatz g des EWG-Vertrages für den Konzernabschluß, verfügbar unter: http://dipbt.bundestag.de/doc/btd/07/052/0705221.pdf (Stand: 09.12.2019) (BT-Drucksache 7/5221).

EFRAG U. A. (Hrsg.), Getting a Better Framework. Prudence Bulletin, verfügbar unter: https://www.efrag.org/Assets/Download?assetUrl=%2Fsites%2Fwebpublishing%2FSiteAssets%2FBulletin%2520Prudence.pdf (Stand: 09.12.2019) (Getting a Better Framework: Prudence).

EFRAG U. A. (Hrsg.), Getting a Better Framework. Accountability and the Objective of Financial Reporting Bulletin, verfügbar unter: https://www.efrag.org/Assets/Download?assetUrl=%2Fsites%2Fwebpublishing%2FSiteAssets%2FBulletin%2520Getting%2520a%2520Better%2520Framework%2520-%2520Accountability%2520and%2520the%2520Objective%2520of%2520Financial%2520Reporting.pdf (Stand: 09.12.2019) (Getting a Better Framework: Accountability).

FASB (Hrsg.), Discussion Memorandum. An analysis of issues related to Consolidation Policy and Procedures, Norwalk 1991 (Discussion Memorandum: Consolidation Policy and Procedures).

HOOGERVORST, HANS, The dangers of ignoring unrealised income. Speech by Hans Hoogervorst, IASB Chairman, IFRS Conference Tokyo, 3 September 2014, verfügbar unter: http://archive.ifrs.org/Alerts/Conference/Documents/2014/Speech-Hans-Hoogervorst-Dangers-of-ignoring-unrealised-income-September-2014.pdf (Stand: 09.12.2019) (The dangers of ignoring unrealised income).

IASB (Hrsg.), Conceptual Framework. Review of the existing Standards for potential inconsistencies with the *Conceptual Framework* Exposure Draft – Cover paper (Staff Paper 10C, IASB Meeting October 2014), verfügbar unter: https://www.ifrs.org/-/media/feature/meetings/2014/october/iasb/conceptual-framework/ap10c-review-of-the-existing-ifrss-and-cf-exposure-draft.pdf (Stand: 09.12.2019) (Staff Paper 10C (October 2014)).

IASB (Hrsg.), Conceptual Framework. The reporting entity (Staff Paper 10B, IASB Meeting September 2016), verfügbar unter: www.ifrs.org/-/media/feature/meetings/2016/september/iasb/conceptual-framework/ap10b-reporting-entity.pdf (Stand: 09.12.2019) (Staff Paper 10B (September 2016)).

IASB (Hrsg.), Conceptual Framework. Review of existing Standards for potential inconsistencies with the revised *Conceptual Framework* (Staff Paper 10C, IASB Meeting February 2017), verfügbar unter: https://www.ifrs.org/-/media/feature/meetings/2017/february/iasb/conceptual-framework/ap10c-cf.pdf (Stand: 09.12.2019) (Staff Paper 10C (February 2017)).

IASB (Hrsg.), IFRS 11 Joint Arrangements – Frequently Asked Questions, verfügbar unter: http://archive.ifrs.org/Current-Projects/IASB-Projects/Joint-Ventures/IFRS-11-Joint-Arrangements/Documents/IFRS11FAQGeneralJointArrangements18.pdf (Stand: 09.12.2019) (FAQ zu IFRS 11).

IASB (Hrsg.), Conceptual Framework. Updating References Exposure Draft – proposed amendments (Staff Paper 10E, IASB Meeting January 2017), verfügbar unter: https://www.ifrs.org/-/media/feature/meetings/2017/january/iasb/conceptual-framework/ap10e-updating-references-exposure-draft-proposed-amendments.pdf (Stand: 09.12.2019) (Staff Paper 10E (January 2017)).

IASB (Hrsg.), Conceptual Framework. Reporting entity – Perspective (Staff Paper 10E, IASB Meeting May 2014), verfügbar unter: https://www.ifrs.org/-/media/feature/meetings/2014/may/iasb/conceptual-framework/ap10e-reporting-entity-perspective.pdf (Stand: 09.12.2019) (Staff Paper 10E (May 2014)).

IASB (Hrsg.), Conceptual Framework. Proposed amendments – IAS 1 and IAS 8 (Staff Paper 10G, IASB Meeting October 2014), verfügbar unter: https://www.ifrs.org/-/media/feature/meetings/2014/october/iasb/conceptual-framework/ap10g-proposed-amendments-ias-1-and-ias-8.pdf (Stand: 09.12.2019) (Staff Paper 10G (October 2014)).

IASB (Hrsg.), Making Materiality Judgements – Practice Statement 2. Project Summary and Feedback Statement, verfügbar unter: https://www.ifrs.org/-/media/project/disclosure-initative/disclosure-intiative-materiality-practice-statement/mps-project-summary-and-practice-statement.pdf (Stand: 09.12.2019) (Project Summary Making Materiality Judgements).

IASB (Hrsg.), Conceptual Framework. Measurement uncertainty (Staff Paper 10E, IASB Meeting May 2016), verfügbar unter: https://www.ifrs.org/-/media/feature/meetings/2016/may/iasb/conceptual-framework/ap10e-measurement-uncertainty.pdf (Stand: 09.12.2019) (Staff Paper 10E (May 2016)).

IASB (Hrsg.), Business Combinations Phase II. Project summary, feedback and effect analysis, verfügbar unter: http://archive.ifrs.org/Current-Projects/IASB-Projects/Business-Combinations/Documents/BusComb_Effects.pdf (Stand: 09.12.2019) (Project Summary Business Combinations Phase II).

IASB (Hrsg.), Amendments to References to the Conceptual Framework in IFRS Standards. Amendments to IFRS Standards, London 2018 (Amendments to References to the Conceptual Framework).

IASB (Hrsg.), Definition of Material – Amendments to IAS 1 and IAS 8. Project Summary and Feedback Statement, verfügbar unter: https://www.ifrs.org/-/media/project/definition-of-materiality/definition-of-material-feedback-statement.pdf?la=en (Stand: 09.12.2019) (Project Summary Definition of Material).

IFRS FOUNDATION (Hrsg.), Due Process Handbook. Approved by the Trustees January 2013, verfügbar unter: https://www.ifrs.org/-/media/feature/about-us/legal-and-governance/constitution-docs/due-process-handbook.pdf?la=en (Stand: 09.12.2019) (Due Process Handbook).

IFRS IC (Hrsg.), IFRS 11 *Joint Arrangements*. Analysis of implementation issues (Staff Paper 11, IFRS IC Meeting January 2014), verfügbar unter: http://archive.ifrs.org/Meetings/MeetingDocs/Interpretations%20Committee/2014/January/AP11%20-%20IFRS%2011%20analysis%20of%20implementation%20issues.pdf (Stand: 09.12.2019) (Staff Paper 11 (January 2014)).

IFRS IC (Hrsg.), IFRIC Update. July 2009, verfügbar unter: http://archive.ifrs.org/Updates/IFRIC-Updates/2009/Documents/IFRIC0907.pdf (Stand: 09.12.2019) (IFRIC Update (July 2009)).

IFRS IC (Hrsg.), IFRS 11 *Joint Arrangements*. Classification of joint arrangements (Staff Paper 13, IFRS IC Meeting May 2014), verfügbar unter: http://archive.ifrs.org/Meetings/MeetingDocs/Interpretations%20Committee/2014/May/AP13%20-%20IFRS%2011%20Joint%20Arrangement%20Agenda%20Decision.pdf (Stand: 09.12.2019) (Staff Paper 13 (May 2014)).

IFRS IC (Hrsg.), IFRIC Update. March 2015, verfügbar unter: http://media.ifrs.org/2015/IFRIC/March/IFRIC-Update-March-2015.pdf (Stand: 09.12.2019) (IFRIC Update (March 2015)).

IFRS IC (Hrsg.), IFRS 11 *Joint Arrangements*. Accounting treatment when the joint operators' share of output purchased differs from their share of ownership interest in the joint operation (Staff Paper 2C, IFRS IC Meeting July 2014), verfügbar unter: http://archive.ifrs.org/Meetings/MeetingDocs/Interpretations%20Committee/2014/July/AP02C%20-%20IFRS%2011%20Joint%20arrangements%20-%20disproportionate%20ownership%20interest.pdf (Stand: 09.12.2019) (Staff Paper 2C (July 2014)).

IFRS IC (Hrsg.), New items for initial consideration. IAS 8 *Accounting policies, Changes in accounting Estimates and Erros* – Hierarchy of guidance to select an accounting policy (Staff Paper 5, IFRS IC Meeting January 2011), verfügbar unter: http://archive.ifrs.org/Meetings/Documents/IFRICJan11/IFRIC-Jan-2011-05IAS8.pdf (Stand: 09.12.2019) (Staff Paper 5 (January 2011)).

TWEEDIE, DAVID, Statement of Sir David Tweedie before the Committee on Banking, Housing and Urban Affairs of the United States Senate. February 14, 2002, verfügbar unter: http://archive.ifrs.org/News/Announcements-and-Speeches/Documents/TweedieFebruary2002.pdf (Stand: 09.12.2019) (Statement of Sir David Tweedie).

TWEEDIE, DAVID, Written Evidence of Sir David Tweedie to the Treasury Committee. 5 April, 2002, verfügbar unter: http://archive.ifrs.org/News/Announcements-and-Speeches/Documents/TweedieApril2002.pdf (Stand: 09.12.2019) (Written Evidence of Sir David Tweedie).

Verordnung (EG) Nr. 1606/2002 des Europäischen Parlaments und des Rates vom 19. Juli 2002 betreffend die Anwendung internationaler Rechnungslegungsstandards, in: Amtsblatt der EG Nr. L 243 vom 11.09.2002, S. 1–4.

Rechnungslegung und Wirtschaftsprüfung

Herausgegeben von Prof. (em.) Dr. Dr. h. c. Jörg Baetge, Münster, Prof. Dr. Hans-Jürgen Kirsch, Münster, und Prof. Dr. Stefan Thiele, Wuppertal

Band 67
Frederik Engelke
Kapitalkonsolidierung im mehrstufigen Konzern – Die Behandlung indirekter Beteiligungsverhältnisse im IFRS-Konzernabschluss
Siegburg 2018 • 324 S. • € 68,- (D) • ISBN 978-3-8441-0564-3

Band 68
Marcel Faber
Unternehmenszusammenschlüsse durch Einlage von Kapitalgesellschaftsanteilen – Auswirkungen eines unechten Anteilstausches auf den Konzernabschluss nach IFRS
Siegburg 2018 • 248 S. • € 60,- (D) • ISBN 978-3-8441-0571-1

Band 69
Michael Huter
Die nichtfinanzielle Konzernerklärung – Kritische Analyse und Konkretisierung der handelsrechtlichen Vorschriften
Siegburg 2019 • 308 S. • € 66,- (D) • ISBN 978-3-8441-0576-6

Band 70
Jan Conrad
Vergleich der Bilanzierungsvorschriften für versicherungstechnische Rückstellungen nach IFRS 17 und nach Solvency II – Die Bausteinansätze für Erstversicherungsunternehmen in der Schaden- und Unfallversicherung
Siegburg 2019 • 296 S. • € 66,- (D) • ISBN 978-3-8441-0582-7

Band 71
Julian Höbener
Zwischenergebniseliminierung im IFRS-Konzernabschluss
Siegburg 2020 • 336 S. • € 70,- (D) • ISBN 978-3-8441-0602-2

JOSEF EUL VERLAG